中 国 国 家 标 准 汇 编

422

GB 23686～23707

（2009 年制定）

中国标准出版社　编

中 国 标 准 出 版 社

北　京

图书在版编目（CIP）数据

中国国家标准汇编：2009年制定.422：GB 23686～23707/中国标准出版社编.—北京：中国标准出版社，2010

ISBN 978-7-5066-6015-0

Ⅰ.①中… Ⅱ.①中… Ⅲ.①国家标准-汇编-中国-2009 Ⅳ.①T-652.1

中国版本图书馆CIP数据核字（2010）第166451号

中国标准出版社出版发行
北京复兴门外三里河北街16号
邮政编码：100045

网址 www.spc.net.cn
电话：68523946 68517548
中国标准出版社秦皇岛印刷厂印刷
各地新华书店经销

*

开本 880×1230 1/16 印张 37.75 字数 1140千字
2010年9月第一版 2010年9月第一次印刷

*

定价 220.00 元

出 版 说 明

1.《中国国家标准汇编》是一部大型综合性国家标准全集。自1983年起，按国家标准顺序号以精装本、平装本两种装帧形式陆续分册汇编出版。它在一定程度上反映了我国建国以来标准化事业发展的基本情况和主要成就，是各级标准化管理机构，工矿企事业单位，农林牧副渔系统，科研、设计、教学等部门必不可少的工具书。

2.《中国国家标准汇编》收入我国每年正式发布的全部国家标准，分为"制定"卷和"修订"卷两种编辑版本。

"制定"卷收入上一年度我国发布的、新制定的国家标准，顺延前年度标准编号分成若干分册，封面和书脊上注明"20××年制定"字样及分册号，分册号一直连续。各分册中的标准是按照标准编号顺序连续排列的，如有标准顺序号缺号的，除特殊情况注明外，暂为空号。

"修订"卷收入上一年度我国发布的、修订的国家标准，视篇幅分设若干分册，但与"制定"卷分册号无关联，仅在封面和书脊上注明"20××年修订-1,-2,-3,……"字样。"修订"卷各分册中的标准，仍按标准编号顺序排列(但不连续)；如有遗漏的，均在当年最后一分册中补齐。需提请读者注意的是，个别非顺延前年度标准编号的新制定的国家标准没有收入在"制定"卷中，而是收入在"修订"卷中。

读者配套购买《中国国家标准汇编》"制定"卷和"修订"卷则可收齐上一年度我国制定和修订的全部国家标准。

3. 由于读者需求的变化，自1996年起，《中国国家标准汇编》仅出版精装本。

4. 2009年我国制修订国家标准共3158项。本分册为"2009年制定"卷第422分册，收入国家标准GB 23686～23707的最新版本。

中国标准出版社

2010年8月

目　录

ICS 29.020
K 04

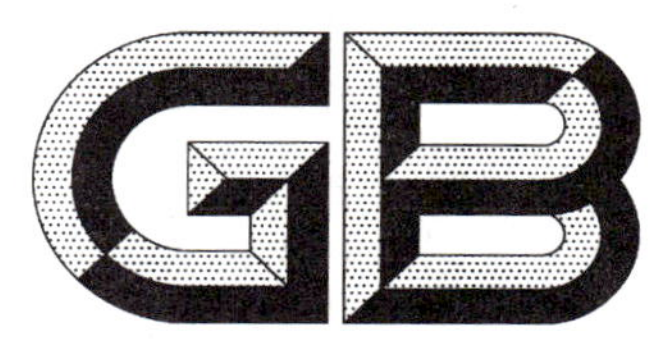

中华人民共和国国家标准

GB/T 23686—2009/IEC 62430CDV:2007

电子电气产品的环境意识设计导则

Environmentally conscious design guide for electrical and electronic products

(IEC 62430 CDV:2007,Environmentally conscious design for electrical and electronic products,IDT)

2009-04-20 发布　　2009-12-01 实施

中华人民共和国国家质量监督检验检疫总局
中国国家标准化管理委员会　发布

前　言

本标准等同采用IEC 62430CDV:2007《电工电子产品的环境意识设计》。

本标准与IEC 62430CDV:2007相比,做出如下编辑性修改:

——删除了IEC 62430CDV的前言;

——标准中统一采用"电子电气产品"的描述,以便与全国电工电子产品与系统环境标准化技术委员会(SAC/TC 297)的其他标准统一用语。

本标准的附录A、附录B、附录C均为资料性附录。

本标准由全国电工电子产品与系统的环境标准化技术委员会(SAC/TC 297)提出并归口。

本标准主要起草单位:常熟开关制造有限公司、深圳市标准技术研究院、机械工业北京电工技术经济研究所、中国电器科学研究院、西门子(中国)有限公司、中国质量认证中心、特变电工沈阳变压器集团有限公司、信产部电信研究院、中国家用电器研究院、联想(北京)有限公司。

本标准主要起草人:王春华、黄曼雪、方晓燕、吴国平、张亮、黄开云、吴涤、郭丽平、韩红军、马德军、董永升、郭伟祥、刘韧、陶宏芝。

本标准为首次制定。

引　言

任何产品都会对环境产生影响，其影响可能发生在产品生命周期的某一个阶段或所有阶段——原材料获取、制造、销售、使用、维护、再使用和生命末期。对环境的影响可能是轻微的，也可能是重要的；可能是短期的，也可能是长期的；可能在当地、区域或全球发生(或上述情形一并发生)。

因广泛使用电子电气产品而对环境造成的影响已经受到越来越多的关注，从而，与环境意识设计有关的法规和面向市场的要求相继出台。

环境意识设计的目标是减少产品整个生命周期中对环境的负面影响，这涉及到产品的环境因素与其他因素之间的平衡，比如用途、性能、成本、可销售性、质量以及通过最为环境友好的方式来满足法律法规要求的方法。在实现该目标的过程中，组织、消费者和其他利益相关方都能受益。环境意识设计不是一个孤立的设计活动，而是现有设计过程的一个完整部分。本标准中的“设计”包括与产品策划、开发、决策以及组织内部制定政策相关的活动。

由于产品组成要素(如材料、元器件和服务等)的跨国界供应，影响全球市场各种行业的共同环境推动了本标准的制定。本标准提供了生命周期管理的一致方法。

本标准旨在为从事电子电气产品设计和开发的人员所使用，包括供应链的各方，无论组织的类型、规模、位置和复杂程度。本标准适用于所有类型的产品，无论是新产品还是改型产品。可制定具体领域的文件，以解决本标准中未包括内容的需要。鼓励将本标准作为基础参考文件，以保证电工领域环境意识设计的一致性。

本标准规定了针对环境意识设计的一系列要求，符合GB/T 21273—2007《环境意识设计　将环境因素引入电工产品的设计和开发》(等同采用IEC导则114:2005)及ISO/TR 14062《环境管理　将环境因素集成到产品设计和开发》。

电子电气产品的环境意识设计导则

1 范围

本标准规定了将环境因素引入电子电气产品设计和开发过程的要求和程序，包括产品的组合以及构成产品的材料和元器件等（以下统称为产品）。

注：本标准并不排斥其他特定领域制定更加详细的标准或导则。在制定这些标准或导则时宜参考本标准，以保证电工领域相关标准的一致性。

2 规范性引用文件

下列文件中的条款通过本标准的引用而成为本标准的条款。凡是注日期的引用文件，其随后所有的修改单（不包括勘误的内容）或修订版均不适用于本标准，然而，鼓励根据本标准达成协议的各方研究是否可使用这些文件的最新版本。凡是不注日期的引用文件，其最新版本适用于本标准。

GB/T 21273—2007 环境意识设计 将环境因素引入电工产品的设计和开发（IEC Guide 114:2005,IDT）

GB/T 24040—2008 环境管理 生命周期评价 原则与框架（ISO 14040:2006,IDT）

ISO/TR 14062 环境管理 将环境因素集成到产品设计和开发

3 术语和定义

以下术语和定义适用于本标准。

3.1

设计和开发 design and development

将要求转化成产品、过程或体系所规定的特性或规范的一组过程。

注：设计和开发过程通常是按照一系列规定步骤，从初始想法开始，将想法转变为正式规范，进而做出样机；整个过程都需要有关文件支持产品生产或服务规范。

3.2

环境 environment

组织的运行环境，包括空气、水、陆地、自然资源、植物、动物、人以及它们之间的相互关系。

注：这里的环境从产品内部延伸到全球系统。

[GB/T 24001—2004 的 3.5]

3.3

环境因素 environmental aspect

组织的活动或产品中能与环境发生相互作用的要素。

注：重要环境因素是指具有或能够产生重要环境影响的环境因素。

3.4

环境影响 environmental impact

全部或部分由于组织的环境因素给环境造成的任何有害或有益的变化。

[GB/T 24001—2004 的 3.7]

3.5

环境参数 environmental parameter

环境因素的可量化属性。

示例：环境参数包括所用材料的类型和数量（重量、体积）、能耗、排放及再循环使用率等。

3.6

环境意识设计 environmentally conscious design

ECD

在设计和开发过程中考虑环境因素的系统方法,旨在减少产品的负面环境影响。

3.7

环境意识设计工具 environmentally conscious design tool

在 ECD 过程中为定性或定量分析、比较和/或寻找解决方案而采用的规范的方法。

3.8

生命周期 life cycle

LC

产品系统中前后衔接的一系列阶段,从原材料的获取或自然资源的生成,直至最终处置。

[GB/T 24040—2008 的 3.8]

3.9

生命周期评价 life cycle assessment

LCA

对一个产品系统的生命周期中的输入、输出及其潜在环境影响的汇编和评价。

[GB/T 24040—2008 的 3.9]

3.10

生命周期阶段 life cycle stage

生命周期的要素。

注 1:"life cycle stage"有时用"life cycle phase"表示。

注 2:生命周期阶段的示例,如,原材料的获取和生产、制造、包装和运输、安装和使用、维护和升级、生命末期。

3.11

生命周期思想 life cycle thinking

LCT

考虑产品整个生命周期内所有相关环境因素。

3.12

组织 organization

职责、权限和相互关系得到安排的一组人员及设施。

[GB/T 19000—2000 的 3.3.1]

3.13

过程 process

一组将输入转化为输出的相互关联或者相互作用的活动。

注 1:一个过程的输入通常是其他过程的输出。

注 2:组织为了增值通常对过程进行策划并使其在受控条件下运行。

[GB/T 19000—2000 的 3.4.1]

3.14

产品 product

任何商品或服务。

注:产品包括内部关联的或相互有关的商品或服务。

3.15

产品种类 product category

技术性或功能性类似的产品组,其环境因素也可推定为是类似的。

3.16

利益相关方　stakeholder

与组织或活动利益相关的个人、团体或组织。

注：利益相关方通常能够影响组织或者活动，或者被组织或活动所影响。

4　环境意识设计基本原则

4.1　概述

第4章提出了组织在实施环境意识设计时的基本要求，第5章描述了实施环境意识设计的操作基础。

4.2　生命周期思想

生命周期思想是环境意识设计的基础概念。生命周期思想要求在产品的设计和开发过程中考虑整个生命周期中的重要环境因素。

生命周期思想的关键要素：

a）具有使产品的整体环境负面影响最小化的目标；

b）对产品的重要环境因素加以识别、定性化，如果可行，则定量化；

c）考虑在环境因素与生命周期各个阶段的其他因素之间做出平衡考虑。

应在设计和开发过程中尽早引入上述要素，这时候改变和改进产品的机会最多，可以影响产品整个生命周期的环境绩效。

注1：作为LCT的第一步，应确定产品的既定功能，在设计和开发阶段，应识别应用商业模型的影响。

注2：组织可控制的产品生命周期阶段通常包括从原材料加工、制造、销售、使用、维护到生命末期的管理（包括再使用、循环使用、回收和最终处置）。

注3：当产品是系统的一部分时，该产品在生命周期的一个或者多个阶段的环境绩效会受到该系统内的其他产品的影响而改变。

注4：ECD需要供应链上的所有利益相关方的合作与贡献。

4.3　法规和利益相关方的要求

环境意识设计在法规和利益相关方要求的框架内实施，实施环境意识设计的组织应定期评审各项要求，以理解相关要求的变化。

环境法规和利益相关方的要求可能包括：

a）国家和国际法规的限制性要求和责任；

b）技术标准和自愿协定；

c）市场或者顾客的需要、趋势和期望；

d）社会和投资者的预期，如技术进步。

4.4　引入管理体系

产品环境意识设计及其使产品负面环境影响最小化的目标应体现在组织的政策和战略中。如果组织的管理体系中有产品设计和开发功能，则应将环境意识设计过程作为文件体系的完整部分。

环境考虑可以作为组织整体风险管理的要素之一。

注：ISO/IEC导则73对“风险管理”做出了规定。

依据组织管理体系的程序，应根据需要定期评审环境意识设计过程，以保证其持续性、适当性和有效性。评审应包括评价改进的时机，以及组织环境意识设计过程、相关政策和战略变化的需要。

注1：产品设计开发阶段持续不断的反复改进的过程也可以用PDCA（策划、行动、检查、实施）来描述。这也为处理法规、技术、组织、经济与环境要求发生变化提供了方法。

注2：在组织内部就ECD过程及其目标进行沟通，以使有关部门理解行动的理由并相互协作。

注3：GB/T 19001和GB/T 24001中给出了管理体系的示例。

5 环境意识设计过程(ECD 过程)

5.1 概述

实施环境意识设计的组织应建立、记录、执行和维护环境意识设计过程,作为产品设计与开发的一个组成部分。该过程的步骤,详见5.2至5.5:

a) 分析法规和利益相关方的环境要求;

b) 识别与评价环境因素和相应环境影响;

c) 设计和开发;

d) 评审和持续改进。

在实施上述过程中,组织应记录相关的结果、结论以及责任的分配。

注:上述从a)到d)的过程对应PDCA循环过程如下:

a)和b)是策划,c)是行动,d)是检查和实施。

5.2 法规和利益相关方环境要求分析

结合环境因素的识别(见5.3),作为环境意识设计的第一步组织应理解相关法规和利益相关方的要求,既有基础性要求,也有专业性要求。这些要求设定了产品开发的基本框架。

组织应保证:

a) 识别来自所有相关法规机构和利益相关方的有关环境要求,包括:

——相关产品的功能;

——相关的生命周期阶段;

——产品的相关环境因素;

——预期市场的地理范围,和

——组织的相关活动。

b) 定期评审和识别当前的和新提出的要求。

c) 系统分析这些要求并做出记录,识别受到影响的产品功能和生命周期阶段,组织的相关活动和责任,确定将要采取的行动。

d) 评价识别在设计阶段出现的新的或变化的要求,及其对产品的影响并做出必要的改动。

注1:基础性的要求一般适用于所有电子电气产品。

注2:专业性的要求适用于特定的产品组。

5.3 环境因素及其相应影响的识别和评价

组织应制定程序识别环境因素及其相应影响,包括以下步骤:

a) 识别相关的环境因素及其相应影响。

对环境生命周期各个阶段,识别所有能造成环境影响的输入(如材料、能量和其他所用的资源)与输出(见附录B中图B.3的示例)。输出的示例包括产品本身、半成品、不合格产品、生产过程中的废弃物以及排放等。

可以使用与识别过程、材料、部件和元器件相关的定量或者定性的环境信息。如可行,鼓励使用定量方法。

注:可以针对一类产品来识别环境因素。

b) 对识别出的相关环境因素进行评价。

c) 确定重要环境因素。

在识别所有相关环境因素之后,基于这些环境因素的整体环境影响,对它们进行评价、排序,以确定重要环境因素。组织应在随后的环境意识设计过程步骤中对所识别出产品和一类产品的重要环境因素做出处理。应避免任意地把重点放在某一个环境因素或者某一个生命周期阶段上。

可以定量或者定性地对环境因素进行评价和排序。如可行,鼓励使用定量方法。

5.4 设计和开发

设计方案的选择应在多种环境因素和其他考虑事项(如功能、技术要求、质量、性能、商业风险和经济因素)之间取得平衡。当法规要求产品具有某种属性(如健康和安全、电磁兼容性),应以环境影响最小的方式满足法规。这些考虑事项也适用于新技术的研发。

设计和开发时应遵循以下步骤:

a) 确定产品功能;

b) 通过分析法规和利益相关方的要求以及评价环境因素确定重要环境参数;

c) 针对这些环境参数提出环境改进的策略;

d) 基于改进策略制定环境目标;

e) 针对环境目标制定产品规范;

f) 制定技术方案以达到环境目标,同时考虑其他的设计注意事项。

注:使用环境意识设计工具(见附录 C)和标准可能会有帮助。

5.5 评审和持续改进

应制定、实施和维护用以和持续改进产品整个生命周期内重要环境因素的程序。

当重要环境因素受到影响或设计的主要阶段完成时,组织应开展设计评审,以评价产品设计是否达到产品环境规范中规定的目标。如未达到产品环境目标,应对现行或未来设计分配和实施改进。

注:在产品投放市场之后,组织可以开展进一步的设计评审,以考虑用户和其他利益相关方的反馈以及其他相关环境知识。然后,可将评审结果引入 ECD 过程,以支持产品的持续改进、修订组织政策和程序,形成未来产品开发规范的基础。

应维护设计评审的记录,包括由评审而产生的行动,作为未来产品开发和持续改进活动的参考。

5.6 环境意识设计信息共享

作为环境意识设计过程的一部分,供应链上的组织应向与设计和开发有关的其他组织披露产品或者产品类别的相关信息,以使这些组织实现环境意识设计目标。

信息交换的示例包括:

a) 产品中、制造过程中和产品操作所使用的相关资源;

示例:使用资源包括水、能量和材料。

b) 产品的有关排放;

c) 提高环境绩效的指南;

d) 生命末期的处理;

e) 符合法规和顾客要求的自我声明。

附 录 A
(资料性附录)
对应第 4 章——环境意识设计基本原则

A.1 通则(对应 4.1)

环境意识设计基于生命周期思想(LCT),应是组织的设计和开发过程的一部分(见 4.2)。图 A.1 说明了如何将环境意识设计引入组织(现有的)管理体系中(见 4.4)。

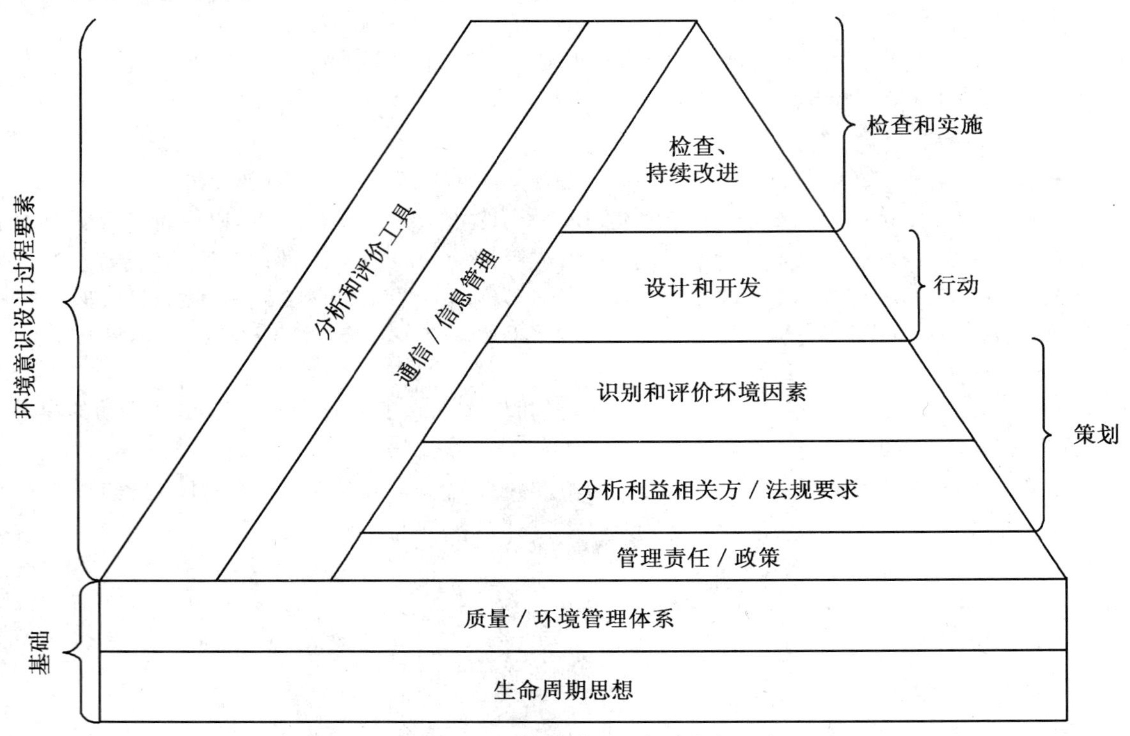

图 A.1 环境意识设计过程概况

如图 A.1 所示,环境意识设计过程由策划、行动、评审及实施组成。

A.2 生命周期思想(4.2)

生命周期思想是实施环境意识设计的基础。生命周期思想包括下列要素:

a) 全面的视角:而不是任意把重点放在产品的某一个生命周期阶段或者因素上,从环境和其他商业角度,在设计和开发过程中考虑所有阶段,维护整体改进环境绩效的目标。

b) 商业战略:在寻找减少环境影响的方法时考虑如何转变为更加广泛的商业模式(如产品服务体系,生命末期选项等),而不是只关注产品自身的改进。

c) 考虑生命末期:考虑生命周期时有必要考虑到生命末期的因素(如产品寿命、处置原因、可收集率、需要拆解处理的关键元器件)以及可能回收的(二手)原材料(“从摇篮到摇篮”)。

d) 未来的开发:尽可能考虑即将实施的法规要求、相关产品族的变化、技术的进步或具有兼容功能、计划制造的设备可用性(如液晶显示屏(LCDs)代替阴极射线管(CRTs)显示屏)。

e) 实施的战略:权衡负面环境影响与其他相关因素,如健康、安全、功能、性能、可销售性和成本。制定环境意识设计在所应用的生命周期阶段中要实现的目标(包括维护、升级和生命末期管理选项)。

A.3 法规和利益相关方的要求(4.3)

环境意识设计的实施基于法规、利益相关方的要求、技术的变化、市场趋势以及组织的政策和程序。

这些要求可能针对不直接受组织控制的供应链部分,但仍会影响到产品,应予以考虑。

组织应定期评审内部和外部的要求并且引入与环境意识设计过程相关的要求。

A.4 引入管理体系(4.4)

管理层的决策决定环境意识设计项目的框架和目标、支持这项工作的力度(包括任务的财政和人力资源和分配的时间)以及项目可达到使环境负面因素最小化的程度。需要最高管理层对所有内部和外部的利益相关方的支持,以实现对组织的产品设计和开发活动产生重要影响。

为了有效地实施和使用环境意识设计过程和程序,最好把环境意识设计引入组织现有的管理体系中,如质量或环境管理体系。如果组织具有包括产品设计和开发功能的管理体系,则第4.4条要求在管理体系中引入环境意识设计过程。将环境意识设计过程引入管理体系可以:

——支持现有管理体系中的一般要素(如系统评审、通信等);

——保证组织基本框架的一致性,包括高层政策和目标。

将环境意识设计的任务与相关的组织纪律和能力结合,而不仅局限于设计和开发,可以更加成功地将环境因素引入到组织产品设计和开发中。目标是保证所有相关的商业功能在设计和开发过程的最初阶段就致力于改善环境,并且保持贯穿全过程,直到投放市场和产品评审。

风险评估有助于识别造成负面环境影响或潜在的不符合法规或利益相关方要求的产品生命周期阶段,还可以改进环境意识设计过程。风险评估的示例,如环境因素的失效模式影响分析(FMEA)。超出组织规定的环境风险级别将引发行动,典型的可能是组织内部的风险管理任务和设计改进任务。

附 录 B
（资料性附录）
对应第5章——环境意识设计过程(ECD过程)的详细内容

B.1 环境意识设计概要(5.1)

B.1.1 将环境因素引入设计和开发过程

表B.1提供了将环境因素引入设计和开发过程的一般性步骤示例。

表B.1 环境意识设计(ECD)步骤示例

<table>
<tr><th colspan="2">阶段</th><th>5.1a)～d)</th><th>总体任务</th><th>最主要的问题</th><th>ECD工具示例
（见附录C）</th></tr>
<tr><td colspan="2" rowspan="6">1. 产品策划</td><td>a)</td><td>识别并列出与产品各生命周期阶段相关的多项环境参数</td><td>产品相关生命周期阶段的的重要环境影响是什么？</td><td></td></tr>
<tr><td>a)</td><td>识别法规和市场要求；顾客和其他利益相关方的需要，并且将这些因素与产品整个生命周期中环境因素相关联</td><td>谁是利益相关方？他们对产品环境属性的预期？</td><td>ECD检查表</td></tr>
<tr><td>a)</td><td>对竞争对手的产品或者以前的产品做基准分析</td><td>这些产品的环境优势和劣势是什么？</td><td>ECD基准测评
环境质量功能展开</td></tr>
<tr><td>b)</td><td>从供应链得到的信息。如果是机密信息，组织同意提供保密的条款</td><td>需要什么样的相关生命周期阶段和环境因素信息？（如元器件的材料组成和能耗）</td><td></td></tr>
<tr><td>b)</td><td>识别重要环境因素和相关参数：
——明确产品的生命周期阶段和每个阶段的重要环境因素；
——分析和评价环境影响，考虑可预见的产品生命周期；
——汇总环境分析和利益相关方要求的结果</td><td>改进产品环境属性的机会是什么？
如何将顾客的需要、基准分析结果和环境评价结果引入到常规改进任务中？</td><td>ECD基准测评
环境质量功能展开
LCT评价工具</td></tr>
<tr style="display:none"></tr>
<tr><td rowspan="4">2. 产品设计</td><td rowspan="4">概念设计（识别产品的功能和技术方案）</td><td>c)</td><td>在设计规范中制定产品环境目标（绩效指标）和要求</td><td>实现环境绩效指标的目标规范将是什么？</td><td></td></tr>
<tr><td>c)</td><td>分析产品的预期功能，必要时可更改这些功能以达到产品的环境目标</td><td>产品的核心功能是什么？
产品可能的新功能是什么？</td><td></td></tr>
<tr><td>c)</td><td>收集方案（包括新技术），以实现所设计产品要求的每个功能</td><td>如何得到产品的概念变量？</td><td></td></tr>
<tr><td>c)</td><td>对照准则评价变量，如经济、技术、社会和环境准则。
对照环境绩效指标选择和评价模型解决方案</td><td>如何选择最佳产品概念变量？
是否达到环境绩效指标？</td><td>环境质量功能展开
ECD检查表
LCT评价工具</td></tr>
</table>

表 B.1(续)

<table>
<tr><th colspan="2">阶段</th><th>5.1a)～d)</th><th>总体任务</th><th>最主要的问题</th><th>ECD 工具示例
(见附录 C)</th></tr>
<tr><td rowspan="4">2. 产品设计</td><td rowspan="2">具体设计(识别产品结构、元器件和材料)</td><td>c)</td><td>使产品设计具体化和最优化,以达到环境和性能要求</td><td></td><td>设计支持工具</td></tr>
<tr><td>c)</td><td>考虑多个生命周期过程(如包装和运输),优化产品的具体设计</td><td></td><td></td></tr>
<tr><td rowspan="2">评价(保证产品符合环境和其他规范)</td><td>d)</td><td>对整个生命周期进行环境影响评价</td><td>产品是否满足特定环境绩效目标?</td><td>ECD 基准测评
ECD 检查表
环境质量功能展开
LCT 评价工具</td></tr>
<tr><td>d)</td><td>对照经济、技术、社会和环境规范等准则评价和测试样机</td><td></td><td></td></tr>
<tr><td colspan="2" rowspan="2">3. 产品投放</td><td>d)</td><td>为利益相关方编写整个全生命周期的产品信息,包括生命末期处理</td><td>编写哪些与环境意识设计相关的附带文件和说明(示例包括用户手册、拆卸说明和产品环境声明)?
附带文件中包括哪些相关的环境数据?</td><td></td></tr>
<tr><td>d)</td><td>评审和检查结果,如有必要,还包括反馈的信息</td><td>是否已达到产品的环境目标?</td><td></td></tr>
</table>

B.1.2 环境意识设计过程文件—知识管理

为保证产品符合特定要求所采用的程序和记录:

——识别所采用的标准和导则、法规要求;

——为减少负面环境影响所采用的重要设计和开发要素的细节,以及控制生产过程变量所采用的程序的细节;

——对照经济、技术、社会和环境等准则,对产品全生命周期的评价(评价环境参数)、评估、试验和样机变量的结果。

组织可以调整现行管理体系,建立知识管理体系,以确保能够识别有关法规和利益相关方要求。

B.2 分析法规和利益相关方的要求(5.2)

来自外部的环境要求影响产品环境意识设计的策划、设计和开发的示例:

a) 国家和国际法规影响产品、过程和国际贸易;

b) 国家和国际的技术标准、自愿协定;

c) 顾客要求;

d) 竞争产品的基准测评报告;

e) 生态标签和绿色采购机制;

f) 供应商的技术文件;

g) 市场分析和市场趋势报告;以及

h) 关于社会、投资者和媒体预期的研究。

在制定识别和分析环境法规和利益相关方要求的程序时,可考虑的因素示例:

a) 员工的知识和专业技能;

b) 所覆盖要求的范围(如技术和地域范围);

c) 引发调查活动的组织产品中的产品类别;

d) 变化的频率和由此产生的监管任务;

e) 组织的生产战略和结构;

f) 适用专门服务的内部和外部资源、可用性;

g) 供应商之间或者贸易协会范围内的合作,以及他们的能力;以及

h) 任务可用的财力与人力资源。

基于可用专业技能和经验,并通过风险评估,组织可确定必要的行动来适当应对识别出的要求。

B.3 识别和评价环境因素及相应影响(5.3)

B.3.1 与产品生命周期相关的环境影响示例

产品可能有一个环境因素(如消耗的资源、产生的排放)的范围。这些因素带来环境影响(如空气、水、土壤污染、气候变化)。

产品的环境影响大部分与产品生命周期所有阶段所使用和消耗的输入、采用的过程以及产生的输出相关联。如果是服务形式的产品,环境因素可包括服务中的运输资源、使用备件或使用能量。环境影响可能很大程度上受使用产品的组织和个人行动的影响。图 B.1 给出了与产品生命周期相关的一些环境影响。

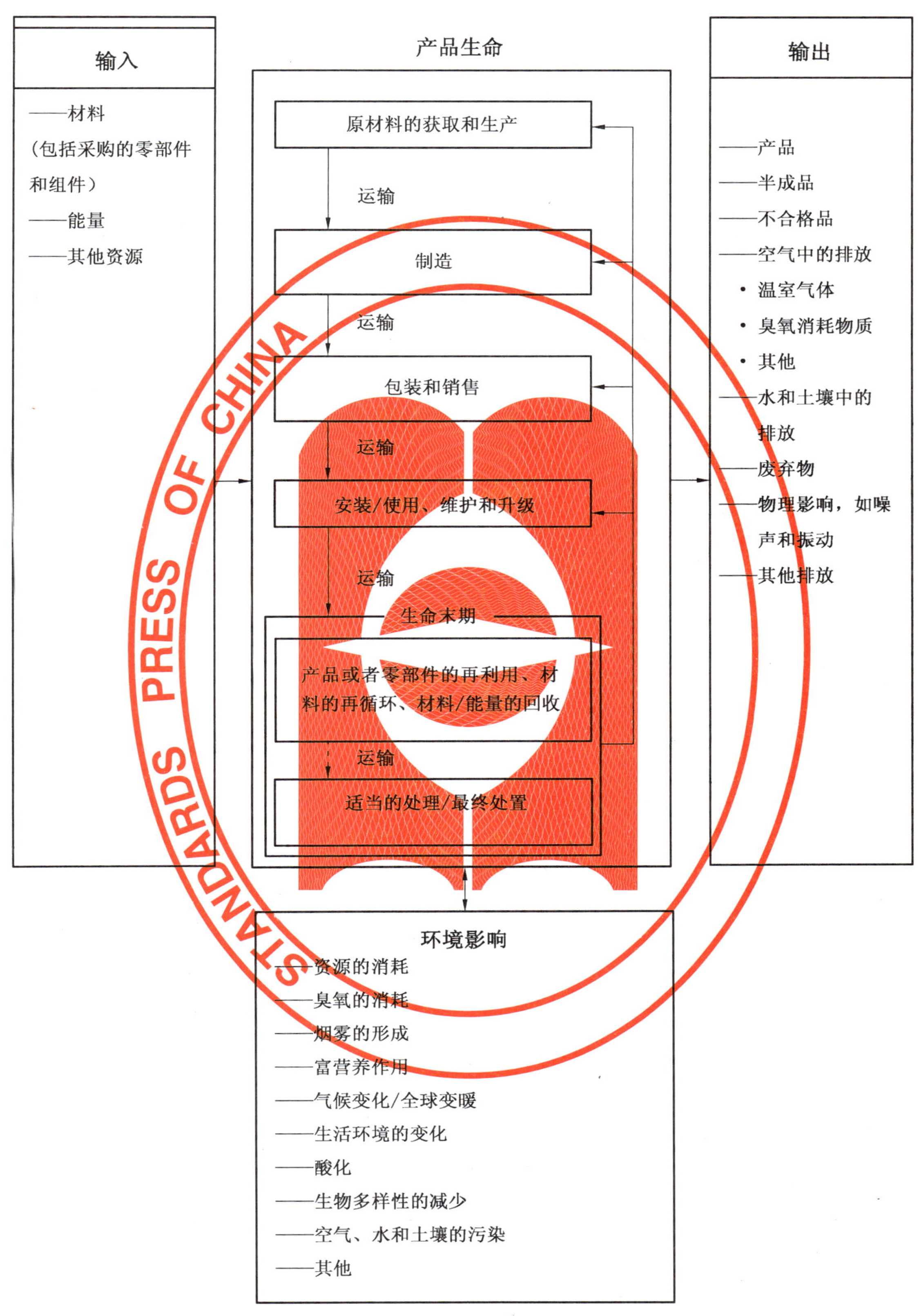

图 B.1　与产品输入、输出和生命周期阶段相关的环境影响示例

B.3.2 识别重要环境因素和影响的生命周期工具

通常把生命周期评价(LCA)作为基于生命周期思想(LCT)进行产品环境环境因素和影响评价的工具。生命周期评价(LCA)可以生成定量信息。还有其他可以生成定性信息的工具,这些工具基于对预设参数进行分析,并且使组织可以定性评价参数,得出结果。

表B.2给出了用LCT方法识别产品重要生命周期阶段和环境因素的示例。

识别重要环境因素的工作并不一定由组织自身完成:如,可通过工业机构或其他委托机构识别出基于产品类别的信息。

表B.2 识别重要生命周期阶段及环境因素的生命周期阶段和环境因素示例

	原材料采购	制造	包装、运输和销售	安装和维护	使用	生命末期
材料/能耗	需要什么类型的材料和能量? 需要量?	制造阶段是否需要辅助材料/能量? 类型及需要量?	运输阶段是否需要包装? 使用的运输方式? 运输距离?	是否需要消耗材料/能量卸货、安装、清理或维修? 类型以及需要量?	操作过程是否需要消耗材料/能量? 需要量?	生命末期是否消耗材料/能量? 需要量?
排放	是否产生任何排放? 排放类型? 排放到哪/排放量?	制造阶段是否产生任何排放? 排放类型? 排放到哪/排放量?	运输阶段是否产生任何排放? 排放类型? 排放到哪/排放量?	安装和维护阶段是否产生任何排放?排放类型? 排放到哪/排放量?	使用阶段是否产生任何排放? 排放类型? 排放到哪/排放量?	产品生命末期是否产生任何排放? 排放类型? 排放到哪/排放量?
物理影响(如噪声、电磁辐射和离子辐射)	是否有任何物理影响?	制造阶段是否有任何物理影响?	运输阶段是否有任何物理影响?	安装和维护阶段是否有任何物理影响?	使用阶段是否有任何物理影响?	生命末期是否有任何物理影响?
产生的废弃物	产生什么类型的废弃物? 产生废弃物量?	制造阶段产生什么类型的废弃物? 是否产生副产品? 产生数量?	运输阶段产生什么类型废弃物? 产生数量?	在安装/维护阶段产生什么类型的废弃物? 产生数量?	使用阶段产生什么类型的废弃物? 产生数量?	生命末期产生什么类型的废弃物? 产生数量?
再使用、再循环或回收可能性	是否可能回收材料/能量?	是否可能再使用零部件或者不合格产品的元器件? 制造过程中是否可能回收材料/能量?	包装物是否可能再使用或者再循环?	是否易于操作? 是否可能再利用零部件或者元器件? 是否可能回收已经用于安装和维护产品的材料/能量?	是否可能回收、再利用和循环使用操作产品的材料/能量?	是否易拆卸? 是否可能再使用或者再循环使用废弃产品中的零部件/元器件? 是否可能从废弃产品中回收能量?

对于每个生命周期阶段和每个环境因素，都应识别可能造成重要环境影响的产品材料和/或过程。所识别出的重要材料和/或过程就成为重要的环境参数。同时，该识别的过程突出了最为重要的生命周期阶段。

B.4 设计和开发(5.4)

设计和开发过程始于产品功能规范。然后基于已经识别的重要环境因素确定产品设计的环境参数。

组织应以减少产品整个生命周期中的负面环境影响为目标，评价多种设计和开发方法。下列可能的设计考虑事项的示例会有助于评价：

a) 功能性：考虑多功能、模块化、自动控制和优化的机会；比较特定用途的产品之间的环境绩效；

b) 材料效率：检查是否能通过如减少材料用量、使用环境影响小的材料、和/或使用可回收材料等方法减少环境影响；

c) 能效：考虑在整个产品生命周期中的(包括使用阶段)能量使用总量，检查是否可能通过如减少能量使用，使用环境影响小的能源等方法减小环境影响；

d) 材料组成：识别产品所含的物质，包括外购零部件和材料，并且考虑避免或减少产品中使用潜在有害物质；

e) 持久性：考虑产品寿命、有用性；考虑通过新技术进行环境改进；

f) 更清洁的生产和使用：采用更清洁的生产技术，避免使用有害消耗品和辅助材料；

g) 包装：包装用材料应从有效使用材料和有关退还系统信息方面考虑；

h) 运输：考虑产品在生产及销售期间的运输距离，包括有效确定产品体积与重量；

i) 再使用、回收和循环：考虑各种机会，使材料复杂性得以减少，使资源回收和材料循环更加容易，使元器件和组件得以再利用；

j) 生命末期管理：考虑从返回产品中可回收的资源价值、回收处理过程和要求，以及对组织的经济影响。

基于上述的设计考虑事项以及商业考虑事项，应制定环境战略，以改进识别出的重要环境参数的绩效。

然后制定基于环境战略的环境目标。这些目标的示例包括——减少 $x\%$ 的排放，改进 $z\%$ 的能效，减轻 y(kg)的重量等。

将这些环境目标以及其他考虑事项，如功能性，转化为产品规范，作为技术方案的基础。

在设计和开发过程的下一个阶段识别满足产品规范的技术方案。

检查技术方案对诸如功能性、质量、成本及可销售性等其他的产品参数的影响，并做出各方面权衡，旨在找出最优化方案。当法规要求产品具有某种属性(如健康和安全、电磁兼容性)，应以环境影响最小的方式满足法规。通过这种反复的程序不断细化设计方案。这一阶段可借助环境意识设计工具和标准。

通过将环境因素引入到产品的设计和开发中，从而形成全面的观点，可有助于组织权衡众多的设计决策。鼓励做出权衡的示例如下。

a) 不同环境因素之间的权衡；例如，通过减轻重量优化产品，可能不利于其可循环性；比较每项方案相关的潜在环境影响可以帮助决策者找出最佳解决方案。

b) 环境、经济和社会利益之间的权衡。这种权衡可能是有形的(例如，降低成本、减少废弃物)、无形的(例如，方便性)以及情感的(例如，形象)。例如，大幅提高产品的寿命，直接结果是长期减少资源的使用及废弃物的生成，从而使环境受益，但也可能因此增加初次成本。这种情况同时产生社会影响和经济影响。

c) 环境因素、技术因素和/或质量因素之间的权衡，例如，设计决定使用的某种材料，这种材料可能会对产品的可靠性和耐用性产生负面影响，尽管这种材料本身是对环境有益的。

产品设计和开发过程的变化取决于产品及其组织。图 B.2 给出了如何将环境因素集成到产品设计和开发过程的模式，包括了典型阶段和可能的行动。有多种这样的方案能将环境因素集成到设计过程。许多组织将方案和工具组合使用。

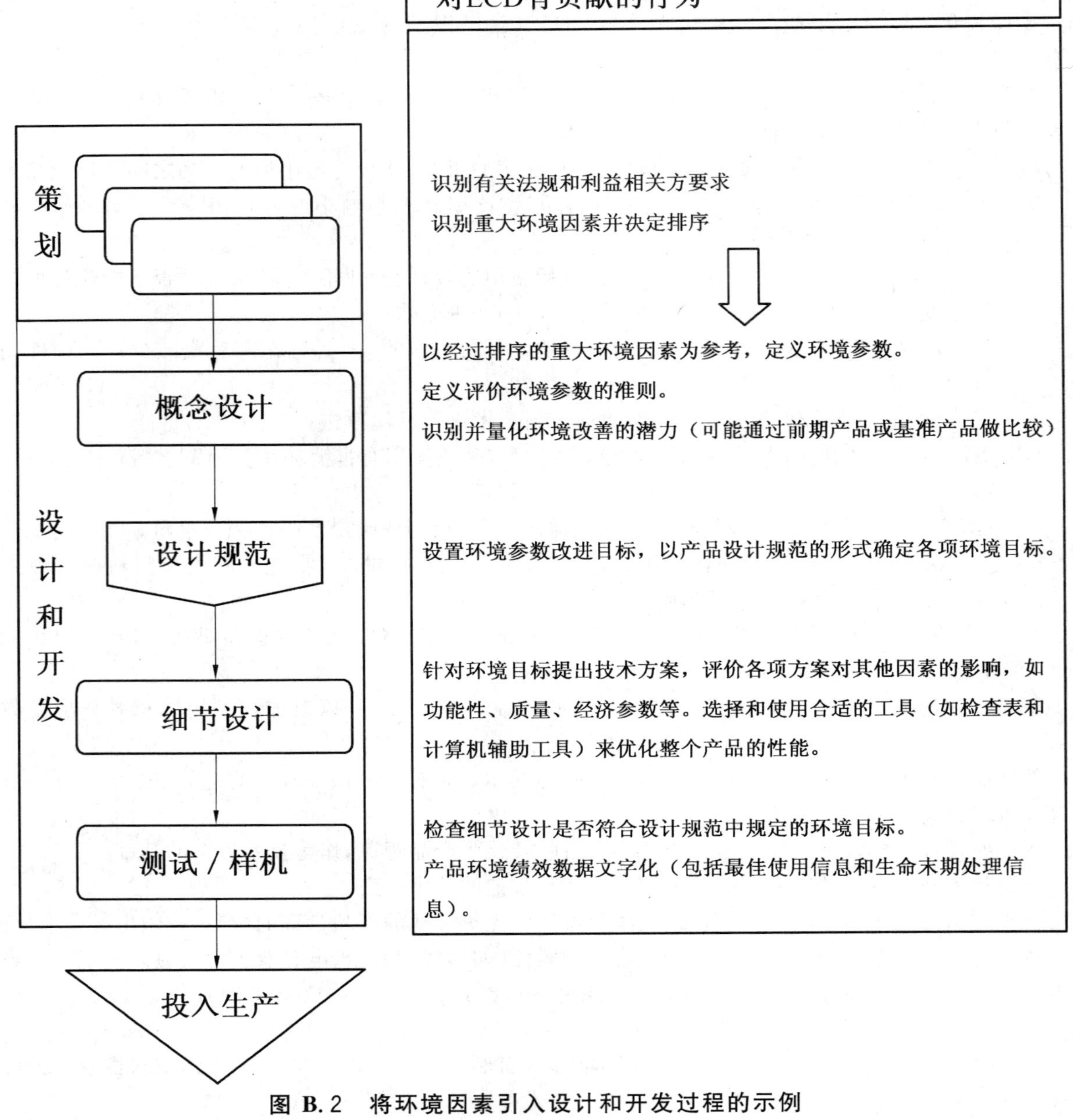

图 B.2　将环境因素引入设计和开发过程的示例

B.5　评审和持续改进（5.5）

完成主要的设计阶段后，或一个重要环境因素受到影响时，作为持续改进过程的一部分，可对产品设计做出评审。评审可评价绩效，确认和评估目标的完成情况，并且识别改进的机会。

评估和评价目标的方法可以是定性的或定量的。示例包括：

——预防或减少负面环境影响；

——与参照产品或产品类比较环境参数的改进；

——成本影响和受益。

建议记录和保存设计和开发评审的结果和后续行动,旨在持续提高产品的环境绩效。

B.6 环境意识设计信息共享(5.6)

通过国际协调环境意识设计过程形成对环境意识设计过程信息要求的一致理解。由此支持供应链上不同利益相关方共享整个生命周期相关环境因素分析的信息。此外,信息共享还促进各种解决方案的形成,特别是不同组织都朝向一个减小环境影响的目标发展,信息共享的成果尤为明显(见图 B.3)。

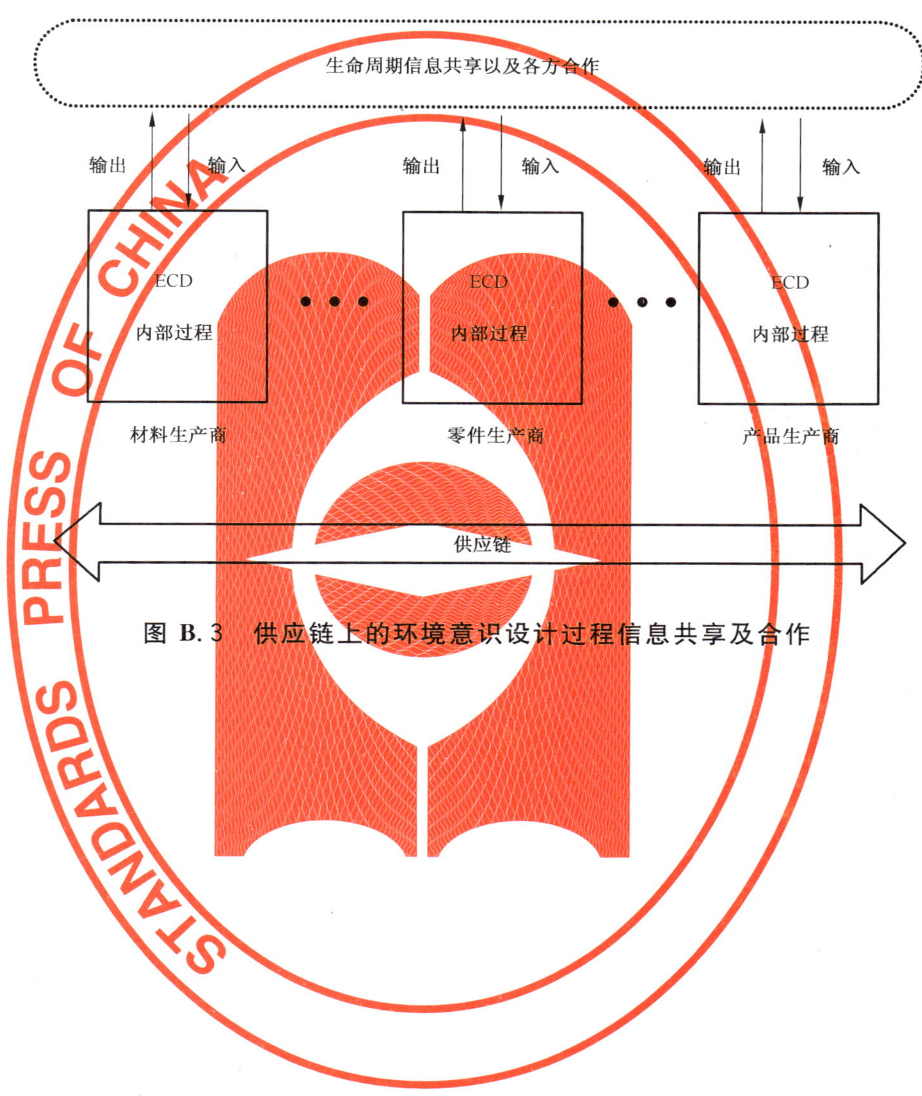

图 B.3 供应链上的环境意识设计过程信息共享及合作

附　录　C
（资料性附录）
工具类别示例

C.1　概述

环境意识设计过程中可以使用很多通用的设计和开发工具。表C.1总结了部分工具的特性，表C.2做了进一步的描述。本标准不向组织推荐使用任何工具。

这里所列出的工具是遵循以下准则选出，它们是：

a）　广泛可用和普遍认可；

b）　预期由组织用于做设计和开发；

c）　全球（不只是地区）理解和接受；并且

d）　在考虑环境因素方面，工具的适用性不能太窄也不能太宽。

表C.1给出了各种工具类别和环境意识设计过程一般性阶段之间的关系。在此给出了一个提示性、但非详尽的有用方法。

表C.1　环境意识设计中可使用的工具概述

用途 / 工具示例	分析法规和利益相关方的要求（5.2）	识别和评价环境因素和相应环境影响（5.3）	设计和开发（5.4）	评审和持续改进（5.5）	信息共享（5.6）
1. 环境意识设计基准测评	√	√		√	√
2. 环境质量功能展开	√	√		√	
3. 环境意识设计评审表	√	√	√	√	√
4. LCT评价工具		√	√	√	√
5. 设计和开发支持工具			√	√	

（标注：标出标记“√”表示上述工具和用途的相关性）

C.2　工具示例

C.2.1　环境意识设计基准

环境意识设计基准测评常用于比较产品与竞争者的类似产品或者工业平均水平产品的环境属性。

环境意识设计基准测评可用于环境意识设计过程的多个阶段，从分析法规和利益相关方的要求开始，到识别和评价环境因素及其相应的影响，评审和持续改进，供应链上信息共享。表示环境意识设计基准结果的通用格式是表、图和蜘蛛网图。

C.2.2　环境质量功能展开

环境质量功能展开（QFD）是一种把利益相关方的环境要求与产品的环境参数系统地联系起来的工具。

环境质量功能展开可用于环境意识设计过程的多个阶段。例如，它可以用于将客户的环境要求转化为设计参数，以及设定延长期间内产品环境改进的目标价值，帮助识别和评价产品的整个生命周期中的环境因素及相应影响。

C.2.3 环境意识设计评审表

环境意识设计评审表是一种简单的工具，用于评价和记录每个生命周期阶段的环境绩效要求或产品的影响。

不同的评审表可用于不同的方面，例如：材料使用量最小化、减少能耗、更好地再使用/再修新零部件和组装配件。尽管评审表可以用于环境意识设计过程的任何阶段，但是一般来说，用在生命周期的最初阶段效果最好，因为这个时候易于做出最多的权衡。

C.2.4 生命周期思想(LCT)评价工具

C.2.4.1 简化方法

在初始阶段，可以用简单的生命周期思想评价工具来评价产品的环境影响。在这个评价过程中只有重要环境因素用作测量准则。

C.2.4.2 完整方法

对产品环境影响的完整评价按照GB/T 24040系列标准中描述的如下原则开展：

实际上，由于所做出不同的假设条件和所使用的不同评价方法，LCT评价的结果很可能不同。因此，如果由不同人员和组织对产品进行评价，对各方面的比较应包括并考虑所做出的假设条件和所选择的评价方法或分析方法。这时，保证一致性的最好方法是保证明确识别所做出的简化方面和所使用的数值。LCT评价结果可用于识别和评价环境因素及相应影响、评审和持续改进、供应链上信息共享。

C.2.5 设计和开发支持工具

设计和开发支持工具包括促进材料和生产过程的优化选择工具，以及分析不同选项环境影响的选择工具。

C.2.5.1 拆卸和可回收评价工具

易拆卸和可回收的产品设计和开发，是通过环境意识设计过程中识别和评价环境因素得出的环境目标之一。使用“回收评价方法”有助于产品易回收设计。该工具使用材料、质量和拆卸操作信息评价拆卸时间、回收率、回收成本等，然后定量评价产品的回收难易度。可以容易地评价不同的设计方案，如材料的选择、表面处理、再利用和回收的可能性。

C.2.5.2 材料选择支持工具

材料的选择是环境意识设计的关键步骤。可通过评价材料的环境影响、成本、资源效率和功能绩效支持环境兼容材料的选择，在成本控制、产品功能和环境影响之间达到平衡。

参 考 文 献

[1] GB/T 19000—2000 质量管理体系 基础和术语(ISO 9000:2000,IDT)

[2] GB/T 20877—2007 电气产品标准中引入环境因素的导则(IEC Guide 109:2003,IDT)

[3] GB/T 24001—2004 环境管理体系 要求及使用指南(ISO 14001:2004,IDT)

[4] GB/T 24021—2001 环境管理 环境标志和声明 自我环境声明(Ⅱ型环境标志)(ISO 14021:1999,IDT)

[5] GB/T 24050—2004 环境管理 术语(ISO 14050:1998,IDT)

[6] ISO 14063:2006 环境管理 环境通信 导则与示例

[7] ISO 导则 64:1997 产品标准中的环境因素导则

[8] ISO/IEC 导则 73 风险管理 术语 标准中使用的导则

[9] 生态设计 关于可持续的生产和消费的一种有前途的方法 1997 美国环境项目

ICS 29.020
K 04

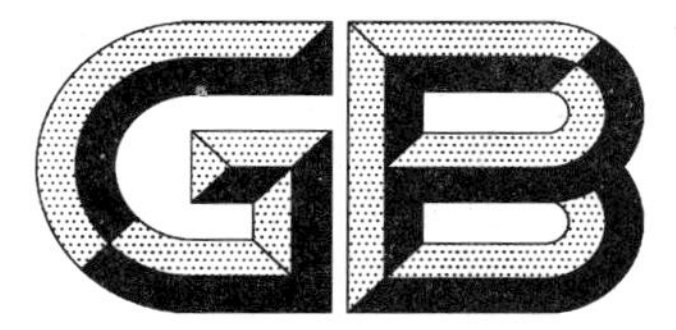

中华人民共和国国家标准

GB/T 23687—2009

信息通信技术和消费电子产品的环境意识设计导则

Guide of environmentally conscious design for ICT & CE products

2009-04-20 发布　　　　2009-12-01 实施

中华人民共和国国家质量监督检验检疫总局
中国国家标准化管理委员会　发布

前　言

本标准参考 ECMA 341:2004《信息通信技术和消费电子产品的环境设计考虑》而制定。

本标准的附录 A、附录 B、附录 C 均为资料性附录。

本标准由全国电工电子产品与系统的环境标准化技术委员会(SAC/TC 297)提出并归口。

本标准主要起草单位:机械工业北京电工技术经济研究所、中国电子技术标准化研究所、中国质量认证中心、信产部电信研究院、联想(北京)有限公司。

本标准主要起草人:胡京平、阚劲松、张亮、董永升、郭伟祥、陶宏芝。

本标准为首次制定。

信息通信技术和消费电子产品的环境意识设计导则

1 范围

本标准规定了对家用或商用信息通信技术(ICT)和消费电子(CE)产品进行环境意识设计的要求。

本标准适用于额定电压有效值不超过1 000 V的家用或商用信息通信技术(ICT)和消费电子(CE)类的终端产品(以下简称“产品”),也适用于元器件。

本标准采用了ISO/TR 14062的产品设计原则,但不包括其过程。

本标准只包括与产品环境绩效直接相关的准则,不包括安全(包括电磁场)、人体工效和电磁兼容等方面的准则。

2 规范性引用文件

下列文件中的条款通过本标准的引用而成为本标准的条款。凡是注日期的引用文件,其随后所有的修改单(不包括勘误的内容)或修订版均不适用于本标准,然而,鼓励根据本标准达成协议的各方研究是否可使用这些文件的最新版本。凡是不注日期的引用文件,其最新版本适用于本标准。

GB/T 3767—1996 声学 声压法测定噪声源声功率级 反射面上方近似自由场的工程法(eqv ISO 3744:1994)

GB/T 6881.1—2002 声学 声压法测定噪声源声功率级 混响室精密法(ISO 3741:1999,IDT)

GB/T 6882—2008 声学 噪声源声功率级的测定 消声室和半消声室精密法(ISO 3745:2003,IDT)

GB/T 16288 塑料制品的标志(GB/T 16288—2008,ISO 11469:2000,MOD)

GB/T 18313—2001 声学 信息技术设备和通信设备空气噪声的测量(ISO 7779:1999,IDT)

GB/T 24050—2004 环境管理 术语(ISO 14050:1998,IDT)

GB/T 21273—2007 环境意识设计 将环境因素引入电工产品的设计和开发(IEC Guide 114:2005,IDT)

ISO/TR 14062 环境管理 将环境因素引入产品设计和开发

ISO/IEC 28360 测定和测量电子设备的化学物质排放

ECMA 370 生态声明

3 术语和定义、缩略语

3.1 术语和定义

GB/T 24001、GB/T 24050中确立的及以下术语和定义适用于本标准。

以下术语可能被专门的术语标准重新定义。

3.1.1

环境 environment

产品的运行环境,包括空气、水、陆地、自然资源、植物、动物、人和它们之间的相互关系。

注:这里的环境从产品内部延伸到全球系统。

[GB/T 24001—2004的3.5]

3.1.2

环境因素 environment aspect

一个组织的活动、产品和服务中能与环境发生相互作用的要素。

注:重要环境因素是具有或能够产生重大环境影响的环境因素。

[GB/T 24001—2004的3.6]

3.1.3

环境影响　environment impact

全部或部分由组织的环境因素给环境造成的任何有害或有益的变化。

[GB/T 24001—2004 的 3.7]

3.1.4

环境管理体系　environmental management system

组织管理体系的一部分，用来制定和实施其环境方针，并管理其环境因素。

注 1：管理体系是用来建立方针和目标，并进而实现这些目标的一系列相互关联的要素的集合。

注 2：管理体系包括组织结构、策划活动、职责、惯例、程序、过程和资源。

[GB/T 24001—2004 的 3.8]

3.1.5

制造商　manufacturer

对产品的设计、开发和制造负有责任的自然人或法人，产品以其名义投放市场，无论是否由本人或代表从事经营活动。

3.1.6

消耗品　consumables

用户可以自行更换的设备元器件，制造商直接在市场上销售这些元器件，以供在设备中使用。

注：消耗品举例：打印机墨盒、摄影胶片。

[GB/T 20877—2007 的 3.1]

3.1.7

可再生材料　renewable material

非化石碳源基的有机材料。

3.1.8

配制品　preparations

包含两种或者两种以上物质的混合物或溶液。

注：例如，铅是一种物质，铅焊料是一种含铅配制品。

3.1.9

有害物质　hazardous substances

有害配制品　hazardous preparations

具有爆炸性、氧化性、易燃性、毒性、伤害性、腐蚀性、刺激性、突变性、生殖毒性、对环境敏感或有害的物质或配制品。

3.1.10

化学排放物　chemical emissions

从产品排放到空气中的化学物质和微粒。

3.1.11

使用阶段　use phase

从投入使用到生命末期以前的产品生命阶段。

3.1.12

生命末期　end of life

产品最终退出使用阶段以后的阶段。

3.1.13

再使用　reuse

将已达到生命末期的产品或其元器件，用于曾经预期的同样用途的任何操作。“再使用”包括继续使用返还至收集点、经销商、再生利用者或制造商的产品，以及再使用翻新设备。

3.1.14

再生利用 recycling

产品在生命末期的再加工，或其构成材料的再使用或他用。

3.1.15

废弃物 waste

持有者丢弃、将要丢弃或需要丢弃的产品。

3.2 缩略语

以下缩略语适用于本标准：

BCM(Bromochloromethane)溴氯甲烷

$C_2H_3Cl_3$(1,1,1-trichloroethane)1,1,1-三氯乙烷

CCl_4(Carbon tetrachloride)四氯甲烷

CFC(Chlorofluorocarbons)氢氟氯烷碳化物

DBB(Di-μ-oxo-di-n-butyl-stanniohydroxyborane)二丁基锡氢氧化硼

DBBT(Monomethyl dibromodiphenyl methane)甲基二溴二苯基甲烷

HBFC(Hydrobromofluorocarbon)氟溴代烷

HCFC(Hydrochlorofluorocarbon)氢氯氟碳化物

OctaBDE(Octabromodiphenyl ether)八溴二苯醚

PBB(Polybrominated biphenyl)多溴联苯

PBDE(Polybrominated diphenyl ether)多溴二苯醚

PCB(Polychlorinated biphenyl)多氯联苯

PCT(Polychlorinated terphenyl)多氯三联苯

PCN(Polychlorinated naphthalene)多氯化苯

PentaBDE(Pentabromodiphenyl ether)五溴二苯醚

TBT(Tributyl tin)三丁基锡

TBTO(Tributyl tin oxide)氧化三丁锡

TEPA(Tris-(aziridinyl)-phosphineoxide)四乙烯五胺

TPT(Triphenyl Tin)三苯基锡

TRIS(Tri-(2,3,-dibromopropyl)-phosphate)三(2,3,-二溴丙基)磷酸盐

Ugilec 121 或 21(monomethyl dichlorodiphenyl methane)甲基二氯二苯基甲烷

Ugilec 141(tetrachlorodiphenyl methane)四氯二苯基甲烷

4 设计要求和建议

4.1 总体考虑

应尽早在产品设计和开发过程中考虑引入环境因素，提升产品环境绩效，同时权衡各种因素，如技术特点和经济可行性。

应运用生命周期思想，即，考虑产品生命周期的所有阶段，从而找出各种设计机会。特别需要注意的是，当着重改善产品生命周期的某个单一阶段时，可能不经意地导致其他阶段的环境影响。

经验表明，对产品和组织特点有针对性的方案才是最佳方案。因此，应找出将环境因素引入产品设计和开发过程的策略。基于这个原因，产品应考虑：

——许多产品对环境的影响(如能耗)主要源于使用阶段；

——制造、经销和包装也会对环境产生影响，另一方面也存在减少环境影响的机会。不过，只有在设计者可以实际影响到这些环境因素，并且这些环境因素可以得到显著提升时，才鼓励设计者考虑这些因素。

当设计和开发本标准范围内的产品，并且设计者可以实际影响到这些产品时，可使用下面汇总的要求和建议。

4.2 材料使用

材料会对环境产生影响。在选择材料时，设计者应考虑：

——减少所使用材料的种类；

——减少所使用材料的用量，从而减少产品重量；

——使用环境影响较小的材料。

设计者还应考虑使用再生利用材料和可再生材料。

关于限制使用有害物质材料的要求，见 4.8。

4.3 能效

使用阶段是产品生命周期中产生大量能耗的典型时期，是影响产品环境绩效的重要因素。应考虑产品在使用阶段提高能效或减少能耗的特性。

4.3.1 电能模式和相关能效措施

不同产品组所对应的电能模式不同，各种电能模式定义也不同。为了兼顾到技术的复杂性与信息交流和使用的便利性，本标准概括性地描述了一些典型的模式。

由于本标准所涉及的产品种类繁多，这里用示例说明电能模式，以便指导设计者。

设计者还应识别出产品的能耗，以及可以提升的单元或元器件，从而减少整体能耗。

4.3.2 工作模式

工作模式是指装置发挥其预期功能的阶段。工作模式通常可以分为 3 种。

a) 最大负荷工作模式

所有选项均为运行状态下开机使用的电能模式。

注：本模式示例：在最高对比度、亮度和音量条件下的电视，或者所有插槽和插头都插满并且运行的电脑。

b) 常规工作模式

默认/标准配置运行状态开机使用的电能模式。

注：本模式示例：电脑显示器的出厂设置或激活/运行模式的打印机。

c) 闲置工作模式

用户设置最低系统负载并且无延迟待运行状态下开机使用的电能模式。

注：本模式示例：电脑虽然处在运行状态，但用户并未开启消耗资源的任务，或待机模式下的打印机。

设计者：

——应考虑使用低能耗的元器件和设计方案，或有效供能的元器件，如调压器和 DC-DC 变流器，以减少在工作模式下的能耗。

为避免因使用风扇导致额外的能耗，应尽量采用自然降温，提升在工作模式下这些设计的能效。因为能效越低，系统中的能耗及其相关散热就越大，导致更高的降温要求。

注：典型地，提升能效可以减少成本和噪声，提高适用性。

——在规定电源规格时应考虑其电能模式(见 4.3.1)。在多数用到的模式中，AC-DC 变流器的效率应较高。

注：典型地，例如办公用个人电脑，闲置工作模式下能耗是常规工作模式的 90%，因此，这个模式下的转换效率应较高。但是，在闲置工作模式下许多个人电脑的电源负载较低，所以通常转换效率也较低。

要求低负载，从而降低电源效率的另一个原因是系统内在可扩展性的需要，如电脑。同样地，设计者应在扩展性和能耗之间做出权衡。

——应考虑产品规格的影响。例如，电源规格的额定值过高可能导致能效低。

——应考虑提供给用户和安装者操作环境条件的影响。例如，对大型电信设备、服务器或存储器的可允许最高环境(房间)运行温度规定过高，可能导致房间降温系统能效下降。

4.3.3 **节能模式**

节能模式，通常可以表示为低功耗、休眠、深度休眠或待机状态，是指设备联接到电源并且在用户可接受的时间内，通过使用远程控制或其他信号就可以使设备重新回到操作模式。在复杂的系统中会存在多种节能模式。

注：节能模式示例：休眠（例如，电脑的待机/暂停至随机存取存储器模式）、高级主动待机模式（例如，机顶盒与外部来源设备交换数据，但不向电视提供图像或声音）、低级主动待机模式（例如，录像用的程序控制 DVD 录像机，但不录像/向电视提供图像或声音）、被动待机模式（例如，电视不提供图像或声音，但可以用遥控器开到操作模式）。

设计者应

——考虑从工作模式自动切换到节能模式的实际设计方案。应使用户能够调整节能模式的设置。还可考虑其他创新解决方案。

注：例如电脑监视器可在探测到用户离开观看区域时激活休眠模式。

——考虑用户所能接受的工作恢复时间，使用户尽可能使用节能模式，例如，从复印机/打印机节能模式状态下至再次开始复印/打印的延迟时间。

——考虑设计方案，以减少节能模式下的能耗，还可以应用 4.3.2 所述的类似方案。

——告知用户非节能模式的能耗更多。

4.3.4 **关机模式**

关机模式可以分为两种：

a) 软关机模式

设备通过装置本身或由用户通过远程控制或命令关闭。

注：例如，自动关闭模式的打印机或完成关闭的电脑。

b) 硬关机模式

与电源连接处于关闭状态，设备不用电能。手动关闭设备的主电源开关（见下述）。

注：示例——监视器、电视和激光打印机关闭主电源，并且不发生能耗。

设计者应考虑

——设计方案如果可行，使设备从节能模式自动切换到关闭模式。

——设计方案将软关机模式的能耗减至最低（如果可行，减至不用电能）。

——在产品上配置主电源开关，使用户易于操作。

——通过文件或其他手段告知用户：如果产品不处于用能状态，用户将无法实现硬关机。

4.3.5 **空载模式**

在本模式状态下，外部电源或充电器联接到电源，但没有联接到相应的产品。例如，联接到电源的手机充电器，但是没有联接到手机。

设计者应考虑将空载模式的能耗减至最低。

4.3.6 **能效措施**

应将所有可行的节能特性记录在设计检查表中，形成文件。

如有可能，应向用户提供能耗以及相关的电能模式信息。

设计者应考虑适用的自愿协定，旨在提高产品的能效。

低能耗可降低用户的总体成本，设计者应对设计改进后的效果与前次设计进行量化对比，且应与产品销售方沟通，以推广改进的产品。

设计者应使工作模式达到最高的能效，并且可以自动切换到节能模式。如果不可能实现，应向用户提供可用的节能控制和/或设置的说明并作为用户文件。

软件也与系统的总体能效相关。设计者应就多用途装置上软件的灵活性和特殊用途硬件的能效做出权衡。

4.4 消耗品和电池

4.4.1 消耗品

设计者应考虑避免消耗品中有害物质和配制品。

产品设计时，应使与产品功能相关的消耗品的使用得到优化。设计者应考虑引入如下特性：

——减少或节约使用消耗品；

——消耗品易于替换和维护。

制造商应向用户提供与产品功能相关的消耗品使用信息，如果适当，还应提供消耗品生命末期阶段管理的相关信息。

4.4.2 电池

电池应符合有关法规中所有适用的有害物质和配制品限制的规定、含有电池的设备设计要求，以及标识要求。

应考虑使用环境影响较小的电池，例如，锂离子电池、锂聚合物电池和镍氢电池。如果必须使用有负面环境影响的材料(例如，钮扣电池中的汞)，应在设计检查表中记录材料及其使用理由。

电池应易于识别和移除，除非电池寿命比产品寿命长(并且设备持续依靠电池)，或不存在特殊电池处置要求。如果存在特殊电池处置要求，产品文件应给出由具备资质的人员安全移除电池的建议。

应公开产品中电池的有关信息。这些信息应包括电池类型和装配位置的详细情况，以及安全移除和处置电池的程序，还应以打印或电子格式含在产品用户文件中。

4.5 排放

4.5.1 化学排放物

应尽可能减少产品使用阶段的化学排放物。

应符合产品化学排放物的相关法规。

应按照 ISO/IEC 28360 进行测量，如有可能，应公开测量的排放数据。

4.5.2 噪声发射

应考虑应用减少噪声发射的技术。

应按照 GB/T 18313—2001 进行噪声发射评估。

对于属于本标准范围内，但不在 GB/T 18313—2001 范围内的产品，应参考 GB/T 6881.1—2002、GB/T 3767—1996 或 GB/T 6882—2008 等标准，如果可行，还应记录测试条件。

如果可行，应公开噪声发射测量的结果，满足相应产品标准噪声要求。

应注意，音视听系统和电脑的降温措施产生的噪声也是家用或安静办公环境的常见问题。

4.6 延长产品寿命

如果技术和经济可行，应尽可能延长产品使用寿命并且使产品易于维修。设计应考虑引入如下特性：

——使用通用零部件，如外壳等(封盖、底座等)，或同类产品或多代同样的产品中用于多种模型的通用零部件或元器件，可以方便通用零部件的再使用；

——使用更易于替换或维修的标准零部件；

——使用模块化元器件；

——应识别出产品中可用于翻新和再使用的零部件(如维护用的备用零部件)。

为了鼓励延长产品的使用寿命，如果可行，应公开产品升级、延长寿命和维修的可用方案信息，包括可实施的服务。

注 1：需要基于产品种类，和/或产品初始成本对升级性设计的具体情况进行识别。有许多种类的产品不适用于升级。例如，单一用途的照相机和便携式计算器。

注 2：4.7 中所提供的一些指导有助于提高产品的适用性。

4.7 生命末期

产品设计应促进产品生命末期的再使用、再生利用和适当处置。

如果适于预期的生命末期过程，应运用如下设计原则：

——应可以简便并且安全地分离出含有害物质和配制品的零部件；

——应易于分离联接到机壳/机架零部件或底盘的不兼容材料（包括电子模块）；

——可使用通用工具拆解至模块（例如电源、光盘驱动器、印制电路板），所使用工具应可以触及所有这些零部件；

——对于质量超过 25 g 的塑料零部件（含添加剂），应按照 GB/T 16288 进行标识。

注 1：从安全和性能的角度考虑，可能会与上述要求冲突。

注 2：许多种类产品不能在生命末期进行拆解。

考虑到预期的生命末期过程，设计者应：

——避免使用不可再生利用的复合物和涂层。

——避免使用不降解就难以再生利用的塑料零部件涂层。

——避免使用塑料零部件上的黏性贴纸或泡沫材料。

——避免在塑料零部件中嵌入金属材料（除非使用通用工具易于移除）。

——减少焊接点和粘合点。

——减少联接件（例如，紧固件和螺钉）。

——减少拆解的必要步骤。

——减少拆解所需的工具。

——减少拆解者不得不改变位置的次数。

——在产品设计全过程中应考虑选用同种塑料。如果不可行，应考虑限制产品中所使用塑料种类。可参照附录 C 中的相容性指导选择聚合物。如有可能，应使用评价为优秀或良好的组合。

——尽量考虑模块再使用设计。

——标识和其他识别标记尽可能使用产品本身的材料或兼容材料。

——易拆解设计，如使用铆钉或螺钉。

设计者应考虑制定产品拆解方案，将产品拆解成主模块或子组件，并且对拆解者公开方案。对于大型和复杂产品（例如，架式系统、服务器、电话交换台等），特别需要这些方案。拆解方案包括：

——拆解信息的文件；

——识别潜在的有价值和/或可再使用零部件；

——识别含有有害物质和配制品的零部件；

——特别处理和处置措施。

4.8 需要特别注意的物质和配制品

应将减少和/或消除潜在有害物质作为产品设计的重点之一。特别是，建议设计者考虑有关限制在产品中使用有害物质的法规。

设计者应尽量减少在产品再生利用过程中需要特别处理或处置的物质的使用。

应向产品用户和再生利用者公开需要特别处理或处置零部件的适当信息。

如果不能避免受法规限制的物质以外的其他有害物质，应识别这些物质并且应在设计检查表中记录不能避免的原因。

附录 B 列出了关于限制在产品中使用有害物质的法规列表。

4.9 产品包装

包装材料会对环境产生影响，设计者应：

——减少材料的种类；

——减少材料的用量；

——尽可能使用对环境影响较小的材料；

——尽可能使用再生利用材料；

——尽可能使用可再生材料。

作为最低要求，应注意有关产品包装的法规，如：

——限制使用有害物质和配制品；

——再生利用性，如，再使用、材料回收、能量回收或有机回收。

还应该注意包装材料的适当标识(例如，依据 GB/T 16288)。

5 文件

应以适当的方法向消费者/用户提供关于如何安装、使用、维护和处置产品的信息。尤其是，与产品环境特性相关的信息。

本标准第 4 章要求向产品用户公开产品环境特点的信息。

信息介质可以是纸质或电子格式的。

6 设计者用的设计检查表

设计检查表只为设计者所使用。

设计者需要评估诸多环境因素。

附录 A 给出了设计检查表的示例。

附　录　A
（资料性附录）
环境检查表的设计指导和设计

产品环境意识设计需要考虑诸多环境因素，还要考虑其他产品准则，如，功能绩效、长期可靠性、安全性和成本竞争力。在许多情况下，设计者应权衡多种准则，从而提供既对消费者有用，又保护环境的产品。

根据本标准的第4章和第5章中的环境要求和建议，本附录提供了一个检查表，旨在帮助设计者考虑环境因素，将具体的环境特性引入特定的产品。

由于产品类型众多，设计特点不同，制造商应针对特定产品的环境特点，以本检查表为基础制定适用其特定产品类型的检查表。

A.1　总体考虑

组织是否实施了生命周期思想的设计策略。

（　）是

（　）否

A.2　材料效率

是否已减少了产品使用材料的种类。

（　）是，描述：

（　）否

是否已减少了产品使用材料的数量。

（　）是，描述：

（　）否

产品是否已使用环境影响较小的材料。

（　）是，描述：

（　）否

产品是否已使用再生利用材料。

（　）是

（　）否

产品是否已使用可再生材料。

（　）是，描述：

（　）否

A.3　能效

A.3.1　电能模式和相关能效措施

是否考虑并且采取了节能措施，措施易于选择和操作。

（　）是，已考虑并且实施，描述：

（　）是，已考虑但未实施，原因：

（　）不适用

（　）否

提出产品的具体电能模式

详细描述能耗显著的模块及其减少能耗的方案。

A.3.2　操作模式

提出应用低能耗元器件的设计方案或措施。

提出提升供电元器件能效的方案或措施。

提出在多数电能模式下使 AC-DC 转换效率最高的方案或措施。

提出避免出现非常规要求的产品技术特点的方案或措施，如，电源。

提出避免出现非常规要求的产品操作环境的方案或措施，如，室内温度。

A.3.3　节能模式

提出从工作模式自动切换至节能模式的设计方案或措施。

提出减少产品从节能模式切换至激活模式时间的设计方案或措施。

提出类似于上述 A.3.2 的减少节能模式能耗的方案或措施。

A.3.4　关机模式

提出从节能模式自动切换至关机模式的设计方案或措施。

提出减少软关机模式能耗的设计方案或措施。

提出使用户更易于操作的电能开关的方案或措施。

硬关机模式是否耗电？

(　)是，如果耗电，采取什么行动告知用户？

(　)否

A.3.5　空载模式

提出将空载模式降至最低的设计方案或措施。

A.3.6　能效措施

提出其他地方尚未提出的产品节能特征。

是否已向用户公开所有相关电能模式下的能耗信息。

(　)是，提出如下

[ ]制造商环境产品声明

[ ]产品规格文件

[ ]产品用户手册(纸质版)

[ ]产品用户手册(电子版)

[ ]产品标识或包装

[ ]产品包装文件

[ ]互联网，网址：

[ ]其他，描述：

(　)不适用
(　)否

是否考虑了提升产品能效的自愿协定，并且达到其中建议的要求。
(　)是，已考虑并且达到建议的要求，描述：
(　)是，已考虑，但未达到建议的要求，原因：
(　)不适用
(　)否

产品是否符合相关法规中的能效要求。
(　)是，符合相关法规及版本：
(　)不适用
(　)否，给出不符合法规要求的原因：

是否已量化提升能源设计特征的效果并且向市场公开。
(　)是
(　)否/不适用

默认设置是否为能效最高的工作模式和/或切换至节能模式。
(　)是
(　)否

是否已向产品用户公开适当使用节能控制和/或设置的信息。
(　)是，提出如下
　　[ ]产品用户手册(纸质版)
　　[ ]产品用户手册(电子版)
　　[ ]产品或包装标识
　　[ ]产品包装文件
　　[ ]互联网，网址：
　　[ ]其他，描述：
(　)不适用
(　)否

A.4　消耗品和电池

A.4.1　消耗品

是否已考虑避免在消耗品中使用有害物质。
(　)是
(　)不适用(无消耗品)
(　)否

是否已针对产品的功能做出产品优化使用消耗品的设计。
(　)是
(　)不适用(无消耗品)

( )否

是否已向用户提供产品使用消耗品的信息。

( )是，提出如下(全部选项都选是)：

[ ]产品用户手册(纸质版)

[ ]产品用户手册(电子版)

[ ]产品或包装标识

[ ]产品包装文件

[ ]互联网，网址：

[ ]其他，描述：

( )不适用(无消耗品)

( )否

A.4.2 电池

产品中的电池是否符合相关法规中对有害物质和配制品的限制的要求。

( )是

( )不适用(无电池)

( )否

产品中的电池是否根据相关法规的要求做出标识。

( )是

( )不适用(无电池)

( )否

电池的汞含量是否超过相关法规中的限值。

( )是，法规及限值是：

( )否，如果选否，写出未能避免使用汞的理由：

是否已考虑减少电池的环境影响。

( )是，已考虑的具体类型的电池(检查所有选项)

[ ]锂离子电池

[ ]锂聚合物电池

[ ]镍氢电池

[ ]其他，描述：

( )不适用(无电池)

( )否，原因：

是否能避免在产品中使用含有对环境有害材料的电池。

( )是

( )不适用(无电池)

( )否

[ ]说明电池类型：

[ ]在哪里报告：
[ ]不能避免使用材料的原因：

是否所有电池和含有电池的组件都易于识别和移除。
( )是
( )不适用(无电池)
( )否；说明原因：
[ ]直至生命末期阶段都不会移除电池，设备依靠持续供电/无特殊处置要求
[ ]其他：

产品用户文件中是否包含移除和处理电池的程序信息。
( )是，提出如下
[ ]制造商环境产品声明
[ ]产品用户手册(纸质版)
[ ]产品用户手册(电子版)
[ ]产品服务手册
[ ]产品标识
[ ]互联网，网址：
[ ]其他，描述：
( )不适用(无电池)
( )否，原因：

对于不易移除的电池，是否在产品文件中提供了(在产品生命周期中)更换电池服务的建议。
( )是
( )不适用(无电池和/或蓄电池)
( )否

产品文件中是否包括不可移除电池类型和位置的信息。
( )是
[ ]电池类型：
[ ]位置：
( )不适用(无不可移除电池)
( )否

是否已考虑并且实施了有助于延长电池和/或蓄电池寿命的电池管理特性。
( )是，已考虑并且实施
( )是，已考虑并未实施
( )不适用(无电池)
( )否，原因：

A.5 排放物

A.5.1 化学排放物

是否做出尽可能减少产品化学排放物的设计。

(　)是
(　)不适用(产品基于非静电原理工作)
(　)否

是否符合产品化学排放物管理的相关法规。
(　)是
(　)不适用(产品不消耗供给物)
(　)否
(　)无相关法规

对于基于静电原理工作的产品,是否已评估化学排放物(臭氧和有机挥发物)和尘土排放。
(　)是
(　)不适用(产品基于非静电原理工作)
(　)否

对于基于静电原理工作的产品,是否已按照标准 ISO/IEC 28360 完成排放测量。
(　)是
(　)不适用(产品不消耗供给物)
(　)否

是否已向用户公开排放测量的结果。
(　)是,提出如下
　[ ]制造商环境产品声明
　[ ]产品用户手册(纸质版)
　[ ]产品用户手册(电子版)
　[ ]产品服务手册
　[ ]产品标识
　[ ]互联网,网址:
　[ ]其他,描述:
(　)不适用(产品不消耗供给物)
(　)否,原因:

A.5.2　噪声发射

是否已按照 GB/T 18313—2001 测量噪声发射。
(　)是
(　)否
(　)其他,描述:
(　)不适用

是否使用了 GB/T 18313—2001、GB/T 6881.1—2002、GB/T 3767—1996 或 GB/T 6882—2008 范围以外的产品。
(　)是
(　)否
(　)不适用

已公开噪声发射测量结果。

(　)是

(　)否

(　)不适用

A.6 延长产品寿命

产品是否含有可以用于产品家族或多代相同产品中多种模型的通用机械包装(表面和底盘),或通用零部件或元器件。

(　)是,描述:

(　)不适用

(　)否

产品是否含有工业标准零部件。

(　)是,列出:

(　)否

(　)不适用

产品是否含有模块元器件。

(　)是,列出:

(　)否

(　)不适用

产品是否含有再使用元器件和/或零部件。

(　)是,列出:

(　)否

(　)不适用

产品是否含有可再生,或维护时再使用,或备用更换的零部件。

(　)是,列出:

(　)否

(　)不适用

A.7 生命末期

是否可以从产品中分离出含有有害物质和配制品的零部件。

(　)是

(　)否

(　)不适用

联接到机壳/机架或底盘的兼容材料是否易于分离。

(　)是

(　)否

(　)不适用

是否可使用通用工具将产品拆解至模块等级。

(　)是

(　)否,列出拆解所需的特殊工具:

质量超过 25 g 所有塑料零部件,是否已按照 GB/T 16288 标出聚合物、共聚物、共混聚合物或合金的类型。

(　)是

(　)否

(　)不适用

是否已避免如下设计选项。

(　)主要塑料零部件上带有不兼容涂层

(　)不降解就很难再生利用的塑料零部件上的涂层和表面材料

(　)塑料零部件上带有黏性贴纸或泡沫材料

(　)塑料零部件中含有金属材料

是否已考虑如下因素,以减少使用其数量和种类。

(　)焊接点和粘合点

(　)联接件(例如,紧固件和螺钉)

(　)拆解的必要步骤

(　)拆解所需的工具

(　)拆解者不得不改变的位置

是否已包括如下设计选项。

(　)整个产品设计使用同样的聚合物

如果不可行,是否已减少产品中使用塑料的种类

(　)是

(　)否

在选择聚合物时是否使用了附录 C 中的兼容指导

(　)是

(　)否

(　)是否已对产品进行设计,使模块可以再使用

(　)是否已对与产品本身相同材料或兼容材料做出标识和其他识别标记

(　)是否使用铆钉或螺钉,有助于拆解

是否已制定出拆解方案,可将产品拆解至主要模块或分组件,并且向拆解者公开。

(　)是

(　)否

A.8　需要特别关注的物质和配制品

产品是否符合限制使用有害物质和配制品的相关法规。

(　)是,列出法规:
(　)不适用
(　)否

是否已减少或消除使用需要在再生利用过程特别处理或处置的物质。
(　)是,已消除
(　)是,已减少,列出材料:
(　)不适用
(　)否

是否已向用户和再生利用者公开需要特别处理或处置的零部件信息。
(　)是
(　)否
(　)不适用

除了相关法规中规定的限用物质,本产品是否还使用了其他的有害物质。
(　)是,列出这些有害物质,给出使用原因
(　)否

A.8.1　一般限用物质

产品不含/含有如下物质。
(　)不含　(　)含有　石棉
(　)不含　(　)含有　臭氧消耗物质:CFC、HBFC、HCFC、哈龙、CCl_4、$C_2H_3Cl_3$、BCM
(　)不含　(　)含有　PCB、PCT、Ugilec 141、Ugilec 121 或 21、DBBT
(　)不含　(　)含有　有机锡化合物:TPT、TBT、TBTO、DBB
(　)不含　(　)含有　PentaBDE、OctaBDE
(　)不含　(　)含有　PCN
(　)不含　(　)含有　汞(放电管除外)
(　)不含　(　)含有　铅
(　)不含　(　)含有　镉
(　)不含　(　)含有　六价铬
(　)不含　(　)含有　PBB、PBDE

在产品文件的物质记录文件中是否含有上面的限用物质。
(　)是,不能避免使用材料的原因:
(　)否

A.8.2　塑料零部件、机械零部件和机壳的限用物质

产品的塑料零部件不含/含有如下物质。
(　)不含　(　)含有　镉或镉化合物
(　)不含　(　)含有　短链氯化烷烃
(　)不含　(　)含有　铅或铅化合物

在产品的物质记录文件中含有上面的限用物质。
(　)是,提出不能避免使用材料的原因:
(　)否

A.8.3 涂漆、涂层或着色剂的限用物质

产品的塑料零部件不含/含有如下物质。

( )不含 ( )含有 镉或镉化合物

( )不含 ( )含有 铅或铅化合物

在产品的物质记录文件中含有上面的限用物质。

( )是

不能避免使用材料的原因：

( )否

A.8.4 其他零部件/产品的限用物质

产品的塑料零部件不含/含有如下物质。

( )不含 ( )含有 TRIS、TEPA、PBB

( )不含 ( )含有 释放芳香胺的含氮着色剂

( )不含 ( )含有 六价铬

木制零部件/产品不含/含有如下物质。

( )不含 ( )含有 木制品防腐处理用的砷

( )不含 ( )含有 木制品防腐用的汞

( )不含 ( )含有 五氯酚和衍生物

玩具不含/含有如下物质。

( )不含 ( )含有 苯

直接或长效接触皮肤的物品不含/含有如下物质。

( )不含 ( )含有 镍

在产品的物质记录文件中含有上面的限用物质。

( )是

提出不能避免使用材料的原因：

( )否

A.9 包装

是否已减少包装材料的种类。

( )是，描述：

( )否

是否已减少包装材料的用量。

( )是，描述：

( )否

是否所使用的包装材料环境影响较小。

( )是，描述：

( )否

是否使用再生利用的包装材料。

(　)是
(　)否

制造包装所使用的是否是可再生材料。
(　)是，描述：
(　)否

包装是否符合相关法规。
(　)是，列出相关法规：
(　)否

包装材料是否标有适当标识(例如，依据 GB/T 16288 进行标识)
(　)是，列出采用的标准：
(　)否，提出不能标识包装材料的原因：

A.10 文件

已向消费者/用户提供关于安装、使用、维护，处置产品的说明——特别是，说明适于产品的环境特性。
(　)是，列出
[ ]产品规格文件
[ ]制造商环境产品声明
[ ]产品用户手册(纸质版)
[ ]产品用户手册(电子版)
[ ]产品标识或包装
[ ]产品包装文件
[ ]互联网，网址：
[ ]其他，描述：
(　)否

是否已依据 ECMA 370 向用户公开所有适用的产品环境信息。
(　)是
(　)否

附　录　B
（资料性附录）
限制在产品中使用有害物质的法规

有害物质和配制品	中国是否存在有关限制使用的法规	国际上是否存在有关限制使用的法规
一般性限制使用的有害物质和配制品		
石棉	尚未查到	是
CFC	是	是
HBFC	尚未查到	是
HCFC	尚未查到	是
哈龙	尚未查到	是
CCl_4	尚未查到	是
$C_2H_3Cl_3$	是	是
BCM	尚未查到	是
PCB	尚未查到	是
PCT	尚未查到	是
Ugilec 141	尚未查到	是
Ugilec 121 或 21	尚未查到	是
DBBT	尚未查到	是
PCN	尚未查到	是
TPT	尚未查到	是
TBT	尚未查到	是
TBTO	尚未查到	是
DBB	尚未查到	是
PentaBDE	是	是
OctaBDE	是	是
铅	是	是
镉	是	是
汞	是	是
六价铬	是	是
PBB	是	是
PBDE	是	是
在塑料机械零部件和机架中限制使用的有害物质和配制品		
镉或镉化合物	是	是
短链氯化烷烃	尚未查到	是

表（续）

有害物质和配制品	中国是否存在有关限制使用的法规	国际上是否存在有关限制使用的法规
铅或铅化合物	是	是
在涂漆、涂层或着色剂中限制使用的有害物质和配制品		
镉或镉化合物	是	是
铅或铅化合物	是	是
纺织和皮革制品中限制使用的有害物质和配制品		
TRIS	尚未查到	是
TEPA	尚未查到	是
释放芳香胺的含氮着色剂	是	是
六价铬	尚未查到	是
木制品中限制使用的有害物质和配制品		
木制品防腐处理用的砷	是	是
木制品防腐用的汞	是	是
五氯酚和衍生物	尚未查到	是
其他产品中限制的使用有害物质和配制品		
玩具中的苯	尚未查到	是
直接或长效接触皮肤的镍制品	尚未查到	是

附　录　C
（资料性附录）
塑料相容性指导

设计者应验证并且与塑料的卖方共同重新检查已识别出的塑料兼容性。所列出的聚合物具有许多不同特性，这取决于所使用的添加物，需要对聚合物材料的兼容性进行全面的分析。也就是说，有必要进行更多的分析。

表格图例：

图例	说明
+	与广泛混合物良好兼容
（空白）	与少部分过量成分有限兼容
（灰色）	不兼容

混合成分	过剩成分																		
	ABS	ASA	PA	PBT	PBT+PC	PC	PC+ABS	PC+PBT	PE	PET	PMMA	POM	PP	PPO	PPE+PS	PS	PVC	SAN	TPU
ABS	+	+		+	+	+	+	+			+						+	+	+
ASA	+	+		+	+	+	+	+			+						+	+	+
PA			+																+
PBT	+	+		+	+	+	+	+										+	
PBT+PC	+	+		+	+	+	+	+										+	+
PC	+	+		+	+	+	+	+		+	+							+	
PC+ABS	+	+		+	+	+	+	+		+	+							+	+
PC+PBT	+	+		+	+	+	+	+		+	+							+	+
PE									+				+						
PET	+	+		+	+	+	+	+		+									
PMMA	+	+				+	+	+			+								
POM												+							
PP													+						
PPE														+	+	+			
PPO+PS			+											+	+	+			
PS															+	+			
PVC	+	+									+	+					+	+	+
SAN	+	+		+	+	+	+	+			+						+	+	
TPU	+	+	+		+	+	+	+		+	+	+					+	+	+

图 C.1 不同热塑性塑料的兼容性

参 考 文 献

以下信息是本标准的初始资料文件，但并不是本标准内容的完整法规列表。

GB/T 20000.5—2004　标准化工作指南　第5部分：产品标准中涉及环境的内容（ISO Guide 64：1997，NEQ）

GB/T 24001—2004　环境管理体系　要求及使用指南（ISO 14001：2004，IDT）

GB/T 20877—2007　电气产品标准中引入环境因素的导则（IEC Guide 109：2003，IDT）

欧盟指令：

67/548/EEC　有害物质的分类、包装和标识

76/769/EC　欧盟议会指令　关于限制有害物质和配制品的上市和使用以及调整和修订

88/379/EEC　有害配制品的分类、包装和标识

91/338/EEC　对76/769/EEC的第10次修订（镉）

94/62/EEC　包装和包装废弃物

1999/45/EC　有害配制品的分级、包装和标识

1999/77/EC　基于技术进步而做出的调整　76/769/EEC附录I（石棉）

2037/2000　（欧共体）法规第2037/2000号　关于臭氧损耗的物质

2038/2000　（欧共体）法规第2038/2000号　修订（欧共体）法规第2037/2000号　关于消耗臭氧层的物质　关于定量吸入器和医疗药泵

2039/2000　（欧共体）法规第2039/2000号　修订（欧共体）法规第2037/2000号　关于消耗臭氧层的物质　关于分配氢氟氯烷碳化物配额的基年

2002/95/EC　限制在电气电子设备中使用有害物（RoHS）

2003/2/EC　限制砷的上市和使用（基于技术进步对76/769/EEC做出第10次调整）

2003/3/EC　限制“蓝着色剂”的上市和使用（基于技术进步对76/769/EEC做出第12次调整）

2003/11/EC　限制有害物质和配制品的上市和使用（五溴联苯、八溴联苯）（对76/769/EEC做出第24次修订）

ICS 29.020
K 04

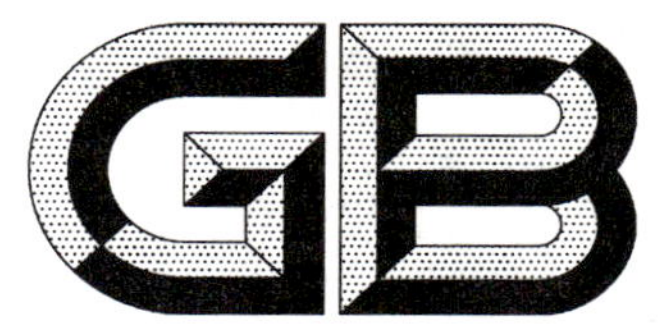

中华人民共和国国家标准

GB/T 23688—2009

用能产品环境意识设计导则

Guide of eco-design for energy-using products

2009-04-20 发布 2009-12-01 实施

中华人民共和国国家质量监督检验检疫总局
中国国家标准化管理委员会 发布

前　　言

本标准由全国电工电子产品与系统的环境标准化技术委员会(SAC/TC 297)提出并归口。

本标准的主要起草单位:机械工业北京电工技术经济研究所、常熟开关制造有限公司、信息产业部电信研究院、中国电器科学研究院、西门子(中国)有限公司、上海电动工具研究所、上海电器科学研究所(集团)有限公司、中国家用电器研究院、中国质量认证中心、特变电工沈阳变压器集团有限公司、联想(北京)有限公司。

本标准主要起草人:郭丽平、周建兴、方晓燕、吴国平、史德年、吴涤、郭伟祥、黄开云、刘彦宾、张亮、刘江、季慧玉、朱焰、莫兴波、陶宏芝、齐爽、韩红军。

本标准为首次发布。

引　　言

在所有产品中，用能产品在全球各个区域的自然资源和能源消耗中占有很大比例。用能产品对环境也产生许多重要的影响。即使对于具有相同功能或相似功能的同一类用能产品，所消耗的自然资源、能源以及对环境的影响是不同的，甚至相差很大。为了实现可持续发展，应鼓励制造商通过对用能产品对环境负面影响主要来源的确定和采取预防性措施，持续改善那些用能产品的环境绩效，减少对环境的不利影响。

环境意识设计也称为“绿色设计”、“环境设计”。其基本思想是，在产品设计阶段就将环境因素和预防污染的措施纳入其中，将环境绩效作为产品的设计目标和出发点，在考虑用能产品的功能与质量的同时，通过实施环境意识设计，不断改善用能产品的环境绩效。环境意识设计是对环境影响采取的预防性措施之一。

减少用能产品对环境影响，从而达到高水平的对环境的保护，最终使消费者和用能产品的其他最终用户都能受益。

通过必要的途径，将用能产品对环境影响的改善结果告知消费者，并指导他们如何以对环境友好的方式使用这些用能产品是必要的。

考虑到用能产品门类繁多，性能、结构各异，本标准旨在提出用能产品实施环境意识设计的通用导则。针对具体用能产品的环境意识设计，则需要根据产品特点参考相关国家标准或者行业标准。

用能产品环境意识设计导则

1 范围

本标准规定了用能产品环境意识设计涉及的术语、环境意识设计的准备、环境意识设计的实施、通用环境意识设计要求以及特定环境意识设计要求。

本标准可作为用能产品进行环境意识设计的通用要求，供所有参与用能产品设计和开发的人员使用；本标准也可以帮助用能产品的用户了解用能产品的环境绩效。

本标准适用于依靠能源工作的电子电气产品。本标准不适用于交通工具的环境意识设计，不适用于不能独立投放市场、不能单独考核环境影响的用能产品及零部件。

注：适用产品示例，供热和热水设备、电机系统、家庭和第三产业用灯具、家用电器、家庭和商业用办公设备、消费类电子系统和热通风空调系统。

2 规范性引用文件

下列文件的条款通过本标准的引用而成为本标准的条款。凡是注日期的引用文件，其随后所有的修改单(不包括勘误的内容)或者修订版均不适用于本标准，然而，鼓励根据本标准达成协议的各方研究是否可使用这些文件的最新版本。凡是不注日期的引用文件，其最新版本适用于本标准。

GB/T 20877—2007 电工产品标准中引入环境因素的导则(IEC Guide 109:2003,IDT)

GB/T 21273 环境意识设计 将环境因素引入电工产品的设计和开发(GB/T 21273—2007,IEC Guide 114:2005,IDT)

GB/T 21474—2008 废弃电子电气产品再使用及再生利用体系评价导则

GB/T 24001—2004 环境管理体系 要求及使用指南(ISO 14001:2004,IDT)

GB/T 24040—2008 环境管理 生命周期评价 原则与框架(ISO 14040:2006,IDT)

GB/T 24050 环境管理 术语(GB/T 24050—2000,idt ISO 14050:1998)

IEC 62430 电子电气产品的环境意识设计

3 术语和定义

GB/T 20877—2007、GB/T 21273、GB/T 21474—2008、GB/T 24001—2004、GB/T 24040—2008、GB/T 24050 确立的及下列术语和定义适用于本标准。

3.1

用能产品 energy-using product;EuP

依靠能源工作(电力、化石燃料和再生能源)完成预定功能的产品，或是用于产生、转换和计量这种能源的产品，包括依靠能源工作并拟装配到用能产品的零件。这些零件可以作为为最终用户提供的单个零件投放市场和/或投入使用，并且其环境绩效性能可以独立地予以评估。

3.2

元器件与组件 components and sub-assemblies

用于装配到用能产品上的零件。它们不能作为为最终用户提供的单个零件投放市场和/或投入使用，或者其环境绩效性能不能独立地予以评定。

3.3

材料 materials

在用能产品生命周期中使用的全部材料。

注：不仅包括制造用能产品的材料，也包括用能产品在使用、维护阶段所需的零部件备件、消耗品等。

3.4

环境因素　environmental aspect

在用能产品的生命周期内，能够与环境发生相互作用的单元和功能（包括元器件与组件）。

注：重大环境因素是指具有或能够产生重大环境影响的环境因素。

［根据 GB/T 24001—2004 的 3.6 改写］

3.5

环境影响　environmental impact

全部或部分地由用能产品的环境因素给环境造成的任何有害或有益的变化。

［根据 GB/T 24001—2004 的 3.7 改写］

3.6

环境意识设计　environmental conscious design；ECD

在设计和开发过程中考虑所有环境因素的系统的方法，旨在减少用能产品的负面环境影响。

3.7

生命周期　life cycle；LC

（用能）产品系统中前后衔接的一系列阶段，从原材料的获取到废弃或回收处理的各个相关联的环节或阶段。

［根据 GB/T 24040—2008 的 3.1 改写］

3.8

生命周期评价　life cycle assessment；LCA

对一个产品系统的生命周期中输入、输出及其潜在环境影响的汇编和评价。

［GB/T 24040—2008 的 3.2］

3.9

再使用　reuse

电子电气产品及其元器件、零部件废弃后，经过清洗、维护、修复等，并经检验符合相应的国家、行业、地方或企业标准，仍能够按原用途继续使用。

［GB/T 21474—2008 的 3.3］

3.10

再生利用　recycling

电子电气产品及其元器件、零部件废弃后，其材料能直接用于其他用途或经过重新加工处理后，能按预定的使用要求重新使用；但不包括回收能量。

［GB/T 21474—2008 的 3.4］

3.11

能量回收　energy recovery

利用可燃性废弃物直接焚烧，同时进行热回收，作为产生能量的手段。焚烧过程中可以加入或不加入其他的废料。

［GB/T 20877—2007 的 3.2］

3.12

环境绩效　environmental performance

制造商对用能产品的各个环境因素进行管理所取得的可测量结果。提高用能产品环境绩效的可持续改进的连续过程，不要求在一次过程中同时改善产品所有的环境因素。

［根据 GB/T 24001—2004 的 3.10 改写］

3.13

环境意识设计要求　eco-design requirement

将环境因素融入到产品的设计中，旨在贯穿产品的整个生命周期中改善用能产品的环境性能，是

(用能)产品的设计要求之一。在不牺牲产品既定功能的前提下,采用节省资源、低毒性等设计原则,以提高用能产品的环境绩效。

3.14

通用环境意识设计要求 generic eco-design requirement

以任何用能产品与生命周期相关的输入和输出(如材料与排放等)相关的总体、共性的环境意识设计要求,一般不设定量化限值。

3.15

特定环境意识设计要求 specific eco-design requirement

针对具体用能产品的特定环境因素,定量的或可测的环境意识设计要求,如使用期间的能量消耗,可计算给定的单位输出性能的相应要求值。

3.16

环境参数 environmental parameter

通过对产品整个生命周期中的重大环境因素分析和排序得出的可计量的环境特性。

[根据 IEC 62430 改写]

3.17

废物 waste

按照现行国家法律规定,废弃或被要求废弃的物质或物体。包括制造者或拥有者丢弃、准备丢弃或者被要求丢弃的任何物质或物体。

注:对于电子电气产品,指制造者或者拥有者不再使用且已经丢弃或放弃的电子电气产品,或者在生产、流通和使用过程中产生的不合格产品和报废产品。

[根据 GB/T 20877—2007 的 3.18 改写]

4 环境意识设计的基本原则

环境意识设计应遵循的基本原则如下:

——从为用能产品的最终用户考虑,实施环境意识设计不应对产品功能带来重大的负面影响。

——实施环境意识设计不应对人类健康、安全和环境带来新的不利影响。

——从为消费者考虑,实施环境意识设计不应对消费者带来重大的负面影响,特别是消费者对用能产品的承受力及其需要支付的生命周期的成本。

——实施环境意识设计不应对产业竞争带来不利影响。

——实施环境意识设计应充分利用技术发展的成果。

——实施环境意识设计应考虑技术、经济等方面的合理性。

5 环境意识设计的实施

5.1 引入环境意识设计时机

建议在用能产品的设计阶段,尤其是新产品的设计阶段应引入环境意识设计并采取行动,因为在设计阶段可以判断用能产品在整个生命周期产生的大部分环境影响。

注:一般认为,在产品的设计阶段能够预见和判断出主要的环境影响,如果采取适当的环境意识设计,可将产品的环境影响减少到最小。

5.2 设立环境意识设计目标

组织应设立用能产品的环境意识设计目标,从减少用能产品对环境影响入手,符合相关法律法规以及目标市场相关法规标准要求。该目标应建立在技术、经济和环境分析的基础上,具有可达性,也可以将市场已有的环境影响小的产品作为环境意识设计目标。

5.3 选择目标产品

在开始对用能产品进行环境意识设计时,建议按如下条件判断该用能产品是否应优先进行环境意识设计：

——销售量或者贸易量大的产品。一般来说，这部分产品总体的用能量大，采取环境意识设计后的改进效果也明显。

注：对于某些产品，单件的环境影响可以很小，但数量大，则环境影响也大。

——对环境产生重大影响的用能产品。对于依靠能源，特别是使用电能的产品，对环境产生重大影响，例如温室气体排放、气候变迁、自然及生物物种多样化、环境健康及生活品质、自然资源及废弃物等。

——环境影响改善潜力大的用能产品。即不需要过多地增加成本，就能获得较大改善环境影响的效果，或者说用能产品具有相同的使用功能，但是对环境影响的差异可以很大。

5.4 通用环境意识设计要求

5.4.1 通用环境意识设计要求旨在改善用能产品生命周期各个阶段输入输出的环境影响，目标是改善用能产品的环境绩效。通用环境意识设计要求适用于各类环境因素，特别是那些不适合设定限值的环境因素。通用环境意识设计要求也包括提供信息要求。

5.4.2 考虑到用能产品的生命周期，应按照如下的阶段，确定用能产品的环境意识设计参数：

——原材料获取阶段。原材料的获取阶段是指从自然界中获得最初资源能源的开采、冶炼、加工、再加工等过程。

——制造阶段。产品制造是指产品设计之后的采购、加工、装配和检验，它不仅局限于生产车间的范围，还包括与产品制造有关的整个过程。

——销售阶段。包括包装以及产品从制造地到最终用户所在地的运输和贮存。

——使用阶段。产品使用阶段从产品投入运行到产品报废退役时结束，主要包括产品的使用、定期维护、升级和故障维修等活动。

——生命末期阶段(含回收处理)。用能产品在寿命终止时的回收、报废等处置，对于新产品指第一次使用的寿命终止。

注：产品的生命周期阶段通常不是完全按照先后顺序一个接着一个地发生，而是在一个阶段中可能会出现其他的阶段。例如，在制造阶段会发生维护、保养；回收处理同样会发生在制造、使用阶段。

5.4.3 对于5.4.2列出的用能产品生命周期的每一个阶段，应设置和评价如下项的环境影响：

——预计材料消耗、能量消耗、其他资源消耗(如淡水)；

——预计向空气、水或土壤的排放；

——预计产生的物理效应污染(如噪音、振动、辐射、电磁场方面)；

——预计产生的废物；

——预计原材料和(或)能量的回收、再使用和再生利用性。

注1：可以对一类产品进行环境因素识别。

注2：与识别过程、材料、零部件相关的环境信息可以是定性的或者是定量的。

5.4.4 为改善5.4.3的评价效果，如果可行，应特别提出如下环境参数：

——用能产品的质量和体积；

——用能产品对再使用、再生材料的使用情况；

——贯穿用能产品整个生命周期中，能源、水和其他资源的消耗情况；

——用能产品的有毒有害物质的使用情况，包括包装、标识等；

注：例如对于电子电气产品限制使用的铅、镉、汞、六价铬、多溴联苯、多溴二苯醚等。

——用能产品正常使用与保养所需耗材的数量和材质；

注：按照3.3“材料”的定义，这里的耗材属于材料。

——用能产品可再使用和回收的难易程度，指使用的材料和部件的数量、标准件的使用、产品拆卸所需时间、拆卸所需工具、可回收物质的材料或零部件是否已标识、可回收物质的使用、是否容易分离回收后用于提取昂贵物质(如贵金属等)的部件或材料、是否容易分离回收后用于单独处置的含危险物质或有毒有害物质的部件或材料等；

——二手部件的整合；

——避免损伤可再使用部件、整机的技术方案；

——考虑延长用能产品寿命的方式，如最低保证寿命、备件可使用的最短时间、模块化、可升级性及可维修性；

——产生的废物和有害废物的数量；

——用能产品向空气的排放物(温室气体、酸性物质、易爆有机物、耗臭氧物质、永久有机污染物、重金属、微小颗粒和悬浮物等)；

——用能产品向水中的排放(重金属、不利于氧平衡的物质、永久有机污染物等)；

——用能产品对土壤中的排放(特别是在用能产品使用过程中有害物质的泄漏和溢出，如有必要，应考虑经渗漏排出废物的潜在性排放)。

5.4.5　制造商应通过合适的途径公布实施用能产品环境意识设计的信息，至少应包括：

——关于与用能产品环境影响有关的制造过程的信息，如材料声明；

——向消费者提供用能产品的重要环境特性和环境绩效；

——向消费者提供如何安装、使用和维护用能产品的信息，以减少用能产品对环境的影响并确保达到用能产品的预期寿命，以及提供用能产品寿命终止时如何回收的信息等。

5.5　特殊环境意识设计要求

5.5.1　特殊环境意识设计的目标是改善用能产品的某一项设定的环境因素。例如实现减少某种资源的消耗量的目标，通过确定用能产品生命周期各个阶段对该种资源使用的限值。

5.5.2　需要明确进行特殊环境意识设计的环境因素。确定环境因素时，需要进行多方面的综合考虑与分析，包括：

——有必要选择较大数量的同类用能产品就环境绩效进行技术、环境与经济的分析；

——经过技术、环境与经济的分析，提出改善用能产品该环境因素的可行的技术方案；

——提出技术方案时，需要考虑不应给消费者增加过多的经济负担；

——为贸易的需要，有必要将国外对同类用能产品的法规或者标准要求一并考虑。

5.5.3　制造商在考虑以使用阶段耗能为主的用能产品时，特殊环境意识设计应关注并将用能产品的最终用户所支付的生命周期成本最低作为目标。

通常，电子电气产品使用阶段的能耗、能效要求，都是体现对环境影响的重要方面，降低用能产品使用阶段的能耗以及提高效率，往往是环境意识设计要关注的特定环境意识设计要求，也降低了最终用户在使用阶段的成本。

ICS 29.020
K 04

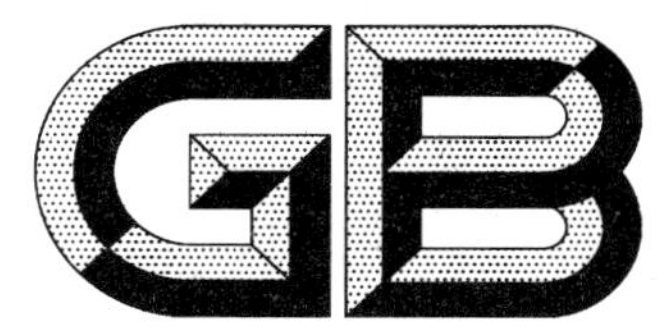

中华人民共和国国家标准

GB/T 23689—2009

信息通信技术和消费电子产品环境意识设计声明导则

Guide of environmentally conscious declaration for ICT & CE products

2009-04-20 发布　　2009-12-01 实施

中华人民共和国国家质量监督检验检疫总局
中国国家标准化管理委员会　发布

前　言

本标准参照 ECMA370:2006《信息通信技术和消费电子产品环境意识设计声明》而制定。

本标准的附录 A、附录 B、附录 C、附录 D、附录 E、附录 F 均为资料性附录。

本标准由全国电工电子产品与系统的环境标准化技术委员会(SAC/TC 297)提出并归口。

本标准主要起草单位:中国电子技术标准化研究所、机械工业北京电工技术经济研究所、特变电工沈阳变压器集团有限公司、信产部电信研究院、中国质量认证中心、联想(北京)有限公司。

本标准主要起草人:张宏图、胡京平、张亮、史德年、韩红军、郭伟祥、董永升、马奇菊、齐爽、陶宏芝。

本标准为首次制定。

信息通信技术和消费电子产品环境意识设计声明导则

1 范围

本标准界定了信息通信技术和消费电子产品(以下简称为"产品")的环境属性。

本标准适用的产品包括组件、零部件、辅件和选配件。本标准不适用于产品的制造过程和物流。本标准附录A和附录B中分别提供了公司环境简况和产品环境属性的声明示例。

2 规范性引用文件

下列文件的条款通过本标准的引用而成为本标准的条款。凡是注日期的引用文件,其随后所有的修改单(不包括勘误的内容)或者修订版均不适用于本标准,然而,鼓励根据本标准达成协议的各方研究是否可使用这些文件的最新版本。凡是不注日期的引用文件,其最新版本适用于本标准。

GB/T 1844(所有部分) 塑料 符号和缩略语(GB/T 1844—2008,ISO 1043,IDT)

GB/T 3767 声学 声压法测定噪声源声功率级 反射面上方近似自由场的工程法(GB/T 3767—1996,eqv ISO 3744:1994)

GB/T 6881.1 声学 声压法测定噪声源声功率级 混响室精密法(GB/T 6881.1—2002,ISO 3741:1999,IDT)

GB/T 16288—2008 塑料制品的标志(ISO 11469:2000,MOD)

GB/T 17248.2 声学 机器和设备发射的噪声 工作位置和其他指定位置发射声压级的测量 一个反射面上方近似自由场的工程法(GB/T 17248.2—1999,eqv ISO 11201:1995)

GB/T 17249.1 声学 低噪声工作场所设计指南 噪声控制规划(GB/T 17249.1—1998,eqv ISO 11690-1:1996)

GB/T 18313 声学 信息技术设备和通信设备空气噪声的测量(GB/T 18313—2001,idt ISO 7779:1999)

GB/T 18698 声学 信息技术设备和通信设备噪声发射值的标示(GB/T 18698—2002,eqv ISO 9296:1988)

GB/T 24001—2004 环境管理体系 要求及使用指南(ISO 14001:2004,IDT)

GB/T 24021—2001 环境管理 环境标志和声明 自我环境声明(Ⅱ型环境标志)(idt ISO 14021:1999)

GB/T 27025 检测和校准实验室能力的通用要求(GB/T 27025—2008,ISO/IEC 17025:2005,IDT)

GB/T 23687—2009 信息通信技术和消费电子产品的环境意识设计导则

ISO 3745:2003 声学 噪声源声功率级的测定 消声室和半消声室精密法

ISO 9241-9 使用视觉显示终端(VDTs)办公的人类工效学要求 第9部分:非键盘输入设备的要求

ISO 13406-2 使用基于平板视觉显示器工作的人类工效学要求 第2部分:平板显示器的人类工效学要求

ISO/IEC 9995(所有部分) 信息技术 文本和办公系统键盘布局

ISO/IEC 28360 信息技术 办公设备 电子设备中化学物质挥发速率的测量

3 术语和定义及缩略语

3.1 术语和定义

GB/T 24001—2004、GB/T 24021—2001 确立的及以下术语和定义适用于本标准。

3.1.1

自我环境声明 self environmental declaration

不经第三方认证，由制造商、进口商、销售商或其他任何能从中获益的一方自行作出的环境声明。

[GB/T 24021—2001 的 3.1.13]

3.1.2

环境 environment

组织的运行环境，包括空气、水、陆地、自然资源、植物、动物、人及其相互关系。

注：这里的环境从产品内部延伸到全球系统。

[GB/T 24001—2004 的 3.5]

3.1.3

能耗模式 energy consumption modes

对信息通信技术和消费电子产品工作模式、节能模式、关机模式以及空载模式等模式的统称。

3.1.4

物质 substance

以自然状态存在或通过生产过程而获得的化学元素及其成分，包括为保持产品稳定性而加入的必要的添加剂和在生产过程中产生的杂质，但不包括那些可以分离出来而不影响产品稳定性或不改变产品构成的溶剂。

3.1.5

配制品 preparation

包含两种或者两种以上物质的混合物或溶液。

注：例如，铅是一种物质，铅焊料是一种含铅配制品。

3.1.6

有害物质和配制品 hazardous substances and preparations

具有爆炸性、氧化性、易燃性、毒性、伤害性、腐蚀性、刺激性、突变性、生殖毒性、对环境敏感或有害的物质或配制品。

3.1.7

噪声发射 noise emissions

从确定声源(机器或设备)向环境中排放的空气声。

3.1.8

供应商 supplier

供应产品、过程或服务的相关方，可以是制造方、经销方、进口方、装配方、服务组织等。

3.1.9

可升级性 upgradeability

产品增加功能的能力。

3.2 缩略语

GB/T 24001—2004、GB/T 24021—2001 确立的及下列缩略语适用于本标准：

BCM 溴氯甲烷 bromochloromethane

$C_2H_3Cl_3$ 1,1,1-三氯乙烷 1,1,1-trichloroethane

CCl_4 四氯甲烷 carbon tetrachloride

CFC 氢氟氯烷碳化物 chlorofluorocarbons
CRT 阴极射线管 cathode ray tube
HBFC 氟溴代烷 hydrobromofluorocarbon
HCFC 氢氯氟碳化物 hydrogenated chlorofluorocarbons
PBB 多溴联苯 polybrominated biphenyl
PBDE 多溴二苯醚 polybrominated diphenyl ether
PCB 多氯联苯 polychlorinated biphenyl
PCT 多氯三联苯 polychlorinated terphenyl
SCCP 短链氯化烷烃 short chain chloroparaffins
TEPA 四乙烯五胺 tris-(aziridinyl)-phosphineoxide
TRIS 三(2,3,-二溴丙基)磷酸盐 tri-(2,3,-dibromopropyl)-phosphate
TVOC 总挥发性有机化合物 total volatile organic compounds

4 环境声明和证明

4.1 环境声明

依据本标准，环境自我声明是针对公司、项目、产品(包括产品零部件及其包装运输等)的环境因素所做出的声明。为保证数据可靠性，这些声明可通过有关准则和程序进行证明。

4.2 质量控制

为保证环境意识声明的正确性，公司应执行质量控制体系。可采用的质量控制体系有两种：

——公司内部质量控制(QC1)；

——公司外部质量控制(QC2)。

在两种声明(公司环境简况和产品环境属性)中都应声明质量控制体系的类型(QC1 和/或 QC2)。

注 1：应在公司质量或环境管理体系(可能通过 GB/T 19000 或 GB/T 24000 认证)中开展公司质量控制。

注 2：公司外部质量控制是指由第三方定期开展的质量控制，旨在维护和强化质量体系，检查所发布声明的正确性。

4.3 符合性证明

声明中所有声明内容应都可以依照要求作为通常业务规范(QC1 和 QC2)进行证明。在这种情况下需要出示文件的示例包括：

——属性声明：由产品保证部门或类似部门的负责人签署；

——试验报告：由公司或签约第三方测试实验室出具，测试实验室应获得授权，符合 GB/T 27025，或符合其他有关实验室质量标准或准则。

5 公司环境简况声明

附录 A 是公司环境简况声明表，只有所有标记有 * 的栏目都填写完整后，声明才可发布。

5.1 法规要求

5.1.1 产品回收(C1)

公司参与某个体系或拥有自己的产品回收体系，可以按照有关产品回收的法规要求回收达到生命末期的产品。

5.1.2 电池回收(C2)

公司参与某个体系或拥有自己的电池回收体系，可以按照有关电池回收的法规要求回收电池。

5.1.3 包装回收(C3)

公司参与某个体系或拥有自己的包装材料回收体系，可以按照有关回收包装的法规要求回收包装材料。

5.2 市场要求

5.2.1 环境政策和环境管理(C4)

公司应声明经过管理部门批准的现行环境政策。

应声明公司是否在环境管理体系下运行。此外,还应声明体系的覆盖范围(产品开发和/或制造)。

如果公司拥有环境管理体系,则应当声明该体系的认证机制:

——GB/T 24001—2004;

——其他(然后在C6中注明)。

5.2.2 回收(C5)

应声明是否任何利益相关方都可以获取产品、电池和包装回收系统(C1、C2、C3)的信息(纸质版或电子版)。

5.2.3 附加信息(C6)

C6适用于公司提供附加环境活动信息。如果公司简况中“其他”栏目(C4.2和C4.3)已打勾,则应在C6中提供附加信息。

6 产品环境属性声明

6.1 法规要求

下述要求包括中国以及国外的有关法规要求。各国或地区的法规要求不同,在做出产品环境属性声明时,公司应关注预期市场的具体法规要求。附录F给出了中国及国外法规的参考。

6.1.1 有害物质和配制品(P1)

应按照有关法规规定的浓度,声明是否含有以下有害物质和配制品:

只有产品不含某种材料(如纺织、皮革或木制零件)时才勾选“不适用”。

a) 一般性限制使用的物质和配制品,如:
 ——铅、汞、镉、六价铬、PBB和PBDE;
 ——石棉;
 ——臭氧消耗物质:CFC、HBFC、HCFC、哈龙、CCl_4、$C_2H_3Cl_3$、BCM;
 ——PCB、PCT;
 ——SCCP(链中有10-13碳原子),在链中含有至少占SCCP重量48%的氯。

b) 与皮肤直接接触的纺织和皮革零件中限制使用的有害物质和配制品
 ——TRIS、TEPA、PBB;
 ——释放芳香胺的含氮着色剂。

c) 木制零件中限制使用的有害物质和配制品
 ——木制品防腐处理用的砷和铬、五氯酚及其衍生物。

d) 与皮肤长时间直接接触的零件释放出的有害物质和配制品
 ——超过有关法规中规定含量限值的镍。

应按照相关标准对有害物质和配制品进行测定。

应依据有关法规确定以上所列物质限制规定的适用性。

如果本标准范围内产品中的物质和/或配制品被禁用或限制使用时,则应使用声明中区域P13进行报告。

6.1.2 电池(P2)

应对产品中的电池或蓄电池做出以下声明:

——如果产品中使用有害电池,有害电池是否易于移除,并且按照有关法规标有处理和物质标志。

——电池的汞含量不超过有关法规中规定的限值。

——如果电池永久性安装于产品中,是否在用户手册中列出所含有害物质和安全移除方法的产品信息。

只有产品中不含电池时才勾选“不适用”。

6.1.3 **消耗材料(P3)**

应对产品提供的消耗品做出以下声明:

——如果产品中使用了光电导体(鼓、带等),其镉含量不超过有关法规中规定的限值。

——如果产品中使用了油墨/调色剂,其镉含量不超过有关法规中规定的限值。

——如果油墨/调色剂的制剂/配制品按照有关法规分类为“有害”,产品/包装进行相应标记,并且按照有关法规要求提供化学品安全技术说明书(MSDS)。

注:化学品安全技术说明书简称为MSDS,是《工作场所安全使用化学品规定》所要求的,是一份包括化学品特性、安全使用、泄漏应急处置、主要理化参数、相关法规等方面信息的综合性文件。

只有产品不含上述消耗品时才勾选“不适用”。

6.1.4 **产品包装(P4)**

应对随产品提供的包装材料做出以下声明:

——包装或包装零件中铅、镉、汞和六价铬的含量之和不超过有关法规中规定的限值。

——按照GB/T 16288—2008对包装材料做出标记(参考GB/T 1844)。

注1:包装材料中不含塑料时,此条不适用。

——产品包装材料中不含有关法规中规定的臭氧消耗物质。

注2:包装材料中不含塑料时,此条不适用。

6.1.5 **处置信息(P5)**

应对是否可以按照有关法规要求向回收者/处理机构提供有关信息做出声明。

只有产品不属于法规要求范围时才勾选“不适用”。

6.2 **市场要求**

一些产品可能存在相应的自愿项目,例如中国的十环标志、节能标志,国外的生态标签或绿色采购指导等。如果达到自愿项目中规定的准则,则可以参考适用版本做出声明。在本声明中声明自愿项目中信息通信产品准则的方法参见附录D。

6.2.1 **拆卸与材料回收(P6)**

应做出以下声明,以便于专业人员对产品进行拆解、分离和/或材料回收:

——需单独处理的零件是否易于分离。

——盖/箱中塑料材料是否有表面涂层。

——质量超过100 g的塑料零件是否由单一材料或多种易于分离的材料构成。

——质量>25 g的塑料零件是否有相应材料代码(依据GB/T 16288—2008)。

——标签是否易于分离或由兼容材料制成。(不适用于安全标签)

——塑料零件是否不含金属嵌入件或是否含有可以用普通工具移除的嵌入件。

只有产品中不含所列零件时才勾选“不适用”。

6.2.2 **产品寿命(P6)**

应做出以下支持延长产品寿命的声明:

——是否可以用处理器、存储器、板卡或驱动器等进行升级。

——是否可以用普通工具进行升级。

只有产品类型不适于进行升级时才勾选“不适用”。

应做出以下支持延长产品寿命的声明:

——停产后提供备用件的年限。

——停产后提供服务的年限。

只有产品类型适于替换而不是维修或检修时才勾选“不适用”。

可在声明的P13中列出上述(如供应商的服务保证/政策,或提供备用件和服务的年限等)详细信息。

6.2.3 **材料和物质要求(P6)**

应做出以下材料和物质的声明:

——质量>25 g 的产品外壳/箱体材料类型(塑料零件应按照 GB/T 16288—2008 做出声明)(参考 GB/T 1844)。

——电力电缆的电缆绝缘材料是否不含卤化物(包括 PVC)。

——信号电缆的电缆绝缘材料是否不含卤化物(包括 PVC)。

——质量>25 g 的产品外壳/箱体材料是否不含卤化物。

——质量>25 g 印制电路板(不含零部件)是否不含卤化物。

——是否按照 GB/T 1844.4(标记)提供质量>25 g 的外壳/箱体材料中阻燃剂的化学成分类型。

——是否按照 GB/T 1844.4(标记)提供质量>25 g 印制电路板(不含零部件)中阻燃剂的化学成分类型。

——塑料零件中回收材料的质量。

——质量>25 g 的塑料零件是否不含超过 0.1%的阻燃剂物质/配制品。

——电光源中是否使用汞。

——如果灯中使用汞,灯的数量,包括每盏灯最大汞含量(mg)。

只有产品不含以上所列零件时才勾选"不适用"。

6.2.4 **电池(P7)**

应对产品中的电池(包括蓄电池)做出以下声明:

——产品是否含有被有关法规定义为"有害"的电池。

——电池的化学成分类型。

只有产品中不含电池时才勾选"不适用"。

应对产品中的电池(包括蓄电池)做出以下声明:

——电池设计符合的自愿项目。

只有产品中不含电池时才勾选"不适用"。

6.2.5 **能耗(P8)**

目前还没有广泛接受的功率等级或能耗模式的标准定义和试验方法,不足以精确区别产品的功能差异。

附录 B P8 给出了声明能耗的示例。

用通用术语描述占产品总体能耗比重最大的模式。

如果已经确定产品工作周期或工作负载简况,则可以对典型能耗(TEC)进行预估。

注 1:模式的定义和术语参照 GB/T 23687—2009。

注 2:如果设备以 P[kW]的功率等级运行,运行时间为 t[h],则能耗为 $E=P\times t$[kWh]。

应对"常规工作模式"、"节能模式 1"、"关机模式 1"和"空载模式"或其他模式做出以下声明:

——额定功率等级(r. m. s. (W))。如果产品在预期市场的不同电压运行,应声明各种电压下的功率等级。如果声明多个电压值,应用正斜线分开,如,115/230 V 的功率为 $W1/W2$。

——测量功率等级的模式。应对模式做出明确规定(在"附加信息"(P13)声明,可给出网站信息的链接)。

——测量功率等级或能耗所依据的标准。应对测量标准做出明确规定。

应声明以下内容:

——从一种模式切换至另一种模式的时间[s](如,从"常规工作模式"切换至"节能模式 1"所用的时间,不包括切换等待时间)。

——是否随产品提供了有关节能功能的信息。

——符合自愿项目的能量准则,如果声明,应说明项目版本。

只有依据产品标准或规范，才可做出典型能耗(TEC)(kWh/a)的声明。

只有产品不具备模式(如“空载”模式)时才勾选“不适用”。

注 3：自愿项目的示例见附录 D。

注 4：产品额定功率与最大能耗(最大负荷工作模式)无关，最大能耗只适用于产品安全。

6.2.6 噪声发射(P9)

应对“闲置”、“运行”和其他适用模式做出以下声明：

a) 根据 GB/T 18698 声明 A 计权声功率级 L_{WAd}(单位为 B)。

b) 根据 GB/T 18698 声明操作人员位置的 A 发射声压级 L_{pAm}(单位为 dB)。如果产品未对操作人员位置做出规定，则为邻近人员的位置。检查附录 B 的 P9.1 中操作人员或邻近人员位置。

c) 已声明噪声发射模式和典型配置的描述(见附录 B 的 P9.1)。

如果适用，应对产品做出以下声明：

d) 如果产品不属于 GB/T 18313 的范围，声明用于测量声音排放的标准，以及测定 L_{pAm}时从操作人员(或邻近人员)麦克风至产品的水平距离。

e) 如果产品是一台计算机或工作站，则检查测定 L_{pAm}时产品是位于桌面上还是位于桌侧(放在地板上)位置(见附录 B 的 P9.1)。

如果有具体产品标准，则使用该标准(即噪声试验规范)进行测量，例如对信息技术和通信设备就有 GB/T 18313 标准。如果没有适用的噪声试验规范，声功率测量应按照基础标准 GB/T 6881.1、GB/T 3767或 ISO 3745:2003 进行，排放声压测量应用按照基础标准 GB/T 17248.2 进行。测量结果应按照 GB/T 18698 进行声明。

注 1：L_{WAd}是一个用于说明产品波动和实验室间波动的最大统计值，通常大约比平均 A 计权声功率级 L_{WA} 高 0.3 B～0.4 B。GB/T 18698 中规定了测定和证明 L_{WAd}的方法。

注 2：如要还对试验标准和模式描述做出声明，可以在 P13 中对 P9.1 中的模式声明做出附加噪声测量值声明。

注 3：噪声声明的示例见附录 E。

应根据适用的测量标准中模式的定义，对产品运行做出明确规定。如果对未定义模式的噪声发射值做出声明，则应在 P13 中详细说明。不要在 P9.1 中声明数值的范围；在 P9.1 的各种模式配置下对单一数值做出声明。在 P13 中报告数值范围的指导见附录 E。

对排放声压级 L_{pAm}，声明操作人员位置的数值，除非 GB/T 18313 中未定义操作人员位置(如果 GB/T 18313 不适用，则使用 GB/T 17248.2)，在这种情况下，应报告邻近人员位置的平均值。检查 L_{pAm}是否是在附录 B P9.1 中的操作人员位置或邻近人员位置测量得出。个人计算机、笔记本计算机和工作站应使用操作人员位置；服务器、打印机、多功能打印设备(MFP)、存储设备、扫描仪(非 MFP)和投影仪等应使用邻近人员平均位置。更多细节、指导和其他产品类别可参考 GB/T 18313 或其他噪声试验规范。

如果产品没有 P9 中的强制模式，则应在 P9 中勾选 P9“不适用”。此项规定的示例见附录 E 的 E.3。

对于没有噪声试验规范(例如 GB/T 18313)的音频/视频产品或其他消费电子产品，不一定必须对噪声发射做出声明，如果在 P9.1 或 P13 中已对试验和描述模式的标准做出声明，则可在附录 B 的 P9.1 中勾选“不适用”。

6.2.7 办公印刷设备化学排放物(P9)

对于办公印刷设备，应声明是否按照有关标准或测量程序测定以下化学排放物：

a) 灰尘(颗粒物质)；

b) 臭氧；

c) 苯乙烯；

d) 苯；

e) TVOC。

应声明产品是否满足自愿项目中的化学排放物要求。

只有对非印刷产品勾选“不适用”。

注：可在P13中对打印机排放率做出声明。

6.2.8 电磁辐射(P9)

对于计算机显示器，应声明产品是否满足自愿项目的低频电磁场要求。

只有对不属于上述要求范围的产品勾选“不适用”。

6.2.9 印刷产品消耗材料(P10)

应对印刷产品消耗材料做出声明：

a) 油墨/调色剂配制品是否有化学品安全技术说明书(MSDS)，即使不属于法规要求(见6.1.3)。

b) 是否可以使用满足有关标准要求的再生纸。

c) 双面印刷/复印是否为产品的集成功能，并且指明是硬件功能还是软件功能。

只有对非印刷产品勾选“不适用”。

6.2.10 计算机人类功效学(P11)

应对计算机做出声明：

a) 计算机系统是否满足有关标准对CRT显示器以及ISO 13406-2对平板显示器的人体工效要求。

b) 键盘是否满足ISO/IEC 9995和其他标准的要求。

c) 计算机输入设备是否满足ISO 9241-9的要求。

只有对不属于以上参考标准范围的产品勾选“不适用”。

6.2.11 包装和文件(P12)

应对随产品提供的包装材料做出以下声明：

a) 产品包装材料类型和各个包装部分的质量。

b) 产品塑料包装是否不含卤化物(包括PVC)。

c) 用户文件和产品文件是否包含氯漂白纸。

d) 用户文件和产品文件是否包含再生纸。

对于c)和d)，只有当产品不含任何纸质的用户文件和产品文件时才勾选“不适用”。

6.2.12 附加信息(P13)

由于声明为固定格式，应在P13空出充足空间以提供与产品相关的附加信息。

附　录　A
（资料性附录）
公司环境简况

本附录为公司环境简况的示例，供参考使用。

表 A.1　公司环境简况

品牌		公司标识
公司名称 *		
联系信息 *		
网站地址 *		
发布日期 *		
预期市场 *	□ 中国　□ 全球　□ 欧洲　□ 日本　□ 美国　□ 其他国家	
附加信息		

本表格为非受控文件，可按以上联系信息联系以获得最新版本。

只有所有标有 * 的栏目都填写完整后，声明才能发布。

质量控制		是否满足要求	
项目编号	可在 C6 中找到有关内容的附加信息。（标记 * 的项目为必填项目）	是	否
QC1 *	公司实施内部质量控制体系，可确保本生态声明的正确性。	□	□
QC2 *	公司实施外部质量控制体系。	□	□

公司环境简况——法规要求		是否满足要求		
项目编号	可在 C6 中找到有关内容的附加信息。（标记 * 的项目为必填项目）	是	否	不适用
C1	产品回收			
C1.1 *	公司参与某个体系或拥有自己的产品回收体系，可以按照有关产品回收的法规要求回收达到生命末期的产品。	□	□	
C2	电池回收			
C2.1 *	公司参与某个体系或拥有自己的电池回收体系，可以按照有关电池回收的法规要求回收电池。	□	□	
C3	包装回收			
C3.1 *	公司参与某个体系或拥有自己的包装材料回收体系，可以按照有关回收包装法规要求回收包装材料。	□	□	

公司环境简况——市场要求		是否满足要求	
项目编号	可在 C6 中找到有关内容的附加信息。（标记 * 的项目为必填项目）	是	否
C4	环境政策和环境管理		
C4.1 *	公司有管理部门批准的环境政策	□	□
C4.2 *	公司实施环境管理体系，体系覆盖到：		
	产品开发	□	□
	制造	□	□
	如果公司实施的环境管理体系通过：□ GB/T 24001　□ C6 中的其他体系的认证		

表 A.1（续）

C5	回收		
C5.1*	利益相关方可以获取产品、电池和包装回收系统(C1、C2、C3)的信息(纸质版或电子版)	□	□
C6	附加信息		

附　录　B
（资料性附录）
产品环境属性

本附录为产品环境属性的示例，供参考使用。

表 B.1　产品环境属性

品牌 *		公司标识
公司名称 *		
联系信息 *		
网站地址 * 附加信息		

公司（根据产品规范或根据取样试验测试结果）声明产品符合本声明的内容。	
产品类型 *	
商业名称 *	
型号 *	
发布日期 *	
预期市场 *	□ 中国　□ 全球　□ 欧洲　□ 日本　□ 美国　□ 其他国家
附加信息	

本表格为非受控文件，可按以上联系信息联系以获得最新版本。

只有所有标有 * 的栏目都填写完整后，声明才能发布。

质量控制		是否满足要求	
项目编号	可在 P13 中找到有关内容的附加信息。（标记 * 的项目为必填项目）	是	否
QC1 *	公司实施内部质量控制体系，可确保本生态声明的正确性。	□	□
QC2 *	公司实施外部质量控制体系。	□	□

型号 *		
发布日期 *		公司标识

产品环境属性——法规要求		是否满足要求		
项目编号	可在 P13 中找到有关内容的附加信息。（标记 * 的项目为必填项目）	是	否	不适用
P1	有害物质和配制品			
P1.1 *	产品不含铅、镉、汞、六价铬、PBB 和 PBDE	□	□	□
P1.2 *	产品不含石棉	□	□	□
P1.3 *	产品不含臭氧消耗物质：CFC、HBFC、HCFC、哈龙、CCl_4、$C_2H_3Cl_3$、BCM	□	□	□
P1.4 *	产品不含 PCB、PCT	□	□	□
P1.5 *	产品不含 SCCP（链中有 10-13 碳原子），在链中含有至少占 SCCP 质量 48% 的氯	□	□	□
P1.6 *	与皮肤直接接触的纺织和皮革零件不含 TRIS、TEPA、PBB	□	□	□

表 B.1（续）

P1.7 *	与皮肤直接接触的织物和皮革零件不含释放芳香胺的含氮着色剂	□	□	□
P1.8 *	木制零件不含防腐处理使用的砷和铬、五氯酚及其衍生物	□	□	□
P1.9 *	与皮肤长时间直接接触的零件中释放出的镍含量符合有关法规/标准的规定限值，法规/标准为：____________________	□	□	□
P2	电池			
P2.1 *	如果产品中使用有害电池，有害电池是否易于移除，并且按照有关法规标有处理和物质标志	□	□	□
P2.2 *	如果产品中使用电池，电池的汞含量是否符合有关法规中规定的限值	□	□	□
P2.3 *	如果电池被永久性安装在产品中，是否在用户手册中列出所含有害物质和安全移除方法的产品信息	□	□	□
P3	消耗材料			
P3.1 *	如果产品中使用了光电导体(鼓、带等)，其镉含量符合有关法规/标准中规定的限值，法规/标准为：____________________	□	□	□
P3.2 *	如果产品中使用了油墨/调色剂，其镉含量符合有关法规/标准中规定的限值，法规/标准为：____________________	□	□	□
P3.3 *	如果油墨/调色剂的制剂/配制品按照有关法规/标准分类为“有害”，产品/包装进行相应标记，并按照有关法规提供化学品安全技术说明书(MSDS)，法规/标准为：____________________	□	□	□
P4	产品包装			
P4.1 *	包装或包装零件中铅、镉、汞和六价铬的含量之和符合有关法规/标准中规定的限值，法规/标准为：____________________	□	□	□
P4.2 *	按照 GB/T 16288—2008(参考 GB/T 1844)对包装材料做出标记	□	□	□
P4.3 *	产品包装材料中符合有关法规/标准中规定的臭氧消耗物质，法规/标准为：____________________	□	□	□
P5	处置信息			
P5.1 *	可以按照有关法规/标准要求向回收者/处理机构提供有关信息，法规/标准为：____________________	□	□	□
P6	设计 拆卸与回收			
P6.1 *	需单独处理的零件都易于分离	□	□	□
P6.2 *	盖/箱中所有塑料材料都没有表面涂层	□	□	□
P6.3 *	质量＞100 g 的塑料零件均由单一材料或多种易于分离的材料组成	□	□	□
P6.4 *	质量＞25 g 的塑料零件都有材料代码(依据 GB/T 16288—2008)	□	□	□
P6.5 *	标签易于分离。(安全/管理标签除外)	□	□	□
P6.6 *	塑料零件不含金属嵌入件或仅含有可以用普通工具拆除的金属嵌入件	□	□	□
	产品寿命			
P6.7 *	可以用处理器、存储器、板卡或驱动器等进行升级	□	□	□
P6.8 *	可以用普通工具进行升级	□	□	□
P6.9	可在产品停产后____________________年内提供备用件			□

表 B.1(续)

P6.10	可在产品停产后____________年内提供服务			☐
	材料和物质要求			
P6.11 *	产品外壳/箱体材料类型: 材料类型:________ 材料类型:________ 材料类型:________			
P6.12 *	电力电缆的电缆绝缘材料不含卤化物(包括 PVC)	☐	☐	☐
P6.13 *	信号电缆的电缆绝缘材料不含卤化物(包括 PVC)	☐	☐	☐
P6.14	质量>25 g 的产品外壳/箱体材料不含卤化物	☐	☐	☐
P6.15	质量>25 g 的印制电路板(不含零部件)不含卤化物	☐	☐	☐
P6.16	按照 GB/T 1844.4 提供质量>25 g 的外壳/箱体材料中阻燃剂的化学成分类型:____________	☐	☐	☐
P6.17	按照 GB/T 1844.4 提供质量>25 g 印制电路板(不含零部件)中阻燃剂的化学成分类型:____________	☐	☐	☐
P6.18	塑料零件中使用的再生材料质量为:____________	☐	☐	☐
P6.19	质量>25 g 的塑料零件不含超过 0.1%的阻燃剂物质/配制品	☐	☐	☐
P6.20	电光源不含汞。 如果灯中使用汞:灯的数量为:________ 每盏灯最大汞含量(mg)为:________	☐	☐	☐
P7	电池			
P7.1 *	产品中的电池符合有关法规/标准要求,法规/标准为:________	☐	☐	☐
P7.2 *	电池的化学成分类型:________			☐
P7.3	电池符合的自愿项目:________			☐
P8	能耗			
P8.1	已对产品的功率等级或能耗进行测量:			

模式	功率等级在 * V	切换到模式的时间(s)	模式描述	参考文件/标准	不适用
最大负荷工作模式	W		*	*	☐
常规工作模式	* W	至	*	*	☐
闲置工作模式	W	至	*	*	☐
节能模式 1	* W	至	*	*	☐
节能模式 2	W	至	*	*	☐
关机模式 1	* W	至	*	*	☐
关机模式 2	W	至	*	*	☐
空载模式	* W		外部电源/充电器虽已插入但与产品断开	*	☐
典型能耗	* kWh/a 每年典型能耗			*	☐

P8.2 *	与产品一起提供有关节能功能的信息	☐	☐	☐
P8.3	产品符合以下自愿项目的能耗要求:________	☐	☐	☐

表 B.1（续）

P9	排放			
	噪声发射——按照 GB/T 18698 进行声明			
P9.1	（见下表）			

模式	模式描述	A 计权声功率级 L_{WAd}(B)	A 计权声压级 L_{pAm}(dB) 操作人员位置 □ 桌面 □ 或桌边 □	A 计权声压级 L_{pAm}(dB) 邻近人员位置 □（只有产品无操作人员时才适用）	
闲置模式	*	*			□
操作模式	*	*			□
其他模式	.				
按照：□ GB/T 18313 □ 其他__________（只有 L_{pAm} 测量距离达__________ m，产品不属于GB/T 18313的范围才适用）					

P9.2	产品符合以下自愿项目的噪声要求：__________	□	□	□
	办公印刷设备化学排放物			
P9.3 *	按照有关标准进行试验： □ ISO/IEC 28360 □ 其他：__________ 试验包括：灰尘 □ 臭氧 □ 苯乙烯 □ 苯 □ TVOC □			
P9.4	产品符合以下自愿项目的化学排放要求：__________			
	电磁辐射			
P9.5	计算机显示器符合以下自愿项目的低频电磁场要求：__________	□	□	□
P10	印刷产品消耗材料			
P10.1 *	油墨/调色剂配制品有化学品安全技术说明书(MSDS)	□	□	□
P10.2 *	可以使用满足有关标准要求的含回收纤维的纸，标准为：__________	□	□	□
P10.3 *	双面印刷/复印是产品的一种集成功能。 □ 硬件功能 □ 软件功能	□	□	□
P11	计算机人类功效学			
P11.1 *	计算机系统满足有关 CRT 显示器的标准以及 ISO 13406-2 关于平板显示器的人类功效学要求	□	□	□
P11.2 *	产品键盘满足 ISO/IEC 9995 和其他有关标准的要求	□	□	□
P11.3 *	计算机输入设备满足 ISO 9241-9 的要求	□	□	□
P12	包装和文件			
P12.1 *	产品包装材料类型：__________ 重量(kg)：__________ 产品包装材料类型：__________ 重量(kg)：__________ 产品包装材料类型：__________ 重量(kg)：__________	□	□	
P12.2 *	产品塑料包装不含卤化物(包括 PVC)	□	□	□
P12.3 *	用户文件和产品文件不含氯漂白纸	□	□	□
P12.4 *	用户文件和产品文件含再生纸	□	□	□

表 B.1（续）

P13	附加信息

附 录 C
（资料性附录）
证 明 文 件

下表所列出本标准4.3规定的可公开的证明文件(电子版或纸质版)。

表 C.1 证明文件

公司环境简况——法规要求	
项目编号	证明文件
C1	产品回收
C1.1	与第三方签订的合同或附带公司体系说明签字文件
C2	电池回收
C2.1	与第三方签订的合同或附带公司体系说明签字文件
C3	包装回收
C3.1	与第三方签订的合同或附带公司体系说明签字文件

公司环境简况——市场要求	
项目编号	证明文件
C4	环境政策和环境管理
C4.1	管理部门签字的文件
C4.2	第三方证书或管理部门签字的文件
C4.3	环境报告
C5	回收
C5.1	与产品一起提供的纸质或电子版的声明证明文件
C6	附加信息
	声明证明文件

产品环境属性——法规要求	
项目编号	证明文件
P1	产品中的有害物质
P1.1-P1.16	由产品保证部门或类似部门的负责人签署的文件
P2	电池
P2.1-P2.5	由产品保证部门或类似部门的负责人签署的文件
P3	消耗材料
P3.1-P3.3	由产品保证部门或类似部门负责人签署的文件,如果适用,以及化学品安全技术说明书(MSDS)
P4	包装材料

表 C.1（续）

P4.1-P4.3	由产品保证部门或类似部门的负责人签署的文件
P5	处置信息
P5.1	由产品保证部门或类似部门的负责人签署的文件

产品环境属性——市场要求	
项目编号	证明文件
P6	材料和物质要求
P6.1-P6.20	由产品保证部门或类似部门的负责人签署的文件
P7	电池
P7.1-P7.3	由产品保证部门或类似部门的负责人签署的文件
P8	能耗
P8.1	由产品保证部门或类似部门的负责人签署的报告
P8.2	与产品一起提供的文件，如用户手册
P8.3	由产品保证部门或类似部门的负责人签署的文件
P9	排放
P9.1	以下任何一种实验室出具的试验报告： ● 有资质的测试实验室 ● 符合 GB/T 27025 标准的实验室 ● 符合其他实验室质量标准或指导的实验室
P9.2	由产品保证部门或类似部门的负责人签署的文件，或可证明声明的项目官方网站
P9.3	符合有关标准的试验报告： □ ISO/IEC 28360 □ 其他：________
P9.4	由产品保证部门或类似部门的负责人签署的文件，或可证明声明的项目官方网站
P9.5	由有资质的测试实验室或符合 GB/T 27025 标准的实验室出具的试验报告
P10	办公印刷设备消耗材料
P10.1	化学品安全技术说明书(MSDS)
P10.2-P10.3	由产品保证部门或类似部门的负责人签署的文件
P11	计算机人类功效学
P11.1	由有资质的测试实验室或符合 GB/T 27025 标准的实验室出具的试验报告
P11.2-P11.3	由产品保证部门或类似部门的负责人签署的文件
P12	包装和文件
P12.1-P12.4	由产品保证部门或类似部门的负责人签署的文件
P13	附加信息
	声明证明文件

附 录 D
（资料性附录）
自愿项目与本标准内容的对应关系

绿色公共采购招标人经常参照自愿生态标签项目。

下表给出了一些确定IT产品属性准则的自愿程序，及其与本标准中相应项目的对应关系。

表 D.1 较为广泛使用的自愿项目

本标准附录B的对应条款	中国十环标志	中国节能标志	欧盟环保标志	德国蓝色天使	日本生态标记	北欧白天鹅	瑞典TCO	能源之星
P7 电池			X	X	X	X	X	
P8 能源		X	X	X	X	X	X	X
P9.1 噪声			X	X	X	X	X	
P9.3 化学排放物	X			X	X	X	X	
P9.5 电磁辐射			X	X	X	X	X	
注：生态标签为属性设置通过/失败标准，只要有一项标准未通过就不能获得生态标签。相比之下，TED则报告每项标准的结果或属性值，从而便于更好地评估产品环境绩效。								

附　录　E
（资料性附录）
噪声声明示例

以下示例解释了本标准6.2.6以及参考标准GB/T 18313和GB/T 18698对于一些具体产品类型的要求。

注：在本附录中使用了一些命令词（如“应”），但这些表述都是基于标准6.2.6以及参考标准GB/T 18313和GB/T 18698中已经有的要求，因此在进行声明时本附录不会提出任何新要求。

E.1　带硬盘驱动器（HDD）、光盘驱动器（ODD）和固定式磁盘驱动器（FDD）的个人计算机（PC）

空闲模式是“已打开电源开关，设备应处于稳态条件，通风装置正在运行，磁盘驱动器处于空闲状态，屏幕显示完全字符集（或操作系统等待画面），所有其他装置都处于空闲状态。”

空闲模式不是风扇停止转动的待机模式或节能模式。

运行模式是HDD运行，风扇转动，而FDD和ODD都不运行，不能将ODD报告为运行模式。

附加模式的噪声发射值可报告为附录B P9.1中的“其他模式”，发射声压级应在操作人员位置测量。如果PC风扇运行取决于室温或负荷，试验温度为23 ℃±2 ℃。

如果产品是一台PC机或台式工作站，在附录B P9.1中检查测量L_{pAm}时产品是位于桌面上还是位于桌侧（放在地板上）位置。

E.2　不带冷却风扇的打印机，如个人喷墨打印机

由于处于空闲模式期间没有运行其他功能，所以在这种情况下不用定义空闲模式，也不用进行任何测量。因此在附录B P9的空闲模式中勾选“不适用”。

由于打印机没有定义操作人员位置，因此在邻近人员位置测量发射声压级L_{pAm}。

注：为表达清晰，应在附录B P9的空闲模式说明中写明“不适用”。

E.3　录像机（或/和没有噪声试验规范的其他产品类别）

由于录像机没有具体的产品噪声试验规范，因此不要求测量噪声发射。在这种情况下，如果制造商不对噪声发射值做出声明，则在附录B P9中勾选“不适用”。

尽管没有要求，如果按照GB/T 6881.1、GB/T 3767或ISO 3745:2003测量A计权声功率级L_{WA}，并且按照GB/T 18698测量声明A计权声功率级L_{WAd}，制造商也可以声明录像机的噪声发射值。在附录B P9中声明噪声数值并且描述模式。如果还声明A发射声压级，应按照GB/T 17248.2测量，并且按照GB/T 18698测定L_{pAm}。测量L_{WA}时设备应放置在地板上，在P9中注明使用的标准和L_{pAm}位置的测量距离。

E.4　具有附加配置的产品，噪声发射值不同于P9的声明

E.4.1　示例1：带1至3个电源，0至10个硬盘驱动器（HDD）的服务器

某产品带2个电源和3个HDD，对“典型配置”的噪声发射值进行声明。在附录B P9中声明这种配置的噪声发射值，并在附录B P13中对配置进行描述。注意“典型配置”并不是最小配置（带0至1个HDD或1个电源），典型配置可能是最大配置（带3个电源和10个HDD）。如果制造商希望声明其他配置的噪声发射值，可使用P13。在这种情况下，例如，制造商可能希望报告L_{WAd}和L_{pAm}的完整范围，应在P13中注明噪声发射值和配置。在这种情况下，P13中可表示为：“P9中的噪声发射值适用于带3个HDD和2个电源的系统。对于带1至10个HDD和1至3个电源的系统：L_{WAd}=5.1～5.7 B，L_{pAm}=

35～41 dB(空闲模式)；L_{WAd}＝5.4～6.3 B，L_{pAm}＝38～47 dB(运行模式)。”

E.4.2 示例2：有附加选项空间的PC

本示例中典型PC只有一个HDD，但有加装一个HDD和一个图形卡的空间。在附录B P9中声明这种典型配置的噪声发射值，应在P13中说明这种典型配置。P13中还应说明可能会增加噪声发射值的附加选项，在这种情况下P13中可表示为：“P9中的噪声发射值是针对带1个HDD的典型系统。如果加装带运行部件的选项，如HDD或带风扇的图形卡，可能会改变噪声发射值。”

附　录　F
（资料性附录）
公司环境简况和产品环境属性的法规参考

下表给出了有关中国和国外法规的参考，并非穷尽；法规可能出现修订、更新的情况。

表 F.1　法规参考

项目编号	内　容	法　规　参　考
公司环境简况——法律要求		
C1	产品回收	中国环发[2006]115 号、中国环发[2003]143 号、欧盟指令 2008/34/EC
C2	电池回收	中国环发[2003]163 号、欧盟指令 2006/66/EC
C3	包装回收	尚未查到
公司环境简况——市场要求		
C4	环境政策和环境管理	尚未查到
C5	回收	尚未查到
C6	附加信息	/

项目编号	内　容	法　规　参　考
产品环境属性——法规要求		
P1	有害物质和配制品	中国信息产业部令第 39 号、中国环发[2003]143 号、中国环发[2002]43 号、欧盟指令 2008/35/EC、欧盟指令 76/769/EEC、欧盟指令 1999/77/EC 修订版、欧盟条例 2037/2000、欧盟条例 2038/2000、欧盟条例 2039/2000、欧盟指令 94/27/EEC 修订版
P2	电池	中国环发[2003]163 号、中国环发[2003]143 号、中国环科[1994]408 号、欧盟指令 2006/66/EC
P3	消耗材料	欧盟指令 76/769/EEC、欧盟指令 91/338/EEC、欧盟指令 99/45/EC、欧盟指令 2001/58/EC
P4	产品包装	欧盟指令 94/62/EC、欧盟指令 97/129/EC、欧盟条例 2037/2000
P5	处置信息	欧盟指令 2002/96/EC
产品环境属性——市场要求		
P6	拆卸与回收	尚未查到
	产品寿命	尚未查到
	材料和物质要求	欧盟指令 67/548/EEC
P7	电池	欧盟指令 2006/66/EC
P8	能耗	能源之星
P9	噪声发射	尚未查到
	印刷产品化学排放物	尚未查到
	电磁辐射	尚未查到
P10	印刷产品消耗材料	尚未查到

表 F.1（续）

P11	计算机人类功效学	尚未查到
P12	包装和文件	尚未查到
P13	附加信息	/

ICS 13.020.50
K 04

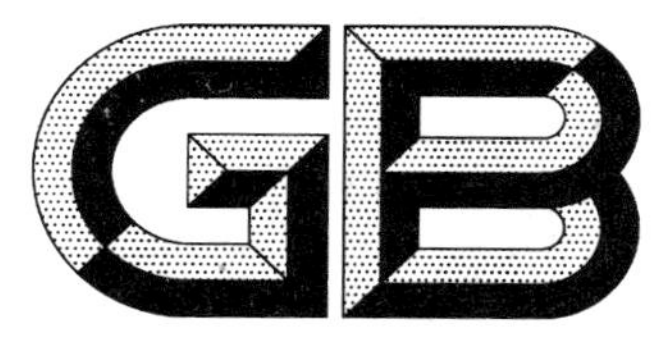

中华人民共和国国家标准

GB/T 23690—2009/IEC/PAS 61906:2005

电子电气产品材料声明程序

Procedure for the declaration of materials in products of the electrotechnical and electronic industry

(IEC/PAS 61906:2005,IDT)

2009-04-20 发布　　2009-12-01 实施

中华人民共和国国家质量监督检验检疫总局
中国国家标准化管理委员会　发布

前　言

本标准等同采用 IEC/PAS 61906:2005《电工电子产品材料声明程序》(英文版)。

本标准的技术内容与 IEC/PAS 61906:2005 一致。

为便于使用,本标准做了下列编辑性修改:

——删除国际标准的前言;

——第 2 章引用的 GB/T 24020 是等同采用国际标准 ISO 14020;

——对 3.4 注 1、注 2 中引用欧盟指令的内容做出编辑性修改;

——对 4.2d)注中引用欧盟指令的内容做出编辑性修改。

本标准由全国电工电子产品与系统的环境标准化技术委员会(SAC/TC 297)和全国电气信息结构、文件编制和图形符号标准化技术委员会(SAC/TC 27)共同提出并归口。

本标准的起草单位:机械工业北京电工技术经济研究所、机械科学研究院、中国质量认证中心、特变电工沈阳变压器集团有限公司、中国电器科学研究院、中国家用电器研究院。

本标准主要起草人:张亮、郭汀、徐云驰、吴国平、马奇菊、骆明非、韩红军、朱焰。

本标准为首次发布。

电子电气产品材料声明程序

1 范围

本标准规定了与电子电气行业及其供应商行业中运营公司产品材料声明的相关格式和程序，包括产品运行中所用的材料。

注1：声明提供了构成数据库基础的产品信息，可参照该数据库解决如下任务：

——确保符合法规；

——商业风险管理；

——满足产品相关的市场要求；

——市场信息；

——编制自我环境声明；

——评价产品对人员和环境的影响；

——实施避免使用和替代材料的方案，减少使用材料；

——再加工和拆卸信息；

——再使用、回收利用和安全处置产品或产品部件；

——实施供应商审核。

有关化学物质法规中规定完成的化学产品安全技术说明书(MSDS)，以及职业健康安全信息都是对这些数据的补充。宜在采购和交付协议中考虑本标准中的声明。

注2：可能存在其他法规要求。遵守法规是将产品投放到市场上的人员的责任，是首要的。遵守法规涉及到，例如，对产品中材料做出限制规定的法规，其范围还适用于将产品投放到市场的人员。

注3：可以对产品材料信息加以利用，例如，用于依据 GB/T 24040 开展生命周期评估，或依据 GB/T 24020、GB/T 24021 或ISO 14025 编制环境标签。

注4：本标准中未对选择材料的准则和独立成分声明做出规定。

注5：声明的具体程度以相关方协议为依据。

注6：依据 ISO 14062，材料声明是环境管理中的一种工具。

注7：材料声明以协议中对制造过程保密和知识产权保护的规定为依据。

依据 IEC 导则 113 中规定的基本原则，本标准旨在用于技术委员会起草标准，以及电子电气产品供应商做出材料声明。

2 规范性引用文件

下列文件中的条款通过本标准的引用而成为本标准的条款。凡是注日期的引用文件，其随后所有的修改单(不包括勘误的内容)或修订版均不适用于本标准，然而，鼓励根据本标准达成协议的各方研究是否可使用这些文件的最新版本。凡是不注日期的引用文件，其最新版本适用于本标准。

GB/T 24020—2000 环境管理 环境标志和声明 通用原则(idt ISO 14020:1998)

IEC 导则 113 材料声明问卷 基础指南

3 术语和定义

下列术语和定义适用于本标准。

3.1

产品 product

劳动、自然或工业过程的结果。

注：本标准中的通用定义“产品”只限于 GB/T 19000—2008 的 3.4.2 规定的产品种类“硬件”中的任何电工产品。

3.2

产品部件　product part

产品的子单位。

注：许多产品都是由产品部件组成，如，设备外壳、组装印制电路板和电源。

3.3

产品子部件　product subpart

产品部件的子单位。

注1：某产品部件，如，组装印制电路板，由产品子部件裸印制电路板和元器件组成。

注2：术语“产品”、“产品部件”和“产品子部件”可对应到电子电气行业的任何增值组装层面。供应方的产品可能是顾客方的产品部件或产品子部件。

3.4

材料　material

产品、产品部件或产品子部件中的物质或配制品。

注：可以分类区分的杂质，以及物质和配制品独立成分(包括杂质)的明确规定见相关法规。例如，在某些法律法规中，杂质是指自然存在于物质中或由于必要技术且非人为加入的化学元素或化合物。

3.5

物质　substance

以自然状态存在或通过生产过程而获得的化学元素及其化合物，包括为保持产品稳定性而加入的必要的添加剂和在生产过程中产生的杂质，但不包括那些可以分离出来而不影响产品稳定性或不改变产品构成的溶剂。

3.6

配制品　preparation

两种或更多物质的混合物或溶液。

注：例如，铅是一种物质，铅焊料是一种含铅配制品。

3.7

独立成分　individual constituent

材料的个体物质或配制品。

注：每种材料都由至少一种独立成分组成，一种材料也可能只由一种独立成分组成。

3.8

运行用材料　operational material

对产品运行是必要的，但不属于产品成分的材料。

注：运行用材料包括冷却剂、润滑油和油墨。

[GB/T 23687—2009 的 3.1.8]

3.9

材料组　material group

一组至少具有一种共性和通用名称的材料。

3.10

独立成分组　individual constituent group

一组至少具有一种共性和通用名称的独立成分。

4　材料声明

4.1　强制性要求

声明应符合以下要求：

a)　声明应明确说明是否只针对产品本身，或针对包括运输包装和/或运行用材料的产品。

b) 所给出的产品材料信息应与具体的产品、产品部件或产品子部件相对应。

c) 通常只须声明产品实际使用的材料，以及材料实际含有的独立成分。如果不含有某种材料和物质，另见f)的规定。应对所声明材料和独立成分的含量限值做出说明(声明限值)。

注：一般来说，只有材料和独立成分含量的重量超过0.1%(或超过气体容量0.2%)才需要声明。但如果法规或其他规定要求，则可能有必要对更低含量做出声明。

d) 材料含量和质量信息应与每个产品、产品部件和产品子部件相对应。

e) 独立成分含量信息应与材料相对应。

f) 如果法律或其他规定对材料或独立成分提出限制要求(例如，依据GB/T 24020—2000满足环境声明要求)，应声明不含有超过限值的材料或独立成分(不含有准则)。

注：如果产品的所有部件和所有产品子部件都不含有某种材料，可通过说明产品不含有某种材料进行声明。例如，不含有声明可以说明产品、产品部件或产品子部件是“不含铅”的。如果法律中未对“无铅”做出规定，应在这里对“无铅”的意思做出定义。如果法律中有定义，则参照法律。

g) 无需详细报告因生产过程而引起的声明中含量与质量的合理误差。

h) 运行用材料应与需要该种材料的产品、产品部件或产品子部件相对应。

注：如果使用多种运行用材料，应明确说明一种最典型的材料。

i) 应按照国际共识的名称、适当的识别编号(如，CAS注册号(CASRN))或标准中定义的名称明确划分材料和独立成分的特性。

注1：CAS注册号(CASRN)，通常简称为CAS号，由美国化学文摘制定，与化学物质相对应。

注2：规定材料标识的现行标准示例：GB/T 1844.1、GB/T 1844.2、GB/T 5576。

j) 电子电气产业的产品材料声明报告格式应考虑处理电子数据的要求。数据的获取、处理和交换应也可以通过电子方式实现。

k) 应采用国际单位制。

注1：为了易于阅读和理解，最好将国际单位制与其前缀放在一起记录和显示。

注2：为了易于被计算机处理，最好在计算机通讯过程中使用基本或一致的国际单位制。

l) 材料声明应以下述形式提供：

——作为单独的文件，根据特定的文件模板编写，并且至少包括附录A中规定的数据元素类型；

——作为其他产品文件的一部分，如数据表、空白详细规范等，在其他数据类型中也应包括附录A规定的数据元素类型；或

——作为电子信息：包括附录A中规定的数据元素类型，并且应用通用的文件格式，例如，XML记法。

注：材料声明中使用的数据元素类型信息详见附录A。

4.2 可选要求

声明还可满足以下要求：

a) 从材料的角度看，如果可以规定出产品类别，在产品类别中的成员都具有等同的规范，则可以编写一种通用的材料声明，以供该产品类别中的所有成员使用。

注：这里的产品类别也称为“产品族”。

b) 材料和独立成分组的信息可以代替材料和独立成分的信息。

注：有关数据元素类型的规定见附录A。

c) 经合同双方之间协议商定，可不在声明中提供低于协定数值的相对或绝对质量的产品部件或产品子部件(免除准则)。应在材料规范中记录这种免除内容或免除准则。

d) 在协议商定的列表中有效地详细记录声明的材料和独立成分，以及限制范围。

注：在做出声明之前，可由供应商和顾客在协议中对需要声明的材料和独立成分、声明的限值范围、不含有准则和免除准则中所规定的数值等声明的详细内容做出规定。

4.3 产品装配

产品声明规定了三个声明层次，尽管没必要使用所有层次。产品装配应基于以下方案：

——第一层：产品。

——第二层：产品部件 i。应明确说明产品部件在产品中的应用。

——第三层：产品子部件 i.j。应明确说明产品子部件在产品部件中的应用。如果具体信息不足以说明各部分使用的材料，则应附加可以明确各部分使用材料的信息(如总装图)。

注 1：本标准未给出上述分级的规定，将来可能会制定详细的分级规定。

图 1 给出了增值链上产品装配示例的图示。

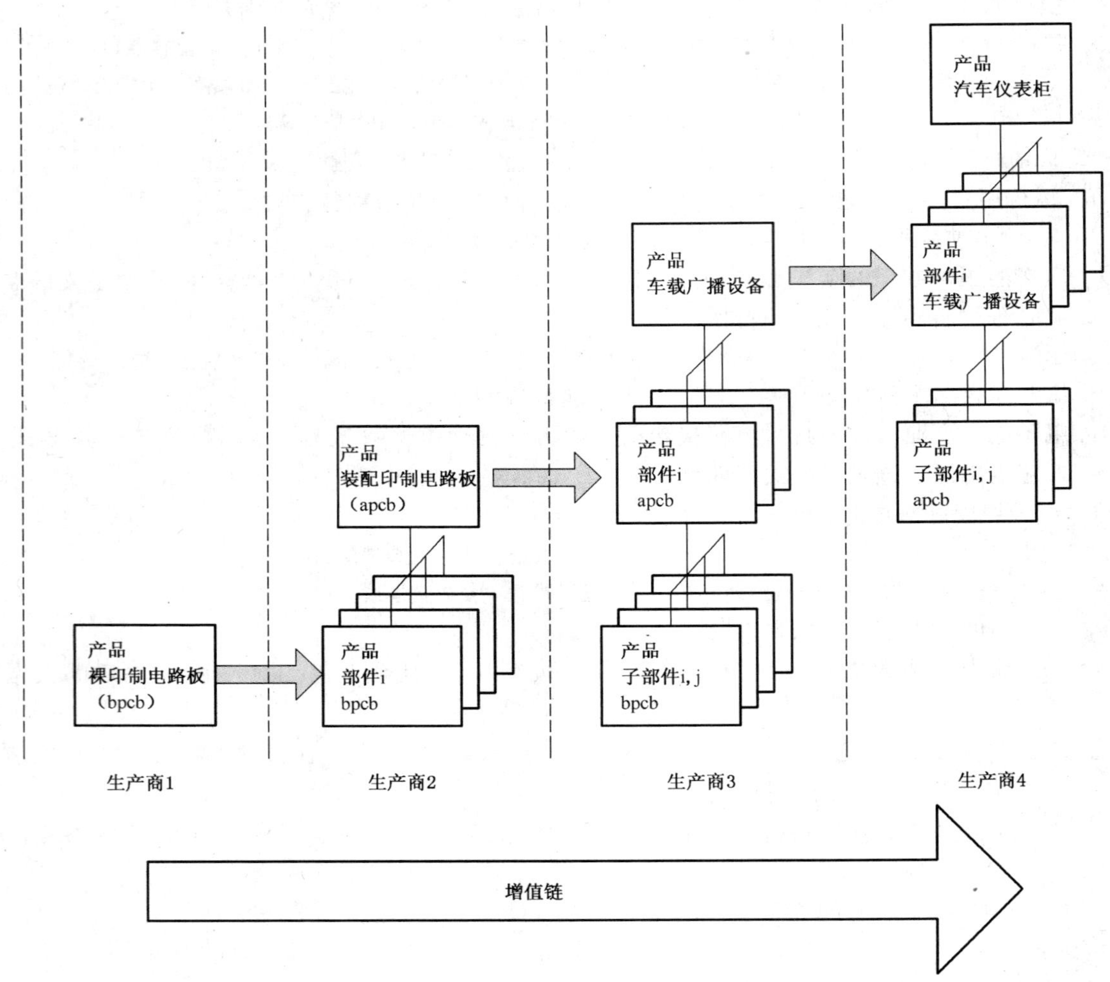

图 1 增值链上可能的产品装配图示

出现多次的等同产品部件或产品子部件只需声明一次。

应基于具体产品做出产品装配的声明，即，给出要记录的材料详细程度，以及要记录的材料相关信息。

如果有规定，应对产品子部件做出材料声明；如果未对产品子部件做出规定，则对产品部件做出声明；如果未对产品部件做出规定，则对产品做出声明。

注 2：相关方可以商定不将低于某一质量的产品(产品部件)分成产品部件(产品子部件)。

4.4 报告方案

声明由以下强制性信息(4.4.1 和 4.4.2)和可选信息(4.4.3 和 4.4.4)组成：

4.4.1 **产品识别和产品装配声明**

1) 对于产品应声明

——产品的识别;

——产品质量:

- 标称质量,或
- 最小和最大质量,和/或
- 典型质量

——产品备注(如果未对产品部件做出规定,则在这里说明运行用材料)。

2) 对于所有产品部件或产品子部件(如果有)应声明

——产品部件或产品子部件的识别;

——等同产品部件或产品子部件的数量;

——产品质量:

- 标称质量,或
- 最小和最大质量,和/或
- 典型质量;或者

——产品部件(或产品子部件)与产品(或产品部件)的质量比值(%)

- 标称质量,或
- 最小和最大质量,和/或
- 典型质量;或者

——备注(如果可行,则在备注中说明运行用材料)

注:相关数据元素类型的示例见附录A。

4.4.2 **材料声明**

对于每种产品子部件(如果有规定)、产品部件(如果未对产品部件的产品子部件做出规定)或产品(如果未对产品部件做出规定)应声明:

——材料或材料组的划分:

- 国际共识的名称,或
- 标准中规定的名称,
- 标准编号(如果标准中有规定的名称),或
- CAS注册号(CASRN)(如果适用);

——材料或材料组的质量:

- 标称质量,或
- 最小和最大质量,和/或
- 典型质量;或者

——应做出材料(组)声明的产品、产品部件或产品子部件与材料(组)的质量比值(%);

如果可行,也可以:

- 最小质量,或
- 最小质量比值(%);

——备注(如果可行),例如,对材料或材料组在产品、产品部件或产品子部件中的具体使用情况,或法律豁免要求做出备注说明。

注:相关数据元素类型的示例见附录A。

4.4.3 **独立成分声明**

1) 对于每种材料或材料组,至少声明一种独立成分或一个独立成分组可声明:

——材料或材料组的划分:

- 国际共识的名称，或
- 标准中规定的名称，
- 标准编号（如果标准中有规定的名称），或
- CAS 注册号（CASRN）（如果适用）；

——对材料或材料组的独立成分或独立成分组的备注。

2） 对于要声明的材料或材料组的独立成分或独立成分组可声明：

——独立成分或独立成分组的划分：

- 国际共识的名称，或
- 标准中规定的名称，
- 标准编号（如果标准中有规定的名称），或
- CAS 注册号（CASRN）（如果适用）；不含有确认

——独立成分与材料的质量比值（%）；或

- 标称质量，或
- 最小和最大质量，和/或
- 典型质量；

——对独立成分的备注。

注：相关数据元素类型的示例见附录 A。

4.4.4 不含有确认声明

对于协议商定的不含有准则中规定的材料/独立成分可声明：

——产品、产品部件或产品子部件或材料的识别；

——材料/独立成分的划分：依据 CAS 注册号或标准中规定的名称；

——不含有准则；

——产品、产品部件或产品子部件中与不含有准则规定有关的材料/独立成分。

图 2 给出了材料声明的示例。

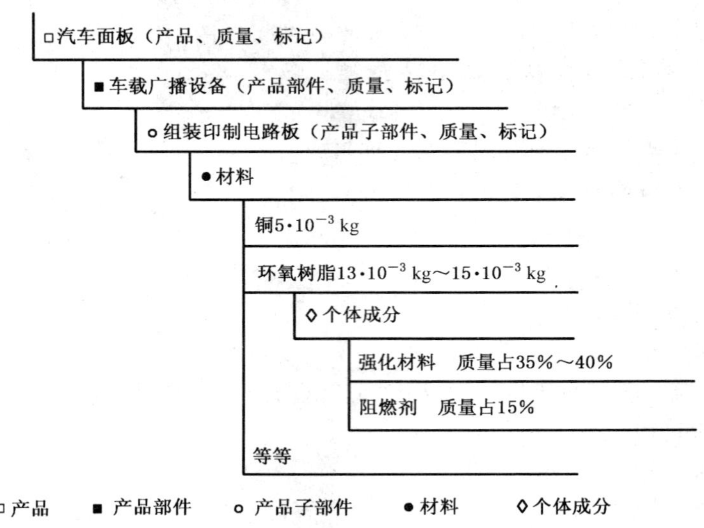

图 2　根据图 1 做出的材料声明示例

附　录　A
（资料性附录）
数据元素类型规范

A.1　简介

本附录包含了与本标准中信息对象相关的数据元素类型规范。

数据元素类型是规定了识别、描述和数值表示的数据单元。这样规定是为了可以使计算机系统之间明确的识别、交换信息。

注：本标准4.1g)、4.1h)和4.1l)中规定的要求支持以上方法。

GB/T 17564系列标准：GB/T 17564.1、GB/T 17564.2和GB/T 17564.5、GB/T 17645.42(以及正在制定的ISO/IEC导则　产品属性规范指南)都描述了产品属性规范的方法。

GB/T 17564(IEC 61360 DB)元器件数据的数据元素类型是标准化数据元素类型的知识库。

A.2中规定的数据元素类型以现有标准作为来源。这些数据元素类型将在GB/T 17564(IEC 61360 DB)做出标准化规定。关于规范中各项条目的解释，详见GB/T 17564.1。

本标准中所涉及的已经标准化的数据元素类型，但源于其他文件的有：质量(AAE752)。本标准中包括质量，旨在做出与权重的比较。

关于材料声明的信息管理文件，详见IEC 82045-1和IEC 82045-2。

A.2　规范

A.2.1　元素结构

标识代码	AAF001-001
名称	构成元素
定义	需要在材料声明列表中声明的产品、部件、子部件的材料名称
定义来源	GB/T 23690—2009

A.2.2　材料组

标识代码	AAF002-001
名称	材料组
定义	一些至少具有一种共同特性和通用名称的材料
定义来源	GB/T 23690—2009

A.2.3　材料

标识代码	AAF003-001
名称	材料
定义	在自然状态下，可作为化学元素或合成物的物质；或通过生产过程所获得的物质，包括对保持产品稳定性所必要的添加物，以及由于所使用过程而产生的杂质，但不包括在不影响物质稳定性或改变其成分的情况下可分离出来的溶剂，或含有两种或两种以上物质的混合物或溶液配制品。
注释	注：应依据具体法规对材料分类中含有的杂质，以及物质和配制品独立成分(包括杂质)做出明确定义。
定义来源	GB/T 23690—2009

A.2.4 CAS 注册号

标识代码	AAF004-001
名称	CAS 注册号
同义名称 1	CAS 号
缩写名称	CASRN
定义	美国化学文摘(CAS)对材料做出明确识别,其中规定的物质注册号(RN)
注释	CAS 注册号具有一定的格式:i...j-kl-m 加整数、...,j.k,l,m.左边加零 0...0i...j-kl-m 是不允许的
定义来源	GB/T 23690—2009

A.2.5 质量

标识代码	AAE752-001
名称	质量
符号	m
定义	元器件质量(以 kg 表示)等级(MiNoTypMax)数值
单位	kg
等级	MiNoTypMax 注:MiNoTypMax,即:最小质量、标称质量、典型质量、最大质量。

A.2.6 质量权重

标识代码	AAF005-001
名称	质量权重
同义名称 1	质量百分比
符号	m%
缩写名称	m_%
定义	元器件组成材料的质量与元器件总体质量的比例等级(MiNoTypMax)数值(以%表示)
备注	元器件所有组成材料的总体质量权重应小于100.0%的公差
单位	%
等级	MiNoTypMax

A.2.7 体积权重

标识代码	AAF006-001
名称	体积权重
同义名称	体积百分比
符号	V%
缩写名称	V_%
定义	元器件组成材料的体积与元器件总体体积的比例等级(MiNoTypMax)数值(以%表示)
备注	元器件所有组成材料的总体权重体积应小于100.0%的公差
单位	%
等级	MiNoTypMax

参考文献

GB/T 1844.1 塑料及树脂缩写代号 第1部分:基础聚合物及其特征性能(GB/T 1844.1—2008,ISO 1043-1:2001,IDT)

GB/T 1844.2 塑料及树脂缩写代号 第2部分:填充及增强材料(GB/T 1844.2—2008,ISO 1043-2:2000,IDT)

GB/T 5576 橡胶与胶乳 命名法(GB/T 5576—1997,idt ISO 1629:1995)

GB/T 17564.1 电气元器件的标准数据元素类型和相关分类模式 第1部分:定义 原则和方法(GB/T 17564.1—2005,IEC 61360-1:2004,IDT)

GB/T 17564.2 电气元器件的标准数据元素类型和相关分类模式 第2部分:EXPRESS字典模式(GB/T 17564.2—2005,IEC 61360-2:2004,IDT)

GB/T 17564.5 电气元器件的标准数据元素类型和相关分类模式 第5部分:EXPRESS字典模式扩展(GB/T 17564.5—2007,IEC 61360-5:2004,IDT)

GB/T 17645.42 工业自动化系统与集成 零件库 第42部分:描述方法学:构造零件族的方法学(GB/T 17645.42—2001,idt ISO 13584-42:1998)

GB/T 19000 质量管理体系 基础和术语(GB/T 19000—2008,ISO 9000:2000,IDT)

GB/T 24021 环境管理 生命周期评价 目的与范围的确定和清单分析(GB/T 24021—2001,ISO 14021:1999,IDT)

GB/T 24024 环境管理 环境标志和声明 Ⅰ型环境标志 原则和程序(GB/T 24024—2001,ISO 14024:1999,IDT)

GB/T 24040 环境管理 生命周期评价 原则与框架(GB/T 24040—2008,ISO 14040:2006,IDT)

ISO 14025 环境管理 环境标志和声明 Ⅲ型环境声明

ISO/TR 14062 环境管理 使环境问题与产品设计和开发相结合

IEC 82045-1:2001 文件管理 第1部分:原则和方法

IEC 82045-2:2004 文件管理 第2部分:元数据要素和信息参考模型

prEN 10027-1 钢的命名体系 第1部分:钢名

美国化学学会(ACS)、美国化学文摘(CAS),2540 Olentangy River Road,P. O. Box 3012,Columbus,Ohio 43210,U. S. A.

ICS 01.040.03
A 22

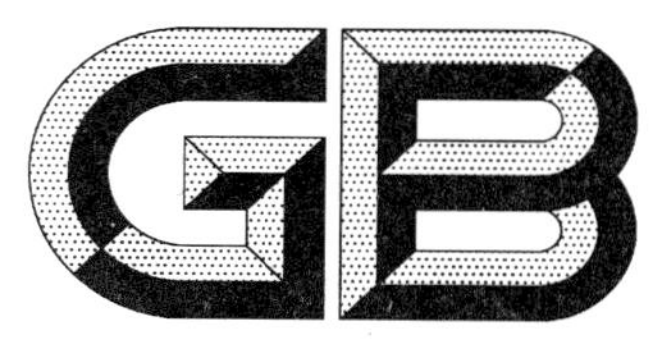

中华人民共和国国家标准

GB/T 23691—2009

项目管理　术语

Project management—Terminology

2009-05-06 发布　　2009-10-01 实施

中华人民共和国国家质量监督检验检疫总局
中国国家标准化管理委员会　发布

前　言

本标准由中国标准化协会提出。

本标准由全国项目管理标准化技术委员会归口。

本标准起草单位：上海市标准化研究院、北京现代卓越管理技术交流中心、中国标准化协会。

本标准主要起草人：杨洁明、马娜、王晓燕、晏绍庆、杨磊、王勇、刘福恒、徐新忠、梁松波、张鹏、王翰铭、刘贵明、侯兰锡。

引　　言

术语标准化是标准化活动的基础。本标准给出了项目管理活动使用的主要专业术语，描述了项目管理主要相关概念。

项目管理　术语

1　范围

本标准规定了项目管理工作理论与应用方面的基础词汇。

本标准适用于复杂程度不同、规模大小不一、周期长短不等以及不同环境下的各种项目。

2　术语

2.1　基础术语

2.1.1

项目　project

创造独特产品或提供独特服务的，有起止时间的努力过程

2.1.2

子项目　subproject

由项目中相互关联的**活动**(2.12.1)构成的便于管理的较小部分

2.1.3

项目群组　program

为实现共同目标而需协调管理的一组相关项目

2.1.4

项目管理　project management

为达到项目既定目标而进行的策划、组织、实施、监测和控制的协调活动

2.1.5

项目生命期　project life cycle

一组以**逻辑关系**(2.12.20)相连，并按顺序进行的多个**项目阶段**(2.3.9)所形成的从项目开始到结束的完整集合

2.1.6

项目综合管理　project integration management

项目管理(2.1.4)的一部分，致力于协调项目所需各要素，确保项目目标的实现

注：通常由**启动**(2.2.4)、**项目计划制定**(2.2.5)、项目计划实施、综合变更控制和**行政收尾**(2.13.3)等部分构成。

2.1.7

项目范围管理　project scope management

项目管理(2.1.4)的一部分，致力于确保完成并仅完成项目所需要工作

注：通常由**范围规划**(2.3.5)、**范围定义**(2.3.8)、范围核实、**范围变更控制**(2.3.4)等部分构成。

2.1.8

项目时间管理　project time management

项目管理(2.1.4)的一部分，致力于确保项目按时完成

注：通常由**活动定义**(2.12.8)、**活动排序**(2.12.10)、活动持续时间估算、项目进度表制定、**进度控制**(2.6.1)等部分构成。

2.1.9

项目成本管理　project cost management

项目管理(2.1.4)的一部分，致力于确保项目在核准预算内完成

注：通常由**资源规划**(2.10.17)、**成本估算**(2.10.6)、成本预算、**成本控制**(2.10.7)等部分构成。

2.1.10

项目质量管理　project quality management

项目管理(2.1.4)的一部分,致力于确保项目满足所承诺要求

注:通常由**质量规划**(2.9.2)、**质量保证**(2.9.1)、**质量控制**(2.9.3)、**质量改进**(2.9.4)等部分构成。

2.1.11

项目人力资源管理　project human resource management

项目管理(2.1.4)的一部分,致力于对参与项目的人员进行最有效的管理

注:通常由**组织规划**(2.4.1)、人员招募、**团队建设**(2.4.11)等部分构成。

2.1.12

项目沟通管理　project communications management

项目管理(2.1.4)的一部分,致力于确保项目信息及时并适当地生成、收集、分发、存储和最终处置

注:通常由**沟通规划**(2.7.1)、**信息分发**(2.7.2)和**绩效报告**(2.7.3)等部分构成。

2.1.13

项目风险管理　project risk management

项目管理(2.1.4)的一部分,致力于减轻风险对实现项目目标的影响

注:通常由**风险管理规划**(2.11.9)、**风险识别**(2.11.8)、**风险定性分析**(2.11.14)、**风险定量分析**(2.11.15)、**风险响应规划**(2.11.19)、**风险监测与控制**(2.11.11)等部分构成。

2.1.14

项目采购管理　project procurement management

项目管理(2.1.4)的一部分,致力于从执行组织外部获取达到**项目范围**(2.3.1)所需产品与服务

注:通常由**采购规划**(2.8.1)、**询价规划**(2.8.2)、**询价**(2.8.3)、采购合同管理、采购合同收尾等部分构成。

2.1.15

项目组合　portfolio

为实现战略目标,便于进行有效管理而组合在一起的**项目**(2.1.1)、**项目群组**(2.1.3)和其他工作。项目组合中的**项目**(2.1.1)、**项目群组**(2.1.3)和其他工作不一定彼此依赖或有直接关系

2.1.16

项目组合管理　portfolio management

为实现战略目标,对一个或多个项目组合进行的统一集中管理,其中包括识别、确定轻重缓急、核准、安排和控制**项目**(2.1.1)、**项目群组**(2.1.3)和其他工作的关系

2.2　有关综合管理的术语

2.2.1

假设　assumptions

在**项目规划**(2.2.6)过程中,被设定为正确、真实或者肯定无疑的因素

注1:假设影响到项目规划的所有方面,是对项目逐步完善的一个部分。

注2:假设通常涉及一定程度的风险。

2.2.2

价值工程　value engineering

优化生命期、节约时间、增加利润、提高质量、扩大市场份额、解决问题和优先利用资源的一种创造性方法

2.2.3

制约[因素]　constraint

任何会影响项目实施的限制因素

2.2.4

启动 **initiations**

批准项目或阶段

2.2.5

项目计划制定 **project plan development**

调整、综合所有**项目计划**(2.5.2)以形成一份一致性连贯文件的活动

2.2.6

项目规划 **project planning**

项目综合管理(2.1.6)的一部分,致力于**项目计划**(2.5.2)的制定和保持

2.2.7

监测 **monitoring**

对照**项目计划**(2.5.2)对项目绩效进行搜集、分析和报告的活动

2.2.8

综合变更控制 **integrated change control**

协调整个项目进行过程中的变更的活动

2.2.9

纠正措施 **corrective action**

为使项目未来执行情况与既定计划相符所采取的变更措施

2.2.10

基准 **baseline**

被批准的**项目**(2.1.1)、**工作包**(2.3.12)或**活动**(2.12.1)的原始计划

注1:在项目进行过程中,基准会随各种被批准的变更而发生变化。

注2:"基准"通常需用修饰词修饰,如进度基准、范围基准、成本基准、**绩效测量基准**(2.9.6)。

2.3 有关范围和范围管理的术语

2.3.1

项目范围 **project scope**

交付具有规定特性与功能的产品所必须完成的所有工作

2.3.2

产品范围 **product scope**

描述产品或服务的特征和功能

2.3.3

范围变更 **scope change**

项目范围(2.3.1)的任何变更

注:范围变更可能会引起项目成本或进度的变化。

2.3.4

范围变更控制 **scope change control**

识别**项目范围**(2.3.1)的变更,并管理这些变更

2.3.5

范围规划 **scope planning**

项目范围管理(2.1.7)的一部分,致力于对项目工作逐步细化的阐述

注:范围规划通常会形成包括项目立项理由、主要**可交付成果**(2.3.10)和项目目标的一份书面**范围说明书**(2.5.4)。

2.3.6

投入水平 **level of effort**

对难以用确切的成果来测量的辅助性活动进行衡量的一种手段

注:投入水平在一个时期内通常表现为匀速发展,发展速度由所进行的活动确定。

2.3.7

范围核实 **scope verification**

对**项目范围**(2.3.1)的正式认可

2.3.8

范围定义 **scope definition**

为更好地进行控制,把主要**可交付成果**(2.3.10)分解为较小的便于管理的组成部分

2.3.9

项目阶段 **project phase**

通常以一项主要**可交付成果**(2.3.10)的完成作为结束的一组逻辑上相关的项目活动

2.3.10

可交付成果 **deliverable**

完成**项目**(2.1.1)或其一部分所必须交付的一切可测量的、确实的、可验证的产品、服务或结果

2.3.11

工作分解结构 **work breakdown structure**

将项目的整个工作范围按项目要素的**可交付成果**(2.3.10)分门别类地进行组织与定义得到的项目层次结构

注:每向下一个层次,意味着对项目工作的更详尽细致的定义。

2.3.12

工作包 **work package**

工作分解结构(2.3.11)中最底层的**可交付成果**(2.3.10)

注1:工作分解结构中每一工作包所在的层次未必相同,是由其所在的分支决定的。

注2:工作包在实施过程中可以分解为**活动**(2.12.1)。

2.3.13

任务 **task**

完成**项目**(2.1.1)和计算项目**人工量**(2.3.14)的最小的工作单位

2.3.14

人工量 **effort**

完成一项**活动**(2.12.1)或其他项目要素所需单位人工的数量

注:通常以人·小时、人·日或人·周为单位。

2.3.15

账目编号 **code of accounts**

用于惟一识别**工作分解结构**(2.3.11)中每个要素的编码系统

2.4 有关组织的术语

2.4.1

组织规划 **organizational planning**

项目人力资源管理(2.1.11)的一部分,致力于识别、记录并安排项目角色、责任和汇报关系

2.4.2

组织分解结构 **organizational breakdown structure**

将**工作包**(2.3.12)与组织单位相联系而形成的一种项目组织结构

2.4.3

责任分配矩阵 **responsibility assignment matrix**

按照**工作分解结构**(2.3.11)来分配项目组织结构,确保项目范围内每个要素都安排给确定责任人的组织规划方法

2.4.4

执行组织 performing organization

最直接参与项目工作的人员所属的组织

2.4.5

职能型组织 functional organization

人员按其职能分组分级的一种组织结构

2.4.6

项目型组织 projectized organization

项目经理(2.4.8)在安排工作优先顺序和指导项目团队成员工作方面具有完全权威的组织结构

2.4.7

矩阵型组织 matrix organization

由**职能经理**(2.4.12)和**项目经理**(2.4.8)从纵横两个方向共同负责，安排并指导工作的一种组织结构

2.4.8

项目经理 project manager

带领项目团队，有权力和责任通过项目管理执行项目并达到项目目标的人

2.4.9

项目团队 project team

为执行项目或项目的一部分而组织起来的人员的集合

2.4.10

项目管理团队 project management team

直接参与项目管理活动的人员的集合

注：项目管理团队常需得到项目管理办公室的支持，在其授权范围内对项目进行统筹规划和协调管理。

2.4.11

团队建设 team development

开发个人与团队的技艺和能力，以改善项目绩效

2.4.12

职能经理 functional manager

在特定部门或职能机构中负责各项活动的管理者

2.4.13

项目利害相关方 stakeholder

积极参与项目，或者其切身利益可能由于项目的实施或完成而受到积极或消极影响的个人或组织

2.4.14

变更/更改控制委员会 change control board

一个正式设立的、由**项目利害相关方**(2.4.13)组成的、负责批准或否决项目基准变更的组织

2.5 有关文件的术语

2.5.1

项目章程 project charter

高层管理部门发布的正式批准项目，描述项目使命的文件

注1：项目章程包括项目在范围、质量、时间、成本和资源等方面的约束条件。

注2：通常在项目章程中授权**项目经理**(2.4.8)。

2.5.2

项目计划 project plan

用于指导项目实施和控制的正式核准文件

注：项目计划包括经核准的**项目范围**(2.3.1)、成本和进度基准等。

2.5.3

例外事项报告　exception report

记载与**项目计划**(2.5.2)发生重大偏差事件的文件

2.5.4

范围说明书　scope statement

为制定未来的项目决策或在**项目利害相关方**(2.4.13)之间建立对**项目范围**(2.3.1)的共识提供文件记录的依据

注:随着项目的进展,范围说明书可能需要修订或细化,以反映被批准的项目范围的变更。

2.5.5

工作说明书　statement of work

对合同规定的产品和服务的一种叙述性描述

2.5.6

风险响应计划　risk response plan

一份列出已识别风险的详细情况,包括描述、原因、发生概率、对项目目标的影响、建议响应措施、负责人及当前状况的文件

2.5.7

风险管理计划　risk management plan

确定如何在项目实施过程中进行风险处理的文件

2.5.8

核对表　checklist

风险识别(2.11.8)的一种工具,是包括项目中可能出现的**风险**(2.11.1)的清单

2.5.9

投标邀请书　invitation for bid

向预期卖方发出的邀请其对要提供的产品或服务递交投标文件的一种邀请函

2.5.10

报价邀请书　request for quotation

邀请提交指定产品或服务价格的正式文件

2.5.11

征求意见书　request for proposal

要求预期**供方**(2.8.4)对其提供的产品或服务提出建议方案的正式文件

2.5.12

成本加固定成本合同　cost plus fixed fee contract

一种需方向**供方**(2.8.4)偿付供方被允许的成本与定额利润(成本)的合同

注:允许成本由合同规定。

2.5.13

成本加奖励成本合同　cost plus incentive fee contract

一种需方向**供方**(2.8.4)偿付供方被允许的成本与供方满足规定的绩效标准时可获得的利润(成本)的合同

注:允许成本由合同规定。

2.5.14

固定价格合同　firm fixed price contract

一种由需方支付**供方**(2.8.4)固定金额而不考虑供方成本变动的合同

注:金额由合同规定。

2.5.15

固定价格加奖励成本合同　fixed price incentive fee contract

一种由需方支付**供方**(2.8.4)固定金额，以及供方达到规定的绩效标准时能够获取的附加金额的合同

注：金额由合同规定。

2.6　有关进度和进度管理的术语

2.6.1

进度控制　schedule control

项目进度变更的控制

2.6.2

进度偏差　schedule variance

活动(2.12.1)的计划完成量与实际完成量的差异

注：在挣值法中，进度偏差是活动的实际完成预算成本与计划完成预算成本的差值。

2.6.3

进度绩效指数　schedule performance index

反映项目进度计划实际完成情况的指标，是已获得的**挣值**(2.10.12)与**计划价值**(2.10.9)的比值

2.6.4

日历单位　calendar unit

编制项目进度时使用的最小时间单位

注1：日历单位通常为小时、天或周，也可以是班次或分钟。

注2：主要用于项目管理软件。

2.6.5

压缩工期　duration compression

在不缩小**项目范围**(2.3.1)的前提下压缩项目进度的管理办法

注：压缩工期常会带来项目成本的增加。

2.6.6

赶工　crashing

采取措施缩短项目总持续时间的一种方法

注1：赶工应以最低成本和最大限度压缩持续时间为目标。

注2：赶工与**快速跟进**(2.6.7)不同，不涉及活动的重叠。

2.6.7

快速跟进　fast tracking

为压缩项目进度而将正常情况下按顺序进行的活动交叠进行的一种进度管理方法

2.6.8

项目进度计划　project schedule

记录执行各项**活动**(2.12.1)、实现**里程碑**(2.6.12)的计划日期的进度安排

2.6.9

资源约束进度计划　resource-limited schedule

期望可用资源条件下，项目开始和结束的进度安排

2.6.10

目标进度计划　target schedule

记录项目阶段目标完成日期的进度表

注：当**基准**(2.2.10)被修改以后，目标进度计划也要随之进行修改。

2.6.11

主进度计划　master schedule

里程碑进度计划　milestone schedule

识别主干活动和关键里程碑的简要进度表

2.6.12

里程碑　milestone

项目中的重大事件，通常指一项主要**可交付成果**(2.3.10)的完成

2.6.13

开始日期　start date

活动(2.12.1)开始的时间节点

注：开始日期可使用修饰词如实际、计划、最早或最迟等来修饰。

2.6.14

结束日期　finish date

活动(2.12.1)结束的时间节点

注：结束日期可使用修饰词如实际、计划、最早或最迟等来修饰。

2.6.15

当前开始日期　current start date

当前估计的将要开始某项**活动**(2.12.1)的时间节点

2.6.16

当前结束日期　current finish date

当前估计的将要结束某项**活动**(2.12.1)的时间节点

2.6.17

目标开始日期　target start date

进度控制(2.6.1)的一种时间节点，是计划开始一项**活动**(2.12.1)的日期

2.6.18

目标结束日期　target finish date

进度控制(2.6.1)的一种时间节点，是计划结束一项**活动**(2.12.1)的日期

2.6.19

实际开始日期　actual start date

项目**进度控制**(2.6.1)的一个时间节点，是一项**活动**(2.12.1)实际开始的日期

2.6.20

实际结束日期　actual finish date

项目**进度控制**(2.6.1)的一个时间节点，是一项**活动**(2.12.1)实际结束的日期

2.6.21

最早开始日期　early start date

关键路径法(2.12.14)中，根据**网络逻辑**(2.12.36)和进度约束情况，一项**活动**(2.12.1)可以开始的最早可能时间节点

2.6.22

最早结束日期　early finish date

关键路径法(2.12.14)中，根据**网络逻辑**(2.12.36)和进度约束情况，一项**活动**(2.12.1)可以结束的最早可能时间节点

2.6.23

最迟开始日期　late start date

关键路径法(2.12.14)中，在不延迟特定**里程碑**(2.6.12)的情况下，一项**活动**(2.12.1)可以开始的最迟可能时间节点

2.6.24

最迟结束日期　late finish date

关键路径法(2.12.14)中，在不延迟特定**里程碑**(2.6.12)的情况下，一项**活动**(2.12.1)可以结束的最迟可能时间节点

2.6.25

计划开始日期　planned start date

基准开始日期　baseline start date

项目计划(2.5.2)规定开始一项**活动**(2.12.1)的时间节点

注：计划开始日期通常在**最早开始日期**(2.6.21)和**最迟开始日期**(2.6.23)所界定的日期范围内。

2.6.26

计划结束日期　planned finish date

基准结束日期　baseline finish date

项目计划(2.5.2)规定结束一项**活动**(2.12.1)的时间节点

注：计划结束日期通常在**最早结束日期**(2.6.22)和**最迟结束日期**(2.6.24)所界定的日期范围内。

2.6.27

目标竣工日期　target completion date

进度控制(2.6.1)的一种时间节点，是约束项目**网络分析**(2.12.37)的强制规定完成日期

2.6.28

数据日期　data date

截止日期　as of date

进度控制(2.6.1)的一个时间节点，是项目报告系统提供实际状况和完成情况的日期

2.6.29

持续时间　duration

工期

完成一项**活动**(2.12.1)或其他项目要素所需的工作时间(不包括节假日或其他非工作周期)

注：通常用工作日或工作周表示，不包括节假日或其他非工作周期。

2.6.30

剩余持续时间　remaining duration

完成一项**活动**(2.12.1)尚需的时间

2.6.31

活动持续时间估计　activity duration estimating

完成各单项活动所需的工作周期数的**估算**(2.10.5)

2.6.32

参数估计　parametric estimating

利用历史数据与其他变量之间的统计关系计算估计值的一种技术

2.6.33

资源平衡　resource leveling

从资源管理方面考虑确定**项目进度计划**(2.6.8)的分析方法

2.7　有关沟通的术语

2.7.1

沟通规划　communication planning

项目沟通管理(2.1.12)的一部分，致力于确定**项目利害相关方**(2.4.13)对信息和沟通的需要，以及确定满足这些需要的恰当方式

2.7.2

信息分发 information distribution

及时向**项目利害相关方**(2.4.13)提供所需信息的活动

2.7.3

绩效报告 performance reporting

收集并通报项目绩效信息的活动

注：包括状况报告、进展测量和预测。

2.8 有关采购的术语

2.8.1

采购规划 procurement planning

项目采购管理(2.1.14)的一部分，致力于确定项目进行过程中对产品和服务的采购需求，以及满足这些需求的过程

2.8.2

询价规划 solicitation planning

项目采购管理(2.1.14)的一部分，致力于**询价**(2.8.3)所需文件的准备，包括产品要求和潜在**供方**(2.8.4)评价标准

2.8.3

询价 solicitation

向潜在**供方**(2.8.4)发放**报价邀请书**(2.5.10)，并获取相应报价单、投标书、报盘或建议书的活动

2.8.4

供方 supplier

向一个组织提供产品或服务的组织或个人

注：改写自 GB/T 19000—2008，定义 3.3.6。

2.8.5

合同管理 contract administration

确保**供方**(2.8.4)绩效满足合同要求的活动

2.9 有关质量和质量管理的术语

2.9.1

质量保证 quality assurance

项目质量管理(2.1.10)的一部分，致力于提供质量要求会得到满足的信任

注：改写自 GB/T 19000—2008，定义 3.2.11。

2.9.2

质量规划 quality planning

项目质量管理(2.1.10)的一部分，致力于识别质量目标并规定必要的运行过程和相关资源以实现质量目标

注：改写自 GB/T 19000—2008，定义 3.2.9。

2.9.3

质量控制 quality control

项目质量管理(2.1.10)的一部分，致力于满足质量要求

注：改写自 GB/T 19000—2008，定义 3.2.10。

2.9.4

质量改进 quality improvement

项目质量管理(2.1.10)的一部分，致力于增强满足质量要求的能力

2.9.5

质量成本 cost of quality

为保证质量而发生的成本

注：质量成本包括**质量规划**(2.9.2)、**质量控制**(2.9.3)、**质量保证**(2.9.1)、**质量改进**(2.9.4)和返工等所发生的成本。

2.9.6

绩效测量基准 performance measurement baseline

在管理控制中用于衡量项目绩效偏差的一种被核准的计划

2.9.7

技术绩效测量 technical performance measurement

通过比较项目实施过程和**项目计划**(2.5.2)的技术完成进度来测量项目技术绩效的活动

注：两者之间存在偏差就意味着完成项目目标的**风险**(2.11.1)。

2.10 有关成本控制的术语

2.10.1

成本预算 cost budgeting

把成本估计值分摊到各项业务的活动

2.10.2

实际成本 actual cost

在给定时间内完成工作所实际发生的总成本

2.10.3

成本偏差 cost variance

活动预算成本与**实际成本**(2.10.2)之间的任何差值

2.10.4

S曲线 S-curve

项目中表示累计成本、工时、工作量或其他参量相对时间变化的图形

2.10.5

估算 estimating

对可能获得的定量结果的评估，通常用于对项目所需时间和成本的评估

注：术语"估算"可使用表示阶段的词来修饰，也可使用表示准确度的词来修饰。

2.10.6

成本估算 cost estimating

对完成项目活动所需资源的成本进行近似计算

2.10.7

成本控制 cost control

对项目成本基准的变更进行控制

2.10.8

会计科目表 chart of accounts

按类别监控项目成本的一种编号系统

注：类别通常包括人员、供应、材料和设备等。

2.10.9

计划价值 planned value

计划用于在给定周期内完成特定工作的经核准的预算成本

2.10.10

合理成本估算 should-cost estimating

对产品或服务成本的一种**估算**(2.10.5)，用于对预期承包方所提供报价的合理性进行评估

2.10.11

生命期成本计算　life-cycle costing

项目成本管理(2.1.9)过程中,评估各备选方案时综合考虑生命期各阶段成本的管理理念

2.10.12

挣值　earned value

给定时间段内已完成的实际工作所对应的核准预算

注1:通过挣值可以衡量工作的进展情况。

注2:挣值也可称为“赢得值”。

2.10.13

挣值管理　earned value management

项目综合管理(2.1.6)的一部分,致力于成本和进度与计划要求的比较,以确定项目实施情况

注:为测量项目实施情况需综合考虑范围、进度和资源等因素。

2.10.14

控制账目计划　control account plan

综合考虑工作范围、预算和进度等因素来测量项目绩效的一种管理工具

注:通常设定在**工作分解结构**(2.3.11)的特定管理点上使用。

2.10.15

挣值分析　earned value analysis

一种利用**挣值**(2.10.12)计算项目成本与进度偏差,以测量项目绩效的分析技术

2.10.16

成本绩效指数　cost performance index

反映项目成本效率的指标,是**挣值**(2.10.12)与**实际成本**(2.10.2)的比值

注:成本绩效指数常用于预测可能出现的成本超支幅度。

2.10.17

资源规划　resource planning

项目成本管理(2.1.9)的一部分,致力于确定项目执行过程中需要资源的种类和数量

2.10.18

竣工估算　estimate at completion

项目进行过程中估计的,已完成工作实际成本加竣工尚需估算所得的一项活动、一组活动或整个项目的预期总成本

2.10.19

竣工尚需估算　estimate to complete

完成一项**活动**(2.12.1)、一组活动或整个项目预期尚需的成本

2.10.20

竣工率　percent complete

已完成的工作量占预期总工作量的比率,通常用百分比表示

2.11　有关风险的术语

2.11.1

风险　risk

一旦发生,会对项目产生不确定影响的事件或状态

注:这种影响可能是正面的也可能是负面的。

2.11.2

继发风险　secondary risk

实施风险响应所直接导致的**风险**(2.11.1)

2.11.3

残留风险 residual risk

采取风险响应措施后仍然存在的**风险**(2.11.1)

2.11.4

风险类别 risk category

按潜在的**风险**(2.11.1)来源对风险进行分类

注：通常包括技术、**项目管理**(2.1.4)、组织或外部来源。

2.11.5

风险事件 risk event

给项目可能带来积极或消极影响的离散事件

2.11.6

触发因素 triggers

显示**风险**(2.11.1)已经或即将发生的各种风险迹象或警告信号

注：触发因素既可在**风险识别**(2.11.8)过程中予以发现，也可在风险监测控制过程中予以监视。

2.11.7

假设分析 assumptions analysis

一种研究**假设**(2.2.1)的准确性和识别假设的不准确、不完善及不连续对项目所产生风险的技术

2.11.8

风险识别 risk identification

确定可能影响**项目**(2.1.1)的**风险**(2.11.1)并将其特征文件化

2.11.9

风险管理规划 risk management planning

项目风险管理(2.1.13)的一部分，致力于风险计划的制定和如何进行风险管理

2.11.10

管理储备 management reserve

用于处理未来不可预见情况，以降低出现计划外成本与进度落后等**风险**(2.11.1)而设立的一部分项目预算

注：一旦动用管理储备将引起项目**基准**(2.2.10)的变更。

2.11.11

风险监测与控制 risk monitoring and control

监测残余风险、识别新风险、执行风险削减计划，并对其在**项目生命期**(2.1.5)内的有效性进行评估的活动

2.11.12

权变措施 workaround

对事先未能识别的消极风险事件采取的临时响应措施

2.11.13

风险数据库 risk database

对风险管理过程中获取与使用的数据进行收集、维护和分析的资料库

2.11.14

风险定性分析 qualitative risk analysis

对**风险**(2.11.1)和条件进行定性分析，并按其对项目目标的影响程度排序的过程

注1：定性分析可涉及对项目风险概率和影响的评定。

注2：使用**概率与影响矩阵**(2.11.16)的方法可将风险划分为高、中、低三类，并反映在**风险响应计划**(2.5.6)中。

2.11.15

风险定量分析 quantitative risk analysis

测量**风险**(2.11.1)发生的概率和后果,并估计其对项目目标潜在影响的过程

注1:风险用可能结果的概率分布加以描述。

注2:定量分析技术可涉及**模拟**(2.11.29)和**决策树分析**(2.11.17)等。

2.11.16

概率与影响矩阵 probability and impact matrix

综合考虑**风险**(2.11.1)的发生概率及发生后对目标的影响两方面因素,以确定风险属于高风险、中等风险还是低风险的一种常用方法

2.11.17

决策树分析 decision-tree analysis

通过在多个备选方案中综合考虑**风险**(2.11.1)、概率及其成本和回报来进行决策的一种图形分析技术

2.11.18

预期货币值 expected monetary value

事件发生的概率与事件发生时将产生的损益的乘积

2.11.19

风险响应规划 risk response planning

项目风险管理(2.1.13)的一部分,致力于制定各种程序与技术以减少对项目目标的威胁并提高项目目标实现的机会

注:风险响应规划使用的工具包括回避、减轻、转移与接受。

2.11.20

风险回避 risk avoidance

风险响应规划(2.11.19)的一种工具,通过改变**项目计划**(2.5.2),排除**风险**(2.11.1)或保护项目目标,使之免受影响

2.11.21

风险转移 risk transference

风险响应规划(2.11.19)的一种工具,将**风险**(2.11.1)的影响与响应责任转移至第三方

2.11.22

风险减轻 risk mitigation

风险响应规划(2.11.19)的一种工具,致力于将**风险**(2.11.1)发生的概率及其影响降低到可接受的程度

2.11.23

接受风险 risk acceptance

风险响应规划(2.11.19)的一种工具,不改变**项目计划**(2.5.2)以处理**风险**(2.11.1)

注:接受风险后可通过制定应急计划或预留应急储备金来处理风险。

2.11.24

应急规划 contingency planning

项目风险管理(2.1.13)的一部分,致力于制定风险管理方案,用于确定特定的**风险**(2.11.1)发生时确保项目成功的备选策略

2.11.25

储备 reserve

项目计划(2.5.2)中为降低成本或进度的**风险**(2.11.1)而采取的一种预防措施

注:通常使用修饰词,如管理、应急等,以说明其用途。

2.11.26

应急储备 **contingency reserve**

为使项目目标的溢出风险降低到组织可接受的程度，而额外预留的时间总量和资金总量

2.11.27

应急补助 **contingency allowance**

为弥补项目成本或进度与预期值可能存在的偏差而设置的特定储备

2.11.28

应急成本 **contingencies**

为降低随机的不可预见因素带来的**风险**(2.11.1)而预留的特定成本

2.11.29

模拟 **simulation**

利用模型将项目中详细规定的不确定性转化为在项目整体层面上表现出的对目标潜在影响的一种技术

注：**蒙特卡罗分析**(2.11.30)是项目模拟的典型应用。

2.11.30

蒙特卡罗分析 **Monte Carlo analysis**

对项目进行多次**模拟**(2.11.29)，以计算各种可能结果概率分布状态的一种分析技术

2.12 有关网络分析技术的术语

2.12.1

活动 **activity**

在项目过程中实施的一项工作要素，通常具有预计持续时间、预计成本和预计资源需求

注：活动可以进一步细分为**任务**(2.3.13)。

2.12.2

后续活动 **successor activity**

在某项**活动**(2.12.1)开始或结束后才能开始或结束的与其有**逻辑关系**(2.12.20)的活动

注1：在**优先顺序图法**(2.12.28)中是**箭线**(2.12.31)所指向的活动。

注2：在**箭线图法**(2.12.30)中是从**节点**(2.12.32)离开的活动。

2.12.3

前导活动 **predecessor activity**

在某项**活动**(2.12.1)开始或结束前必须开始或结束的与其有**逻辑关系**(2.12.20)活动

注1：在**优先顺序图法**(2.12.28)中是**箭线**(2.12.31)出发的活动。

注2：在**箭线图法**(2.12.30)中是进入**节点**(2.12.32)的活动。

2.12.4

近关键活动 **near-critical activity**

浮动量(2.12.17)很小的**活动**(2.12.1)

2.12.5

虚拟活动 **dummy activity**

箭线图法(2.12.30)中**持续时间**(2.6.29)为零，仅用于表示一种**逻辑关系**(2.12.20)的**活动**(2.12.1)

注1：虚拟活动用于正常活动箭线不能全面或正确描述逻辑关系的场合。

注2：虚拟活动在箭线图中用带虚线的箭头表示。

2.12.6

关键活动 **critical activity**

位于**关键路径**(2.12.12)上的**活动**(2.12.1)

注：通常由**关键路径法**(2.12.14)确定。

2.12.7

集合活动　hammock

以概括归纳方式代表一组相关活动的一项**活动**(2.12.1)

2.12.8

活动定义　activity definition

对完成项目各项**可交付成果**(2.3.10)所需实施的具体活动的识别

2.12.9

活动说明　activity description

识别一项**活动**(2.12.1)的特征组合

2.12.10

活动排序　activity sequencing

对交互活动间的**逻辑关系**(2.12.20)进行识别并将其形成文件的过程

2.12.11

路径　path

项目网络图(2.12.38)中按顺序相连的一组**活动**(2.12.1)

2.12.12

关键路径　critical path

决定项目**持续时间**(2.6.29)的一个活动序列

注1：关键路径是项目从开始到结束时间最长的**路径**(2.12.11)。

注2：关键路径通常由**浮动量**(2.12.17)小于或等于某一特定值(通常为零)的活动构成。

2.12.13

路径汇聚点　path convergence

进度表中并行**路径**(2.12.11)交汇或合并的**节点**(2.12.32)

注：路径汇聚点上任何的延误或推迟均可能造成项目的延期，因此是可能出现重大风险的关键节点。

2.12.14

关键路径法　critical path method

通过分析具有最短浮动量的活动序列来预测项目**持续时间**(2.6.29)的基于网络的分析技术

注：通常从特定的**开始日期**(2.6.13)用**正推法**(2.12.15)计算**最早结束日期**(2.6.22)；从特定的**结束日期**(2.6.14)开始，用**逆推法**(2.12.16)计算**最迟开始日期**(2.6.23)。

2.12.15

正推法　forward pass

通过从开始到结束的正向顺序，计算**项目网络图**(2.12.38)中所有未完成活动的**最早开始日期**(2.6.21)和**最早结束日期**(2.6.22)的方法

2.12.16

逆推法　backward pass

通过从结束到开始的逆向顺序，计算**项目网络图**(2.12.38)中所有未完成活动的**最迟结束日期**(2.6.24)和**最迟开始日期**(2.6.23)的方法

2.12.17

浮动量　float

在不延误项目**结束日期**(2.6.14)的前提下，**活动**(2.12.1)可以从其**最早开始日期**(2.6.21)向后推迟的时间量。

注1：浮动量可随项目进展和**项目计划**(2.5.2)的变更而改变。

注2：浮动量也称为松弛量(slack)、合计浮动时间(total float)或路径浮动时间(path float)。

2.12.18

自由浮动量 **free float**

在不推迟任何直接**后续活动**(2.12.2)的**最早开始日期**(2.6.21)的情况下,一项**活动**(2.12.1)可以延迟的时间量

2.12.19

悬空 **hanger**

通常由逻辑关系缺失或活动缺失所造成的网络路径的非故意中断

2.12.20

逻辑关系 **logical relationship**

项目**活动**(2.12.1)之间或项目活动与**里程碑**(2.6.12)之间的一种依存关系

注:逻辑关系通常分为**开始-结束关系**(2.12.21)、**开始-开始关系**(2.12.22)、**结束-开始关系**(2.12.23)和**结束-结束关系**(2.12.24)。

2.12.21

开始-结束关系 **start to finish**

逻辑关系(2.12.20)的一种,要求**后续活动**(2.12.2)结束前其**前导活动**(2.12.3)必须开始

2.12.22

开始-开始关系 **start to start**

逻辑关系(2.12.20)的一种,要求**后续活动**(2.12.2)开始前其**前导活动**(2.12.3)必须开始

2.12.23

结束-开始关系 **finish to start**

逻辑关系(2.12.20)的一种,要求**后续活动**(2.12.2)开始前其**前导活动**(2.12.3)必须结束

2.12.24

结束-结束关系 **finish to finish**

逻辑关系(2.12.20)的一种,要求**后续活动**(2.12.2)结束前其**前导活动**(2.12.3)必须结束

2.12.25

提前 **lead**

使后续**任务**(2.3.13)可以加速实施而对项目**逻辑关系**(2.12.20)进行的修改

示例:在一个有10天提前量的结束-开始关系项目中,后续活动可以在前导活动结束的10天前开始。

2.12.26

滞后 **lag**

导致后续**任务**(2.3.13)延迟实施的项目**逻辑关系**(2.12.20)的修改

示例:在一个有10天滞后量的结束-开始关系项目中,后续活动必须在前导活动结束10天后才能开始。

2.12.27

优先顺序关系 **precedence relationship**

项目网络图(2.12.38)中活动发生的先后关系

2.12.28

优先顺序图法 **precedence diagramming method**

单代号网络图 **activity on node**

活动的节点表示法

用方框或**节点**(2.12.32)代表**活动**(2.12.1),并按照活动间的**优先顺序关系**(2.12.27)进行连接的一种网络分析技术

2.12.29

图形评审技术 **graphical evaluation and review technique**

允许对网络**逻辑关系**(2.12.20)及活动**持续时间**(2.6.29)估计进行条件处理或概率处理的一种网络分析技术

2.12.30

箭线图法　arrow diagramming method

双代号网络图法　activity on arrow

活动的箭线表示法

用**箭线**(2.12.31)尾部表示活动开始、箭线头部表示活动结束，并通过**节点**(2.12.32)将箭线连接从而体现活动执行顺序的一种网络分析技术

2.12.31

箭线　arrow

项目网络图(2.12.38)中一端带箭头的实线，**优先顺序图法**(2.12.28)中用于表示**活动**(2.12.1)之间的**逻辑关系**(2.12.20)；**箭线图法**(2.12.30)中用于表示活动

注：改写自 GB/T 13400.1—1992，定义 2.3.4.1。

2.12.32

节点　node

项目网络图(2.12.38)中箭线端部的圆圈或其他形状的封闭图形，**优先顺序图法**(2.12.28)中用于表示**活动**(2.12.1)；**箭线图法**(2.12.30)中用于表示活动之间的依存关系

注：改写自 GB/T 13400.1—1992，定义 2.3.4.5。

2.12.33

回路　loop

两次通过同一个**节点**(2.12.32)的网络路径

注：**关键路径法**(2.12.14)和**计划评审技术**(2.12.42)等传统网络分析技术无法分析回路，只有**图形评审技术**(2.12.29)中允许出现回路

2.12.34

网络　network

〈项目管理〉**活动**(2.12.1)和**节点**(2.12.32)及其相互关系构成的整体

2.12.35

子网络　subnet

代表子项目的项目网络图分支

2.12.36

网络逻辑　network logic

构成**项目网络图**(2.12.38)的**活动**(2.12.1)之间的依存关系的集合

2.12.37

网络分析　network analysis

确定项目活动未完成部分最早和最迟的开始和结束日期的一种分析技术

注：通常采用**正推法**(2.12.15)和**逆推法**(2.12.16)。

2.12.38

项目网络图　project network diagram

表示项目活动**逻辑关系**(2.12.20)的图形

2.12.39

甘特图　Gantt chart

用横道表示项目中**活动**(2.12.1)的起止时间和**持续时间**(2.6.29)等与活动进度相关信息的图形

2.12.40

时标网络图　time-scaled network diagram

用**箭线**(2.12.31)的位置和长度表示相应**活动**(2.12.1)的起止时间和**持续时间**(2.6.29)的一种**项目网络图**(2.12.38)

2.12.41

计划评审技术图 **program evaluation and review technique chart**

采用**计划评审技术**(2.12.42)的一种**项目网络图**(2.12.38)

2.12.42

计划评审技术 **program evaluation and review technique**

在单个活动**持续时间**(2.6.29)难以确定时,用于估计**项目**(2.1.1)整体持续时间的基于事件的分析技术

2.12.43

数学分析 **mathematical analysis**

在不考虑资源限制的情况下,从理论上计算项目所有**活动**(2.12.1)最早和最迟的开始和结束日期的一种分析技术

注:常用的数学分析技术有**关键路径法**(2.12.14)、**计划评审技术**(2.12.42)和**图形评审技术**(2.12.29)。

2.13 有关收尾的术语

2.13.1

合同收尾 **contract closeout**

合同的完成与结算,包括对所有未决账目中的条款所做的决定

2.13.2

保留金 **retainage**

为确保合同条款的完全履行而暂时保留,直到合同完成后才给付的一部分合同款项

2.13.3

行政收尾 **administrative closure**

形成、收集并发布信息以正式说明**项目**(2.1.1)或**项目阶段**(2.3.9)完成的活动

中 文 索 引

K

L

M

N

Q

R

S

T

W

X

Y

Z

英 文 索 引

A

B

C

D

E

F

G

H

I

L

M

N

O

P

T

V

W

ICS 03.100.99
A 01

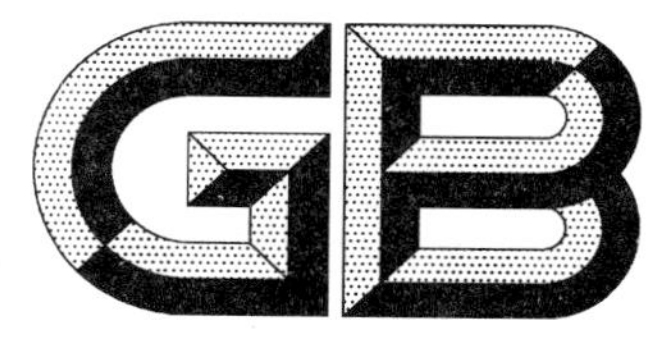

中华人民共和国国家标准化指导性技术文件

GB/Z 23692—2009

项目管理　框架

Project management—Framework

2009-05-06 发布　　2009-10-01 实施

中华人民共和国国家质量监督检验检疫总局
中国国家标准化管理委员会　发布

前 言

本指导性技术文件的附录 A、附录 B 为资料性附录。

本指导性技术文件由中国标准化协会提出。

本指导性技术文件由全国项目管理标准化技术委员会归口。

本指导性技术文件起草单位:上海市标准化研究院、北京现代卓越管理技术交流中心、中国标准化协会。

本指导性技术文件主要起草人:杨洁明、马娜、王晓燕、晏绍庆、杨磊、王勇、刘福恒、徐新忠、梁松波、张鹏、王翰铭、刘贵明、侯兰锡。

引　言

项目管理作为管理学科中相对完整的一个分支，具有其独特的组成结构和框架体系。本指导性技术文件为理解和贯彻项目管理知识领域，为实现项目管理目标提供了基础。

项目管理　框架

1　范围

本指导性技术文件确立了项目和项目管理的基本内涵，确立了项目管理的一般原则和完整过程，规定了项目阶段、项目生命期和项目管理九大知识领域的基本特征。

本指导性技术文件适用于对复杂程度不同、规模大小不一、周期长短不等以及开展环境各异的各种项目进行管理。这种普遍适用性在应用于某一个特定的项目时，可能需要项目管理人员对具体内容进行一些调整。

2　规范性引用文件

下列文件中的条款通过本指导性技术文件的引用而成为本指导性技术文件的条款。凡是注日期的引用文件，其随后所有的修改单(不包括勘误的内容)或修订版均不适用于本指导性技术文件，然而，鼓励根据本指导性技术文件达成协议的各方研究是否可使用这些文件的最新版本。凡是不注日期的引用文件，其最新版本适用于本指导性技术文件。

GB/T 23691—2009　项目管理　术语

3　术语和定义

GB/T 23691—2009 确立的术语和定义适用于本指导性技术文件。

4　总则

4.1　项目

4.1.1　项目的本质特征

4.1.1.1　临时性

项目应在有限的时间内进行，其临时性表现为具有确定的开始和结束。项目的结束可包括：

——项目的目标已经实现；

——清楚地认识到项目的目标不会或不可能达到，项目被终止；

——项目开展的必要性已经不复存在，项目被终止。

项目的临时性特征不影响项目产生的产品、服务或结果的长期性或永久性。

4.1.1.2　独特性

一个项目产生的产品、服务或结果具有区别于其他项目产生的产品、服务或结果的特征，因此项目具有独特性，项目中重复要素的存在不会改变项目在本质上的独特性。

4.1.1.3　逐步完善

逐步完善是临时性和独特性特征的综合体现，是持续稳定、细致、严谨、详尽地开展工作。

4.1.2　项目与日常工作的关系

组织进行的工作分为日常工作和项目，两者之间可能相互重叠。日常工作和项目之间存在许多共同的特性，两者都：

——由人来进行；

——受资源的限制；

——需要进行规划、执行和控制。

项目的实施通常是组织实现其战略计划的一种手段，是为了实现组织日常工作所无法完成的需求。

日常工作与项目的首要区别是：日常工作是持续进行和重复的，而项目是临时的和独特的。

4.2 与项目相关的工作范畴

与项目密切相关的不同层次的工作范畴通常包括：战略计划、项目群组、项目和子项目。

它们之间常体现出层次关系。项目群组是以协同管理的方式获得单独管理所无法实现的收益的一组项目，而项目群组本身也会对整体战略计划的实现作出贡献；子项目则是为了使项目便于管理而分割形成的部分，在项目实施过程中，子项目通常会被分包给外部组织或者执行组织内其他的职能部门。

4.3 项目管理

4.3.1 总则

项目管理是运用知识、技能、工具和技术对项目活动进行管理以达到项目要求的活动。它通常通过启动、规划、执行、控制和收尾等过程实现，项目团队管理项目的工作主要包括：

——权衡项目在范围、时间、成本、风险和质量等方面的不同需求；

——协调带有不同需求和期望的项目利害相关方；

——处理已识别的需求。

4.3.2 项目管理知识领域

项目管理知识领域涉及的项目管理知识和实践主要有以下9个方面：

——项目综合管理，确保对项目各种要素进行恰当协调，一般包括启动、项目计划制定、项目计划实施、综合变更控制和行政收尾；

——项目范围管理，确保项目包含且只包含使项目顺利完成所需全部工作，一般包括范围规划、范围定义、范围核实以及范围变更控制；

——项目时间管理，确保项目按时完成，一般包括活动定义、活动排序、活动持续时间估计、项目进度表制定以及进度控制；

——项目成本管理，确保项目在核准的预算内完成，一般包括资源规划、成本估算、成本预算以及成本控制；

——项目质量管理，确保项目满足已经承诺的需要，一般包括质量规划、质量保证、质量控制以及质量改进；

——项目人力资源管理，使参与项目的人员都能得到最有效使用，一般包括组织规划、人员招募以及团队建设；

——项目沟通管理，确保项目信息及时并适当的生成、收集、分发、存储和最终处置，一般包括沟通规划、信息分发和绩效报告；

——项目风险管理，用于对项目风险进行识别、分析和作出响应，一般包括风险管理规划、风险识别、风险定性分析、风险定量分析、风险响应规划和风险监控；

——项目采购管理，用于从项目执行组织的外部获取商品及服务，一般包括采购规划、询价规划、询价、供方选取、合同管理和合同收尾。

4.4 项目管理中的通用管理技能

用于项目管理的几个最主要的通用管理技能有：

——领导能力。确定战略方向，统一意志，调动并鼓励所有人员为实现项目目标做出不懈努力。领导能力应作用于项目所有层面，并保证始终一贯地为项目利害相关方创造期望的关键成果；

——沟通能力。保证信息的发送—接收—反馈全过程的顺畅，使内容完整清晰的信息通过顺畅的传播途径准确传递给接收者，接收者正确理解后给出恰当的反馈；

——谈判协商能力。与他人协商以取得共识或达成协议；

——解决问题能力。区别原因和表象，确定问题所在，进行分析后确定若干可行方案，从中作出选择；

——影响组织的能力。应了解所有相关组织的结构，对组织施加影响，使利益迥异的团体采取集体行动保证工作的完成。

5 项目阶段和项目生命期

5.1 项目阶段

项目是独特的任务，包含某种程度的不确定性。为有效进行管理控制，项目实施组织通常把每一个项目划分成若干个项目阶段，并与该项目实施组织的日常工作联系起来。

每个项目阶段都是通过一个或多个可交付成果的完成作为标志的。可交付成果是一种有形的可验证的工作产物，例如：可行性研究、详细设计或者工作模型。可交付成果，乃至于项目阶段都是为保证对项目产品作出恰当界定而设计的逻辑顺序的一部分。

项目阶段的结束通常以对关键可交付成果和项目业绩报告的评审作为标志，这种开展阶段完成评审的节点称做阶段出口或阶段关卡，通过阶段评审可以：

a) 确定项目是否应该进行到下一阶段；

b) 以有限成本监测和纠正出现的错误。

5.2 项目生命期

项目生命期由所有项目阶段集合而成，它既用于界定项目的开始和结束，也用于确定项目开始和结束时应包括哪些过渡性活动。多数项目生命期所包含的阶段顺序会涉及某种形式的技术交接或传递。如，从需求到设计；从设计到制造；从建设到运行。应在前一阶段产生的可交付成果得到批准后，才能开始后一阶段的工作。但是，如果能够接受其中涉及的风险，后一阶段可以在前一阶段可交付成果得到批准之前开始，这种项目阶段重叠的现象称为快速跟进。

项目生命期一般宜规定每个项目阶段应包括的技术工作和人员。

项目在整个生命期中具有以下共同点：

——成本消耗和人员投入在项目开始时较低，项目进行中不断提高，到项目结束时陡然下降；

——项目开始时成功完成项目的可能性最低，因此风险和不确定性也最高，随着项目的进行通常成功完成的可能性会逐渐提高；

——项目开始时项目利害相关方对项目最终成本和项目产品的最终特性的影响力最大，随着项目的进行这种影响会逐渐减弱。

注：应注意区分项目生命期和产品生命期。例如：向市场推出一种新型台式电脑的项目仅仅是其产品生命期的一个阶段。

6 项目管理环境

6.1 项目利害相关方

利害相关方是积极参与项目，或者其切身利益可能由于项目的实施或完成而受到积极或消极影响的个人或组织，他们对项目及其结果也会施加影响。项目管理团队应识别出利害相关方，确定他们的需求，进而对其需求进行管理和施加影响以确保项目成功完成。

每个项目的关键利害相关方包括：

——项目经理；

——顾客；

——执行组织；

——项目团队成员；

——出资方。

除此之外，还有其他一些项目利害相关方，如政府、组织、供应商和承包商等。

利害相关方的目标常相去甚远，甚至相互冲突。通常，解决这种差距应以服从顾客的需求为主要原则，在意见分歧中找到恰当的解决办法。

6.2 组织对项目管理的影响

6.2.1 组织体系的影响

不同的组织体系对项目管理的开展会产生不同的影响。组织根据其运作基础的不同，分为：

——面向项目型组织。这类以项目为导向的组织，其工作主要由项目构成。包括以项目为手段进行管理的组织和主要通过为其他组织实施项目而获益的组织，例如：建筑师事务所、工程公司、咨询公司、建筑承包商等。这类组织中现成的管理体系更便于项目管理的推动。

——非面向项目型组织。这类不以项目为导向的组织，通常缺乏为支持项目高效运作而设计的管理体系，因此增加了项目管理的困难。

6.2.2 组织文化的影响

组织形成的独特的、可描述的文化，反映在组织的价值观、理念、期望、方针、程序及其他方面。组织文化对项目会产生直接的影响。例如：一个有强烈参与意识的项目经理在等级森严的组织中可能会遭遇困难；而一个独裁的项目经理在提倡合作的组织中也会有麻烦。

6.2.3 组织结构的影响

项目执行组织的结构对项目能否获得所需资源，和以何种条件获得所需资源起着重要的制约作用。按项目实施结构一般将组织分为：

——传统职能型组织；

——项目型组织；

——矩阵型组织，其中又分为强矩阵型、平衡矩阵型和弱矩阵型；

——复合型组织。

职能型组织的人员按专业分成不同的职能部门，以塔式层次结构分级，每个员工都有确定的上级。在职能型组织中开展项目时，项目范围限制在职能部门内部。当需要其他职能部门时，项目团队成员按级别汇报本部门经理，再由本部门经理与其他职能部门经理进行协调，然后再由经理们将方案下达给项目组成员。此类组织中项目的协调工作由管理层指定人员承担。

项目型组织中，项目团队成员一般集中办公，组织中大部分资源都可以用于项目，项目经理具有很大的独立性和权限，这类组织中的职能部门用来为项目提供支持服务。

弱矩阵型组织保留了许多职能型组织的特征，项目经理以协调和沟通作用为主；而强矩阵型组织则具有项目型组织的许多特征，配备具有较大权限的全职项目经理以及全职项目管理人员；平衡矩阵型则介于弱矩阵型和强矩阵型之间。

在复合型组织中，职能型组织和项目型组织的项目开展方式都存在，可以根据项目特征灵活管理。

表 1 给出了各种组织结构对项目的影响。

表 1　组织结构对项目的影响

项目特征	组织结构				
	职能型	弱矩阵型	平衡矩阵型	强矩阵型	项目型
项目经理权限	很少或没有	有限	小到中等	中等到大	大，甚至全权
执行组织中安排至项目工作的全职人员的百分比	几乎没有	0%～25%	15%～60%	50%～95%	85%～100%
项目经理的角色	兼职	兼职	全职	全职	全职
项目经理常用头衔	项目协调员 项目组长	项目协调员 项目组长	项目经理 项目负责人	项目经理	项目经理
项目管理行政人员	兼职	兼职	兼职	全职	全职

6.3 社会、经济、环境、健康和安全与项目的影响关系

社会、经济、环境、健康和安全与项目的影响关系主要体现在两方面：一方面，体现于上述各要素对项目所产生的影响；另一方面，体现于项目过程和结果对上述各要素可能发生的作用。

在制定项目计划或进行项目风险等管理时应充分考虑已知及未知的标准和法规可能对项目产生的影响。

对跨越国界的项目，在考虑传统的项目范围、成本、时间、质量以外，还应注意地域时区差异、节假日、旅行需要及政治分歧等因素对项目产生的影响。

每个项目都应在一个或多个文化背景下开展，应充分考虑到不同的教育、伦理、种族、宗教信仰及其他影响到人或组织之间相互作用方式的惯例和信念等对项目产生的影响。

项目的执行应考虑项目受环境以及对环境的影响。环境因素可能是项目实施的最重要制约条件，同时项目的完成也可能对环境造成严重影响。

项目的执行和完成不应以牺牲任何相关方的健康和安全为代价。项目团队应当遵守相应的规定或标准。

所有项目都是在某一社会、经济、环境、健康和安全条件和要求下规划和展开的，都可能产生积极或消极的影响。项目实施组织应对项目过程中或项目完成后产生的影响负责。

6.4 项目管理办公室

项目管理办公室致力于按照组织的战略，协调管理与组织总体目标紧密相连的项目及子项目的规划、排序和执行，对项目的开展具有重要影响。

项目管理办公室通常承担以下责任和职能：

——项目优先级管理；

——开展内部项目管理咨询和培训；

——支持项目组合管理；

——建设并维护项目信息库；

——项目文件和知识管理；

——开展项目援助。

7 项目管理过程

7.1 总则

项目管理是一项综合性活动，是由一系列规划好了的相互依赖的过程构成，其中一个过程的活动可能会影响其他过程。成功的项目经理应能全面地管理这些过程间规划好了的交互作用，在范围、时间、成本构成的三重框架中权衡竞争需求。

过程作为将输入转化为输出的一组相互关联的活动，是由人来完成的。过程通常分为两类：

——与项目产品有关的过程：详细说明并创造项目产品的过程，一般用项目生命期（见 5.2）来界定，会根据应用领域的不同而变化；

——项目管理过程：描述、组织和完成项目的过程。

对一个特定项目而言，它可能并不包括本指导性技术文件所讨论的所有这些过程，但对另一个项目而言，可能还需要增加其他的一些过程。

7.2 项目过程组

项目管理过程按照其中的相似关系分为五组，每组包括一个或多个过程：

——启动过程组：授权批准项目或项目阶段；

——规划过程组：定义并斟酌项目目标，在备选活动可行方案中选取实现项目目标的最优方案；

——执行过程组：协调人力资源及其他资源，执行已经确定的计划；

——控制过程组：定期监测项目进展情况，识别与项目计划的偏差，必要时采取纠正措施，确保项目目标的实现；

——收尾过程组:正式验收项目或项目阶段,并将其规范地结束。

各项目过程组通过各种方式相互关联和发生交互作用。

7.3 项目过程的交互作用

过程可以通过所产生的结果相互关联,一个过程的输出或结果常常正是另一过程的输入。在核心的过程中这种关联是重复迭代的(见图 B.1),例如:规划过程先为执行过程提供了文件化的项目计划,随着项目进展又会提供新的文件化升级计划。

过程也并非是离散的一次性事件,而是发生在项目各阶段的相互重叠的、也可能是不断重复的活动(见图 B.2)。不同阶段中各过程组发生的时间、活动的强度和重叠的程度均有所不同。

过程的交互作用往往跨越项目阶段,随着项目阶段的不断推进,项目中的多个过程不断重复发生。

7.4 启动过程

项目启动,也就是正式授权批准项目或项目阶段,是项目综合管理的一部分,本过程的输出是规划过程的一个输入。

7.5 规划过程

项目具有独特性,包含了过去从未做过的工作,因此项目规划在整个项目进行中意义重大。规划是贯穿项目生命期的持续性活动,进行规划的工作量应当与项目的范围和获取信息的有效性相当。

某些规划过程之间具有明显的依赖关系,大多数项目都要求按照基本相同的顺序执行这些过程,例如:在对活动进行进度和成本分析之前,必须先对其定义。这些相互依赖的过程称为核心过程,在项目的任何一个阶段,这些过程都可能被重复数次。核心规划过程有:

——范围规划:制定书面范围说明书,作为以后项目决策的基础;

——范围定义:将主要的项目可交付成果分解成更小、更便于管理的部分;

——活动定义:识别实现各种项目可交付成果必须完成的具体活动;

——活动排序:识别活动相互间的依存关系,并将其文件化;

——活动持续时间估计:估计完成各项活动所需的工时;

——进度制定:分析活动顺序、所需工时和对资源的要求,制作项目进度表;

——风险管理规划:决定如何在项目中处理风险和制定风险管理计划;

——资源规划:决定完成每个项目活动需要什么样的资源(人员、设备、材料等)和需要多少资源;

——成本估算:对完成项目活动所需资源的成本进行估计;

——成本预算:把全部成本的估算分配到每一个工作包;

——项目计划制定:将其他规划过程的结果整理成一致连贯的文件。

辅助规划过程有:

——质量规划:识别跟项目有关的质量标准,并确定如何满足这些标准;

——组织规划:识别和指派项目任务、职责和汇报关系,并形成文件;

——人员招募:获得需要的人力资源,并将其安排到项目中工作;

——沟通规划:确定利害相关方的信息和沟通需求,了解谁需要什么信息、什么时候需要、如何将信息传达给他们;

——风险识别:确定会影响项目的风险并将每个风险的特性形成文件;

——风险定性分析:对各种风险进行定性分析,并按照对项目目标的影响将其排序;

——风险定量分析:测量风险发生的概率和产生的影响,并评估它们对项目目标产生的后果;

——风险响应规划:制定程序和开发技术来增强项目目标实现的机遇,降低风险对项目目标的威胁;

——采购规划:确定如何采购、何时采购和采购数量;

——询价规划:将产品需求形成文件,并识别潜在来源。

7.6 执行过程

执行过程包括核心过程和辅助过程。核心执行过程是项目计划执行，即通过执行项目计划中包括的活动最终实现项目计划。

辅助执行过程有：

——质量保证：定期评估项目执行情况，提供项目将会满足相关质量标准的信心；

——质量改进：致力于增强满足质量要求的能力；

——团队建设：开发个人和团队的技能，进而提高项目的执行能力；

——信息分发：将所需信息及时提供给项目利害相关方；

——询价：获取适当的报价单、投标书、报盘或建议书等；

——供方选择：从各潜在供方中进行选择；

——合同管理：管理同供方之间的关系。

7.7 控制过程

为识别与项目计划的偏差，应定期对项目绩效进行监视和测量。发现重大偏差时，应通过重复进行适当的项目规划过程对所做计划进行调整。

控制过程组包括核心过程和辅助过程。核心控制过程有：

——综合变更控制：协调控制整个项目中发生的变更；

——绩效报告：收集并通报项目绩效信息，包括状况报告，进展评估和预测等。

辅助控制过程有：

——范围核实：正式验收项目范围；

——范围变更控制：控制项目范围的变更；

——进度控制：控制项目进度的变更；

——成本控制：控制项目预算的变更；

——质量控制：监控各具体项目结果，确定是否符合相关质量标准并找出杜绝不合格根源的方法；

——质量改进：改进质量管理的有效性，并采取纠正和预防措施；

——风险监控：跟踪已识别的风险、监视残留风险、识别新的风险，确保风险计划的执行并评估它们降低风险的效果。

7.8 收尾过程

收尾过程包括：

——合同收尾：合同的完成和结算，包括任何已开展的账目中尚未结束的细目的处置；

——行政收尾：收集、整理、更新并发布项目阶段或整个项目完成的信息，包括评估项目，总结经验教训，以供未来的项目参考。

附 录 A
（资料性附录）
项目过程组和项目知识领域涉及的项目管理过程

表 A.1 给出了项目过程组和项目知识领域中涉及的各种项目管理过程。

表 A.1 项目过程组和项目知识领域涉及的项目管理过程

项目知识领域	过程组				
	启动	规划	执行	控制	收尾
项目综合管理	启动	项目计划制定	项目计划执行	综合变更控制	行政收尾
项目范围管理		范围规划 范围定义		范围核实 范围变更控制	
项目时间管理		活动定义 活动排序 活动持续时间估计 进度制定		进度控制	
项目成本管理		资源规划 成本估算 成本预算		成本控制	
项目质量管理		质量规划	质量保证 质量改进	质量控制	
项目人力资源管理		组织规划 人员招募	团队建设		
项目沟通管理		沟通规划	信息分发	绩效报告	
项目风险管理		风险管理规划 风险识别 风险定性分析 风险定量分析 风险响应规划		风险监控	
项目采购管理		采购规划 询价规划	询价 供方选择 合同管理		合同收尾

附　录　B
（资料性附录）
一个阶段内各项目过程之间的交互作用和重叠

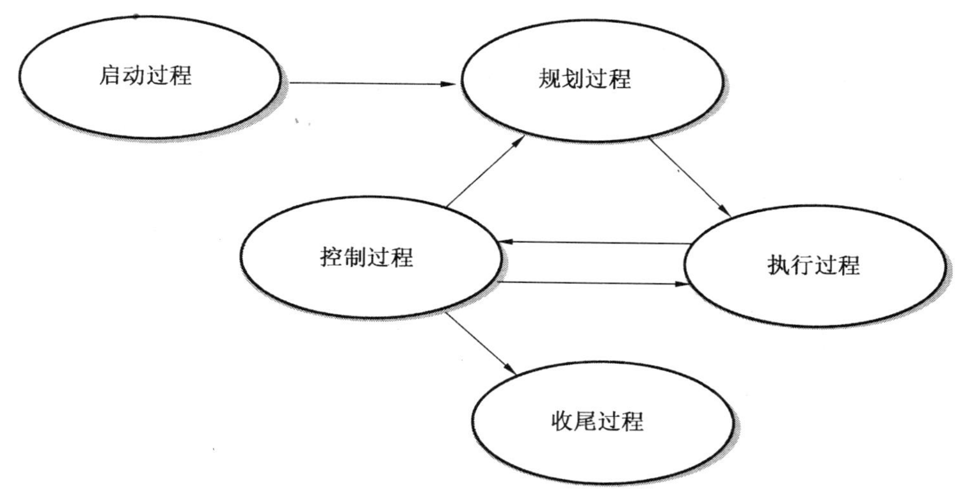

图 B.1　一个阶段内各项目过程之间的交互作用

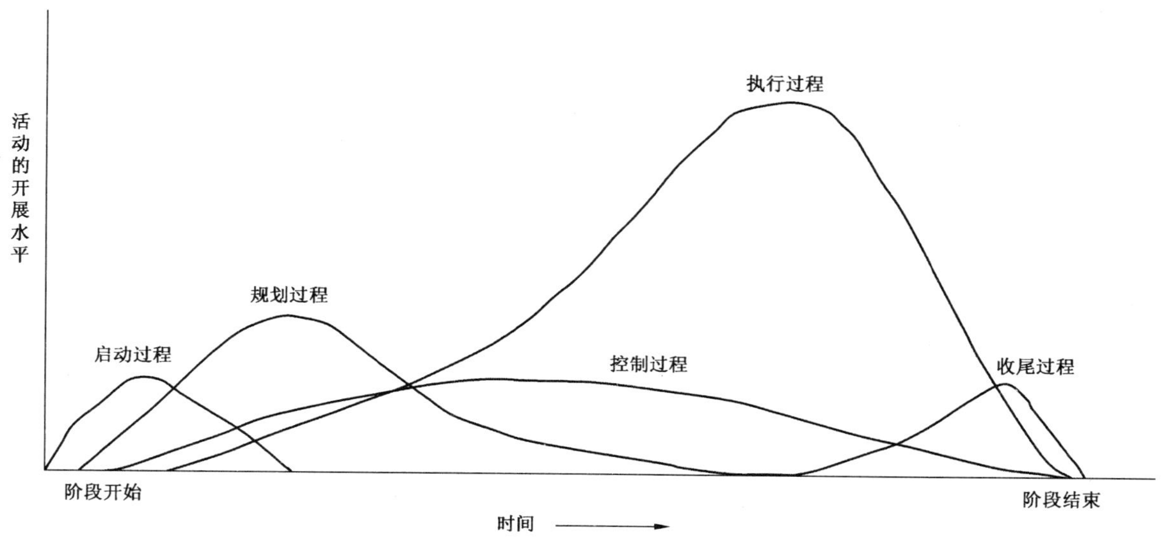

图 B.2　一个阶段内项目过程之间的重叠

ICS 03.100
A 01

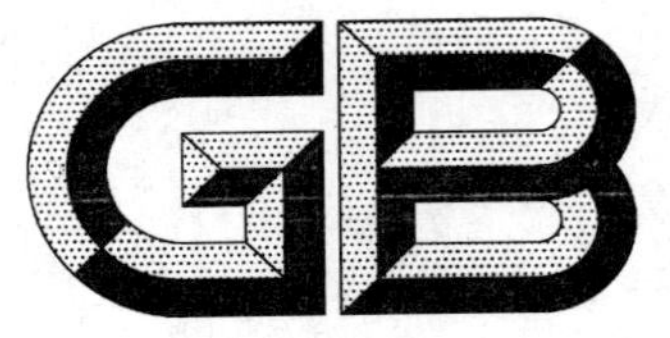

中华人民共和国国家标准化指导性技术文件

GB/Z 23693—2009

项目管理　知识领域

Project management—Areas of knowledge

2009-05-06 发布　　　　2009-10-01 实施

中华人民共和国国家质量监督检验检疫总局
中国国家标准化管理委员会　发布

前　　言

本指导性技术文件由中国标准化协会提出。

本指导性技术文件由全国项目管理标准化技术委员会归口。

本指导性技术文件起草单位：上海市标准化研究院、北京现代卓越管理技术交流中心、中国标准化协会。

本指导性技术文件主要起草人：杨洁明、马娜、王晓燕、晏绍庆、杨磊、王勇、刘福恒、徐新忠、梁松波、张鹏、王翰铭、刘贵明、侯兰锡。

引　言

本指导性技术文件描述了项目管理常用的系统性知识、工具与技术，实际应用这些知识、工具与技术可能需要更详细的专业知识。

本指导性技术文件描述的各领域的各个过程在项目中交互作用，并且可能不止出现一次，此特性不在本指导性技术文件正文内重复说明。

项目管理 知识领域

1 范围

本指导性技术文件给出了项目管理的九个主要的知识领域：

——项目综合管理；

——项目范围管理；

——项目时间管理；

——项目成本管理；

——项目质量管理；

——项目人力资源管理；

——项目沟通管理；

——项目风险管理；

——项目采购管理。

本指导性技术文件给出了每个知识领域内行之有效的、规范的行为方法和技术工具的指南。

本指导性技术文件适用于不同复杂程度、不同规模、不同周期以及不同环境的各种项目的管理工作。

2 规范性引用文件

下列文件中的条款通过本指导性技术文件的引用而成为本指导性技术文件的条款。凡是注日期的引用文件，其随后所有的修改单(不包括勘误的内容)或修订版均不适用于本指导性技术文件，然而，鼓励根据本指导性技术文件达成协议的各方研究是否可使用这些文件的最新版本。凡是不注日期的引用文件，其最新版本适用于本指导性技术文件。

GB/T 23691—2009 项目管理 术语

3 术语和定义

GB/T 23691—2009 确立的术语和定义适用于本指导性技术文件。

4 项目综合管理

4.1 总则

一般地，项目综合管理致力于在多个不同的项目目标与项目管理方案之间进行权衡，确保项目各组成部分之间相互协调，以达到甚至超过项目相关方的期望与要求。

项目综合管理一般可包括启动、项目计划制定、项目计划实施、综合变更控制和行政收尾五个过程。

项目综合管理可以采用项目管理软件作为辅助工具。

根据执行组织的具体实践，项目综合管理可包括项目前评估和项目后评估。

通常，在项目可行性研究的基础上进行项目前评估，从项目、经济和社会角度出发，对拟实施项目的必要性、实施条件、市场需求、经济效益、社会效益和环境效益等进行评价、分析和论证，以审核项目可行性研究的可靠性、真实性和客观性，为相应的决策提供依据；在项目结束后进行项目后评估，通过分析比较和评价，了解目前项目管理水平，总结项目完成情况和实施效果、积累经验教训，以保证更好地完成以后的项目管理工作，促使项目目标更好地完成。

项目后评估既可是执行组织内的单一项目后评估，也可是多个项目间的后评估。

4.2 启动

4.2.1 通则

启动是项目综合管理的一部分，致力于批准一个新项目，或者确定现有项目是否进入下一阶段。通常，项目的启动是出于市场需求、营运需要、客户需求、技术进步、法律要求、社会需要等一项或多项理由。

4.2.2 启动的输入和输出

启动的输入应当包括：

a） 产品描述；

b） 执行组织的战略目标；

c） 项目的评价和选择标准；

d） 可供参考的历史资料。

启动的输出应当包括：

a） 项目章程；

b） 指定的项目经理；

c） 制约项目管理团队选择的因素；

d） 假设。

4.2.3 启动的工具与技术

启动的工具与技术通常可包括：

a） 项目选择方法，包括效益测算方法和有约束的优化方法等；

b） 专家判断。

具有专门知识或经过特殊培训的任何集体或个人均可进行专家判断，他们可来自：

1） 执行组织内部的其他单位；

2） 咨询人员；

3） 包括客户在内的利害相关方；

4） 专业和技术协会；

5） 行业集团。

4.3 项目计划制定

4.3.1 通则

项目计划制定是项目综合管理的一部分，致力于形成一份可用以指导项目实施和项目控制的，前后一致、条理清晰的文件。项目计划的制定往往需要反复进行多次。

4.3.2 项目计划制定的输入和输出

项目计划制定的输入应当包括：

a） 项目章程；

b） 其他项目管理活动的规划过程的输出；

c） 可供参考的历史资料；

d） 对项目有影响的项目参与组织的方针，如质量管理、人事管理、财务控制等方面的方针；

e） 制约项目绩效的因素；

f） 假设。

注：假设通常涉及某种程度的风险，在项目计划制定过程中，项目团队需经常识别、记载和验证假设。

项目计划制定的输出应当包括：

a） 项目计划，内容包括：

1） 项目管理方法或策略的说明；

2） 项目范围说明；

3） 作为基准范围文件的工作分解结构；
4） 成本估算；
5） 进度基准和成本基准；
6） 主要里程碑及其目标日期；
7） 关键的或必需的人员及其预期成本和(或)人力投入；
8） 风险管理计划；
9） 从属的其他管理计划。

b） 项目计划的详细辅助资料，通常包括：
1） 未纳入项目计划的其他规划过程的输出；
2） 项目计划制定期间产生的资料或文件；
3） 技术文件；
4） 相关标准的文件记载；
5） 在项目早期制定过程中所提出的规格。

4.3.3 项目计划制定的工具与技术

项目计划制定的工具与技术通常可包括：

a） 指导项目计划制定的方法论；
b） 利害相关方的技能和知识；
c） 项目管理信息系统，用于对项目实施过程中各项工作的信息进行收集、综合和分发；
d） 挣值管理。

4.4 项目计划实施

4.4.1 通则

项目计划实施是项目综合管理的一部分，致力于协调和指导项目中的各个技术与组织的交接，以按照项目计划完成项目。

项目计划实施过程中应及时监测实施绩效，与项目计划比较，并以此为依据采取纠正措施。

4.4.2 项目计划实施的输入和输出

项目计划实施的输入应当包括：

a） 项目计划；
b） 项目计划的详细辅助资料；
c） 对项目有影响的项目参与组织的方针；
d） 减少项目风险的预防行动；
e） 为确保预期项目绩效与项目计划一致而采取的纠正措施。

项目计划实施的输出应当包括：

a） 项目的各项工作结果，包括有形和无形的结果；
b） 对项目计划的变更请求。

注：关于工作结果的信息应作为项目计划实施的组成部分加以搜集，并反馈到绩效报告中。

4.4.3 项目计划实施的工具与技术

项目计划实施的工具与技术通常可包括：

a） 通用管理技能；
b） 有关项目产品的技能和知识；
c） 确保工作按规定时间和顺序进行的工作核准系统；
d） 交流项目状态信息的碰头会；
e） 项目管理信息系统；
f） 项目参与组织的一些有用的工作程序。

4.5 综合变更控制

4.5.1 通则

综合变更控制是项目综合管理的一部分，致力于协调跨知识领域的变更，按照项目基准对变更进行管理。

综合变更控制应维护原有绩效测量基准的完整性，并确保产品范围的变更反映在项目范围的定义中。

4.5.2 综合变更控制的输入和输出

综合变更控制的输入应当包括：

a) 项目计划；

b) 绩效报告；

c) 变更请求。

注：变更请求可以用多种形式提出，包括口头或者书面、直接或者间接、外部或者内部、有法律强制性的或者可选择的请求。

综合变更控制的输出应当包括：

a) 项目计划的更新；

b) 为确保预期项目绩效与项目计划一致而采取的纠正措施；

c) 经验和教训。

注：项目计划或者详细辅助资料的内容所做的任何修改都应当作为项目计划更新内容。对于项目计划的更新，必要时应将这些修改通知有关的利害相关方。

4.5.3 综合变更控制的工具与技术

综合变更控制的工具与技术通常可包括：

a) 变更控制系统；

b) 技术状态管理；

c) 绩效量度；

d) 补充规划；

e) 项目管理信息系统。

4.6 行政收尾

4.6.1 通则

行政收尾是项目综合管理的一部分，致力于将项目结果形成文件，供委托人或顾客对项目产品进行正式验收。

行政收尾包括搜集项目记录，确保这些记录所反映的是最后技术指标；分析项目的成功经验和教训，以及把这些资料存档以备今后参考使用。

项目和项目的每个阶段都应及时、恰当地收尾，以确保不丢失重要的和有用的信息。

4.6.2 行政收尾的输入和输出

行政收尾的输入应当包括：

a) 所有记录、分析项目绩效的绩效测量文件，包括建立绩效测量框架的规划文件；

b) 描述项目产品的文件，如计划、说明书、技术文件、图纸、电子文档等；

c) 其他的项目记录。

行政收尾的输出应当包括：

a) 项目档案，由一套完整的、编有索引的项目记录组成；

b) 项目收尾，用于确认项目已经满足顾客对项目产品的所有要求；

c) 经验和教训。

4.6.3 行政收尾的工具与技术

行政收尾的工具与技术通常可包括：

a) 绩效报告的工具与技术；
b) 关于项目情况或问题的正式项目报告；
c) 向利害相关方提供信息的正式或非正式的演示介绍。

5 项目范围管理

5.1 总则

项目范围是指为提供具有规定特征和功能的产品或服务所需完成的所有工作。项目范围管理致力于确保项目范围包括而且只包括完成项目所需的所有工作。

项目范围管理包括范围规划、范围定义、范围核实和范围变更控制四个过程。

5.2 范围规划

5.2.1 通则

范围规划是项目范围管理的一部分，致力于逐步详细阐述项目工作，并将其形成文字。

项目范围规划的展开通常以产品描述、项目章程以及项目启动过程中明确的制约因素和假设前提为依据。

5.2.2 范围规划的输入和输出

范围规划的输入应当包括：

a) 产品描述；
b) 项目章程；
c) 制约因素；
d) 假设。

范围规划的输出应当包括：

a) 范围说明书，内容包括：
   1) 项目论证；
   2) 项目产品的描述；
   3) 项目的可交付成果；
   4) 项目的目标。
b) 文件化的相关的支持细节；
c) 范围管理计划。

5.2.3 范围规划的工具与技术

范围规划的工具与技术通常可包括：

a) 产品分析；
b) 成本效益分析；
c) 项目实施方案的产生方法，如头脑风暴法、横向思维法；
d) 专家判断。

5.3 范围定义

5.3.1 通则

范围定义是范围管理的一部分，致力于把项目的主要可交付成果进一步分解为较小、较易管理的组成部分。

范围定义的目的是：提高成本、人工量、资源估计的准确性；确定绩效测量与控制的基准；便于提出明确的职责分派。

范围定义是否恰当，关系到项目的成败。

5.3.2 范围定义的输入与输出

范围定义的输入应当包括：

a） 范围说明书；

b） 制约因素；

c） 假设；

d） 其他项目管理活动的规划过程的输出；

e） 可供参考的历史资料。

注：在项目按合同执行时，合同条款中规定的制约因素往往需要在范围定义中予以重视。

范围定义的输出应当包括：

a） 工作分解结构；

b） 范围说明书的更新。

5.3.3 范围定义的工具与技术

范围定义的工具与技术包括：

a） 工作分解结构及模板；

b） 分解技术，用于把主要可交付成果分解成便于管理的较小的组成部分。

5.4 范围核实

5.4.1 通则

范围核实是范围管理的一部分，致力于取得项目利害相关方对项目范围的正式认可。

范围核实要求对可交付成果和工作结果进行审查，以确保一切工作均已正确无误并令人满意地完成。如果项目提前中止，则范围核实过程中应将项目完成的程度以及项目的整体范围以文件的形式记录下来。

范围核实与质量控制不同，前者关心的是工作结果的认可，后者关心的是工作结果的正确性。

5.4.2 范围核实的输入和输出

范围核实的输入应当包括：

a） 工作结果；

b） 关于产品的文字记载；

c） 工作分解结构；

d） 范围说明书；

e） 项目计划。

范围核实的输出应为正式验收和变更请求。客户接受项目阶段产品或主要可交付成果后应形成验收文件，并分发给项目利害相关方。

5.4.3 范围核实的工具与技术

范围核实的工具与技术通常可包括测量、测试等检查技术。

5.5 范围变更控制

5.5.1 通则

范围变更控制是范围管理的一部分，致力于控制和影响能够引起项目范围变更的因素和环境条件，确认范围变更是否发生，并在范围变更发生的情况下对其进行管理和控制以消除和减少对项目的不利影响。

范围变更控制应与其他控制过程（如进度控制、成本控制、质量控制等）全面结合起来。

范围变更应得到利害相关方的同意。

5.5.2 范围变更控制的输入和输出

范围变更控制的输入应当包括：

a） 工作分解结构；

b） 范围说明书；

c） 绩效报告；

d) 变更请求；

e) 范围管理计划。

范围变更控制的输出应当包括：

a) 范围变更；

b) 为确保预期项目绩效与项目计划一致而采取的纠正措施；

c) 经验和教训；

d) 根据范围变更调整的基准。

5.5.3 范围变更控制的工具与技术

范围变更控制的工具与技术通常可包括：

a) 范围变更控制；

b) 绩效量度；

c) 补充规划；

d) 技术状态管理系统。

6 项目时间管理

6.1 总则

项目时间管理是为确保项目按时完成所必需的一系列管理过程与活动，包括：活动定义、活动排序、活动持续时间估计、进度制定、进度控制。

项目时间管理有时也叫项目工期管理，或者项目进度管理。

6.2 活动定义

6.2.1 通则

活动定义是项目时间管理的一部分，致力于确定那些为实现项目目标、完成项目可交付成果所必须进行的具体活动，并将其文件化。

6.2.2 活动定义的输入和输出

活动定义的输入应当包括：

a) 工作分解结构；

b) 范围说明书；

c) 可供参考的历史资料；

d) 制约因素；

e) 假设；

f) 专家判断。

活动定义的输出应当包括：

a) 包括项目将要进行的所有活动的清单；

b) 文件化的活动清单的支持细节；

c) 工作分解结构的更新；

d) 里程碑清单。

6.2.3 活动定义的工具与技术

活动定义的工具与技术通常可包括：

a) 分解技术，用于对工作包进行分解；

b) 模板法，常利用以前项目的活动清单或其一部分作为模板。

6.3 活动排序

6.3.1 通则

活动排序是项目时间管理的一部分，致力于识别活动之间的逻辑关系，并据此安排和确定项目各项活动的先后顺序。

活动应准确排序，才能制定出符合实际的、可以实现的项目进度。

活动排序可以借助计算机完成，也可手工完成。

6.3.2 活动排序的输入和输出

活动排序的输入应当包括：

a) 活动清单及其支持细节；

b) 产品描述；

c) 项目活动之间固有的依存关系，也称硬逻辑关系，如施工中必须先打好基础再进行上层建筑；

d) 项目活动之间能够由管理团队斟酌处理的依存关系，也称软逻辑关系、优先选用逻辑关系、优选逻辑关系；

e) 项目活动与非项目活动之间的外部依存关系；

f) 里程碑事件。

活动排序的输出应当包括：

a) 项目网络图；

b) 活动清单的更新。

6.3.3 活动排序的工具与技术

活动排序的工具与技术通常可包括：

a) 优先顺序图法，也称单代号网络图法；

b) 箭线图法，也称双代号网络图法；

c) 允许回路和条件分支的条件绘图法；

d) 网络模板法，如利用标准化的网络图作为模板；

e) 利用提前量与滞后量。

6.4 活动持续时间估计

6.4.1 通则

活动持续时间估计是项目时间管理的一部分，致力于对完成每项活动持续时间的估计，并在此基础上估计出整个项目所需的时间。

估计活动持续时间时，应同时考虑活动的过程时间和延误时间。

6.4.2 活动持续时间估计的输入和输出

活动持续时间估计的输入应当包括：

a) 活动清单；

b) 制约因素；

c) 假设；

d) 资源的数量要求；

e) 资源的质量要求；

f) 资源日历；

g) 可供参考的历史资料；

h) 已识别的风险。

活动持续时间估计的输出应当包括：

a) 活动持续时间的估计；

b) 估计的依据；

c) 活动清单的更新。

6.4.3 活动持续时间估计的工具与技术

活动持续时间估计的工具与技术通常可包括：

a） 专家判断；

b） 类比估计法，也称自上而下估计，利用以前类似活动实际所需时间来进行估计；

c） 工作量估计；

d） 防范进度风险的后备时间法，也称应急时间法、缓冲时间法。

6.5 进度制定

6.5.1 通则

进度制定是项目时间管理的一部分，致力于根据项目活动定义、项目活动顺序以及项目活动持续时间确定项目活动的开始和结束日期。进度制定过程往往需要反复进行。

6.5.2 进度制定的输入和输出

进度制定的输入应当包括：

a） 项目网络图；

b） 活动持续时间的估计；

c） 资源要求；

d） 储备资源库的描述，如可被调用人员的具体信息；

e） 日历，包括项目日历和资源日历；

f） 制约因素；

g） 假设；

h） 项目活动之间的提前量和滞后量；

i） 风险管理计划；

j） 活动的属性，如活动的负责人、活动完成的地理位置、活动的类型等。

进度制定的输出应当包括：

a） 项目进度，常用项目网络图、横道图、里程碑图等图形表示；

b） 文件化的进度支持细节；

c） 进度管理计划；

d） 对资源数量和质量要求的更新。

6.5.3 进度制定的工具与技术

进度制定的工具与技术通常可包括：

a） 数学分析技术，如关键路径法、图形评审技术、计划评审技术；

b） 缩短项目所需时间的技术，包括赶工和快速跟进；

c） 模拟分析技术，如蒙特卡罗分析；

d） 资源平衡；

e） 项目管理软件；

f） 活动的编码结构。

6.6 进度控制

6.6.1 通则

进度控制是项目时间管理的一部分，致力于影响和控制造成进度变更的因素，并在项目进度发生改变的时候对项目进度进行管理，在实际实施出现偏差时采取纠正措施。

进度控制应与其他控制过程紧密结合。

进度变更应得到利害相关方的同意。

6.6.2 进度控制的输入和输出

进度控制的输入应当包括：

a） 项目进度基准；

b） 项目绩效报告；

c) 进度的变更请求；

d) 进度管理计划。

进度控制的输出应当包括：

a) 项目进度的更新；

b) 为使进度的期望绩效达到项目计划规定而采取的纠正措施；

c) 经验和教训。

6.6.3 进度控制的工具与技术

进度控制的工具与技术通常可包括：

a) 进度变更控制系统；

b) 项目绩效量度；

c) 补充规划；

d) 项目管理软件；

e) 偏差分析。

7 项目成本管理

7.1 总则

项目成本管理是保证项目在批准预算之内完成所必需的一系列过程与活动，包括资源规划、成本估算、成本预算、成本控制。

7.2 资源规划

7.2.1 通则

资源规划是项目成本管理的一部分，致力于分析和识别项目的资源需求，并确定项目需要投入的资源种类、数量和投入的时间。

资源规划应与成本估算紧密结合进行，以制定出科学、合理、可行的项目资源计划。

7.2.2 资源规划的输入和输出

资源规划的输入应当包括：

a) 工作分解结构；

b) 可供参考的历史资料；

c) 范围说明书；

d) 储备资源库描述；

e) 项目实施组织的方针，如招募、物资、设备采购方面的方针；

f) 活动持续时间估计。

资源规划的输出为资源要求。

资源要求描述了工作分解结构最低层次上每项要素所需资源的种类及数量。

7.2.3 资源规划的工具与技术

资源规划的工具与技术通常可包括：

a) 专家判断；

b) 项目方案的产生方法；

c) 项目管理软件。

7.3 成本估算

7.3.1 通则

成本估算是项目成本管理的一部分，致力于确定完成项目活动所需资源的成本的近似值。

成本估算需要识别和考虑各种成本计算方案。

成本估算包括精确度不同的多种估计形式。

7.3.2 成本估算的输入和输出

成本估算的输入应当包括：

a) 工作分解结构；

b) 范围说明书；

c) 资源要求；

d) 资源价格；

e) 活动持续时间估计；

f) 可用于成本估算的出版物；

g) 可供参考的历史资料；

h) 会计科目表；

i) 风险及评价。

成本估算的输出应当包括：

a) 成本的估计；

b) 文件化的成本估算支持细节；

c) 成本管理计划。

7.3.3 成本估算的工具与技术

成本估算的工具与技术通常可包括：

a) 类比估计法，也称自上而下估计，利用类似活动实际所需成本来进行估计；

b) 参数模型法，也称参数估计法；

c) 自下而上估计法，也称工料清单法，先估计各项活动的成本再进行汇总；

d) 软件工具，如项目管理软件、模拟统计软件；

e) 其他成本估算方法，如供应商报价分析。

7.4 成本预算

7.4.1 通则

成本预算是项目成本管理的一部分，致力于根据成本估算为项目各项活动或工作包分配和确定预算和成本定额，并确定整个项目的总预算。

成本预算应当在成本估算完成之后进行。

7.4.2 成本预算的输入与输出

成本预算的输入应当包括：

a) 成本估算；

b) 范围说明书；

c) 工作分解结构；

d) 项目进度表；

e) 风险管理计划；

f) 成本管理计划。

成本预算的输出为成本基准。

成本基准是按照时间阶段给出的项目成本的预算计划，在以时间为横轴的图上通常以S曲线形式出现。成本基准用于测量和监测项目成本的绩效。

7.4.3 成本预算的工具与技术

成本预算通常可采用成本估算的工具与技术。

7.5 成本控制

7.5.1 通则

成本控制是项目成本管理的一部分，致力于控制和影响造成成本基准变更的因素，确认成本基准是否发生变更，并在成本基准发生变更时对成本基准进行管理。

成本控制过程应与其他控制过程（范围变更控制、进度控制、质量控制等）紧密结合起来。

成本变更应得到利害相关方的同意。

7.5.2 成本控制的输入与输出

成本控制的输入应当包括：

a) 成本基准；

b) 绩效报告；

c) 成本预算的变更请求；

d) 成本管理计划。

成本控制的输出应当包括：

a) 修改后的成本估算；

b) 成本预算的更新；

c) 为使期望成本绩效达到项目计划规定而采取的纠正措施；

d) 竣工估算；

e) 经验和教训。

7.5.3 成本控制的工具与技术

成本控制的工具与技术通常可包括：

a) 成本变更控制系统；

b) 项目绩效测量；

c) 挣值管理；

d) 补充规划；

e) 软件工具，如项目管理软件、棋盘式电子表格程序等。

8 项目质量管理

8.1 总则

项目质量管理致力于保证项目满足合同、协议等文件规定的各项要求。

项目质量管理应考虑项目过程和项目产品/服务两方面的质量，项目质量管理包括质量规划、质量保证、质量控制和质量改进四个过程。

项目质量管理的基本方法与 GB/T 19000 族标准中的方法兼容。

8.2 质量规划

8.2.1 通则

质量规划是质量管理的一部分，致力于识别出适用于本项目的质量标准，并确定如何满足这些标准的要求。

质量规划应与其他项目规划过程（如资源规划、进度制定）结合进行。

项目管理团队应认识到现代质量管理的一项基本准则——质量是规划出来的，不是检查出来的。

8.2.2 质量规划的输入和输出

质量规划的输入应当包括：

a) 质量方针，可以是实施组织的质量方针，也可以是项目管理团队专门为项目制定的质量方针；

b) 范围说明书；

c) 产品描述；

d) 可能影响项目的任何应用领域的具体标准与规章制度；

e) 其他过程的输出。

质量规划的输出应当包括：

a) 质量管理计划,对实施质量管理的组织结构、责任、程序、过程和资源进行说明;

b) 工作定义,也称为工作说明或量度标准,对项目质量管理工作及其控制方法进行具体描述和说明;

c) 质量核对表;

d) 为其他过程提供的输入。

8.2.3 质量规划的工具与技术

质量规划的工具与技术通常可包括:

a) 成本效益分析;

b) 标杆比照法,即将本项目做法与其他项目的做法进行比照;

c) 流程图法,用于表明系统各要素之间相互关系;

d) 确定优化方案的实验设计法;

e) 质量成本分析。

8.3 质量保证

8.3.1 通则

质量保证是质量管理的一部分,致力于为项目符合相关质量标准要求树立信心而在质量系统内实施的各项有计划的系统活动。

质量保证应贯穿于项目始终。

质量保证的对象可以是项目管理团队或实施组织的管理层(内部质量保证),或是客户或其他未实际参与项目工作的相关方(外部质量保证)。

8.3.2 质量保证的输入和输出

质量保证的输入应当包括:

a) 质量管理计划;

b) 质量控制测量的结果;

c) 工作定义。

质量保证的输出为质量改进,即采取行动提高本项目的成效与效率。

8.3.3 质量保证的工具与技术

质量保证的工具与技术通常可包括:

a) 质量规划的工具与技术;

b) 质量审核。

8.4 质量控制

8.4.1 通则

质量控制是项目质量管理的一部分,致力于监测项目质量的实际情况,将其与项目质量标准进行比较,确认质量误差与问题,分析原因并采取纠正措施。

质量控制应贯穿于项目的始终。

8.4.2 质量控制的输入和输出

质量控制的输入应当包括:

a) 工作结果;

b) 质量管理计划;

c) 工作定义;

d) 质量核对表。

质量控制的输出应当包括:

a) 质量改进措施;

b) 质量预防措施;

c) 根据项目质量是否符合要求做出的评审决定；

d) 项目质量有缺陷或不合格时采取的返工措施；

e) 完成的质量核对表；

f) 过程调整。

8.4.3 质量控制的工具与技术

质量控制的工具与技术通常可包括：

a) 检查技术；

b) 控制图法，用于确定项目过程是否处于受控状态；

c) 帕累托图法，用于确定造成质量问题的主要原因；

d) 统计抽样法；

e) 流程图法；

f) 趋势分析。

8.5 质量改进

8.5.1 通则

质量改进是项目质量管理的一部分，致力于增强满足质量要求的能力。通常，项目质量改进按照质量方针、质量目标、审核结果、纠正和预防措施以及管理评审结果，改进项目质量管理的有效性。

8.5.2 质量改进的输入和输出

质量改进的输入应当包括：

a) 工作定义；

b) 工作结果；

c) 质量方针及目标；

d) 质量改进措施；

e) 审核结果；

f) 管理评审结果；

g) 被批准的变更请求。

质量改进的输出应当至少包括质量改进记录表，以及质量改进目标的实现或新的改进措施。

8.5.3 质量改进的工具与技术

质量改进的工具与技术通常包括：

a) 调查表；

b) 分层图；

c) 水平对比法；

d) 头脑风暴法；

e) 因果图；

f) 流程图；

g) 树图；

h) 控制图；

i) 直方图；

j) 排列图；

k) 散布图。

9 项目人力资源管理

9.1 总则

项目人力资源管理致力于充分发挥和调动项目组织各方人员的主观能动性，以实现既定的项目目标。

项目人力资源管理包括组织规划、人员招募、团队建设三个过程。

9.2 组织规划

9.2.1 通则

组织规划是项目人力资源管理的一部分，致力于分析、确定项目中的各个角色、职责以及请示汇报关系并进行分派。

组织规划一般在项目早期阶段进行，但是在项目的整个过程中都应该不断地对组织规划的结果进行评价和改进，以确保其适用性。

组织规划往往与沟通规划密切相关。

9.2.2 组织规划的输入和输出

组织规划的输入应当包括：

a) 项目接口，包括组织接口、技术接口、人际接口三种类型；

b) 人员配备要求；

c) 制约因素。

组织规划的输出应当包括：

a) 角色与职责的分派；

b) 人员配备管理计划；

c) 组织结构图，用于展示项目各种请示汇报关系；

d) 文件化的组织规划支持细节。

9.2.3 组织规划的工具与技术

组织规划的工具与技术通常可包括：

a) 模板法，以相似项目作为模板；

b) 人力资源管理的惯例；

c) 有关组织结构的理论；

d) 利害相关方分析。

9.3 人员招募

9.3.1 通则

人员招募是人力资源管理的一部分，致力于获取项目所需的人力资源。

人员招募应当广泛吸引潜在人力资源，并确保所获得的人力资源符合项目要求。

9.3.2 人员招募的输入和输出

人员招募的输入应当包括：

a) 人员配备管理计划；

b) 备用人员库的描述；

c) 招募惯例。

人员招募的输出应当包括：

a) 分派到位的项目人员；

b) 项目团队名册。

9.3.3 人员招募的工具与技术

人员招募的工具与技术通常可包括：

a) 谈判；

b) 人员的事先分派；

c) 外部招募。

9.4 团队建设

9.4.1 通则

团队建设是人力资源管理的一部分，致力于提高项目利害相关方对项目作出贡献的能力以及整个项目团队作为集体发挥作用的能力。

个人能力的培养是团队建设的基础，团队建设是实现项目目标的关键。团队建设应当贯穿于项目管理的始终。

9.4.2 团队建设的输入和输出

团队建设的输入应当包括：

a) 项目人员；

b) 项目计划；

c) 人员配备管理计划；

d) 绩效报告；

e) 外部反馈；

f) 资源情况。

团队建设的输出应当包括：

a) 绩效改进，可包括个人技能的改进和团队整体行为的改进；

b) 团队成员绩效评估信息。

9.4.3 团队建设的工具与技术

团队建设的工具与技术通常可包括：

a) 团队建设活动，如举行会议、建立冲突处理原则等；

b) 通用管理技能；

c) 奖惩制度；

d) 集中工作地点，以便于团队成员间的交流；

e) 对项目团队成员进行培训。

10 项目沟通管理

10.1 总则

项目沟通管理应当确保及时与恰当地生成、收集、分发、保存和处置项目信息，以确保项目的顺利推进。

项目沟通管理包括沟通规划、信息分发和绩效报告三个过程。

10.2 沟通规划

10.2.1 通则

沟通规划是项目沟通管理的一部分，致力于收集利害相关方的信息需求并确定满足这些需求的恰当手段。

沟通规划应在项目初期阶段进行，在项目的整个过程中都应对沟通规划的结果进行定期检查，并根据需要进行修改，从而确保沟通规划的持续适用性。

10.2.2 沟通规划的输入和输出

沟通规划的输入应当包括：

a) 项目利害相关方的信息沟通需求；

b) 沟通技术和方法，用于项目利害相关方之间传递信息；

c) 制约因素；

d) 假设。

沟通规划的输出为沟通管理计划，沟通管理计划应当包括：

a）收集和存放各类信息的方法说明；

b）更新和纠正材料的收集和分发的程序说明；

c）信息分发结构，用于描述信息分发流向和分发方式，需与项目组织结构图中描述的职责和请示关系相一致；

d）对分发信息的描述，包括格式、内容、详细程度、采用的惯例和定义；

e）显示每类沟通的开展时间的生产进度表；

f）沟通的间隙期获取信息的方法；

g）项目进展期间对沟通管理计划进行更新和改进的方法。

作为项目计划的一个辅助部分，沟通管理计划可根据项目的需要，采取详细或简单、正式或非正式的形式。

10.2.3 沟通规划的工具与技术

沟通规划的工具与技术通常为利害相关方分析。

进行利害相关方分析时，项目团队应：

a）分析利害相关方的信息需求，并对这些需求和满足这些需求所需资源形成系统的、逻辑的认识；

b）考虑适合项目的、能够提供需求信息的技术和方法，避免把资源浪费在不需要的信息和不恰当的技术上。

10.3 信息分发

10.3.1 通则

信息分发是项目沟通管理的一部分，致力于使项目团队成员和其他利害相关方获得所需要的信息。

信息分发不仅包括按照沟通规划进行的信息分发，还包括对事先未预料的信息索取要求作出的反应。

10.3.2 信息分发的输入和输出

信息分发的输入应当包括：

a）工作结果；

b）沟通管理计划；

c）项目计划。

信息分发的输出应当包括：

a）项目记录，如阐述项目的函件、备忘录和相关文件；

b）关于项目情况或问题的正式项目报告；

c）向利害相关方提供信息的正式或非正式的项目演示介绍。

10.3.3 信息分发的工具与技术

信息分发的工具与技术通常可包括：

a）沟通技巧，确保信息内容清晰、明确、完整并能被正确理解；

b）信息检索系统，如手工归档系统、电子数据库、项目管理软件等；

c）信息分发方法，如项目会议、复印分发、共享电子数据库、传真、电子邮件、语音邮件、视频会议、项目内部网等。

10.4 绩效报告

10.4.1 通则

绩效报告是项目沟通管理的一部分，致力于向利害相关方提供绩效信息，这些信息反映了资源用于实现项目目标的现状、进展以及预期。

绩效报告通常应提供有关范围、进度、成本与质量的信息，需要时，还应提供风险和采购方面的信息。

10.4.2 绩效报告的输入和输出

绩效报告的输入应当包括：

a) 项目计划，内容中包含可用来评估项目绩效的各项基准；

b) 工作结果；

c) 其他项目记录。

绩效报告的输出应当包括：

a) 绩效报告，常用甘特图、S曲线、直方图及表格等形式表示；

b) 变更请求。

10.4.3 绩效报告的工具与技术

绩效报告的工具与技术通常可包括：

a) 绩效审核，用于评估项目情况或进展；

b) 实际项目结果与计划或预期的结果之间的偏差分析，偏差分析的对象可包括成本、进度、范围、资源、质量和风险；

c) 趋势分析，用于判断绩效是否需要改进；

d) 挣值分析；

e) 信息分发工具与技术。

11 项目风险管理

11.1 总则

项目风险管理是指对项目风险进行识别、分析并采取应对措施的系统过程，包括风险管理规划、风险识别、风险定性分析、风险定量分析、风险应对规划和风险监测与控制六个过程。

项目风险管理应贯穿整个项目进程，进行风险管理是项目成功的必要条件。

11.2 风险管理规划

11.2.1 通则

风险管理规划是项目风险管理的一部分，致力于解决如何开展项目风险管理活动的问题。

风险管理规划应确保项目风险管理的水平与项目风险对组织的影响和项目对组织的重要性相一致。

11.2.2 风险管理规划的输入和输出

风险管理规划的输入应当包括：

a) 项目章程；

b) 组织的风险管理方针；

c) 已明确的项目管理团队成员的角色、职责和决策权力级别；

d) 项目利害相关方的风险承受能力；

e) 组织已制定的风险管理规划模板；

f) 工作分解结构。

风险管理规划的输出为风险管理计划。

风险管理计划的内容应当包括：

a) 方法论，用于说明实施风险管理可使用方法、工具及数据来源；

b) 风险管理团队的建立和成员角色、职责的说明；

c) 为项目风险管理建立的预算；

d) 项目过程中开展风险管理活动的时间安排；

e) 评分和解释方法，应与定性、定量风险分析的类型和时间安排相一致；

f) 风险临界值，用于衡量风险应对计划的执行效果；

g) 风险应对计划的报告格式；

h) 风险活动的跟踪记录方法和风险过程的审计方法。

11.2.3 风险管理规划的工具与技术

风险管理规划的工具与技术为风险管理规划会议。

11.3 风险识别

11.3.1 通则

风险识别是项目风险管理的一部分，致力于识别出对项目目标的实现有影响的因素。

识别出潜在的风险是有效的风险管理的根本前提。风险识别取决于人们对风险潜在领域的预见和判断，参与风险识别过程的人员应尽可能来自项目的各个方面。

风险识别应考虑的影响因素不仅包括成本、时间和质量，还应包括符合法律法规的要求、保密性、可信性、职业责任、安全性、健康和环境。

11.3.2 风险识别的输入和输出

风险识别的输入应当包括：

a) 风险管理计划；

b) 项目计划；

c) 风险类别；

d) 可供参考的历史资料。

风险识别的输出应当包括：

a) 已识别的风险；

b) 风险的触发因素、征兆或警告信号；

c) 为其他过程提供的输入。

11.3.3 风险识别的工具与技术

风险识别的工具与技术通常可包括：

a) 项目文件审查；

b) 信息收集技术，如集思广益、特尔斐法、态势分析等；

c) 风险识别核对表，根据以往项目的历史资料、积累的经验以及其他信息来源而制定；

d) 假设分析；

e) 图解技术，如因果图、系统或过程流程图等。

11.4 风险定性分析

11.4.1 通则

风险定性分析是项目风险管理的一部分，致力于对已识别风险的影响和可能性大小作出评估。

项目生命期内，如果项目风险出现变化，应及时对风险定性分析结果进行修订。重复进行风险定性分析所得的结果趋势可揭示是需要增加还是减少风险管理行动。

11.4.2 风险定性分析的输入和输出

风险定性分析的输入应当包括：

a) 风险管理计划；

b) 已识别的风险；

c) 项目的进展状态；

d) 项目的类型，如常见项目、采用最新技术项目等；

e) 数据的精确度；

f) 风险概率和影响的标度；

g) 假设。

风险定性分析的输出应当包括：

a）项目风险的综合评级；

b）根据一些准则排序后的风险清单；

c）需要进一步分析的风险清单；

d）重复进行风险定性分析时，所得的结果趋势的总结分析。

11.4.3 风险定性分析的工具与技术

风险定性分析的工具与技术通常可包括：

a）风险的概率与影响分析；

b）综合概率和影响的风险级别评定矩阵；

c）项目假设测试，通常从假设的稳定性和假设不成立对项目的影响两方面考虑；

d）数据精确度级别评定。

11.5 风险定量分析

11.5.1 通则

风险定量分析是项目风险管理的一部分，致力于对风险的发生概率及其对项目目标的影响以及项目整体风险的大小进行数值分析。

风险定量分析宜安排在风险定性分析之后。

重复进行风险定量分析所得的结果趋势可揭示是需要增加还是减少风险管理行动。

11.5.2 风险定量分析的输入和输出

风险定量分析的输入应当包括：

a）风险管理计划；

b）风险识别过程中已识别的风险；

c）根据一些准则排序后的风险清单；

d）需要进一步分析的风险清单；

e）可供参考的历史资料；

f）专家的判断；

g）其他规划过程的输出。

风险定量分析的输出应当包括：

a）经量化的风险清单；

b）项目进度、成本、竣工日期等要素的概率分析；

c）实现项目目标的概率；

d）重复进行风险定量分析时，所得的结果趋势的总结分析。

11.5.3 风险定量分析的工具与技术

风险定量分析的工具与技术通常可包括：

a）与利害相关方和相关专家就风险概率及其影响进行面谈；

b）敏感性分析，用于确定项目要素的不确定性对项目目标的影响程度；

c）决策树分析；

d）模拟技术，如蒙特卡罗分析等。

11.6 风险响应规划

11.6.1 通则

风险响应规划是项目风险管理的一部分，致力于针对已识别的风险制定对策，增加项目目标的实现机会。

风险响应规划的水平应与风险的严重程度相一致，其有效程度直接关系到项目风险的增加或者降低。

11.6.2 风险响应规划的输入和输出

风险响应规划的输入应当包括：

a) 风险管理计划；
b) 根据一些准则排序后的风险清单；
c) 项目风险的综合评级；
d) 经量化的风险清单；
e) 项目进度、成本、竣工日期等要素的概率分析；
f) 实现项目目标的概率；
g) 潜在响应措施清单；
h) 组织能够接受的风险临界值；
i) 风险响应责任人清单；
j) 风险的共同原因；
k) 风险定性分析和定量分析结果的趋势分析。

风险响应规划的输出应当包括：

a) 风险响应计划；
b) 残留风险的说明；
c) 继发风险的说明；
d) 合同协议，包括风险发生后的责任、保险、服务等条款；
e) 将风险降低至风险临界值所需的应急储备；
f) 为其他过程提供的输入；
g) 为项目计划修正提供的输入。

11.6.3 风险响应规划的工具与技术

风险响应规划的工具与技术通常可包括：

a) 风险回避；
b) 风险转移；
c) 风险减轻；
d) 接受风险。

应为每项风险选择最有可能产生效果的工具与技术作为应对策略，也可选择两项及两项以上工具与技术，分别作为主要策略及备用策略来制定具体的风险应对行动。

11.7 风险监测与控制

11.7.1 通则

风险监测与控制是项目风险管理的一部分，致力于跟踪已识别风险、监测残留风险、识别新风险和确保风险响应措施的有效执行。

风险监测与控制过程应在项目生命期内不断进行。

11.7.2 风险监测与控制的输入和输出

风险监测与控制的输入应当包括：

a) 风险管理计划；
b) 风险响应计划；
c) 工作结果和其他项目记录；
d) 事先未预料的额外风险的识别与分析；
e) 范围变更。

风险监测与控制的输出应当包括：

a) 权变措施计划；
b) 纠正措施；

c) 项目变更请求；

d) 风险响应计划的更新；

e) 风险数据库；

f) 风险识别核对表的更新。

11.7.3 风险监测与控制的工具与技术

风险监测与控制的工具与技术通常可包括：

a) 项目风险响应审计；

b) 定期的项目风险审核；

c) 挣值分析；

d) 技术绩效测量，用于对实际的技术成果进展和项目计划中的技术成果进度进行比较；

e) 额外风险响应规划。

12 项目采购管理

12.1 总则

项目采购管理是为完成项目范围规定任务而从实施组织外部获取货物或服务时所需要的各项过程。

项目采购管理包括采购规划、询价规划、询价、供方选择、合同管理和合同收尾六个过程。

12.2 采购规划

12.2.1 通则

采购规划是项目采购管理的一部分，致力于确定采购的产品和服务以及采购的时间、方式和其他要求。

采购规划应当考虑所有产品和服务的需求，不管最终是从组织外部获得还是从组织内部获得，对于可以从组织内部获得的产品和服务，可不执行从询价规划到合同收尾的一系列过程。

12.2.2 采购规划的输入与输出

采购规划的输入应当包括：

a) 范围说明书；

b) 产品描述；

c) 采购活动所需的资源与专业知识；

d) 市场供应状况；

e) 可供利用的其他规划活动的输出；

f) 制约因素；

g) 假设。

采购规划的输出应当包括：

a) 采购管理计划，用于描述如何管理其余的采购过程(从询价规划到合同收尾)；

b) 工作说明书，用于详细描述所需采购的产品。

12.2.3 采购规划的工具与技术

采购规划的工具与技术通常可包括：

a) 自制或外购分析；

b) 专家判断；

c) 采购合同类型的选择。

12.3 询价规划

12.3.1 通则

询价规划是项目采购管理的一部分，致力于提供询价过程所需文件。

12.3.2 询价规划的输入和输出

询价规划的输入应当包括：

a) 采购管理计划；

b) 工作说明书；

c) 与询价规划有关的其他规划过程的输出。

询价规划的输出应当包括：

a) 采购文件，用于为潜在供方提供范围、产品特性、质量管理要求等信息；

b) 评估标准，用于对潜在供方及其提供的建议书进行评估；

c) 工作说明书更新。

12.3.3 询价规划的工具与技术

询价规划的工具与技术通常可包括：

a) 格式化文件，包括标准合同、标准招标文件等；

b) 专家判断。

12.4 询价

12.4.1 通则

询价是项目采购管理的一部分，致力于从潜在供方处获得如何满足项目要求的建议书。

12.4.2 询价的输入和输出

询价的输入应当包括：

a) 采购文件；

b) 合格的潜在供方名单。

询价的输出为由潜在供方提供的，描述潜在供方提供项目所需产品的能力与意愿的建议书。

12.4.3 询价的工具与技术

询价的工具与技术通常可包括：

a) 投标人会议；

b) 广告。

12.5 供方选择

12.5.1 通则

供方选择是项目采购管理的一部分，致力于从潜在的供方中选择出最终为项目提供产品和服务的供方。

选择供方时，不仅应考虑价格和成本，还应考虑供方的技术经验、供应能力、交货时间、质量体系等问题。

12.5.2 供方选择的输入和输出

供方选择的输入应当包括：

a) 潜在供方提供的建议书；

b) 评估标准；

c) 组织方针。

供方选择的输出为组织与供方签订的合同。合同应经过严格的审查，以保证合同语言描述的产品与服务能够满足项目的需求。

12.5.3 供方选择的工具与技术

供方选择的工具与技术通常可包括：

a) 合同谈判；

b) 加权评估系统；

c) 对一项或多项评估标准制定最低绩效要求的筛选系统；

d) 独立估算，也称标底、合理成本估算。

12.6 合同管理

12.6.1 通则

合同管理是项目采购管理的一部分，致力于确保供方的绩效符合合同要求。合同管理可包括项目计划实施、绩效报告、质量控制、综合变更控制等多种项目管理过程，并将这些过程的输出纳入项目的综合管理中。

12.6.2 合同管理的输入和输出

合同管理的输入应当包括：

a) 与供方签订的合同；

b) 供方的工作结果；

c) 合同变更请求，如合同中止的请求、索赔的请求等；

d) 供方提交的发票单据。

合同管理的输出应当包括：

a) 组织与供方的往来函件；

b) 合同的变更；

c) 款项的支付，使用外部支付系统时，则是一个支付的请求。

12.6.3 合同管理的工具与技术

合同管理的工具与技术通常可包括：

a) 合同变更控制系统；

b) 供方的绩效报告；

c) 支付系统，包括内部的和外部的。

12.7 合同收尾

12.7.1 通则

合同收尾是项目采购管理的一部分，致力于检验合同的所有条款和要求是否得到满足，并开展相关的收尾工作。

12.7.2 合同收尾的输入和输出

合同收尾的输入为合同及其相关文件。

合同收尾的输出应当包括：

a) 完整的合同档案；

b) 正式验收与收尾。

12.7.3 合同收尾的工具与技术

合同收尾的工具与技术为采购审计。采购审计指对采购规划直到合同管理的整个采购过程进行系统的审查，以总结出可供借鉴的成功经验与失败教训。

ICS 01.040.03
A 22

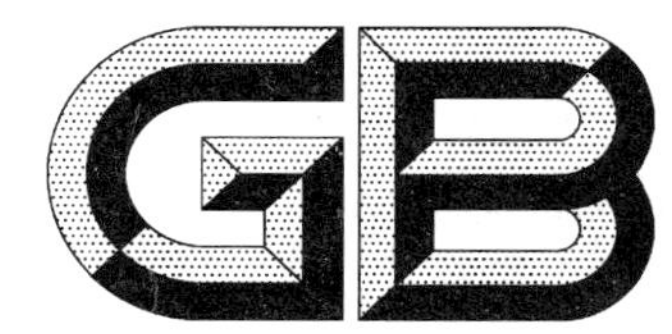

中华人民共和国国家标准

GB/T 23694—2009/ISO/IEC Guide 73:2002

风险管理 术语

Risk management—Terminology

(ISO/IEC Guide 73:2002, Risk management—Vocabulary—Guidelines for use in standards, IDT)

2009-05-06 发布 2009-10-01 实施

中华人民共和国国家质量监督检验检疫总局
中国国家标准化管理委员会 发布

前　言

本标准等同采用ISO/IEC指南73:2002《风险管理　术语　在标准中的使用指南》(英法文版)。

本标准对ISO/IEC指南73:2002做了以下编辑性修改:

——删掉ISO/IEC引言;

——将“本指南”一词改为“本标准”;

——将ISO/IEC指南73中的“mitigation”译为“风险减缓”;

——本标准以引用GB/T 20000.4—2003《标准化工作指南　第4部分:标准中涉及安全的内容》(ISO/IEC Guide 51:1999,MOD)代替ISO/IEC指南73 :2002中引用的ISO/IEC指南51:1999《标准中涉及安全的内容》;

——“参考文献”中用国内文件代替了ISO/IEC指南73:2002的“参考文献”中相对应的国际文件。

本标准的附录A为规范性附录。

本标准由全国质量管理与质量保证标准化技术委员会(SAC/TC 151)提出。

本标准由全国风险管理标准化技术委员会(SAC/TC 310)归口。

本标准起草单位:中国标准化研究院、第一会达风险管理科技有限公司、中国科学院科技政策与管理科学研究所、北京大学、中国航空综合技术研究所、北京理工大学、中国科学院数学与系统科学研究院。

本标准主要起草人:杨颖、汤万金、高晓红、吕多加、李建平、刘新立、汪邦军、刘铁忠、田武、刘卓军。

引　　言

任何类型的组织都面临这样的状况(或事件),即追求成功时,机遇和危险并存。通过有效的管理,可以趋利避害。

在某些特定领域,如金融业,从风险管理的角度出发,币值波动既能造成潜在损失,又是可能盈利的机会。因此,风险管理过程越来越多地被认为是既要关注不确定因素带来的消极影响,又要关注这些不确定性因素的积极影响。本标准就是从积极和消极两个方面来处理风险管理问题的。

在起草或制定一项包含风险管理内容的标准时,首先应考虑本标准中给出的各项定义。本标准的目的是提供基本的术语词汇来促进不同国家、不同组织之间理解的一致性。然而,不要拘泥于字面的严格含义,必要时可对其进行引申,以满足特定领域的不同需要。这种情况下,相应的技术委员会应当确保实际使用术语时,不和本标准及GB/T 20000.4—2003中的定义冲突。应明确给出"引申"的理由。

在安全领域,风险管理主要集中在伤害的预防和减缓上。安全方面应该参照GB/T 20000.4—2003。

本标准具有通用性,并围绕风险管理的一般领域编制。术语的排列顺序如下:

a) 基础术语

——风险;

——后果;

——概率;

——事件;

——来源;

——风险准则;

——风险管理;

——风险管理体系。

b) 与受风险影响的组织及个人相关的术语

——利益相关者;

——相关方;

——风险感知;

——风险沟通。

c) 与风险评估相关的术语

——风险评估;

——风险分析;

——风险识别;

——来源识别;

——风险估计;

——风险评价。

d) 与风险处理和风险控制相关的术语

——风险处理;

——风险控制;

——风险优化;

——风险降低;

——风险减缓；
——风险规避；
——风险转移；
——风险融资；
——风险自留；
——风险承受；
——剩余风险。

风险管理　术语

1　范围

本标准规定了有关风险管理的术语和定义，可以用于制定或修订涉及风险管理内容的标准及其他方面的通用文件。

本标准旨在推动用一致的方法描述风险管理活动和使用风险管理术语。

涉及安全方面的内容参见 GB/T 20000.4—2003。

2　风险管理术语和定义的概述

风险管理术语和定义的关系如图 1 至图 3 所示。

风险管理是组织的管理过程的一部分。风险管理取决于它所应用的环境，在不同环境下所使用的术语也可能不尽相同。

在标准中使用与风险管理相关的术语时，确保这些术语的含义不会造成任何歧义或误解是非常重要的。由此，本标准为每一个术语可能存在的不同含义提供了一致的解释。

组织越来越多地利用风险管理过程来优化对潜在机会的管理。这一点不同于 GB/T 20000.4—2003 中所解释的风险评估过程，该指南认为风险只会产生负面结果。然而，各类组织越来越认同广义的风险管理方法，因此，本标准力图涵盖风险的消极和积极两个方面。

本标准中的定义要比 GB/T 20000.4—2003 中的定义更为宽泛。对于所有与安全有关的问题，可用 GB/T 20000.4—2003 中给出的定义。见附录 A。

索引中给出了中文索引和英文索引。

注：当其他定义引用本标准中的术语时，要用黑体字标出，并标明出处。

3　术语和定义

3.1　基础术语

3.1.1

风险　risk

某一**事件**(3.1.4)发生的**概率**(3.1.3)和其**后果**(3.1.2)的组合。

注 1：术语“风险”通常仅应用于至少有可能会产生负面结果的情况。

注 2：在某些情况下，风险起因于与预期的后果或事件偏离的可能性。

注 3：与安全有关的概念，参见 GB/T 20000.4—2003。

3.1.2

后果　consequence

某一**事件**(3.1.4)的结果。

注 1：某一事件可能会产生不止一种的后果。

注 2：后果可以是正面的和负面的。然而，从安全方面来看，后果往往都是负面的。

注 3：后果可以定性或定量表述。

3.1.3

概率　probability

某一**事件**(3.1.4)发生的可能程度。

注 1：GB/T 3358.1—1993 给出了一个关于“概率”的数学定义：度量某一随机事件发生可能性大小的实数，其值介于0与1之间。它可以用来指在一段相当长的时间内,某一事件将要发生的频率,或者这一事件发生的可信程度。对于高可信度来说,概率接近"1"。

注2:在描述风险时,常用"频率"一词而不是用"概率"一词。

注3:有关可能性的程度可以用不同等级来表示:

——极不可能/不太可能/可能/很可能/几乎确定;或者

——难以置信/不可能/可能性极少/偶尔/有可能/经常。

3.1.4

事件 event

特定情况的发生。

注1:事件可能是确定的,也可能是不确定的。

注2:事件可能是单一的,也可能是系列的。

注3:对于给定时间内事件发生的概率可以估算出来。

3.1.5

来源 source

可能会导致一定**后果**(3.1.2)的事项或活动。

注:在安全问题上,来源就是某种危险(源)。(参见附录A和GB/T 20000.4—2003)

3.1.6

风险准则 risk criteria

评价**风险**(3.1.1)严重性的依据。

注:风险准则包括相关的成本及收益,法律法规要求,社会经济及环境因素,利益相关者的态度,优先次序和在评估过程中的其他要素。

3.1.7

风险管理 risk management

指导和控制某一组织与**风险**(3.1.1)相关问题的协调活动。

注:风险管理通常包括风险评估、风险处理、风险承受和风险沟通。

3.1.8

风险管理体系 risk management system

组织的管理体系中与管理**风险**(3.1.1)有关的要素集合。

注1:管理体系要素可以包括战略规划、决策以及处理风险的其他过程。

注2:风险管理体系体现了组织的文化。

3.2 受风险影响的组织及个人的相关术语

3.2.1

利益相关者 stakeholder

可以影响**风险**(3.1.1)、受到风险影响或自认为会受到风险影响的任何个人、团体或组织。

注1:决策者也是利益相关者之一。

注2:术语"利益相关者"包含GB/T 19000—2008中定义的"相关方"。

3.2.2

相关方 interested party

与组织的业绩或成就有利益关系的个人或团体。

示例:顾客、所有者、员工、供方、银行、工会、合作伙伴或社会。

注:一个团体可由一个组织或其一部分或多个组织构成。[GB/T 19000—2008,定义3.3.7]

3.2.3

风险感知 risk perception

利益相关者(3.2.1)根据其价值观或利害关系看待**风险**(3.1.1)的方式。

注1:风险感知取决于利益相关者的需要、关注点及知识。

注2:风险感知可能不同于客观数据。

3.2.4

风险沟通　risk communication

决策者和其他**利益相关者**(3.2.1)之间交换或分享关于**风险**(3.1.1)的信息。

注：这些信息可能是风险的存在情况、自然特性、形态、概率、严重程度、可接受程度、处理措施及风险的其他方面。

3.3　与风险评估相关的术语

3.3.1

风险评估　risk assessment

包括**风险分析**(3.3.2)和**风险评价**(3.3.6)在内的全部过程。

注：此术语在 GB/T 20000.4—2003 中为“风险评定”。

3.3.2

风险分析　risk analysis

系统地运用相关信息来确认风险的**来源**(3.1.5)，并对**风险**(3.1.1)进行估计。

注1：风险分析为风险评价、风险处理和风险承受提供了一个基础。

注2：信息可以包括历史数据、理论分析、基于可靠信息的见解以及利益相关者的关注。

注3：有关安全方面的问题参见 GB/T 20000.4—2003。

3.3.3

风险识别　risk identification

发现、列举和描述**风险**(3.1.1)要素的过程。

注1：要素可以包括来源或危险(源)、事件、后果和概率。

注2：风险识别也可以反映出利益相关者关注的问题。

3.3.4

来源识别　source identification

发现、列举和描述风险**来源**(3.1.5)的过程。

注：在安全问题上，来源识别叫做危险(源)识别。(参见 GB/T 20000.4—2003)

3.3.5

风险估计　risk estimation

对**风险**(3.1.1)的**概率**(3.1.3)及**后果**(3.1.2)进行赋值的过程。

注：风险估计可以考虑成本、收益、利益相关者的利害关系，以及其他各种用于风险评价的因素。

3.3.6

风险评价　risk evaluation

将估计后的**风险**(3.1.1)与给定的**风险准则**(3.1.6)对比，来决定风险严重性的过程。

注1：风险评价有助于做出接受还是处理某一个风险的决策。

注2：关于安全方面的风险评价参见 GB/T 20000.4—2003。

3.4　与风险处理和风险控制相关的术语

3.4.1

风险处理　risk treatment

选择及实施**风险**(3.1.1)应对措施的过程。

注1：术语“风险处理”有时指应对措施本身。

注2：风险处理措施包括规避、优化、转移或保留风险。

3.4.2

风险控制　risk control

实施**风险管理**(3.1.7)决策的行为。

注：风险控制可能包括监测、再评价和执行决策。

3.4.3

风险优化　risk optimization

将与**风险**(3.1.1)有关的消极**后果**(3.1.2)及其发生**概率**(3.1.3)最小化,同时将积极后果及其发生概率最大化的过程。

注1:在安全问题上,风险优化主要关注于降低风险。

注2:风险优化取决于风险准则,其中包括成本和法律法规要求。

注3:要适当考虑由风险控制带来的风险。

3.4.4

风险降低　risk reduction

减少**风险**(3.1.1)的消极**后果**(3.1.2),降低其发生**概率**(3.1.3)或二者兼有的行为。

3.4.5

风险减缓　mitigation

对某一特定**事件**(3.1.4)的消极**后果**(3.1.2)进行限制的行为。

3.4.6

风险规避　risk avoidance

决定不陷入风险,或者从风险状态中撤离的行为。

注:这个决定可能是以风险评价的结果为依据的。

3.4.7

风险转移　risk transfer

与其他组织共同承担**风险**(3.1.1)损失,共享风险收益的行为。

注1:法律法规可能对某一特定风险的转移进行限制、禁止或强制执行。

注2:风险转移可以通过保险或其他协议来实施。

注3:风险转移可能会引发新的风险,也可能会改变现有的风险。

注4:重新安排风险来源不属于风险转移。

3.4.8

风险融资　risk financing

为实施**风险处理**(3.4.1)及其他相关活动的费用提供资金的活动。

注:在某些行业中,风险融资特指对风险造成的财务后果提供资金。

3.4.9

风险自留　risk retention

接受某一特定**风险**(3.1.1)带来的损失或收益。

注1:风险自留包括接受那些还没有得到识别的风险。

注2:风险自留不包括运用保险或其他方法进行的风险转移的处理。

注3:对风险的接受程度和对风险准则的依赖程度可能会有变化。

3.4.10

风险承受　risk acceptance

接受某一**风险**(3.1.1)的决定。

注:风险承受取决于风险准则。

3.4.11

剩余风险　residual risk

风险处理(3.4.1)后还存在的**风险**(3.1.1)。

注1:有关安全问题的条款,参见GB/T 20000.4—2003。

注2:此术语在GB/T 20000.4—2003中为“残余风险”。

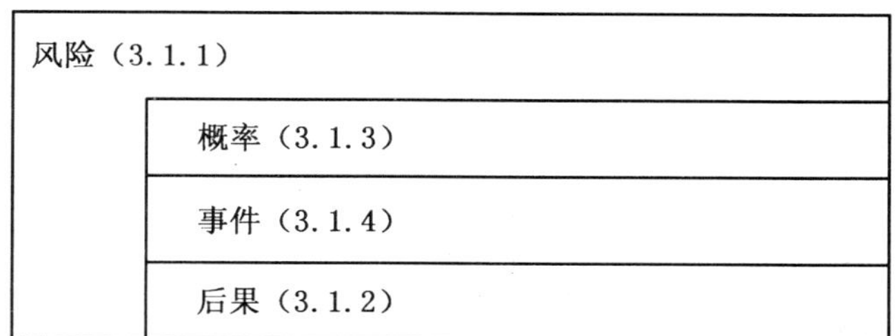

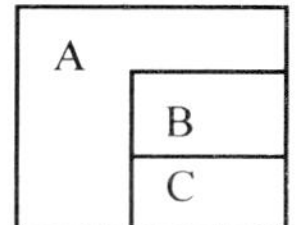

用术语 B 和术语 C 对术语 A 及其注解进行定义。

图 1　与“风险”有关的术语定义及其关系

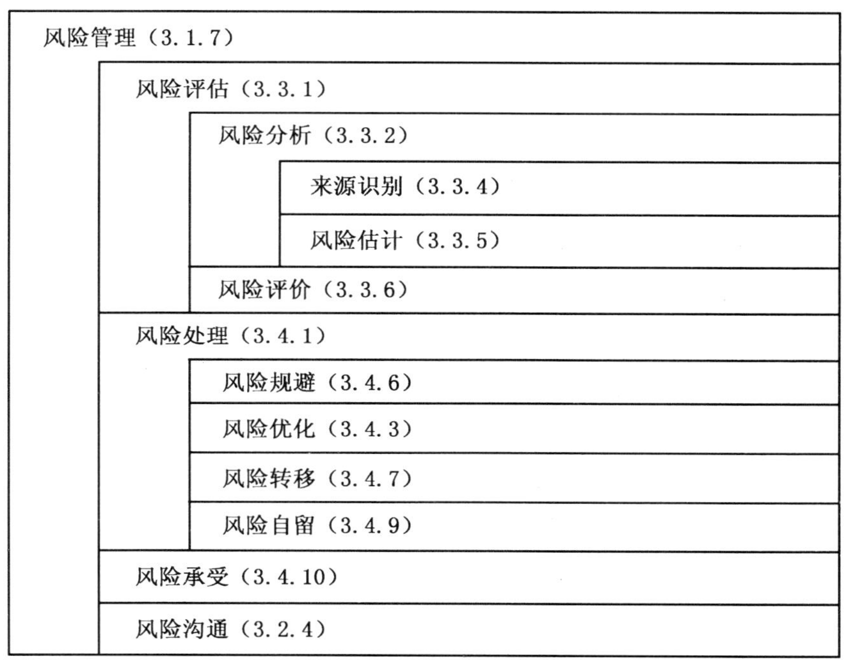

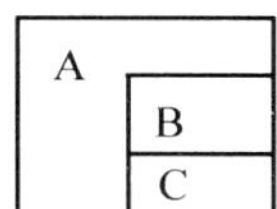

用术语 B 和术语 C 对术语 A 及其注解进行定义。

图 2　与“风险管理”有关的术语定义及其关系

利益相关者（3.2.1）

相关方（3.2.2）

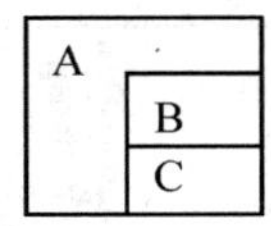

用术语 B 和术语 C 对术语 A 及其注解进行定义。

图 3　与“利益相关者”有关的术语定义及其关系

附 录 A
（规范性附录）
GB/T 20000.4—2003 中的术语及释义

以下术语和释义适用于与风险管理相关的安全问题。

对于每一个术语，在引用时，其在 GB/T 20000.4—2003 中的原始编号都用圆括号加以标明。

A.1（3.1）

安全　safety

免除了不可接受的风险的状态。

注：改写自 GB/T 20000.1—2002 的定义 2.2.5。

A.2（3.2）

风险　risk

对伤害的一种综合衡量，包括**伤害**发生的概率和**伤害**的严重程度。

A.3（3.3）

伤害　harm

对物质的损伤，或对人体健康、财产或环境的损害。

A.4（3.4）

伤害事件　harmful event

危险情况造成了**伤害**的结果。

A.5（3.5）

危险（源）　hazard

可能导致伤害的潜在根源。

注：术语"**危险（源）**"可按产生伤害的来源或可预料的**伤害**性质来划分（例如：触电危险、碾压危险、切割危险、中毒危险、着火危险、溺水危险等）。

A.6（3.6）

危险情况　hazardous situation

人员、财产或环境暴露于**危险**中的情形。

A.7（3.7）

可容许风险　tolerable risk

按当今的社会价值取向在一定范围内可以接受的**风险**。

A.8（3.8）

防护措施　protective measure

降低**风险**的方法。

注：防护措施包括固有的安全设计、防护装置、个人防护装备、使用和安装信息以及培训等。

A.9 (3.9)

残余风险　residual risk

在实施**防护措施**后还存在的**风险**。

A.10 (3.10)

风险分析　risk analysis

系统地运用现有信息确定**危险(源)**和估计**风险**的过程。

A.11 (3.11)

风险评价　risk evaluation

根据**风险分析**的结果确定实现**可容许风险**的过程。

A.12 (3.12)

风险评定　risk assessment

包含**风险分析**和**风险评价**的全过程。

A.13 (3.13)

预期的使用　intended use

根据供方提供的信息对产品、过程或服务的使用。

A.14 (3.14)

可合理预见的误使用　reasonably foreseeable misuse

未按供方的规定对产品、过程或服务的使用,但这种结果是由很容易预见的人为活动所引起的。

参考文献

[1] ISO 704:2000 术语学 原则和方法

[2] ISO 860:2007 术语学 概念和术语的融合

[3] GB/T 3358.1—1993 统计学术语 第一部分 一般统计术语(ISO/DIS 3534-1:1993,NEQ)

[4] GB/T 19000 质量管理体系 基础和术语(GB/T 19000—2008,ISO 9000:2005,IDT)

[5] GB/T 20001.1—2001 标准编写规则 第1部分:术语(ISO 10241:1992,NEQ)

[6] IEC 60050-191:1990 国际电工词汇 第191章:可靠性和服务质量

[7] GB/T 20000.1—2002 标准化工作指南 第1部分:标准化和相关活动的通用词汇(ISO/IEC Guide 2:1996,MOD)

[8] GB/T 20000.4—2003 标准化工作指南 第4部分:标准中涉及安全的内容(ISO/IEC Guide 51:1999,MOD)

中 文 索 引

英文索引

ICS 35.240.15
A 11

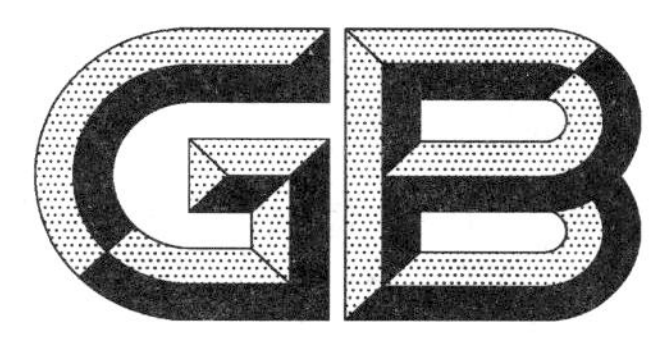

中华人民共和国国家标准

GB/T 23695—2009

银行业务　安全文件传输(零售)

Banking—Secure file transfer(retail)

(ISO 15668:1999,MOD)

2009-05-06 发布　　　　2009-10-01 实施

中华人民共和国国家质量监督检验检疫总局
中国国家标准化管理委员会　发布

前　言

本标准修改采用 ISO 15668:1999《银行业务　安全文件传输(零售)》(英文版)。

本标准根据 ISO 15668:1999 重新起草,与 ISO 15668:1999 的技术性差异及原因为:

——删除“2　规范性引用文件”中对此文件的引用:ISO 8731-1:1987《银行业务　核准的报文鉴别算法　第 1 部分:DEA》,因为此标准中的算法不符合我国密码管理部门的有关规定,且该标准已于 2005 年被 ISO 废止。

——删除“2　规范性引用文件”中对此文件的引用:ISO 11568(所有部分)《银行业务　密钥管理(零售)》,因为此标准中的算法不符合我国密码管理部门的有关规定。

——删除“图 1　终端软件的表示(示意图)”中的标号 8,因为图 1 注释中未给出标号 8 的说明,且根据原文可知标号 8 是指引导程序(标号 7)的运行环境或其他支持程序,而标准中提到引导程序(即层 a)的安全性不在本标准的讨论范围之内,它的运行环境和支持程序被标为了灰色。在不影响理解的情况下,删除图中未给出解释的标号 8。

——5.1.2.3 中“密钥管理技术应符合 ISO 11568 的要求”,改为:“密钥管理技术应遵循我国密码管理部门的有关规定”。

——“6　鉴别机制”和“A.1　鉴别机制”中,“已核准的算法参考 ISO 11568”改为:“已核准的算法应遵循国家的相关规定”。

——删去 A.3 中最后一句:“ISO 9807 给出了已经核准的用于计算 MAC 的算法列表,其中在 ISO 8731-1 中说明的算法,以操作的密码分组链模式使用 DEA,它是当 $n=64$,$m=32$,ISO/IEC 9797 的一个特殊情况”。因为 ISO 8731 中的算法不符合我国密码管理部门的有关规定。

——删去 A.2 最后一句:“——ISO/IEC 10118-2,附录 A,说明一种使用 $n=64$,哈希长度=56 的 DES 方法”。

——删去 A.2.3 所举的例子,因为其中引用了 DSA、RSA,不符合我国密码管理部门的规定。

——删去资料性附录 B,因为其中引用了 DEA,不符合我国密码管理部门的规定。

——C.4.3.3 中“MAC 密钥应遵循 ISO 11568”,改为“MAC 密钥应遵循我国密码管理部门的有关规定”。

为便于使用,本标准做了下列编辑性修改:

——用“本标准”代替“本国际标准”;

——删除国际标准前言;

——修改图 1、图 2 中的印刷错误。

本标准的附录 A、附录 B、附录 C 和附录 D 为资料性附录。

本标准由中国人民银行提出。

本标准由全国金融标准化技术委员会归口。

本标准负责起草单位:中国金融电子化公司、泛太领时科技(北京)有限公司。

本标准参加起草单位:中国人民银行、中国工商银行、中国农业银行、中国建设银行、交通银行、中国银联股份有限公司、华北计算技术研究所、北京工商大学。

本标准主要起草人:王平娃、李曙光、吕毅、杨颖莉、鲍乐群、万良君、林中、张启瑞、仲志晖、景芸、刘运、钱湘隆、赵金波、曹文中、李劲松、刘先、周亦鹏、王威。

引　　言

本标准说明在零售银行业务环境下如何保护文件传输。使用该类文件传输的典型例子是在卡的接收设备和收单机构之间，或在收单机构和发卡方之间的文件传输。

银行业务　安全文件传输(零售)

1　范围

批发银行业务的文件传输是在安全性相对高的主机之间进行大量的信息交换(大宗文件传输);与此相比,零售银行业务文件传输以量少、下载设备操作环境的可信赖程度较低为特点。这类设备可以是(但不仅限于)电子销售点终端(EPOS)、自动售卖机(AVM)、自动柜员机(ATM)或与支付网关通信的商户服务器。

假设参与安全文件传输的实体之间预先建立的关系已经存在,尤其是涉及与文件传输责任相关的法律和商业等方面。

本标准适用于零售银行业务中不同类型的文件传输,但不包括ISO 8583中涉及的交易报文。

文件传输必须要求时效性,并且至少需要符合下列安全服务要求之一:

——报文源鉴别;

——接收方鉴别;

——完整性;

——机密性;

——信息源的不可否认性;

——接收的不可否认性;

——可审计性。

假设在传输前发起方传送的全部数据的合法性和正确性已经确认。

不同类型的传输文件可包括:

——软件;

——已经执行和注册的零售交易(上载);

——与收单机构相关的技术数据(存取参数)(下载);

——与收单机构相关的应用数据(BIN列表、黑名单)(下载)。

该类文件传输的特点:

a)　传输的数据类型可以是:

　　——非保密数据(零售交易、技术类数据和应用数据的集合);

　　——保密数据。

b)　可以接收数据的实体数量:

　　——一个;

　　——多于一个(甚至向数千的接收者广播)。

c)　通讯通路可以包括以下一个或全部:

　　——电信:公用网络、专用网络。

d)　该类传输的方式是:

　　——直接连接、实时传输(电路交换);

　　——存储转发传送(报文交换)。

注:本标准考虑到了传输过程中的安全服务要求。确保文件传输完成之后不被更改的要求不在本标准的范围之内。

安全文件传输的许可形式

安全文件传输

传输功能除了通信服务以外，不提供任何安全服务，在这种情况下文件应在传输之前被保护。安全性由发起方和接收方自己管理。他们不信赖底层的传输机制。在通信层(发送方和接收方)上，没有附加的安全性。

SFT＝Secure File Transfer

文件的安全传输

在这种情况下，仅当从发送方到接收方的过程中才考虑安全性，发起方完全信任发送方。例如，当发起方是发送方且安全性由传输层保证，由于发起方没有附加安全性，因此它不是端对端的安全性。在这种情况下，传输功能完全包括安全服务。文件无需在安全传输之前被保护。

安全文件的安全传输

安全功能在安全功能和传输功能之间分离。例如，发起方生成一文件，利用签名私钥对该文件签名，并且用仅由终端用户(接收者)知道的密钥对该文件加密。

所举的例子可以避免发送方组织中的人看到发起方文件的内容。而且发起方信赖它的代理来处理文件传输以及考虑发送方与接收方之间的鉴别、完整性。

2 规范性引用文件

下列文件中的条款通过本标准的引用而成为本标准的条款。凡是注日期的引用文件，其随后所有的修改单(不包括勘误的内容)或修订版均不适用于本标准，然而，鼓励根据本标准达成协议的各方研究是否可使用这些文件的最新版本。凡是不注日期的引用文件，其最新版本适用于本标准。

GB 15851—1995　信息技术　安全技术　带消息恢复的数字签名方案(idt ISO/IEC 9796:1991)

GB/T 15852.1—2008　信息技术　安全技术　消息鉴别码　第1部分：采用分组密码的机制(ISO/IEC 9797-1:1999,IDT)

GB/T 17903.2—2008　信息技术　安全技术　抗抵赖　第2部分：采用对称技术的机制(ISO/IEC 13888-2:1998,IDT)

GB/T 17903.3—2008　信息技术　安全技术　抗抵赖　第3部分：采用非对称技术的机制(ISO/IEC 13888-3:1997,IDT)

ISO 8372:1987　信息处理　64位分组密码算法的操作模式

ISO 8583:1993　产生报文的金融交易卡　交换报文规范

ISO 9564-1:1991　银行业务　个人识别码的管理与安全　第1部分：PIN保护原则和方法

ISO/IEC 9796-2:1997　信息技术　安全技术　带消息恢复的数字签名方案　第2部分：使用哈希函数的机制

ISO/IEC 9798-1:1991　信息技术　安全技术　实体鉴别机制　第1部分：一般模型

ISO/IEC 9798-2:1994　信息技术　安全技术　实体鉴别　第2部分：对称加密算法机制

ISO/IEC 9798-3:1993　信息技术　安全技术　实体鉴别机制　第3部分：公钥算法实体鉴别

ISO/IEC 9798-4:1995　信息技术　安全技术　实体鉴别　第4部分：使用密码校验功能机制

ISO 9807:1991　银行业务和相关金融服务　报文鉴别要求(零售)

ISO/IEC 10116:1993 信息技术 *n*位分组密码算法的操作模式

ISO/IEC 10118-1:1994 信息技术 安全技术 哈希函数 第1部分:概述

ISO/IEC 10118-2:1994 信息技术 安全技术 哈希函数 第2部分:使用*n*位分组密码算法的哈希函数

3 术语和定义

下列术语和定义适用于本标准。

3.1

黑名单 hot list

发卡商或其代理商排列并在交易中无效的主账户号码(PAN)列表。

3.2

数字签名 digital signature

附加于数据单元之后的数据或者是数据单元加密后的某种形式,以使数据单元允许它的接受者检验数据单元的来源和完整性,及防止接受者的伪造。

3.3

文件校验值 file validation value

FVV

用于文件校验的派生值。

3.4

哈希值 hash code

对数据哈希后的结果。

3.5

哈希函数 hash function

将位串映射为定长位串的函数,在本标准中它具有以下两个特性:

——对于一个给定的输出不可能推导出与之相对应的输入;

——对于一个给定的输入不可能推导出第2个具有同一输出的输入。

3.6

应用管理器 application manager

终端软件的一部分,负责预期可执行对象安全下载的验证。

3.7

报文鉴别码 message authentication code

MAC

发送方和接收方传递报文包含的代码,用于证实报文来源及部分或全部报文文本的有效性。

注:代码是双方协定的计算结果。

3.8

发起方 originator

生成传输到接收方的文件并且对其安全性负责的实体。

3.9

接收方 receiver

接收文件的实体。

3.10

发送方 sender

发送文件的实体。

3.11

主办方 sponsor

评估文件传输风险的实体。

4 原则

4.1 报文源鉴别

报文源鉴别的目的是保证向接收方声称的发起方是真正的发起方。当被授权的接收方从授权的发起方子集中接收特定文件时，报文源鉴别可以向接收方保证所传输的文件是真实的。

报文源鉴别可以与文件传输同时发生，在直连模式下也可以先于传输过程发生。如果使用存储和转发传输，报文源鉴别应在传输完成后，接收方得到这个文件时进行(安全文件的传输属于该模式)。

鉴别报文内容的技术可以提供报文源鉴别，但这些技术要求整个文件的传输在鉴别可以确认前完成。也许有要求在发起传输之前需要进行报文源鉴别的情况。例如，尽管非法的发起方最终会被检测到，传输的文件也会被拒绝，但还是有防止冒名顶替者伪装成合法的文件提供方并且在传输大文件延时占用通信信道的要求。

4.2 接收方鉴别

该项安全服务在传输过程之前鉴别接收方的身份，因此，只有当接收方的身份被确认时，传输才会进行。

一些接收方(POS终端)只允许接收某些类型的文件。部分鉴别过程由发起方控制，发起方有控制接收方接收某种类型文件的权利。

进行接收方鉴别的另一个目的是防止未授权方伪装成合法的接收方并防止发起方传输一冗长文件给伪装者占用发起方的通信资源。

接收方鉴别不能防止未授权方探知文件内容(通过“侦听”)。没有该项安全服务以及机密性安全服务，任何人都可轻易地伪装成合法的接收者获取文件。如果要保证仅使文件的授权接收方接收到文件，那么必须使用机密性安全服务。只有通过该方法才能确保未授权方不在通信信道上“侦听”并获取文件内容。

注：相关安全服务，接收的不可否认性可以确保在传输完成之后，授权方成功地接收到该文件。

4.3 完整性

对传输文件或者传输文件一部分的意外的或未授权的变更，应在传输时或传输之后被检测到。完整性服务在单个传输过程中可以控制整个文件，或能够分别控制文件的几个部分。

4.4 机密性

在需要时传输文件的机密性应得到保证并应用到整个文件或文件需要保密的部分中。

4.5 信息源的不可否认性

该项安全服务提供了这样的证据：声称的发起方实际生成了传输的文件(如果没有该证明，发起方可能错误地声称文件是接收方生成的，或接收方可能生成了该文件但错误地声称该文件来自发起方)。

4.6 接收的不可否认性

该项安全服务提供这样的证据：声称的接收方实际收到了传输的文件。没有该证据，接收方可能声称没有收到该文件。该项服务由附录A说明的机制实现。接收方发给发起方不可否认的标记报文，如果：

a) 目的接收方收到了该文件；

b) 文件内容没有被更改。

注：不可否认性的范围可由国内的法律、规章规定。

4.7 可审计性

如果应用需要可审计性，发送方/发起方和(或)接收方有必要适当记录传输过程的细节(时间和日期、文件种类、文件容量、版本编号等)。这些记录包括传输失败的数据尝试,也包括成功传输数据的尝试。如果发生欺诈的尝试,失败的传输记录可以帮助识别尝试的来源。

5 应用

5.1 软件下载

5.1.1 定义

终端软件包括下列不同的功能层次(见图1):

a) 可信赖的、固定的软件,在安全文件传输之前被预先加载,负责执行应用管理器的下载和安全运行的安全性机制;

b) 应用管理器负责执行不同应用程序的下载和安全运行的安全性机制;

c) 不同的应用,由可执行实体或解释性实体组成。

注:以上所述是加载和驱动终端设备程序过程中具有代表性的功能层次。只有层b和层c是可下载的。层a的安全性不在本标准范围之内。

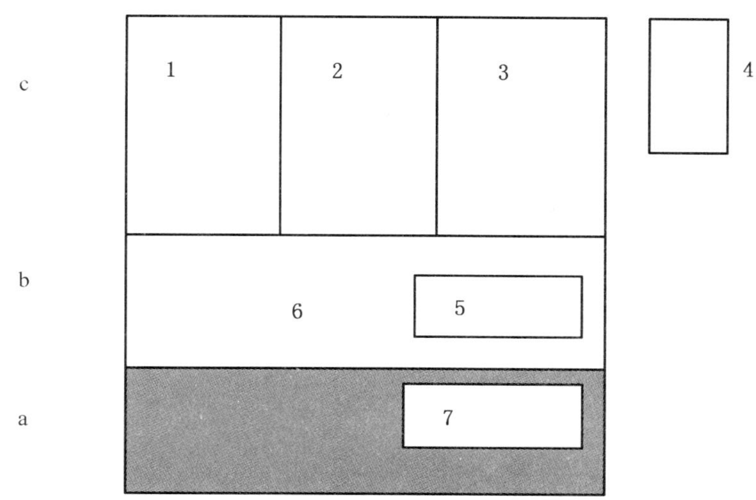

1——应用1;
2——应用2;
3——应用3;
4——可执行对象或解释性对象;
5——密钥;
6——应用管理器;
7——信赖的、固定的、预先加载的软件(引导程序 bootstrap)。

图1 终端软件的表示(示意图)

软件下载所要求的安全性服务:

——互相鉴别或发起方/发送方的单方鉴别;

——传输文件的完整性确认。

在适当时敏感数据可以要求机密性(例如密钥)。

当下载功能在特定的缓存区中处理,并且在软件接收前已经执行了完整性检验时,可以不要求对发送方通过设备事先鉴别,只完成发送方的固有鉴别。

每个层面的操作顺序应是:相互鉴别、软件传输、完整性确认。如果相互鉴别失败,不应进行软件传输。如果完整性确认失败,接收设备不接收软件,并且所有操作步骤应重新执行。

注:对接收方不必总进行鉴别。对接收方来说,下载软件时进行报文源鉴别已经足够。

5.1.2 相互鉴别

5.1.2.1 实施

无论软件下载的发起方是哪个实体，在任何层面上，相互鉴别的成功执行应先于任何文件传输。

——当下载应用管理器时，应通过预先加载的可信赖的、固定的软件所提供的相互鉴别安全服务进行保护；

——应用下载本身应通过相互鉴别服务保护，在应用管理器中实施，并且对每一个授权的应用均使用专用密钥。

通常，发送方可管理几个应用，每个应用可传输到设备上。相互鉴别过程包括发送方对每个接收设备及其接收每个应用程序的权限的验证，它包括：

——每个设备应由唯一的识别码标识；

——发送方将授权应用的列表和每个设备识别码关联。

5.1.2.2 机制

相互鉴别机制要求 2 次或 3 次报文交换并且可以通过对称或非对称算法实现。ISO/IEC 9798 详细说明了该安全机制。

当使用对称算法时，ISO/IEC 9798-2:1997 和 ISO/IEC 9798-4:1995 适用。当使用非对称算法时，ISO/IEC 9798-3:1993 适用。

相互鉴别并不涉及可信赖第三方，可以使用序列号(或时间戳)进行两次鉴别或使用随机数进行三次鉴别。

详见附录 A。

5.1.2.3 密钥管理

密钥管理技术应遵循我国密码管理部门的有关规定。

对称算法

在所有下载之前应安全地安装初始密钥。同一个密钥可用于两个设备，但建议相互鉴别的每个设备使用唯一密钥，防止一个设备通过改变它的标识伪装为另一个设备，并且防止生成一个错误的发送方损害设备的密钥。

每个层面下载之前，用于相互鉴别的密钥可以不同。

非对称算法

非对称算法的使用要求接收方与发送方具有信赖关系，用于相互鉴别的密钥是：

——私钥驻留在设备中，并将与之关联的公钥传给发送方用以鉴别终端；

——所有设备每一层面具有一个唯一的公/私密钥对。

即使发送方不同，但对 b 和 c 两个层面而言，设备的私钥可以相同。

用于鉴别应用管理器的发送方的公钥应驻留在每一设备中，并防止被替代。用于鉴别应用管理器的公钥应与应用管理器同时安全下载或者预先安全加载。

5.1.3 完整性

5.1.3.1 实施

应通过向文件内容添加 FVV 确保传输文件的完整性。文件的 FVV 只需计算一次，因为它不需依赖下载操作和接收设备的标识。

设备中一层软件下载后和在将其激活之前，该设备应确认下载文件的 FVV。

5.1.3.2 机制

依照所使用的算法，需要一步或多步生成 FVV，详见图 2 和附录 A。

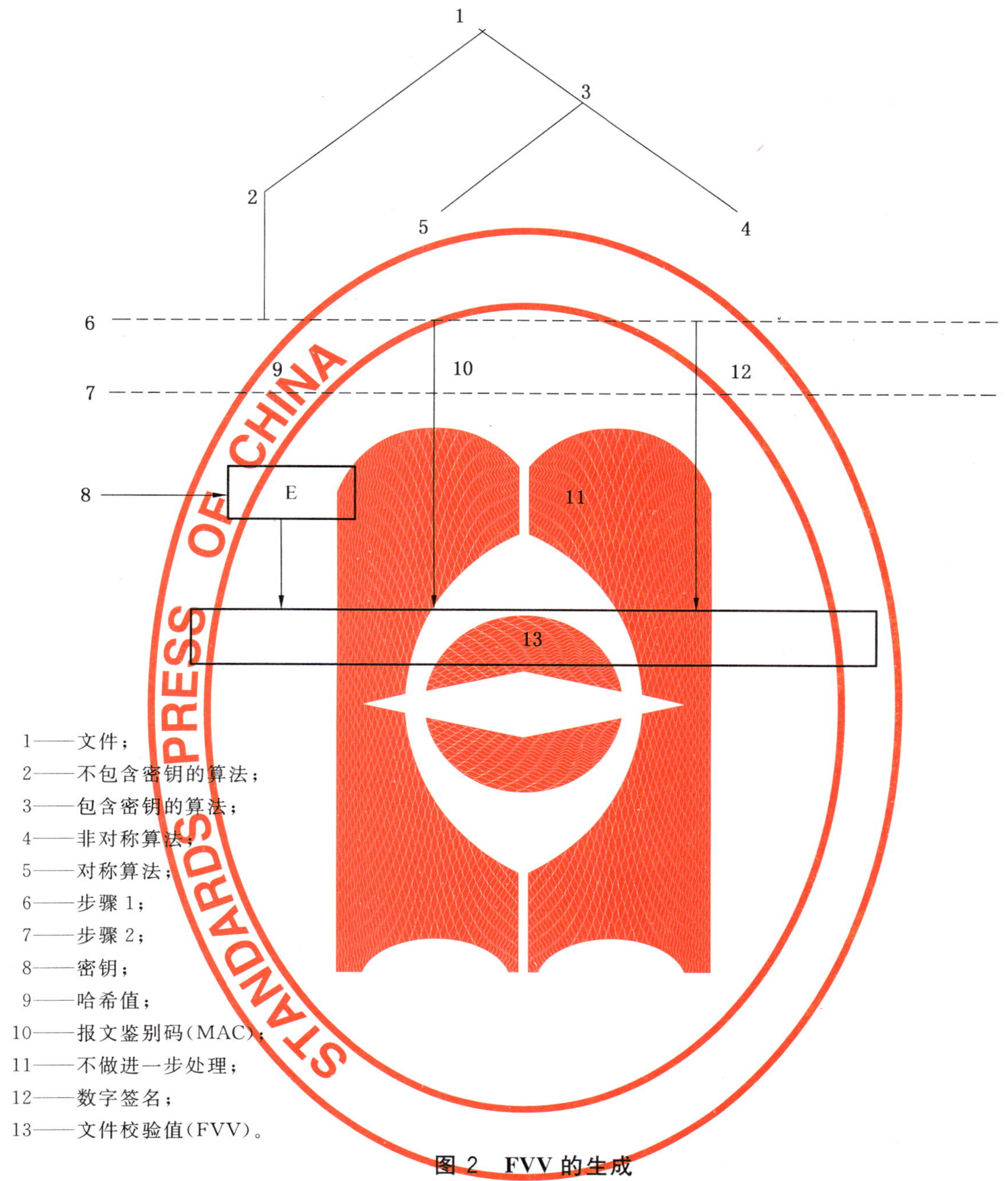

1——文件；
2——不包含密钥的算法；
3——包含密钥的算法；
4——非对称算法；
5——对称算法；
6——步骤 1；
7——步骤 2；
8——密钥；
9——哈希值；
10——报文鉴别码(MAC)；
11——不做进一步处理；
12——数字签名；
13——文件校验值(FVV)。

图 2　FVV 的生成

5.1.3.3　密钥管理

FVV 需要使用密钥(对称算法)或私钥(非对称算法)或不使用密钥的值(哈希值)。基于密钥的 FVV 的操作由加密设备进行。

对称算法

用于每一层完整性的密钥应不同。

用于确认下载的应用管理器完整性的密钥应在设备交付使用之前安全地安装。

用于确认下载的应用完整性的密钥应是：

——在设备交付使用之前安全安装；或

——与应用管理器同时安全下载。

这些密钥的完整性和机密性应使用一系列预先安装的密钥保护。

非对称算法

每一层面有唯一的公/私密钥对,发送方保留私钥,所有接收方的公钥相同。

用于确认下载的应用管理器完整性的公钥应在每一个设备中,并防止被替换。用于确认下载的应用完整性的公钥应与应用管理器同时下载或预先加载。

加密哈希技术

哈希函数有两个阶段的操作。

生成 FVV 的第一步是,对整个传输文件进行哈希计算,使用哈希算法,不使用任何密钥(保密或其他的)。

第二步,包括应用对称或非对称的哈希算法,附加数据与合适的填充生成 FVV。

5.1.4 机密性

软件下载可以不需要机密性。当机密性服务被要求用于密钥和数据时,从发送方下载密钥或私钥,而且该密钥应经过加密保护。

5.1.5 接收的不可否认性

接收并确认了软件的完整性之后,设备应向发送方发送一安全确认,确认接收的完成(成功或失败)以及完整性验证结果。

——安全确认应包括肯定或否定的结果,以及在相互鉴别阶段由设备使用相同的密钥发给发送方的鉴别报文;

——时间戳。

安全确认应符合 GB/T 17903.2—2008 或 GB/T 17903.3—2008 的要求。

接收到安全确认时发送方应确认和记录。

5.1.6 发起的不可否认性

不可否认性应被用于确保服务的完整性。

当非对称算法用于确保完整性服务的同时也提供发起的不可否认性,因为只有发起方知道计算签名所需要的私钥。在这种情况下,设备应记录签名。

注:如果签名的数据不包括时间戳,不能完全达到发起不可否认性的目的。

5.1.7 可审计性

为了确保不可否认性服务,5.1.5 和 5.1.6 中所描述的信息应记录日志。

5.2 参数下载

5.2.1 定义

参数下载包括应用数据(例如 BIN 列表、最低限度)、黑名单文件、传输和更新发送方访问参数。

接收方的应用软件应发起这样一类传输,它可能包括与先前用于下载应用软件完全不同的协议和发送方。

用于参数传输的安全服务由发起方或发送方控制。通常,应用软件提供商通过应用服务器提供应用,参数由发起方通过参数服务器提供,两方实体可以相同。在该情况下,安全机制和密钥应由应用提供者通过应用软件依照主办方说明实施。

参数下载要求的安全服务有:

——互相鉴别或发起方/发送方的单方鉴别;

——完整性确认;

——适当的机密性;

——依据参数类型接收的不可否认性。

当需要上述参数时,操作的顺序应是相互鉴别,参数传输,完整性确认和接收的不可否认性。

在相互鉴别失败的情况下,不应执行参数传递。如果完整性确认失败,设备不应保留参数,整个操作应重新执行。

注:没有必要总是鉴别接收方。对接收方而言,对下载的参数报文源鉴别已足够。

5.2.2 相互鉴别

应用软件下载的相互鉴别要求适用于此。这种文件传输可看作是应用下载操作的附加层。

5.2.3 完整性

应用软件下载的完整性要求适用于此。这种文件传输可看作是应用下载操作的附加层。

5.2.4 机密性

根据网络种类，机密性服务可以被要求用于传输活动表，最低限度等参数。

当需要时，机密性服务的执行应满足本地规则。

5.2.5 接收的不可否认性

如果主办方要求，应用软件下载的接收不可否认性要求适用于此。

5.2.6 发起的不可否认性

如果主办方要求，应用软件下载的发起的不可否认性要求适用于此。

5.2.7 可审计性

为了确保不可否认性服务，应记录 5.1.5 和 5.1.6 中所描述的信息日志。

5.3 零售交易上载

5.3.1 定义

对于这种环境，发起方/发送方是终端或商户服务器。

零售交易上载包括，向收单机构服务器发送的该时期金融交易文件和附加的相关数据，例如金融交易笔数和交易总额。

零售交易上载需要的安全服务有：

——相互鉴别；

——交易文件传输的完整性确认。

操作的顺序应是：相互鉴别、交易文件传输、服务器进行完整性确认、服务器发送接收的证据。如果相互鉴别失败，应不执行文件传输。如果完整性确认失败，服务器应拒绝交易，相互鉴别应重新执行。

5.3.2 相互鉴别

5.3.2.1 实施

零售交易上载应通过应用层实施的相互鉴别进行保护。

5.3.2.2 机制

如同软件下载，ISO/IEC 9798 适用于此。

因为同一个收单机构可从不同生产商提供的设备中收集交易，所以该机制应独立于设备。

5.3.2.3 密钥管理

对称算法

因零售交易上载操作在收单机构的控制之下，用于相互鉴别的密钥由收单机构确定，它们应在设备中的保护区域，例如，ISO 10202-4:1996《金融交易卡　使用集成电路卡的金融交易系统的安全保障体系　第 4 部分：安全应用模块中所定义的安全应用模块(SAM)》。

同一密钥可以用于发送和接收，但每个设备应使用唯一的密钥。密钥可以作为参数下载的一部分被安全传输。

非对称算法

用于相互鉴别的密钥是：

——私钥驻留在设备中，与之关联的公钥传输给发送方用以鉴别终端；

——服务器中的唯一的私钥及所有设备共用的相关公钥。

用于鉴别服务器的公钥作为参数下载的一部分被安全传输，并防止被替换。

5.3.3 完整性

5.3.3.1 实施

通过向文件内容添加校验值来确保零售交易文件的完整性。校验值应在传输前计算。

5.3.3.2 机制

5.1.3.2 中定义的要求适用于此,适合的机制参考附录 A。

5.3.3.3 密钥管理

对称算法

因为零售交易上载操作在收单机构的控制之下,所以用于完整性确认的密钥由收单机构确定,它们应在设备中的保护区域,例如,ISO 10202-4:1996 中定义的 SAM。

建议每个设备的完整性确认过程使用唯一密钥。密钥可作为参数下载过程的一部分被安全传输。

非对称算法

用于完整性确认的密钥应是设备中保护区域的唯一私钥,传输给服务器的与之关联的公钥用于验证签名。

5.3.4 机密性

如果需要,该服务的实施应符合国内法规。

如果上载的零售交易包括 PIN,PIN 应按照 ISO 9564-1:1991 的要求加密。

5.3.5 接收的不可否认性

不作要求。

5.3.6 发起的不可否认性

不作要求。

5.3.7 可审计性

不作要求。

每个应用安全服务的详细介绍,详见附录 D。

6 鉴别机制

鉴别值整合在文件传输协议中或和服务文件一起单独传输,该传输与数据文件的传输分离。

不整合到安全参数的协议中,应在文件传输前进行鉴别交换。

在文件传输前如果没有建立通信会话,而且鉴别值没有整合在文件传输协议中,这时每一文件传输应同一个优先的鉴别关系关联。例如,建立该关联的一个加密方法是在鉴别过程中交换密钥,并使用该密钥保护传输。

当正式的会话在向两方提供可信的连接完整性之前建立,则该要求不存在。当正式的协议在传输前建立,如果鉴别值没有集成到文件传输协议中,当几个连续的文件在单一交易中传输,就没有必要在新的传输前重复鉴别交换。

集成安全参数的协议中,应使用下列的技术之一鉴别文件的发送方:

——该文件由发送方签名,文件添加数字签名;

——该文件通过对称算法加密;

——向该文件添加 MAC。

已核准的算法应遵循国家的相关规定。

附 录 A
（资料性附录）
机 制 示 例

A.1 鉴别机制

ISO/IEC 9798-1：1991 至 ISO/IEC 9798-4：1995 详细说明了应用于安全文件传输的实体鉴别机制。

已核准的算法应遵循国家的相关规定。

A.1.1 使用对称加密算法、不引入可信赖第三方的鉴别机制

ISO/IEC 9798-2：1994 详细说明了使用对称加密算法的实体鉴别机制。详细说明提供单方鉴别和相互鉴别的报文的交换。

ISO/IEC 9798-2：1994 基于共享一个公有的保密鉴别密钥，一个实体通过证明它对保密鉴别密钥的了解来确证它的身份。没有提及参与方了解密钥的方法。

详细说明的机制要求使用时间变量参数，例如，时间戳、序列数或随机数。它们用以防止重发。使用随机数鉴别的轮数要比使用时间戳或序列数鉴别的轮数多一轮。

文本域的使用是可选择的并依赖于应用。

单方鉴别模型

单方鉴别用于从终端向主机传输零售支付数据。主机鉴别终端。

一次鉴别

在该鉴别机制下，声明方 A 发起该过程，并由检验者 B 鉴别。通过生成、确认一时间戳或序列数的方式控制唯一性/时效性。详见 ISO/IEC 9798-2：1994。

A → B

A 向 B 发送以下标记：text1//eKAB(TA 或 NA// B//text2)；

KAB：由 AB 共享的公共保密鉴别密钥；

eKAB(X)：用密钥 KAB，通过对称加密算法生成的 X 的加密数据；

X//Y：数据项 X 和 Y 的串联；

TA：时间戳；

NA：序列数；

B：B 的标识符(内容为可选项)。

两次鉴别

在该鉴别机制下，声明方 A 由发起该过程检验方 B 鉴别。通过生成、确认一随机数的方式控制随机数唯一性/时效性。详见 ISO/IEC 9798-2：1994。

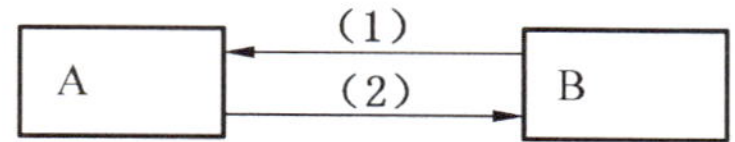

B 向 A 发送一随机数：RB，可选的文本域 text1；

A 向 B 发送以下标记：text2//eKAB(RB// B//text3)(B 包含的内容是可选的)。

相互鉴别模型

相互鉴别用于终端和主机间的软件应用和保密数据文件的传输。

两次鉴别

在该鉴别机制下，通过生成、确认时间戳或序列数的方式控制唯一性/时效性。详见ISO/IEC 9798-2：1994。

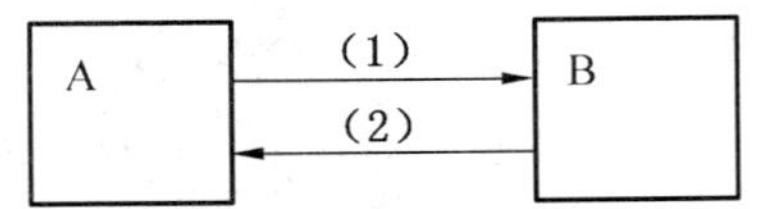

(1)：A 向 B 发送以下标记：text1//eKAB(TA 或 NA// B//text2)；

(2)：B 向 A 发送以下标记：text3//eKAB(TB 或 NB// A//text4)；

TA、TB：时间戳；

NA、NB：序列数；

B：B 的标识符(包含的内容是可选的)；

A：A 的标识符(包含的内容是可选的)。

三次鉴别

在该鉴别机制下，通过生成、确认一随机数的方式控制随机数唯一性/时效性。详见ISO/IEC 9798-2：1994。

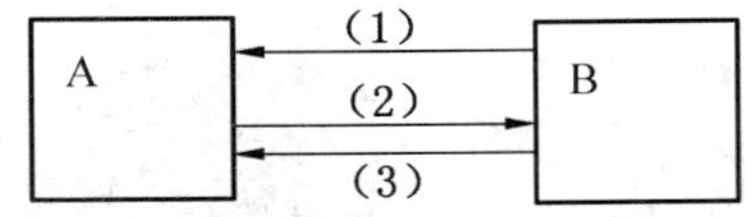

(1)：B 向 A 发送一随机数：RB，可选的文本域 text1；

(2)：A 向 B 发送以下标记：text2//eKAB(RA//RB// B//text3)(B 包含的内容是可选的)；

(3)：B 向 A 发送以下标记：text4//eKAB(RB//RA//text5)；

RA、RB：随机数。

A.1.2 应用 ISO/IEC 9798-2：1994 保护文件传输

依赖带标记的文本域的使用：

——如果加密文本域为空，该机制用于文件传输之前的鉴别；

——如果加密文本域和传输的文件相同，则相当于发送加密文件；

——如果加密文本域是对称的密钥，则密钥分发与鉴别相结合。

同一功能使用几个密钥时，明文文本域包括用于加密数据的密钥标识符或交换密钥标识符或两者都包括。

A.1.3 使用非对称加密算法和不引入可信赖第三方的鉴别机制

ISO/IEC 9798-3：1993 详细说明使用非对称加密算法的鉴别机制。它说明了提供单方鉴别和相互鉴别的报文交换。

数字签名用于确认实体的身份：通过使用密钥在特殊数据上签名的方式鉴别实体的身份，以此表明它已获知保密签名密钥。鉴别实体拥有相应有效的公共密钥。

被说明的机制需要使用时间变量参数，例如时间戳、序列数或随机数。使用随机数鉴别的轮数要比使用时间戳或序列数鉴别的轮数多一轮。

单方鉴别模型

单方鉴别用于从终端向主机传输零售支付数据。由主机鉴别终端。

一次鉴别

在该鉴别机制下，声明方 A 发起该过程，并由检验方 B 鉴别。通过生成和确认时间戳或序列数控制唯一性/时效性。详见 ISO/IEC 9798-3：1993。

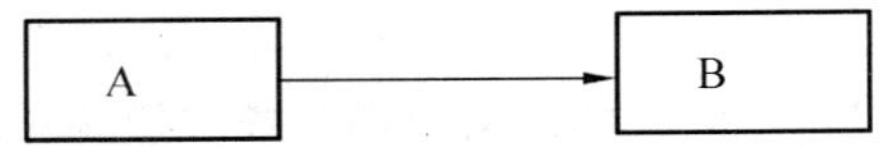

A 向 B 发送以下标记：CertA//TA 或 NA//B//Text1//sSA(TA 或 NA//B//Text2)；

CertA：证书(可选)；

TA：时间戳；

NA:序列数;

B:B 的标识符;

sSA:使用 A 的密钥的数字签名;

X//Y:数据项 X、Y 的串联。

两次鉴别

在该鉴别机制下,声明方 A 由发起该过程检验方 B 鉴别。通过生成和确认随机数控制唯一性/时效性。详见 ISO/IEC 9798-3:1993。

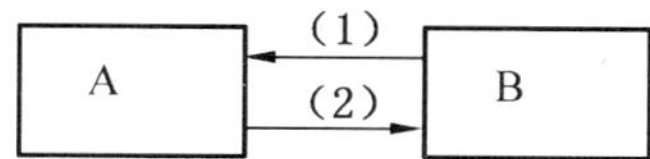

(1):B 向 A 发送一随机数:RB 和可选的文本域 Text1;

(2):A 向 B 发送以下标记:CertA//RA//RB//B//Text2//sSA(RA//RB//B//Text3);

RA,RB:随机数;

CertA:A 的证书(可选);

B:B 的标识符。

相互鉴别模型

相互鉴别用于终端和主机间的软件应用,保密数据文件传输。

两次鉴别

在该鉴别机制下,通过生成和确认时间戳或序列数控制唯一性/时效性。详见 ISO/IEC 9798-3:1993。

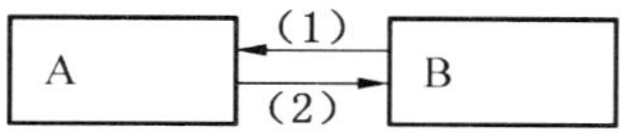

(1):A 向 B 发送以下标记:CertA//TA 或 NA//B//Text1//sSA(TA 或 NA//B//Text2);

(2):B 向 A 发送以下标记:CertB//TB 或 NB//A//Text3//sSB(TB 或 NB//A//Text4);

CertA:A 的证书(可选);

CertB:B 的证书(可选);

TA、TB:时间戳;

NA、NB:序列数;

B:B 的标识符;

A:A 的标识符;

sSA:使用 A 的密钥的数字签名;

sSB:使用 B 的密钥的数字签名。

三次鉴别

在该鉴别机制下,通过生成和确认随机数控制唯一性/时效性。详见 ISO/IEC 9798-3:1993。

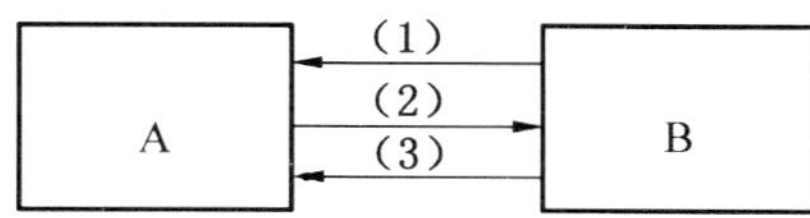

(1):B 向 A 发送随机数 RB 和可选的文本域 Text1;

(2):A 向 B 发送以下标记:CertA//RA//RB//B//Text2//sSA(RA//RB//B//Text3)(B 包含的内容是可选的);

(3):B 向 A 发送以下标记:CertB//RB//RA//A//Text4//sSB(RB//RA//A//Text5)(A 包含的内容是可选的);

RA、RB:随机数。

A.1.4 应用 ISO/IEC 9798-3:1993 保护文件传输

依赖带以下标记的文本域：

——如果加密的文本域为空，则该机制用于文件传输前的鉴别；

——如果加密的文本域和传输的文件相同，且数字签名允许报文恢复(见数字签名条款)，则它相当于发送加密文件；

——如果加密的文本域和传输的文件相同，且数字签名不允许报文恢复(见数字签名条款)，则该文件同它的签名一起传输；

——如果加密的文本域是对称密钥，如果数据签名允许报文恢复(数字签名条款)，密钥分发结合着鉴别过程。

当相同的功能使用几个密钥时，明文文本域包括用于数据签名的密钥标识符或交换密钥的标识符，或两者都包括。

A.1.5 引入可信赖第三方的鉴别机制

当使用 TTP 时 ISO/IEC 9798-2:1994 和 ISO/IEC 9798-3:1993 中说明的机制可采用。原则是结合密钥交换进行鉴别。当使用对称加密算法时，不需要有双方实体共享的通用保密鉴别密钥，而是每个实体拥有一个和 TTP 共享的保密密钥，实体要求从 TTP 获得交易密钥。

A.1.6 使用密码检验函数的鉴别机制

ISO/IEC 9798-4:1995 详细说明使用密码检验函数的实体鉴别机制。详细说明提供单方鉴别和相互鉴别的报文交换。

ISO/IEC 9798-4:1995 基于共享一共同保密鉴别密钥，通过证明它对保密鉴别密钥的了解来确证实体的身份。

没有说明参与方了解密钥的方法。

详细说明的机制要使用时间变量参数，例如时间戳，序列数或随机数等。使用随机数鉴别的轮数要比使用时间戳或序列数鉴别的轮数多一轮。

注：原则与 ISO/IEC 9798-2:1994 一致，密码检验函数替换对称加密算法。ISO/IEC 9798-4:1995 提供该函数的例子。

A.2 数字签名

文件可以用下列方式签名：

——用对称密码系统；

——用非对称密码系统。

A.2.1 使用包括可信赖第三方的对称密码系统

该条款说明适于数字签名(见数字签名的定义)预期结果的方案，数字签名使用对称密码系统。

发送方和接收方通过可信赖第三方通信。发送方与可信赖第三方共享一密钥 Ks，接收方与可信赖第三方共享另一个不同的密钥 Kr。这些密钥建立的方式不在本标准范围之内。

a) 发送方用 Ks 加密该文件，发送给可信赖第三方；

b) 可信赖第三方用 Ks 解密文件；

c) 可信赖第三方增加“已接收到来自发送方的报文”声明，并用 Kr 加密；

d) 可信赖第三方发送加密的文件给接收方；

e) 接收方用 Kr 解密文件。

A.2.2 使用非对称密码系统

多数的数字签名方案基于公钥密码系统。

原则如下：发送方用私钥加密文件，对文件签名；接收方用发送方的公钥解密，验证签名。

为防止发送方重用相同签名发送相同文件两次，数字签名应包括时间戳。日期和时间附于文件上，和文件的剩余部分一同签名。

为确保不可否认性，密钥存放在安全的密码设备内或由可信赖的第三方保存。

当把数字签名和公钥加密结合在一起时，签名操作在加密操作前执行：

a) 发送方用它的私钥签名；

b) 发送方用接收方的公钥加密已签名的文件，发给接收方；

c) 接收方用它的私钥解密该文件；

d) 接收方用发送方的公钥确认该签名。

数字签名方案存在的两种类型：

——提供报文恢复：当验证过程解密了报文信息；

——不提供报文恢复：当验证过程需要提供报文信息时。

GB 15851—1995 详细说明向有限长度报文的数字签名提供报文恢复和使用公钥密码系统的方案。它不涉及哈希函数的使用。本标准在文件长度有限时可用于安全文件传输，该机制等同于加密，因该文件无需传输，它的签名单独传输，接收方可通过数字签名恢复该文件。

注：ISO/IEC 9796-2:1994 说明数字签名方案，该方案提供使用哈希函数的报文恢复。

A.2.3 允许数字签名的算法例子

DSA

数字签名算法(DSA)由美国国家标准和技术协会(NIST)提出，用于他们的数字签名标准(DSS)。它详细说明了公钥数字签名算法。DSA 不允许报文恢复。

RSA(Rivest，Shamir，Adleman)

RSA 允许报文恢复。

A.2.4 哈希函数

在实际的实施过程中，公钥算法效率太低，不用于对大文件的签名。哈希函数可将文件缩短为概要输入数字签名机制。原则如下：发送方将文件缩短为报文摘要，叫做哈希，并用自己的私钥加密哈希，然后把文件和签名的哈希发给接收方。接收方生成一已接收文件的哈希，用发送方的公钥解密已签名的哈希。如果两结果匹配，签名是合法的。档案系统可把文件的哈希和时间戳一同存储(传输的时间戳或提交到档案系统的时间戳，或两者兼有)。接收方存储已收到的数字签名，如果对签名有异议，可以重新确认。

哈希函数的例子：

——SHA-1 可作为任意长度的报文输入，生成 160 位的哈希。

——使用对称分组算法的哈希函数：

- ISO/IEC 10118-1《信息技术 安全技术 哈希函数 第 1 部分：概述》；ISO/IEC 10118.2《信息技术 安全技术 哈希函数 第 2 部分：使用 n 位分组密码算法的哈希函数》。
- ISO/IEC 10118-2:1994，详细说明使用 n 位分组密码算法的哈希函数(拥有 n 位分组长度的明文块和密文块)。不对 n 位分组密码算法详细说明。详细说明了两类哈希函数。第一类提供小于或等于 n 位长度的哈希值，第二类提供小于或等于长度为 $2n$ 的哈希值。
- ISO/IEC 10118-3，标准的 SHA-1，RIPEMD-128 和 RIPEMD-160。

A.3 报文鉴别码

报文鉴别码可用于鉴别文件的来源和保护从发送方到接收方文件的完整性。它由文件发送方生成，并和文件一同传输。

报文鉴别码可应用于整个文件或文件的一部分。

GB/T 15852.1—2008 详细说明了数据完整性机制：该方法使用密钥和 n 位分组密码算法来计算 m 位密码校验值。密码校验值作为报文鉴别码(MAC)。

A.4 密码算法

A.4.1 对称密码

ISO/IEC 10116:1993 的标题为《信息技术 n 位分组密码算法的操作模式》，说明了 n 位分组密码算法的 4 种操作模式（它并不对 n 位分组密码算法进行说明）：

——电子编码本模式（ECB）；

——密码块链接模式（CBC）；

——密码反馈模式（CFB）；

——输出反馈模式（OFB）。

和每种模式各属性的注释。

注：当 $n=64$ 时，ISO 8372:1987 与 ISO/IEC 10116:1993 一致。

A.4.2 非对称密码

RSA 是非对称密码的例子。

附 录 B
（资料性附录）
实施的例子

B.1 系统的说明

该例子涉及的POS终端构成如下：

——软件：

- 操作系统的安全应用管理器部分；
- 若干零售银行业务应用；
- 每种应用的参数文件，包括BIN列表，活动表，最低限度……

——硬件：

- 终端（CPU，ROM，RAM，……）；
- 安全密码处理器；
- 可移动的IC卡，收单机构用于识别和鉴别商户。

设备连接的不同服务器如下：

——生产商服务器，用于下载应用管理器；

——应用提供商服务器，用于下载应用软件；

——参数服务器，收单机构控制，用于下载参数；

——收单机构服务器，接收金融交易文件。

B.2 终端的密码函数

注解：

——A＝eK(B)：使用对称密钥K生成的B的加密数据；

——B＝dK(A)：使用密钥K解密密文A，恢复为明文B。

B.2.1 软件下载

B.2.1.1 完整性确认：非对称算法

非对称算法用于软件下载的完整性确认。

这种方法将公钥保留在终端。该密钥不要求机密性保护，但要防止被替换。

该方法防止生成虚假签名，甚至于在已经成功攻击终端的安全设备的情况下，也可防止生成虚假签名。

B.2.1.2 相互鉴别：对称算法

对称算法用于相互鉴别。

不管使用何种算法，相互鉴别都要求使用存放在终端的密钥。

为防止使用从泄密的终端获取的密钥来伪造终端，下载应用管理器需要衍生鉴别密钥。

实施衍生密钥系统，尽管对称算法可同唯一主密钥和衍生算法一起实施，仍将要求通过非对称算法保留所有终端的全部密钥表。

B.2.1.3 应用管理器实施的密钥管理

B.2.1.3.1 相互鉴别

DEA1作为对称算法用于相互鉴别。

KAM：用于衍生的相互鉴别主密钥，由生产商生成，安装于生产商服务器之上。

KATi：由生产商生成相互鉴别衍生密钥，在交付之前安装于终端的安全密码处理器之上。

TID:终端标识符。

KATi=eKAM(TID);TID=dKAM(KATi)。

B.2.1.3.2 完整性

RSA 作为非对称算法用于完整性鉴别。

SKKI:生产商使用的私钥,用于签名软件(当签名不包括时间戳或序列数时,无需安装在生产商服务器上)。

PKKI:生产商生成的公钥,在交付之前安装在终端的安全密码处理器上。

B.2.1.4 应用实施的密钥管理

B.2.1.4.1 相互鉴别

DEA1 作为对称算法用于鉴别终端。

KAAn:应用 n 的相互鉴别密钥,由应用提供商生成,安装在应用服务器之上。必须安全地发送给终端,在安全密码处理器上进行保护。为达到此目的,生产商应生成非对称密钥对:SKAAn、PKAAn。生产商向所有应用提供商公布公钥,以便于他们可加密 KAAn。每个应用提供商返回密码 ePKAAn(KAAn)给生产商。私有传输密钥 SKAAn 在交付之前,由生产商安装在终端的安全密码处理器之上。

应用管理器软件保留安装在终端上的应用列表和用于相互鉴别的相关密码 ePKAAn(KAAn)。在应用管理器下载操作过程中,应用列表和相关密码传输给终端。

B.2.1.4.2 完整性

RSA 作为非对称算法用于确认应用软件的完整性。

应用提供商 n 生成非对称密钥对:SKAnI、PKAnI。它发布公钥给生产商。

SKAnI:应用提供商 n 使用的私钥,用于签名它的应用软件(当签名不包括时间戳或序列数时,无需安装在服务器上)。

PKAnI:终端已下载的应用管理器中包含的关联密钥。

安装在终端上的终端软件维护应用列表和用于完整性确认的关联公钥。

B.2.2 参数下载

与收单机构相关的密钥,可以保存在可移动的安全加密设备中,由收单机构用于标识和鉴别商户。

B.2.2.1 相互鉴别

DEA1 作为对称算法用于终端的鉴别。

KAQM:收单机构和终端的相互鉴别的主密钥,由收单机构生成,安装在参数服务器上。

KAQRk:相互鉴别的衍生密钥,由收单机构生成,安装在零售商 k 的终端上,例如通过商户的 IC 卡进行安装。

RID:零售商标识符。

KAQRk=eKAQM(RID)。

B.2.2.2 完整性确认

RSA 作为非对称密钥用于确认应用参数的完整性。

SKPI:收单机构使用的私钥,用于签名它的应用参数(需作为签名安装在服务器之上,须包括时间戳或序列数)。

PKPI:由终端使用的包含在商户 IC 卡中关联公钥。

B.2.3 交易上载

B.2.3.1 相互鉴别

当完整性服务和接收不可否认性服务按照本标准实施时,在传输交易文件之前,本标准不再明确提出其他的鉴别的安全要求。

本例实现了这两种服务。

B.2.3.2 完整性确认:对称算法

对称算法用于交易文件的完整性确认。

完整性确认使用基于衍生密钥的方法,该项服务由收单机构服务器提供终端的鉴别服务。

DEA1 作为对称算法用于交易文件的完整性确认。

KTQM:收单机构的主密钥,由收单机构生成,安装在收单机构服务器上。

KTQRk:完整性确认衍生密钥,由收单机构生成,加载于商户 IC 卡上。

KTQRk=eKTQM(RID)。

使用衍生密钥可防止生成虚假签名,甚至于在已经成功攻击终端安全设备的情况下,也可防止生成虚假签名。

B.2.3.3 接收的不可否认性:非对称算法

该服务使用非对称算法,私钥 SKPNR 由收单机构生成并驻留在收单机构服务器中,当成功接收交易文件和确认完整性时,私钥 SKPNR 用于生成实时证书。

保护防止替换的公钥 PKPNR 包含在由收单机构发送的参数文件中并保护其完整性。

终端使用该证书鉴别接收金融交易文件的收单机构服务器,在成功确认证书之后,立即清除该文件。

商户 IC 卡	终端 i	生产商服务器	应用服务器 n	参数服务器	收单机构服务器
KAQRk	KATi	KAM	KAAn	KAQM	KTQM
PKPI	PKKI	(SKKI)	PKAAn	(SKPI)	SKPNR
KTQRk	SKAAn	PKAnI	(SKAnI)		

(1) Cert(KATi)

(2) Cert(KATi)

(3) [Kernel+(KAAn)PKAAn+PKAnI]+Sign(SKKI)

(4) Cert(KAAn)

(5) Cert(KAAn)

(6) Application+Sign(SKAnI)

(7) Cert(KAQRk)

(8) Cert(KAQRk)

(9) [Parameters+SKPNR]+Sign(SKPI)

(10) Transactions+Sign(KTQRk)

(11) Cert(SKPNR)

注:(K)表示密钥 K 无需安装在服务器之上。

(1)(2)应用管理器的下载:终端和使用对称衍生密钥 KATi 的生产商服务器之间的相互鉴别。

(3)下载应用服务器+在应用下载中使用的密钥:生产商服务器使用非对称密钥 SKKI 签名。

(4)(5)应用下载:终端和使用对称密钥 KAAn 的应用服务器相互鉴别。

(6)应用下载:应用服务器使用非对称密钥 SKAnI 签名。

(7)(8)参数下载:终端和使用对称衍生密钥 KAQRk 的参数服务器相互鉴别。

(9)参数下载+交易上载过程使用的密钥:参数服务器使用非对称密钥 SKPI 签名。

(10)交易文件上载:终端使用对称衍生密钥 KTQRk 签名。

(11)交易文件上载:收单机构服务器使用非对称密钥 SKPNR 认证。

图 B.1

附　录　C
（资料性附录）
保证文件传输完整性确认的示例

该示例来自澳大利亚的国家标准 AS 2805-10。

C.1　范围

该示例不包括文件传输处理机制的任何规则，仅限于数据校验方式。该示例详细说明了两个通信实体传输期间确保文件完整性的方法：

a）　直接从文件计算出来完整性校验值；

b）　用文件的哈希结果计算出完整性校验值。

完整性校验值称为文件校验值（FVV），参见 4.3。

该示例不包括确保文件机密性或文件传输的技术。

注：发送 FVV 管理文件的报文示例参见附录 A 和附录 B 中的图 B.1。

C.2　定义

以下定义适用于本示例。

C.2.1　数据密钥

用于数据加密或解密的密码密钥。

C.2.2　文件校验值（FVV）

用于文件校验的导出值。

C.2.3　中间节点

向安全密码设备（SCD）提供数据转发服务的计算机系统或设备。

C.2.4　MAC 密钥（KMAC）

用于计算、校验或既计算又校验报文鉴别代码的密钥。

C.2.5　安全密码设备（SCD）

提供安全密码服务的作为系统一部分的接收方；终端密码单元（TCU）是一种安全密码设备（SCD）。

C.2.6　安全机制

相互认可的实体进行手工交付时用以确保物理安全的方法。

C.2.7　主办方

负责文件内容合法性和完整性的实体。

C.3　综述

C.3.1　概述

文件传输完整性确认是独立于文件传输的功能，验证被加载或更新到 SCD 中的文件是否与发送方的一致。通过使用该技术，可以在非安全的网络上发送完整的文件或文件更新，并且在被载入到 SCD 并检验之前，将其存储在中间节点上，因此该方法为网络传输提供了更多的选择性。

这仅仅是对 SCD 中的文件进行 FVV 交换和验证，并且是在安全报文交换中进行的。

这一节提供了使用的原则的概述。

管理文件传输完整性确认的步骤如下：

a）　报文鉴别；

b) 对文件进行哈希；

c) FVV 加密。

C.3.2 原则

强调文件传输完整性确认的原则如下：

——在任何情况下，整个文件应使用 FVV；

——FVV 应通过安全机制、加密或 MAC 方式从发起方到接收方进行传输；

——只有在 FVV 确认之后才能使用文件；

——如果接收到的是更新文件，那么在更新被应用前应使用 FVV 验证该文件的正确性；

——主办方应负责文件的准确性和 FVV 的生成；

——文件接收方应通过 FVV 检验文件的完整性；

——接收方应使用 SCD 安全地计算出 FVV。

C.4 功能元的说明

C.4.1 文件确认值

FVV 衍生于文件的内容，目的是确认文件的完整性。

当进行修正时，应使用 FVV 检验文件的完整性。文件被修正时，修正后的文件的完整性应使用 FVV 进行检验。这可确保修正被正确地应用。

C.4.2 FVV 衍生

C.4.2.1 概述

当 SCD 能支持基于密钥的技术，FVV 应通过基于密钥的模式衍生。当基于密钥的技术不适合，例如，由于接收方数量过多的原因，可使用基于哈希的技术，不要求使用密钥进行计算。

FVV 应基于完整的物理文件进行计算。

基于密钥的技术将只使用 ISO 9807:1991 上所说明的算法。

除了不使用密钥之外，非基于密钥技术在操作上和基于密钥的技术相似。尽管使用 ISO 9807:1991 中的单倍和双倍长度的哈希函数会简单一些，但哈希函数并不仅限于某种特定的方法。

C.4.2.2 基于密钥的 FVV

FVV 通过使用 SCD 中指定的特定密钥，通过 MAC 方式进行计算。

C.4.2.3 非基于密钥 FVV

使用哈希算法计算文件 FVV。

C.4.3 安全 FVV 传输

C.4.3.1 概述

FVV 加密或进行 MAC 计算用于保护 FVV 在主办方和 SCD 间传输。

C.4.3.2 基于密钥的 FVV

因 FVV 是对文件进行报文鉴别的结果，所以不需要额外的工作。

C.4.3.3 非基于密钥的 FVV

非基于密钥的 FVV 应使用 MAC 密钥(MAC 密钥应遵循我国密码管理部门的有关规定)或使用适当的数据保护方式进行传输。FVV 可以通过使用 KD 进行加密或使用 KMAC 进行 MAC 计算。

推荐使用 MAC 密钥方式。

C.5 操作

主办方使用基于密钥或非基于密钥的模式衍生文件的 FVV。一旦衍生，FVV 由主办方进行 MAC 计算或加密，并安全地传送到目的地。接收方对接收或更新的文件用相同的方法衍生 FVV，并与接收到的 FVV 值进行比较。FVV 中的差异表明文件不同于预期或文件没有正确更新。

注：本示例说明需要同时保存当前的活动文件和替换文件。

直接发送 FVV 管理文件到 SCD 的报文流例子

主办方	SCD

0800—网络管理信息代码（NMIC）001，文件版本号Y

0810—网络管理信息代码（NMIC）150，文件版本号X

0300

0310

前一个0300

前一个0310

计算FVV并与0810报文中的值比较

如果FVV值不比较，那么SCD将不使用本表，则必须下载一个不同的版本。

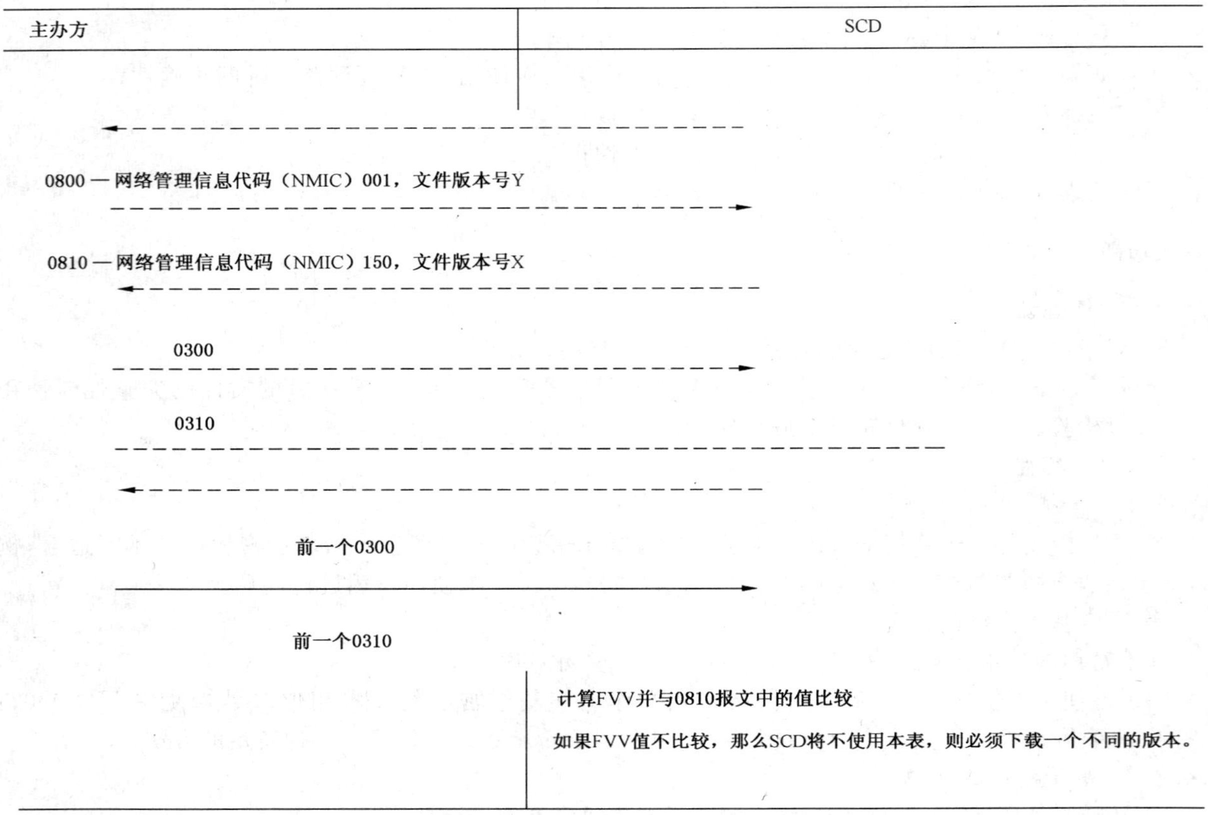

注：上述报文类型遵循 AS 2805-2。

图 C.1 报文顺序——直接发送 FVV 管理文件到 SCD 的报文流例子

通过中间节点发送 FVV 管理文件到 SCD 的报文流例子

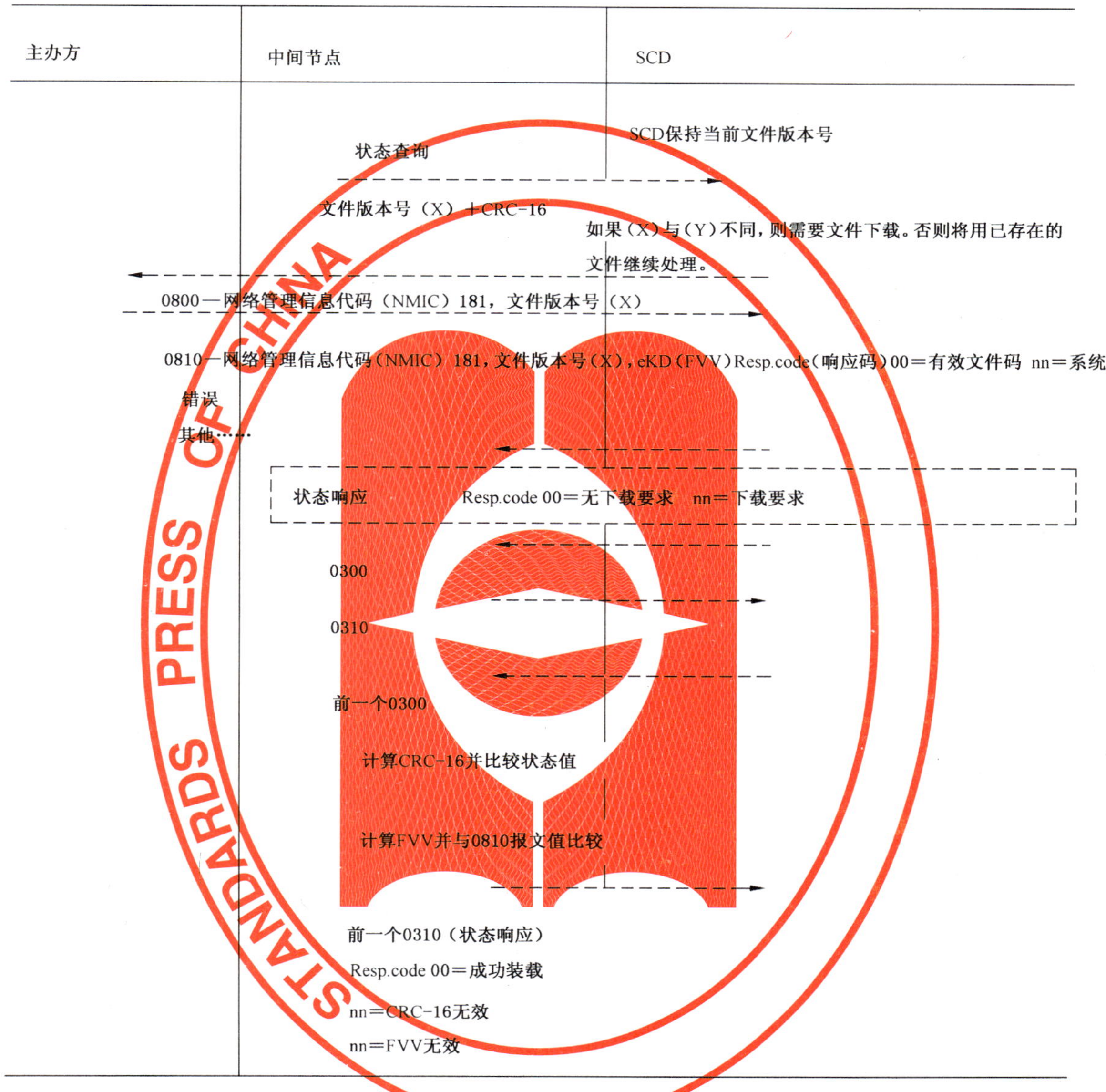

注 1："nn"是用于私有使用的保留码。

注 2：上述报文类型遵循 AS 2805-2。

图 C.2　报文顺序——通过中间节点发送 FVV 管理文件到 SCD 的报文流例子

附　录　D
（资料性附录）
安全服务的图形概要参考

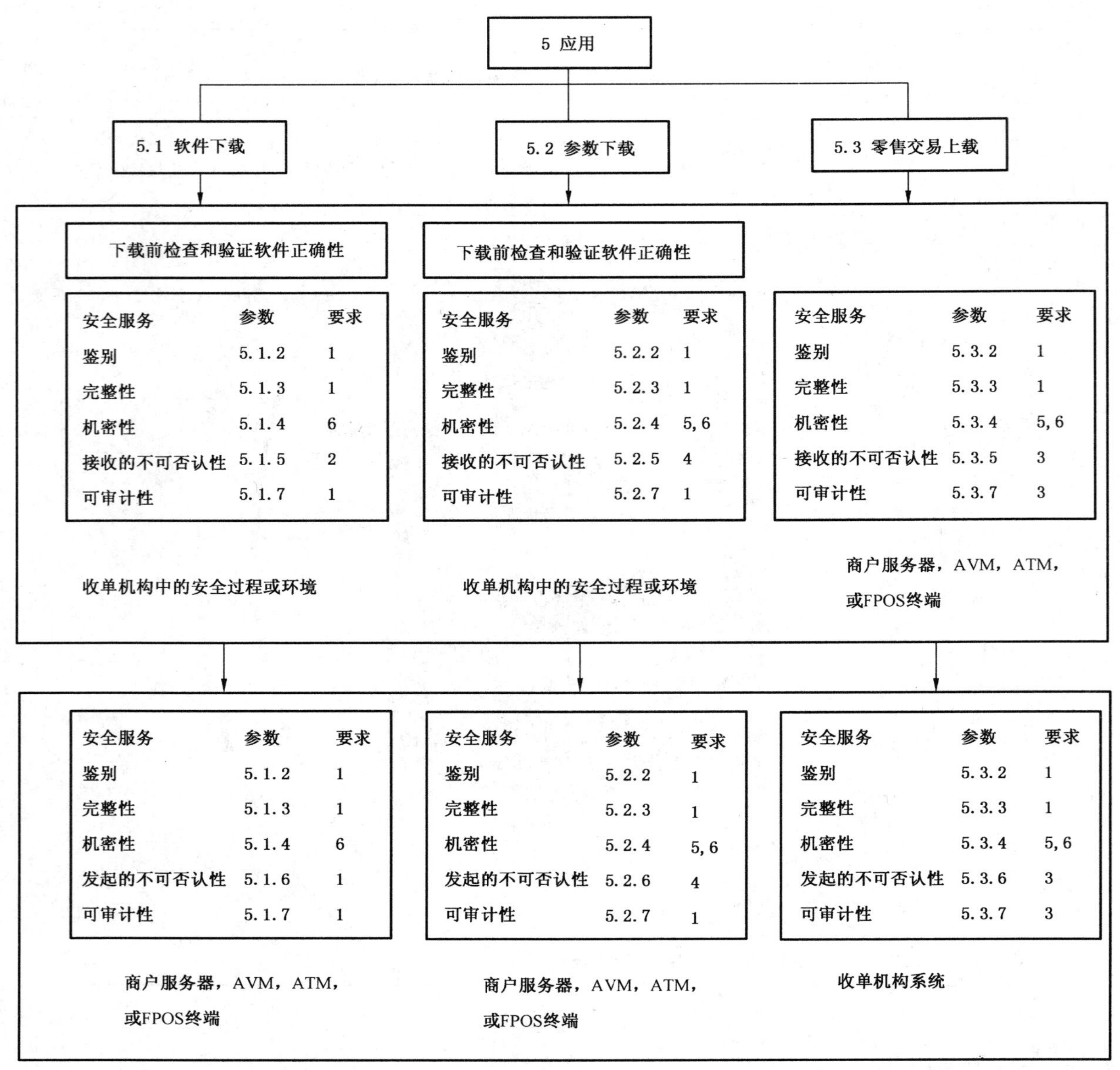

图例（要求）	
1＝应	4＝如果被主办方要求则需要
2＝宜	5＝当要求满足当地法规时需要
3＝不要求	6＝对敏感数据需要

ICS 03.060
A 11

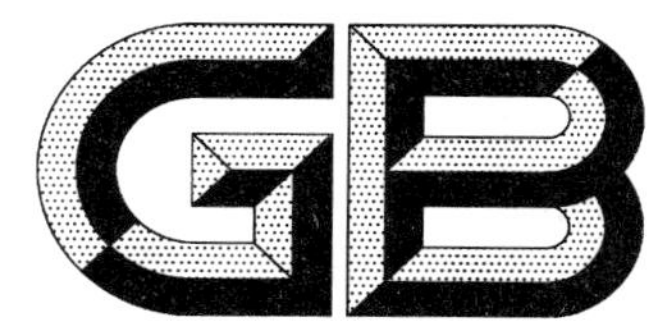

中华人民共和国国家标准

GB/T 23696—2009/ISO 10383:2003

证券和相关金融工具 交易所和市场识别码

**Securities and related financial instruments—
Codes for exchanges and market identification (MIC)**

(ISO 10383:2003,IDT)

2009-05-06 发布　　2009-10-01 实施

中华人民共和国国家质量监督检验检疫总局
中国国家标准化管理委员会　发布

前　言

本标准等同采用ISO 10383:2003《证券和相关金融工具　交易所和市场识别码》(英文版)。

为便于使用,本标准做了下列编辑性修改:

——用“本标准”代替“本国际标准”;

——删除国际标准前言。

本标准的附录A为规范性附录。

本标准由中国人民银行提出。

本标准由全国金融标准化技术委员会归口。

本标准负责起草单位:中国金融电子化公司。

本标准参加起草单位:中国人民银行、国家开发银行、中国农业银行、中国银行、交通银行、中国光大银行。

本标准主要起草人:王平娃、李曙光、贾树辉、景芸、赵志兰、刘运、马小琼、成俊、林松、沈伟、陈敏、张砚。

本标准为首次制定。

证券和相关金融工具 交易所和市场识别码

1 范围

本标准规定了交易所和市场识别码(MIC)的统一结构。

本标准适用于在任何应用程序和信息交换中对如下主要市场和从属市场进行标识：

——金融工具的挂牌地点(公开挂牌地点)；

——相关交易的执行地点(交易地点)。

2 规范性引用文件

下列文件中的条款通过本标准的引用而成为本标准的条款。凡是注日期的引用文件，其随后所有的修改单(不包括勘误的内容)或修订版均不适用于本标准，然而，鼓励根据本标准达成协议的各方研究是否可使用这些文件的最新版本。凡是不注日期的引用文件，其最新版本适用于本标准。

ISO 15022-1:1999 证券 报文方案(数据域字典) 第1部分：数据域和报文设计规则及导则

ISO 15022-2:1999 证券 报文方案(数据域字典) 第2部分：数据域字典和报文目录的维护

3 结构

代码由四位连续的字母数字型字符组成。在这种结构下，已根据ISO 10383第一版分配的仍在使用的MIC代码，无需做任何修改。

4 示例

以下是交易所和市场识别码(MIC)的示例：

a) XPAR(Euronext,Paris)；

b) XMAT(Euronext-MATIF,Paris)；

c) XMON(Euronext-MONEP,Paris)；

d) EMTS(Euro MTS,London)。

5 注册机构

根据ISO/IEC导则第1部分(2001)附录H的规定，ISO委员会指定环球银行金融电信协会(SWIFT)作为本标准的注册机构。

ISO 10383注册机构的地址如下：

Society for Worldwide Interbank Financial Telecommunications S.C.(SWIFT)

Avenue Adele,1

B-1310 La Hulpe

Belgium

Email:iso15022ra@iso15022.org

新识别码(MIC)的分配申请可提交给注册机构。注册机构应及时分配新代码以满足市场的需要。

6 信息及查询

有关本标准及市场识别码(MIC)分配的信息及查询可以向注册机构提出。

附　录　A
（规范性附录）
市场识别码(MIC)的访问

注册机构(RA)负责提供市场识别码(MIC)的访问。MIC申请的提交和发布方法与ISO 15022注册机构使用的方法一致。

ICS 03.060
A 11

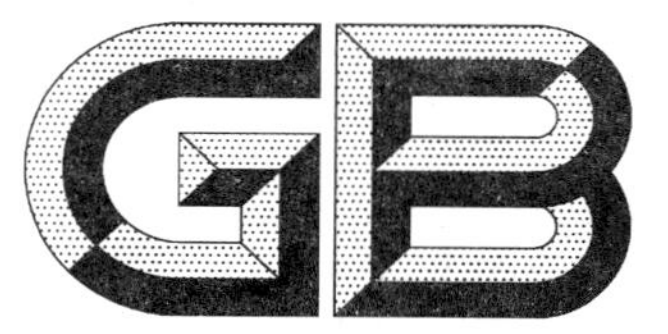

中华人民共和国国家标准

GB/T 23697—2009

个人理财　理财规划师的要求

**Personal financial planning—
Requirements for personal financial planners**

(ISO 22222:2005,MOD)

2009-05-06 发布　　2009-10-01 实施

中华人民共和国国家质量监督检验检疫总局
中国国家标准化管理委员会　发布

前　言

本标准修改采用 ISO 22222:2005《个人理财　理财规划师的要求》(英文版)。

本标准根据 ISO 22222:2005 重新起草,与 ISO 22222:2005 的技术性差异为:

删除 ISO 22222:2005 的附录 A(资料性附录):苏格兰学分和学历框架(SCQF)描述表。由于在国际标准中该附录为资料性附录,且苏格兰学分和学历框架(SCQF)在国内应用很少,适用性有限,故予以删除。

为便于使用,本标准还做了下列编辑性修改:

——用“本标准”代替“本国际标准”;

——删除 ISO 22222:2005 的前言,修改了 ISO 22222:2005 的引言。

本标准由中国人民银行提出。

本标准由全国金融标准化技术委员会归口。

本标准负责起草单位:中国金融电子化公司。

本标准参加起草单位:中国人民银行、国家开发银行、中国农业银行、中国银行、交通银行、中国光大银行。

本标准主要起草人:王平娃、李曙光、贾树辉、景芸、陈敏、成俊、林松、张砚、沈伟、刘建国、赵志兰、刘运、马小琼。

引　言

本标准制定的目的是为在个人理财领域从事专业服务的人提供一个全球接受的基准。个人理财规划是帮助客户达到他们财务目标的过程。理财规划师向客户提供理财规划服务。

本标准规定了对专业理财规划师在道德行为、从业能力和工作经验方面的要求。

本标准描述了理财规划师合格评定的多种方法和每个方法的详细要求。理财规划师合格评定是一项复杂的工作，要求具备专业知识、技能和经验才能进行。本标准的技术委员会(由从业者代表、行业代表和客户代表组成)强烈认为可信的独立第三方认证提供了最值得信赖的合格评定方法，从而能够达到保护客户的目的。

因此，技术委员会推荐客户寻找能够证明他们是经过独立第三方认证机构合格评定的理财规划师为其提供服务。这些认证机构应符合 GB/T 27024 的要求。

个人理财　理财规划师的要求

1　范围

本标准定义了个人理财规划过程，并规定了对理财规划师职业道德、从业能力和工作经验等方面的要求。

本标准适用于所有理财规划师，不考虑其职业状态。

本标准描述并说明了进行理财规划师合格评定的各种方法，并规定了每种方法的应用要求。

2　规范性引用文件

下列文件中的条款通过本标准的引用而成为本标准的条款。凡是注日期的引用文件，其随后所有的修改单(不包括勘误的内容)或修订版均不适用于本标准，然而，鼓励根据本标准达成协议的各方研究是否可使用这些文件的最新版本。凡是不注日期的引用文件，其最新版本适用于本标准。

GB/T 27024　合格评定　人员认证机构通用要求(GB/T 27024—2004，ISO/IEC 17024:2003，IDT)

ISO/IEC 17000　合格评定　词汇和一般原则

ISO/IEC 17050(所有部分)　合格评定　供应商的合格声明

3　术语和定义

ISO/IEC 17000、GB/T 27024 中确立的以及下列术语和定义适用于本标准。

3.1

宽泛的基本知识　broad general knowledge

宽泛地知晓并基本理解专题内容，但不期望达到专题领域的专家深度。

3.2

证书　certificate

由独立第三方认证机构颁发的证明文件。

3.3

签约客户　client

接受 4.2.3 所描述条款的客户。

3.4

认知等级　cognitive level

思想认识能够达到的层次。

注：思想的层次见 6.2。

3.5

合格评定　conformity assessment

执行对产品、过程、系统、人、机构专门要求的验证。[ISO/IEC 17000]

注：合格评定包括测试、检验和认证等活动，以及对评估机构的合格认定。

3.6

客户　consumer

共享金融利益的个体或一组个体。

注：家庭可看作一组个体。

3.7

继续教育　continuing education

理财规划师为保持持续的专业能力所接受的教育和培训。

3.8

声明　declaration

除独立第三方认证机构外的任何机构发布的证明文件。

注：本定义不同于 ISO/IEC 17000 中“声明”的定义。“机构”包括任何个体。

3.9

职业状态　employment status

消费者创收能力的当前状态。

例如：职员、个体户、独立承包人、自由职业者、商人、失业、退休或学生。

3.10

工作经验　experience

在参与个人理财规划和相关活动中获得的知识和技能。

3.11

财务目标　financial goal

希望在未来某个时点或经过一段时间达到的量化的财务结果。

3.12

财务风险容忍度　financial risk tolerance

客户在理财规划过程中愿意承受风险损失的程度。

3.13

个人绩效考核指标　individual performance measurement

用来评估理财规划师绩效的方法和指标。

3.14

理财规划书　personal financial plan

用来说明客户如何组织和管理其全部或部分个人财务事件，以满足目前或未来的个人目标、需要和优先权的文档。

3.15

理财规划师　personal financial planner

为签约客户提供理财规划服务并达到本标准描述的职业道德、从业能力和工作经验等方面要求的人。

注：理财规划师一般也称为“理财师”或“理财经理”。

3.16

理财规划　personal financial planning

使客户达到其个人理财目标的过程。

3.17

理财规划关系　personal financial planning relationship

签约客户与其理财规划师之间的关系。

3.18

个人目标　personal goal

客户期望在未来达到的定量或定性的结果。

3.19

报酬　remuneration

理财规划师通过为签约客户提供理财规划服务而获得的直接和间接的财务收益。

3.20

理财规划服务　service of personal financial planning

理财规划师帮助签约客户完成理财规划时提供的交互式服务。

3.21

年　year

〈工作经验〉12个月的全职工作或与之相等的兼职工作。

4　过程

4.1　理财规划过程

由理财规划师提供理财规划的过程包括(但不限于)六个步骤,这六个步骤可以在签约客户和理财规划师之间重复进行。签约客户也可在未完成所有步骤之前提前中止。

在为签约客户提供理财规划服务时,理财规划师应按照理财规划书规定程序回应和解答签约客户的所有要求和投诉,同时理财规划师应提供财务、安全、操作、风险管理和后续业务计划作为支持。

4.2　建立并定义签约客户与理财规划师的关系

4.2.1　在每次约定开始时,理财规划师应为客户提供书面的:

a)　所提供的理财规划服务的范围;

b)　理财规划师的资质和工作经验;

c)　全面披露证明他们与本标准的符合性的方法(独立第三方认证、其他方评定、自我评定);这些方法已经通过了哪些国家专业知识的测试;什么时间取得的合格评定;由哪个机构发布。

4.2.2　理财规划师应要求并收集如下信息:

a)　客户概况,包括家庭构成情况;

b)　年龄、健康状况和影响寿命预期的因素;

c)　职业状态;

d)　亲戚关系;

e)　财务状况;

f)　公开或非公开的收益、保险和权益;

g)　即期需求;

h)　短期和长期目标。

注:收集信息的方法包括:

——访谈;

——问卷调查;

——面对面交流;

——电话交流;

——信件联系。

4.2.3　理财规划师应提供理财规划服务的书面协议条款,包括:

a)　基本报酬;

b)　任何已知的利益冲突;

c)　可交付的服务和时间安排;

d)　理财协议期限;

e)　联系频度;

f)　保密条款。

4.3　收集签约客户信息并确定目标和预期

4.3.1　理财规划师应使用4.2的结果。

4.3.2 理财规划师应要求签约客户提供适当的额外信息,一般包括(但不限于):

a) 个人和家庭详细的资产、负债以及现金收支状况;
b) 相关风险管理安排;
c) 有关财务合同;
d) 账目;
e) 保单;
f) 法律文本;
g) 详细的需求和目标,包括时间安排;
h) 经济假设;
i) 财务风险容忍度的相关信息;
j) 在社会、道德、环境和宗教信仰等方面的态度。

4.3.3 理财规划师应保证签约客户信息的私密性。

4.3.4 理财规划师应在当地法律允许的期限内,保存客户有价值的数据库文件和(或)记录的电子文档或硬拷贝。如果缺少法律规定,在理财协议约定的日期或协议中止后保存五年或更长时间。

4.4 分析评估签约客户的财务状况

4.4.1 理财规划师应使用4.2和4.3的结果。

4.4.2 理财规划师应将签约客户当前的情况和境遇考虑在内,以反映未来预期的变化。

4.4.3 理财规划师应全面考虑签约客户的目标和偏好。

4.4.4 理财规划师应根据签约客户的目标、计划、有关约束条件和财务风险容忍度,以清晰合理的方式识别签约客户的优势和风险点,并形成评估报告提交给签约客户。

4.5 制定理财规划书

4.5.1 理财规划师应使用4.2、4.3和4.4的结果。

4.5.2 理财规划师应与签约客户回顾、讨论和解决以下问题:

a) 签约客户的信息和境遇;
b) 签约客户的目标和目标内涵;
c) 签约客户的财务风险容忍度;
d) 帮助签约客户实现目标所使用的方法。

4.5.3 理财规划师应向签约客户提供合理可行的理财规划书。

4.6 实施理财规划

4.6.1 理财规划师应使用4.5的结果。

4.6.2 理财规划师应根据理财协议的条款直接或间接帮助签约客户实施理财规划。

4.6.3 理财规划师应编写合适的文档,依照当地和国家法律要求,对每条理财建议的处理方式(接受、修改、完结、延期或拒绝)予以明确说明。

4.7 理财规划跟踪执行

4.7.1 理财规划师应根据协议的条款,使用4.2的输入,4.5的输出和4.6列示的行为定期更新理财规划。

4.7.2 理财规划师根据需要可重复4.2～4.6理财规划过程中的全部或部分步骤。

4.7.3 理财规划师应提供理财规划建议变更的列表说明。

5 职业道德

5.1 职业行为

理财规划师应尽职尽责,忠实地反映其专业的理财规划能力。

注:道德行为是理财规划师执业的核心。认可、评价和应用道德原则是职业生涯的基础。本章提出了广泛应用于理财规划服务各个方面的关键道德原则。道德行为包括并超越相关制度和规则的范围。

5.2 道德准则

5.2.1 正直性

理财规划师应坦诚、诚实、积极主动、负责任，并对所有签约客户承诺尽职、快速响应、可靠、公正的服务。

5.2.2 客户至上原则

理财规划师视签约客户的合法利益至上。

5.2.3 审慎原则

理财规划时应具备合理的技能，采取审慎的方式从事理财规划。

5.2.4 合规性和专业性

理财规划师应遵守相应的制度和规则，遵从良好执业准则。

5.2.5 利益冲突

理财规划师应批露和公正处理所有利益冲突。

5.2.6 沟通

理财规划师应通过易于理解的、有效的和建设性的方式传递信息和建议。

5.2.7 客观性

理财规划师应客观地提出符合签约客户状态的解决办法。

5.2.8 机密性

除规章规定或法律要求之外，理财规划师不得泄漏签约客户机密。

5.2.9 批露

理财规划师应提供准确的相关信息，包括资质声明、证书和符合本标准的各种合格评定。

5.2.10 能力

理财规划师不能接受或从事他们没有能力完成的工作，除非获得外部建议和帮助使他们有能力完成。

6 从业能力

6.1 一般从业能力要求

根据从事理财规划服务的范围，理财规划师应具有相应的知识。

理财规划师应在适用于理财规划的规章和制度方面具备宽泛的基本知识。

理财规划师应遵从对他们具有约束的规章制度，包括任何专业机构和管理部门制定的规章制度。

理财规划师应了解基于理财协议的范围所提供的服务内容。

6.2 特殊从业能力要求

理财规划师开展的每项工作都在表1中定义，并分成胜任该工作所需要的认识/理解和技能两方面。

注：表1中使用以下的认知等级，体现了思考层次不断递进、复杂的过程。

a) 认识：联想起相关信息的能力。

b) 理解：知道在特定环境中如何和为何运用某项原理的能力。

c) 应用：在新情况下选择合适的原理，用合适的方法进行数据重构，并运用该原理的能力。

d) 分析：将概念分解成为组成要素的能力。

e) 评估：评判材料与指定准则的符合性的能力。

表 1　理财规划师从业能力的特定要求

<table>
<tr><th>步骤</th><th colspan="3">过　程</th></tr>
<tr><td rowspan="3">1</td><td colspan="3">建立并定义签约客户和理财规划师的关系</td></tr>
<tr><td rowspan="2">A</td><td colspan="2">理财规划师应能基于理财协议帮助签约客户确立合理预期</td></tr>
<tr><td>a) 认识/理解
——应了解理财协议的性质和范围</td><td>b) 技能
——应通过合理方式与签约客户沟通，帮助客户清晰地定义理财协议的预期；
——应通过合理方式与签约客户沟通，与其建立一种坦率和信任的关系</td></tr>
<tr><td rowspan="9">2</td><td colspan="3">收集签约客户信息并确定目标和预期</td></tr>
<tr><td rowspan="2">A</td><td colspan="2">理财规划师应能收集签约客户信息并建立初始目标和预期</td></tr>
<tr><td>a) 认识/理解
——应了解，签约客户基于其总体目标建立个人时间表目标的需求、量化需求和目标、优先需求和目标；
——应了解签约客户生命周期中某个事件和阶段对其需求的影响</td><td>b) 技能
——能够协助签约客户确认和理解其需求和目标；
——能够协助签约客户确认每个需求和目标的时间表；
——能够协助签约客户建立目标和预期并根据优先级别排序</td></tr>
<tr><td rowspan="2">B</td><td colspan="2">理财规划师应能同签约客户一起制定定量和定性的财务目标</td></tr>
<tr><td>a) 认识/理解
——应具备制定财务目标所需的金融和经济方面宽泛的基本知识；
——应具备制定财务目标的基本分析能力；
——应理解风险和时间对财务目标的影响</td><td>b) 技能
——对于与签约客户一起定制并经签约客户同意的目标应能清楚地陈述</td></tr>
<tr><td rowspan="2">C</td><td colspan="2">理财规划师应能获得签约客户的非财务数据，例如健康、性别、年龄、生活方式、职业、婚姻状况、家庭需求和优先考虑事项等</td></tr>
<tr><td>a) 认识/理解
——应知道为收集非财务数据需要提问的问题</td><td>b) 技能
——应能够有效沟通以收集到精确的数据；
——应能够解释为何这些数据是至关重要并且与理财协议是紧密相关的</td></tr>
<tr><td rowspan="2">D</td><td colspan="2">理财规划师应能收集和准确记录签约客户的相关财务数据，例如过去、现在和将来预期的收入、支出、资产和负债等</td></tr>
<tr><td>a) 认识/理解
——应知道签约客户过去、现在和将来预期的收入、支出、资产和负债等相关信息的分类；
——应知道在何处和如何获取这些信息</td><td>b) 技能
——应能有效沟通以收集精确数据；
——应能解释为何完整而精确的数据是至关重要并且与理财协议是相关联的；
——应能编制资产负债表和现金流量表，并全面准确记录其他相关信息</td></tr>
</table>

表 1（续）

步骤	过程		
2	E	理财规划师应能收集其他与理财协议相关的信息，例如保险、投资、退休、赠予、税收和不动产信息等	
		a）认识/理解 ——应理解为何需要这些信息； ——应知道如何收集相关数据	b）技能 ——应能向签约客户解释对这些信息的需求； ——应能使用适当的方法收集相关信息
	F	理财规划师应能收集签约客户对财务风险的容忍度和接受能力的信息	
		a）认识/理解 ——应理解风险接受能力和风险容忍度，并且理解这些因素综合起来会如何影响投资和其他财务决策	b）技能 ——应能收集相关信息来评估客户的风险容忍度
	G	理财规划师应能汇总整理相关数据和信息用于分析	
		a）认识/理解 ——应知道如何组织收集到的相关信息	b）技能 ——应能识别差距和差异，汇总数据用于分析
3	分析评估签约客户的财务状况		
	A	理财规划师应能够根据签约客户的情况和目标，对签约客户的生活事件做出详细的时间规划	
		a）认识/理解 ——应对生命中能够导致人寻求建议的重大事件和境遇具有一般认识，并理解这些事件的财务影响	b）技能 ——应具备必需的分析技能，以编排客户生命事件的时间安排； ——应能在准备生命事件的时间安排时综合考虑经济、财务和社会因素
	B	理财规划师应能分析签约客户的资产负债表和现金流量表对当前和未来的影响	
		a）认识/理解 ——应理解签约客户资产负债表和现金流量表对当前和未来的影响	b）技能 ——应能识别签约客户资产负债表和现金流量表反映的财务优势和弱点； ——应能联系签约客户提供的信息做出合理的假设； ——应能根据假设制定合适的规划
	C	理财规划师应能识别并分析税收有关问题及其对签约客户的影响	
		a）认识/理解 ——应具有与理财规划相关的个人税务和商业税务方面的宽泛的基本知识； ——应具有事件的时间安排如何影响税务的一般知识	b）技能 ——应能分析税收情形并理解各种情形的影响

表 1（续）

<table>
<tr><th>步骤</th><th colspan="3">过　　程</th></tr>
<tr><td rowspan="12">3</td><td rowspan="2">D</td><td colspan="2">理财规划师应能分析和评估与客户状况相关的经济、财务和社会因素</td></tr>
<tr><td>a）认识/理解
——应具有与理财规划相关的财务、经济和社会事件方面的宽泛的基本知识</td><td>b）技能
——应能分析和评估外部事件对客户财务状况的影响；
——应能根据假设制定合适的规划</td></tr>
<tr><td rowspan="2">E</td><td colspan="2">理财规划师应能分析和评估签约客户风险管理和保险状况</td></tr>
<tr><td>a）认识/理解
——应具有用于理财规划的风险管理和保险方面的宽泛的基本知识</td><td>b）技能
——应能分析和评估签约客户的风险管理和保险需求；
——应能分析和评估风险管理和签约客户的保险覆盖范围并判断是否满足签约客户的需求与目标</td></tr>
<tr><td rowspan="2">F</td><td colspan="2">理财规划师应能分析和评估签约客户的退休状况</td></tr>
<tr><td>a）认识/理解
——应具有与理财规划相关的私人、企业和政府退休流程方面的宽泛的基本知识</td><td>b）技能
——应能分析和评估签约客户退休的需求和目标；
——应能分析和评估签约客户当前的退休计划和资产并判断是否足以满足签约客户的需求和目标</td></tr>
<tr><td rowspan="2">G</td><td colspan="2">理财规划师应能分析和评估签约客户的不动产状况</td></tr>
<tr><td>a）认识/理解
——应拥有不动产规划方法方面的宽泛的基本知识</td><td>b）技能
——应能分析和评估签约客户的不动产需求；
——应能分析和评估签约客户目前不动产计划并判断是否满足签约客户目标</td></tr>
<tr><td rowspan="2">H</td><td colspan="2">理财规划师应能分析和评估签约客户的投资状况</td></tr>
<tr><td>a）认识/理解
——应拥有投资组合方面的宽泛的基本知识</td><td>b）技能
——应能分析和评估各种投资的风险和回报；
——应能分析和评估签约客户的投资需求；
——应能分析和评估签约客户目前投资状况，并判断是否满足签约客户既定的目标和风险容忍度</td></tr>
<tr><td rowspan="2">I</td><td colspan="2">理财规划师应能分析和评估签约客户的全面财务状况</td></tr>
<tr><td>a）认识/理解
——应理解理财规划的综合性和整体性；
——应理解签约客户在不同领域内理财活动的相互影响</td><td>b）技能
——应能分析和评估签约客户的全面财务状况</td></tr>
</table>

表 1（续）

<table>
<tr><th>步骤</th><th colspan="3">过　程</th></tr>
<tr><td rowspan="11">4</td><td colspan="3">制定理财规划书</td></tr>
<tr><td rowspan="2">A</td><td colspan="2">理财规划师应能基于资产负债表和现金流量表提出建议，并以合理方式向签约客户提出，以帮助其理解这些建议如何满足他们的需求</td></tr>
<tr><td>a）认识/理解
——应具有对签约客户财务报表计算、表述和分类的基本理解</td><td>b）技能
——应能基于资产负债表和现金流量表给出的信息提出和评估当前建议；
——应能解释为何这些建议适用于签约客户</td></tr>
<tr><td rowspan="2">B</td><td colspan="2">理财规划师应能提出税收策略建议，并以合理方式向签约客户提出，以帮助其理解这些建议如何满足他们的需求</td></tr>
<tr><td>a）认识/理解
——应具有与理财规划相关的个人税务和商业税收方面的宽泛的基本知识；
——应理解事件的时间安排如何影响税收</td><td>b）技能
——应能评估可替代的税收策略之间的区别，并判断它们如何影响签约客户期望的结果；
——应能解释为何这些建议适用于签约客户</td></tr>
<tr><td rowspan="2">C</td><td colspan="2">理财规划师应能提出个人风险管理和保险计划建议</td></tr>
<tr><td>a）认识/理解
——应具有适用于理财规划的风险管理和保险方面的宽泛的基本知识</td><td>b）技能
——应能评估可替代的个人风险管理和保险计划之间的区别，并判断它们如何影响签约客户期望的结果；
——应能解释为何这些建议适用于签约客户</td></tr>
<tr><td rowspan="2">D</td><td colspan="2">理财规划师应能提出退休计划建议</td></tr>
<tr><td>a）认识/理解
——应具有与理财规划相关的私人、企业和政府退休程序方面的宽泛的基本知识</td><td>b）技能
——应能评估可替代的退休计划之间的区别，并判断它们如何影响签约客户期望的结果；
——应能解释为何这些建议适用于签约客户</td></tr>
<tr><td rowspan="2">E</td><td colspan="2">理财规划师应能提出投资计划建议</td></tr>
<tr><td>a）认识/理解
——应具有投资选择方面的宽泛的基本知识</td><td>b）技能
——应能评估可替代的投资计划之间的区别，并判断它们如何影响签约客户期望的结果；
——应能解释为何这些建议适用于签约客户</td></tr>
</table>

表 1（续）

<table>
<tr><th>步骤</th><th colspan="3">过　　程</th></tr>
<tr><td rowspan="6">4</td><td rowspan="2">F</td><td colspan="2">理财规划师应能提出不动产规划建议</td></tr>
<tr><td>a） 认识/理解
——应具有不动产规划方法方面的宽泛的基本知识</td><td>b） 技能
——应能评估可替代的不动产规划之间的区别，并判断它们如何影响签约客户期望的结果；
——应能解释为何这些建议适用于签约客户</td></tr>
<tr><td rowspan="2">G</td><td colspan="2">当签约客户的理财风险容忍度与实现签约客户财务目标时的理财风险存在差异时，理财规划师应能帮助签约客户调整两者间的差异</td></tr>
<tr><td>a） 认识/理解
——应理解个人财务风险容忍度；
——应理解财务策略存在的风险</td><td>b） 技能
——应能向签约客户解释如何调和差异；
——应帮助签约客户解决任何差异</td></tr>
<tr><td rowspan="2">H</td><td colspan="2">理财规划师应能整合理财规划的各组成部分，解释全面理财规划的结果并获得签约客户对后续工作的授权</td></tr>
<tr><td>a） 认识/理解
——应理解理财规划的综合性；
——应理解签约客户在不同领域内理财活动的相互影响</td><td>b） 技能
——应能整合理财规划的各组成部分，形成符合逻辑的适用于客户的理财规划；
——应确保理财建议能够回答“5W”(WHO，WHAT，WHEN，WHERE，WHY)问题；
——应能评估可替代的策略之间的区别，并判断它们如何影响全面理财规划；
——应能评估全面理财规划并判断其是否满足签约客户的需求和目标；
——应能解释理财规划；
——应能获得签约客户对应用假设的认可；
——应能获得对后续工作的书面认可</td></tr>
<tr><td rowspan="3">5</td><td colspan="3">实施理财规划</td></tr>
<tr><td rowspan="2">A</td><td colspan="2">理财规划师应能准备相应文档，对经签约客户认可的目标和实施策略进行总结说明</td></tr>
<tr><td>a） 认识/理解
——应知道实施程序、产品和法律要求</td><td>b） 技能
——应能和签约客户沟通、合作、协调，达成解决方案；
——应能和签约客户一起执行达成的实施策略；
——应能和签约客户的其他专业顾问一同回顾理财规划</td></tr>
</table>

表 1（续）

步骤	过　　程		
5	B	理财规划师可以实施理财策略，也可以由其帮助签约客户实施理财规划	
		a）认识/理解 ——对于推荐的产品和/或服务，应了解对应的各种法律和法规要求； ——应了解其他专家的角色和职责； ——应了解自身的执业范围和限制	b）技能 ——应能制定理财规划师实施用的理财策略； ——应能制定由签约客户实施的理财策略； ——应能与签约客户达成协议，由谁执行剩余策略； ——应能和签约客户沟通以判断理财规划实施状况； ——如果实施阶段出现变化，应能同签约客户一起修改理财规划
6	理财规划跟踪执行		
	A	理财规划师应能跟踪签约客户状况、需求和目标的改变，必要时修订理财规划	
		a）认识/理解 ——应了解签约客户个人境遇和风险容忍度的变化如何影响理财规划	b）技能 ——应能根据协议的条款跟踪签约客户状况的变化，并辨认何时的变化对理财规划是有意义的； ——应能随签约客户的状况变化更新理财规划； ——应能向签约客户解释理财规划的变更以及变更的潜在影响
	B	理财规划师应能跟踪影响签约客户状况的财务、经济、法规、法律和政治环境的改变，如果需要，在维护客户关系时修订理财规划	
		a）认识/理解 ——应了解财务、经济、法规、法律和政治领域的改变以及这些改变对签约客户个人状况和理财规划的影响	b）技能 ——应能辨认当财务、经济、法规、法律和政治环境的改变产生了一个新情况时，更新理财规划； ——应能随财务、经济、法规、法律和政治环境的变化更新理财规划； ——应能向签约客户解释理财规划的变更以及变更的潜在影响

6.3 初始从业能力验证

评估候选人应被验证具备表 1 所描述的认识、理解、应用和/或技能的认知水平。

评估候选人应被验证具备等同于或高于表 2 所描述的等级特征要求（SCQF8）。

表 2　最低评定等级的必备特征要求

认识和理解	实践:应用认识和理解的能力	一般认知技能	沟通,信息技术和计算技能	自主性,责任感和与他人合作的能力
被验证具备: ——对某专题/学科具有宽泛的知识面,了解其特性,并熟悉其主要领域; ——对某些领域具有深度认识; ——理解有限范围内的核心理论、原理和概念; ——对当前一些主要事件和专业领域具有有限的认识和理解; ——对学术研究和学院/学术流程具有概要认识和理解	a) 利用一些常规技能、技术、实践和/或与专题/学科相关联的材料,其中部分是高级或复杂的; b) 执行查询、开发或调查专业等级问题和事件的常规路线; c) 在可接受的范围内采纳常规实践	a) 在专题/学科的通常理解范围内,对观点、概念、信息和事件进行批判性分析、评估和/或综合; b) 用多种方法阐述基于实证的解决方案、对常规问题/事件的响应; c) 批判性地评估基于实证的解决方案、对常规问题/事件的响应	利用一些常规技能和与专题/学科相联系的一些高级专业化技能,例如: ——传达复杂信息到一定范围的听众并达到一定目的; ——使用多种标准化的应用处理并获得数据; ——为了衡量进展并达到目标,利用数字和图形化数据来评估	a) 在某些活动上具备专业水平的自主应用能力和主动性; b) 对指定工作领域内他人的工作负主要监督和管理责任; c) 在指定工作领域内管理资源; d) 在熟悉的或限定背景下领导完成计划的制定; e) 在执行和评估任务中,持续考虑自己和他人的角色和责任; f) 在指导下从事当前专业实践支持的工作; g) 依照当前专业和道德准则,处理专业事件

6.3.1　评定方法

在验证初始从业能力时应考虑如下评定方法:

a) 书面测试;

b) 多种选择的测试;

c) 综合评定,可包括如下部分:

1) 个人绩效评估:

——业务扩展:确保理财规划师不是关注于特殊产品的销售,而是为签约客户提供全面的理财规划;

——持续性:衡量签约客户保持理财规划师提供的实施策略的程度;

——实施性:衡量签约客户声明将采纳理财规划师的建议和不采纳这些建议的频率;

——业务重复：衡量理财规划师关照现有签约客户的程度；

——投诉：及时和准确的响应；

——符合性：衡量遵守当地法律法规的程度；

——管理行为和记录保留：书面工作和记录的质量与精确度；

——遵守相关行业机构的操作规范。

2） 随即抽查当前客户的完整文档；

3） 案例分析；

4） 口头评定；

5） 客户满意度调查；

6） 基于工作的评定；

7） 问卷调查。

6.3.2 评定过程

确定理财规划师是否符合本标准，评定过程应适用于本标准提出的所有从业能力等级要求。而且，评定过程应覆盖本标准提出的所有要素，即符合本标准的全面要求。

6.4 持续从业能力验证

6.4.1 获得初始认证或符合性声明之后的要求

理财规划师在获得初始认证或符合性声明之后，应能验证具备本标准所要求的持续从业能力。

6.4.2 继续教育要求

理财规划师继续教育的主要目的是达到本标准规定的核心从业能力要求。继续教育应使理财规划师满足当前最新从业能力要求。继续教育的重点在于学习结果。

6.4.3 继续教育内容

继续教育应包括如下理财规划相关领域的一个或多个活动：

a） 参加课程、会议、研讨会或专题学术讨论；

b） 积极参与会议讨论或类似活动；

c） 在课堂、学术讨论或类似活动中做演讲；

d） 讲授理财规划领域的课程；

e） 撰写书籍或发表专业文章；

f） 参加小组学习，听磁带，看视频节目，参加多媒体教学培训；

g） 成功通过考试后获得理财规划相关的专业证书和资格；

h） 通过了包含所需主题且旨在保持从业能力的继续教育测试。

理财规划师应确保他们的继续教育覆盖必要的主题以保持从业能力。理财规划师应在合适的地方使用由认证/职业机构提供或确认的程序。

理财规划师应在持续的基础上计划和评估他们的继续教育。

理财规划师应完成和保存他们的学习或相关活动记录，副本的保存期限为三年。

7 从业经验

7.1 概述

理财规划师的从业经验能够保证所提建议的质量，同时对签约客户和保持职业完整性也是有益的。

从业经验包括一般理解、工作认识和理财规划的实践应用。

理财规划师有必要利用从业经验，以第5章规定的道德方式提升自身应用理财规划过程六步骤的能力，并且使自己具备第6章规定的所有能力。

7.2 从业经验的构成

7.2.1 理财规划师的从业经验由以下构成：

a) 同签约客户一对一的关系以及持续的沟通，理财规划过程的应用，见4.2～4.7；

b) 道德行为，见5.2；

c) 知识和技能的应用，见6.2～6.4。

7.2.2 理财规划师应在理财规划过程六步骤的每个步骤中都具有从业经验。

7.3 从业经验要求

7.3.1 7.2中规定的从业经验要求是三年时间。或者是，7.2规定的两年从业经验，加上在7.3.2所述的活动中获得的可信的一年等效从业经验。这应发生在获得初始的证书或本标准符合性声明之前的七年之内。

7.3.2 无论有无报酬，来自如下活动之一可获得一年等效从业经验：

a) 在理财规划环境中，与理财规划过程六步骤实践应用相关的两年支持性活动；

b) 理财规划过程中两年教学或培训活动；

c) 作为第二职业从事两年理财规划相关的活动；

d) 从事与理财规划过程六步骤要求的能力相关的其他恰当活动五年时间；

e) 被学院或大学认可的理财学位或相关专业获得至少学士学位。

8 合格声明

注：根据ISO/IEC 17000给出的相关定义，本标准使用的术语“证明”、“证书”、“认证”仅用于独立第三方认证机构发布的证明文档。而术语“宣布”、“声明”、“声明过”由独立第三方认证机构外的其他机构用于标识证明文档的发布。

8.1 声明的表述

符合本标准的理财规划师合格声明应使用硬拷贝、电子媒介或其他符合ISO/IEC 17050(所有部分)规定的合适媒介。

8.2 声明的范围

理财规划师合格声明应包括本标准的所有条款。

8.3 声明的依据

8.3.1 合格评定的类型

声明应确认合格评定的类型并引用相关标准、指南和其他规范报告以作为支持。

8.3.2 第三方认证

理财规划师应知晓，客户可能对那些获得符合GB/T 27024规定的机构认证的理财规划师具有最高信任。

希望达到这个最高信任的理财规划师，至少应获得来自独立第三方认证机构的评定，这些机构要能证明其符合GB/T 27024的规定，并具有本标准的认证资格。

8.3.3 其他方评定

在缺少独立第三方认证机构时，理财规划师应寻求其他可替代的评估方法以提供给客户较高的信任。

有多种方式可供选择，其中独立第三方认证机构之外的其他机构可提供基于本标准的评定和合格声明。

理财规划师应确保其选择的方式符合GB/T 27024相关部分的规定，并且该方式提供外部验证。

8.3.4 自我评定

没有进行上面所述评定的理财规划师的一个现实选择是依靠自我评定，但是在这样做的时候他们应意识到客户对这种选择信心较低。

理财规划师应对客户和签约客户，或其他有兴趣的一方展示他们如何进行这种评定。自我评定的方法和结果展示根据 ISO/IEC 17050（所有部分）规定进行。

8.3.5 声明依据的鉴定

本标准的所有合格声明应包括声明依据的鉴定，使用如下合适的说法作为结尾：

——当为第三方认证时（8.3.2）：GB/T 23697（认证机构鉴定）认证；

——当为其他方评定时（8.3.3）：GB/T 23697（评定机构鉴定）声明；

——当为自我评定时（8.3.4）：GB/T 23697 自我声明。

ICS 13.180
A 25

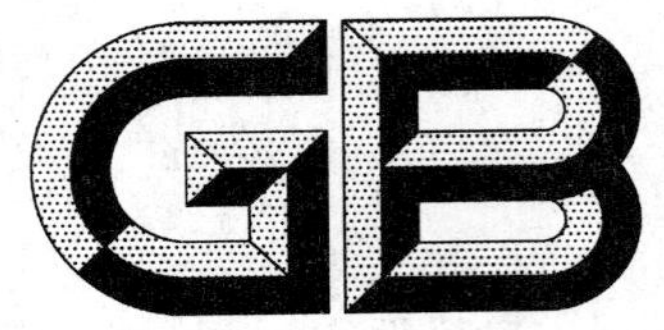

中华人民共和国国家标准

GB/T 23698—2009

三维扫描人体测量方法的一般要求

General requirements for 3-D scanning anthropometric methodologies

(ISO 20685:2005,MOD)

2009-05-06 发布

2009-11-01 实施

中华人民共和国国家质量监督检验检疫总局
中国国家标准化管理委员会
发布

前 言

本标准修改采用 ISO 20685:2005《应用于国际兼容人体测量数据库的三维扫描方法》(英文版)。

为与我国国家标准 GB/T 5703—1999 保持一致,本标准在采用国际标准时进行了修改,主要差异如下:

——标准名称调整为《三维扫描人体测量方法的一般要求》;

——3.5 的注:用“本标准采用的真值是指由人体测量专家使用传统测量仪器(如皮尺和卡尺)多次或多人测得的平均值。”代替“本标准采用的真值是指由熟练的人体测量专家使用传统测量仪器(如皮尺和卡尺)测得的值”;

——3.12 用“右眶下点”代替“左眶下点”;

——3.21 用“在正中矢状平面上,枕部离眉间点最远的点”代替“头以法兰克福平面定位,头部在正中矢状平面上最向后的点”;

——3.26 用“radial stylion”代替“stylion”;

——附录 A.2.2 用“下面给出了推荐列表”代替“下面给出了最小列表”,并在列表中增加了“肩端点”、“肩胛骨下角点”、“枕后隆突点”和“肋骨最下点”;

——附录 A.2.3 用“头后开有两孔的测量帽”代替“头后仅开一孔的测量帽”;

——附录 A.2.4 在立姿 A 中用“掌心向内”代替“掌心向后”,在立姿 B 中增加“五指并拢,拇指自然外展”,在立姿 C 中用“但一手臂水平前伸,掌心向内”代替“但一手臂水平前伸,掌心向下”。

本标准的附录 A 为资料性附录。

本标准由全国人类工效学标准化技术委员会提出并归口。

本标准起草单位:中国标准化研究院、清华大学、北京航空航天大学、北京服装学院、航天医学工程研究所、航空医学研究所。

本标准主要起草人:张欣、李志忠、冉令华、肖惠、王黎静、郑嵘、周前详、郭小朝、刘太杰。

引　言

人体测量数据是许多标准的重要基础。有多种设备可用于人体尺寸数据的采集，其中三维扫描仪是一种相对较新的人体测量设备。三维扫描仪采集的人体体表三维点云数据可以应用于服装设计、汽车设计以及工程和医学领域。目前还没有在设计过程中使用三维点云数据的标准化方法。因此，许多用户从三维点云数据中提取一维数据。本标准关注的是三维扫描仪在采集设计所需的一维人体尺寸数据方面的应用。

现有的各类三维扫描系统拥有不同的技术基础。这其中包括立体摄影、超声波和光(激光、白光和红外线)等，而且软件处理扫描数据的方法也各不相同。此外，不同软件在提取与传统尺寸类同的尺寸数据时，其特征和性能也存在显著差异。

三维扫描系统可用于采集长度、围长等各类人体尺寸数据，但由于软硬件技术基础的不同，不同系统对同一个体的测量会存在明显差异，因此制定一个标准帮助用户判定三维系统是否符合他们的需求就显得极为重要。

本标准旨在确保使用人体三维扫描仪测量 GB/T 5703 中规定项目的一致性，以及从扫描中提取的数据能适用于 GB/T 22187 规定的数据库。

三维扫描人体测量方法的一般要求

1 范围

本标准规定了利用三维表面扫描系统采集人体体形数据的规则，以及利用三维表面扫描系统测量GB/T 5703中定义的能从三维扫描图像中提取的人体尺寸项目的规则。本标准不适用于测量标记点位置和(或)运动的设备。

本标准主要适用于人体全身扫描仪，但也同样适用于体段扫描仪(如头部扫描仪，手部扫描仪和足部扫描仪)。

本标准预期用户包括利用三维扫描仪创建一维人体测量数据库的人，以及此类一维人体测量数据的使用者。尽管本标准并不针对三维扫描系统的设计师和制造商，但本标准有助于他们更好地满足那些建立和使用一维人体测量数据库的客户的需求。

2 规范性引用文件

下列文件中的条款通过本标准的引用而成为本标准的条款。凡是注日期的引用文件，其随后所有的修改单(不包括勘误的内容)或修订版均不适用于本标准，然而，鼓励根据本标准达成协议的各方研究是否可使用这些文件的最新版本。凡是不注日期的引用文件，其最新版本适用于本标准。

GB/T 5703 用于技术设计的人体测量基础项目(GB/T 5703—1999，eqv ISO 7250:1996)

GB/T 22187 建立人体测量数据库的一般要求(GB/T 22187—2008，ISO 15535:1996，IDT)

3 术语和定义

下列术语和定义适用于本标准。

3.1

三维 three-dimensional

3D

采用3个两两正交的坐标轴的值表示空间点的形式，X，Y，Z 3个坐标值能给出空间内任何一个相关解剖点的准确位置。

注：许多人体测量的长度值都可以通过解剖标志点的坐标计算出来。在计算围长时会需要一些额外的点。

3.2

三维人体扫描仪 3-D body scanner

能生成数字数据的软硬件系统，这些数据能以三维的形式表现人体整体或部分的形态。

3.3

三维处理软件 3-D processing software

与三维扫描系统相关的操作系统、用户界面、程序、算法以及使用说明。

3.4

三维扫描仪硬件 3-D scanner hardware

三维扫描仪的物理组件和相关的计算机。

3.5

准确度 accuracy

测量值偏离真值的程度。

注：本标准采用的真值是指由人体测量专家使用传统测量仪器(如皮尺和卡尺)多次或多人测得的平均值。

3.6

肩峰点 acromion

肩胛骨外缘的最外侧点。

[GB/T 5703—1999，2.2.1]

3.7

解剖标志点 anatomical landmark

人体上用于定义人体测量项目的点。

3.8

髂前上棘点 anterior superior iliac spine

髂前上棘向前下方最突出的点。

[GB/T 5703—1999，附录 A.2.2.6]

3.9

人体测量数据库 anthropometric database

一组人的人体测量数据和人口统计学数据的记录集。

[GB/T 22187—2008,3.8]

3.10

颈椎点 cervicale

第七颈椎棘突尖端的点。

[GB/T 5703—1999，2.2.5]

3.11

会阴高 crotch level

立姿时，耻骨联合下方的高。

注：可采用水平直尺的上表面标记。

3.12

法兰克福平面 frankfurt plane

当头的正中矢状面保持垂直时，两耳屏点和右眶下点所构成的标准水平面。

[GB/T 5703—1999,2.2.8]

3.13

眉间点 glabella

在正中矢状面上两侧眉弓之间最前的点。

[GB/T 5703—1999，2.2.9]

3.14

髂嵴点 iliocristale

髂脊向外最突出的点。

3.15

眶下点 infraorbitale

眼眶下缘的最低点。

3.16

外踝最外点 lateral malleolus

腓骨外踝最外点。

3.17

肋骨最下点 lowest rib

胸腔底部最低点。

3.18

颏下点 menton

下颌颏部在正中矢状面上的最下点。

[GB/T 5703—1999，2.2.16]

3.19

胸中点 mesosternale

第3和第4胸肋骨之间中点的连线与正中矢状面的交点。

[GB/T 5703—1999,2.2.17]

3.20

乳头点 nipple

乳头的中心点。

3.21

枕后点 opisthocranion

在正中矢状面上，枕部离眉间点最远的点。

3.22

点云 point cloud

坐标空间内三维点的集合。

注：点云是从3D扫描仪得到的原始数据，需将其转换到人体坐标系。

3.23

桡骨茎突 radial styloid

桡骨在腕部的隆突。

3.24

可重复性 repeatability

对同一样本两次不同测量的一致程度。

3.25

鼻梁点 sellion

鼻根部的最凹点。

[GB/T 5703—1999,2.2.19]

3.26

桡骨茎突点 radial stylion

桡骨茎突的下端点。

3.27

膑骨最上点 suprapatella

膑骨最上点(膝盖骨)。

3.28

甲状软骨 thyroid cartilage

颈前部最突出的软骨。

[GB/T 5703—1999,2.2.28]

3.29

胫骨点 tibiale

小腿胫骨内侧踝内上缘的最高点。

[GB/T 5703—1999,2.2.29]

3.30

头顶点　top of head

头部以法兰克福平面定位时正中矢状面上的最高点。

[GB/T 5703—1999,2.2.32]

3.31

耳屏点　tragion

耳屏上切迹。

[GB/T 5703—1999,2.2.30]

3.32

耳屏　tragus

外耳道前面的小软骨组织。

3.33

尺骨茎突点　ulnar stylion

尺骨茎突的下端点。

3.34

尺骨茎突　ulnar styloid

尺骨在腕部的隆突。

3.35

冠状面　vertical plane

过身体的一点,垂直于正中矢状面的几何平面。

3.36

***X,Y,Z* 坐标系　*X*, *Y*, *Z* coordinate system**

用于测量站姿或坐姿人体的坐标系,*X* 为前后方向(矢状轴);*Y* 为左右方向(横轴);*Z* 为上下方向(纵轴),如图 1 所示。

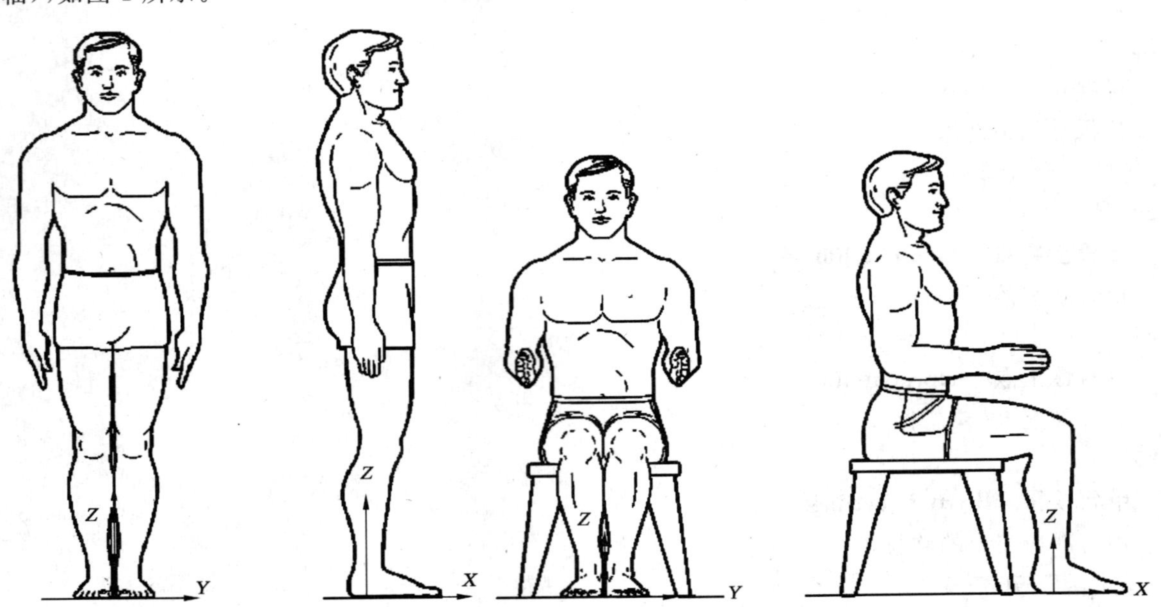

图 1　*X,Y,Z* 坐标系

注:研究者为了方便,在保持以上坐标轴方向不变的同时,会设立自己的坐标原点,并在数据库和相关报告中说明。

4 测量准确度

4.1 测量项目的选择

为了能在国际兼容数据库中使用来自三维扫描仪的数据，尺寸定义应遵循 GB/T 5703 的规定。但并不是所有测量项目都适合从三维扫描图像中提取。尤其是对全身扫描仪而言，由于分辨率的问题，人体较小部分的测量准确度可能达不到要求，例如手。针对不同类型扫描仪，表 1 到表 3 列出了相应的最佳测量项目。表中测量项目的数字标识与 GB/T 5703—1999 一致。

表 1　GB/T 5703 中可由全身扫描仪测量的项目

测量项目	GB/T 5703—1999	测量姿势
身高	4.1.2	B
眼高	4.1.3	B
肩高	4.1.4	B
肘高	4.1.5	C
髂前上棘点高，立姿	4.1.6	B
会阴高	4.1.7	B
胫骨点高	4.1.8	B
胸厚，立姿	4.1.9	A，B
体厚，立姿	4.1.10	A，B
胸宽，立姿	4.1.11	A
臀宽，立姿	4.1.12	A
坐高(上体挺直)	4.2.1	D
眼高，坐姿	4.2.2	D
颈椎点高，坐姿	4.2.3	D
肩高，坐姿	4.2.4	D
肘高，坐姿	4.2.5	D
肩肘距	4.2.6	C
肘腕距	4.2.7	C
肩宽(两肩峰点宽)	4.2.8	A，B
肩最大宽(两三角肌间)	4.2.9	A，B
两肘间宽	4.2.10	D
臀宽，坐姿	4.2.11	D
小腿加足高	4.2.12	D
大腿厚	4.2.13	D
膝高	4.2.14	D
腹厚，坐姿	4.2.15	D
乳头点胸厚	4.2.16	B
臀-腹厚，坐姿	4.2.17	D
前臂-指尖距	4.4.5	C

表 1(续)

测量项目	GB/T 5703—1999	测量姿势
臀-腘距	4.4.6	D
臀-膝距	4.4.7	D
颈围	4.4.8	A,B
胸围	4.4.9	A
腰围	4.4.10	A
腕围	4.4.11	A
大腿围	4.4.12	A
腿肚围	4.4.13	A
注 1：对于全身扫描仪，根据所用扫描系统的类型，测量姿势可参照附录 A.2.4 注 2：A、B、C、D 4 种姿势的具体含义详见附录 A.2.4		

表 2 GB/T 5703 中可由头部扫描仪测量的项目

测量项目	GB/T 5703—1999
头长	4.3.9
头宽	4.3.10
形态面长	4.3.11
头围	4.3.12
头矢状弧	4.3.13
耳屏间弧	4.3.14

表 3 GB/T 5703 中可由手部或足部扫描仪测量的项目

测量项目	GB/T 5703—1999
手长	4.3.1
掌长	4.3.2
手宽	4.3.3
食指长	4.3.4
食指近位宽	4.3.5
食指远位宽	4.3.6
足长	4.3.7
足宽	4.3.8

4.2 标准值

人体很难测定，本标准从制定目的出发，将传统测量结果作为利用三维图像测量的准确度标准，其中的传统测量应由人体测量专家来完成[2],[3],[4]。在实际测量中，宜使用第 5 章的测试方法来确定三维扫描测量所得数据和传统测量所得数据间的差异。如果该值低于表 4 中规定的阈值，那么此测量结果就可应用于 GB/T 22187 规定的数据库。

测量系统的结果报告应注明所提取数据的准确度。

表 4　三维扫描测量值与传统测量值之间允许的最大差异

测量项目类型	平均差异最大值(见 5.3) mm
体段长度,如臀-腘距	5
身体高度,如肩高	4
大围度,如胸围	9
小围度,如颈围	4
身体宽度,如臀宽	4
身体厚度,如胸厚	5
不含头发的头部尺寸	1
含头发的头部尺寸	2
手部尺寸	1
足部尺寸	2

5　确定三维扫描测量法准确度的研究设计

5.1　概述

本标准旨在确保三维系统测得的人体尺寸和 GB/T 5703 传统方法测得的人体尺寸能够接近到足以互相替代的程度,这种替代不会影响以这些数据为基础的其他标准的有效性。附录 A 中的信息对达到此目的是十分有益的。为证明一个三维系统是否与本标准一致,必须进行验证研究。

5.2　验证研究规程

验证研究应包含所有由三维扫描测量法获取的 GB/T 5703 项目。

采集 GB/T 5703 项目数据的三维扫描系统和数据提取系统必须一直采用一致的软硬件配置。

传统测量的操作者必须是经过训练的专家,并有 GB/T 5703 的使用经验。该测量员应在最近依照 GB/T 5703 做过人体测量研究工作。最好由同一个人完成全部样本的测量。如果扫描前需要粘贴标记,那么标记点的定位应由传统测量的专家来完成。

每个被测者应至少用扫描方法和传统方法各测量一次。为控制测量顺序的效应,应平衡扫描测量和传统测量的顺序。同一个人的身体尺寸会有暂时的变动,为了使误差最小化,测量应在一天内连续完成。

5.3　样本量和被测者的选择

针对表 4 中的项,为确保样本量大小足以在 95%置信度下检测出扫描测量方法和传统测量方法间的平均差异,必须进行统计效度分析,例如第 6 章给出的方法。建议测试样本量至少为 40,如此可确保大围度尺寸(如胸围、腰围和臀围)在 95%置信度下测试结果的有效性。测量这些大围度尺寸,无论是传统方法还是三维方法都较为困难。

验证研究所选的被测者应能近似反映三维测量目标人群的人体尺寸大小范围,以及他们的体形特征。如果人体测量调查对象包括男性和女性,那么验证研究所选的被测者就应包括同等数量的男性和女性。验证研究所选的被测者还应包含多种类型的体形,而不仅仅是具有平均身高和体重的人。如还需测量儿童,那么使验证研究所选被测者覆盖调查目标人群的各个年龄段就极为重要。

5.4　分析步骤

在数据采集完成后,应针对每一个测试样本的每一个测量项计算扫描测量值和传统测量值之间的差值(d=扫描值－测量值),以及这些差值的均值、标准差和 95%置信区间。如果平均差值的 95%置信区间在表 4 所给的范围之内,那么就可以认为和 GB/T 5703 中的方法相比,三维系统的测量结果与其是一致的，所得数据可以用于以 GB/T 5703 为基础的其他标准。

5.5 验证研究报告

验证研究报告应予以公布，或包含在三维数据库的人体测量调查报告中。验证研究报告应该包含下列信息：

——被测者的人口统计数据（如年龄、性别）和人体测量数据（如身高、体重）；

——传统测量和扫描测量的测量条件，包括测试样本的着装，人体测量标记点和测量姿势；

——待验证三维扫描测量系统的名字和其他相关描述，包括硬件型号和软件版本号；

——使用传统方法和扫描方法测量的每一项人体尺寸的均值、标准差和样本量；

——每项人体尺寸扫描测量值和传统测量值之间差值的均值、标准差、样本量和 95％置信区间。

6 所需样本量的估计方法

6.1 为保证扫描测量和传统测量的比较在统计上有效，测试样本量的大小应能在 95％的置信度和 0.05（或更高）的显著性水平下检测出表 4 各项的平均差值。

6.2 假设扫描测量和传统测量之间差值的观测值成正态分布，最小样本量可用式(1)估算[5]：

$$n = \frac{s^2}{\delta^2} \times (1.96 + 1.65)^2 \qquad \cdots\cdots(1)$$

式中：

s——差值的标准差；

δ——待检的差值阈值；

1.96——0.05 显著性水平下双侧检验时的临界 Z 值；

1.65——95％置信度下的临界 Z 值。

6.3 实际上，对于一个特定的系统，差值标准差的真值通常是未知的，因此该值是通过对类似系统的先期研究来估算的。待检的差值阈值(δ)可从表 4 中获得的，不同类别人体尺寸的差值阈值亦不同。

6.4 因为每一项人体尺寸扫描测量和传统测量之间差值的方差是不同的，而且不同类别人体尺寸待检的差值阈值也是不同的，所以通常需针对不同类别的人体尺寸项目估算多个最小样本量，选择其中最大的一个。采用这种方法，在最差情况下，计算所得的最小样本量也足以满足 95％置信度和 0.05 显著性水平的要求。

示例：假定研究者希望确定用扫描测量法替代传统测量法测量围长的有效性。根据先期研究结果，扫描测量值和传统测量值之间差值的标准差为：胸围 16 mm，腰围 14 mm，臀围 12 mm（见参考文献[2]和[4]）。待检的差值阈值取 9 mm（见表 4），使用以上公式进行计算，测试胸围需要 42 人，测试腰围需要 32 人，测试臀围需要 24 个人。因此，42 人的样本量就能确保对这 3 个尺寸的测试结果都能达到 95％以上的置信度。

附 录 A
（资料性附录）
减少三维扫描测量误差的方法

A.1 概要

人体测量误差来自于很多方面（本标准中的误差特指扫描测量结果和人体测量专家手工测量结果间的差异）。本附录概述了误差的主要来源，以及验证和减小误差的方法。

A.2 被测者

A.2.1 通则

在扫描前让被测者做好充分的准备，才能得到最佳的人体测量数据。这个准备包括标记解剖标志点、选择合适的扫描服和保持适当的扫描姿势。

A.2.2 解剖标志点

标记点宜放置在皮肤上。此类标记在显示图像上表现为一个点或其他可见的形式，且能被现有软件辨识。对于两侧对称的标志点，两侧都宜加以标记。如果扫描前要标记标志点，下面给出了推荐列表：

a) 肩峰点
b) 髂前上棘点
c) 颈椎点
d) 会阴点
e) 眉间点
f) 髂嵴点
g) 眶下点
h) 外踝点
i) 肋骨最下点
j) 颏下点
k) 胸中点
l) 乳头点
m) 枕后点
n) 鼻梁点
o) 桡骨茎突点
p) 髌骨最上点
q) 甲状软骨点
r) 胫骨点
s) 头顶点
t) 耳屏点
u) 尺骨茎突点
v) 肩端点
w) 肩胛骨下角点
x) 枕后隆突点
y) 肋骨最下点

A.2.3 扫描服

在被测者可接受范围内（不同文化背景可接受程度不一样），扫描时的着装宜尽量少。扫描服应合体，没有松弛或褶皱，同时也不压迫皮肤。扫描服在扫描图像中应清晰可见。针对每个特定的扫描系统，需测试扫描服的材质是否合适。上装（女式）的结构宜保证胸中点清晰可见。肩带不宜影响肩部测量点。下装宜露出脐点，其长度不宜影响下肢的测量点，且在大腿部位不宜有侧缝。

图 A.1 是扫描服的一个实例，男子只需要穿下装。

表面扫描仪捕捉的是头发的轮廓，而不是头本身。因此，如果要测量头，就得对头发做一些适当的处理，以便得到精确的头部数据。建议长发或不规则发型的人使用后部有洞的弹性帽子（见图 A.2）。或者通过扫描系统的软件用其他的方法解决头发问题。

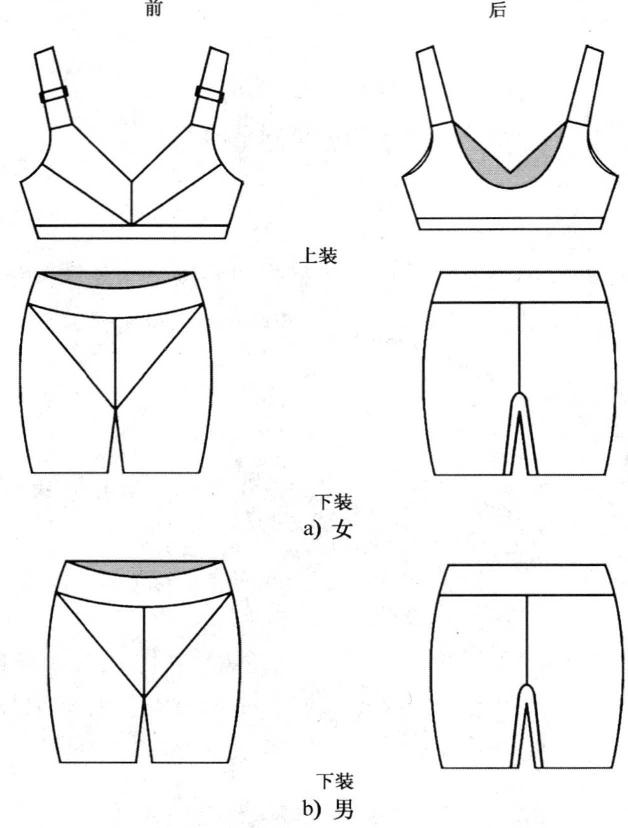

图 A.1 扫描服实例

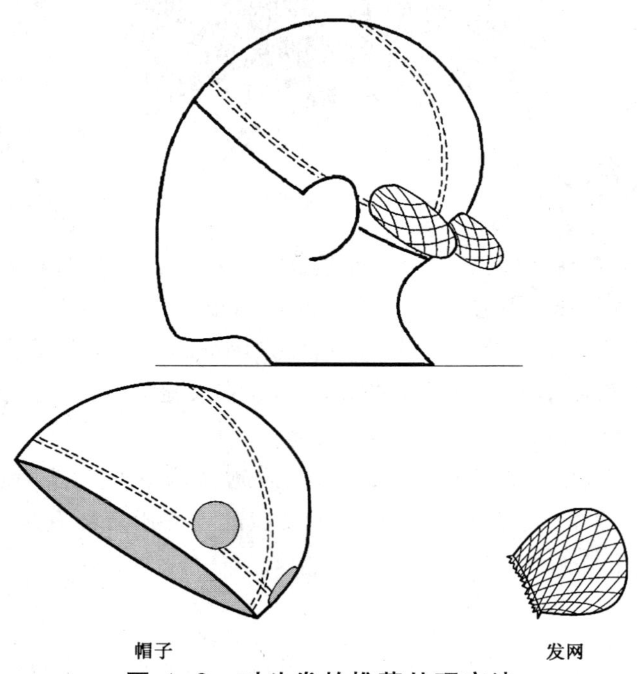

图 A.2 对头发的推荐处理方法

A.2.4 扫描姿势

扫描姿势对于能否获得可靠数据非常重要。不同扫描系统之间，最优的扫描姿势有可能不一致。一旦确定最优的扫描姿势，宜对其进行细致的描述，并用于所有的被测者。在整个扫描过程中，让被测者保持这个姿势也很重要。根据确定的最优扫描姿势，可以用一个或多个辅助支撑设备。对于许多扫描系统而言，使用 GB 5703 中的测量姿势是很困难的，例如身体的一些部位会被其他部位遮挡，因此扫描姿势可能与 GB 5703 规定的不一致。鉴于此，为获得准确的结果，必须修正测量数据。修正可以通过使用多个扫描姿势或数学变换来实现。数学变换包括基于实验的回归预测和基于臀高和两脚间距的几何变换。

所有的姿势中，被测者的呼吸都需保持平静(正常呼吸状态)。肩膀宜平直而不僵硬，肌肉不要紧张。下面描述了几种姿势，详见图 A.3。

a) 立姿 A

身体挺直，头以法兰克福平面定位。两脚平行站立，间隔 200 mm 左右。上臂外展，与身体成 20°角，前臂自然下垂，掌心向内，被测者保持正常呼吸状态。这个姿势可用于获取上下肢的围长。

b) 立姿 B

身体挺直，头以法兰克福平面定位。脚后跟并拢，上肢自然下垂，并轻靠体侧，掌心向内，五指并拢，拇指自然外展。腹部放松，被测者保持正常呼吸状态。为了标识会阴点，可在两腿间放置一水平直尺，其上边缘高即为会阴点高。这个姿势可用于获取高度数据。

c) 立姿 C

站立姿势同 B，但一手臂水平前伸，掌心向内，另一手臂曲肘 90°，掌心向内。

d) 坐姿 D

躯干挺直，头以法兰克福平面定位。两上臂自然下垂，并轻靠体侧，前臂与上臂成 90°，掌心相对。脚自然下垂，大腿互相平行，与躯干呈 90°。

注：坐姿下，身体组织会受到压迫，因此立姿和坐姿的数据不具备可比性。

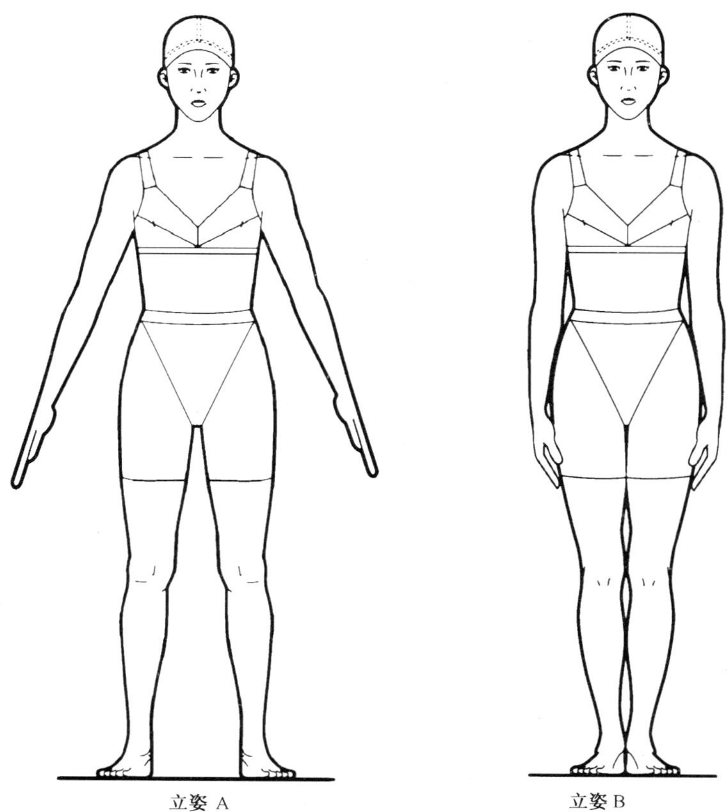

图 A.3 立姿和坐姿

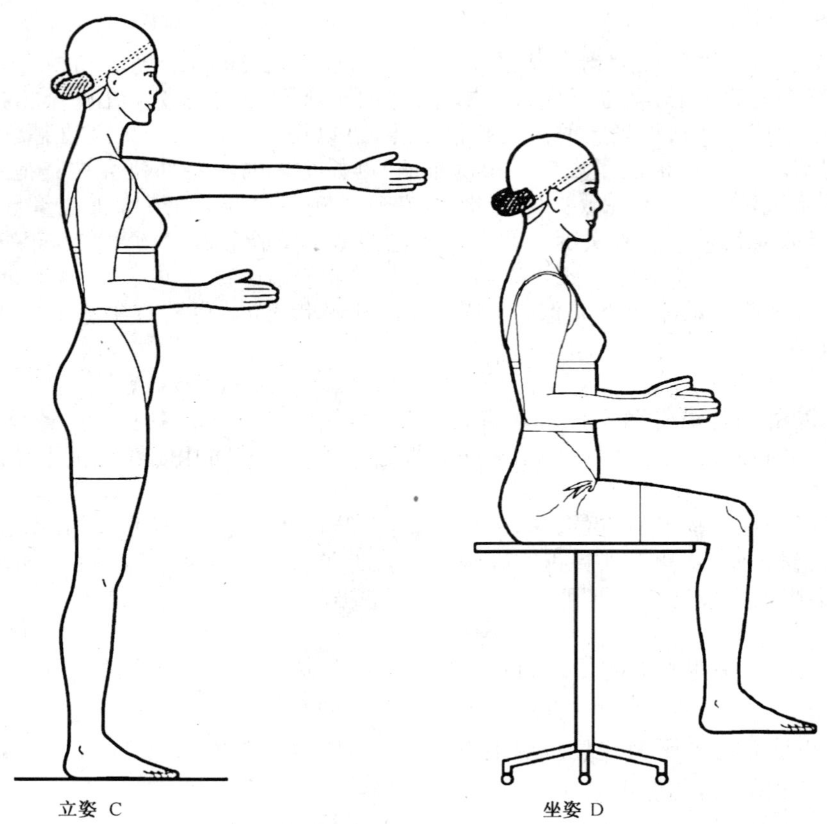

图 A.3(续)

A.3 硬件

A.3.1 通则

扫描系统的硬件和软件具有各自独立的特性。因此，虽然软硬件常常作为一个系统捆绑销售，但本标准将其分开阐述。软硬件默认的计量单位皆为毫米。

A.3.2 分辨率

分辨率是指扫描数据中两点间的距离。宜分别给出每个坐标轴上的分辨率，按照 3 个独立的方向轴进行定义。用户应该清楚在扫描范围内分辨率可能会随扫描对象表面曲率的变化而不同。分辨率会随被测对象的大小、位置和表面曲率一同变化，这种变化可能会影响到特定测量项目的准确度。

A.3.3 测试和校准

A.3.3.1 校准

扫描仪硬件在首次使用时宜校准，并在以后定期校准。校准的频率与扫描仪的类型和使用频率有关。扫描仪被移动位置后，必须进行校准。

在按照下面规程测试硬件前，用户宜根据生产商提供的校准程序进行校准。

A.3.3.2 测试样本

宜使用一个已知尺寸的物体来测试硬件。选用大小与人体尺寸相近的测试样本会更有帮助。测试样本在检验扫描范围时也非常有用。

下面给出的推荐测试规程中，测试样本将被放置在扫描范围内的不同位置，因此如果有一个测试工具可用于准确可靠地放置样本将会对工作有很大的帮助。

A.3.3.3 测试项目

宜测量下列项目：

——两点间距离

——弧长

——横截面的周长

A.3.3.4 准确度

通常，用户无法直接测试设备的准确度。但借助一个可以测量点云尺寸的商业 CAD 软件包(非扫描仪生产商的软件)，就可以鉴定较大的误差。测试样本的尺寸宜使用已校准的传统工具来测量，如卡尺和皮尺。

a) 将测试样本放置在扫描范围的中心地面上，或中心的某个平面上；

b) 用生产商提供的软件记录所有标记点的位置；

c) 分别在距地面(或初始平面)500 mm、1 000 mm、1 500 mm 和 2 000 mm 处重复步骤 b)；

d) 用生产商提供的软件记录所有标记点在每一个高度的实际位置；

e) 在扫描范围的边缘重复上述步骤。

A.3.3.5 可重复性

在记录测试样本上点的位置时，宜最少扫描 3 次以确认硬件的可重复性。可重复行测试不必在 A.3.3.4规定的每个位置都做，但至少在扫描范围的中心位置应进行本项测试。

A.3.3.6 统计

仅用 3 次重复扫描的数据分析硬件的可重复性，在检验误差的最小值、最大值和均值方面是有限的。

A.3.3.7 多个相机

宜测试相机是否正常工作，以及它的可视范围。如有多个相机，宜在记录图像前分别测试每个相机的输出。

A.3.4 扫描范围

扫描范围宜足以涵盖各类人体。建议扫描范围至少为 2 100 mm 高，1 200 mm 宽，1 000 mm 厚。

A.3.5 扫描时间

为了最大程度减小人体晃动，扫描时间最长不宜超过 20 s。

A.3.6 额外的误差来源

硬件中额外的误差来源包括颜色的感知、亮度的感知和由身体其他部分造成的阴影。用户应了解这些误差来源可能会影响到测量数据的提取。

A.4 软件

A.4.1 通则

早期的扫描系统包含各种软件工具，且和扫描仪操作软件捆绑在一起。而现在的软件来自众多的开发者，对于任何一台扫描仪而言都不是必需的。

为了顺利地将三维扫描系统用于人体测量，拥有特定的软件性能会比较有效。软件宜允许用户编辑图像，识别不同的身体标志点，并能将身体分成各组成部分。最后，软件宜能提取测量数据，其结果与传统测量法相近。

A.4.2 人体图像的编辑

A.4.2.1 缩放

软件可允许用户放大图像以识别一个单点，或缩小图像以观察整个扫描图像。

A.4.2.2 平移

在扫描范围内，软件可允许用户将图像沿任一轴移动。

A.4.2.3 旋转

软件可允许用户将图像绕任一轴做360°的旋转。

A.4.2.4 浮动的坐标轴

在用户的选项中，软件可允许 XYZ 坐标示意和坐标原点一直可见。

A.4.3 标志点的识别

A.4.3.1 软件宜能自动或手动识别标志点，并将其作为独立的变量，用名称或者数字标识。

A.4.3.2 软件宜允许用户为可识别的标志点指定名称或者数字，并允许以 GB/T 15273.1 中规定的 ASCII 码输入或者输出标志点名称列表[1]。

A.4.3.3 软件宜允许用户创建包含标志点名称和它们三维坐标的文件。

文件结构和格式宜为（采用 GB/T 15273.1 中规定的 ASCII 码[1]）：

X 坐标值[制表符]Y 坐标值[制表符]Z 坐标值[制表符]标志点名称[回车符]

A.4.3.4 软件宜允许用户在屏幕上显示标志点（用颜色，或不同的亮度），可以选择和图像一同显示，也可以单独显示。该特性对所有的标志点或者标志点的集合都宜有效。

A.4.4 分割

A.4.4.1 软件宜允许用户从人体中分割出身体的各个部分（如上肢、下肢、躯干等），或利用可识别的标志点自动分割，或利用鼠标手动分割。如果使用自动分割，用户宜根据使用目的确认分割点是否准确。

A.4.4.2 软件宜允许用户在整体图像外可看到一个或多个体段。

A.4.4.3 软件宜允许用户平移、旋转和放大各体段。

A.4.4.4 软件宜允许用户平移、旋转和放大视场。

A.4.5 数据的提取

A.4.5.1 手动测量

对于单个已识别的点，软件宜提供用户以下功能：

——提取该点到地面的高度；

——提取该点到过人体最后一点垂直面的距离；

——提取该点到过人体最前一点垂直面的距离；

——提取该点到过人体最左或最右点垂直面的距离；

——计算经过该点的水平或垂直围长；

——计算用户指定平面上的围长。

对于两个已识别的点，软件宜提供用户以下功能：

——计算两点间的距离；

——计算两点间的垂直距离；

——计算两点间的水平距离；

——计算两点间的最短表面距离；

——计算过这两点任一横截面上的曲线长（外包络）。

A.4.5.2 自动测量

软件宜允许用户根据标志点和规程定义测量项目（例如：水平围长；或者两点间的距离），然后自动提取这些尺寸。

A.4.6 数据的存储

数据宜用系统本身的原始格式存储。唯一的例外是多视图系统，此时图像在存储前宜进行排列和合并。如果数据存储前被压缩，宜保留多边形的简化信息。存储前宜删除无关的点。

参 考 文 献

[1] GB/T 15273.1 信息处理 八位单字节编码图形字符集 第1部分:拉丁字母一(GB/T 15273.1—1994, ISO 8859-1:1987, IDT).

[2] Bradtmiller, B and ME Gross, 3D Whole Body Scans: Measurement Extraction Software Validation. SAE Technical Series Paper 1999-01-1892. Digital Human Modeling for Design and Engineering International Conference and Exposition, The Hague, 1999.01.

[3] Gordon, CC, B Bradtmiller, CE Clauser, T Churchill, JT McConville, I Tebbetts, and RA Walker. 1987—1988 Anthropometric Survey of U. S. Army Personnel: Methods and Summary Statistics. Technical Report (TR-89-044). U. S. Army Natick Research, Development and Engineering Center, Natick, MA, 1989. ework.

[4] Paquette, S, JD Brantley, BD Corner, P Li, and T Oliver. Automated Extraction of Anthropometric Data from 3D Images. Paper presented at International Ergonomics Association 2000, San Diego, 2000.

[5] Zar, JH Biostatistical Analysis, Second Edition, London: Prentice Hall International, 1984, p. 110, equation 8.8.

[6] National Anthropometric Survey of Korea (Size Korea), Technical Report, Korean Agency for Technology and Standards.

[7] Yun Ja Nam, Kueng Mi Choi, Eui Seune Jung and Myung Hwan Yun, Standardization of 3D Body Measurement for the Size Korea, Fashion Information and Technology, vol. 1. pp. 6-19, 2004.

ICS 13.180
A 25

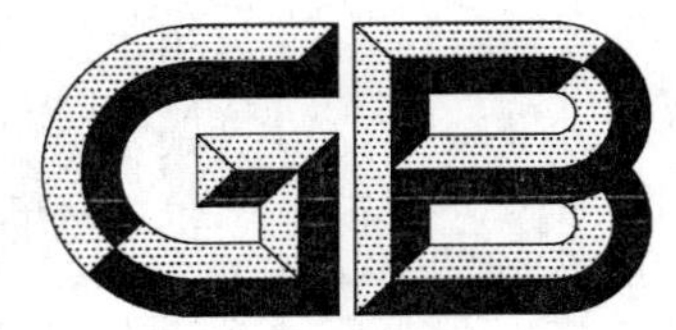

中华人民共和国国家标准

GB/T 23699—2009

工业产品及设计中人体测量学特性测试的被试选用原则

Principles for selecting and using test persons for testing anthropometric aspects of industrial products and designs

(ISO 15537:2004,MOD)

2009-05-06 发布　　　　2009-11-01 实施

中华人民共和国国家质量监督检验检疫总局
中国国家标准化管理委员会　发布

前　言

本标准修改采用 ISO 15537:2004《工业产品及设计中人体测量学特性测试的被试选用原则》(英文版)。

本标准与 ISO 15537:2004 相比,主要差异如下:

——增加了资料性附录 B;

——将表 1、表 2 移至资料性附录 B,改为表 B.3 和表 B.4;

——增加 18 岁至 60 岁的中国男性的人体尺寸数据(表 B.1)和 18 岁至 55 岁的中国女性的人体尺寸数据(表 B.2),以适应中国国情。

本标准的附录 A、附录 B 为资料性附录。

本标准由全国人类工效学标准化技术委员会提出并归口。

本标准起草单位:北京航空航天大学、中国标准化研究院、清华大学、空军航空医学研究所、北京服装学院、总装航空医学工程研究所。

本标准主要起草人:王黎静、张欣、李志忠、周前祥、冉令华、郑嵘、郭小朝、郭奋飞。

引　言

关于工业产品及设计在多大程度上考虑了工效学要求的调查研究，一般通过使用测试设备记录一个参数(如身高)或少数参数的变化引起的各种可能情况来进行。对于没有给定专门测试程序的并行多功能测试和(或)产品特性测定，通常会指定一个或几个人作为被试来使用待测产品，并在使用过程中或者使用后观察和询问被试。

通过这种方法所获得的任何结果，其可靠程度都极大依赖于被试能在多大程度上代表不同方面的目标用户群。本标准关注的是一个产品及设计与目标用户群人体测量学特性之间的匹配情况。

工作设备的设计应合理考虑目标用户群的人体尺寸。检验产品及设计是否满足该要求的一种方法是，组织被试小组并让他们用不同的方式测试该产品。

附录A给出了本标准的一个使用示例，附录B给出了部分国家地区的人体尺寸数据。

工业产品及设计中人体测量学特性测试的被试选用原则

1 范围

本标准规定了被试组的组成方法，在人体测量学特性方面被试组应能代表待测对象的目标用户群。

本标准适用于工业产品及设计的人体测量学特性测试，这些产品及设计或与人体直接接触，或与人体尺寸相关，例如：机器、工作设备、个体防护装备、消费品、工作空间、建筑或运输设备等。

本标准也适用于与人体尺寸相关的产品在安全方面的测试。

本标准不涉及任务的其他方面和其他要求，如信息的感知（观察对象的几何布置除外）和控制器的使用（它们的几何布置除外）。

本标准是从人体测量学的角度来选择被试，但类似的一般原则也可用于其他变量的测试，如生物力学方面的测试。

2 规范性引用文件

下列文件中的条款通过本标准的引用而成为本标准的条款。凡是注日期的引用文件，其随后所有的修改单（不包括勘误的内容）或修订版均不适用于本标准，然而，鼓励根据本标准达成协议的各方研究是否可使用这些文件的最新版本。凡是不注日期的引用文件，其最新版本适用于本标准。

GB/T 5703—1999 用于技术设计的人体测量基础项目（eqv ISO 7250:1996）

3 术语和定义

下列术语和定义适用于本标准。

3.1

待测产品的关键尺寸 critical dimension of a product to be tested

从人体测量学的角度来看，针对待测产品功能，会在目标用户群全身或局部造成使用限制的尺寸。

注1：关键尺寸与可达域、间隙、姿势、接触压力或其他可能引起使用困难、不适或健康风险的因素有关。

注2：一个待测产品可以有不止一个关键尺寸，例如可以是可达域和间隙的组合。

示例：进出通道的关键尺寸可以是宽度，或者是宽度和高度的组合。

3.2

关键人体测量项目 critical anthropometric measurement

产品关键尺寸对应的人体测量项目。

注：例如，一个人可全身进入通道的关键人体测量项目，是指那些造成最大约束的测量项目，如身高和（或）体宽，具体取决于通道的形状。

3.3

产品关键尺寸和人体测量项目的最劣组配 worst-case combination of critical dimensions and anthropometric measurements

对按预期方式使用产品或设计的用户造成最大限制的产品关键尺寸、附加设备和关键人体测量项目的组合。

3.4

纤瘦体型 slim body type

至少有两项宽度尺寸（首选肩宽和臀宽）和两项厚度尺寸（首选胸厚和腹厚）都小于第25百分位数的人属于纤瘦体型，如果没有第25百分位数，则采用目标用户群第5和第50百分位数的平均值。

示例：中国成年男子肩宽第25百分位数的计算值是：(398 mm+431 mm)/2=414.5 mm，见表B.1。

3.5

肥胖体型　corpulent body type

至少有两项宽度尺寸(首选肩宽和臀宽)和两项厚度尺寸(首选胸厚和腹厚)都大于第75百分位数的人属于肥胖体型,如果没有第75百分位数,则采用目标用户群第50和第95百分位数的平均值。

示例:中国成年男子臀宽第75百分位数的计算值为:(306 mm+334 mm)/2=320 mm,见表B.1。

3.6

中等体型　medium body type

纤瘦体型和肥胖体型之外的体型。

4　测试类型

4.1　概述

根据测试结果的准确性要求和被试的可得情况,可以进行初步测试或详细测试。除了产品的关键尺寸外,选择标准应至少考虑以下几项:

——用户群的地域来源(中国、全球、欧盟、或某一特定人群);

——用户群的年龄(所有年龄或某一特定年龄段);

——用户群性别(男女不限或某一性别);

——职业(如果相关)。

4.2　初步测试

初步测试不如详细测试完整或准确,它用于指定用户群的产品和设计的可用性初步评价。对于安全方面的完整评估,仅用初步测试远远不够。

注:在设计阶段的早期,初步测试也可以在计算机人体模型或人体模板的辅助下进行,这些模型应能代表4.1中定义的目标用户群的变化。关于计算机人体模型的更多信息,见ISO 15536-1:2005。

4.3　详细测试

就人体测量尺寸而言,详细测试需考虑产品和设计的全部尺寸(如通过使用实物模型、原型或其他物理模型来测试)。人体测量项目和百分位数的选择取决于待测产品或设计的特征。一个详细测试的持续时间应当足够长,以使之能够充分体现预定的产品使用性,包括可预见的、偶发的、紧急的使用和维护。

5　被试试验

5.1　一般要求与建议

所选择的被试应当能代表目标用户群人体测量项目的相应百分位数。测试应尽可能是可再现的。

5.2　测试程序

应当考虑如下方面:

a)　确定目标用户群(见4.1);

b)　确定关键任务,即用户使用产品或设计要完成的工作,以及工作过程中所用的服装和设备的类型;

c)　定义待测产品的关键尺寸;

d)　定义关键尺寸和人体测量项目的最劣组配,包括佩戴附加设备后的关键人体测量尺寸;

e)　定义安全的边界,即在尺寸上加上一个绝对数或相对百分比值;

f)　分别根据5.3或5.4选择被试;

g)　进行测试,应考虑以下几点:

　　——测量关键尺寸和被试的相应人体尺寸;

　　——记录被试使用产品时和(或)使用后的主观评价结果;

——观察被试按预期方式使用产品时的行为和完成任务的能力。

h) 以文档形式记录测试步骤和测试结果(见 5.7)。

任何单独测试都应当至少包含被测对象每个要素(调节装置、显示、控制、可见度等)的一个完整使用周期。任何违背这一建议的情况都应当被记录。可以通过至少 3 次的重复测试来提高某些测试的可靠性。特定的测试要求可以在某些产品标准里查到。

5.3 初步测试的被试选择

对于每个关键尺寸,至少选择 3 个人,代表预期受限的用户群的一部分。如果要测试一个通径尺寸,被试的相关尺寸应尽可能与该尺寸第 95 百分位数一致。如果要测试一个可达尺寸,被试的相关尺寸应尽可能与该尺寸第 5 百分位数一致。同一被试可以用来测试不止一个关键尺寸(见表 B.1,表 B.2,表 B.3 和表 B.4,或所用到的相关地区的数据)。

5.4 详细测试的被试选择

应当考虑以下几点:

a) 对于每个关键尺寸,至少选择 7 个人,代表预期受限用户群的一部分。如果要测试一个间隙尺寸,被试的相关尺寸应尽可能代表该尺寸第 95 百分位数的对应值。如果要测试一个可达尺寸,被试的相关尺寸应尽可能代表该尺寸第 5 百分位数的对应值。相同的被试可以用来测试不止一个关键尺寸;

b) 如果目标用户群关键尺寸第 95 百分位数和/或第 5 百分位数的值未知,则至少需要 7 名被试代表所用身高的界限值(第 95 或第 5 百分位数)。在这 7 名被试中,纤瘦体型、中等体型和肥胖体型至少各 2 名。同时,建议至少 1 人能够代表测试小组中宽度或厚度尺寸的第 95 百分位数或第 5 百分位数的值。一个被试可以测量不止一个关键尺寸;

c) 在更复杂的测试条件下,例如,同时考虑间隙尺寸和可达尺寸,被试的样本应该由测试的目的明确地决定;

d) 在可能情况下,建议使用第 1 和第 99 百分位数的值代替第 5 和第 95 百分位数的值。

出于安全考虑(如测试通道或安全距离),测试中至少应有一人代表相应人体尺寸第 1 或第 99 百分位数的值。

5.5 有经验或无经验的人

多数情况下,选用对待测产品有不同熟悉程度的被试进行测试是合适的,只要他们属于目标用户群。关于被测产品或设计的使用,对测试数据进行分析时,应该对有经验和无经验的被试进行区分。在一些情况下,按照测试情形的熟悉程度进行细微的区分是有帮助的。

5.6 产品在人体测量学特性方面的可接受标准

在一些特定标准中规定了可接受的通用标准。给定产品的可接受标准依赖于产品或设计本身。对于一些产品,可接受的标准在特定产品标准中已经阐明。对于另一些产品,或当目标用户群已经指定时,设计者可能不得不基于可用的人体测量信息来确定自己的可接受标准。

出于安全性考虑,任何一个产品若存在负面的测试结果,都应该对这个产品进行重新设计。

注:对产品的安全性进行额外的考虑时,需要给所有人提供保护。

5.7 测试程序文档和测试结果文档

被测产品或设计的鉴定、目标用户群、关键尺寸和人体测量尺寸的定义、测试步骤、接受标准和测试结果,都应当记录到文档中,并且在需要时可用。

附　录　A
（资料性附录）
电梯的人体测量学特性测试程序示例

A.1　示例描述

在某五层楼商场中，一个承载10人的公用电梯须进行测试。商场的两个停车层都位于顶层(6层和7层)。

在本示例中，测试将涉及舒适性、相关人体测量工效特性的选择以及出、入口方面的选择。本附录未给出电梯安全性的相关事项，若考虑安全内容应参考其他相关标准。

A.2　测试步骤(见表A.1)

步骤一：确定产品和设备的关键尺寸以及使用者的关键人体测量尺寸(见表A.1，步骤一)。

步骤二：确定最差的情况(见表A.1，步骤二)。

步骤三：确定不同类型的测试。

为了校核粗略的人体测量数据(以10人为例)，可以采用基于计算机应用的初步测试。由于时间因素(在最差情况下的传送时间为：从底层到第7层时，在每一层电梯都会停)会影响到电梯内部空间的可接受性，所以最好对被试进行详细测试。

步骤四：选择被试。

由于电梯在当地商场中使用，一般来说当地人的人体测量数据已经足够。虽然数据代表了男女的平均值，但是测试小组由男女混合组成更好，这样可以达到更理想的测试结果。

被试应该有乘坐电梯的经验。

被试可以分为三(见表A.1，步骤四)：

——第一组(最劣组配)：由10名被试代表第95百分位数(肥胖体型)来测试电梯门宽和内部空间。该组中大概7名被试需要进行按钮尺寸的测试(大手或食指)；

——第二组：7名儿童(年龄为12岁)代表第5百分位数来对最高按钮进行测试；

——第三组(真实情况)：混合的成年组代表第95百分位数(3人)、第50百分位数(4人)、第5百分位数(3人)(包括1名坐轮椅的人或1名坐婴儿车的人)，代替第1组。

步骤五：测试。

电梯的舒适度是一个时间和空间的函数。详细测试应该包括上述3个测试组站立在电梯中，在门关闭的最差情况下的持续时间(时间包括电梯从第7层至底层且每层都停)。如果10名被试中有两人以上感到不舒服，那么就应该考虑修改电梯的内部尺寸。

注：一些国家设有国家安全条例，规定了电梯内部空间和准乘人数之间的固定关系。因此，最差情况下的舒适度，如本例中所描述的一样，只能通过减少电梯的容量限制(人数)，或设计更大准乘人数的电梯来实现。

A.3　测试结果

一些测试结果也可以通过计算机辅助设计(CAD)来得到，如门高、门宽和电梯内部空间。但是当时间因素可能会影响到结果时，这些CAD测试就显得不够充分。包括主观分析和(或)视频记录分析的测试程序可以给出较好的结果，即使是只采用了本标准中的初步测试。而详细测试(见A.2)可以给出最准确的结果。

表 A.1 电梯设计的人体测量学特性测试程序(安全性方面见相关标准)

<table>
<tr><th colspan="3">步骤一</th><th>步骤二</th><th>步骤三</th><th colspan="2">步骤四</th></tr>
<tr><th colspan="3">关键尺寸</th><th rowspan="2">最差情况</th><th rowspan="2">测试类型</th><th rowspan="2">选择被试人员</th><th rowspan="2">组成测试组</th></tr>
<tr><th>产品尺寸</th><th>人体尺寸</th><th>考虑因素</th></tr>
<tr><td>门高</td><td>身高,P95</td><td>考虑帽子加鞋的高度</td><td>1名戴帽子并穿高跟鞋的高个子,P95</td><td>初步测试</td><td>3名被试(P95)</td><td rowspan="3">第1组</td></tr>
<tr><td>两个人同时进出时的门宽(或同时一进一出)</td><td>臀宽,P95</td><td>考虑包或篮的宽度</td><td>2名各带两个包或篮的肥胖者(臀宽,P95)</td><td>初步测试或详细测试</td><td>由当地人组成1个子组(初步测试)或4个子组且每组都有2名P95的肥胖者(详细测试)</td></tr>
<tr><td rowspan="2">内部空间(如10人站立)</td><td rowspan="2">臀宽,P95
体宽,P95</td><td rowspan="2">考虑包/篮或旅行背包的体积</td><td rowspan="2">10名肥胖者(各背1个旅行背包和带两个包或篮)</td><td rowspan="2">初步测试或详细测试</td><td>10名P95的肥胖者为一组(详细测试),当地人</td></tr>
<tr><td>或由3名P95、4名P50和3名P5的人组成混合组(每组都有1名肥胖者和1名瘦小者),当地人(包括男女)或所有人(初步测试)</td><td>第3组</td></tr>
<tr><td>按钮尺寸和按钮间距</td><td>食指指尖宽,P95</td><td>考虑手套对按钮的影响</td><td>使用手套</td><td>初步测试,详细测试</td><td>3名被试(初步测试)或3名手大的被试,P95(详细测试),当地人</td><td>第1组</td></tr>
<tr><td>最高按钮的高度</td><td>儿童可及高度,P5(年龄为12岁)</td><td>—</td><td>1名没有成人陪同的儿童(年龄为12岁),P1</td><td>初步测试,详细测试</td><td>3名较小的儿童(初步测试)或7名较小的儿童(年龄为12岁),P5(详细测试),当地人,特定年龄组</td><td>第2组</td></tr>
<tr><td colspan="7">注:P1表示第1百分位数,P5表示第5百分位数,P50表示第50百分位数,P95表示第95百分位数。</td></tr>
</table>

附 录 B
（资料性附录）
人体尺寸数据

B.1 18岁至60岁的中国成年男子的人体尺寸

18岁至60岁的中国成年男子的人体尺寸见表B.1。

表B.1 18岁至60岁的中国成年男子的人体尺寸

人体尺寸	百分位数值/mm			见定义
	P5	P50	P95	
身高	1 583[a]	1 678[a]	1 775[a]	GB/T 5703—1999;4.1.2
眼高	1 474[a]	1 568[a]	1 664[a]	GB/T 5703—1999;4.1.3
肩高	1 281[a]	1 367[a]	1 455[a]	GB/T 5703—1999;4.1.4
肘高	954[a]	1 024[a]	1 096[a]	GB/T 5703—1999;4.1.5
会阴高	728[a]	790[a]	856[a]	GB/T 5703—1999;4.1.7
胫骨点高	409[a]	444[a]	481[a]	GB/T 5703—1999;4.1.8
小腿加足高	383[a]	413[a]	448[a]	GB/T 5703—1999;4.2.12
膝高，坐姿	456[a]	493[a]	532[a]	GB/T 5703—1999;4.2.14
臀宽，立姿	282[a]	306[a]	334[a]	GB/T 5703—1999;4.1.12
臀宽，坐姿	295[a]	321[a]	355[a]	GB/T 5703—1999;4.2.11
两肘间宽，坐姿	371[a]	422[a]	489[a]	GB/T 5703—1999;4.2.10
肩最大宽	398[a]	431[a]	469[a]	GB/T 5703—1999;4.2.9
胸厚，立姿	186[a]	212[a]	245[a]	GB/T 5703—1999;4.1.9
腹厚，坐姿	[c]	[c]	[c]	GB/T 5703—1999;4.2.15
手长	170[a]	183[a]	196[a]	GB/T 5703—1999;4.3.1
拇指处手宽	[c]	[c]	120[b]	GB/T 18717.3—2002
手宽	76[a]	82[a]	89[a]	GB/T 5703—1999;4.3.3
足长	230[a]	247[a]	264[a]	GB/T 5703—1999;4.3.7
足宽	88[a]	96[a]	103[a]	GB/T 5703—1999;4.3.8
鼻尖处头长	[c]	[c]	240[b]	GB/T 18717.3—2002
注1：更多信息，见GB/T 18717.1至GB/T 18717.3； 注2：a见GB/T 10000—1988，b见GB/T 18717.3—2002，c表示此处无可用数据。				

B.2 18岁至55岁的中国成年女子的人体尺寸

18岁至55岁的中国成年女子的人体尺寸见表B.2。

表 B.2　18 岁至 55 岁的中国成年女子的人体尺寸

人体尺寸	百分位数值/mm			见定义
	P5	P50	P95	
身高	1 484[a]	1 570[a]	1 659[a]	GB/T 5703—1999;4.1.2
眼高	1 371[a]	1 454[a]	1 541[a]	GB/T 5703—1999;4.1.3
肩高	1 195[a]	1 271[a]	1 350[a]	GB/T 5703—1999;4.1.4
肘高	899[a]	960[a]	1 023[a]	GB/T 5703—1999;4.1.5
会阴高	673[a]	432[a]	792[a]	GB/T 5703—1999;4.1.7
胫骨点高	377[a]	410[a]	444[a]	GB/T 5703—1999;4.1.8
小腿加足高	342[a]	382[a]	405[a]	GB/T 5703—1999;4.2.12
膝高,坐姿	424[a]	458[a]	493[a]	GB/T 5703—1999;4.2.14
臀宽,立姿	290[a]	317[a]	346[a]	GB/T 5703—1999;4.1.12
臀宽,坐姿	310[a]	344[a]	382[a]	GB/T 5703—1999;4.2.11
两肘间宽,坐姿	348[a]	404[a]	478[a]	GB/T 5703—1999;4.2.10
肩最大宽	363[a]	397[a]	438[a]	GB/T 5703—1999;4.2.9
胸厚,立姿	170[a]	199[a]	239[a]	GB/T 5703—1999;4.1.9
腹厚,坐姿	[c]	[c]	[c]	GB/T 5703—1999;4.2.15
手长	159[a]	171[a]	183[a]	GB/T 5703—1999;4.3.1
拇指处手宽	[c]	[c]	120[b]	GB/T 18717.3—2002
手宽	70[a]	76[a]	82[a]	GB/T 5703—1999;4.3.3
足长	213[a]	229[a]	244[a]	GB/T 5703—1999;4.3.7
足宽	81[a]	88[a]	95[a]	GB/T 5703—1999;4.3.8
鼻尖处头长	[c]	[c]	240[b]	GB/T 18717.3—2002

注 1：更多信息,见 GB/T 18717.1 至 GB/T 18717.3;

注 2：a 见 GB/T 10000—1988,b 见 GB/T 18717.3—2002,c 表示此处无可用数据。

B.3　18 岁至 60 岁的欧洲人的人体尺寸

18 岁至 60 岁的欧洲人的人体尺寸见表 B.3。

表 B.3　18 岁至 60 岁的欧洲人的人体尺寸

人体尺寸	百分位值/mm			见定义
	P5	P50	P95	
身高	1 530[a]	1 719[a]	1 881[b,c]	GB/T 5703—1999;4.1.2
眼高	1 420[a]	1 603[a]	1 750[a]	GB/T 5703—1999;4.1.3
肩高	1 260[a]	1 424[a]	1 570[a]	GB/T 5703—1999;4.1.4
肘高	930[b]	1 078[a]	1 195[b]	GB/T 5703—1999;4.1.5

表 B.3（续）

人体尺寸	百分位值/mm			见定义
	P5	P50	P95	
会阴高	665[b]	816[a]	900[b]	GB/T 5703—1999;4.1.7
胫骨点高	397[a]	472[a]	530[a]	GB/T 5703—1999;4.1.8
小腿加足高	340[b]	444[a]	505[b]	GB/T 5703—1999;4.2.12
膝高,坐姿	460[a]	530[a]	602[a]	GB/T 5703—1999;4.2.14
臀宽,立姿	300[a]	359[a]	400[a]	GB/T 5703—1999;4.1.12
臀宽,坐姿	333[a]	368[a]	440[a,b]	GB/T 5703—1999;4.2.11
两肘间宽	390[a]	478[a]	545[c]	GB/T 5703—1999;4.2.10
肩最大宽	395[a]	474[a]	485[a]	GB/T 5703—1999;4.2.9
胸厚,立姿	170[a]	215[a]	250[a]	GB/T 5703—1999;4.1.9
腹厚,坐姿	195[a]	237[a]	350[a]	GB/T 5703—1999;4.2.15
手长	152[c]	182[a]	202[a]	GB/T 5703—1999;4.3.1
拇指处手宽	[d]	[d]	120[c]	GB/T 18717.3—2000
手宽	72[a]	81[a]	97[c]	GB/T 5703—1999;4.3.3
足长	211[c]	255[a]	285[b,c]	GB/T 5703—1999;4.3.7
足宽	84[a]	96[a]	113[c]	GB/T 5703—1999;4.3.8
鼻尖处头长	[d]	[d]	240[c]	GB/T 18717.3—2000

注 1：更多信息,见 ISO 15534-1 至 ISO 15534-3。

注 2：a 见 Jürgens，H. W.，Matzdorff，I. ，Windberg，J. 用于工作场所和机械设计的世界人体测量数据(见参考文献[13]),b 见 ISO 14738:2002,c 见 ISO 15534-3:2000,d 表示此处无可用数据。

B.4 全球范围内 25 岁至 45 岁人的人体尺寸

全球范围内 25 岁至 45 岁人的人体尺寸见表 B.4。

表 B.4 全球范围内 25 岁至 45 岁人的人体尺寸(分为“小体型”和“大体型”两类)

人体尺寸	小体型			大体型	
	百分位值/mm				
	P5	P50	P95/P5	P50	P95
身高	1 390	1 520	1 650	1 780	1 910
坐高	740	800	870	935	1 000
眼高,坐姿	620	690	750	815	880
上肢前伸长	670	740	810	880	950
肩最大宽	320	365	410	455	500
肩宽	285	325	360	395	430
臀宽,立姿	260	300	335	375	410

表 B.4（续）

人体尺寸	小体型			大体型	
	百分位值/mm				
	P5	P50	P95/P5	P50	P95
膝高，坐姿	405	455	505	550	600
小腿加足高	320	365	410	460	505
肘-握轴距	270	305	340	375	410
臀-膝距	450	505	560	615	670
臀-踵距	830	920	1 010	1 100	1 190
臀宽，坐姿	260	305	350	395	440
手长	140	155	170	185	200
手宽	140	75	90	100	110
足长	65	225	250	275	300
头围	475	505	540	570	600
头长	160	175	185	195	205
头宽	120	135	145	160	170

注 1：有时需要未成年人和老年人单独的数据集。

注 2：数据来源：见 Hans W. Jürgens，Ivar A. Aune，Ursula Pieper. 世界人体测量数据(见参考文献[12])。

注 3：当测试面向全球设计的产品时，两种体型都宜加以考虑。如果不能得到一个面向全球的产品设计，就需按大小分类。“小体型”的数据是基于“小体型”人群中的女性。“大体型”的数据是基于“大体型”人群中的男性。

参 考 文 献

[1] ISO 4190-1, Lift (US:Elevator)installation—Part 1:Class Ⅰ, Ⅱ, Ⅲ and Ⅳ lifts.

[2] ISO 4190-2, Lift (US:Elevator) installation—Part 2:Class Ⅳ lifts.

[3] ISO 14738:2002, Safety of machinery—Anthropometric requirements for the design of workstations at machinery.

[4] GB/T 18717-1 用于机械安全的人类工效学设计 第1部分 全身进入机械的开口尺寸确定原则(ISO 15534-1,neq).

[5] GB/T 18717-2 用于机械安全的人类工效学设计 第2部分 人体局部进入机械的开口尺寸确定原则(ISO 15534-2,neq).

[6] ISO 15536-1 人类工效学 计算机人体模型和人体模板 第1部分 基本要求.

[7] EN 414 Safety of machinery—Rules for the drafting and presentation of safety standards.

[8] EN 614-1 Safety of machinery—Ergonomic design principles—Part 1: Terminology and general principles.

[9] EN 81-1 Safety rules for the construction and installation of lifts—Part 1:Electric lifts.

[10] EN 81-2 Safety rules for the construction and installation of lifts—Part 2: Hydraulic lifts.

[11] EN 81-3 Safety rules for the construction and installation of lifts—Part 3:Electric and hydraulic service lifts.

[12] JÜRGENS H W, AUNE I A, PIEPER U. International Data on Anthropometry; Occupational Safety and Health Series No. 65, published by the International Labour Office, Geneva, Switzerland, 1990.

[13] JÜRGENS H W, MATZDORFF I, WINDBERG J. International Anthropometric Data for Work-Place and Machinery Design. Arbeitswissenschaftliche Erkenntnisse No. 108. Published by the Bundesanstalt für Arbeitsschutz und Arbeitsmedizin, Dortmund, Germany, 1998.

[14] GB/T 10000—1988 中国成年人人体尺寸.

[15] GB/T 18717.3—2002 用于机械安全的人类工效学设计 第3部分:人体测量数据(ISO 15534-3:2000,NEQ).

ICS 13.180
A 25

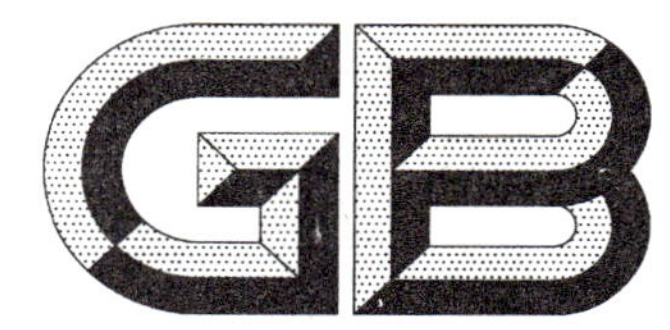

中华人民共和国国家标准

GB/T 23700—2009/ISO/TR 18529:2000

人-系统交互人类工效学 以人为中心的生命周期过程描述

Ergonomics—Ergonomics of human-system interaction—Human-centred lifecycle process descriptions

(ISO/TR 18529:2000,IDT)

2009-05-06 发布 2009-11-01 实施

中华人民共和国国家质量监督检验检疫总局
中国国家标准化管理委员会 发布

前　言

本标准等同采用 ISO/TR 18529:2000《人-系统交互人类工效学　以人为中心的生命周期过程描述》,并根据此标准翻译起草。

本标准是对 GB/T 18976—2003《以人为中心的交互系统设计过程》中以人为中心过程的扩展和规范化,并借鉴了 ISO/IEC TR 15504《信息技术　软件过程评估》中对软件开发过程的描述。

本标准的附录 A、附录 B、附录 C 为资料性附录。

本标准由全国人类工效学标准化技术委员会提出并归口。

本标准起草单位:中国科学院软件研究所、中国标准化研究院、北京伊飒尔界面设计有限公司、北京航空航天大学。

本标准主要起草人:戴国忠、王丹力、张欣、冉令华、袁小伟、王黎静、刘太杰。

引　言

本标准旨在为系统、硬件和软件生命周期过程的设计、使用和评估人员提供帮助。标准给出了以人为中心方法的过程定义，列出了其组成、结果及使用和产生的信息，它为用户在系统、硬件和软件生命周期中提供以人为中心的过程模型。

GB/T 18976—2003《以人为中心的交互系统设计过程》阐述了交互系统生命周期中以人为中心的益处，以及实现以人为中心生命周期的过程。本标准中以人为中心的生命周期过程模型是对GB/T 18976—2003中以人为中心过程的结构化和规范化的界定，以使GB/T 18976—2003的内容能够对过程评估和过程改进的专家、以及熟悉或涉及过程建模的人士提供帮助。

本标准给出的模型使用了过程评估模型的通用格式。该模型描述了要实现特定技术目标的组织应当执行的过程。模型中的过程是以ISO/IEC TR 15504《信息技术　软件过程评估》中定义的形式描述的。尽管最初过程评估模型主要用于评测一个机构对模型描述过程完成的好坏程度，但这类模型也可用于描述设计开发有效组织过程的需求和项目过程的需求。

当项目或公司使用以人为中心的方法或需要开发具备特定使用质量的产品时，此模型作为描述需求的方式，可能会对人因学专家(如人类工效学家、可用性工程师等)有所帮助。过程模型和过程定义是在系统开发和运行中应用人因学进行讨论和规划工作需求的手段。用系统工程师、软件工程师及其管理者的语言来描述人因学方法和技术及其投入和产出的能力，会使以人为中心方法的应用和实现变得更简单。

人-系统交互人类工效学　以人为中心的生命周期过程描述

1　范围

本标准规定了 GB/T 18976—2003《以人为中心的交互系统设计过程》中描述的以人为中心过程的规范模型。此模型宜用于系统开发和运行时对以人为中心的过程进行规格说明、评估和改进。

注 1：上一段中的“规范”一词是指本标准中的过程描述遵循 ISO/IEC TR 15504《信息技术　软件过程评估》中规定的格式，不应将该词理解为该模型具有任何数学成分或严密性。

注 2：本模型与 GB/T 18976 涵盖范围的区别将在相关过程（HCD 1 第 5.2 以及 HCD 7 第 5.8）中提及。

本标准旨在为涉及系统、硬件和软件生命周期过程的设计、使用和评估的人员提供指导。

本标准可与 GB/T 18976—2003《以人为中心的交互系统设计过程》一起使用。

注 3：过程描述的版权豁免：本标准的使用者可以自由复制本文档中包含的过程和工作产出的描述，作为评估模型的部分内容，或描述过程兼容性的部分内容，以使这些描述用于达到预期的目的。

2　规范性引用文件

下列文件中的条款通过本标准的引用而成为本标准的条款。凡是注日期的引用文件，其随后所有的修改单（不包括勘误的内容）或修订版均不适用于本标准，然而，鼓励根据本标准达成协议的各方研究是否可使用这些文件的最新版本。凡是不注日期的引用文件，其最新版本适用于本标准。

GB/T 16251—2008　工作系统设计的人类工效学原则（ISO 6385:2004，IDT）

GB/T 18976—2003　以人为中心的交互系统设计过程（ISO 13407:1999，IDT）

3　术语和定义

下列术语和定义适用于本标准。

3.1

（过程）性能　(process) capability

某一过程达到既定目标的能力。

[ISO/IEC TR 15504-9]

3.2

使用情境　context of use

系统使用中涉及的用户、任务、设备（硬件、软件和材料）、物理和社会环境。

[GB/T 18978.11]

3.3

企业　enterprise

从事产品或服务交易的商业单位、公司或其他组织。

[ISO/IEC 15288]

3.4

人类工效学　ergonomics

人类工效学提出整合人因学的知识，以使工作、系统、产品和环境能适应人生理和心理的能力和局限，在优化工作效率和绩效的同时保证安全和身心健康。

[GB/T 16251]

3.5

以人为中心/以用户为中心　human/user-centred

把考虑使用某个系统的个人、团体的利益及需求作为主要目标的方法。

[GB/T 18976—2003]

3.6

生命周期　lifecycle

系统从需求定义到终止使用的生命周期所包含的阶段和活动，包括概念形成、开发、操作、维护支持和配置。

[IEC 61598 及 ISO/IEC 15288]

3.7

组织的　organisational

在本标准中，“组织的”一词应理解为客户而非开发组织，提及为客户开发应用系统的组织时使用“企业”一词。在此语境之外，“组织”一词用于指称任何其他组织，包括客户组织。

3.8

实践　practice

对过程产出(工作产出)有贡献或提升过程性能的技术或管理活动。

[ISO/IEC TR 15504-9]

3.9

过程　process

一系列将投入转化为产出的相关活动。

[ISO 8402]

注：本模型的过程基本与能力成熟度模型中关键过程域(KPA)中的过程等价。

3.10

过程评估　process assessment

参照模型对企业软件过程的规范性评价。

[ISO/IEC TR 15504-9]

3.11

过程类　process category

涉及相同活动范围的过程集合。

[ISO/IEC TR 15504-9]

3.12

过程改进　process improvement

为改进某个企业的过程而开展的活动，使企业的过程符合企业的业务需求并能更有效地达到企业业务目标。

[ISO/IEC TR 15504-9]

3.13

原型　prototype

某种产品或系统的整体性代表或部分性代表。尽管在某些方面代表性有局限，但能够用于评价。

[GB/T 18976—2003]

3.14

使用质量　quality in use

在特定环境(ISO 9126-1:1999)或使用情境(ISO 9241-11)下软件产品使特定用户得以有效、有生产能力、安全和满意地达到特定目标的能力。

3.15

利益相关方 stakeholder

提供系统输入、受系统输出影响、开发、维护、使用或管理系统使用的任何个人。

[ISO/IEC 15288]

注：利益相关方包括系统所有用户和任何其他受系统影响的人。如，顾客、管理组织、维护人员、支持人员等。

3.16

系统 system

一个由集成和交互成分构成的离散实体，该实体具有物理存在和特定目标，其每个成分都无法单独实现整体目标。

[ISO/IEC 15288]

注1：在本标准中，"系统"用于描述一种产品，它是由物理设备、电脑软件、文档资料、人的任务及组织或管理程序组成的。

注2：在本标准中，"系统"既可以指大型和小型系统，也可以指设备和其他产品。系统可以是一套完整的外部信息服务的系统，或一个工作系统，或一件消费品，如一台割草机。

3.17

任务 task

实现目标所必需的活动。

3.18

用户 user

与系统交互的个体。

[GB/T 18978.10]

注：用户一定是利益相关方。

3.19

可用性 usability

以有效性、效率和满意度为指标，产品在特定使用情境下为了特定的目标可为特定用户使用的程度。

[GB/T 18978.11]

3.20

工作系统 worksystem

为了实现特定目标，由用户、设备、任务以及物理和社会环境所组成的系统。

[GB/T 18978.11]

3.21

(相关概念)工作产出 work product

过程投入或产出的文档、信息、产品或其他物品。

[ISO/IEC TR 15504-9]

4 缩略语

HC 以人为中心

HCD 以人为中心的设计

UI 用户界面

5 以人为中心过程模型的背景

5.1 模型应用

本标准旨在对系统开发及其相关支持过程中更多地考虑以人为中心的人士提供帮助，同时使系统设计中包含人因学知识。标准给出了以人为中心方法的过程定义,列出了其相关的组成、结果及使用和产生的信息。

本标准可为生命周期过程模型的开发人员所使用,为此标准提供了以人为中心过程的一系列参考描述。本标准并未对过程模型的开发人员提出进一步要求,不过ISO/IEC TR 15504《信息技术　软件过程评估》对过程评估模型的开发提供了进一步的建议。本标准的附录C包含了对ISO/IEC TR 15504中相关条款的资料性解释,在与本标准中所描述过程有兼容性的过程分析模型资格认证中,这些相关条款可能会被应用。

5.2　生命周期中使用以人为中心方法的益处

GB/T 18976—2003《以人为中心的交互系统设计过程》将以人为中心开发描述为"以人为中心的设计是一种特别着重于系统可用性的交互系统开发方法,是一种集成了人类工效学知识、技术的多学科活动。将人类工效学知识应用于交互系统设计,可以帮助用户提高工作的有效性和效率,并改善工作条件,减少使用过程可能对用户健康、安全和绩效产生的不良影响。将人类工效学应用于系统设计,需考虑人的能力、技能、局限性和需要。"

该标准进一步说明,"以人为中心的系统能支持用户工作并激发他们进行学习。其优点在于:提高工作效率和质量;减少支持和培训费用;提高用户满意度。虽然目前已经具备如何组织并有效运用这种设计的人类工效学知识,但是,其中的大部分仍仅为这些领域的专家们所熟悉。本标准的目的在于帮助那些负责管理硬件和软件设计过程的人员识别并策划有效而及时的以人为中心的设计活动,为现有的设计过程和方法提供补充。"

系统和软件开发人员应用以人为中心的方法,可以使其产品易用、易培训和易维护,并获得较高的用户满意度。该方法还可以降低系统运行对健康和安全造成的风险。虽然以人为中心过程在其生命周期的早期阶段需要更大的投入,但它可以降低服务和开发费用;还可以降低由于需求突变而导致的风险,减少返工和安装费用。对于通用或非定制的产品来说,可用性和愉悦性已经成为必不可少的需求。

以人为中心方法旨在确保交互系统的开发、安装和运行中,不仅要考虑开发者和所有者的需求,也要考虑用户的需求。以人为中心的方法会考虑用户与系统各部分以及其他利益相关方的交互。以人为中心过程还应考虑使用情境。

以人为中心的方法可用于系统开发企业和客户组织中的过程设计和改进。过程建模和再造中使用以人为中心方法,考虑文化因素和人员的认可度,将有助于新过程的引入。

5.3　模型的基本原理

本模型是为了满足系统开发和维护中改进以人为中心环节效能的需求。该模型旨在为项目中规划以人为中心活动的人员提供基础,来帮助企业更好地实现以人为中心的理念。模型是独立的,不是如下过程模型的组成部分:ISO/IEC 12207《信息技术　软件生命周期过程中的性能成熟性模型》(CMM),系统工程性能成熟性模型(SE-CMM),或ISO/IEC TR 15504《信息技术　软件过程评估》。这主要是由于过程模型数量庞大、类型多样,同时也是为了清楚阐明以人为中心活动的本质,及其对系统生命周期的意义。本模型遵循并发展了GB/T 18976—2003《以人为中心的交互系统设计过程》。

5.4　模型的基础

本标准给出的模型使用了过程评估模型的通用格式。该模型描述了要实现特定技术目标的组织应当执行的过程。模型中的过程是以ISO/IEC TR 15504《信息技术　软件过程评估》中定义的形式描述的。过程评估模型的主要用途是评价企业完成模型所包含过程的好坏程度。然而,此类模型也可用于描述设计和开发高效企业过程的需求。要了解过程模型这种应用的更多信息,可以参照ISO/IEC TR 15504。

5.5　模型的结构

图1描述了本标准中所给出模型的标准组成成分。以人为中心过程类包含了多个过程,每个过程又由多个实践组成,而过程会使用和生成相关的工作产出。

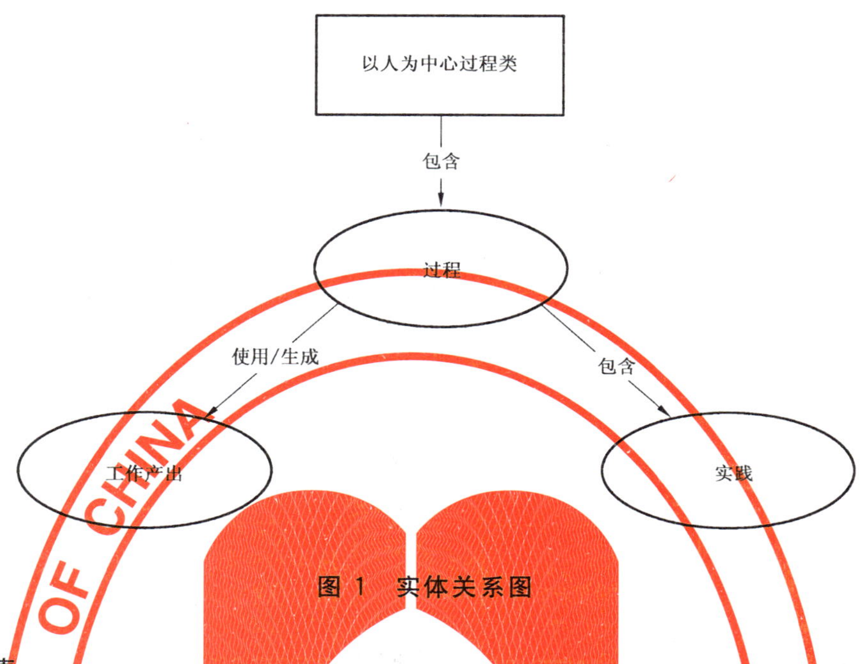

图 1 实体关系图

5.6 模型的元素

以人为中心的设计过程模型包含 7 个过程(如图 2 中的 HCD1～HCD7),每个过程又包含了多个实践(也称为子过程)。这些实践是系统生命周期涉及的相关人员所应完成的工作,如图 3。模型的内容可以归结为一个过程分层树,如图 2 所示。

以人为中心的系统开发

HCD 1	HCD 2	HCD 3	HCD 4	HCD 5	HCD 6	HCD 7
确保在系统策略中包含 HCD 的内容	规划和管理 HCD 过程	确定利益相关方和组织的需求	理解和确定使用情境	提出设计解决方案	针对需求评估设计	安装和运行系统
选择利益相关方代表; 收集市场信息; 定义和规划系统策略; 收集市场反馈; 分析用户趋势	咨询利益相关方; 对用户参与进行规划; 选择以人为中心的方法; 贯彻以人为中心的方法; 规划 HCD 活动; 管理 HCD 活动; 倡导 HCD 方法; 支持 HCD	明确系统目标; 分析利益相关方; 评估健康和安全风险; 定义系统; 提出需求; 设定使用质量目标	确定用户任务; 确定用户特征; 确定组织环境; 确定技术环境; 确定物理环境	分配功能; 提出任务模型; 探讨系统设计; 开发设计解决方案; 描述系统及其用途; 开发原型; 开发用户培训课程; 开发用户支持服务	确定评估情境; 按照需求评估; 通过评估以改进设计; 按系统需求进行评估; 按要求的实践进行评估; 使用中的评估	变更管理; 确定影响; 客户化和本地化设计; 提供用户培训; 支持用户; 符合人类工效学相关法规

图 2 以人为中心设计过程及其实践

上述模型中的过程是彼此相关的，以人为中心的生命周期具有重复性。过程不应与生命周期各阶段混淆，过程可以在生命周期的多个阶段中执行。对过程产出（亦即成功执行过程的结果和工作产出）的要求，会因过程处于生命周期的不同阶段而改变，同时这种改变将影响过程的实践性能。生命周期各阶段和项目情境对过程和实践性能的作用，是过程模型和系统开发方法或方法论的主要区别之一。

注 1：ISO/IEC 15288 描述了生命周期中产生所需结果的过程和系统生命周期各阶段之间的关系。

尽管可以用一些简单的图表表达以人为中心生命周期的循环性，但由于所开发系统的类型以及系统所属行业的不同，系统生命周期存在不同的形式。因此，很难用一个简单的图来表达各过程的关系，简单的图也可能会令人困惑。图 3 试图给出生命周期中以人为中心过程的循环性特征及过程间的相互关系。以人为中心过程不是独立执行的，它可以从其他系统生命周期的过程中获取信息，也可为之提供信息。

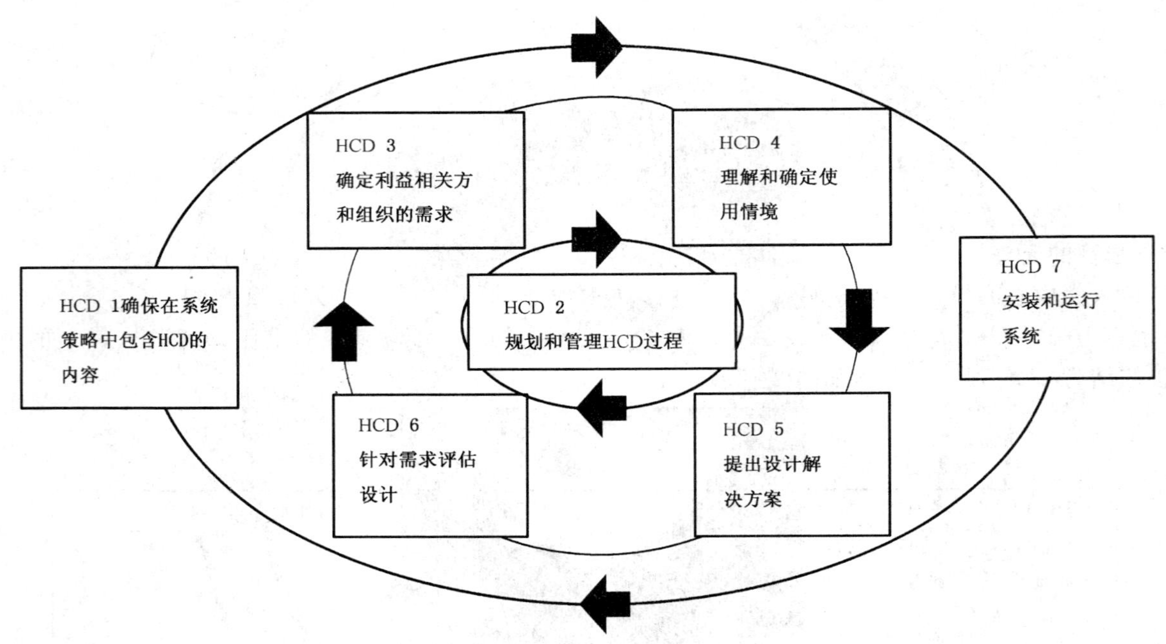

图 3　生命周期中以人为中心过程间的关联

总的来说，HCD 3-6 更具有技术性，并构成了一个系统开发核心环。在开发中，此环会循环多次。HCD 2 管理和控制以人为中心的过程，它用到了 HCD 3-6 循环产生的结果，是以人为中心生命周期过程和系统开发中其他过程相联系的环节。HCD1 起着联系以人为中心的生命周期和高层管理的作用，并展望了系统的未来。HCD 1 设置了项目的边界和目标，项目经历 HCD 3-6 的循环，并由 HCD 7 完成。HCD 7 和系统使用相关，它将 HCD 的过程和系统生命周期的维护阶段联系起来。在生命周期的全部阶段并不是所有的过程都严格地执行。过程的特性（过程如何执行）根据生命周期的不同阶段可能会改变。

注 2：HCD 3 和 HCD 4 是紧密联系的，其中的实践有一定程度的交叉。更详细的内容请参考 6.4.1 的注释。

5.7　模型与 ISO/TR 15504 的关系

ISO/IEC 15504《信息技术　软件过程评估》为确定软件过程性能提供了标准。该标准定义了软件过程成熟度评估的标准化方法。本标准中给出的过程符合 ISO/IEC TR 15504 对过程的要求。

注 1：熟悉过程成熟度模型的人士会发现，本模型与一般模型的区别在于，一些活动（尤其是评估活动）在生命周期的特殊时段进行，并且要求生命周期具有某些特性，如可迭代性（特别是在系统的设计阶段）。这些要求源于考虑了利益相关方和组织对生命周期的技术需求。在系统开发的早期，这些需求并不能完全确定一个系统。这一考虑突破了所有过程和实践能够独立和连续运作的纯性能模型的需求。不过，本模型的用户会发现，尽管有以上限制，模型的用户在选择和执行生命周期的实践上仍有很大的自由度。

注 2：ISO/IEC TR 15504 描述了两类实践：基本的和管理的。本标准中的绝大多数过程仅包含基本实践。不过，对于 HCD.2 中的所有实践以及在 HCD 实践应用于其他成熟度模型时，情况并非总是如此。

5.8 模型与 ISO 12207 的关系

ISO/IEC 12207：1995《信息技术　软件生命周期过程》为软件开发需要的过程提供了标准。GB/T 18976—2003 提供了一系统过程，这些过程可以与 ISO/IEC 12207 中的过程组成开发以人为中心交互系统的完整过程集合。本标准是对以人为中心过程的规范化描述，并增加了一些可用于扩展通用产品需求活动和支持大型管理系统实现及运行的过程。

注：新标准 ISO/IEC 15288《系统生命周期过程》正在起草之中。该标准将扩展 ISO/IEC 12207 中给出的过程集合，以包含所有人造系统生命周期中的全部活动。

6 以人为中心的过程

6.1 以人为中心的设计

以人为中心的设计是在系统规格说明、开发和运行中考虑最终用户和其他利益相关方的过程而实现的。这些过程总是与开发中的整个工作系统相关，而不仅与具体硬件和软件相关。这些过程对应了系统整个生命周期中以人为中心的活动。

注：过程描述给出了与交互系统有关的两类人员角色。首先是系统的最终用户，其次是系统的开发者和维护者。大多数过程描述开发者和维护者为考虑最终用户的需求、情境和能力而应做的工作。一些过程则描述最终用户如何参与系统的开发。阅读者应知晓每个过程描述所针对的角色。

图 2 给出了以人为中心的设计过程，下面将对其详细描述。

过程通过执行其组成成分的实践来实现。实践是过程的子过程，它们描述了完成过程需要做的工作。实践通过方法、技术和工具的使用来完成。具体的以人为中心方法、技术和工具不会在此模型中描述，但列举了一些实践中对方法、技术和工具需求的解释说明。描述如何进行实践的人类工效学标准和资料性文本可以在本文中找到，有些在 GB/T 18976—2003《以人为中心的交互系统设计过程》的附录和参考文献中列出。

过程的使用会产生相关的工作产出。相关工作产出可以有多种形式，如：信息、文档、硬件、软件、培训课程和个人意识。过程产生的典型工作产出列在附录 A 中。

附录 B 描述了以人为中心过程的应用，该附录概括了组织或企业的特定生命周期、过程改进和过程评估中模型的使用。

6.2 确保在系统策略中包含 HCD 的内容(HCD.1)

6.2.1 目的

本过程的目的是在涉及市场、概念设计、开发和支持的各环节中，建立和保持对利益相关方和用户相关问题的关注。本过程的成功实现会带来如下结果：

——市场销售将会考虑可用性、人类工效学和社会技术问题；

——系统将会以满足用户的需求和期望为目标；

——规划者将会在制定系统策略时考虑利益相关方和组织的需求；

——系统将会更好地适应用户的变化(如需求、任务、情境等)；

——企业将会更好地适应用户的变化；

——系统将会更容易被市场接受。

注：本过程与 GB/T 18976—2003 中的任何内容均无直接关系。

上述目的可以通过如下实践来达到。

6.2.2 选择利益相关方代表(HCD.1.1)

在系统的开发企业和开发团队中，选择最终用户和其他利益相关方的代表。

注 1：利益相关方代表会提醒系统开发企业的员工：系统意在为人类所使用，必须满足使用质量要求。其作用包括对以人为中心方法的支持，在概念研究和对使用情境问题的调查及任务分配中安排最终用户参与。

注 2：本实践与 HCD 2.7 及 HCD 7.1 相关。

6.2.3 **收集市场信息(HCD.1.2)**

对潜在的用户群体中进行前瞻性的研究，以获得新用户或用户组织未来的需求。确定未来系统的使用情境。设立相关程序，以获取用户对未来系统在其使用情境下的需求信息。

6.2.4 **定义和规划系统策略(HCD.1.3)**

将市场信息作为一种愿景，如获得高层管理许可，可将愿景转化为实施策略。使用生命周期成本核算以评估 HCD 方法的成本。

6.2.5 **收集市场反馈(HCD.1.4)**

收集产品市场中用户和非用户的反馈，进行优化研究，以改进和整合系统策略。

6.2.6 **分析用户趋势(HCD.1.5)**

在以下方面探索变化的趋势：用户(如用户技能和用户组织的培训，以及对消费产品的需求和愿望)、任务(如工作类型和工作量的变化)、情境(如工作和生活环境、新技术、社会及政治环境和期望等的改变)。分析这些信息以估计未来的需求。

6.3 **规划和管理 HCD 过程(HCD.2)**

6.3.1 **目的**

本过程的目的是确定以人为中心的活动如何融入系统整个生命周期过程以及整个企业。本过程的成功实现会带来如下结果：

——项目规划将允许用户多次反馈信息；

——适当资源分配，以实现设计团队利益相关方间的有效交流；

——以人为中心与其他问题之间可能的冲突和折中将会得到解决；

——以人为中心过程将会整合到质量系统、流程和标准中；

——以人为中心问题将会在组织中得到支持和推广。

注1：本过程直接与 GB/T 18976—2003 中的第6章 策划以人为中心的设计过程；第7.4.6 管理设计解决方案的迭代对设计方案的反复设计进行管理；第7.5.2 评价计划等内容相关。

注2：本过程中的一些实践与 ISO/IEC TR 15504 性能范围中的管理实践相重合。这种重合也存在于 ISO/IEC TR 15504 内部，请参见该标准的第5部分。

上述目的可以通过如下实践来达到。

6.3.2 **咨询利益相关方(HCD.2.1)**

建立相关组织结构、机制和流程，确保在系统开发和实现的每一个重要方面利益相关方都能够有效参与商议。

注：利益相关方包括所有类型的用户以及任何其他受系统影响的人。

6.3.3 **确定和规划用户参与情况(HCD.2.2)**

最大程度利用团队合作和用户参与方面已有的成功实践，指定在项目每一阶段选取用户参与的最有效方式。

6.3.4 **选择以人为中心的方法和技术(HCD.2.3)**

确定哪些方法应被使用，以及它们在开发过程中彼此间的关系。定义这些方法在系统开发所使用的生命周期方法中如何使用。

6.3.5 **在项目团队中贯彻以人为中心的方法(HCD.2.4)**

组建多学科项目团队，确定其所需专门技能，并规划如何提供这些技能。确保项目人员采用以人为中心的方法。

注：多学科的团队能够提供开发系统所需的广泛技能和知识。如这些技能可包括在如下人员中：最终用户、购买者、商务分析人员、市场营销人员、可视化设计人员、人类工效学家、领域专家、技术文档编写者、人力资源管理者、健康与安全人员、系统分析人员、编程人员等。

6.3.6 规划以人为中心的设计活动(HCD.2.5)

制定规划方案将以人为中心活动整合到整个系统开发过程中。

注：以人为中心设计规划指定了以人为中心设计过程(如基于本标准内容的过程)的输入如何应用于设计和开发过程。以人为中心的设计规划可以在必要时进行重复。以人为中心的设计包括对系统应用的长期监控(参见HCD.6.6)。

6.3.7 管理以人为中心的活动(HCD.2.6)

在项目和开发部门的管理中特别关注用户问题。确保系统开发过程中考虑用户的参与。在支持性活动(如合同管理和采购)中考虑利益相关方和用户的问题。

6.3.8 提倡以人为中心的方法(HCD.2.7)

在企业中提倡以人为中心的方法，建立和交流以人为中心的策略。

注：本实践与 HCD 1.1 相关。

6.3.9 为以人为中心设计提供支持(HCD.2.8)

在支持过程(如质量保证、变化控制、过程和方法维护、资源管理)中包括以人为中心的元素，确保这些内容作为企业基本管理的部分内容来执行。

6.4 确定利益相关方和组织的需求(HCD.3)

6.4.1 目的

本过程的目的是建立组织的需求以及其他与系统有利益关系团体的需求。本过程充分考虑了系统所有利益相关方的需求、能力和工作环境。本过程的成功实现将给出如下结果：

——针对运行及功能目标的新系统性能需求；

——相关的法律法规要求；

——用户与其他相关团体的合作和交流；

——用户的工作(包括任务分配，用户舒适度、安全、健康和动机)；

——系统支持下的用户任务执行；

——工作设计、组织的业务和结构；

——运行和维护的可行性；

——运行目标及对系统软硬件的使用。

注1：本过程与 GB/T 18976—2003 中 7.3“规定用户和组织”要求直接相关。

注2：HCD.3.1 到 3.3 决定了系统的高层需求。HCD.3.4-3.6 则定义了系统的细节需求。细节需求的定义需要理解使用情境，这在 HCD.4 中已定义过，因此生命周期中这两个过程有重叠。

注3：利益相关方包括所有类型的用户以及其他受系统影响的人。

上述目的可以通过如下实践来达到。

6.4.2 明确和记录系统目标(HCD.3.1)

描述用户或用户组织希望通过使用系统而达到的目标。

注：对于一般的产品，系统的最终用户可能就是唯一的用户。对于较大或较复杂的系统，将存在更多的利益相关方和用户组织，但不同使用情境下将会有不同类型的用户。

6.4.3 分析利益相关方(HCD.3.2)

确定和分析系统可能影响的每个参与群体的角色。针对每个可能成为系统最终用户和将受到系统投入或产出影响的每个参与群体，评估其与系统的重要性和相关度。

6.4.4 评估利益相关方风险(HCD.3.3)

核查系统利益相关方在安全、健康和福利方面的风险，将此风险包含在系统总体风险评估中。

6.4.5 定义系统应用(HCD.3.4)

根据相关利益相关方和系统中用户组织的全部经验，制定和确认系统的行为和性能需求。这些经验涉及了利益相关方与系统及其使用情境间关系的每一方面，如从系统开始使用到其结束使用的各个方面。

6.4.6 提出利益相关方和组织的需求(HCD.3.5)

将利益相关方和组织对系统的需求进行明确表述。

注1:需求的提出是交互性的、经常为迭代的过程。

注2:需求可能按照重要性进行排序。

注3:需要考虑工作环境和工作强度方面的法律要求。

注4:利益相关方和组织的需求定义了系统操作及性能需求的大部分。

6.4.7 设定使用质量目标(HCD.3.6)

提出和确认系统使用质量要求的可测量参考标准。

注:使用质量是在基于性能需求的特定任务情境之下,对系统或其组成部分在用户有效性、生产力、安全性和满意度方面需要达到的水平(ISO/IEC 9126-1《信息技术 软件产品质量第1部分:质量模型》)。

6.5 理解和确定使用情境(HCD.4)

6.5.1 目的

本过程的目的是辨别、明确和记录利益相关方及其任务、系统运行环境的组织特性和物理特性。本过程的成功实现会给出如下结果:

——对目标用户的特征定义;

——用户需完成的任务定义;

——系统应用组织和环境定义;

——设计含义的清晰表达;

——该使用情境是可用的,并应用于生命周期所有相关节点。

注:本过程与GB/T 18976—2003的7.2"理解和确定使用背景"直接相关。

上述目的可以通过如下实践来达到。

6.5.2 确定和记录用户任务(HCD.4.1)

描述用户为达到系统目标进行的活动。

注1:根据用户和组织的活动描述任务,而不仅是根据设备功能或特征描述任务。

注2:在系统生命周期中任务可能会改变(或演化)。

6.5.3 确定和记录重要的用户特征(HCD.4.2)

描述系统最终用户的相关特性。这包括知识、语言、生理特征、工作任务和使用相关系统设备的经验水平、使用系统的动机、优先权等。

6.5.4 确定和记录组织环境(HCD.4.3)

描述相关的社会和组织环境、管理机制、沟通机制和组织业务等。

6.5.5 确定和记录技术环境(HCD.4.4)

在系统的使用情境中描述所有设备的相关特性。需要特别注意与用户直接交互的设备。

注:对于新系统,设备特性是依赖于系统设计解决方案的(见HCD 5.4及5.5),而且直至生命周期的较晚阶段才能够了解。

6.5.6 确定和记录物理环境(HCD.4.5)

描述工作地点、工作场所设备和周围环境及其在设计中的含义。如,照明、噪声、振动等。

6.6 提出设计解决方案(HCD.5)

6.6.1 目的

本过程的目的是通过参照已有完备的实践、利益相关方的经验和知识以及使用情境分析的结果,创建可能的设计解决方案。本过程的成功实现会带来如下结果:

——在设计中考虑整个社会技术系统中所有技术成分的运行;

——在系统采购时考虑用户特征和需求;

——在系统设计中考虑用户特征和需求;

——社会技术工程学、人类工效学、心理学、认知科学和其他相关学科中,已有最佳实践的知识会被整合到系统中；

——由于设计决策将会变得更清晰，系统利益相关方之间的交流也会得到改善；

——开发团队将能在确定设计方案之前研究几种不同的设计思想；

——最终用户及其他利益相关方的反馈，能够应用于开发过程早期的设计阶段；

——有可能进行迭代评估和备选方案评估；

——设计用户与系统软硬件和组织成分的界面；

——开发用户培训和支持方案。

注：本过程与 GB/T 18976—2003 中 7.4“提出设计方案”直接相关。

上述目的可以通过如下实践来达到。

6.6.2 分配功能(HCD.5.1)

分析使用情境和系统的功能及性能，以最佳方式在系统的人员、机器和组织之间分配功能。

注 1：功能的分配可能是动态的。目的在于按照系统的目标使整个系统的性能最优化。

注 2：在系统分层树的较高层，功能可能不会被分配到特定的人员、组织、软件或硬件成分，而是分配到由多个成分构成的子系统。

注 3：对于功能分配，任务分析(HCD 4.1)是使用情境中最重要的成分。

6.6.3 提出组合任务模型(HCD.5.2)

从系统最佳实践、需求、使用情境、功能分配、设计约束等方面的已有知识出发，为用户的新任务开发可行的模型。

注：HCD.5.1 到 5.3 在系统分层树的每个层次上实现。HCD.5.4 到 5.8 则在系统成分定义和开发的层次上实现。

6.6.4 研究系统设计(HCD.5.3)

针对系统应用及对利益相关方有影响的相关方面，提出和分析一系列设计选项。

6.6.5 用已有知识开发设计解决方案(HCD.5.4)

在系统设计中应用相关的人因学知识，还应结合利益相关方和组织的需求、使用情境、国际标准、法律法规要求、已有专利、优秀实践、设计指导和项目标准等方面内容。

6.6.6 描述系统及其使用(HCD.5.5)

设计系统与用户交互的部分。描述如何使用系统。根据从评价得到的反馈修改设计。

注：根据系统类型，其规格说明中可包含如下内容：用户工作设计、用户任务、工作环境、硬件、软件、用户文档、包装设计、界面功能等。

6.6.7 开发原型(HCD.5.6)

用模拟、模型、实物模型等方式使设计解决方案更加具体。为用户或用户代表测试系统关键部分而开发仿真版或试用版。

6.6.8 开发用户培训课程(HCD.5.7)

确定、阐明和开发培训课程，以使新系统的相关用户能够有效地执行任务。培训要涵盖业务过程、工作设计和任务方面的变化。

6.6.9 开发用户支持服务(HCD.5.8)

确定、阐明和开发系统的用户支持服务。考虑业务过程和工作设计方面可能的变化。

6.7 针对需求评估设计

6.7.1 目的

本过程的目的是收集开发中关于设计的反馈。从最终用户和其他代表性信息源中收集反馈。本过程的成功实现会带来如下结果：

——提供反馈以改进设计；

——评估是否达到了利益相关方和组织的目标；

——监控系统长期使用。

在通过评估确定系统改进情况(形成性评估)时，本过程的成功实现会体现在：

——在以下方面可能发现问题并获得改进:技术、支持材料、组织或物理环境以及培训等;

——获得功能与利益相关方及组织需求最佳匹配的设计方案;

——获得用户反馈和进一步需求。

注1:形成性评估一般在生命周期早期,通过使用非正式的、自由的、协作的技术(如纸质原型、基于讨论的审核等)实现,以提供与需求和设计过程相关的信息。累积性评估则一般使用更正式、更具封闭性的方法(如按产品标准进行评估)进行活动的验证。

在通过评估确定是否达到了目标(总结性评估)时,本过程的成功实现会验证:

——系统实现组织目标的程度;

——某个特定设计是否达到了以人为中心的要求;

——是否符合国内外法律要求。

注2:本过程与GB/T 18976—2003中7.5"根据要求评价设计"直接相关。

注3:评估可能短期完成(如在设计期间由潜在的用户试用以比较原型特征)或长期完成(如安装后进行研究以确认规格说明,监控疾病记录以寻找健康和安全问题,或通过调查确定对系统下一版本的需求)。

注4:每次评估都会调查最终用户参与的程度。如果最终用户没有参与,应进行风险评估。

上述目的可以通过如下实践来达到。

6.7.2 确定评估情境(HCD.6.1)

描述并核查系统进行测试或其他方式评估的条件。描述评估情境和使用情境之间的关系,特别是它们的不同之处。

注:这一实践优先于HCD.6.2到6.6进行。

6.7.3 评估早期原型以定义系统需求(HCD.6.2)

使用相关标准提供合适的系统基准。测试系统组成、备选方案以及概念设计的可用性。通过原型鼓励利益相关方提出系统需求。测试需求的稳定性。

6.7.4 评估原型以改进设计(HCD.6.3)

收集关于所开发系统使用质量的用户意见,将这些结果以最合适的形式呈现给开发团队。

6.7.5 评估系统以检查利益相关方和组织的需求是否已满足(HCD.6.4)

测试开发中的或最终的系统,以确保其满足规格说明中定义的用户、任务和环境需求(见HCD.3.5和3.6)。

6.7.6 评估系统以检查必要的实践是否已执行(HCD.6.5)

检查系统是否应用了合适的人因学知识、设计风格、标准、指南和法规。

6.7.7 评估使用中的系统以确保其持续满足组织和用户的需求(HCD.6.6)

检查系统在组织、用户、其他利益相关方中的应用和可用性需求是否有变化,确保系统能持续满足这些需求(见HCD.3.5和3.6)。

注1:此项评估包括使用某流程与一定数量代表性用户通过问卷、报告、日志、采访等方式进行经常性联络,获取系统以人为中心方面的信息。这也包括对利益相关方的反馈。

注2:对使用中系统的评估也可以用于评估需求和所得出的规格说明是否合适。

6.8 安装和运行系统(HCD.7)

6.8.1 目的

本过程的目的是确定系统支持和实施的有关人-系统方面的内容。本过程的成功实现会带来如下结果:

——系统利益相关方的要求将会传达给项目实施方;

——明确用户和开发者责任的变化;

——明确最终用户、维护者和其他利益相关方的对系统支持的需求;

——符合人健康和系统安全的规程；

——支持系统的本地化和个性化；

——收集用户反馈，并将由此引发的系统修改反馈给利益相关方。

注1：本过程与GB/T 18976—2003中的任何内容均无直接关系，并可能无法应用于通常的产品开发。

注2：本过程处理与系统运行相关的多种HCD活动，可以由系统开发企业和系统运行组织共同完成。

注3：本过程中的活动与其他HCD中的活动相比，彼此没有共同点。而将这些活动归为一个独立的过程比较方便。

注4：HCD.6.6描述了监控系统运行的情况。但由于它也可用于系统开发的最初阶段，还可用于获取再设计的信息，因此在HCD.6中描述。

注5：使用情境可能会随系统生命周期改变。可能需要周期性的重新评估。这一过程包括下列各项实践。

上述目的可以通过如下实践来达到。

6.8.2 变更管理（HCD.7.1）

促进、监督和确保系统实施的HCD方面内容。

注：这些内容包括工作设计和工作实践、群体或团队合作、培训、新业务过程、责任等的重新组合。

6.8.3 明确对组织和利益相关方的影响（HCD.7.2）

评估待安装的系统对用户和客户组织的影响。

6.8.4 客户化和本地化设计（HCD.7.3）

为系统客户化提供支持，以满足本地文化或运行的需求。为客户化和系统设置提供支持以满足特定用户的需求。向系统配置管理者提供客户化的详细信息。

6.8.5 提供用户培训（HCD.7.4）

对用户提供培训和培训场所，以满足培训需求，并推动向新工作设计和新团队合作的转化。

6.8.6 在已规划的活动中支持用户（HCD.7.5）

在系统定义、开发和安装运行的整个期间，与用户和客户组织保持联系。

6.8.7 确保符合工作场所人类工效学法规（HCD.7.6）

调查工作场所、用户和培训课程，以确保软件、硬件和工作场所符合国家法规要求（见HCD.6.5）。

附 录 A
（资料性附录）
相关工作产出

A.1 以人为中心生命周期过程相关工作产出列表

以下部分列出了以人为中心生命周期过程应用和产生的典型工作产出。其中许多产品是由一系列过程产生或修订的。由于以人为中心生命周期的重复性，工作产出可能会修订数次。

表 A.1 确保在系统策略中包含 HCD 的内容（HCD.1）

投 入	产 出
公司策略 市场调查 技术预测 人口统计学研究 专家预测 HCD 策略方法论	系统和（或）产品总览 初始规格说明 目标群体的社会性和社会技术性需求 预期的使用情境 市场评价 趋势分析 系统账务过程 以人为中心系统策略

表 A.2 规划和管理 HCD 过程（HCD.2）

投 入	产 出
业务规划 组织的资源 审核结果 系统开发规划 人员技能档案 以人为中心方法和工具描述 测试方法描述 项目管理统计 项目监控数据 总体可用性目标 人员和组织需求	需要完成的以人为中心活动列表 以人为中心活动与其他开发活动整合的流程 负责以人为中心设计活动并提供技能和策略的个人和组织 为影响其他设计活动及其记录方法的以人为中心设计活动建立信息交流的流程 设计和开发过程里程碑，如贯穿生命周期文档的规格说明 确保所有试验、测试和评估反馈都被应用的流程 允许反馈在合适时机整合到设计日程中 可用性目标在系统组成间的分配 按可用性目标定义评估标准 评价测试方法指标 迭代次数建议 审核报告[a] 以人为中心的人因策略 HCD 过程定义 HCD 支撑技术规范
[a] 审核依据包括： 用户或用户代表对使用情境信息和需求信息的确认。 检查以下内容：设计过程是否包含了使用情境；设计过程是否涵盖了用户和组织的需求；原型和评估结果是否已应用于改进和提升设计；系统测试是否足以给出对整个系统有益的结果。 足够的用户数量以及使用情境确定的用户代表性依据。系统和使用情境测试方法及测试结果处理的适宜性。 评估员能力、相关流程的选择和应用的合理性。	

表 A.3 确定利益相关方和组织的需求(HCD.3)

投　入	产　出
项目范围 用户代表 工作指导 法律法规 行业、国家和国际标准 系统策略 使用情境 备选系统	用户和设计中的其他人员的范围和关系 风险评估 以人为中心设计目标表述 利益相关方和(或)用户需求说明 组织需求说明 不同需求的优先级 特定的、可测量的可用性目标 设计测试基准 法律法规要求列表 用户和组织需求的来源

表 A.4 理解和确定使用情境(HCD.4)

投　入	产　出
系统需求 利益相关方和(或)用户需求说明 组织需求说明 项目范围 用户代表 工作指导 向开发团队提供使用情境信息	目标用户、任务和环境的描述 利益相关方信息 用户信息 任务信息 组织分析 使用情境信息来源

表 A.5 提出设计解决方案(HCD.5)

投　入	产　出
系统需求说明 利益相关方和(或)用户需求说明 组织需求说明 使用情境 可测量的可用性目标 人类工效学要求 标准和指导 设计风格 专家意见 评估反馈	已有相关知识和应用标准的来源,及对其如何应用(或为何无法应用)的说明 阐明用户互动 对话细节 外观和感觉 布局及其他用户界面问题 规格说明的仿真 系统部分和整体原型 任务模型 功能分配 工作系统设计 按评估结果修订的依据 系统用户和维护人员培训计划 确定系统的用户支持服务 应用标准及其应用方式列表 标准偏离特殊需求的理由 设计中需求与已有设计知识的冲突解决方案 反馈方式及结果在其他设计活动中的应用 确保原型涵盖关键需求并采用良好实践的步骤

表 A.6 针对需求评估设计(HCD.6)

投入	产出
项目规划 系统需求说明 利益相关方和(或)用户需求说明 组织需求说明 使用情境的描述 可测量的可用性目标 标准 法律法规 指南 人因活动标准 可用性审核日程 测试标准 测试人员 测试规范和计划 评估工具 工作指导 工作实践 用户 用户细节 问卷调查 形成目标 使用中用户及组织的满意度目标 长期的健康、安全和舒适目标 可用性、健康和安全需求的描述	系统哪些部分需要评估,如何评估 评估情境 全面描述被测系统及其状态 参与测试用户数量,包括足够的用户数量以及使用情境确定的用户代表性依据 与系统和使用情境相应的测试和数据收集方法 详细结果和合适的统计分析 主要及次要未实现的需求情况、观察资料及综合评估报告 按需求进行明确的通过或不通过判定 评估人员能力依据及相关流程选择和应用 系统测试足以给出对整个系统有效结果的依据 评估反馈源 可用性和人类工效学方面的不足 改进的建议 视频和音频的测试记录 用户观测日志 测试计划和记录 需求修订 访谈记录 人类工效学测量参数 调查标准 调查计划 调查报告

表 A.7 安装和运行系统(HCD.7)

投入	产出
系统和产出总览 系统需求说明 利益相关方和(或)用户需求说明 组织需求说明 使用情境的描述 利益相关方信息 用户信息 任务信息 组织分析 用户代表 利益相关方代表 标准、指南和法规 计划的制定和实施 客户业务计划 用户及维护人员培训计划 用户支持服务的确定	开发计划的实施 计划的实施 客户代表 确定的利益相关方 组织结构 工作描述 工作指导 人员和组织的冲突评估 培训规范 培训计划 培训材料 培训人员的培训材料 冲突报告 用户小组成员关系 监控标准 监控流程 监控报告 工作场所审核 用户组织中系统改进建议 未来开发项目的信息

附　录　B
（资料性附录）
以人为中心生命周期过程的应用

B.1　过程定义中的模型应用

以人为中心过程模型描述了开发以人为中心系统所需要的一整套过程和子过程。对于设计以人为中心系统开发过程和支持生命周期的企业（组织、部门或项目），该模型是有用的资源。

推荐由企业来设立过程并定义对生命周期的需求。将本模型（及其他模型）中过程的结果和此生命周期的需求加以比较。本标准中的过程可以作为这一阶段的投入。第6章中7个过程描述的第1部分均列出了过程的结果。

下一步则是定义按照需求来实现和综合基本的及管理的实践，以达到组织、部门或项目业务目标的生命周期。附录A中的工作产出列表可以帮助进行定义。

注：一些情况下，HCD.7中描述的实践将由系统的购买者而不是提供者进行。

绝大多数实践的更详细信息请见GB/T 18976—2003《以人为中心的交互系统设计过程》。完成实践的具体方法可以从相关教材中找到，或在人因学相关服务提供者处获取。

B.2　过程改进中的模型应用

以人为中心的过程、实践和工作产出对企业如何进行考虑用户问题的活动进行了描述。ISO/IEC TR 15504-2《信息技术　软件过程评估　第2部分：过程及过程性能参考模型》提供了与这些过程相关的一系列成熟度标准。这些描述可用于设定系统开发中更多地考虑以人为中心的目标和计划。管理实践对进一步提高企业以人为中心化成熟度的需求进行了描述。

需要评估诊断已有过程的能力并监控其性能。但过程性能评估的目标是为了企业的利益，而不是获得积分和证书。以过程改进为目的的评估，最好的途径是由企业基于业务需求，定义以人为中心过程的性能标准。初始的和监控的评估范围应与该标准相符合。

B.3　过程评估中的模型应用

B.3.1　以人为中心过程

本标准中提供的模型，可用于评估企业完成模型中所描述的以人为中心过程的能力。评估过程应遵循ISO/IEC TR 15504中的定义。读者可参考ISO/IEC TR 15504《信息技术　软件过程评估》，以了解评估员资格、评估相关的质量过程等细节。

第一步是评估前的模型修订。这包括相关过程的选择和可能的最大能力定义。所选择的过程应能代表企业进行的活动。模型并非不可更改，而是可以按需要进行修订。评估的目的通常是为了清楚地了解特定企业的过程，进而对这些过程加以改善。只有当修订的模型能适应评估目标时，评估才能使企业获得收益。如果企业希望知道特定活动的进行情况，则选择相应的过程和实践进行评估。如果特定过程的进行情况对企业并不重要，则没有必要对其进行评估。

在以鉴定认证为目的的第三方评估中，情况则有所不同。购买者或其他客户需要来自企业的依据，以确认必要的过程按照其标准执行。在此种情况下，评估需要涵盖的过程由客户决定。

下一步是选择评估所需的典型项目。对于完全评估，选择的项目范围应在工作场所、项目大小和企业投入方面具有代表性的过程。

通过会见选定的职员来进行评估。首先，确定每个过程进行了哪些实践。其次，按ISO/IECTR 15504《信息技术　软件过程评估》的第5部分中定义的管理实践性能标准，确认这些过程执行的情况。本标准附录A中提供的工作产出列表可能会作为实践性能的依据。

被访者的准备会有利于评估的进行。他们需要理解模型，以及进行评估的原因，需要对过程有一定的熟悉度。被访者可以按照附录A中所描述的工作产出的形式提供实践性能的依据。GB/T 18976—

2003对为以人为中心过程评估获得依据提供了指导。

被评估的企业需要理解评估工作,并为之作准备。在理想状况下,相关职员应对模型进行研究,并需要对企业过程与实践如何与以人为中心生命周期过程相匹配作出说明。

总体上,访谈一名项目经理和2至3名项目职员(职员们可一同访谈),即足以提供项目成熟度的合理解释。

为了鼓励开放和合作,对实践能否执行的评估是非正式的。最好要求被访者描述过程如何进行,只有当描述不清楚时才针对特定的实践或交付项目提出特定问题。讨论结束时,将结果进行总结,并以各项工作是否进行或是否交付的结果反馈给被访者。在性能评估中,建议开始时引导被访者描述过程如何管理,接着按照最低的成熟度水平提出问题,然后逐渐提高,直到实践明显不能完成的水平为止。超过这一水平并无好处。如果被访者没有准备或时间紧急,评估者也可以直接提问。

对于每个被访者,从N到F为每项实践评分:

N 未完成:无任何依据显示规定的实践已被完成。

P 部分完成:规定的实践已部分完成。

L 大部分完成:规定的实践已主要完成。

F 全部完成:规定的实践已全部完成。

评分时尽量给出较高的分数。

建议使用事先准备的纸质表格或基于计算机的工具,对企业中每个涉及以人为中心活动的过程进行评分计算。评估结果将成为企业中以人为中心过程审核或改进的基础。评估结果无所谓好与坏。性能水平只需使企业达到目标即可。所需的成熟度标准(过程性能)由客户定义并作为过程改进的一部分。

B.3.2 以人为中心过程与其他模型

本模型中提供的以人为中心过程可用于扩充其他过程模型中的过程系列。对通过满足用户需求而获取商业利益的负责开发或支持系统的组织或部门进行能力评估时,就有可能进行这种扩充。

在评估之前,通常要修订以人为中心过程。过程用标准格式描述,以使修订尽可能简便。选择评估中应包括的过程时,宜采纳人因专家的意见。HCD.2几乎是必需执行的。HCD.3-6有可能为大多数评估所需要。HCD.1可能与综合系统开发(如国内产品)更为紧密相关,而HCD.7则与大型系统(如公共区域信息系统)关系更密切。在系统生命周期的早期,HCD.2、3和4的相关性可能更高,但需注意HCD.5和6中的一些实践需要在系统开发的最初时期进行。以人为中心生命周期的重复性也意味着,HCD.3和4中的元素在系统支持中仍需执行。

B.3.3 非正式评估中的模型应用

上述评估方法是很严格的,以使评估结果在不同的企业中具有可重复性。在一些情况下,这种程度的严格和正式是不合适的。

本模型也可用于更加非正式的情况,如研讨会或讨论小组。开发过程的描述和关于管理实践是否实施的讨论仍需保留,但评分过程无需进行,或虽进行评分,但对于是否满足其特性的评估由小组集体决定。虽然结果无需记录,但关于完成的水准、业务或项目需求的标准以及达到标准所需的工作,应达成共识。

小组讨论方法旨在增加利益相关方的意识。评估会上小组成员彼此间的讨论,很可能比过程改进专家的建议更有价值。即使当评估由外界评估人员进行时,也可以加入小组讨论的成分,以提高个人意识和组织知识。在非正式评估中,小组可以对自身进行评估,并保留结果作为下次讨论或项目的参照;还可以规划改进活动,并应对变更进行责任分配。

附 录 C
（资料性附录）
过程模型中对描述的应用

C.1 简介

本资料性附录对ISO/IEC TR 15504-2《信息技术　软件过程评估　第2部分：过程及过程性能参考模型》中给出的一致性要求提供了解释，以应用于本标准中给出的以人为中心过程。尽管一些条目中出现了“应当”一词，但不应将其理解为对本标准使用者的要求。

本附录描述了ISO/IEC TR 15504《信息技术　软件过程评估》与本标准中过程有兼容性的过程模型的需求。这些需求的目的在于，使应用了不同模型和方法的评估结果之间可以相互比较。对于不是以过程评估为目的建立过程模型的人，本标准不做出任何要求。

C.2 模型目的

模型应当基于良好的以人为中心原则，并适用于评估过程性能的目的。

C.3 模型范围

模型应当包含本标准中描述的全部过程集或其中的一个非空子集。

模型应当注明其涵盖范围。

C.4 模型元素

模型应基于元素集，如第6章所定义，该元素集在模型的范围内明确阐述已经定义的所有过程。

模型的详细元素应当组成一系列过程性能指标，这些指标通过工作产出体现过程的有效执行。

C.5 图谱

模型应当提供一种明确的从模型基本元素到本标准中描述的过程和过程特性（目的和工作产出）图谱。

图谱应当完整、清晰、明确，并应当包括涵盖范围的声明。

图谱应当包括模型中以本标准中过程目的为基准的过程性能指标图谱。

参 考 文 献

[1] GB/T 18978.11 使用视觉显示终端(VDTs)办公的人类工效学要求 第11部分:可用性指南.

[2] GB/T 18978.10 使用视觉显示终端(VDTs)办公的人类工效学要求 第10部分:对话原则.

[3] Bate R,Kuhn D,Wells C,Armitage J,Clark G,Cuskck K,Garcia S,Hanna M,Jones R,Malpass P,Minnich I,Pierson H,Powell T,Reichner A. (1995)A Systems Engineering Capability Maturity Model,Version 1.1,SE-CMM-95-01,CMU/SEI-95-MM-003,Carnegie Mellon University. Software Engineering Institute.

[4] Brennan C,Earthy J,Jennings D. (1995) Draft HCI Functions fro BCS Industry Structure Model (version 3), British Telecommunications Research Laboratories, Martlesham Heath, Ipswich,UK.

[5] EIA 713 Interim Standard. Systems engineering capability model,Electronic Industries Alliance,USA.

[6] ISO/IEC TR 15504-2:1998 Information technology—Software process assessment—Part2: A reference model for processes and process capability.

[7] ISO/IEC 12207:1995 Information technology—Software life cycle processes.

[8] ISO/IEC 15288 Information technology—System engineering—System life cycle pricesses.

[9] ISO/IEC TR 15504-9:1998 Information technology—Software Process assessment—Part9: Vocabulary.

[10] ISO 8402 Quality Management and Quality Assurance—Vocabulary.

[11] ISO/IEC 9126-1:2001 Software engineering—Product quality—Part 1: Quality model.

[12] INUSE(1998) Usability Maturity Model. Processes,Priject IE2016 INUSE Lioyd's Register Deliverable D5.1.4p. Lioyd's Register House,29,Wellesley Road,Croydon,CRO 2AJ,UK www.lboro.ac.uk/eusc

[13] Paulk MC,Weber CV,Garcia SM,Chrissis MB,Bush M. (1993) Key Practices of the Capability Maturity Model,Version 1.1,SEI-93-TR-025,Software Engineering Institute,Pittsburgh,PA.

ICS 13.180
A 25

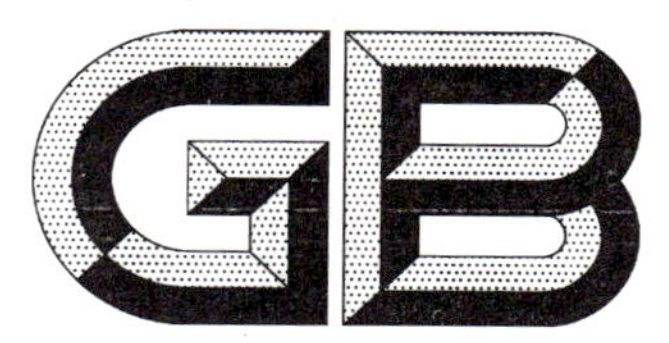

中华人民共和国国家标准

GB/T 23701—2009/ISO/PAS 18152:2003

人-系统交互人类工效学 人-系统事宜的过程评估规范

Ergonomics of human-system interaction—Specification for the process assessment of human-system issues

(ISO/PAS 18152:2003,IDT)

2009-05-06 发布 2009-11-01 实施

中华人民共和国国家质量监督检验检疫总局
中国国家标准化管理委员会 发布

前　　言

本标准等同采用 ISO/PAS 18152:2003《人-系统交互人类工效学　人-系统事宜的过程评估规范》(英文版),并根据 ISO/PAS 18152:2003 翻译起草。

本标准的附录 A 至附录 I 为资料性附录。

本标准由全国人类工效学标准化技术委员会提出并归口。

本标准起草单位:清华大学、中国标准化研究院、北京伊飒尔界面设计有限公司、北京航空航天大学、联想(北京)有限公司。

本标准主要起草人:饶培伦、刘太杰、袁小伟、王黎静、赵朝义、冉令华、陈柏鸿、秦华。

引　言

本标准内容主要涉及系统生命周期过程中与人(用户和其他利益相关方)相关的事宜的界定和处理,目的是用于过程的评估。本规范说明的是一系列过程,借此可解决整个系统生命周期中各种与人相关的问题。本标准阐述了人-系统模型的内容与格式(第6章)和人-系统过程分类(第7章)。

过程是指在开发和运行一个系统或组织时所做的事情。本标准中呈现的过程,如人-系统过程模型或简称人-系统模型,是整合了工业领域中具有人类工效学(人因)、以用户(人)为中心的设计的良好实践的模型。

过程模型提供了如下帮助:

1) 分析了组织创建和(或)维持系统达到所需绩效水平的能力;

2) 分析了妨碍上述能力的阻碍因素;

3) 指出弥补这些缺陷、减轻风险的方法。

本标准使GB/T 18976—2003的内容易于为过程评估师、熟悉或需要过程模型的人所理解。本标准延伸了GB/T 18976—2003中的过程范围。区分了在系统生命周期中的以人为中心的过程和以人为中心的设计。

本标准为需要在系统、硬件、软件的生命周期中整合人类工效学(人因)过程的用户和开发者提供了信息,以此确保系统的可用性、健康性与安全性。

本标准的开发旨在实现下列目标:

——提供评估和减轻来自人-系统的事宜风险的方法,人-系统事宜在整个生命周期中会影响系统的可用性。

——为项目规划和各学科的交流提供人-系统过程的说明。

——为供应商、客户或其他利益相关方改进人-系统过程提供了基础。

人-系统交互人类工效学 人-系统事宜的过程评估规范

1 范围

本标准提供了人-系统模型(HS),该模型可用于ISO/IEC 15504的一致性评估,用以评估组织的成熟度,以便组织在实施这些过程中能确保系统可用、健康、安全。本标准详细说明了针对人-系统事宜的过程和这些过程的结果,并详细描述了达到每一过程结果的具体操作方法和产生的工作产出。

该模型描述的过程仅用以详细描述和评估可用、健康和安全,但未指出与实现目标相关的所有过程。

在使用该模型进行评估前,应当根据特定组织和系统的具体情况,对该模型进行量身定制。附录D提供了关于各种用途的定制化过程模型的建议。

HS模型并未明确操作HS过程的工作人员需要承担的具体职责和对他们的能力要求。

本标准供过程评估人员及过程评估模型和工具的开发人员使用。它为负责人因活动的人员和人因专家提供了丰富的信息。人因专家在阅读本标准前必须先掌握过程建模和过程评估方面的词汇。参考目录中列举了大量标准和文本可供参考。

本标准宜与GB/T 18976—2003和ISO/IEC 15504配合使用。后者为本标准所涉及的过程说明提供了使用的框架。本标准所涉及的一系列过程,可以和其他过程标准如ISO/IEC 12207和ISO/IEC 15288等配合使用。

注1:本标准的使用者应熟悉GB/T 18976—2003和ISO/IEC 15504。

本标准适用于手动系统或嵌入式系统、硬件、软件的说明、设计、评估和操作。该模型可用于通用系统(如消费品)、定制系统(如控制或防护系统)和针对商业、用户环境变化而不断改变的系统(如管理系统体系),但本标准在每项应用前都须根据具体情况进行定制。

注2:过程描述著作权放弃:本标准的使用者可以免费复制本标准第7章和附录A中的过程说明作为过程评估模型的一部分或作为与本标准相容的任何说明的一部分以实现其目的。

2 一致性

从本模型中衍生出来的过程评估模型必须满足ISO/IEC 15504-2:2003中6.3的要求方可被视为符合本标准。本标准附录I中的一致性证明给出了关于如何陈述一致性的范例。

3 规范性引用文件

下列文件中的条款通过本标准的引用而成为本标准的条款。凡是注日期的引用文件,其随后所有的修改单(不包括勘误的内容)或修订版均不适用于本标准,然而,鼓励根据本标准达成协议的各方研究是否可使用这些文件的最新版本。凡是不注日期的引用文件,其最新版本适用于本标准。

GB/T 16251—2008 工作系统设计的人类工效学原则(ISO 6385:2004,IDT)

GB/T 18976—2003 以人为中心的交互系统设计过程(ISO 13407:1999,IDT)

GB/T 18978.11—2004 使用视觉显示终端(VDTs)办公的人类工效学要求 第11部分:可用性指南(ISO 9241-11:1998,IDT)

ISO/IEC 9126-1:2001 软件工程 产品质量 第1部分:质量模型

ISO/IEC 15288:2002 系统工程 系统生命周期过程

ISO/IEC 15504-2:2003 过程评估 第2部分:执行评估

ISO/IEC 15504(所有部分)　软件工程　过程评估

4　术语和定义

下列术语和定义适用于本标准。

4.1

过程能力　process capability

过程达到既定目标的能力。

[ISO/IEC TR 15504-9:1998]

注 1:此处能力不同于人的能力、军事能力和运作能力。为避免混淆,本标准中不采用任何替代说法。

注 2:ISO/IEC 15504-2 中使用的能力等级在附录 E 中给出。

4.2

使用情境　context of use

用户、任务、设备(硬件、软件和材料)、系统使用的物理和社会环境。

[GB/T 18978.11—2004]

4.3

支持系统　enabling system

在其生命周期各阶段,对有利益关系的其他系统进行补充的系统,但不直接对系统功能有贡献。

注 1:例如,在系统进入生产这一生命周期阶段时就需要一个(支持)生产系统。

注 2:任何支持系统都有自身的生命周期。作为有利益关系的系统时,本标准适用于所有支持系统。

4.4

企业　enterprise

是组织的一部分,其责任是根据协议获取和提供产品和(或)服务。

[ISO/IEC 15288:2002]

注:一个组织可以包含在多个企业中,一个企业也可以包含一个或多个组织。

4.5

人类工效学　ergonomics

人因　(human factors)

研究人的能力和局限性、人与技术和环境的交互及这方面知识在产品、过程和环境中的应用。

注:新词人类工效学(Ergonomics)从希腊字"ergos"和"nomos"演化而来,本义为"工作的规律"。

4.6

形成性评估　formative evaluation

本评估的设计和利用是为了改进评估对象,尤其在此对象仍需改进时。

[程序评估标准　第 2 版]

4.7

人因数据　HF data

是关于用户和其他利益相关方的信息,这些信息由与人有关的科学形成和维护。

注:此处包含诸如人体测量数据、健康安全数据、心理计量数据、工效学标准、存取标准和所有人文科学的专家知识(如心理学、社会学、医学、人机交互、行为科学、人类学、管理科学、教育、人事管理)及这些信息和知识的编号(如国际标准、立法要求、有效专利、优良惯例、风格指导和项目标准)。

4.8

以人为中心的设计　human-centred design

以用户为中心的设计　user-centred design

是一种设计方法,其特征是用户的积极参与、明晰的用户和工作要求、用户与技术间适当的功能配置、设计解决方案的迭代和多学科设计。

[GB/T 18976—2003,5.1]

注：可用性工程学在应用中经常替代以人为中心的设计，然而可用性工程学方法的应用并不规定积极的用户这一过程是必须的，可这却是以人为中心的设计的基础。此外，可用性工程学常常过分强调评估方式，而以人为中心的设计，参考分析使用情境、提取用户需求、制作设计解决方案和根据要求评估设计等过程，并在设计中反复参考这个过程。

4.9

人因整合　human factors integration

确定、追踪、解决人-系统事宜的系统方法，以确保操作能力的技术和人因方面之间的平衡发展。

注1：目的是确保项目决策能够获得足够的与人相关的信息支持，项目决策能够考虑合适的人因数据。

注2：引自英国《人因整合——导论　2002》(Human Factor Integration—An Introductory Guide)。

4.10

人-系统事宜　human-system issue

在系统生命周期的任何时间，与人(用户和其他利益相关方)及其参与的或者交互的系统相关的事宜(例如：需要、需求、约束、局限、关注、障碍、因素或想法)。B.6中列有会出现HS事宜的领域。

4.11

生命周期　life cycle

从需求定义到终止使用，系统生命中所包含的阶段和活动，包括概念形成、开发、操作、维护支持和配置。

注：引自GB/T 18976—2003，IEC 61508和ISO/IEC 12207中的定义。

4.12

(基础)实践　(base) practice

对过程产出(工作产出)有贡献或提升过程性能的技术或管理活动。

[ISO/IEC TR 15504-9:1998]

4.13

过程　process

将投入转化为产出的一系列相关活动。

[ISO/IEC TR 15504-9:1998]

4.14

过程评估　process assessment

参照模型，对组织过程进行的规范性评估。

[ISO/IEC TR 15504-9:1998]

4.15

过程类别　process category

涉及相同活动范围的过程集合。

[ISO/IEC TR 15504-9:1998]

4.16

过程改进　process improvement

为改进某个企业的过程而开展的活动，使企业的过程符合企业的业务需求并能更有效地达到企业业务目标。

[ISO/IEC TR 15504-9:1998]

4.17

项目　project

根据特定的资源和要求在规定的起始和结束时间内从事创造产品或者服务的活动。

[ISO/IEC TR 15504-9:1998]

注:项目这一术语没有摒除在系统开发之外。项目包括与系统相关的长期活动,如培训、维护和支持。

4.18

原型　protoype

指用于向用户演示、希望得到测试用户反馈的人造物。

注1:包含样品、实际尺寸模型、纸原型、模拟、角色扮演和模拟系统或文档、故事情节。

注2:引自GB/T 18976—2003。

4.19

利益相关方　stakeholder

在系统中或在对满足一方需求和(或)期望的质量所有中拥有权力、股份或要求权的利益方。

例:用户、客户、业主、开发者、管理机构、维护人员、支持人员。"业主"包括负责系统人员配置的人(如配置计划人、培训组织)。

注:本标准中使用的术语"项目利益相关方"是指在项目中拥有利益的组织成员,包括诸如项目经理、任务领导、技术人员、管理人员和质量保障人员。

4.20

总结性评估　summative evaluation

该评估是用以表述评估目标的优势或价值及关于是否应当保留、修改或废除的建议的总结。

[项目评估标准,第2版]

4.21

系统　system

为实现一个或多个规定目标而组织起来的相互作用的单元组合。

[ISO/IEC 15288:2002]

注1:系统可以认为是一件产品或提供的一项服务。

注2:一个系统包括工作场所、物理设备、计算机软件、文档、手册、人的任务和组织或管理程序。当这些与用户相结合并实施操作,结果就是工作系统,见4.26。GB/T 16251—2008给各工作系统的设计和运行给予指导。

4.22

任务　task

为获得工作系统预定结果而进行的活动。

注1:引自GB/T 16251—2008/ISO 6385:2004。

注2:任务不用于描述项目活动,术语"实践"才是描述项目活动。

4.23

用户　user

与系统交互的个体。

[GB/T 18976—2003]

注:组织用户也可被认为是系统用户。

4.24

可用性　usability

以有效性、效率和满意度为指标,产品在特定使用背景下为了特定的目标可为特定用户使用的程度。

[GB/T 18978.11]

4.25

工作产出　work product

与过程执行相关的产品。

[ISO/IEC TR 15504-9:1998]

注:过程可以使用、生产或改变工作产出。

4.26

工作系统　work system

为了完成工作任务，在所设定的条件下，由工作环境、工作空间、工作过程中共同起作用的人和工作设备组合而成的系统。

[GB/T 16251—2008]

5　符号(缩略语)

BP　基础操作

HCD　以人为中心的设计

HF　人因

HFI　人因整合

HR　人力资源

HS　人-系统

6　模型内容与格式

6.1　标准的应用

HS 模型表达了对系统过程的一个特殊观点，强调在系统生命周期及其过程中对人-系统事宜的处理。人-系统过程包括了一系列过程，包含了系统生命周期中与人相关的各种事宜。在整个生命周期内，HS 过程能为潜在用户提供具有可用性、健康、安全性的系统。

第 7 章包含了 3 套过程说明。每套过程说明包括过程目的、执行之后实现的目标及为实现过程结果采取的操作。附录 A 提供了每步操作的注释及过程采用和形成的工作产出列表。

本标准包括信息丰富的附录。

附录 A 包含对第 7 章中过程和操作的描述性注释和每一过程产生结果的列表，可作为评估模型。

附录 B 描述了模型的技术成分、模型中各过程的关系、生命周期和组织，可作为评估过程标准和 HFI 的环境。

附录 C 表述的是与人力资源活动和系统可用性相关的一套附加过程。

附录 D 描述了 HS 模型在定义、改进和评估过程中的使用。

附录 E 描述了 ISO/IEC 15504 的能力范围并指出 HS 模型中的操作(这些操作能证明组织的成熟度高于 1 级)。

附录 F 指出 HS 模型中过程和工作产出之间的关系。

附录 G 和附录 H 描述的是 HCD 的 HS 模型和过程模型之间的对应情况及系统生命周期。

附录 I 是 HS 模型的 ISO/IEC 15504 一致性声明。

6.2　HS 模型格式

本标准中的 HS 模型所使用的格式与过程评估模型相同。过程评估模型描述了给予组织实现技术目标的最佳可能。该模型中的过程采用 ISO/IEC 15504 中使用的格式，以 HS. n. m 格式和标题来表示。“HS”表示这个过程来自 HS 模型，“n”是过程编码(即上一级过程)，“m”是子过程编码。随同注释执行这一过程的好处，每一过程的目的也给予了说明。结果列表中列出了执行这个过程后所取得的一系列的结果。同时，还给出了实现这些结果所需要的实践列表。用延伸的过程代码并以“BP”作为序列号对这些实践进行特殊编码。过程模型没有表明执行这个过程的相关人员的职责。HS 过程的执行与任务、专业和职业均无任何特殊联系。

表 1 列出了各种人-系统过程，并标明了其所属的人-系统的过程类型和参照码。参照码反映了与第 7 章中描述的过程之间的联系，以及与进一步提供细节的附录之间的联系。这些附录在 6.1 中有描述。附录 B 和附录 F 提供了 HS 模型中各过程联系的详细情况。过程会在生命周期中和组织的几个部

分中多次出现和实施。这一方面是因为一个系统往往被分割为子系统和可实行的小单元，每一单元都会在相关过程的实施中得以定义、发展、维护，另一方面，这也是因为系统迭代开发或接续改进的结果。一旦具备实施的条件(可以实现预期结果的条件)，过程便会即刻开始运行。过程实施的时间长度和复杂程度要根据具体的情境和要求而定。

本标准采用了 ISO/IEC 15288 中有关阶段支持系统的概念，作为 HS.1 即生命周期中的参与过程的基础。ISO/IEC 15288 中将系统生命周期中的每一个阶段作为一个过程。本标准采用这一概念并用以描述这些过程中的人-系统因素。

表 1 中，根据 ISO/IEC 15504 对过程的描述，对各个过程加以分类，共分为：三类(基础、扩展、新增)、两级(过程和成分)。根据 GB/T 18976，对他们进行组合如下：

a) 基础过程——与 GB/T 18976 中的过程相似。
b) 扩展过程——对 GB/T 18976 中过程的延伸。
c) 新增过程——超出 GB/T 18976 中过程范围的过程。
d) 子过程——同一过程中的一组或多组 GB/T 18976 活动。
e) 扩展子过程——同一过程中一组或多组 GB/T 18976 活动，还有其他增加的内容，是扩展过程的子过程。
f) 新增子过程——超出 GB/T 18976 中过程范围的一个或多个子过程，是新增或扩展过程的子过程。

表 1 人-系统生命周期过程

参照码、过程概述		
过程名称	参照码	过程类型
HS.1 本过程预期在生命周期的特定阶段会出现特定的人-系统事宜。通过关注各阶段支持系统中人的问题，提高系统生命周期的效率。 注：根据 ISO/IEC 15288 附录 B 中的样本阶段，对这些过程进行总体分组。但是，为了对 HS 活动进行更有意义的分组，将使用阶段分为早期阶段(安装和过渡到使用)和系统主流使用阶段(系统的运作和支持)。		
生命周期中的参与	HS.1	扩展过程
概念阶段中的人-系统事宜	HS.1.1	新增子过程
开发阶段中的人-系统事宜	HS.1.2	扩展子过程
生产和使用阶段中的人-系统事宜	HS.1.3	新增子过程
使用和支持阶段中的人-系统事宜	HS.1.4	扩展子过程
退出阶段中的人-系统事宜	HS.1.5	新增子过程
HS.2 本过程确保让合适的利益相关方来关注人-系统事宜。通过确保以人为中心的设计在相应组织内使用来降低生命周期成本。		
整合人因	HS.2	扩展过程
商业战略中的人-系统事宜	HS.2.1	新增子过程
质量管理中的人-系统事宜	HS.2.2	新增子过程
授权和控制中的人-系统事宜	HS.2.3	扩展子过程
人-系统事宜的管理	HS.2.4	扩展子过程
取舍和风险减轻中的人因数据	HS.2.5	新增子过程
用户参与	HS.2.6	扩展子过程
人-系统整合	HS.2.7	扩展子过程

表 1(续)

参照码、过程概述		
过程名称	参照码	过程类型
人因数据的开发与再使用	HS. 2. 8	新增子过程
HS. 3　本过程使以用户为中心的技术活动得到适当的关注，有利于通过为使用情境中使用系统的用户进行设计而改善系统。		
以人为中心的设计	HS. 3	基础过程
使用情境	HS. 3. 1	子过程
用户需求	HS. 3. 2	子过程
形成设计方案	HS. 3. 3	子过程
使用的评估	HS. 3. 4	子过程
HS. 4　本过程通过系统中人的方面的手段而不是设备方面的手段来解决相关事宜，以便长期确保大部分设备配备能胜任的人员数量正确。 注：本过程的审定标准和 HS. 1-HS. 3 不同，因此这些内容放在了附录 C 而不是正文中。		
人力资源	HS. 4	新增过程
人力资源战略	HS. 4. 1	新增子过程
确定标准技能并明确其差距	HS. 4. 2	新增子过程
人力资源解决方案的设计和交付	HS. 4. 3	新增子过程
评估系统解决方案并获取反馈	HS. 4. 4	新增子过程

7　人-系统过程类别(参照码 HS)

7.1　生命周期中的参与(HS. 1)

生命周期中的参与过程的目的是考虑工作中使用本系统的个人和(或)组织的利益和需求。

成功实施本过程，可以取得以下结果：

a)　项目可以解决或预期由人-系统交互而产生的事宜和风险；

b)　系统的生命周期、阶段规划和资源配置能低成本、高效率地降低人因风险；

c)　可以将系统中利益相关方的需求告知组织；

d)　根据生命周期的需要来应用 HS 过程。

这些可以通过下面子过程的执行得以实现。

注：益处包括：系统可用性得以重视；用户对系统的满意度和接受度得以提高；用户的工作条件得以提高；支持和培训经费得以降低；使用户感到获得授权，变得更强有力、更愿意学习；系统整个生命周期中的成本得到最大限度的降低、整个系统的效率得到最大限度的提高；系统可以根据用户需求进行调节；组织变化包括用户和开发者的责任得以处理。

7.1.1　概念阶段中的人-系统事宜(HS. 1. 1)

概念阶段中的人-系统事宜过程的目的是在组织为所提系统处理战略、市场、方案和整体规划时，对组织的各部分的用户问题形成关注。

成功实施本过程，可以取得以下结果：

a)　在系统概念的开发和评估时，将 HS 风险及其对利益相关方、现有系统和工作环境的影响考虑进去；

b)　在系统战略中将相关的和未来的利益相关方、组织、社会和法律等方面的要求表述出来；

c) 在设计营销策略时，将有助于满足用户和雇主的要求和期望的人-系统事宜考虑进去；

d) 在确定组织变革时，考虑到未来的并购策略。

通过以下操作实现：

——HS.1.1.BP1 明确系统用户希望的环境。

——HS.1.1.BP2 分析系统概念。

——HS.1.1.BP3 描述用户及组织希望通过使用本系统达到的目标。

——HS.1.1.BP4 界定和分析可能被系统影响到的各组利益相关方所需承担的职责。

——HS.1.1.BP5 开展对目标系统可用性的研究。

——HS.1.1.BP6 告知利益相关方，环境和人力资源配置方案和局限。

——HS.1.1.BP7 发展系统业务。

注：益处包括：系统整个生命周期成本包括人力成本和软件成本，如培训、重组；未来系统绩效评估将人和组织的绩效也考虑在内；减少操作或实施时受抵制的可能性；在开展业务时将影响系统成本和效率的人为因素考虑进去。

7.1.2 开发阶段中的人-系统事宜(HS.1.2)

开发阶段中的人-系统事宜过程的目的是指出并描述用户在对系统及其构成进行规定、设计和验证时的需求。

成功实施本过程，可以取得以下结果：

a) 设计是建立在潜在用户对原型的试用基础上；

b) 以人为中心的设计原则在系统开发中得以应用；

c) 明确 HS 成本(如人员与培训成本)、效率(如人的绩效)和风险；

d) 收集并利用用户反馈和进一步的要求。

通过以下操作得以实现上述结果：

——HS.1.2.BP1 根据系统各方面的用途及其对利益相关方的影响制定设计方案。

——HS.1.2.BP2 为每个设计制定以用户为中心的解决方案。

——HS.1.2.BP3 按客户要求设计。

——HS.1.2.BP4 为有用户参与的测试，针对系统的关键方面，进行模拟或试验。

——HS.1.2.BP5 收集用户对正在开发中的系统的可用性意见。

——HS.1.2.BP6 评估系统对用户健康的危害。

——HS.1.2.BP7 评估系统使用过程中人为错误对社区和环境可能造成危害。

注：益处包括：潜在用户问题及其改进余地；取舍研究中充分考虑技术、支持材料、组织或物理环境等方面的因素；改进方案使其最大限度符合功能、用户和组织的要求；界定并减轻用户造成的和影响用户的危险因素。

7.1.3 生产和使用阶段中的人-系统事宜(HS.1.3)

生产与使用阶段中的人-系统事宜过程的目的是为了促进、监督和确保人-系统因素在系统的执行、介绍、验证过程中得到足够的重视。

成功实施本过程，可以取得以下结果：

a) 调整系统以符合个人执行要求；

b) 对工作和新团队工作安排的新设计做出调整；

c) 人-系统事宜的介绍和首次展示；

d) HS 标准中的关键点决定所交付的系统是否能被接受。

通过以下操作得以实现上述结果：

——HS.1.3.BP1 制定一个包含技术、集成、计划和人员配备事宜的实施策略。

——HS.1.3.BP2 明确并规定系统的基础结构。

——HS.1.3.BP3 在定义、开发和介绍系统的时候，保持和用户及客户组织的联系。

——HS.1.3.BP4　在培训和认识规划中，建立工作必须的资质要求。

——HS.1.3.BP5　测试使系统符合本标准所提出的用户、任务和环境要求。

——HS.1.3.BP6　分析系统交付使用时的反馈，并将出现的事宜告知组织。

注：益处包括：对系统、系统操作目标和用户需求之间的配合进行了评估；HR的重组和培训事宜与系统介绍相匹配；系统融入组织，如安全管理系统、系统支持组织、质量管理系统、培训、招聘和工作人员培养过程；交付使用的系统符合国际、国内和(或)法定的要求；明确运行系统所需的成本、时间和其他资源。

7.1.4　使用和支持阶段中的人-系统事宜(HS.1.4)

使用和支持中的人-系统事宜过程目的是就系统操作、使用、支持和维护的用户反应，对用户组织进行监控并提出建议。

成功实施本过程，可以取得以下结果：

a)　遵守安全操作、健康以及安全规程；

b)　监控与设计意图相关的系统的长期使用；

c)　随着时间的进展明确并提高使用和支持系统所要求的能力；

d)　系统要满足用户和维护人员的要求。

通过以下操作得以实现上述结果：

——HS.1.4.BP1　制定人事策略。

——HS.1.4.BP2　给用户和支持人员提供培训项目或其他有助于提高认识的项目。

——HS.1.4.BP3　审评系统看它是否符合适用的与人有关的科学知识、风格指导、标准、准则、条例和法律。

——HS.1.4.BP4　评估变化对系统可用性的影响。

——HS.1.4.BP5　评估系统对用户健康的危害。

——HS.1.4.BP6　评估系统使用过程中人为错误对社区和环境可能造成危害。

——HS.1.4.BP7　对评估过程中引发的事宜采取措施。

——HS.1.4.BP8　对改进加强系统操作和支持策略进行研究。

注：益处包括：系统能更快地对用户的变化(如，用户需求、任务、环境)作出反应；系统能更快地对利益相关方的变化作出反应；系统的可用性维持在要求的水平上。

7.1.5　退出阶段中的人-系统事宜(HS.1.5)

退出阶段中的人-系统事宜过程的目的是在系统结束、放弃服务、退出或遭到破坏时考虑用户需求。

成功实施本过程，可以取得以下结果：

a)　收集的用户反应和在用信息，可以用来确定未来系统版本；

b)　明确人员的转业、调离或转变方案，并采取相应措施；

c)　明确置换系统时用户的要求；

d)　工作人员、用户和公众的安全、健康及危险得到监控。

通过以下操作得以实现上述结果：

——HS.1.5.BP1　收集分析使用期间的报告，为下一版本的更新改进服务。

——HS.1.5.BP2　明确与终止服务和毁坏系统相关的风险、健康和安全事宜。

——HS.1.5.BP3　确定用户再分配、解散或转到其他岗位的方式。

——HS.1.5.BP4　制定分解社会结构的计划。

——HS.1.5.BP5　针对替换系统的事后情况说明和回顾性分析。

注：益处包括：处理在退出服务、毁坏系统时出现的HS风险、健康和安全事宜；在退出过程中及退出后为用户提供支持。

7.2　整合人因(HS.2)

整合人因过程的目的是对系统中人-系统过程作出合理的安排。

成功实施本过程，可以取得以下结果：

a） 组织处理人-系统事宜；

b） 实施 HS 生命周期过程。

这些可以通过以下子过程的执行得以实现。

注：益处包括：将以人为中心的设计应用于系统生命周期中；随着对用户需求的逐渐理解，系统对这些需求作出更快反应；采用人因技巧、方法和技术，来支持以用户为中心的设计和系统的操作。

7.2.1 商业战略中的人-系统事宜（HS. 2. 1）

商业战略中的人-系统事宜过程的目的是在制定组织的商业战略时考虑系统的可用性、健康和安全事宜。

成功实施本过程，可以取得以下结果：

a） 市场/工作场所中组织系统的可用性具有竞争力；

b） 把企业对可用性、健康和安全的愿景视作企业的资产；

c） 高级管理层支持改善与可用性、健康、安全事宜相关的系统基础结构的要求。

通过以下操作得以实现上述结果：

——HS. 2. 1. BP1 确定可用性为企业的竞争资本。

——HS. 2. 1. BP2 确定系统的可用性、健康和安全目标。

——HS. 2. 1. BP3 紧随市场竞争环境。

——HS. 2. 1. BP4 开发以用户为中心的基础结构。

——HS. 2. 1. BP5 将人-系统事宜与商业利益挂钩。

注：益处包括：高级管理层要求 HS 生命周期过程在产品开发项目中扮演重要角色；确定人-系统事宜的目标，并提供合适的资源以处理人-系统事宜。

7.2.2 质量管理中的人-系统事宜（HS. 2. 2）

质量管理中的人-系统事宜过程的目的是为了给 HS 过程建立、提高和维持组织基础结构和人力资源配备。

成功实施本过程，可以取得以下结果：

a） 制定 HS 生命周期过程政策；

b） 使用合适的工具和方法来处理人-系统事宜；

c） 人-系统能力能够得到保障。

通过以下操作得以实现上述结果：

——HS. 2. 2. BP1 制定和沟通以人为中心的政策。

——HS. 2. 2. BP2 在支持和控制程序中包含 HR 和以用户为中心的要素。

——HS. 2. 2. BP3 确定并维护 HCD 和 HR 的基础结构和资源。

——HS. 2. 2. BP4 增强并保持对可用性的认识。

——HS. 2. 2. BP5 开发并为工作人员提供合适的 HS 技能。

注：益处包括：各利益相关方清楚了解与人-系统事宜有关的设计、项目和商业过程；HS 生命周期过程融入到现有的质量系统、程序和标准中。

7.2.3 授权和控制中的人-系统事宜（HS. 2. 3）

授权和控制中的人-系统事宜过程的目的是在购置、供应和操作中考虑到可用性、健康和安全。

成功实施本过程，可以取得以下结果：

a） 在系统投入过程中加入了人的有效性、成本和风险分析结果；

b） 购置的标准来源于人因数据；

c） 人-系统事宜是系统及其构成正式认可的一部分；

d） 审评 HS 操作和能力来积累组织知识。

通过以下操作得以实现上述结果：

——HS.2.3.BP1 在购置活动中考虑到利益相关方和用户的事宜。

——HS.2.3.BP2 在财务管理中考虑人-系统事宜。

——HS.2.3.BP3 对影响可用性、健康和安全的过程进行评估并改进其人-系统能力。

——HS.2.3.BP4 在所有的审评和决定中包括人-系统审评和认可。

注：益处包括：人-系统事宜在各客户和供应商组织中得到了支持和改进。

7.2.4 人-系统事宜的管理(HS.2.4)

人-系统事宜的管理过程的目的是为了通过安排人-系统过程来反映出系统的需求和局限。

成功实施本过程，可以取得以下结果：

a) 生命周期计划文件包括人-系统过程产生的工作产出；

b) 有充分的资源和工作人员来处理人-系统事宜；

c) 生命周期计划能够适应新出现的人-系统事宜；

d) 生命周期中有充分的迭代来实现系统可用性。

通过以下操作得以实现上述结果：

——HS.2.4.BP1 制定计划来实现并维持整个系统生命周期中的可用性。

——HS.2.4.BP2 明确所需的专业技能并就提供方式做出规划。

——HS.2.4.BP3 管理生命周期计划来处理人-系统事宜。

注：益处包括：人-系统技术和资源的低成本高效率使用；生命周期和过程适合处理人-系统事宜。

7.2.5 取舍和风险减轻中的人因数据(HS.2.5)

取舍和风险减轻中的人因数据过程的目的是为了减轻项目风险，在取舍和风险管理研究中使用人因数据。

成功实施本过程，可以取得以下结果：

a) 明确人的绩效、成本和风险的变化对整个系统性能的影响；

b) 人-系统风险、其他风险与相关事宜之间的潜在冲突得以取舍或调解；

c) 在对系统可用性产生损害的明确的评估基础上，对项目资源进行配置。

通过以下操作得以实现上述结果：

——HS.2.5.BP1 计划并管理人因数据的使用来减少与人-系统事宜相关的风险。

——HS.2.5.BP2 评估预定计划符合可用性标准和其他人-系统要求的程度。

——HS.2.5.BP3 评估新出现的威胁对系统可用性、其他人-系统风险和减轻措施的有效性的影响的严重程度。

——HS.2.5.BP4 采取有效措施来减轻对系统可用性的威胁。

注：益处包括：项目过程是围绕人-系统风险进行设计和维护的；对人的绩效、成本和风险的分析融入了系统生命周期过程中。

7.2.6 用户参与(HS.2.6)

用户参与过程的目的是为了让用户涉及到系统每个重要方面并向用户咨询，由此来提高系统的可用性、健康和安全，或提高系统绩效。

成功实施本过程，可以取得以下结果：

a) 用户参与的需求得以明确并为项目接受；

b) 及时选出足够具有代表性的用户；

c) 用户参与的范围广而有效；

d) 引发的系统变化能够反馈给用户。

通过以下操作得以实现上述结果：

——HS.2.6.BP1 明确需要用户提出意见的人-系统事宜和系统因素。

——HS. 2. 6. BP2　评估在每次评估中没有涉及终端用户的风险。

——HS. 2. 6. BP3　为用户参与制定策略和计划。

——HS. 2. 6. BP4　选择使用最有效的方法征求用户意见。

——HS. 2. 6. BP5　重视用户意见并告知用户。

注：益处包括：系统中用户和其他利益相关方的交流很有效；用户和利益相关方能意识到系统可用性存在的人-系统风险和事宜，并就此提出自己的意见，从而改变系统（或说明为什么不做改变）。

7.2.7　人-系统整合（HS. 2. 7）

人-系统整合过程的目的是为了促进关于人-系统事宜的信息交换和交流。

成功实施本过程，可以取得以下结果：

a）　人因数据以合适的格式供利益相关方使用；

b）　明确来自与系统及其环境相关的人-系统事宜的潜在风险；

c）　实施人-系统生命周期过程中所使用的方法和技术符合利益相关方的需求。

通过以下操作得以实现上述结果：

——HS. 2. 7. BP1　与相关组织就人-系统事宜开发一套共用的术语。

——HS. 2. 7. BP2　促进与人-系统事宜相关的人与技术的交互。

——HS. 2. 7. BP3　确定并使用最合适的数据格式交换人因数据。

——HS. 2. 7. BP4　为特定的项目/阶段提供特别的工具和方法。

——HS. 2. 7. BP5　界定新产生的人-系统事宜。

注：益处包括：在系统开发和运行中考虑人-系统过程及其结果；利益相关方之间关于人的事宜的交流很有效；人-系统事宜在很多的客户和供应组织中得到支持和改进；明确新出现的人-系统事宜并与其他系统事宜权衡比较决定取舍。

7.2.8　人因数据的开发和再使用（HS. 2. 8）

人因数据的开发和再使用过程的目的是为组织开发、维护、提供人因数据和标准。

成功实施本过程，可以取得以下结果：

a）　可以得到正确、充分、及时、清晰的人因数据；

b）　新的或修改过的人因数据能按要求生成；

c）　有效的人因标准得以公布。

通过以下操作得以实现上述结果：

——HS. 2. 8. BP1　制定人因数据管理政策。

——HS. 2. 8. BP2　研究按要求开发人因数据。

——HS. 2. 8. BP3　生成连贯的数据标准和格式。

——HS. 2. 8. BP4　制定数据管理准则。

——HS. 2. 8. BP5　开发和维护充分的数据搜索方式。

——HS. 2. 8. BP6　搜寻并征求专家对人-系统事宜的指导和建议。

注：益处包括：人因数据得到连续的使用。

7.3　以人为中心的设计（HS. 3）

以人为中心的设计过程的目的是为了恰当应用人-系统过程和人因数据以确保系统在其生命周期中的可用性。

成功实施本过程，可以取得以下结果：

a）　在系统使用情境中该系统能满足用户需求；

b）　使用中对人的健康、安全和绩效存在的潜在危害得以指出并处理；

c）　用户的有效性、效率和对系统的满意度得以知道。

这些可以通过以下子过程的执行得以实现。

注：益处包括：为使人/机器的绩效在运行条件下能实现最优化，在系统定义、设计、开发和评估过程中考虑进了人的特点；处理系统正常运行给健康造成的短期或长期危害问题；系统在运行时或以某种可预见的方式被使用或误用时，所造成的安全风险问题被指出并加以处理，处理时考虑了合理的特殊需求。

7.3.1 使用情境(HS.3.1)

使用情境过程的目的是为了确立、阐明和传达用户、任务及系统运行的技术、组织和物理环境的特征。

成功实施本过程，可以取得以下结果：

a) 预期的用户及其任务的特征，包括用户和其他用户、系统的相互作用，都被记录存档；

b) 系统真正的运行环境，包括描述影响用户绩效的因素；

c) 系统局限和要求中包含由使用情境产生的人-系统隐含问题。

通过以下操作得以实现上述结果：

——HS.3.1.BP1 明确系统使用情境范围。

——HS.3.1.BP2 分析任务和工作系统。

——HS.3.1.BP3 描述用户特征。

——HS.3.1.BP4 描述文化环境/组织/管理状态。

——HS.3.1.BP5 描述系统和工作环境外的设备的特征。

——HS.3.1.BP6 描述位置、工作场所设备和环境条件。

——HS.3.1.BP7 分析使用情境的影响。

——HS.3.1.BP8 将事宜告知开发或使用系统的利益相关方。

7.3.2 用户需求(HS.3.2)

用户需求过程的目的是为了确立、阐明和传达系统用户的要求。

成功实施本过程，可以取得以下结果：

a) 界定和分析利益相关方中的相关用户组及其任务的需要；

b) 明确系统用户的要求；

c) 陈述针对操作、功能目标的工作系统绩效的用户标准；

d) 处理系统设计中的用户需求。

通过以下操作得以实现上述结果：

——HS.3.2.BP1 根据用户设置和允许系统预期行为和绩效。

——HS.3.2.BP2 对于系统的用户需求，形成明确的陈述。

——HS.3.2.BP3 分析用户需求。

——HS.3.2.BP4 在预期的使用情境中生成并同意系统可测标准。

——HS.3.2.BP5 告知利益相关方用户需求以便在系统开发和运行中使用。

注：益处包括：定义与人相关的涉及系统的事宜、局限性和机会(包括：系统绩效和可用性标准、舒适、安全、健康和动机；工作系统和法律事宜、维护和支持要求)；预测未具体说明的事物的；明晰系统局限性、机会和要求的自由度；确定需求的优先顺序。

7.3.3 形成设计方案(HS.3.3)

形成设计方案过程的目的是为了在制定工作系统设计方案时考虑到人因数据。

成功实施本过程，可以取得以下结果：

a) 在比较和取舍各种设计方案时考虑到人-系统事宜；

b) 可用性与其他设计标准一样作为取舍标准；

c) 系统中所有用户方面(如工作、任务、文档、人员编制)涵盖在设计中；

d) 用户意见(直接的意见和(或)评估的反馈)融入设计中。

通过以下操作得以实现上述结果：

——HS.3.3.BP1 在人、机器和系统中的组织要素间分配职能，使得各自的职能得到最佳发挥。

——HS.3.3.BP2 根据要求、使用情境、功能配置和设计局限为系统开发出一个实用的用户工作模型。

——HS.3.3.BP3 考虑用户需求、使用情境和人因环境，设计出系统中与用户相关的要素。

——HS.3.3.BP4 生成如何使用系统的描述文档。

——HS.3.3.BP5 根据评估反馈修改设计和安全特性。

7.3.4 使用的评估(HS.3.4)

使用的评估过程的目的是为了收集、汇报系统中与使用或者用户相关的评估反馈意见。

成功实施本过程，可以取得以下结果：

a) 形成性评估提供了设计信息，新风险和相关事宜；

b) 总结性评估呈现了用户需求的完成程度；

c) 根据人-系统事宜，组织获得了决策时需要的信息；

d) 设计由真实用户进行测试。

通过以下操作得以实现上述结果：

——HS.3.4.BP1 计划评估。

——HS.3.4.BP2 界定、分析系统测试或其他评估的条件。

——HS.3.4.BP3 检验系统是否适合评估。

——HS.3.4.BP4 根据评估计划执行、分析评估。

——HS.3.4.BP5 理解并采用评估结论。

7.3.5 人力资源(HS.4)

系统的人员规范、招聘、发展和配置也会对可用性、健康和安全产生影响。本标准描述的第四过程就是这一观点在系统生命周期上的体现。HS.4 人力资源过程的目的是让恰当数量的能胜任的用户以最及时、成本效率最高的方式实现可用性。由于本过程不是按照和 HS.1-HS.3 相同标准审评，因此将它放在了附录 C，而没有放在本标准的正文。

附 录 A
（资料性附录）
评估模型示例

A.1 简介

本附录为第7章中描述的过程参照模型提供了一个评估模型，包括与人-系统过程和操作相关的、能为评估者提供详细信息的说明和示例。这些说明也构成了保障人-系统过程顺利实施所需的知识体系的一部分。

要评估一个操作在某个特定情况下是否得到有效实施，建议评估人应用以下程序。对于每一过程，评估人和受评者应该：

1） 审评过程、过程结果及实施；

2） 审评实现某一特定系统或商业项目的目标和结果的项目/组织活动；

3） 考虑在该情境中的结果、操作和注释。

本附录列出的相关工作的内容和表格有助于根据具体情况进行评估。关于评估的建议在D.3中给出。

A.2 实践

为了实现预期的目的和结果，过程被描述成能够执行的实践。在第7章中，过程用简洁的短语或语句进行描述。本附录、附录E和附录F的表格给出了大量关于过程和操作的扩展、示例和解释。

相比ISO/IEC 15504“标题、摘要和解释”中描述的实践呈现方法，本方法应该优先使用，这是因为：首先，在评估中，短标题和章节细节容易混淆；其次，用一句话对实践进行概括而不忽略任何内容，这往往非常困难；再次，既然在使用过程中，所有实践都需要解释，因此，用包含足够信息的简明摘要指导评估人就比较灵活，相反，用试图涵盖操作所有应用的定义性文字的灵活性就要差一些。

本标准针对不同系统作出了专门的解释，并附有额外注释，以解释说明不同系统所开发和使用的实践。

A.3 人-系统过程、实践和工作产出说明

本章包含一套可供评估者使用的表格，这些表格可作为过程改进的背景资料。这些表格详细说明了第7章给出的参照模型的目的、益处和操作。每个过程中的信息呈现在一张表格中。许多人-系统过程的信息来源于或依赖于其他人-系统过程的结果。在附录F中，表格F.1列出了各过程之间的相互关系。

与子过程（即标以HS.X.X的条目）相关的表格列有关于每一过程对应的最少数量的工作产出。作为用“计划—执行—验证—行动”结构来定义人-系统过程的结果之一，达到“1级执行”这样成熟水平的工作产出是评估人员在评估过程中充分考虑了人-系统相关信息的结果，这些信息指的是在评估过程中，那些操作和过程描述的的信息、以及工作产出的输入特征。对于更高的成熟水平而言，过程会考虑（并生成更多）质量、过程控制、管理以及工作产出的评估。本章的表格中提供了每个过程可能得到的工作产出的清单，A.4说明了这些工作产出的来源和编码系统。

为了确认每个过程的所有工作产出，应使用附录F中各过程之间的对应关系图进行检查。例如，HS.1列举了与系统阶段方面相关的支持系统的工作产出，但核心技术系统工作产出却列在HS.3中。只要某个过程使用了另一过程来获得工作产出（如表F1所指），所用过程的工作产出就可能与其相关。表F.2总结了人-系统过程与工作产出之间的对应关系。

本章中的表格并未暗示代表过程成熟水平的实践是否应该比“1 级执行”水平更高。所有过程都有可能达到 1 级水平，但 HS. 2 的少数实践（在完全执行时）的成熟水平可能会更高，这在 E. 3 中列出并加以讨论。

表 A. 1　生命周期中的参与（HS. 1）

过程注释	生命周期中的人因——各阶段中与人有关的事宜以及与系统的支持系统相关的事宜。此处的过程与对生命周期各阶段的特殊需求的预测和追踪相关，目的是通过及时解决人-系统事宜来提高生命周期的效率。 由于生命周期中的参与过程关注生命同期中每个阶段特殊领域的事宜，因此，本过程对范围广阔的人-系统事宜进行了具体的描述。这些过程激发并使其融入情境中去研究，并促使其整合人因（HS. 2）从而应用以人为中心的设计（HS. 3）。生命周期中的参与涵盖“系统边缘”事宜、非技术性事宜和生命全过程事宜。这些过程使用 HS. 3（以人为中心的设计）以获取结果，使用 HS. 2（整合人因）过程来将人因统数据和项目阶段整合在一起。在 HS. 1 中描述的很多过程都是由系统的买方执行而不是供应方。 阶段支持系统不会随着项目转折点的出现或项目被通过而启动或停止。阶段支持系统是生命周期中生命运作阶段的产物，一系列的阶段支持系统在它们自己的生命周期中本身也是系统。此外，由于系统生命周期可长可短，相应的阶段支持系统可有很长的运行阶段。举例说明： a)　在系统其他单元仍处于概念阶段时，一些单元可能已经交付实施。 b)　频繁修改的系统在交付阶段和概念阶段可能有不同的版本。 c)　系统交付实施阶段的一些事项（如管理变更）需要在概念阶段就加以考虑。对于一般产品，HS. 1 过程会涉及产品的营销、销售及服务相关事宜。

表 A. 2　概念阶段中的人-系统事宜（HS. 1. 1）

过程注释> V 操作	在本过程中，组织关注的是用户组织。对于一般产品（比如手机），用户组织可能就是单个用户。 开发系统组织或者独立、或者与其他用户组织合作执行这个过程。对于一般系统，这个过程关注市场研究中的人-系统事宜。
HS. 1. 1. BP1　界定系统的预期使用情境	为了预测未来系统和新用户或者用户组织的需求，需要对潜在用户群进行研究。分析并考虑社会发展趋势与期望，如即将实施的法律。结合未来系统在预期情境中的运行情况，听取员工/职员的建议。此项活动作为市场或预测的一部分，不是每个系统所必须的。采用产品营销中开发出来的一些技术来研究未来情境，例如：照片调研、针对年轻人的焦点小组讨论、对未来工作环境的仿真、工作和生活方式的深度分析。
HS. 1. 1. BP2　分析系统概念	这是在生命周期的早期执行的活动。分析为了呈现概念而开发的原型与用户需求之间差距的意义。分析已有系统中好的、差的和必要的方面。评测系统可能产生的人因和组织方面的影响。探索提高用户的效率、增强用户对系统的理解的多种方案，例如，执行“早期人因分析”。
HS. 1. 1. BP3　描述用户或者用户组织通过使用系统希望达到的目标	对于一般产品，系统的唯一用户可能是系统的购买者。对于更大或者更复杂的系统，就会存在多个利益相关方和用户组织。不过，在不同使用情境下仍有不同类型的用户。目标被理想化地设置为评测标准。在早期阶段，除了用户，利益相关方也被包含在内，但是，用户参与才是 GB/T 18976—2003/ISO 13407:1999 的根本原则。
HS. 1. 1. BP4　界定和分析可能受系统影响的每组利益相关方的责任	描述潜在用户人群、用户的特征、系统对人力资源的约束条件和要求。评测系统对每组用户的意义和相关性。评测利益相关方需求的稳定性。记录与可用性和紧急用户需求相关的文档事宜。可以适当地涉及医学和绩效标准及能力水平等方面。 GB/T 18976—2003/ISO 13407:1999 列出了典型的利益相关方。

表 A.2（续）

HS.1.1.BP5　研究系统的可用性	采用相关标准与等效系统进行标准检查，例如，可用性、安全的标准。测试系统组件、竞争系统或备选系统、系统概念的可用性。采用原型模拟系统要求的利益相关方的输入。研究可能只是启发式评估或者其他专家分析。
HS.1.1.BP6　告知利益相关方关于情境和人力资源的方案和限制	界定未来人员补充事宜。陈述在使用情境中由其他系统产生的要求和限制。确定未来人力资源的供应情况。声明在当前情境下系统提出的要求和约束条件。确定系统开发方案和培训方案之间的关系。健康和安全以及安全法规将会产生最重要的影响。环境法规也可能会有影响。
HS.1.1.BP7　系统对于商业案例的贡献	包括成本方面（包括引入“软”成本）、运作和处置、人员对效率的贡献（包括修复系统故障过程中的人为失误和复原）。
对过程的工作投入	过程中的工作产出
2.2　产品需要评估(44) 1.1　系统目标(12) 3.1/3.2　市场分析记录/报告(46) 2.5　人因数据(112) 1.3　人因标准和规定(116) 3.2　顾客需求记录(83) 3.4　使用情境分析(111)	3.4　基准数据(43) 2.2　产品需求评估(44) 3.1/3.2　市场分析记录/报告(46) 1.4/2.1　获取的战略/计划(45) 1.4　改进的机会(26) 1.1　人事政策(15)

表 A.3　开发阶段中的人-系统事宜(HS.1.2)

过程注释> V 操作	本过程关注的是项目生命周期事宜，涉及人因数据和界面的使用，这些人因数据和界面需要考虑项目中的人的利益和责任之间的人-系统相关事宜。 系统的设计最好能够将系统的支持部分作为系统的一部分进行设计。在取舍研究中，可以将支持部分作为其中考虑的因素之一。
HS.1.2.BP1　根据系统的使用方面的情况及其可能对利益相关方的影响制定设计方案	系统层面以抽象的方式表达行为和能力。细节或低级层面关注的是组件及其结构。分析与系统设计和系统整体绩效相关的用户目标和任务，以便明确用户对用户界面的需求。在对系统的要求进行分解的过程中，需要说明每个子系统或设备的人员配置和人员约束。涵盖或涉及商业过程、工作设计和任务中的任何可能的变化。方案的数量与其定义层次相关，很大程度上，与产品开发所处的阶段密切相关。与人有关科学的专家和用户代表的参与，可能只是提出某些建议，也可能在方案的分析与设计中有重要的贡献，这取决于由多学科专家组成的设计团队具备怎样的知识和经验。
HS.1.2.BP2　为每个设计方案制定以人为中心的解决方法	考虑商业过程、工作设计和培训提出的的变更。明确如何满足工作、健康、安全和可及性的要求，明确并制定人员配置计划和解决方案。为所需的设备方案制定人员配置方案，包括满足人员培训、支持和安全相关的要求。确保所设计的系统与已有系统和机制相兼容，如：流程、顺序、文档、维修政策、维修水平、操作人员的维护程度。
HS.1.2.BP3　面向定制化的设计	为系统的定制化提供支持以满足当地文化和运行的需要，满足特殊用户的需求。为配置管理提供定制化相关细节。
HS.1.2.BP4　开发系统关键部分的模拟和试验装置以便用户测试	借用诸如仿真、模型、实体模型使得设计方案更加具体。所用的原型要有足够的系统能力以便能够测试所需的安全装置以及运行安全。在生命周期中的任意时间都可以开发原型，不过，需要想象力将抽象的或有缺陷的结构设计要求转化为现实原型。 这项实践需要获得支持以选择和识别系统的关键部分内容。系统的关键部分内容可能会随时间而改变。

表 A.3（续）

HS.1.2.BP5　收集用户关于系统可用性的意见	采用真实的任务。评测原型是否违背可用性和(或)操作标准并收集反馈信息。评估培训的有效性和持续支持有效用户的有效性。收集用户的反馈意见。有些系统的评估要包括安全评估、健康风险评估和阻碍可及性的障碍评估。
HS.1.2.BP6　评估系统对用户的身心健康的危害	结合系统的整体风险评估。用户的健康风险包括紧张以及危害心理健康的危险因素。
HS.1.2.BP7　评估在使用中因人为失误所导致的对社会和环境危害	结合系统的整体风险评估。评估应包括恶意使用所带来的危害。 在系统风险评估中，明确人为失误的范畴并制定相应的处理办法。 例：在风险概率计算中对人为失误进行的定量评估或人为失误设计预案中人为失误的定量评估。
对过程的工作投入	过程的工作产出
2.2　需求说明(52) 2.3　系统设计/结构(53) 2.5　人因数据(112) 1.3　人因标准/规则(116) 3.2　问题报告记录(84) 1.1　目标(12)	1.4　改进可能(26) 2.2　要求说明(52) 3.3　服务水平测定(42) 2.5　系统成分(73) 2.5　开发环境(104)

表 A.4　生产和使用阶段中的人-系统事宜(HS.1.3)

过程注释＞ V 操作	系统验收/接受是本过程的一部分。雇主在系统的成功运行中扮演关键角色，雇主通常对变更过程负有责任，这些责任包括：让用户意识到变更，定义新的招聘和培训要求，同意实施策略和时间表，并监控变更。考虑这些事宜是非常重要的，因为会影响到系统的哪些部分需要首先开发和实施、雇员的条件、用户对新系统的接受程度。 本过程用于处理一般产品的销售和供应。市场试验对系统有一定使用要求。 对于单个实施而言，修改的范围可能只是不同方案的选择，也可能需要做很重要的重新设计。
HS.1.3.BP1　将可选方案和约束条件考虑到实施战略中，实施战略涉及技术、集成、计划和人员配备等方面	在系统的导入阶段和整个生命周期中，规划人力资源的可行性。策略包括的合适的迭代策略，包括培训和维护；项目时间和取消时间；系统的人-系统评估和验收事宜。更换成新系统的费用也许很高，也需要加以考虑。对于很多类型的系统而言，正规的健康风险和安全评估是必须的。
HS.1.3.BP2　界定、明确、制定系统的基础结构	包括基础结构中的人-系统的组成部分。培训和支持是系统主体结构中的因素。培训的开发和提供是已精心设计的活动。培训可与设计同时开展。起始点是对培训需求进行分析。识别、明确、制定用户所需的培训可以让用户更有效地使用新系统完成任务。在安全相关的大系统中，培训包括用户失效和恢复的任何要求。培训的转换也许会成问题。支持的开发也是精心设计的活动。支持的开发可与设计同步进行，它也是所设计的系统的一部分。系统的程序需要反复地设计完善。
HS.1.3.BP3　在系统的定义、开发和导入期间，与用户及客户组织保持联系	在实施系统的过程中，保持和系统开发企业、用户和客户组织之间的联系，包括对工作设计和工作实践的重组，如小组或团队工作、培训、新商业过程以及报告责任。这些活动应贯穿系统使用的全过程。对用户支持的要求不断更新完善。在供应商和用户组织之间的设计和支持的分配可能很复杂。

表 A.4（续）

HS.1.3.BP4　在培训项目和宣传项目中，应考虑所需的技能	这里所指技能的不仅指操作人员的技能，也包括维护和支持人员的技能。ISO/IEC 15288将对操作者进行的培训视为系统中人这一组成部分的实现。这一概念十分有用，因为它表明了培训是工作系统集成中的重要因素而不是事后想法，它也说明了培训和能力评估项目对与安全操作系统是十分重要的。
HS.1.3.BP5　评估系统是否满足其说明书所定义的用户、任务和环境的要求	有些系统的评估包括对安全和健康危险因素的评估。这在生命周期早期就可以开始评估。需要评估的对象包括维护手册和操作手册中列出的数据、程序和任务。检查系统是否符合的人类工效学知识、风格、标准、指南和法规。健康风险因素和使用情境直接相关，如果系统操作改变了，应重新评估健康风险因素。
HS.1.3.BP6　分析配送时的系统反馈并将出现的紧急事宜告知相关组织	使用正式的方法收集反馈信息，这些方法包括调研、分析客服电话和故障报告等正式方式，或轶事报告、访谈和用户非正式报告等。
对过程的工作投入	过程的工作产出
1.1　目标(12) 2.5　系统组成(73) 1.2　客户支持程序(82)	1.4/2.1　安装策略计划(74) 2.5　安装指导(75) 1.4/2.1　接受检测策略/计划(68) 1.4/2.1　发布策略/计划(69) 2.5　系统(73) 2.5　用户环境(113) 1.4/2.1　培训策略/计划(88) 2.5　培训资料(90) 3.2　客户满意度调查(85) 3.4　客户满意度数据(86) 1.4　改进可能(26) 3.3　实地评测(41) 3.2　问题报告记录(84) 3.4　接受记录(81)

表 A.5　使用和支持阶段中的人-系统事宜(HS.1.4)

过程注释> V 操作	本过程由系统开发企业和系统操作组织共同制定。在系统生命周期中，使用情境会发生变化。需要定期重新评估以维持人与系统中其他组成部分之间的最佳整合。对一般产品(如数字电视解码器)来说，本过程强调对用户提供支持。
HS.1.4.BP1　制定人事策略	制定与保养、装备、能力、服务配送等方案相协调的人力资源和招聘方案。用整个生命周期的成本来评估人力资源方案的成本。在组织层面的应用人力资源策略。为系统中的职员呈现操作和支持的概念(如高级管理层的支持)。在招聘、人员发展和培训中考虑系统的资源。
HS.1.4.BP2　评估系统是否遵循可用的人文科学知识、风格指导、标准、指南和法规	安装完毕之后对健康安全问题再进行一下研究以确认规范和漏洞记录的监测。 对工作场地、用户和培训项目进行常规调查以确保软件、硬件和工作场所满足国家法律的要求。关于健康安全的法规会不断有变更。 健康和安全维护是系统的任务之一，它需要信息、指导和培训。在系统的使用期中都需要培训。

表 A.5（续）

HS.1.4.BP3　为用户和维护人员提供培训和研讨会	提供培训以满足相应的培训需要，并促进新设计的出现和新团队工作安排的实施。对用户和维护人员提供培训和研讨是为了满足系统使用中相应的培训需要。总之，系统使用的基本培训是需要的，促进用户成长的后续培训也应当提供。
HS.1.4.BP4　评估更改对系统可用性的影响	评估下列因素产生的效应： ——新的组件或子系统对系统可用性的影响； ——主要变更对系统可用性的影响； ——使用情境改变对系统可用性的影响。 使用情境改变会发生在： ——用户上（如用户组织的技能和培训及对产品和人员期望的需求和期望）； ——任务上（如工作种类或工作量的改变）； ——环境上（如工作和生活环境的改变，新技术、组织和工作结构的变化、立法、社会和政治等方面的变化）。 系统操作改变后要对健康危险因素进行重新评估。
HS.1.4.BP5　审评系统用户的健康和风险	结合系统整体风险评估。风险包括压力和对精神健康的危害。
HS.1.4.BP6　审评系统使用中人为失误对社会和环境造成的危害	结合系统整体风险评估。评估由恶意使用而带来的风险。
HS.1.4.BP7　研究如何改善和巩固系统的操作和支持策略	这项研究基于用户和潜在用户对系统使用的反馈。这项活动也与组织和过程改进中对知识的界定和保留有关。
HS.1.4.BP8　处理因当前评估所引发的事宜	在系统改进中使用从用户审计和评估中得来的数据。系统操作的持续改进需要人因、安全、健康和安全方面的支持和建议。
对工作过程的投入	工作过程的产出
1.1　操作目标＋(12) 1.4/2.1　培训策略/计划(88) 2.5　培训资料(90) 1.3　人因标准和规则(116) 2.5　人因数据(112) 3.3　服务水平评测(42) 3.3　风险评测(40)	3.2　实地评测(42) 1.4　改进可能(26) 3.3　风险评测(40) 3.3　服务水平评测(42) 1.2　客户支持程序(82) 3.2　客户满意度调查＋(85) 3.2　问题报告记录(84) 3.4　客户满意度数据＋(86) 3.2　客户要求记录(83)

表 A.6　退出阶段中的人-系统事宜(HS.1.5)

过程注释> V 操作	处置系统在概念阶段就考虑了，在系统生命周期的大部分阶段都可使用，除了“硬件系统”中的细节外，也包括人员、能力、人员意见。
HS.1.5.BP1　收集分析当前的报告为下一版本的更新改进服务或为其总结教训	需要进行进一步调查。反馈分析的仲裁程序要与结果相联系。对于一些系统和（迭代的/增长的）生命周期来说，本活动始于概念阶段。与经验和传承相结合。

表 A.6(续)

HS.1.5.BP2 界定与退出服务和销毁系统相关的风险、健康和安全事宜	可能有涉及系统使用、操作或配置的长期的健康和安全、可及性问题。可能需要保管记录并在利益相关方执行活动时进行适当地监控。
HS.1.5.BP3 明确如何用户再分配、撤离或转到其他任务	(空白)
HS.1.5.BP4 制定分解社会结构的计划	当操作者或用户在系统某部分执行危险的、压力大的或反社会的任务时,需要解除其形成条件。
HS.1.5.BP5 听取汇报,对替代系统进行回放分析	为了获得下一个系统的输入,征求意见的工作应该及早进行。 HS.1.5.BP1 是有反馈的;它取决于使用中出现的问题。BP5 为前摄行为。
对过程的工作投入	过程的工作产出
1.1 目标(12) 3.4 客户满意度数据(86) 1.3 人因/人力资源标准和法规(116) 2.5 人因数据(112) 3.2 人员记录(108) 2.2 要求明细(52)	1.4/2.1 (退出)策略/计划+(74) 2.5 退出指导(75) 1.4/2.1 培训策略/计划(88) 1.1 人事政策(15) 1.4 改进的可能(26) 3.2 人员记录(108)

表 A.7 整合人因(HS.2)

过程注释	人因整合——系统中的与人有关的事宜。这里的过程与策略、并购和计划相关。本过程确保人-系统事宜能够被合适的利益相关方处理。通过组织中"设计为人"理念的采用降低了生命周期成本。 本过程描述了一些和成功执行项目中的可用性和人-系统事宜相关的活动。系统工程的界面是可动的,并取决于项目的人员配置和技术操作风险比例。 本过程与 GB/T 18976—2003/ISO 13407:1999 中的第 6 章计划 HCD 过程、7.4.6 管理设计解决方案的迭代和 7.5.2 评估计划直接相关。 对于防御或紧急服务使用需要添加一个目的:"不管其技能和定位,所有人的服务生存力要加强。"如果特殊需求、寿命和损害在利益相关方和用户需求系统分析中成为问题,出现了就要处理。 关于"人因整合"这一术语的背景详见 B.6。

表 A.8 商业策略中人-系统的事宜(HS.2.1)

过程注释> V 操作	本过程描述了商业管理所执行的活动(也描述了其对可用性的承诺)。 本过程可在供应商和用户组织中由商业管理执行。对于供应商,应该关注概念与开发中与产品相关的人-系统事宜,注重可用性。对于用户组织,应该关注正在服务的产品,注重人员配置和培训。
HS.2.1.BP1 将可用性视为竞争资本	商业管理能够认识到可用性和人-系统生命周期过程是商业策略的一部分。
HS.2.1.BP2 制定系统的可用性、健康和安全目标	这意味着商业管理对系统的可用性设定了要求。开发样本项目是对良好可用性的最好奖励。 人-系统事宜所涉及的内容远不止可用性,但在效度层次上,对人-系统事宜的处理应该以有效性、高效性和满意度进行衡量。 如有相关的项目群,人-系统目标可在具体项目的目标被分配前开发设定。

表 A.8（续）

HS.2.1.BP3 跟随市场竞争环境	商业管理注重将自己的可用性与竞争对手的可用性进行对比，它们： a) 确定并保持自己在市场上的相对地位； b) 必要时，关注市场地位以便做出改变。
HS.2.1.BP4 开发以用户为中心的基础结构	高级管理直接控制资金以便维持/改进组织中以用户为中心的设计技巧、资源、技术、意识和文化。
HS.2.1.BP5 将人-系统事宜与商业利益挂钩	例1：统计整个生命周期的成本以评估以用户为中心方式的成本收益情况。 例2：对可及性和无阻碍工作场地/产品的考虑会很有竞争优势，适销性和上升力会增加。
对过程的工作投入	过程的工作产出
3.1/3.2 市场分析(46) 3.4 基准数据(43)	1.1 愿景(13) 1.1 目标(12)

表 A.9 质量管理中的人-系统事宜(HS.2.2)

过程注释> V 操作	涉及人-系统过程因素，诸如质量保证、变更控制、风险管理、过程和方法维护、资源管理。确保这些作为组织基础结构管理中的一个不可分割的部分（如通过人-系统事宜记录的维护）。 本过程是一般过程的人-系统生命周期的应用。本标准与其他过程模型一起使用时，可以使用一般支持过程，也可以处理此处描述的具体的人-系统事宜。
HS.2.2.BP1 以人为中心的政策建立和沟通	在组织中改进并维护以人为中心的方法。在各项目小组中创造多学科文化。确保工作人员在开展可能影响可用性的活动中采取以人为中心的方法。在项目和组织管理中具体考虑人-系统事宜。当对人-系统事宜的关注与系统和用户组织有关时，组织内的开发和生产环境会产生类似的事宜。
HS.2.2.BP2 在支持和控制程序中包含人力资源和以用户为中心的元素	本操作处理了与系统生命周期有关的过程和程序，与开发过程的产品（即系统文档记录、使用和支持程序）无关。企业程序、标准或指南中也包括人-系统过程。例如，质量保证、变革控制、过程和方法维持、资源管理。确保这些作为组织的基础结构管理中的一个不可分割的部分。
HS.2.2.BP3 确定并维护 HCD 和 HR 的基础结构和资源	根据最佳操作、立法要求和产业规范来选择人-系统过程、方法、工具和技术。根据经验、技术发展、客户及立法要求和产业规范来修改人-系统过程、方法、工具和技术。从工具和方法的使用中总结经验来了解和改善人-系统过程的有效性。基础结构的例子有工具、方法、指南和测试设备。
HS.2.2.BP4 增强并保持对可用性的意识	加强设计者对使用情境的了解。加强设计者在人因评估中的参与程度。这通常包括培训和及其他改进活动，例如，正式培训、案例研究、宣传和奖励计划。
HS.2.2.BP5 给职员开发或提供合适的人-系统技能	这可以通过招聘、培训、自留顾问来实现。绝大多数的专业技能都有职业资格认证。在任何情况下，一定的内部合作都是必不可少的。
对过程的工作投入	过程的工作产出
1.1 愿景(13) 1.2 系统开发方法学(1) 1.3 标准(9) 1.3 编码标准(10) 2.1 人事政策(15) 2.5 开发环境(104)	1.1 政策(14) 1.1 质量陈述/政策(24) 1.3 系统生命周期模型(2) 1.3 编码标准(10) 2.1 人事政策(15) 1.4 改进可能(26) 3.3 质量标准(27) 2.5 开发环境(104)

表 A.10　授权和控制中的人-系统事宜(HS.2.3)

过程注释> V 操作	(空白)
HS.2.3.BP1　在各种活动中考虑利益相关方和用户的事宜	本操作内容扩展包括人因数据的提供,以及给产品系统开发企业和一般的购买过程的用户组织提供建议。 例 1:合同管理和采购。 例 2:在招标和投标中提供和审评人-系统要求。在这种情况下,预期的利益相关方包括所有项目的利益相关方。 投标和合同订立过程涉及工作项目的规定、技术要求、对供应商的能力的评估和验收/完成。可以激励供应方处理合同和商业安排中的人-系统事宜。
HS.2.3.BP2　财务管理中考虑人-系统事宜	提供并审评投资评估、成本效率分析、商业案例、高层项目标准等方面的人-系统因素。在财务分析中,使用整个生命周期和其他恰当的总成本模型。
HS.2.3.BP3　在影响可用性、健康和安全的过程中评估和改进人-系统能力	对利益相关方展开过程评估,以界定优势、劣势和机遇以改进人-系统过程。所有利益相关方都可能对系统可用性产生影响。可能需要对系统开发企业和用户组织进行评估。本过程评估的目的是为了减轻与可用性、健康和安全有关的项目风险。反馈形式可能是正式的能力证明,也可能是主要过程风险的列表。
HS.2.3.BP4　在所有的审评和决定中包括人-系统审评和结束	人-系统审评包括所有与人-系统事宜有关的因素,如可用性、健康与安全立法、安全、人员配置和培训能力。明确并遵循项目在权利和责任方面的要求。签字人和审评人应具备所要求的知识/必要的专长。此操作的审评可分为: a)　寻求回答评审问题所必须的技能; b)　寻求所需知识以便理解和签字。
对过程的工作投入	过程的工作产出
1.1　目标(12) 2.1　供应商对方案的反应(48) 3.2　分包商/供应商历史记录(49) 3.2　合同(51) 1.1　政策(14) 3.3　质量标准(27) 2.2　对方案的要求(47) 3.2　合同(51)	2.2　对方案的要求(47) 3.2　合同审评记录(109) 3.2　评估/审计记录(29) 3.2　合同(产品或服务)(51)

表 A.11　人-系统事宜的管理(HS.2.4)

过程注释> V 操作	本过程是一般过程的人-系统生命周期应用。本标准与其他过程模型一同使用时,应恰当地使用一般管理过程,同时强调此处描述的具体人-系统事宜。本过程与 ISO 13407:1999 中的第 5 章“计划以人为中心的过程”直接相关。
HS.2.4.BP1　制定计划来实现并维持系统在整个生命周期中的可用性	本计划规定了人-系统活动融入整个系统生命周期的方式和时间、人-系统过程输入(如,建立在本标准描述的基础上)在生命系统中使用的方式。制定处理人-系统事宜的计划,必要时允许反复制定。它们包括对系统使用的长期监控并界定用户参与的需求和成本。与人-系统事宜有关的工作项目的目标是从组织为系统制定的整体目标中衍生出来的。明确处理组织和生命周期各部分的人-系统事宜的工作人员之间的汇报机制。为确保利益相关方之间开展顺利沟通,应当相应地配置恰当的资源。就人因数据要求作出规划,确定应该包括哪些方法,如何与生命周期联系起来,如何生成工作包。确定这些方法如何与系统所依据的生命周期方法学相衔接。明确每个活动的成果及评价标准。明确每个阶段的里程碑和成绩。这些不必付报酬。

表 A.11（续）

HS.2.4.BP2 界定要求的专业技能并计划提供的方式	多学科团队意味着可以提供形成和维护可操作系统所需的各种技能和观点。为系统提供各种技能取决于系统，包括：操作者、用户、维护人员、采购人员、商业分析员、培训人员、销售人员、外观设计者、工效学专家、领域专家、技术权威、人力资源、健康与安全、系统分析员、程序员、物流。尽管有些人-系统过程由人文专家进行，但大多是由其他人员操作，作为他们职责的一部分。对于人-系统活动，需要明确不同活动中人员的授权。 HS.4 处理与系统操作者和用户条款有关的事宜。这也可以应用于支持系统的人员条款有关的问题。
HS.2.4.BP3 管理生命周期计划以强调人-系统事宜	形成并审评与人-系统过程有关的预算。确保考虑人-系统事宜时没有增加不必要的管理费用。可用性是长期的事宜，需要维护。项目经理要确保在概念和设计中提供充分的资源，以保证在设计中考虑到整个生命周期的事宜，其后的事情则不是项目经理所关注的。然而，在整个生命中都需要维持可用性，也需要资源支持。识别优先排序和校正活动的资源，这些校正活动是根据使用报告所反映的人因缺陷而采取的措施。
对过程的投人	过程的工作产出
1.1 政策(14) 1.3 生命周期模型(2) 2.1 进度安排(5) 1.3 编码标准(10) 1.1 人事政策(15) 2.1 项目计划(17) 3.3 质量标准(27)	2.1 项目计划(17) 1.2 工作程序、操作(4) 2.1 进度安排(5) 2.1 工作分解结构(6) 1.3 界面(8) 3.3 质量标准(27) 3.2 改正行为(运行记录、计划、备忘录)(97)

表 A.12 取舍和风险减轻中的人因数据管理(HS.2.5)

过程注释> V 操作	风险即不确定性，当风险出现和被减轻之时，从开始就要对其他因素进行取舍和管理。
HS.2.5.BP1 规划并管理人因数据的使用，以减少与人-系统事宜相关的风险	明确何时有充足的可用性信息，以便确定其与其他因素(如成本)之间的取舍。重点在于界定、处理风险的管理策略。为风险和人-系统事宜排定资源的优先顺序。通过界定变化的原因来针对风险和 HS 事宜进行评估。如，因政治和商业目标而引起的人员配置水平和健康与安全要求。人-系统风险，如人事策略和操作风险以及项目风险，如资源限制等，均需加以区分。
HS.2.5.BP2 评估拟议中的设计可在多大程度上满足可用性标准以及其他人-系统要求	需要考虑使用情境的影响，包括其他设备所带来之影响等。活动需要有必要的资金，以在系统、子系统和设备的绩效标准之间进行转换，如以处理系统紧急情况时，设备可用性的变化对于系统有效性的影响。
HS.2.5.BP3 评估当前出现的对系统可用性的威胁、其他的人-系统风险，以及减轻风险的措施的有效性	评估可以用人-系统事宜和风险管理，和(或)危险记录来进行。人-系统风险包括操作风险和生命周期成本风险。 有些类型的系统可能因外界的限制而必需做出一些取舍，诸如雇佣法律、健康和安全考虑，可及性要求等。
HS.2.5.BP4 采取有效措施来减轻系统可用性的风险	减轻风险的措施包括合同和(或)要求的变更。如果没有通知有关方面实行这些变更或者变更未得到执行，用户不会弥补需求和系统实际绩效间的差距。在取舍研究中，要注意培训成本、设计成本和操作应用间的压力。还要评估其对于项目计划的作用。

表 A.12（续）

对过程的工作投入	过程的工作产出
1.4/2.1　风险管理策略/计划(23) 3.2　测试结果(62) 3.2　问题报告记录(84) 3.4　客户满意度数据(86) 3.2　变化要求(94) 3.2　评估/审计记录(29) 3.3　风险评测(40) 3.4　使用情境分析(111) 2.5　人因数据	3.2　风险分析记录/报告(22) 1.4/2.1　风险管理策略/计划(23) 1.4　改进可能(26) 3.3　风险评测(40) 3.2　变化要求(94) 3.2　改正措施(运行记录、计划、备忘录)(97)

表 A.13　用户参与(HS.2.6)

过程注释＞ V 操作	新系统显然通常要影响更多的人。系统输出经常是跨部门和组织。真正的“最终用户”甚至可能是公众成员。在开发过程中，识别所有涉及到的用户和利益相关方是非常重要的。典型的利益相关方包括监控者、管理者、系统输出的接受方和系统维护者。 “用户”指的是使用系统的个人，而不是购买和使用新系统的组织。用户中包括维护人员。 用户参与是 GB/T 18976—2003/ISO 13407:1999 中的一条准则
HS.2.6.BP1　界定人-系统事宜和要求用户建议的系统方面	在系统开发企业中通过提醒员工来提倡用户参与的观念，以及通过系统的真实用户的使用来提高系统的可用性。这项行为的实施需要管理的支持。成功的用户参与中最重要的因素是对设计过程中的用户参与和促进用户参与的员工的管理支持。一旦管理支持同意并与设计团队沟通之后，用户参与的理念就会对设计过程产生影响。
HS.2.6.BP2　评估在每次评测中都没有最终用户参与的风险	本活动与项目计划的准备相关联。本行为提供与使用条件相关的信息，为了防止产生项目中人-系统风险，使用条件应该进行测试。本行为应该审评影响有效的用户参与的障碍，包括：用户能力、员工发展、参与时间的长度以及用户代表对使用情境的自由接触。
HS.2.6.BP3　明确用户参与的策略和计划	本活动包括安排最终用户参与系统概念的检查和定义。所需的用户代表性是该策略中的一个因素，例如：采用能够体现广大用户人体测量特征、智力特征和经验特征的典型用户要优于专家(比如，在预测试中)。需要关注的事宜包括：招募的标准、培训、参与的程度、参与的类型(阶段和方法)、详细的用户责任。清晰并得到认可的过程应允许用户代表标出那些在开发过程中脱离用户需求或者用户的重要观点没有被考虑的事宜或区域。
HS.2.6.BP4　选取和采用最有效的方法提取用户意见	选取最有效的方法既能关注参与用户的观点，又能了解要求信息的分类。应明确和维持系统的结构、机制和程序，以使用户能够有效地参与和咨询在系统开发和执行中与可用性相关的各方面内容。这些方法允许用户能够连续而不是只有一次参与。考虑在团队工作和用户参与中建立很好的操作方法，例如：在设计工作、问题解决小组、质量保证程序中要考虑用户参与。做了适当地准备的代表性用户要优于一般用户代表。但是，有些情况下，相关专家或者其他代表也可以采用，例如：用于可及性或者特殊需要的用户参与。 例：确认一些人员为重要的用户代表或者开发小组成员十分熟悉的优秀用户。

表 A.13(续)

HS.2.6.BP5 考虑用户建议和告知用户	直接的用户建议以及来自用户建议或其他人因数据可能需要说明和解释。如果提交给组织的建议有问题,还需尽量对其进行必要的修改,重新呈现给组织。如果对系统所做的修改是根据用户的意见进行的,或提出对用户意见不做修改的技术理由是有效且合理的,这项任务就算完成了。需向用户提供反馈,包括信息、买进和确认。反馈的例子包括用户评审和审计,这主要关注用户需求文档、系统原型,或者与开发团队进行面对面的访谈。
对过程的工作投入	过程的工作产出
1.1 项目计划(13) 2.5 使用说明的环境(110) 2.2 产品需要评测(44) 1.4/2.1 测试策略/计划(59) 2.5 用户(115) 1.4/2.1 风险管理策略(23)	3.2 风险分析记录/报告(22) 3.4 分析结果(21) 1.4/2.1 审评测量/计划(30) 3.2 审评记录(31)

表 A.14 人-系统整合(HS.2.7)

过程注释> V 操作	以适合利益相关方的方式描述 HS 事宜。制定一个共同的使用情境和操作理念描述。如,系统设计过程中的操作理念和情境、系统要求和功能分解、流程和模型都输入到了以人为中心的设计过程中。
HS.2.7.BP1 为组织的人-系统事宜开发通用术语	所有项目利益相关方为 HS 事宜开发一套通用的语言。如,让系统设计人员、安全工程和相关领域的工程学专家使用共同的语言。用容易理解的方式呈现使用环境,这种方式可以描述真实的操作环境及其影响。促成一种系统化的设计方式。
HS.2.7.BP2 促进与人-系统事宜相关的人与技术的交互	选择工作组和工作界面供培训、人事规划等。利用文档和工作组来控制人-系统事宜和其他组织活动的活动间的界面。利用文档和工作组来控制 HS 事宜和其他项目活动的活动间的依赖关系,如执行和支持间的界面、软件和培训间的界面。
HS.2.7.BP3 确定并使用最恰当的数据格式来交换人因数据	确定通用的数据格式和交换程序。以适合于权衡研究的形式呈现设计中的人因(数据),如人力成本或绩效的数据的呈现形式应该可以满足与设备成本和绩效之间进行权衡、取舍的需要。来自评估的反馈意见应便于理解。开发通用的工作方式,如通用的检查清单、审评格式、风险和事宜管理方式。确保使用情境信息能够为设计者所用,如以用户的语言来说明用户的需求很重要,这样他们才能对未来的系统如何运作有清晰的图景。为此可能需要在正式要求之外再用一个概况描述来作为补充。
HS.2.7.BP4 为特别项目/阶段定制工具和方法	根据组织对于项目和组织中的人-系统事宜成熟度相应选择方法和技术。根据项目生命周期中的具体阶段选择方法和技术。尽可能采用组织内部通用的工具和方法,如商业过程建模和任务分析、共同成本模型、原型设计环境等。
HS.2.7.BP5 界定新产生的人-系统事宜	审评工程变更、需求变更和配置变更中的人-系统方面。尽可能及早发现那些需要在不同学科间或者专家工程间与设备设计优先顺序间(如生产成本和时间尺度)进行平衡的情况,并要研究人的工作负荷和绩效对整个系统绩效和特性的影响,以辅助各学科间的设计方案的取舍。此处的“专门设计”包括生存能力、安全管理、物流、全生命周期成本管理、安全和价值工程等学科。和安全与培训人员(如,参加危险与可操作性研究(HAZOPS))组成团队一起工作是很有利的。当特殊的设计功能需要特殊的培训、支持、文件或过程时,应通知所有相关各方。

表 A.14（续）

对过程的工作投入	过程的工作产出
1.3　生命周期模型(2) 1.2　工作程序、操作(4) 2.1　进度安排(5) 2.1　工作分解结构(6) 1.3　界面(8) 1.3　编码标准(10)	1.2　沟通机制(87) 1.4　改进可能(26) 1.3　界面(8) 1.3　编码标准(10)

表 A.15　人因数据的开发和重新使用(HS.2.8)

过程注释> V 操作	为支持设备的设计和设计审评而提供人因数据(如关于人的绩效的信息)。向其他学科领域的应用提供人因数据，如利用任务分析来为危险因素和操作性研究提供支持。
HS.2.8.BP1　制定人因数据管理政策	本政策可推动各个项目、研究和分析使用人因数据。人因数据通过文献检索、研究和试验得以积累。
HS.2.8.BP2　按要求研发人因数据	(空白)
HS.2.8.BP3　制定统一的数据标准和格式	(空白)
HS.2.8.BP4　制定数据管理准则	包括根据需要展开新的研究。包括与人-系统过程相关的组织学习。 例:“经验教训”数据库的维护。
HS.2.8.BP5　开发和维护合适的数据搜索方法	(空白)
HS.2.8.BP6　寻求和利用人-系统事宜的专家指导和建议	指导和建议将主要着重于人因、人为失误、健康和安全，但也可能延伸至培训、人员配置事宜、招聘等。所有利益相关者也许都会需要人-系统事宜方面的指导和建议。指导和建议的形式和时间受生命周期所处的阶段影响。如果一位人因专家花费大量时间在本活动的个别绩效上，那就表明处理这个组织在人-系统事宜方面的成熟度还处于低层次。
对过程的工作投入	过程的工作产出
1.3　人因数据(112) 1.3　人因标准和准则(116) 1.3　标准(9)	3.3　风险评测(40) 1.3　人因数据(112) 1.3　人因标准和准则(116)

表 A.16　以人为中心的设计(HS.3)

过程注释	以人为中心的设计——根据使用情境，为系统的使用者进行设计。此处的过程是技术性的，涉及到需求、设计和评估。本过程使得以用户为中心的技术活动得到恰当的关注。它包含了“使用质量”的过程，从而可以改进整个系统。 这是 GB/T 18976—2003/ISO 13407:1999 所关注的过程，描述了其核心技术活动，由此与人的使用有关的信息被引入系统的设计和操作中，从而确认系统有效。

表 A.17 使用情境(HS.3.1)

过程注释> V 操作	本过程与 GB/T 18976—2003/ISO 13407:1999 中的 7.2,理解和说明使用情境直接相关。
HS.3.1.BP1 明确系统使用情境的范围	通常,这一范围取决于系统目标、工作环境的复杂程度以及系统的一般类型。范围由系统粒度(如,软件应用、用于某项应用的计算机或计算机网络)、任务范围(如剪贴、文本输入或文档生成)以及用户及用户环境的类型决定。如在办公室使用的系统,在其定义的物理范围内可能用户和任务范围有限,而潜水艇系统则要求对任务类型和整个生命周期的适应要求有透彻的领会。一个系统可能会有多个使用情境,如对通用产品(如手表)来说,会有多个用户组或多个用户环境。
HS.3.1.BP2 分析任务和工作系统	依据用户和组织活动来描述任务(而不是以设备功能或性能来描述)。描述用户为了达到自己或者组织的预期目标,会进行哪些活动(任务)。在系统生命周期中,任务描述会随着系统和工作系统的演化而改变。系统可能在不同的层面上具有不同的目标(例如,打电话之前利用移动电话用户界面上的目录功能查询号码,赶火车时设定数字表)。对这些层面上的相互作用都要进行分析。用户可能同时在不同系统中为不同的人服务,因此,如果用户要同时在不同系统中为不同目的而执行不同的任务,就要考虑所有系统间的相互关系及其对彼此的影响。任务分析可能在精确性和组织化程度上有所不同,例如,一次任务分析中可能需要进行工作量估计或衡量以确定人员配置,也可能只是对系统典型用法的简短情况概括。
HS.3.1.BP3 描述用户特征	这可能包括特别的知识、语言、体能(包括特殊要求)、体格、社会心理问题、对工作任务和系统设备的经验水平、使用系统的动机和优先度。
HS.3.1.BP4 描述文化环境/组织/管理制度	描述真实的操作环境及其对系统所起作用的形成方式。整体描述工作系统,对系统和工作系统做出环境描述。描述可能包括特殊的社会和组织环境、管理结构、沟通、组织的惯常做法或法规。
HS.3.1.BP5 描述系统和工作环境之外的设备特征	特别注意与用户直接交互的非系统设备(检测设备和特定设备、现有系统和技术基础结构)。对于新系统,其设备特征取决于系统设计方案,并且只有在进入生命周期一段时间后才能知道。
HS.3.1.BP6 描述位置、工作场所设备和环境条件	如果已知环境较为固定,则应明确其特征,使相关方面可以确定其对于设计和人-系统事宜的影响。关于系统范围外的环境变量,要详细说明特征,并明确以取舍关系。关于构成系统之的物理环境因素,要确定操作条件的影响。 例如:光照、噪音级别、震动、热量、危险因素、工作和居住空间大小。
HS.3.1.BP7 分析使用情境的影响	系统的理念、要求、设计和操作都会受到影响。可能有与现有系统难题相关的事宜。可能对现有工作系统,如现有设备和任务等,产生影响。界定、分析环境中存在的可能由于系统的影响而更具有危害或更可能出现的潜在风险。
HS.3.1.BP8 将这些事宜告知利益相关方,以供系统开发或操作中使用	根据关系人、项目和生命周期阶段的具体情况,将使用情境制成详略程度适当的文档。每一个利益相关方(如系统开发者、系统拥有者和用户组织、设计者、评估者以及所有者)都要能够获取足够多的关于使用情境的信息,从而使之能够根据系统要求进行设计或评估。
对过程的工作投入	过程的工作产出

表 A.17（续）

2.2　要求说明(52) 2.5　用户环境(113) 2.5　用户(115) 3.2　人事记录(108) 3.2　培训记录(90) 1.1　目标(12) 2.5　系统(73)	2.5　使用情境陈述(110) 3.4　使用情境分析(111)

表 A.18　用户需求(HS.3.2)

过程注释> V 操作	本过程与 GB/T 18976—2003/ISO 13407:1999 中的 7.3,具体说明用户和组织的要求直接相关。用户需求包括:工效学、用户界面、工作场所、居所、培训、支持、程序、工作、招聘和人员配置结构。
HS.3.2.BP1　设定和认可预期的用户行为和系统绩效	用户组织可以看作是单个用户。而对于一般产品来说,单个用户也可以是用户组织。其阐述方法可以是系统用户和(或)用户组织的"全部体验"。全部体验包括用户和系统关系的重要方面及其从上市到处置的使用情境。全部体验不是指用户过往的所有生活经验,而是他们会从系统中得到的特殊体验。所谓的使用,包括可以合理预见到的误用和对环境造成破坏的潜在可能性。全部体验包括重新配置、维修和维护。本定义还包括材料处理活动。可以对用户职责和任务的子集加以检验,如拆开电视机包装并只利用提供的文件进行调试,或从潜艇中逃生。很明显,不包括潜在用户组(如残疾人)。 制定一系列系统所支持的标准任务或使用场景,可能会很有帮助。这些会是很有用的参考,可作为设计团队的工作目标和用户检查原型系统时的标准。这些使用场景为两组人员之间的沟通形成了有用的关注点。评估或许就可以建立于这些场景之上。
HS.3.2.BP2　制定明确的系统用户需求陈述	用户和用户组织要求的生成构成整个系统收集活动的一部分。用户和用户组织的要求决定了系统大部分的操作和绩效要求。与健康、工作环境和工作负荷有关的法定要求,如,见英国标准 BS8800 中关于职业健康、操作和提升设备、防火(Occupational Health, Operations and Lifting Equipment regulation, Fire Precautions)的规定,都需要加以考虑。要求可以按照重要性等因素进行分级。要求的生成是相互作用的,常常是需要用户和设计者合作的反复的过程。过程的反复循环有助于逐步细化系统要求和设计要求的用户需求部分。用户需求当中包含了用于确保各项要求正确无误、没有缺失的评估过程。一些类型的系统要求是永远变化不定、永远无法全面界定的。
HS.3.2.BP3　分析用户需求	分析可能包括有用户涉及的原型评估、可行性研究和取舍研究。作出取舍决定时的前提假设应记入文档。这些研究应包括用户效率、有效性、安全性和满意度。分析可包括成本收益、优先权和"中断"(可能会引发系统故障的问题)的界定。还要分析技术和人员配置方案,以及随之而来的工作系统风险。这可能包括系统和不同的用户职责间的一系列可能的任务分配方案,并要获取有关的用户反馈。分析结果或细节需求可能会要求重新访问要求陈述。
HS.3.2.BP4　制定和认可系统在预期使用情境中的可测量标准	标准应根据系统及其要素的获取界限和供货范围来制定。标准的测定应该在某一种情境、或一定的情境范围内确定。标准是明确的陈述,可以用于判断、确定设计是否达到了标准。但有些陈述可以只是通过检查或参考标准来作出判断,而不必进行用户试验。标准可同时从用户需求和对组织的影响两个方向来制定。

表 A.18（续）

HS.3.2.BP4 制定和认可系统在预期使用情境中的可测量标准	系统各层的分解均有标准，详见 ISO/IEC 9126-1:2001。这些标准涵盖了从整个工作系统的绩效（称为使用质量）到系统用户界面属性的具体细节。例如关于使用质量的一个定量标准“3 秒钟内，用滚动球界面装置从列表中选取正确的项目”，或“5 分钟内，准确无误地输入所有数据”。用户界面属性包括了系统的外部属性，如可学习性和一致性。ISO/IEC 9126-2 和 ISO 9126-3 为软件系统提供了合适的列表。 可测标准可能只局限于系统的某些部分或要求，如签名任务。例如，通过指定空间来处理特定层次的空中交通。对于关系到复杂（或大型）系统整体功能绩效的要求，标准可以为多个用户群体和（或）关系人共同所有。 当客观数据无法收集或者不适用时，可使用主观数据。
HS.3.2.BP5 将这些数据呈交给利益相关方，以供系统开发和操作中使用	记录中应包括与范围、用户、使用情境和可用性标准相关的假设和约束条件。有些要求在系统的低级层次上是不适用的。一般会标注“无此功能”，从而表明它们与系统中某些特定元素之间的关系。 用户需求通常是项目信息和系统文档的一部分，而不会作为一个单独的文档。格式可由包括用户在内的利益相关方共同商定。用户需求信息须采用清晰易懂的格式，以促进相关各方的沟通。建立明确的沟通渠道是很重要的，这样才能收集有关要求的反馈。每条要求的提出者都要清楚地记录下来，以保证可追溯性，必要时可以协助进行变更。 可利用使用场景来陈述用户的要求。使用场景的好处是相对容易测试，也易于被其他关系人理解。
对过程的工作投入	过程的工作产出
2.2 产品需求评估(44) 2.2 要求说明(52) 2.5 人因数据(112) 1.3 人因标准(116) 2.5 使用情境(110) 3.4 使用情境分析(111) 1.1 目标(12) 3.3 质量标准(27) 3.2 审评记录(31)	2.2 要求说明(52) 2.3 分析报告(21) 3.3 质量标准(27)

表 A.19 形成设计方案(HS.3.3)

过程注释> V 操作	可选择的设计方案或许有很多，尤其在生命周期的早期阶段。如果发现人因数据中存在缺失，要么获取这些数据，要么将其作为人-系统事宜处理。本过程与 GB/T 18976—2003/ISO 13407:1999 中的 7.4，形成设计方案直接相关。设计内容包括：用户界面、工作场所、培训、支持、程序、工作、招聘、人员配置结构、居所。
HS.3.3.BP1 在系统的人、机器以及组织要素之间进行职能分配以便最好地完成各自项功能	分析使用情境（特别是任务信息）和要求系统达到的功能与绩效，从而明确地给人、硬件、软件或其组合分配相应的职能。目的是为人定义、分配与之能力局限相匹配的职能。职能分配是动态的，为的是根据系统目标优化系统的整体绩效。职能分配不仅仅是根据目标实现绩效。分配还必须平衡具体执行的成本，而这些最终都会落实到财务上面；此外还要依照工作负荷/人员配置和其对系统能力的影响进行分配。在系统的高层，职能可能不会分配给具体的人、组织、软件或硬件单元，而是分给由多种上述要素组成的子系统。职能分配贯穿设计的各个层级。如果没有系统工程师，项目团队中负责 HS 事宜的人会担任这一角色。

表 A.19(续)

HS.3.3.BP2 根据系统的要求、使用情境、职能分配以及设计局限,开发一个实用的用户工作模型	根据使用情境描述、系统目标和操作要求进行设计,使之 1) 允许用户在能力范围之内达到标准。 2) 成为其工作设计的基础。 这一设计活动的目标是确定一组可完成的用户任务。 任务和工作设计利用并传达了各种设计方案的取舍,如,工作密集型任务("苦活儿")得以识别和分析,从而提高用户执行任务时的效率和有效性。
HS.3.3.BP3 结合用户的要求、使用情境和人因数据,进行系统中与用户相关要素的设计	依据系统的类型,设计规范可包括但不局限于以下至少一项或全部:工作环境、硬件、软件、用户文件、用户界面、包装设计、界面功能、培训、支持和组织。新出现的设计约束条件要告知相关的利益各方。进行设计工作时,必须着眼于完整的用户任务,包括要保留的现有系统的任务。例如:根据设计工程师意见进行工效学设计,根据培训者,技术文献书写人员和程序开发人员意见进行系统使用任务设计。在设计过程中可提出多个设计方案,以供评估。
HS.3.3.BP4 描述系统的使用方式	系统使用描述把技术、文档、支持、培训和系统其他要素联系了起来,从而推动系统各单元的综合开发。
HS.3.3.BP5 根据评估反馈修改设计和安全功能	评估就是对多个设计方案进行对比,或者从提议设计方案中提取信息。评估的输出可以包括对系统的新要求或变更要求,关于系统使用的新的 HF 数据和详细的设计信息等。如果发现评估结果不可接受,未达到可用性标准,或者评估中出现新的人-系统事宜时,需要进行修改。如果评估是安全性研究的一部分,那么评估的结果就会成为系统待解决事宜文件的一部分。
对过程的工作投入	过程的工作产出
2.2 要求说明(52) 2.5 使用情境陈述(110) 3.4 使用情境分析(111) 1.3 编码标准(10) 3.4 分析结果(21) 3.2 审评记录(31) 3.2 测试结果(62) 2.5 人因数据(112) 1.3 人因标准(116)	2.2 要求说明(52) 2.3 系统设计/结构(53) 1.3 界面(8) 1.3 编码标准(10)

表 A.20 使用的评估(HS.3.4)

过程注释> V 操作	本过程与 GB/T 18976—2003/ISO 13407:1999 中的 7.5,根据要求评估设计直接相关。 ISO/IEC 14598-3 为软件系统提供了规划、绩效、评估分析等方面的建议。 试验报告可采用一般产业可用性测试报告格式 ISO/IEC DTR 9126-4、附录 F。
HS.3.4.BP1 制定评估计划	评估可以主要是发展性的(发现问题,通常是在生命周期的早期),也可以是总结性的(评估要求是否得到满足,通常在生命周期的后期)。界定需要评估的用户需求和(或)风险。设计评估(包括是否有任何用户参与)。计划可以包括必要设备的生产和组装、原型、培训和支持材料和人员配置、试验人员以及记录设备和媒介。可能的话,评估应该包括系统的预期用户,但有时候也可以由人因工程专家执行。为了使设计能做到以人为中心,GB/T 18976—2003/ISO 13407:1999 建议至少最终测试要有真正用户的参与。用户参与的程序也是评估设计的一部分。

表 A.20(续)

HS.3.4.BP1 制定评估计划	发展性评估给要求和设计程序提供了信息。它经常采用一些相当非正式的、开放性的、合作式的技术(如,纸面原型、以讨论为主的审评、核对清单)。通常在系统生命早期进行。 总结性评估是为了评估特定的要求是否得到了满足。它采用相对正式、封闭的方式。例如根据规范、标准或法规进行评估。
HS.3.4.BP2 界定并分析系统测试或评估条件	分析开展评估时的环境(用户、任务和环境)和预期的使用情境之间的关系,尤其是任何可能的不一致。
HS.3.4.BP3 检验系统是适合评估的	检查系统的成分以确定其状态是否适合评估。需要评估的系统可包括任何物理设备、计算机软件、文档、培训、人的任务和组织或管理程序。需要评估的系统可以相当简单(如纸面型),特别是处于生命周期早期阶段。对于适合在生命周期后期进行评估的系统来说,文档和用户培训等或许是必要的。
HS.3.4.BP4 根据评估计划进行评估和分析	评估的实施应包括按照评估计划对结果进行分析。选择方案时应该考虑对于用户和运作目标是否得到实现。
HS.3.4.BP5 理解并使用评估结论	评估结果的范畴很广。HS.1 描述了结果在生命周期各阶段中的使用方式,HS.2 描述了组织的各组成部分如何使用这些结果。在多数情况下,结果会引起系统或其要求的修改。
对过程的工作投入	过程的工作产出
1.4/2.1 测试策略和计划(59) 2.4/2.5 系统(73) 2.5 使用情境(110) 3.4 使用情境分析(111) 3.3 质量标准(27) 3.2 审评记录(31) 2.2 要求说明(52) 2.3 系统设计/结构(53)	1.4/2.1 测试策略和计划(59) 3.2 测试结果(62) 3.4 分析报告(21) 2.3 测试脚本(60) 2.3 测试案例(61) 2.5 人因数据(112) 2.5 使用情境(110) 3.4 使用情境分析(111)

表 A.21 人力资源(HS.4)

过程注释	人力资源过程——提供恰当数量的具有所需技能的工作人员。此处的过程涉及选择和培训、协调组织发展和技术变更。此过程为解决系统中人这一部分的“执行”事宜提供了方法,而不是设备为主的部分。确保能持续不断地、及时地提供恰当数量的相关人员,来使用最合适的设备。 系统可用性的一个重要部分得益于组织获得“合适”的人员来使用系统。如果能认识到“人员”过程应该与系统获取同时进行或超前开展,过程就会运行得最有效率。人和系统都要按照计划获得。ISO/IEC 15288 更进一步,认为人是系统的一个部分。 这些过程由用户组织执行,从而“为机器找到合适的人”。这些过程是迭代的。 有关提供有技能的项目人员的具体事宜见 HS.2.4.BP2。

表 A.22 确定并执行人力资源战略(HS.4.1)

过程注释> V 操作	人员配置、招聘、技术和操作策略是相互联系的。对上述各因素的需求的权衡取舍是动态的。各策略的重要性等级是相对的,而非固定的。人力资源策略包括招聘、选拔、人员配置计划、规定和培训发展。用户可以包括团队。技能是指知识、技能和特性。
HS.4.1BP1 确定组织的目标、行为和任务	(空白)

表 A.22（续）

HS.4.1BP2 确定为了实现任务所需的全局数量、技能和支持设备	（空白）
HS.4.1BP3 确定需要多少人来完成策略，他们需要具备哪些能力	（空白）
HS.4.1.BP4 执行人力资源策略，使得组织具有执行和记录经验教训的机制	（空白）
HS.1.4.BP5 用于未来人力资源获取、培训和实施策略的反馈	（空白）
HS.4.1.BP6 帮助并鼓励个人和团队合作以实现组织目标	（空白）
对过程的工作投入	过程的工作产出
	1.3 界面(8) 1.1 目标(12) 1.1 愿景(13)

表 A.23 确定标准技能并明确其差距(HS.4.2)

过程注释> V 操作	根据整个系统的有效性来评估用户的目标和任务，并由此找出能帮助用户实现目标的设备，例如让设备适应用户，而不是期望用户去适应设备。用户需要实现目标、完成任务，因此需要工具/系统协助来去达到目标，也正因此他们才会购买。整体系统有效性建立在操作者的有效性上，因此有必要提到操作者的有效性。操纵设备很简单，但操纵用户能力却不简单。
HS.4.2.BP1 界定当前任务/职责	（空白）
HS.4.2.BP2 分析现有和未来需要间的差距	（空白）
HS.4.2.BP3 明确每个岗位的技术要求	（空白）
HS.4.2.BP4 预测现在和未来之间可能存在的人员减少	（空白）
HS.4.2.BP5 计算现有人员量、考虑工作时间、可达到能力和未有效利用因素	（空白）
HS.4.2.BP6 比较以确定差距并在设计人员配置解决方案时沟通需求	（空白）
HS.4.2.BP7 开发能力以满足系统未来的要求(制作连续的计划)	（空白）
HS.4.2.BP8 根据数量和能力范围生成并公布人员短缺情况	（空白）

表 A.23（续）

对过程的工作投入	过程的工作产出
1.1　目标(12) 1.1　愿景(13)	1.1　人事政策(15) 3.4　分析结果(21) 3.2　人员记录(108)

表 A.24　人力资源解决方案的设计和交付(HS.4.3)

过程注释> V 操作	人力资源过程提醒组织应当为系统配置人力、提供资源、提供支持和维护。为了让员工更好地完成各自的工作，员工也需要不断得到发展。使用系统的人员需要在任何适用的职业规范，工作时间限制和激励机制下工作。需要提醒组织的是系统最终将被处置，而这其中也包括人员活动。
HS.4.3BP1 界定并分配需要执行的功能	功能分解和功能分配。
HS.4.3BP2　明确并制定工作设计和需要的能力/技能	(空白)
HS.4.3BP3　计算需要的人员数量(要求的人数)	(空白)
HS.4.3BP4　确定培训和(或)重新部署的成本	(空白)
HS.4.3BP5　根据现有方案和限制制订最优执行计划	(空白)
HS.4.3BP6　制订和试验对用户代表的培训方案	反复直至符合人因/可用性标准
HS.4.3BP7　根据拟定的时间表按照最终培训方案培训指定的工作人员	(空白)
HS.4.3BP8　界定任何重新部署的机会	企业制作人力资源成本预算时需要考虑为获得所需的技能而可能进行的各种员工招收或获取方式
对过程的工作投入	过程的工作产出
1.1　人事政策(15) 3.2　人事记录(108)	1.3　界面(8) 1.4/2.1　培训策略/计划(88) 3.2　培训记录(89) 3.2　人事记录(108) 2.5　人员配置系统(114) 2.5　用户(115)

表 A.25　评估系统解决方案并获取反馈(HS.4.4)

过程注释> V 操作	本过程与 HS.3.4 类似，但提供的是人力资源事宜的反馈，而不是技术认可或信息。
HS.4.4.BP1　制定数据收集策略	(空白)
HS.4.4.BP2　提供用户反馈的途径	(空白)

表 A.25（续）

HS.4.4.BP3 进行可用性评估	包括要求的可及性评估。
HS.4.4.BP4 解释发现结果	（空白）
HS.4.4.BP5 验证数据	（空白）
HS.4.4.BP6 检查使用中的数据	（空白）
对过程的工作投入	过程的工作产出
1.1 目标(12) 2.5 人员配置系统(114) 2.5 用户(115)	3.4 分析结果(21) 3.2 评估/审计记录(29) 1.4/2.1 测试策略/计划(59) 2.3 测试脚本(60) 2.3 测试案例(61) 3.2 测试结果(62) 2.5 人员配置系统(114) 2.5 用户(115)

A.4 工作产出

表 A.26 展现了 ISO/IEC TR 15504-5 对“工作产出”的描述，包括用于表述和处理生命周期中人-系统事宜的新工作产出类型。ISO/IEC TR 15504-5:1999 的附录 C 为以下工作产出类型确定了编号方式：

1. 组织分为： 1.1 政策， 1.2 程序， 1.3 标准， 1.4 策略。

2. 项目分为： 2.1 计划， 2.2 要求， 2.3 设计， 2.4 执行， 2.5 产出， 2.6 临时交割。

3. 记录分为： 3.1 报告， 3.2 记录， 3.3 评估， 3.4 数据。

描述结果时可综合多个类别。如策略/计划＝1.4/2.1。

列表中每项工作产出的描述格式均为：〈工作产出类型〉〈名称〉(〈ISO/IEC 15504 中的参照码〉)。ISO/IEC 15504 参照码前的“＋”号表明该工作产出是 ISO/IEC 15504 中基本类型的扩展，或者是人-系统模型中的扩展。人-系统模型只有 6 种扩展的工作产出(见标识符 110 至 116)。在人和人-系统事宜的相关领域，绝大多数的人-系统过程(可将人-系统模型视为关于系统生命周期的一系列观点)扩大了现有工作产出的细节和范围。信息丰富的文本和操作可以为工作产出中预期增加的内容或重点提供指导。

ISO/IEC TR 15504-5 中关于工作产出的描述与软件有关，而不是系统。然而表 A.26 中大部分在抽象层面上的描述既可用于软件，也可用于系统。建议本文档用户对这些描述做一个总体说明，并且参考 ISO/IEC TR 15504 最新版本中的描述。

本标准中针对各分支部分的专门解释可能对工作产出做出细分或扩展，并且仍然采用该分支通用的标题。分支部分的解释可能包括额外的注释，用于详细的解释和说明一些工作产出，而这些工作产出是为该分支中的特定系统类型定义的。GB/T 18976—2003/ISO 13407:1999 描述了在以人为中心的设计中使用并生成的一系列信息类型。

对某个特定的工作产出，每个项目(或组织)都有自己的名称。一个工作产出的内容可能被分到几个项目产出(或组织产出)中去，多个工作产出也有可能被归入同一个项目产出(或组织产出)当中。在评估前，建议评估人和(或)本地联系人准备一份项目产出(或组织产出)与本标准所列出的工作产出之间的对应关系表。

表 A.26 工作产出特点

标识符	级别	工作产出类型	工作产出特点
1	1.2	软件开发方法学	——确定用于开发软件的方式/方法 ——确定用于开发软件的生命周期模型(如,瀑布式、螺旋式、序列建立) ——在高层次上描述过程、活动和控制
2	1.3	生命周期模型	——对生命周期中各个阶段的活动进行高层次上的描述 ——生命周期各阶段的顺序安排 ——明确生命周期中主要阶段的相关性 ——明确生命周期中各个阶段必需的输入和输出 ——确定关键决定点(里程碑)模型 ——明确模型里的质量管理要点
4	1.2	工作程序、操作	——每项需要执行的任务都必须唯一界定 ——每项任务根据执行顺序排列 ——求操作时支持信息(如,命令和参数设置)的覆盖范围 ——制定预期人员如何操作的规则 ——获得授权人员的认可
5	2.1	进程	——界定需要执行的任务 ——确定必要任务的起止日期 ——允许对关键任务和任务相关性的界定 ——根据计划日期,确认任务完成情况 ——与计划的资源数据建立对应关系
6	2.1	工作分解结构	——确定需要执行的任务 ——提供任务所有权的文档 ——提供任务间关键相关性的文档 ——提供输入输出工作产出的文档 ——提供已确定的工作产出间关键相关性的文档
7	2.5	工作产出	确认与过程执行产物相关的属性: ——在工作产出中描述的关键单元 ——预期的形式、风格 ——预期的媒介(纸质的、电子的)和确定的存储属性
8	1.3	界面	——确定两个产品、过程或过程任务之间的关系 ——确定两者共同的标准和格式 ——确定关键时间点相关性或排列次序的评判标准
9	1.3	标准	——界定它们适合于谁/适用于什么 ——每项要求都是唯一的 ——每项要求都连接于一个标识符 ——对一致性的预期是确定的 ——需求的一致性是可以被证明的 ——包括对要求的修正或例外

表 A.26（续）

标识符	级别	工作产出类型	工作产出特点
10	1.3	编码标准	针对软件的范围包括，但不限于(根据应用的实际情况)： ——数据命名惯例 ——确定要求的语言，编译程序，数据库管理系统等 ——要求的编码格式，结构，注释 ——最佳操作 必要的工具使用： ——数据字典，相关 CASE 工具 ——对现有软件和(或)硬件的兼容性要求 ——安全方面的考虑 ——性能方面的考虑 ——标准的错误消息，编码 界面标准： ——人机界面 ——外部系统界面 ——外围设备，硬件 ——源代码和目标模块的存储和获取 ——质量和可靠性标准
12	1.1	目标(业务，质量，组织，团队，培训，绩效，过程)	——确认要实现的目标 ——确认预期谁将实现该目标 ——确认所有增加的协助目标 ——确认所有条件/限制 ——确认完成期限 ——在配给的资源范围内目标是合理和可实现的 ——目标是正在进行中的，对当前的项目和组织来说是已确定的 ——用于监控进程 ——对支持已知执行标准和计划是最优的
13	1.1	愿景	——为组织单位，组织，或企业提供总的策略信息 ——在最高层次享有授权的 ——确定要完成的主要目标
14	1.1	政策	——授权的 ——政策能够影响到所有人员 ——确立能被贯彻的操作/规则
15	1.1	人事政策+(14)	——确定组织里的个人事业机会 ——确定团队建设策略 ——规定奖赏和认可 ——包括绩效鉴定
16	2.1	计划(适用所有计划的一般特征)(即商业，组织，项目，质量，审评，测试)	(根据实际的应用与目的) ——明确计划的所有者 包括： ——将要完成的目标 ——所做的假设 ——限制

表 A.26(续)

标识符	级别	工作产出类型	工作产出特点
16	2.1	计划(适用所有计划的一般特征)(即商业,组织,项目,质量,审评,测试)	——风险 ——将要完成的任务 ——进度,重要事件,目标日期 ——关键的从属关系 ——计划的维护部署 ——完成计划的办法/方式 明确: ——任务所有权 ——质量标准 ——需要执行的审核 ——必要的工作产出 ——完成计划目标的资源 ——时间 ——人员 ——材料/设备 ——预算 ——针对未完成的任务的应急计划 ——计划被通过
17	2.1	项目计划+(16)	确定: ——将要产生的工作产出 ——生命周期模型和将要使用的方法 ——用户需求 ——需要完成的任务 ——任务所有权 ——项目资源 ——进程,重要事件,目标日期 ——质量标准 确认: ——关键的从属关系 ——必要的工作产出 ——项目风险和风险减轻计划 ——针对未完成任务的应急措施
21	3.4	分析结果	——分析什么 ——谁做的分析 使用的分析标准: ——选择标准或使用的优化方案 ——决策标准 ——质量标准 记录结果: ——决定/选择了什么 ——选择的理由 ——所做的假设 ——潜在的风险

表 A.26（续）

标识符	级别	工作产出类型	工作产出特点
21	3.4	分析结果	分析的正确方面包括： ——完整性 ——易被理解 ——易测性 ——可证实性 ——可行性 ——有效性 ——一致性 ——内容充分
22	3.2	风险分析记录/报告	——界定被分析的风险 ——记录分析的结果 ——规避风险的潜在方法 ——所做的假设 ——约束
23	1.4/2.1	风险管理策略/计划+(59)	——已界定的和列入优先地位的项目风险 ——风险追踪机制 ——确认需要改正操作时的阈值标准 提出减轻风险的方法： ——工作环境 ——正确的操作行为/任务 ——监控标准 —风险衡量机制
24	1.1	质量声明/政策+(14)	——声明是官方的，被批准的 ——声明对质量准则承担责任 ——确认谁将遵守准则
26	1.4	改进机会	——确认问题是什么 ——确认产生问题的原因 ——建议解决问题的措施 ——确认改进的价值(预期收益) ——确定不做改进的惩罚
27	1.4	质量标准	确定对质量的预期： ——确立什么是合格的工作产出(例如，要求的元素，预期的完整性，精确性) ——确认完成规定任务所包括的要素 ——确立生命周期转换标准，以及每一过程和(或)规定活动的进入和退出要求 ——确立期望的执行属性 ——确立产品可靠性属性
29	3.2	评估/检查记录	——声明评估目的 ——评估方法 ——评估要求 ——假设和限制

表 A.26（续）

标识符	级别	工作产出类型	工作产出特点
29	3.2	评估/检查记录	确认必要的语境和范围信息： ——评估日期 ——被评估的组织单位 ——主办人信息 ——评估团队 ——参加者 ——范围/区域 ——被评估者的信息 ——评估手段(清单，工具) ——记录结果 ——确定必要的改正措施 ——改进机会
30	1.4/2.1	审评策略/计划＋(16)	确定： ——审评对象 ——审评人的作用和责任 ——审评标准(核对清单，要求，标准) ——预计准备时间 ——审评进度表 确认： ——执行审评的程序 ——审评的输入和输出 ——每个审评所需要的专业技能 ——要保存的审评记录 ——要保存的审评评测方法 ——审评的资源、工具
31	3.2	审评记录	提供与审评有关的语境信息： ——审评内容 ——列出参加审评的人员 ——审评状况 提供与审评范围有关的信息： ——核对清单 ——审评标准 ——要求 ——遵从的准则 记录审评准备就绪的信息： ——准备审评所用的时间 ——审评所花时间 ——审评人，作用以及专业技能 确认必要的改正措施： ——风险界定 ——偏差的优先次序列表和发现的问题 ——用于解决问题的操作、任务 ——改正措施的所有权 ——已被界定的问题的状况和预计结束时间

表 A.26（续）

标识符	级别	工作产出类型	工作产出特点
36	3.3	评测 （通常适用于所有具体的评测）	——适用于有了解需要的人 ——能被预计要使用的人理解 ——向组织/项目提供评测值 ——不中断工作流 根据进程、生命周期模型、组织的具体情况，保证： ——评测的准确 ——源数据是有效的 ——结果经过验证以确保准确性 ——有适当的分析和注释，以便允许用户进行有意义的判读
40	3.3	风险评测＋(36)	——确定发生风险的可能性 ——为每个确定的风险建立评测尺度 ——评测风险状态的变化
41	3.3	实地评测＋(36)	系统实地操作性能的属性评测，例如： ——实地故障 ——与已确定的服务水平评测相对的性能 ——满足特定客户需求的系统能力 ——所需的支持时间 ——用户投诉（可能是第三方用户） ——客户对帮助的请求 ——性能趋势 ——问题报告 ——对增强的请求
42	3.3	服务水平评测＋(36)	在系统可操作时采用的实时评测，它测量系统的性能或预期的服务水平。界定如下项目： ——能力 ——输入输出总量 ——操作性能 ——操作服务 ——服务中断时间 ——正常运行时间 ——作业运行时间
43	3.3	基准数据＋(36)	——界定将检测的关键的过程/产品/市场需要信息 ——测量结果反映当前性能与某些明确的标准或历史信息（或基准）之间的比较情况
44	2.2	产品需求评估	关键因素的范围（根据实际的应用）： 需要的界定： ——需要该产品的理由 ——所期望的特点和功能 ——待被满足的要求 限制： ——成本限制 ——日期/进度要求

表 A.26（续）

标识符	级别	工作产出类型	工作产出特点
44	2.2	产品需求评估	——必要的特定支持软件 ——界面要求 ——必要的相关设备或硬件 ——调整的标准和(或)要求 ——操作的影响 ——专利,版权和许可问题 商业情况： ——预期的收益 ——预期的成本(包括计划的安装,转换和(或)维护)与期望的利润 ——市场销售窗口,预定的交付日期
45	1.4/2.1	收购战略/计划 +(16)	——确认收购对象 确立收购该产品或服务的方法;包括如下可选方法： ——成品 ——内部发展 ——缔结合同发展 ——增强现有软件产品 ——或上述选项的结合 ——建立评价标准验收策略 ——确定所有的限制/风险
46	3.1/3.2	市场分析记录/报告	包括的信息有： ——已分析的内容 ——选择标准和使用的优先机制 ——使用的分析标准 记录能确定以下项目的结果： ——市场机遇和市场销售窗口 ——商业驱动 ——成本/收益 ——潜在用户和他们的个人资料信息 ——所有的假设 ——考虑和(或)否决的备用方案 ——风险和(或)限制(调整的事宜) 确定产品的提交和预定的发布
47	2.2	征求方案（缩写RFP)(请求方)	参考要求规范 确认期望的特征,如： ——系统构造,配置要求或服务要求(例如,顾问,维护等) ——质量标准或要求 ——项目进度要求 ——预期的交付/服务日期 ——成本/价格期望 ——规则标准/要求 确认提交的限制条件： ——再次提交回应的日期 ——关于回应格式的要求

表 A.26(续)

标识符	级别	工作产出类型	工作产出特点
48	1	供应商方案回应(对征求方案的回应)	——确定供应商提出的方案 ——确定供应商提出的交货日程 ——确认初始方案的覆盖界定 ——确认将被满足的要求 ——确认无法满足的要求并为变体提供理由 ——确定已提出的发展,产品或服务的估价
49	3.2	转包商或供应商历史记录	——潜在的转包商或供应商名单 ——资格信息 ——对他们的资格的确认 ——现有转包商或供应商的过往历史信息
51	3.2	合同(产品或服务)	——已签订的 ——定义被买卖的物品 ——确定交货期限或约定的服务日期 ——确定资金因素 ——确认所有授权信息 ——确认所有版权和许可信息 ——确认所有客服要求 ——查询所有性能和质量要求/限制/监控 ——将用到的标准和程序 针对合同,以下方面应予以考虑: ——查询所有验收标准 ——查询所有特殊用户需求(例如,机密性要求,安全,硬件等) ——查询所有变革管理和问题解决方案的程序 ——确认所有与独立代理商和次承包商的连接 ——确认用户在发展和维护过程中的作用 ——确认用户需要提供的资源
52	2.2	要求规范(内部的或外部的)(产品,服务,用户,系统,软件,文档,环境)	——每个要求都被确认 ——每个要求都是唯一的 ——每个要求都是可验证的或是可以被评估的 ——包括法规和规则的要求 ——包括来自于(合同)审评的事宜/要求 ——考虑以下项目(根据产品或服务以及要求的具体类型) 产品/应用的需求: ——确认所有必要的特征和功能特点 ——确认所有必备的性能因素/限制 ——确认所有必备的内部/外部连接因素/限制 ——确认所有必要的系统特点/限制 ——确认所有人体工程学因素/限制 ——确认所有安全因素/限制 ——确认所有环境因素/限制 ——确认所有操作因素/限制 ——确认所有维护因素/限制 ——确认所有关联文档的因素/限制

表 A.26(续)

标识符	级别	工作产出类型	工作产出特点
52	2.2	要求规范(内部的或外部的)(产品,服务,用户,系统,软件,文档,环境)	——确认所有安装因素/限制 ——确认所有支持因素/限制 ——确认所有设计限制 ——确认所有安全/可靠性的因素/限制 ——确认所有质量要求/期望 ——包括存储要求(产品) 服务要求: ——确认所有性能预期 ——确认所有时间进程/限制 ——确认所有要完成的任务 ——确认所有责任 ——确认沟通方法,预期的项目报告 ——确认所有质量要求/控制 文档要求: ——已定义的目的/目标 ——提出的明确的内容(范围) ——已确定的预期观众 ——支持的软件版本和系统信息的确认文档 ——相关软件要求和符合文档的设计的确认文档 ——预期的风格,格式,媒体标准的确认文档 ——包括存储要求
53	2.3	系统设计/构造	——为所有系统设计提供综述 ——描述系统组成部分之间的相互关系 ——描述系统组成部分和软件之间的关系 ——详述设计每个系统组成部分应考虑如下内容: ——记忆/能力要求 ——硬件界面要求 ——用户界面要求 ——外部系统界面要求 ——性能要求 ——指令结构 ——安全/数据保护特点 ——系统参数设置 ——手动操作 ——可再次使用的部件 ——对系统组成部分的要求定位
59	1.4/2.1	测试策略/计划(所有的测试计划)+16	——确认测试目的 ——确认负责的测试计划所有者 ——确认实施测试的方法 ——确认要测试的组件 ——确定测试的集合和顺序 ——确定紧急释放 ——确定必要的系统配置(例如,软件,硬件,界面元素等) ——确定与被测部分相关的开发所有者

表 A.26(续)

标识符	级别	工作产出类型	工作产出特点
59	1.4/2.1	测试策略/计划(所有的测试计划)+16	——确定相关的测试脚本/测试实例 ——执行测试的次序排列 ——确定将由测试验证的要求(也就是用户需求,规则要求和系统要求) ——确定问题报告机制 ——确定测试工具和需要的资源(例如,测试渠道,分析员,测试仿真程序等) ——确定测试进度 ——确定测试完成标准 ——确定要进行的核查 ——官方源程序库和固定的软件版本
60	2.3	测试脚本	——确定测试内容 ——确定测试要求的系统配置 ——确定所有必要的软件组件 ——界定特殊的初始化,例如参数设置 ——界定必要的输入数据 ——给测试实例的序列排序 ——确定预期的测试结果 ——界定测试实施后哪些需求可被满足
61	2.3	测试实例	——提供一套可执行的测试指令 ——确定目的 ——确定预期的测试结果 ——与测试脚本、要求相对应
62	3.2	测试结果	——记录测试结果 ——界定被测试的组件 ——界定测试执行日期 ——测试完成情况(测试计划中预计结果与实际测试结果之间的比较) ——记录测试时的测试结构 ——记录测试中的故障报告
68	1.4/2.1	接收测试策略/计划+(59)	——确认测试"可交付"的最终客户产品的活动 ——确认谁将负责执行该接收测试活动(供应商或用户) ——确认现场的系统配置要求 ——确认现场的安装要求 ——制定针对"已交付"软件进行审批的计划 ——确认该如何验证用户端的安装活动是否正确实施 ——确认该如何验证交付品以满足客户需求 ——确认有关测试脚本/测试实例 ——确认针对产品接收采取的措施 ——参考质量计划
69	1.4/2.1	发布策略/计划+(16)	——确认每个发布版本所包括的功能 ——确认必要的有关组件(例如硬件,软件,文档) ——对应用户请求和需求,使之满足特定的产品发布

表 A.26(续)

标识符	级别	工作产出类型	工作产出特点
73	2.5	系统	——包括该版本产品的所有组件 ——所有必要的硬件 ——完整的软件 ——用户文档 ——配置完整的“系统组件” ——确定的参数 ——确定的命令 ——加载或转换的数据
74	1.4/2.1	安装策略/计划+(16)	——确定产品部署的目的 ——确定部署活动日程 ——确定日程限制 ——确定受到影响的地点 ——确定地点的环境配置 为采用合适的版本信息来安装,需确定一些必要组件(至少考虑如下项目): ——发布的软件 ——媒介类型 ——必要的维护装置 ——必要的支持软件(转换程序,验证程序,有关系统界面,数据库管理系统) ——必要的用户文档 ——安装指令 确定必要的硬件和外围设备 确定支持信息或必要材料: ——参数信息 ——操作和维护信息 ——预转换信息,材料或已安装的设备 安装类型(新的和已有系统的转换,维护) 确定备份和恢复程序 确定与用户的联系和技术支持人员 保管主要的和备份的拷贝 确定执行/不执行决策标准 确定验证流程: ——准备必要的可交付成果所需的任务 ——现场所需的组件 ——安装程序 ——预安装架构或转换活动 ——(例如)系统整合,版本构造 确认用户接收要求 确认所有版权和许可要求 确认安全要求
75	2.5	安装指南	关键因素的范围(根据实际情况): ——按顺序加载/安装产品,以执行要求为序 ——从交付文件中下载软件 ——给(例如)文档化,文件夹,程序库等上传合适的软件

表 A.26（续）

标识符	级别	工作产出类型	工作产出特点
75	2.5	安装指南	——分离或升级安装说明(如果适用) ——初始化程序 ——转换程序 ——定制/配置程序 ——验证程序 ——启动程序 ——操作指令 界定的安装要求: ——有关的硬件,软件,客户文档 ——转换程序和指令 ——初始化程序,系统生成信息 ——组件和说明 ——必要的硬件/软件最低配置 ——备份/恢复指令 ——验证程序 ——配置参数(例如,尺寸要求,内存) ——用户/技术支持的联系方式
81	3.2	接收记录	——记录交付的收据 ——确认接收日期 ——确认交付的组件 ——根据已定标准,记录所有用户接收的证明 ——由收到的用户签字
82	1.2	用户支持程序	关键因素的范围(根据产品或合同的具体情况): ——提供确定支持的任务 确定可及性和覆盖提供的支持: ——热线号码 ——可及性的小时数 ——合适的专业技能 ——成本 建立用户请求和/问题的分类计划 ——请求类型的定义 ——优先权/严重性的定义 ——期望回应时间的确定,可按类型和严重性来分 关于保留哪些客户信息的标准,比如: ——公司和位置 ——联系信息详情 ——该用户请求的描述 ——参考已发送的支持信息(转储,文件) ——用户系统站点配置信息(产品,发布,版本,末次更新) ——受到影响的系统 ——对现有系统操作的影响 ——该用户请求的危险程度 ——预计的用户响应/结束要求

表 A.26（续）

标识符	级别	工作产出类型	工作产出特点
82	1.2	用户支持程序	——用户逐步升级程序的定义 界定可用的用户支持工具以及使用它们的程序，比如： ——用于记录用户需求的机制 ——状态报告 ——可用于复制的系统 ——复制用户软件环境的能力 ——复制问题的能力 ——其余的仿真程序 ——其余的脚本 ——拨入端口 ——转储分析工具
83	3.2	用户请求记录（内部的或外部的）	界定请求的目的，比如： ——新的开发 ——改进 ——内部用户 ——操作 ——文档 ——信息 确认请求的状态信息，比如： ——开始日期 ——当前状态 ——日期分配和和责任人 ——检验日期 ——结束日期 界定请求的优先权和严重性 界定用户信息，比如： ——发出请求的公司/个人 ——联系信息和详情 ——系统端配置信息 ——受到影响的系统 ——对现有系统操作的影响 ——请求的危险程度 ——预期的用户响应/结束要求 界定需要的要求/标准 界定请求信息（例如，征求方案，转储）
84	3.2	问题报告记录	——界定提交的和相关的联系细节的名称 ——界定系统配置信息（比如发布版本，系统软件，硬件配置） ——界定负责提供修改的团体/个人 ——包括对问题的描述 ——界定所有有关的支持信息（比如，转储，文件） ——界定问题的严重性（关键，主要，次要……） ——界定所报告问题的状态 ——界定受影响的产品组件

表 A.26（续）

标识符	级别	工作产出类型	工作产出特点
84	3.2	问题报告记录	——界定可应用的软件产品的发布和版本信息 ——界定“开始”的日期 ——界定问题将被修复的预计发布版本 ——界定预计的结束日期 ——界定所有有关的问题报告，用户请求，重复问题，有关的修改 ——界定所有结束标准 ——界定重新考察行动
85	3.2	用户满意情况调查	——界定用户和用户信息 ——发出请求的日期 ——预定的回应日期 ——界定有关的软件和硬件配置 ——记录反馈的能力
86	3.4	用户满意情况数据	——确定用户对软件产品和服务的满意水平 搜集用户满意情况数据的机制 ——实地执行数据的结果 ——用户满意情况调查的结果 ——访谈记录 ——用户会议的会议备忘录
87	1.2	沟通机制	发布信息的途径： ——对沟通内容的清晰描述 ——指定信息发送的日期的能力 ——分发给所有受影响者的能力 界定其影响：（例如对：软件，发展，用户，组织） ——明确界定讯息适用谁/适应于谁/什么 ——被请求时愿意做出回应（回复信息）的机制 ——所使用的发布媒介易被所有需要了解的用户获得 ——发布清单是当前的并包括所有需要了解的用户 ——确定有关预定返回日期的信息的能力
88	1.4/2.1	培训策略/计划+（16）	——确定当前的工作能力 ——确定必要的技能 ——概述可实现培训目标的可行课程
89	3.2	培训记录	——员工培训记录 ——确认员工的名字 ——确认所有的课程（日期，课时，课程名称） 确认当前技能/能力/经验水平，列出： ——正式教育 ——内部培训 ——辅导 ——确定将来的培训需求 ——确定当前培训要求的状态

表 A.26（续）

标识符	级别	工作产出类型	工作产出特点
90	2.5	培训材料	——与当前的软件支持版同步 ——更新以及可用的新的版本 ——具体应用中的系统，应用，操作，维护范围 ——课程列表和有效性
94	3.2	改变请求	——确认改变的目的 ——确认请求状态（新的，接受的，拒绝的） ——确认请求人联系信息 ——受影响的系统 ——对规定的现有系统操作的影响 ——对规定的相关文档工作的影响 ——请求的重要度，需要的日期
97	3.2	改正措施（日志，计划，备忘录）	——界定初始问题 ——界定完成规定动作的所有权 ——确定解决方案（修正问题的一系列行为） ——确认开始日期和预计结束日期 ——包含一个状态指示器 ——指定追踪审核行为
104	2.5	开发环境	——建筑平面图 ——环境安全因素 ——规章要求 ——契约要求 ——安全因素 ——设备配置 ——特殊环境要求（例如，空调，活动地板，动力） ——个人工作空间的需要规定 ——工作站需求 ——支持的软件 ——工具 ——通信设备 ——灾难恢复计划
107	2.5	系统组件	——硬件部分 ——软件部分 ——手动部分 ——用户文档 ——培训材料
108	3.2	人员记录	人员的相关信息包括： ——名字，住址，出生日期，婚姻状态 ——级别，薪金，评价记录 ——培训历史记录

表 A.26（续）

标识符	级别	工作产出类型	工作产出特点
109	3.2	合同审评记录+(31)	——合同范围和需求 ——可能的意外或风险 ——调整该合同与公司的战略商业计划一致 ——保护私有信息 ——不同于最初文献的要求 ——满足契约要求的能力 ——转包合同工作的责任 ——术语 ——用户履行合同义务的能力
110	2.5	使用情境陈述+(7)	——陈述的范围 ——工作系统和将执行的任务 ——用户的特点 ——社会和文化环境，组织/管理制度 ——系统或工作环境以外的设备的特点 ——位置，车间设备和周围环境状况
111	3.4	使用情境分析+(21)	把使用情境和系统以及所有可导致人-系统事宜或风险的发展限制结合起来分析
112	2.5	人因数据+(7)	关于人的某方面绩效的信息，或是由与人有关的科学专家提出或发展的某方面能力的信息(参见人因数据的定义，可了解有关内容的更多具体信息)
113	2.5	用户的环境+(104)	关于开发环境的特点，再加上： ——位置 ——文化 ——社会环境 (参见使用情境的定义，可了解用户环境中相关实体的更完整的列表)
114	2.5	工作人员系统+(73)	硬件，软件，用户，文档和程序等工作系统(见工作系统的定义，可了解更多有关工作系统的具体信息)
115	2.5	用户+(7)	有其他特别的需要，希望，愿望，体能，能力的个人 (例如操作员，安装员，维修员，经理，指导员，管理层、绩效分析和培训支持的专家等)
116	1.3	人因标准和规则+(9)	国际，国家，部门或公司对与人或人-系统事宜相关的操作或参数的指导与人-系统事宜相关的国际，国家，部门或公司的法律法规要求

附 录 B
（资料性附录）
人-系统模型的结构和情境

B.1 过程模型的使用

过程模型描述的是一个组织应该执行什么样的相关过程以实现确定的技术目标。过程评估模型的基本用途是测量组织执行模型所包含的过程的情况好坏。但是，为了设计和开发有效的组织过程，这样的模型也用于描述需求。如果需要更多关于过程模型的使用信息，见ISO/IEC 15504标准。

过程不应与生命周期的阶段相混淆。过程实施不是仅在生命周期某一个阶段中出现，而是在整个生命周期中持续不断出现。根据所处的阶段不同，过程结果的重点也会有所不同。重点的变化又反过来影响构成过程的具体操作。阶段和项目环境对过程和操作的执行所造成的影响，是过程模型和系统发展的办法/方法的主要区别之一。

注：ISO/IEC 15288标准描述了在生命周期中产生所要求结果的过程和随着系统进展其生命周期中的阶段的关系。

B.2 人-系统模型的结构

图B.1实体关系图描述了本标准中所介绍模型的正式组成部分。此图呈现了人-系统模型中的人-系统过程分类，其包含了一系列过程且各过程自身又包含子过程。每一过程具有一系列结果，一系列实践和用途，并产生一系列工作产出。

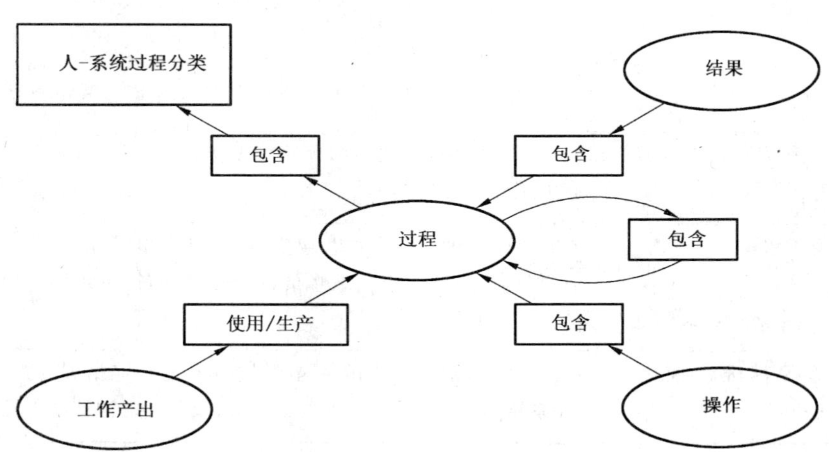

图B.1 模型的实体关系图

HS模型已经发展成一个独立但兼容的模型，而不是并入一个现有的过程模型，如能力成熟模型(CMM)，ISO/IEC 15288或ISO/IEC 12207。这主要是因为过程模型的数目和种类众多，同时也是为了更好地阐明对系统中人因的处理方式及其对系统生命周期的意义。此模型符合并延伸了GB/T 18976—2003/ISO 13407:1999标准。GB/T 18976—2003/ISO 13407:1999解释了以人为中心设计的观念和目的，并描述了在设计过程中做到以用户中心所必要的活动。

B.3 人-系统模型中的要素和相互关系

人-系统模型不单可独立用于人-系统过程的评估，也可与软件或系统工程过程评估结合使用。此模型描述了为了在生命周期内呈现和包含人-系统事宜可能需要做的事情。模型内容可概括为一个4层的过程等级(过程分类，过程，子过程，实践)。

人-系统过程范畴包括分成21个子过程，这些子过程被分为4组特级过程。每个过程通过一系列实践绩效来实现。每个子过程都使用并产生一组工作产出。附录A对每个过程的实践和工作产出进行了描述。操作用单个一般性的句子或词组来表示，并有注释加以解释和阐述。每一组操作都大致上符合计划—实行—检查—行动(Plan Do Check Act)结构。因此每一过程都要负责确保其工作产出得到交付和使用。

人-系统模型适用于整个系统生命周期。它是一套对生命周期过程的补充观点，强调人-系统事宜的处理。在生命周期的每一阶段中(阶段经常被一个以上的组织同时执行)，相关的生命周期中的参与(HS.1)过程将为与之相关的系统界定人-系统事宜，并通过后继阶段的保障系统加以实现。这些事宜通过以人为中心设计(HS.3)和人力资源(HS.4)过程来调查。这些过程的输入和结果通过整合人因(HS.2)过程获取和反馈给组织。

图B.2显示了这些过程与系统生命周期和相关组织之间的关系，这不是一个生命周期。图B.2试图表达的是人-系统过程的循环特性和其与系统的连接关系。我们可以绘制一些简单的图来显示以用户为中心的生命周期的迭代性，而基于所开发的系统的类型和这一系统所面对的市场，这种迭代性可能呈现出多种不同的形式。

核心过程就是用户中心设计。HS.3以人为中心设计就是从用户的角度出发描述并提出需求。这包含了四个类型的技术活动。通过这些过程所生成的信息可以了解系统的定义，设计和操作。

HS.4人力资源展示了一系列的4个相似的技术过程，该过程主要关于定义、发展和保持人员的能力、以及组织中的社会与技术因素的匹配。

以用户为中心设计在系统生命周期的每一阶段都起着不同的作用、提供着不同的信息。HS.1生命周期中的参与涵盖了生命周期各阶段中所分别包含的本领域特殊事宜。它构成了HS.2和HS.3过程的情境。HS.1包括“系统边缘”事宜，非技术事宜和贯穿整个生命周期的事宜。HS.1利用HS.3和HS.4(技术流程)来实现其结果。

注：ISO/IEC 15288也同样使用了这种通过生命周期阶段过程来对过程进行描述的方法。

以用户为中心设计不是孤立施行的。人-系统事宜过程要使用其他系统生命周期过程的信息，并为其他系统生命周期过程创造信息。HS.2整合人因描述的就是联结人-系统事宜与组织中其他活动的辅助活动。HS.2解决的是怎样和何时使用HS.3并向其提供资源，在某种程度上也涉及HS.1和HS.4。正如HS.3是一个循环过程，HS.1内部又划分为几个阶段，HS.2也有一个内部结构。它与执行不同过程的组织区域有关。HS.2.2由组织内从事商业策略的(高级)人员或其代表执行。HS.2.2由过程、质量和培训人员或其代表执行。HS.2.3至HS.2.5由监督或管理项目的HS方面的人员或其代表执行。HS.2.6至HS.2.8是技术性的，通常由那些负责HS事宜和可用性的人员执行。

人-系统过程的职业分配也是可变动的。例如，系统工程的界面取决于项目的人员配置以及技术特性和操作风险的比例；销售界面取决于开发中的系统类型；组织支持界面取决于组织在人-系统事宜方面的成熟度。

系统开发中的主要技术过程包含在 HS.3 里。它们在 HS.2 的管理下反复运行，情境则由 HS.1 和 HS.4 设定。HS.2 联结有关人类事宜的生命周期过程和系统研制的其他过程，协调系统研制企业的活动和客户用户组织的活动。HS.2 和 HS.4 还把人因引入组织内的更高管理过程以及组织过程。HS.1 把 HS 生命周期连接到更高级的项目过程，并研究系统的未来情况。HS.1 还为项目设置边界和目标，然后通过 HS.3 和 HS.4 循环运行，并与 HS.2 一起执行。HS.1.3 和 HS.1.4 关系到系统的使用。它们把人力资源和以人为中心的设计过程与系统生命周期的支持阶段联系起来。

并不是所有的过程都会在生命周期的所有阶段中全力执行。过程的特点(它如何执行)可能因所处的生命周期阶段而变化，并可能在任何阶段中多次执行。

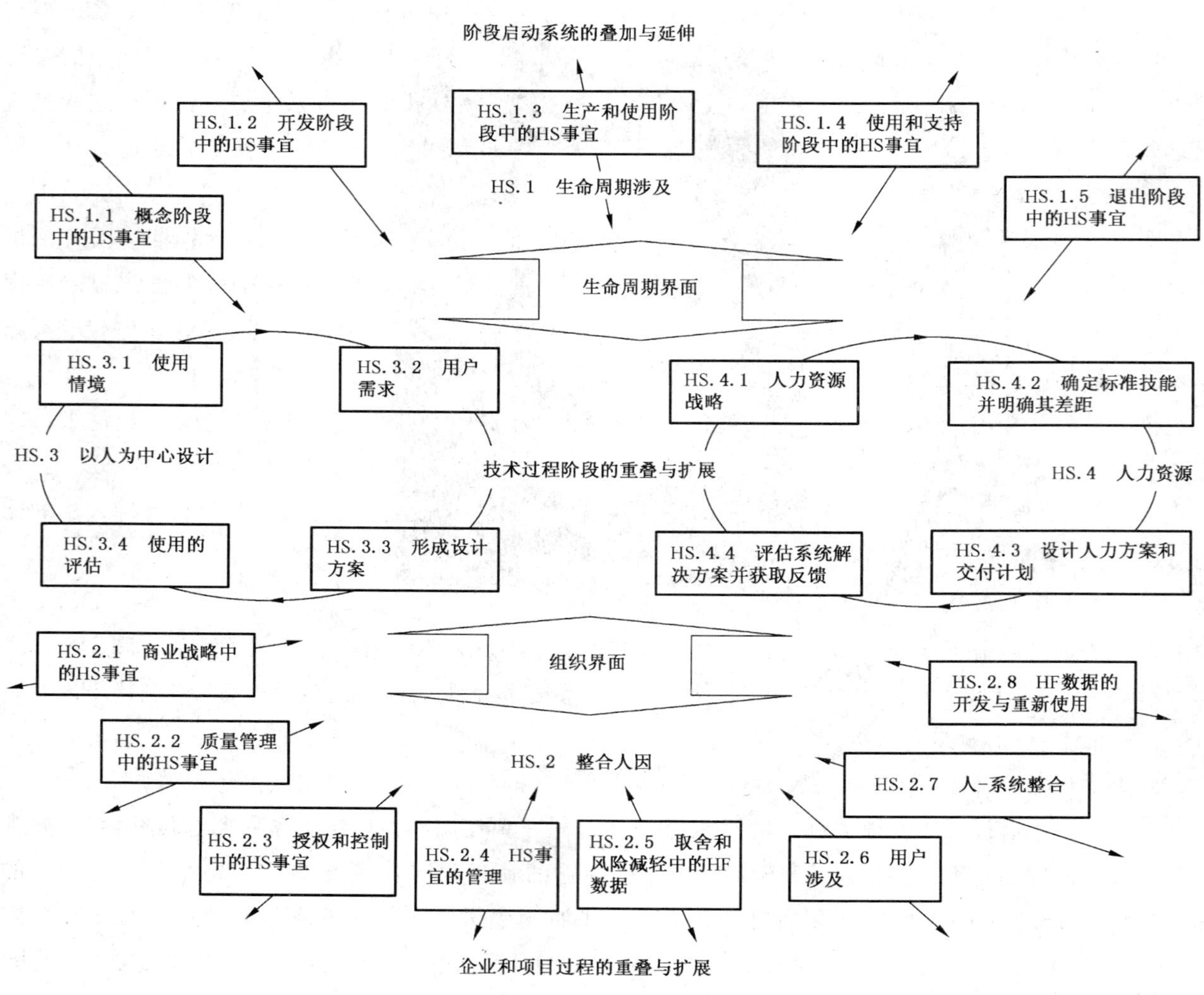

图 B.2 系统生命周期和组织中的人-系统过程

B.4 本模型与过程评估的关系

ISO/IEC 15504 是一个关于过程能力鉴定的标准。它定义了一个评估过程成熟度的规范化方法。此标准中的过程与 ISO/IEC 15504 对各种过程的要求相一致。

熟悉过程成熟模型的人将会看到 HS 模型与一般模型不同，因为 HS.1 过程在相关系统的生命周期特定阶段中运行，并且要求生命周期有特定的属性，如迭代能力（特别是在系统的定义/设计中）。这些要求来自于生命周期的技术需要，因为生命周期要考虑利益相关方和组织的需求。在系统研发早期，不可能直接把系统全寿命期间内的所有需求全都规定清楚，而只能随着系统的细化而重新考虑。这种实用性考虑会违反单纯的能力模型的要求，即单纯的能力模型中的所有过程和操作都是可以独立、持续运行的。然而本模型的用户会发现其可以在生命周期与操作的选择和实施方面提供相当的自由度，即使是在实用性考虑的限制之内也可以。

注：ISO/IEC 15504 中描述了两种实践：基础和管理。本标准中的大部分过程只是基础实践。然而，HS.2 的情形可能不完全如此，当人-系统操作被用于其他成熟模型的时候，情况更是不同。E.3 对此有所研究。

B.5 本模型与 ISO/IEC 15288 的关系

ISO/IEC 15288 为系统发展所需的过程提出了一个标准。本标准提供了这些过程的重叠与扩展，以此来陈述人-系统事宜并添加了一些过程，这些过程可用于扩展用户产品的需求活动，支持大型管理系统的执行和操作，也可用于定制的系统，即由一组由完全确定的利益相关方和用户使用的系统。附录 H 提供了本标准与 ISO/IEC 15288 之间对应关系的说明。

B.6 本模型与人因整合指导文件的关系

目前已经有相当数量的关于人因和与人-系统相关的指导文件，以指导人因在军事和工业界的应用。美国国防部拥有一套关于 MANPRINT 和人-系统整合的指导文件。英国国防部和军事采购处拥有一系列强制性和指导性的文件，以支持人因整合（HFI）。北约也有一套出版物，在商务运输、核电、医疗设备、过程控制等适用于人因整合的领域（不同于 GB/T 18976—2003/ISO 13407:1999 中的用于通用产品研发的 HCD 过程），都有相关的标准和指导文件。人-系统模型具有以下特点，从而对这些指导资源构成了补充：

——作为评估和过程改进的基础。

——与其他过程模型（例如软件、系统）兼容，用于特定生命周期的开发。

——一个简单的过程模型，而不是赘述许多现有指导文件中所包含的细节的指导方法。

人-系统过程模型构成了对 HFI 领域的补充。人-系统模型描述要做什么，而 HFI 领域描述适用范围。HFI 领域也能用作可能发生人-系统事宜的领域清单。HFI 领域的情况如下：

——人力（人员配置）：需要的和潜在的可进行系统操作、维修、维护以及提供系统培训的（军事和）民用人员数目。

——人员：要求有进行系统培训、操作、维修、维护所需的体力和认知能力。

——培训：给人员提供必要的工作技能、知识，价值观和态度的指导或教育，包括在职或单位培训。

——人因工程：将人类特征融入系统定义、设计、开发和评估，以优化实际操作条件下的人员/机器绩效最佳化。

——健康危害评估：系统正常操作对人类健康形成的短期或长期危害。

——系统安全：利用人因知识把系统正常或非正常操作或运行中发生的安全风险最小化。

——生存力：提高不同（军事）技能水平、不同场所中的所有人员在工作中的生存能力。

B.7 与其他过程参考模型的对应关系

附录 G 和 H 提供了与人-系统模型关系紧密的 ISO 和 ISO/IEC 过程模型的对应关系。人-系统模型将用于现有和将来过程参考模型的更广范围。这些模型可能是国际或工业标准。由于当这些模型出现或修改时本标准不可能同时更新，ISO/TC 网站上将提供过程参考模型的信息，位置在名为“ISO/PAS 对应关系目录(Directory of mapping for ISO/PAS)”的公共信息文件夹的次级文件夹中。URL 地址是：

http://isotc. iso. ch/livelink/livelink? func = ll&objld = 651393&objAction = browse&sort =name

当你看到 ISO/TC 登录页面时，请点击“进入公共区域(Proceed to public areas)”。

对应关系的初始设置将包括 CMM 和 ISO/IEC TC 15504-5。

附 录 C
（资料性附录）
人力资源过程

C.1 人力资源过程(HS.4)

人力资源过程的目的是通过提供正确数量的能胜任的用户，以最及时、最有成本效益的方式来达到可用性目标。

注：优点包括：

——确定、认可进行系统培训、操作、维修、维护所需的体力和认知能力。

——给人员提供必要的工作技能、知识，价值观和态度的教导或教育，包括在职或团体培训。

——确定、优化进行系统操作、维修、支持和培训所需的工作负荷。

——组织的人力资源策略可随组织需要以及技术和操作情境而调整。

成功实施本过程，可实现以下目标：

a) 在系统的整个生命周期中，在特定的社会环境下规定、部署和维持系统用户；

b) 规定和公布组织所期望的结果；

c) 利用组织所使用系统的操作、技术和组织要求进行人员发展；

d) 依照系统要求和期望的结果来协调个人和集体的培训要求。

这些目标是通过执行下列子过程而实现的。

C.1.1 人力资源战略(HS.4.1)

人力资源战略过程的目的是从包含执行和记录经验教训机制的组织任务中推导出并执行人力资源战略。

成功实施本过程，可实现以下目标：

a) 购置合适的设备；

b) 每一系统的总绩效输出与要求的系统能力相一致；

c) 未来的人力资源采购、培训和实施策略需要考虑反馈；

d) 全体职员共同努力完成组织的目标。

上述目标通过以下操作完成：

——HS.4.1.BP1 决定组织的目标、行为和任务。

——HS.4.1.BP2 确定完成任务需要的总数目、技能和支持设备。

——HS.4.1.BP3 确定实施策略所需要的人数和他们需要具备的能力范围。

——HS.4.1.BP4 实施一个给组织提供执行和记录经验教训的机制的人力资源策略。

——HS.4.1.BP5 将发现的结果用于未来人员引进、培训和使用策略。

——HS.4.1.BP6 帮助、鼓励人员和团队共同努力，一起实现组织的目标。

C.1.2 确定标准技能并明确其差距(HS.4.2)

确定标准技能并明确其差距过程的目的是发现现有职员和人力资源的变化和新系统所提出的技术要求，并预测他们在整个系统生命周期期间的可获得性。

成功实施本过程，可以实现以下目标：

a) 明确描述现有和将来的人力资源，确认任何可能限制系统可用性的人力资源短缺；

b) 知道数量和所需技能，以及何时需要；

c) 有详细的定期的人员配置和人员审计。

上述目标通过执行以下操作实现：

——HS.4.2.BP1　确认当前任务/责任。

——HS.4.2.BP2　分析当前和将来供应的差距。

——HS.4.2.BP3　确认每一角色的技能要求。

——HS.4.2.BP4　预测现在与将来之间的人员消耗。

——HS.4.2.BP5　考虑到工作时数，可达到的努力和不可及的因素，计算可用人员。

——HS.4.2.BP6　通过比较来确定差距，通过沟通需求信息进行人员配备方案的设计。

——HS.4.2.BP7　创造出满足将来系统要求的能力(制定后续计划)。

——HS.4.2.BP8　提出和公布一个关于数量和能力范围短缺情况的声明。

C.1.3　人力资源解决方案的设计和交付(HS.4.3)

设计人员配置方案和交付计划过程的目的是交付与系统要求和预期结果相适合的个人和集体培训方案。

注：此过程的优点包括：考虑到培训成本和人为错误，系统绩效成为一条各方均可接受的绩效曲线；用户对工作满意，因为任务与培训和技能相称；用户对于设备性能的理解与组织的目标一致。

成功实施本过程，可以实现以下目标：

a)　足够的，有合适能力的用户在恰当的时间恰当的地点掌管并支持使用的系统；

b)　系统的技术和操作要求融入员工发展中。

上述目标通过以下操作实现：

——HS.4.3.BP1　确认和分配要履行的职能。

——HS.4.3.BP2　根据交付要求，制定工作设计，明确人员具备的能力/技能。

——HS.4.3.BP3　计算要求的人员数目。

——HS.4.3.BP4　为培训和(或)重新部署的交付制定可选方案。

——HS.4.3.BP5　把可选方案和约束发展成最优执行计划。

——HS.4.3.BP6　与代表性用户一起发展和试用培训方案。

——HS.4.3.BP7　根据约定的时间表把最终培训方案交付给指定人员。

——HS.4.3.BP8　明确重新部署的所有机会。

C.1.4　评估系统解决方案并获取反馈(HS.4.4)

评价系统方案和获得反馈过程的目的是提供系统操作数据以改进人员配备和部署、系统设计和操作部署。

注：本过程的优点包括：人力资源发现系统可用性不足对于人力资源方面的影响；界定培训执行中的优点和不足；在最短时间内用最少的人员实现系统的可用性。

成功实施本过程，可实现以下目标：

a)　描述系统运行的优势和限制；

b)　界定对系统运行的援助成分和以非正式方式提供的本地性支持；

c)　获得支持安全管理系统的运行数据。

上述目标通过以下操作实现：

——HS.4.4.BP1　制定数据收集策略。

——HS.4.4.BP2　为用户反馈提供方法。

——HS.4.4.BP3　执行可用性评估。

——HS.4.4.BP4　对发现进行解释。

——HS.4.4.BP5　验证数据。

——HS.4.4.BP6　确证数据得到使用。

附 录 D
（资料性附录）
人-系统生命周期过程的使用

D.1 过程定义中模型的使用

人-系统模型描述了一系列有助于提出系统生命周期中的人-系统事宜的过程和子过程。因此对于一些从事以用户为中心的系统生命周期设计的组织（例如企业、部门、项目）来说，它是种非常有用的资源。

这些组织可以借鉴的方法就是设立一个流程来确定其对于这个生命周期的要求。本标准（及其他模型）中的过程结果可用来与这个组织的生命周期要求做个比较。本标准中的过程在这个阶段可以作为信息输入。第7章中对每一个过程的描述都列出了过程的结果。

下一步就是确定一个生命周期，这个周期要按所要求的水平实施并且整合这些被选中的过程操作并达到组织、部门或项目的商业目的。这些操作在第7章中列出并且在附录A中详细地进行了解释。附录A还列举了每个过程的工作产出。工作产出的列举有助于生命周期的确定。

GB/T 18976—2003/ISO 13407:1999中提供了有关人-系统操作的更加详细的信息。有关于操作实施的具体方法可以从教材和人因工程服务的提供者处获得。

为了实现组织目标而在组织内实施的一系列的过程可以看作是由员工进行操作的系统。在设计与维护有效的、以人为中心的组织和项目过程中，可以参考人-系统模型。

D.2 过程改进中人-系统模型的使用

人-系统过程、实践和工作产出描述了组织采取行动时考虑了用户事宜。ISO/IEC 15504中的第2部分就这些过程提出了若干个成熟度等级和相应的属性。这些描述可见本标准的附录E。这些描述可用在系统改进中，为以人为中心的改进确定日程和目标。为了帮助组织采取正确措施来提高其在过程控制方面的成熟度，对能力属性提出了一些要求。

要对现有过程能力进行诊断并对其绩效进行监控，就需要进行相应的评估。但是，评估过程绩效的目的是商业利益，而不是分数或证书。对一个组织来说，要想达到改善过程的目的，最好的评估方法就是依据自己的商业需要，为人-系统过程设定一个理想的绩效概述。这样一来，初始的及监控中的评估范围就可以围绕着这个概述来展开。

D.3 过程评估中人-系统模型的使用

D.3.1 确定人-系统模型的使用用范围

本标准提出了一个分级的四过程模型。这个模型从活动在组织商业战略中的适用性到日常的人因数据管理，逐级描述了这些对于人-系统过程（HS.2）起到促进、支持、管理和整合作用的活动。执行以用户为中心的设计和人力资源的活动在技术组中（HS.3和HS.4）的关系正如一般的应用过程同交互应用的含意之间的关系一样。在生命周期的每一个阶段处理人-系统事宜的活动都在它们自己的组内（HS.1）而且是同工程一起讨论的关键事宜。每个过程处理一个特定的事宜或人-系统事宜处理中的观点。当因特殊的评估而修改模型时，应对一个或更多的这种观点给予特别的注意。HS.2评估也可应用到系统生命周期中任何特殊工程活动的简化中。

这个模型在评估中可有效地使用，因为根据项目组织在没有完全融入到以用户为中心的设计和人力资源事宜的情况下可以被检查。评估实践表明与过程的所有者、管理者和技术人员的会谈往往会扩展到多项目，进而其之间的比较会很清楚。尽管在记录评估中只是反映了一些问题，但是这种方法以有效的方式提供了高质量的分析结果。基于 HS.2(它仍然在适当的时候把项目作为样例)人-系统过程可以在一系列的跨项目会谈中的各个层次进行评估。这涵盖了,例如,商业策略和基础架构的评估。基于 HS.3 及相关的员工(他们可能不在同一个组织内)以用户为中心的技术活动可以单独评估。人力资源和社会技术方面的事宜可以通过 HS.4 得到解决。唯一需要特殊系统的会谈是那些基于 HS.1 的会谈,在这个阶段对每个系统项目的评估都只关注一个过程,并依其在生命周期中的位置。只通过更多一些的会谈来调查所有生命周期阶段直至当前阶段是可行的(如果仍可以找到员工的话)。这种形式的集中评估减少了评估的成本而且相当程度上还增加了覆盖面。

关于在一个过程模型的基础上如何计划,配置员工,执行及汇报一次评估的细节,可参考 ISO/IEC 15504 部分的最近的版本。

D.3.2 过程评估程序

本标准中提出的模型可被用于对一个组织能力的评估中以实现在模型中描述的人-系统过程。预期的评估过程在 ISO/IEC 15504 中有所界定。读者可参阅 ISO/IEC 15504 以便详细了解有关评估者的资格,相关的评估程序及其他事宜

第一步就是评估模型的修改。这包括相关过程的选择及可能被观测到的最大能力的定义。被选的过程应该是由组织进行的有代表性的活动。模型并不是神圣的而是可以按照需要来进行修改的。评估的目的通常是为了在一个特定的组织中获得一幅清晰的过程图像,以达到过程风险评估或过程改进的目的。模型只有被修改的符合被评估者的目的,它对组织的好处才能得到实现。如果组织想知道开展的特定活动效果如何,那它就要为评估选择过程和实践。如果对于这企业来说一个特定的过程执行的好不是那么重要,就没有必要对它进行评估了。

在第三方进行的以鉴定为目的的评估中,情况就不同了。购买者或客户正在收集证据,即那些能够表明它们认为必要的过程执行的达到了所要求的层次的证据。这样的话,过程的范围就由客户来定了。

下一步就是选择典型的评估方案。对于一个彻底的评估来说,方案的选择范围要能够代表工作的展开,计划的大小以及组织的努力。

评估本身是通过与选出的员工进行会谈而实现的。首先,确定每个过程要进行多少实践活动。其次,可以根据,例如,ISO/IEC 15504 中的能力属性确定这些过程执行的程度。附录 A 列出了人力资源的工作产出,这些工作产出有可能要求作为实践绩效的证据。

被采访者有所准备是有益的。他们需要了解这个模型以及为什么要做这次评估。要求要熟悉对过程的看法。实践绩效的证据由被采访者提供,可以是以工作产出的形式。GB/T 18976—2003/ISO 13407:1999 提供了有关人-系统评估证据规定的指导。

被评估的组织需要了解并且为评估做准备。理想的情况是,有关员工已研究了过程模型而且就有关如何在生命周期内整合人因而对如何安排组织过程和操作的描述做好了准备。

一般情况下,为了对每一个项目的成熟度层次给出一个合理的印象,与一个项目的经理和 2~3 个项目成员(成员可一起接受采访)进行会谈就足够了。

为了鼓励公开,合作,是否进行操作的评估就相当的不正式了。最好是让被采访者来描述过程是如何进行的,如果描述不清楚的话,可以就有关特别或已完成的操作提出特定的问题。在讨论结束时,就有关被做过得或还没有做的事情向被采访者进行总结。在对能力的评估过程中,建议让被采访者描述过程是如何被组织的,再就成熟的最低层次提出一些特别的问题直到这种层次即操作很明显没有实现的等级。超出这个层次是不利的。如果被访者没有做好准备或时间短,评估者可以采取直接提问的方法。

为了鼓励公开、合作,对于是否进行实践的评估就相当的不正式了。最好是让被采访者来描述过程是如何进行的,如果描述不清楚的话,可以只就有关特别或已完成的实践提出特定的问题。在讨论结束时,将有关做过的或还没有做的事情的总结反馈给被采访者。在对能力的评估过程中,建议先让被采访者描述过程是如何被组织的,再就成熟度的最低层次提出一些特别的问题,然后逐渐增加问题的成熟度

等级,直到实践很明显没有实现的等级。超出这个层次是没有好处的。如果被访者没有做好准备或时间短,评估者可以采取直接提问的方法。

每个受访者的等级属性(实践,结果或其他指标)要采用下面的分类量表:

N 没实现:被评估过程的预定属性实现的证据很少或没有(实现 0～15%)。

P 部分实现:有某些证据表明存在系统的方法并实现了一些被评估过程的预定属性。某些实现的方面可能是不可预测的(实现 15%以上至 50%)。

L 大部分实现:有证据表明存在系统的方法并实现了重要的被评估过程的预定属性。被评估过程的绩效可能不同(实现 50%以上至 85%)。

F 完全实现:有证据表明存在完备的系统的方法并完全实现了被评估过程的预定属性。在被评估的过程的绩效中没有重大的不足(实现 85%以上至 100%)。

有关人-系统活动的成绩,建议在计算每个过程在组织中的等级时采用预告准备好的纸张表格或基于计算机的工具。评估的结果将在组织内成为计划的基础,用来检查或改进人-系统周期的过程。从评估中得出的结果没有好坏之分。能力的水平只需要能够使企业实现它的目标就好。客户将把所要求的成熟性的概述(以过程为基础的能力)确定为过程改进的一部分。

D.3.3 人-系统过程的其他附加模型

本模型中所提出的人因整合的过程可用于扩大一系列其他过程模型中的过程。在组织或部门进行能力评估时这种扩大很可能会发生,这个组织或部门开发或支持那种从满足它们用户中获得商业利益的系统。ISO 的网站上提供了对于其他过程标准的一系列计划。关于访问的细节见附录 B 中的 B.7。

选择人-系统过程作为在评估之前的例行修改过程的一部分。为了使过程尽可能的容易,过程要用标准格式来进行描述。在评估中当选择包括的过程时,建议向比较好的国际人因工程的实践者寻求建议。HS.2 一定是必须的。有关 HS.3 和 HS.4 的问题对于多数的评估来说也是必须的,而且对于详细的过程改进来说,它们将是主要的焦点。HS.1.1 将与一般的系统改进有更多的关系(比如国内的产品)而 HS.1.3 将与大的系统有更多的关系(如公共信息系统)。HS.1.1 可能在一个系统的生命周期的早期有更多的关系,但也要注意在 HS.3.3 和 HS.3.4 中的一些操作在一个系统的形成早期也是必须的。大多数系统的生命周期的反复性和持续性就意味着在一个系统的支持中 HS.3.1 和 HS.3.2 被起用。

D.3.4 非正式评估中模型的使用

以上所描述的评估方法是严格的,是为了在各种各样的组织中给出有复验性的结果。在某些情况下,严格的程度和相关的正式性并不恰当。

这个模型还适用于更不正式的环境,比如专题讨论或享有共同话题兴趣的用户组织的讨论群体。保留对改进过程及关于能力属性是否出现的讨论的描述,但是并不需要打分,如果这样,有关属性是否出现的评估就会变成一个集体决定。这个结果不必记录,但是却在已达到的水平,企业所要求的水平以为达到它所应采取的行动方面达成了大体上的共识。

群组讨论的方法是为了增强参与者的关注。他们在评估会议上互相讨论要比改进专家给出的建议更有价值。即使是由外来的评估者进行评估时,也可以进行一些集体讨论以提高关注及促进组织的学习。在非正式的评估中,一个集体可能评估它们自己,要保留与以后的会谈或计划对比的结果。也可以做出改进计划,而且可以指定改变时的责任。

D.3.5 过程风险评估中模型的使用

对于风险评估的情况,所要做的准备在 D.3.2 中有所描述,但是这个评估可能不需要那么严格。受访者对于所选过程的表现的描述可以作为对风险直接讨论或规避的起点。建议整理个人对一个综合的风险报告或风险规避计划的反应。

附 录 E
（资料性附录）
ISO/IEC 15504 能力等级及属性

E.1 简介

本附录是对 ISO/IEC 15504 模型的总体介绍，该模型用于制定任何技术过程中的管理及组织质量活动，比如在本标准中给出的例子。E.2 引用了 ISO/IEC TR 15504-2:1998 中的条款，这是根据该标准第 1 章中的版权弃权规定引用的。

E.2 过程能力的测量框架

ISO/IEC 15504-2 第 5 章确定了过程能力评估的测量框架，并从 6 个等级依次对过程能力进行了定义，并能够从最低一级对能力进行评估，从不完全的直到最高的一级进行优化。这个等级代表了被执行过程不断增长的能力，从没有达到过程的目的直到达到当前计划的企业目标。所以这个等级为每个过程的提高确定了一个路线。

测量框架为与过程评估模型有关的被执行的过程的能力评估提供了一个机制。

在这个测量框架内，能力测量是建立在一系列过程属性（PA）的基础之上的。过程属性被用来确定一个过程是否已达到了特定的能力。每一个属性都是对这个过程能力的一个特定方面的衡量。属性本身是靠一个确定的量表来衡量的，提供了对过程能力的特定方面的一个更加详细的了解，过程能力应对过程的改进和能力的确定提供支持。

尽管过程属性可以相互独立地定级而被确定下来，但是这并不是说它们之间没有其他关系。例如，在能力的维度范围内，一个属性的获得可能会与另一个属性的获得有关系。

过程属性内的要素编号并不表示任何顺序或优先，而只是为了便于辨认。

E.2.1 层次 0：不完全过程。

这个过程没被执行，或没有达到它的过程目的。

在这个层次内，没有或很少有证据表明任何过程目的的系统实现。

E.2.2 层次 1，被执行的过程

这个被执行的过程达到了它的过程目的。下列的过程属性证实了这个层次的实现：

E.2.2.1 过程执行属性（PA 1.1）

过程执行属性衡量过程目的达到的程度。作为这个属性完全实现的结果，这个过程获得了它应达到的结果。

E.2.3 层次 2：被管理的过程

前面描述的被执行的过程现在以一种被管理的（被计划的，被监控的和被调整的）方式得到执行，而且它的工作产出也恰如其分的被创建，控制和维持。下列的过程属性展示了这个层次的实现。

E.2.3.1 执行管理属性（PA 2.1）

执行管理属性衡量过程执行被管理的程度。作为这个属性完全实现的结果：

a） 要确定过程执行的目标；

b） 要计划和监控过程执行；

c） 要调整过程执行以适应计划；

d） 要确定，分配并传达执行这个过程的责任和权力；

e） 要确定，获得，分配并使用执行这个过程的资源和信息；

f） 运用相关方面的结合点以确保有效的沟通和责任的明确分工。

E.2.3.2 工作产出管理属性(PA 2.2)

工作产出管理属性衡量过程执行被管理产生工作产出被正确界定,记录及监控的工作产出的程度。作为这个属性完全实现的结果:

a) 确定过程的工作产出的要求;

b) 确定记录和监控工作产出的要求;

c) 正确地界定,记录及监控工作产出;

d) 根据计划的安排复查工作产出并按需调整以达到要求。

注1:工作产出的记录监控要求可能包括工作产出变化确认,修订情况,批准及再次批准的要求,并且要从实际应用的角度来对可用的工作产出进行相关描述。

注2:在这个子条款中工作产出指得是那些过程结果实现的结果。

E.2.4 层次3:被建立的过程

前面描述的被管理的过程现在被执行,使用了建立在一个标准过程基础上的已被确定的过程而且这个过程能够取得它的过程结果。下列过程的属性证实了这个层次的实现。

E.2.4.1 过程定义属性(PA 3.1)

过程定义属性衡量一个标准过程被维持并用于支持被确定过程的展开。作为这个属性的完全实现的结果:

a) 确定一个描述基本要素的标准过程,包括合适的修改指南,这些基本要素要与已界定的过程一致;

b) 确定标准过程和其他过程的顺序和交互;

c) 把执行一个已定的过程所要求的能力,作用,责任和权力确定为这个标准过程的一部分;

d) 把执行一个已定的过程所要求的基本设施和工作环境确定为标准过程的一部分;

e) 收集并评估合适的数据以确定可以在什么地方可以持续改进这个标准过程。

注1:当展开已界定的过程时,标准过程使用时不予改动,不需要修改指南。

注2:能力来自于知识、技能和个人素质的结合,个人素质是通过教育、培训和经验而获得的。

E.2.4.2 过程展开属性(PA 3.2)

过程展开属性衡量这个标准过程作为一个已定的过程被有效展开而取得的过程成果的程度。作为这个属性完全实现的结果:

a) 在一个被恰当选出的或改进了的标准过程基础之上展开一个已定的过程;

b) 分配并且传达执行这个已定过程所要求的作用,责任和权力;

c) 执行这个已定过程的人要具备适当的教育,培训,技能和经验;

d) 获得、分配并使用执行这个已定过程所要求的必要的资源和信息;

e) 获得、分配并使用这个已定过程所需要的基础设施和工作环境;

f) 确定、收集并分析恰当的数据,以此作为基础来理解已定过程的行为并证实已定过程的适应性和有效性。

E.2.5 层次4:可预测的过程

在已确定的限制范围内来操作前面所描述的已确定的过程来取得它的过程产出。下列的过程属性证实了这个层次的实现。

E.2.5.1 过程评估属性(PA 4.1)

过程评估属性评估产出和过程评估,用来确保过程绩效在支持已确定的商业目标中获得相关过程的目标。作为这个属性完全实现的结果:

a) 衡量用于支持确定的商业目标的的过程表现的定量目标的建立;

b) 要使成果和过程测量与相关的过程目标一致;

c) 为了监控已定过程目标的实现程度要整合产品和过程测量结果;

d) 过程能力测量和保持要遍及组织的每个部分。

注：过程能力的测量可以通过如统计过程控制的技术来进行。

E.2.5.2 过程控制属性(PA 4.2)

这一过程控制属性衡量了在特定范围内过程被定量地管理以得出一个稳定的,合格的而且是可预测的过程的程度。作为这个属性完全实现的结果：

a) 在可用之处确定并应用适当的分析和控制技术；

b) 为测量的频率确定要求；

c) 为正常的过程表现确定变化的控制范围；

d) 为指定的不稳定因素分析测量数据；

e) 采用正确的行为来处理指定的因素；

f) 在校正后(在必要时)重新确定控制限制。

E.2.6 层次5:优化过程

前面所描述的可预测的过程被不断地改善以满足相关的目前及计划的企业目标。下列的过程属性证实了这个层次的实现。

E.2.6.1 过程创新属性(PA 5.1)

过程创新属性衡量了从执行时的一般的变化条款分析及对过程展开及定义的创新方法的调查中,过程变化被确定的程度。作为这个属性完全实现的结果：

a) 为支持相关企业目标的过程确定过程改进目标；

b) 分析适当的数据来确定最好的操作和创新的时机；

c) 确定过程执行时真正的和潜在变化的因素；

d) 确定从新的科技和过程概念中得出的改进时机；

e) 确定一个实施战略以实现过程改进目标。

E.2.6.2 过程优化属性(PA 5.2)

过程优化属性衡量了定义,管理和过程执行变化所带来的实现相关过程改进目标的有效影响的程度。作为这个属性完全实现的结果：

a) 针对已定过程的目标和标准过程来评估提出的所有变化的影响；

b) 管理所有取得一致意见的变化的实施以确保任何过程执行的中断都被理解且被贯彻；

c) 在实际执行的基础上,针对已定的成果要求和过程目标来评估过程变化的有效性以确定结果是否由于一般的和特殊的原因。

E.3 人-系统过程模型的特殊事宜

注：这一条款为那些想把这一过程模型与其他的模型接合起来或那些有用其他模型进行评估经验的人提供了特别的技术信息。

当把它用于过程能力的评估时,应该考虑两个与人-系统模型内容和设计有关的事宜。

首先,尽管过程整合不是一个被现有过程模型或能力等级清楚地标明的一个特性,但是正如在本标准中一样它是一个“叠层”模型的重要属性。如果过程合并起来的话,至少有两种评估方法。交付—你进行过交付过程吗,有变化吗？或者是接收—你得到过信息并且进行改变过吗？人-系统模型中为设计基础的操作而作为基础的计划—实行—检查—行动周期的应用的意思是为了实现被执行的层次1,人-系统模型中的过程必须与由建立在这个过程所提供的工作产出基础之上而带来变化的那个过程一致。这可能使对一个被执行的过程的要求超出了在ISO/IEC 15504中的那些特别过程的范围,但是并不在现有能力等级所描述之列。人-系统模型中包括一个一体化的操作并不被认为会对能力的测量造成有害的后果。

第二,在人-系统评估中,一些HS.2的操作也可能提供能力层次的获得要比被执行的高的证据。

这要求或必须要具备一个在层次1之上的过程层次。这些都被列在了表E.1之中。然而，相关过程的整体成就并不取决于这些更高层次的能力上。

表E.1 要求或应用比所执行的更高成熟性的人-系统操作

过程	操作	操作名称	层次	备注
HS.2.1 商业战略中的人-系统事宜	全部		4	规格与企业目标的联合是可预测过程的证据的一部分。
HS.2.2 质量管理中的人-系统事宜	HS.2.2.BP2	在支持与控制程序中包含以人为中心的要素	2或3	作为完整的这个过程可以在项目层次上使用(此时人-系统过程在计划质量管理和程序下出现)或者在一个组织层次上(此时人-系统过程已明确地与组织总的流程相融合)。
	HS.2.2.BP4	确定并保持以人为中心的设计的基础设施和资源	3	这个操作的完全实现是这个过程被确定的一个指标。
	HS.2.2.BP5	为员工强化或提供适当的人因和以人为中心的设计技能	3	这个操作的完全实现是这个过程被确定的一个指标。
HS.2.3 授权和控制中的人-系统事宜	HS.2.3.BP3	在影响可用性的过程中评估并改进人-系统的能力	4	过程能力的评估是一个可预测过程的证据的一部分。
HS.2.4 人-系统事宜的管理	全部		2	所有操作的完全实现是被管理的人-系统过程的一个指标。
HS.2.5 取舍和风险减轻中的人因数据	HS.2.5.BP4	采取有效的减轻办法来处理可用性的风险	4或6	在实现组织目标中人因数据应用的有效性的评估是第4层次的活动。 建立在已被界定的风险基础上的人-系统过程的改写是第5层次的成熟性活动。
HS.2.7 人-系统整合	HS.2.3.BP3	确定并使用最合适的数据格式来交换人因数据	3	这个操作的完全实现是这个过程被确定的一个指标。

附 录 F
（资料性附录）
本标准中过程间的对应关系

表 F.1 中的图表通过表示过程间的链接介绍了人-系统模型的过程结构。其中表明了 3 种类型的关系：组 G（一组过程可能被共同执行），效用 U（一个过程需要另一个过程的设定），及相似性 S（一个过程在类型或结果方面与另一个过程相似）。还提出了 2 个层次的要求。大写字母表示强（必要）链接。小写字母表示弱（可选的或部分的）链接。这个图表要从左至右阅读，例如从纵向的过程编号对应的过程到图表顶部所列的过程。

表 F.1 人-系统模型中过程间对应关系的点式图

HS.1 生命周期中的参与	HS.2 整合人因	HS.3 以人为中心的设计	HS.4 人力资源
HS.1.1 概念阶段中人-系统事宜	HS.2.1 商业战略中的人-系统事宜	HS.3.1 使用情境	HS.4.1 人力资源战略
HS.1.2 开发阶段中的人-系统事宜	HS.2.2 质量管理中的人-系统事宜	HS.3.2 用户需求	HS.4.2 确定标准技能并明确其差距
HS.1.3 生产和使用阶段中的人-系统事宜	HS.2.3 授权和控制中的人-系统事宜	HS.3.3 形成设计方案	HS.4.3 人力资源解决方案的设计和交付
HS.1.4 使用和支持阶段中的人-系统事宜	HS.2.4 人-系统事宜的管理	HS.3.4 使用的评估	HS.4.4 评估系统解决方案并获取反馈
HS.1.5 退出阶段中的人-系统事宜	HS.2.5 取舍和风险减轻中的人因数据		
	HS.2.6 用户参与		
	HS.2.7 人-系统整合		
	HS.2.8 人因数据的开发与再使用		

VHS HS>	1	.1	.2	.3	.4	.5	2	.1	.2	.3	.4	.5	.6	.7	.8	3	.1	.2	.3	.4
1 生命周期中的参与																				
1.1					u	u		U				u	U		u		U	U	U	U
1.2									U	u	U	U	U	u	u		u	u	U	U
1.3											U	U	U				u	u	u	U
1.4								u		u		U	U		u		u	u	u	U
1.5										u	u	U	U		U		u	U	u	U
2 整合人因																				
2.1		u			u									u	u		u			U
2.2						U		u		u	u				u					

表 F.1（续）

HS.1 生命周期中的参与	HS.2 整合人因	HS.3 以人为中心的设计	HS.4 人力资源
HS.1.1 概念阶段中人-系统事宜	HS.2.1 商业战略中的人-系统事宜	HS.3.1 使用情境	HS.4.1 人力资源战略
HS.1.2 开发阶段中的人-系统事宜	HS.2.2 质量管理中的人-系统事宜	HS.3.2 用户需求	HS.4.2 确定标准技能并明确其差距
HS.1.3 生产和使用阶段中的人-系统事宜	HS.2.3 授权和控制中的人-系统事宜	HS.3.3 形成设计方案	HS.4.3 人力资源解决方案的设计和交付
HS.1.4 使用和支持阶段中的人-系统事宜	HS.2.4 人-系统事宜的管理	HS.3.4 使用的评估	HS.4.4 评估系统解决方案并获取反馈
HS.1.5 退出阶段中的人-系统事宜	HS.2.5 取舍和风险减轻中的人因数据		
	HS.2.6 用户参与		
	HS.2.7 人-系统整合		
	HS.2.8 人因数据的开发与再使用		

VHS　　HS>	1	.1	.2	.3	.4	.5	2	.1	.2	.3	.4	.5	.6	.7	.8	3	.1	.2	.3	.4
2.3		U						U			u	U		u	u		u	u		U
2.4								U	u				u		u					
2.5								u			u		U	u	u		u	u		U
2.6									u					u						
2.7								u	u		u				U		u	u	u	u
2.8			u		u	u			u				U				U	u	u	U
3 以人为中心的设计																				
3.1									u				U	u	u					
3.2									u		u		U	u	U					u
3.3									u			u	U	u	U		u			u
3.4									u		u		U	u	U		u			
4 人力资源																				
4.1		G							s											
4.2			G														S			
4.3				G	G	G											s	S		
4.4				G	G								U						U	

表 F.2 总结了使用 HS 模型过程来运用和生成工作产出的情况。

表明了 4 种关系：C，生成；R，读入或使用；U，升级、细化或延伸；D，删除（此版本中未使用）。通过使用多个代码表示组合。多个选择则用代码之间划斜线(/)表示。需要注意这只是一个不完整的模型，只包括 HS 问题。并非所有工作产出都是通过 HS 过程生成、升级或者删除的。

表 F.2 人-系统模型中过程与工作产出间对应关系的点式图

HS.1 生命周期中的参与	HS.2 整合人因	HS.3 以人为中心的设计	HS.4 人力资源
HS.1.1 概念阶段中人-系统事宜	HS.2.1 商业战略中的人-系统事宜	HS.3.1 使用情境	HS.4.1 人力资源战略
HS.1.2 开发阶段中的人-系统事宜	HS.2.2 质量管理中的人-系统事宜	HS.3.2 用户需求	HS.4.2 确定标准技能并明确差距
HS.1.3 生产和使用阶段中的人-系统事宜	HS.2.3 授权和控制中的人-系统事宜	HS.3.3 形成设计方案	HS.4.3 人力资源解决方案的设计和交付
HS.1.4 使用和支持阶段中的人-系统事宜	HS.2.4 人-系统事宜的管理	HS.3.4 使用的评估	HS.4.4 评估系统解决方案并获取反馈
HS.1.5 退出阶段中的人-系统事宜	HS.2.5 取舍和风险减轻中的人因数据		
	HS.2.6 用户参与		
	HS.2.7 人-系统整合		
	HS.2.8 人因数据的开发与再使用		

工作产出	HS.1 生命周期中的参与					HS.2 整合人因								HS.3 以人为中心的设计				HS.4 人力资源			
.	.1	.2	.3	.4	.5	.1	.2	.3	..4	.5	.6	.7	.8	.1	.2	.3	.4	.1	.2	.3	.4
1	U						R														
2							C		R			R									
4									C			R									
5									CU			R									
6									C			R									
7													CU								
8									C			CU				C		C		C	
9							R						r								
10							U		R			U				U					
12	R	R	R	R	R	C		R										C	R		R
13						C	R											C	R		
14							C	R	R												
15	C						U		U										C	R	
16																					
17									RU												

表 F.2（续）

HS.1 生命周期中的参与	HS.2 整合人因	HS.3 以人为中心的设计	HS.4 人力资源
HS.1.1 概念阶段中人-系统事宜	HS.2.1 商业战略中的人-系统事宜	HS.3.1 使用情境	HS.4.1 人力资源战略
HS.1.2 开发阶段中的人-系统事宜	HS.2.2 质量管理中的人-系统事宜	HS.3.2 用户需求	HS.4.2 确定标准技能并明确差距
HS.1.3 生产和使用阶段中的人-系统事宜	HS.2.3 授权和控制中的人-系统事宜	HS.3.3 形成设计方案	HS.4.3 人力资源解决方案的设计和交付
HS.1.4 使用和支持阶段中的人-系统事宜	HS.2.4 人-系统事宜的管理	HS.3.4 使用的评估	HS.4.4 评估系统解决方案并获取反馈
HS.1.5 退出阶段中的人-系统事宜	HS.2.5 取舍和风险减轻中的人因数据		
	HS.2.6 用户参与		
	HS.2.7 人-系统整合		
	HS.2.8 人因数据的开发与再使用		

工作产出	HS.1 生命周期中的参与					HS.2 整合人因								HS.3 以人为中心的设计				HS.4 人力资源			
	.1	.2	.3	.4	.5	.1	.2	.3	.4	.5	.6	.7	.8	.1	.2	.3	.4	.1	.2	.3	.4
21			C	C	C						C				C	R	C		C		C
22										U	C										
23										U/c											
24							U														
26	C	C	C	C	C		C					C									
27							C	R	U						U		R				
29								C													C
30											C										
31											C										
36																					
40				U						CU			C								
41			C	C																	
42		C		U																	
43	C					R															
44	RU														R						
45	U/c																				
46	CU					R															
47								UC													

表 F.2（续）

HS.1 生命周期中的参与	HS.2 整合人因	HS.3 以人为中心的设计	HS.4 人力资源
HS.1.1 概念阶段中人-系统事宜	HS.2.1 商业战略中的人-系统事宜	HS.3.1 使用情境	HS.4.1 人力资源战略
HS.1.2 开发阶段中的人-系统事宜	HS.2.2 质量管理中的人-系统事宜	HS.3.2 用户需求	HS.4.2 确定标准技能并明确差距
HS.1.3 生产和使用阶段中的人-系统事宜	HS.2.3 授权和控制中的人-系统事宜	HS.3.3 形成设计方案	HS.4.3 人力资源解决方案的设计和交付
HS.1.4 使用和支持阶段中的人-系统事宜	HS.2.4 人-系统事宜的管理	HS.3.4 使用的评估	HS.4.4 评估系统解决方案并获取反馈
HS.1.5 退出阶段中的人-系统事宜	HS.2.5 取舍和风险减轻中的人因数据		
	HS.2.6 用户参与		
	HS.2.7 人-系统整合		
	HS.2.8 人因数据的开发与再使用		

工作产出	HS.1 生命周期中的参与					HS.2 整合人因								HS.3 以人为中心的设计				HS.4 人力资源			
	.1	.2	.3	.4	.5	.1	.2	.3	.4	.5	.6	.7	.8	.1	.2	.3	.4	.1	.2	.3	.4
48								R													
49								R													
51								UC													
52		U												R	C	RU	R				
53		U														C					
59																	U/c				C
60																	C				C
61																	C				C
62																R	C				C
68			C																		
69			C																		
73		C	R											R							
74			C																		
75			C																		
81			C																		
82				C																	
83	R			C																	
84		R	C	C																	

表 F.2（续）

HS.1　生命周期中的参与	HS.2　整合人因	HS.3　以人为中心的设计	HS.4　人力资源
HS.1.1　概念阶段中人-系统事宜	HS.2.1　商业战略中的人-系统事宜	HS.3.1　使用情境	HS.4.1　人力资源战略
HS.1.2　开发阶段中的人-系统事宜	HS.2.2　质量管理中的人-系统事宜	HS.3.2　用户需求	HS.4.2　确定标准技能并明确差距
HS.1.3　生产和使用阶段中的人-系统事宜	HS.2.3　授权和控制中的人-系统事宜	HS.3.3　形成设计方案	HS.4.3　人力资源解决方案的设计和交付
HS.1.4　使用和支持阶段中的人-系统事宜	HS.2.4　人-系统事宜的管理	HS.3.4　使用的评估	HS.4.4　评估系统解决方案并获取反馈
HS.1.5　退出阶段中的人-系统事宜	HS.2.5　取舍和风险减轻中的人因数据		
	HS.2.6　用户参与		
	HS.2.7　人-系统整合		
	HS.2.8　人因数据的开发与再使用		

工作产出	HS.1 生命周期中的参与					HS.2 整合人因								HS.3 以人为中心的设计				HS.4 人力资源			
	.1	.2	.3	.4	.5	.1	.2	.3	.4	.5	.6	.7	.8	.1	.2	.3	.4	.1	.2	.3	.4
85			C	C																	
86			C	C	R																
87												C									
88			C	R																C	
89				U										R						C	
90			C																		
94										U											
97									C	C											
104		C					U														
107		C																			
108														R					C	U	
109								C													
110											R			C	R	R	RU				
111	C									R				C	R	R	R				
112	R									R			CU		R	R	R				
113			C																		
114																				C	U
115											R									C	U
116													CU	R							

附 录 G
（资料性附录）
GB/T 18976—2003/ISO 13407:1999 和 ISO/TR 18529 对应关系

表 G.1 GB/T 18976—2003/ISO 13407:1999 中的条款与人-系统模型对应关系的点式图

HS.1 生命周期中的参与	HS.2 整合人因	HS.3 以人为中心的设计	HS.4 人力资源
HS.1.1 概念阶段中人-系统事宜	HS.2.1 商业战略中的人-系统事宜	HS.3.1 使用情境	HS.4.1 人力资源战略
HS.1.2 开发阶段中的人-系统事宜	HS.2.2 质量管理中的人-系统事宜	HS.3.2 用户需求	HS.4.2 确定标准技能并明确差距
HS.1.3 生产和使用阶段中的人-系统事宜	HS.2.3 授权和控制中的人-系统事宜	HS.3.3 形成设计方案	HS.4.3 人力资源解决方案的设计和交付
HS.1.4 使用和支持阶段中的人-系统事宜	HS.2.4 人-系统事宜的管理	HS.3.4 使用的评估	HS.4.4 评估系统解决方案并获取反馈
HS.1.5 退出阶段中的人-系统事宜	HS.2.5 取舍和风险减轻中的人因数据		
	HS.2.6 用户参与		
	HS.2.7 人-系统整合		
	HS.2.8 人因数据的开发与再使用		

HS>	1					2								3				4			
GB/T 18976—2003/ISO 13407：1999. HS>V	1	2	3	4	5	1	2	3	4	5	6	7	8	1	2	3	4	1	2	3	4
5 HCD 原则																					
5.2 用户参与											●										
5.3 职能分配																●					
5.4 迭代									●												
5.5 多领域团队									●												
6 HCD 过程规划									●												
7 HCD 活动																					
7.2 理解情境	●													●							
7.3 明确要求	●	●													●						
7.4 设计方案		●									●					●					
7.5 评估设计		●	●	●													●				

表 G.2 ISO/TR 18529 中的条款与人-系统模型对应关系的点式图

HS.1 生命周期中的参与	HS.2 整合人因	HS.3 以人为中心的设计	HS.4 人力资源
HS.1.1 概念阶段中人-系统事宜 HS.1.2 开发阶段中的人-系统事宜 HS.1.3 生产和使用阶段中的人-系统事宜 HS.1.4 使用和支持阶段中的人-系统事宜 HS.1.5 退出阶段中的人-系统事宜	HS.2.1 商业战略中的人-系统事宜 HS.2.2 质量管理中的人-系统事宜 HS.2.3 授权和控制中的人-系统事宜 HS.2.4 人-系统事宜的管理 HS.2.5 取舍和风险减轻中的人因数据 HS.2.6 用户参与 HS.2.7 人-系统整合 HS.2.8 人因数据的开发与再使用	HS.3.1 使用情境 HS.3.2 用户需求 HS.3.3 形成设计方案 HS.3.4 使用的评估	HS.4.1 人力资源战略 HS.4.2 确定标准技能并明确差距 HS.4.3 人力资源解决方案的设计和交付 HS.4.4 评估系统解决方案并获取反馈

HS>	1					2								3				4			
ISO 18529. HS>V	.1	.2	.3	.4	.5	.1	.2	.3	.4	.5	.6	.7	.8	.1	.2	.3	.4	.1	.2	.3	.4
HCD1	●			●		●												●			
HCD2							●		●		●										
HCD3	●	●													●						
HCD4														●							
HCD5		●														●					
HCD6	●	●	●	●													●				
HCD7	●			●																●	●

附 录 H
（资料性附录）
对应 ISO/IEC 15288

表 H.1 中的图表表明了在 ISO/IEC 15288 中人-系统模型中的过程和系统生命周期过程模型之间的紧密关系。它不应被用来说明这两种模型间的一一对应关系。一方面是把一个组织或一项工程中的过程融入周围环境的需要，另外各个模型对应着系统中的不同方面。这个图表是为了说明为一个特定的评估或组织而开发一个共有模型的起点。根据在特定应用环境下人-系统事宜重要性的不同，人-系统过程或多或少地会有些关联。紧密关系一般是表示所描述的过程与所提交的人-系统事宜是最相关的，人-系统事宜应该作为设定 ISO/IEC 15288 过程的一部分。一个点表示一种密切关系。括号里的点表示一种可能的关系。一些密切关系只有在评估那些层级成熟度大于第一层的层次时才相互关联。

表 H.1 ISO/IEC 15288 中的条款与人-系统模型对应关系的点式图

HS.1 生命周期中的参与	HS.2 整合人因	HS.3 以人为中心的设计	HS.4 人力资源
HS.1.1 概念阶段中人-系统事宜	HS.2.1 商业战略中的人-系统事宜	HS.3.1 使用情境	HS.4.1 人力资源战略
HS.1.2 开发阶段中的人-系统事宜	HS.2.2 质量管理中的人-系统事宜	HS.3.2 用户需求	HS.4.2 确定标准技能并明确其差距
HS.1.3 生产和使用阶段中的人-系统事宜	HS.2.3 授权和控制中的人-系统事宜	HS.3.3 形成设计方案	HS.4.3 人力资源解决方案的设计和交付
HS.1.4 使用和支持阶段中的人-系统事宜	HS.2.4 人-系统事宜的管理	HS.3.4 使用的评估	HS.4.4 评估系统解决方案并获取反馈
HS.1.5 退出阶段中的人-系统事宜	HS.2.5 取舍和风险减轻中的人因数据		
	HS.2.6 用户参与		
	HS.2.7 人-系统整合		
	HS.2.8 人因数据的开发与再使用		

HS>	1					2								3				4			
ISO/IEC 15288. HS>V	1	2	3	4	5	1	2	3	4	5	6	7	8	1	2	3	4	1	2	3	4
5.1 认可																					
5.1.1 获取								●													
5.1.2 供应								●													
5.2 企业管理																					
5.2.1 企业环境						●															
5.2.2 投资环境								●													
5.2.3 系统生命周期过程，环境							●														
5.2.4 资源环境							●					(●)						●	●		

表 H.1（续）

HS.1 生命周期中的参与	HS.2 整合人因	HS.3 以人为中心的设计	HS.4 人力资源
HS.1.1 概念阶段中人-系统事宜	HS.2.1 商业战略中的人-系统事宜	HS.3.1 使用情境	HS.4.1 人力资源战略
HS.1.2 开发阶段中的人-系统事宜	HS.2.2 质量管理中的人-系统事宜	HS.3.2 用户需求	HS.4.2 确定标准技能并明确其差距
HS.1.3 生产和使用阶段中的人-系统事宜	HS.2.3 授权和控制中的人-系统事宜	HS.3.3 形成设计方案	HS.4.3 人力资源解决方案的设计和交付
HS.1.4 使用和支持阶段中的人-系统事宜	HS.2.4 人-系统事宜的管理	HS.3.4 使用的评估	HS.4.4 评估系统解决方案并获取反馈
HS.1.5 退出阶段中的人-系统事宜	HS.2.5 取舍和风险减轻中的人因数据		
	HS.2.6 用户参与		
	HS.2.7 人-系统整合		
	HS.2.8 人因数据的开发与再使用		

HS>	1					2								3				4			
ISO/IEC 15288. HS>V	1	2	3	4	5	1	2	3	4	5	6	7	8	1	2	3	4	1	2	3	4
5.2.5 质量环境							●														
5.3 项目管理																					
5.3.1 规划										●											
5.3.2 评估									●												
5.3.3 控制									●												
5.3.4 决策									●	●											
5.3.5 风险管理										●											
5.3.6 配置管理																					
5.3.7 信息管理													●								
5.4 技术																					
5.4.1 利益相关方需求界定														●	●			●			
5.4.2 要求分析															●				●		
5.4.3 结构设计																●			●		
5.4.4 实施																				●	
5.4.5 整合																				●	
5.4.6 确认																	●			●	
5.4.7 转换			(●)	(●)										●	●				●		
5.4.8 验证																	●				●
5.4.9 操作														●	●		●		●	●	●

表 H.1（续）

HS.1　生命周期中的参与	HS.2　整合人因	HS.3　以人为中心的设计	HS.4　人力资源
HS.1.1　概念阶段中人-系统事宜	HS.2.1　商业战略中的人-系统事宜	HS.3.1　使用情境	HS.4.1　人力资源战略
HS.1.2　开发阶段中的人-系统事宜	HS.2.2　质量管理中的人-系统事宜	HS.3.2　用户需求	HS.4.2　确定标准技能并明确其差距
HS.1.3　生产和使用阶段中的人-系统事宜	HS.2.3　授权和控制中的人-系统事宜	HS.3.3　形成设计方案	HS.4.3　人力资源解决方案的设计和交付
HS.1.4　使用和支持阶段中的人-系统事宜	HS.2.4　人-系统事宜的管理	HS.3.4　使用的评估	HS.4.4　评估系统解决方案并获取反馈
HS.1.5　退出阶段中的人-系统事宜	HS.2.5　取舍和风险减轻中的人因数据		
	HS.2.6　用户参与		
	HS.2.7　人-系统整合		
	HS.2.8　人因数据的开发与再使用		

HS>	1					2								3				4			
ISO/IEC 15288. HS>V	1	2	3	4	5	1	2	3	4	5	6	7	8	1	2	3	4	1	2	3	4
5.4.10　维护																●			●		
5.4.10　处置																				●	
B　生命周期阶段																					
B.1　概念阶段	●																				
B.2　开发阶段		●																			
B.3　生产阶段			●																		
B.4　使用阶段			●	●																	
B.5　支持阶段				●																	
B.6　退出阶段					●																

附 录 I
（资料性附录）
对应 ISO/IEC 15504

I.1 简介

ISO/IEC TR 15504-2:2003 中的第 6 款对于过程参照和评估模型提出了一致性的要求。下列这些条款引用了对过程和评估模型的要求，并且展示了本标准是如何满足这些要求的。在下列各条款中，斜体字部分列出的是这些要求，正体字部分给出了本标准一致性的证明。

I.2 过程参照模型的要求

一个过程参照模型应该包括：

a) 过程参照模型范围的陈述。见条款 1。

b) 在过程参照模型范围内的过程描述，过程参照模型要符合 ISO/IEC 155042:2003 中的第 6 款第 3 条第 4 项的要求。见本标准第 7 章。

c) 对过程参照模型和其应用背景之间关系的描述。见简介，第 1 条款，附录 B 和附录 D。

d) 对在过程参照模型范围内确定的过程间关系的描述。见第 7 章及附录 F。

e) 过程参照模型要说明该模型的共同利益及在共同利益范围内为确保一致而采取的行为。

1) 相关的共同利益将被说明或详细指出。

2) 要达到的一致性程度将被说明。

3) 如果没有采取措施，要说明其影响。

这一参照模型是建立在工效学委员会(GB/T 18976—2003/ISO 13407:1999，ISO/TR 18529 和 HFI)的现有资料基础之上的。修改经过了两次草案的反复，而且由专家在相关学科内进行了国际性的试验和审评。然后按照国际评审流程，经过 TC 159 工效学，SC 4 人-系统交互工效学，WG 6 循环系统的以人为中心设计流程，逐渐发展出了该模型。

f) 在过程参照模型范围内确定的这些过程要有特定的过程描述和身份。本标准中的这些过程根据 ISO/IEC TR 15504-5 中的方案进行了编码。编码前加了“HS”以标明它的特殊性。

注：关于过程参考模型的任何在该条款所列内容以上的元素，都应该是资料性的。该标准中第 7 款中所描述的过程列出了一些如何获取信息的基础练习。

I.2.1 过程描述

过程参照模型的基本要素是在模型范围内的一系列对过程的描述。这些过程描述应该满足如下要求：

a) 应从目的和结果方面描述过程。

b) 在任何描述中，过程的所有结果应该而且足以实现该过程的目的。

c) 过程描述中不应包括或涉及在 ISO/IEC 15504:2003 第 4 款中所描述的超出第 1 层次的测量框架的任何方面。

第 7 章中的过程描述满足这些要求。一些实例可能有助于在第 1 层次以上性能水平的测量。这些实例可以在 E.3 中找到。然而，相关过程的总体结果不取决于这些较高层次的性能。

过程参照模型中的过程描述包括了对过程目的的描述。过程目的从高层次描述了执行过程的总体目标，以及成功实现过程目标的一系列结果。一项结果描述了下列内容的一个方面：

——人工制品的生产；

——重要的状态改变；

——对特别限制的满足,如要求,目标等。

人-系统过程描述是按照这些要求而构成的。

I.3 评估模型

I.3.1 模型目的

过程评估模型建立在过程管理原理的基础之上,并且与评估过程性能的目的相适应。

这个模型是从 ISO/IEC 15504 中衍生而来的,它的发展也采纳了过程评估专家的建议。

I.3.2 模型的适用范围

过程评估模型至少应与特定的过程参照模型中的一个过程有关。包括了第 7 章和附录 C 中的人力资源过程中的所有过程。

一个过程评估模型应该对应一个特定的过程或一系列过程在其适用范围内的过程性能测量框架的所有层次。例如允许只对应第 1 层次,或第 1 层次、第 2 层次、第 3 层次。但是没有第 1 层次而只有第 2 层次、第 3 层次是不行的。这个模型是针对技术性能评估的第 1 层次的。在这个层次之上,可使用 ISO/IEC 15504 过程性能测量。

过程测量模型应从下列方面表明它的覆盖范围:

a) 被选择的过程参照模型,

b) 从过程参照模型中选出的过程,

c) 从测量框架中选出的性能层次。

正文中做了声明。正文中的第一条款,附录 A 和附录 E 表明了范围。

I.3.3 模型要素和指标

正像在选出的过程参照模型中定义的那样,过程评估模型应建立在一系列指标的基础之上。这些指标明确的指出了目的,在过程评估模型适用范围内的所有过程的目的,和过程评估模型的性能层次范围内表明过程属性成果的目的。实现目的执行过程的基础练习在每一个过程中都进行了描述。

I.3.4 过程参照模型与过程评估模型的对应关系

过程评估模型应从模型的基本要素到选出的过程参照模型中的过程以及测量框架的相关过程属性方面提供一个清晰的对应关系。

这一对应关系应是完整的、清晰的和明确的。过程评估模型中的指标对应关系应针对:

a) 特定参照模型中过程的目的和结果,

b) 测量框架中的过程属性(包括所有的过程属性的成果)。

这使得结构上不同的过程评估模型与同一过程参照模型联系起来。

这一对应关系是通过 ISO/IEC 15504 过程性能编号方案的应用得到的。第 1 层次对应关系是通过应用 ISO/IEC 15504 过程性能编号方案实现的。在第 1 层次之上,应用了 ISO/IEC 15504 过程性能等级。

I.3.5 翻译

过程评估模型应该为展现一系列过程属性的评估结果提供一个正式的可信的机制,这一系列的过程属性为从特定的过程参照模型中选出的每个过程划分等级。本标准专为在 ISO/IEC 15504 过程性能等级下使用。

参 考 文 献

[1] GB/T 16251—2008 工作系统设计的人类工效学原则(idt ISO 6385:2004)

[2] GB/T 18976—2003 以人为中心的交互系统设计过程(ISO 13407:1999)

[3] GB/T 18978.11—2004 使用视觉显示终端(VDTs)办公的人类工效学要求 第11部分:可用性指南(idt ISO 9241-11:1998)

[4] BATE R,KUHN D,WELLS C,ARMITAGE J,CLARK G,CUSICK K,GARCIA S,HANNA M,JONES R,MALPASS P,MINNICH I,PIERSON H,POWELL T,REICHNER A,(1995)A Systems Engineering Capability Maturity Model,version 1.1,SE-CMM-95-01,CMU/SEI-95-MM-003,Carnegie MellonUniversity,Software Engineering Institute.

[5] BOOHER H.(1990) MANPRINT:An Approach to Systems Integration,ed. Dr. Harold R. Booher,Van Nostrand Reinhold.

[6] EIA 713 Interim Standard,Systems engineering capability model,Electronic Industries Alliance,USA.

[7] SHERWOOD-JONES B. EARTHY J V. (2001) Human Factors Integration Process Risk Assessment reports and models,http://www.processforusability.co.uk/HFIPRA/HFIPRA.html.

[8] ISO 8402:1994 Quality management and quality assurance—Vocabulary.

[9] ISO/IEC TR 9126-2:2003 Software engineering—Product quality—Part 2:External metrics.

[10] ISO/IEC TR 9126-3:2003 Software engineering—Product quality—Part 3:Internal metrics.

[11] ISO/IEC TR 9126-4:2004 Software engineering—Product quality—Part 4:Quality in use metrics.

[12] ISO/IEC 12207:1995 Information technology—Software life cycle processes.

[13] ISO/IEC 14598-3 Software engineering—Product evaluation—Part 3:Process for developers.

[14] ISO/IEC TR 15504-5:1999 Software Process Assessment—Part 5:An assessment model and indicator guidance.

[15] ISO/TR 18529:2000 Ergonomics—Ergonomics of human-system interaction—Human-centred lifecycle process descriptions.

[16] IEC 61508(all parts) Functional safety of electrical/electronic/programmable electronic safety-related systems BS 8800:1996 Guide to occupational heatth and safety management systems.

[17] MoD(2000) Human Factors Integration—An Introductory Guide,Version 1.2 dated 16 August 2000,Published by the Ministry of Defence,UK.

[18] PAULK M C,WEBER C V,GARCIA S M,CHRISSIS M B,BUSH M.(1993) Key Practices of the Capability Maturity Model,Version 1.1,SEI-93-TR-025,Software Engineering Institute,Pittsburgh,PA.

[19] The Joint Committee on Standards for Educational Evaluation,James R. Sanders,Chair,“The Program Evaluation Standards” 2nd Edition,Sage,Thousand Oaks,1994 ISBN 0-8039-5731-9 (cloth)/ISBN 0-8039-5732-7(paper).

ICS 13.180
A 25

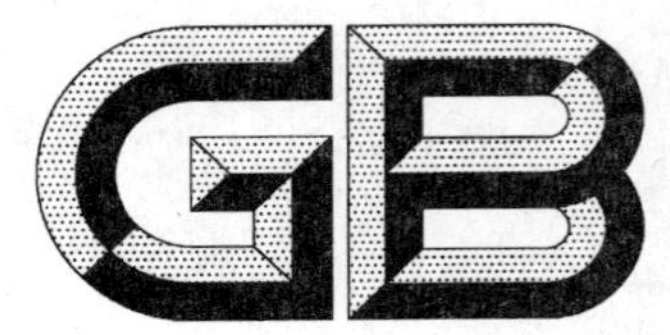

中华人民共和国国家标准

GB/T 23702.1—2009/ISO 15536-1:2005

人类工效学　计算机人体模型和人体模板 第1部分:一般要求

Ergonomics—Computer manikins and body templates—
Part 1:General requirements

(ISO 15536-1:2005,IDT)

2009-05-06 发布　　　　2009-11-01 实施

中华人民共和国国家质量监督检验检疫总局
中国国家标准化管理委员会　发布

前　言

GB/T 23702《人类工效学　计算机人体模型和人体模板》分为两个部分：

——第1部分：一般要求；

——第2部分：计算机人体模型系统的功能校验和尺寸验证。

本部分是GB/T 23702的第1部分。

本部分等同采用ISO 15536-1:2005《人类工效学　计算机人体模型和人体模板　第1部分：一般要求》(英文版)。

本部分的附录A为资料性附录。

本部分由全国人类工效学标准化技术委员会提出并归口。

本部分起草单位：中国标准化研究院、清华大学、北京航空航天大学、北京服装学院、航天医学工程研究所、航空医学研究所。

本部分主要起草人：张欣、李志忠、周前详、冉令华、王黎静、郑崃、肖惠、刘太杰、郭小朝。

引　　言

机械安全标准可分为以下三类：

a) A类标准（基本安全标准）：给出适用于所有机械的基本概念、设计原则和一般特征。

b) B类标准（通用安全标准）：涉及机械的一种安全特征或使用范围较宽的一类安全防护装置：

——B1类，特定的安全特征（如安全距离、表面温度、噪声）标准；

——B2类，安全装置（如双手操纵装置、联锁装置、压敏装置、防护装置）标准。

c) C类标准（机器安全标准）：对一种特定的机器或一组机器规定出详细的安全要求的标准。

本部分属于B类标准。

对依据C类标准设计和制造的机器而言，当C类标准的内容偏离A类或B类标准的相关规定时，以C类标准为准。

本部分的规定在很大程度上独立于当前快速发展的计算机人体模型技术和人体模板技术，也独立于是否有详细、代表性的最新人体测量数据。

人体的物理特性是空间、家具、机械及其他设备的设计出发点之一。计算机技术的快速发展使得可以通过构造计算机人体模型来模拟人体和人体活动。例如，基于人体测量得到的精确计算机模型和人体模板可用于显示人与物理环境间的几何关系。人体模型和人体模型系统还可集成多种评估功能，如可达域的表示、视域的可视化、所需力量的生物力学计算和运动仿真。

计算机人体模型旨在降低用真人做测试以及用物理模型和物理原型做评估的需求。但是，真人不仅可以提供真实的物理尺寸，还可提供各种不同的感觉和感知，以及他们对任务难易度、舒适度和其他设计特性的评价（见ISO 15537）[3]。

利用计算机人体模型能够快速、方便、及早地发现可能存在的尺寸缺陷问题，可以快速确定与身体尺寸相关的限制操作的关键尺寸，如：在限定空间中的匹配问题、可达性问题。否则，确定这些关键尺寸需要对大量的真人进行测试。

在使用人体模型时，需在同一测试条件下考虑一些工效学方面的问题（例如人体测量、姿势、视觉、力和动态特性）。在既没有现成可用的尺寸数据，也没有可用于全尺寸评估的参照条件时，人体模型作为通用设计工具，对于全新的设计非常有用。在设计过程中，使用计算机人体模型可使不同专家和用户之间的信息交流与协作变得更为容易。

若使用得当，计算机人体模型可加快整个设计过程，降低设计成本。工效学设计过程在EN 614-1《机械安全　人类工效学设计原则　第1部分：术语和一般原则》中被作为一个整体提出。

计算机人体模型的使用并不能自动保证产生适当的设计方案，有时甚至会被误用。设计者有可能使用不当，例如：让模型摆出难以做到的姿势，或者提供太小的活动空间。这可能是因为设计者并不清楚计算机人体模型在人体测量、姿势和生物力学方面固有的局限性。随着人体模型系统复杂性的增加，它与人体特性数据间的联系也变得困难，或无法追踪。

迄今为止，可用的人体模型和人体模型系统，随着其准确性和可用性，以及所能提供的功能和特性的不同而各异。在当前发展阶段，复杂的人体模型系统需要强大的硬件支持和经过专门训练的用户，这对于许多设计者来说可能是无法做到的。最简单的系统可能容易使用，但是对设计而言其价值有限。这些系统也有不同的侧重点，如人体测量的准确性、生物力学性能、图形可视化、几何设计、仿真和动画等。在很大程度上，人体模型和相关设计系统的选择就是对这些不同特性的权衡。

选择和使用人体模型系统，需要广泛的专业知识和丰富的实践经验。不过，要控制其他外部参数的影响，复杂的人体模型系统可能是一种较好的选择。

人类工效学　计算机人体模型和人体模板
第1部分:一般要求

1　范围

GB/T 23702的本部分规定了设计和开发计算机人体模型、人体模板以及人体模型系统的一般要求。考虑到它们在结构复杂性和功能多样性方面的可用性和局限性,本部分给出了它们的人体测量特性和生物力学特性。本部分也可作为人体模型及其系统的选择指南,以及针对特定应用,评估其准确度和可用性的指南。

本部分对描述人体模型特性、人体模型系统特性及其预期应用的文档进行了详细规定,这些文档可用于指导它们的用户。

本部分给出了有效方法,以确保用于工作空间设计的计算机人体模型和人体模板在人体测量学和生物力学方面具有较好的准确性和可靠性。

本部分旨在确保人体模型用户能够为特定的设计任务选择合适的人体模型系统,并正确使用它。

本部分仅对人体模型的静态准确度做出要求,并对使用中影响分析与测定准确度的其他因素给出了相关建议。

本部分的应用宜通过真人的实际测试进行确认。

2　规范性引用文件

下列文件中的条款通过GB/T 23702的本部分的引用而成为本部分的条款。凡是注日期的引用文件,其随后所有的修改单(不包括勘误的内容)或修订版均不适用于本部分,然而,鼓励根据本部分达成协议的各方研究是否可使用这些文件的最新版本。凡是不注日期的引用文件,其最新版本适用于本部分。

GB/T 5703　用于技术设计的人体测量基础项目(GB/T 5703—1999,eqv ISO 7250:1996)

GB/T 15706.1—2007　机械安全　基本概念与设计通则　第1部分:基本术语和方法(ISO 12100-1:2003,IDT)

GB/T 18978.11—2004　使用视觉显示终端(VDTs)办公的人类工效学要求　第11部分:可用性指南(ISO 9241-11:1998,IDT)

EN 614-1　机械安全　人类工效学设计原则　第1部分:术语与一般原则

3　术语和定义

下列术语和定义适用于本部分。

3.1

计算机人体模型　computer manikin

基于人体测量尺寸、连接及关节结构、运动特性的二维或三维计算机人体图形。

3.2

计算机人体模型系统　computer manikin system

由计算机人体模型、人体模型(如:姿势、人体尺寸)的操控工具、人体特征和行为(如:生物力学、力量、运动)的仿真功能、计算机物理环境模型中人体模型的定位方法等组成的计算机建模系统。

3.3

人体模板　body template

基于人体测量的二维人体轮廓物理模型，通常具有活动关节。

4　准确度

4.1　概述

利用人体模型进行分析和测定的准确度受到若干个因素的影响。其中一部分是人体模型本身的人体测量准确度、结构准确度、功能准确度和生物力学准确度；而另一部分则是人体模型用户的知识和经验，如对姿势进行适当的微调，或设置人体模型在带垫座椅表面上的深度。所需准确度取决于工作任务和尺寸的重要性(如：入口尺寸和可达域)。

本部分仅给出了人体模型的静态准确度要求(见4.2和4.3)，对使用中影响分析与测定准确度的其他因素只给出了相关建议。附录A详细描述和讨论了这些因素。

4.2　人体模型的静态准确度

人体模型的结构和形状应与人体测量数据和人体外形一致(见6.4)。在设计人体模型时需特别注意，在对应姿势(如立姿与坐姿)上，人体模型尺寸应与人体测量尺寸一致。

应依照GB/T 5703的规定对人体模型进行测量，以验证计算机人体模型与现有人体测量数据的一致性。通过测量所选点的水平距离或垂直距离，可对人体模型尺寸和人体测量数据进行比较，并确定标准位置的人体测量准确度(见6.4)。

4.3　人体测量准确度的特定问题

4.3.1　松弛效应

人体测量采用的标准姿势是挺直的。然而在自然状态下，身体是略微有些松弛的。对立姿和坐姿下相关尺寸的变化宜加以考虑，允许对躯干姿态做相应的微调，或者加上一个相应的松弛量(在挺直姿势中这个变化通常为10 mm～60 mm)。

4.3.2　软组织的形变

人体由刚性的硬组织(如骨骼)和在改变姿势或者受压时会变形的软组织(如肌肉和脂肪)构成。人体模型宜有相应的设置考虑这种可变形的组织(如臀部)，这样可使在立姿变为坐姿时躯干的高度仍然是正确的。

4.3.3　关节运动

关节的灵活性会影响人体测量的准确度。例如，肩和肩关节的旋转中心是活动的，这在很大程度上影响向前和向上的可达范围。人体模型的用户宜清楚了解人体模型的可达域类型(如：舒适可达域和最大可达域)。人体模型的肩部运动宜用适当的功能函数来实现，或者让用户能够在肩关节活动范围内调整肩关节旋转中心的位置。关于关节运动的更多信息见附录A.3.3。

5　可用性

5.1　概述

计算机人体模型软件系统应易于使用，以便在遵循EN 614-1规定的设计过程中被接受和使用。人体模型系统的可用性同样会影响分析的准确度。5.2至5.8描述了人体模型系统的可用性特征。软件应用中可用性的一般要求应遵循GB/T 18978.11的规定。

5.2　清晰性

人体模型系统的结构和界面应清晰易懂，便于学习和使用。

5.3　一致性

软件界面(如对话和菜单)宜尽可能与设计者使用的其他计算机程序(如设计软件(CAD)、动画软件和用于评估的工效学应用软件)一致。

5.4 有效性

计算机系统的软件程序宜简短。这些程序包括从一个应用软件到另一个应用软件的接口程序和将人体模型或环境从一个软件移植到另一个软件的接口程序。同时，宜限制用户程序中的步骤数，并尽可能地降低每一步的选择难度。

5.5 多功能性

必须保证在同一个应用软件中能操纵人体模型（如尺寸和姿势）和改变环境。人体模型系统也应允许用户指定和说明视域、可达域和角度限制，如最佳工作区和最大工作区（见 ISO 14738）[2]。人体模型系统的多功能性在很大程度上受软件架构和软件设计的影响（如模块化和开放性的系统架构，见附录 A.7）。

5.6 人体测量数据改变的便利性

人体模型的人体测量尺寸应易于改变，如通过选择所需尺寸的百分位数或者直接更改尺寸来改变，在这两种情况下均应为用户显示百分位数。根据设计的需要，应可以组合身体不同部分的不同百分位数，并加以适当的说明。人体测量尺寸应可在目标人群的第 1 百分位数和第 99 百分位数间进行调节。

5.7 姿势改变的便利性

人体模型的姿势应易于改变，以测试特定的操作，如短时间内到达某个目标并恢复到初始姿势。人体模型系统应能在一些基本的姿势中方便地进行选择或变换，如立姿、坐姿、弯腰和下跪。同时，人体模型也应易于定位，或与环境中的目标接触，或不接触。

5.8 视觉判断的便利性

为达到所需的准确度，尺寸或姿势的调整应易于为用户所察觉，且易于用适当的方法实现。前提是能清楚地呈现身体的表面或轮廓，此外还能呈现关节的运动，以及运动的方向和幅度。如果人体模型有头发或穿有衣服和鞋，这就可能需要使用标记或参考线来显示关节角度变化。

为判断某个姿势或目标在可接受的限度内是否可达，宜在需要的时候，清晰地显示视域、可达域和舒适范围。

相对于座椅设施的人体模型定位需指定某些参考点，如座椅标志点。

6 文档

6.1 概述

人体模型及其系统的开发者负责编制描述其特性和预期应用的文档，以及用户指南。对文档的要求见 6.2 至 6.9。

6.2 预期应用

应说明人体模型的预期应用（如动画、人体测量和生物力学评估）和所有的使用限制，特别是从人体测量的角度。同时也应说明人体模型系统分析和评估的类型，例如：

——自动评估，或仅通过视觉判断进行评估；

——运动的动画，或仅呈现静态图片；

——几何关系分析，如可视、可达、可入和碰撞；

——基于生物力学计算的力量需求评估。

此外，也应说明预期的用户群，如工程师、人类工效学专家等。设计领域也应注明，如机械设计、建筑设计等。在人体测量和工作空间设计方面所需的经验，以及复杂应用中使用软件所有功能所需的计算技术也应加以说明。

6.3 数据来源

应说明所用人体测量数据的来源。如果由不同来源或不同性别的数据组合而成，合并后的数据至少应给出第 5 百分位数、第 50 百分位数和第 95 百分位数的值，并制成表格。

6.4 标准位置的人体测量准确度

为了评估计算机人体模型的静态准确度(见4.2),至少应对列于表1中的基本人体测量尺寸加以确认。对于其中每一项,都必须依照6.3的规定记录原始数据(来源、原始数据、组合或合并的数据)。此外,应从第5百分位、第50百分位和第95百分位的人体模型上直接测量相同尺寸。应使用与初始值的百分比来记录这些值之间的差异。表1显示了如何记录此类对比。该对比显示了身高路径上的折衷和体型的选择所带来的固有差异。对于特定应用,也宜使用第1百分位数和第99百分位数(见附录A.5.2)。

表1 原始数据和标准位置的人体模型直接测量值之间的比较

基本人体测量项[a]	P5			P50			P95		
	原始数据	人体模型测量值	差值 %	原始数据	人体模型测量值	差值 %	原始数据	人体模型测量值	差值 %
1. 身高									
2. 坐高(躯干挺直)									
3. 前伸长(执握前伸长)									
4. 肩最大宽(两三角肌间)									
5. 臀宽(坐姿)									
6、胸厚(立姿)									
7. 体厚(立姿)									
8. 胸宽(立姿)									
9. 肘高(立姿)									
10. 肩-肘距									
11. 膝高									
12. 大腿厚									

[a] 这些人体测量项目的描述见GB/T 5703。

6.5 姿势的假设与修正

任何有关人体模型标准姿势和实际姿势之间尺寸差异的假设和修正都应在文档中说明,如松驰效应的修正(见4.3.1)和肩关节运动的修正(见4.3.3)。如果是人体模型综合特征,宜在6.4的对比中加以考虑。

6.6 着装的假设与修正

任何有关着装的假设和修正都应在文档中说明(如鞋跟高度)。

6.7 影响人体测量准确度的其他特性

所有不可见或者不明显,但又影响人体测量或者生物力学准确度的人体模型特性都应在文档中说明。这些特性包括内部结构、用于描述肢体方向的坐标系统的类型以及是否有强加的限制等。

文档中至少应说明以下内容:

——人体模型的人体测量几何特征的呈现方式(如:用于表现表面和内部骨骼的结构类型);

——是否提供了特定人群的人体测量数据库;

——能否与其他数据库合并;

——能否给出一个特定个体的测量数据。

6.8 影响生物力学准确度的因素

当人体模型用于生物力学分析时,用于计算的生物力学模型和公式都应在文档中详细说明,包括数据来源和所用的量(尺寸、质量、力等)。

6.9 控制方法

控制姿势、平衡和运动的方法,以及人体模型与环境的交互方法都应在文档中说明。

6.10 用户指南

应提供与人体测量数据和其他需考虑因素(如生物力学特性)相关的用户指南(附在技术手册上),这些人体测量数据用于为特定评估任务选择百分位数。

文档中应给出使用人体模型和人体模型系统所需的硬软件要求。与其他类型程序(数据的输入与输出)和输出媒体(绘图仪、打印机、录像机)间通讯的可能性,也应在文档中说明。

附 录 A
（资料性附录）
影响人体模型人体测量准确度和基于其得到的分析、测定结果准确度的因素

A.1 概述

本附录描述和讨论了人体模型与人体模型系统的典型特征，这些特征关系到它们的应用领域和利用它们进行相关分析的准确度。

A.2 几何表征

A.2.1 二维人体模型

二维人体模板是一种用于评估传统设计制图的物理人体模型，而二维计算机人体模型是计算机人体模型中最简单的一种。二维人体模型计算要求低，很容易理解和操作，适用于草图的绘制和二维设计，可用于研究平面上的姿势和运动，但每次只能用于一个平面。

A.2.2 三维人体模型

三维计算机人体模型能模拟多种人体姿势和运动。从基于人体骨骼的简单棍状模型，到能部分表征身体表面的线框模型，再到曲面模型，或更加逼真的人体内部结构仿真模型，它们的几何复杂度各不相同。当计算能力不能满足特定应用的要求时，就需要使用棍状模型，例如，复杂的实时仿真和生物力学计算。利用详细的曲面定义可以给出一个逼真的人体外表。

三维人体模型在感知、姿势操控和动作控制方面会有一定困难。另外，三维环境的构建也比较耗时。因此，三维人体模型一般不适合原始设计，但对后期设计方案的可视化与评估则是非常有效的。

A.3 结构特征

A.3.1 体段与关节的数量

大量的人体体段和活动关节可以使模型更自然，能模拟更多的运动，特别是躯干和颈的极端姿势。在为普通立姿和坐姿测定尺寸时，较少的体段数就足够了。二维的人体模型通常有 6 到 11 个活动关节，这使得关节和关节的姿势操控相对简单。三维模型可以少至 15 个关节，当需要表现手指和脊柱的解剖细节时，三维模型可以多至 70 个的关节。

A.3.2 关节运动的自由度

每个关节都有各自不同的自由度（旋转轴），如指关节只有 1 个，脊柱有 3 个或更多（如：前/后弯曲，侧向弯曲和旋转等）。肩关节具有多个轴，而且它的旋转中心在相当大的范围内是可移动的。由于一些实际原因，如考虑到姿势的易于操控性，一些关节活动的选择会有所限制。

A.3.3 关节结构

当计算机人体模型的连接和关节比真实人体简单时，就会出现误差。例如：在为肩部建模时，如果没有一个可活动的肩胛骨，而仅仅用一个球窝关节来模拟肩关节，就无法模拟上肢前伸时的自然动作。向前的可达域会变短，由此引起的误差相当可观。对于膝关节，虽然当膝部角度变化时旋转轴会产生轻微的移动，但用具有固定旋转轴的简单铰链为膝关节建模，其引起的误差并不大。

A.3.4 角度限值

对关节运动而言，每个关节都有角度限值。这些限值给出了所有可能的活动范围，可以通过动态人体测量数据来描述。同时也指明了人们特定行为（如装配操作或驾驶车辆）的舒适范围，以及评估与机器相关工作活动的限值。

A.4 功能特征

A.4.1 姿势

人体模型宜能够模拟人的多种自然姿势。通过视觉判断整体姿势的变化依赖于大量的关节运动自由度，这样会导致一些问题。因此，通常需要预设一些标准的基本姿势（如：立姿、坐姿、弯腰等）。

在某些应用中，控制平衡是保持特定姿势的前提条件。为了在静态姿势下检查整个身体的平衡性，就需要各体段质量和质心的数据。计算应能自动进行，典型的姿势行为也应能集成在一起，这样就可以保持姿势和模拟连续的运动，如步行。

宜认清力与姿势、平衡和舒适性之间的关系。不指定姿势就不能正确地评估力量。只有在特定姿势下，身体处于平衡状态，舒适性也没有受到严重影响时，才能使出最大力量。

A.4.2 可达域和推荐性工作区域的标示

可以通过改变姿势，或者标示可达域和推荐性手工操作活动区域，来检查可达能力，例如，显示可达域包络。推荐性工作区域的范围受制于若干个因素，如搬运目标的质量、运动的频率和工作任务的持续时间。

A.4.3 视野的标示

在头不动眼动的状态下的视野、周边视野以及正常视线可以用多种方式实现可视化。视距的推荐值或相应的限制也可用可视化的方式呈现。

对于特定应用，宜考虑相关标准。

A.4.4 运动模式

计算机人体模型肢体与躯干的动作宜尽可能地接近真人。由于存在大量的自由度，在运动控制中，可使用预设的综合运动模式。这可能需要关节与体段的运动轨迹数据，或开发优化算法。

A.4.5 生物力学评估

通过生物力学计算，可在静态姿势和运动中计算人体不同部分的负荷。这些计算是基于外力的大小、方向和作用点，以及人体几何结构的建模数据。这些几何结构可以结合一些额外的数据，如体段的质量、质心和转动惯量，具体需要哪些数据取决于所需要的逼真程度或允许的复杂度。同样也可以计算特定关节为实现运动模拟所需的力矩。通过比较计算值与极限值，就可评估姿势和运动的工效学舒适度。

A.5 人体测量特征

A.5.1 固定的或参数化的人体测量特征

可以为计算机人体模型的人体测量变量提供固定的选项，例如，不同的性别，不同的年龄组，统计意义上的尺寸分组或体型。对于二维人体模型来说这是一种典型做法。人体模型也可以参数化，例如，人体测量数据可以和角度数据一样以参数的形式储存在文件中。这就允许对用户群和人体测量选项进行选择，这种选择取决于数据是如何编排和如何操作的。

A.5.2 百分位数的选项

现有的成人人体尺寸数据通常是按照性别和年龄统计的。在这些群体的组合中，尺寸数据以百分位数呈现，例如，一般设计中使用的P5，P50 和 P95。在一些用于机械设计的人体尺寸标准中，不同性别数据可根据这些百分位数加以组合。在本部分中，当考虑安全性问题时，也需要第 1 百分位数和第 99 百分位数。

如果数据是按性别分开的，则男性和女性的基本数据都宜提供。最理想的是，人体模型的各部位尺寸可以分别调整，包括百分位数和绝对值。但对实际应用来说，设计者可能只需要少量的预设人体尺寸选项，以反映平均尺寸和极限尺寸。

然而，从统计数据中确定百分位数存在一些先天性缺陷，特别是涉及到极限的百分位数时。所有体段都具有相同百分位数值的小人体模型和大人体模型是无法构建的。例如,P5 和 P95 的人体模型通常与 P5 和 P95 的身高相匹配,这使得所有身高路径上的垂直测量项的偏差要小得多,如:头高、颈高、躯干长和下肢长(见图 A.1)。用户宜通过以下方式来调整人体模型的人体测量数据:确定关键尺寸;将关键尺寸设为特定的第 5 百分位数或第 95 百分位数的值;让非关键尺寸落入能与身高保持一致的区间内。实际上,厚度和宽度测量项的 P5 或 P95 的值可以与身高的 P5 或 P95 的值组合在一起,但这样的组合体在实际情况中很少见(如小且瘦,大且重)。

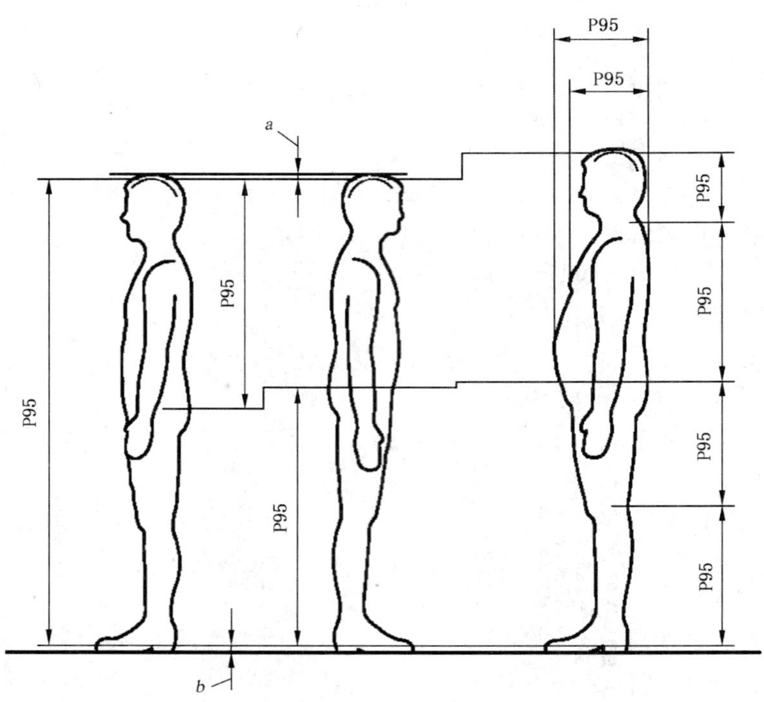

a——头发高度的修正;

b——鞋子高度的修正。

图 A.1 普通百分位数人体模型的问题

实际上,如需准确测定腿部空间或坐高,至少需要两个不同类型适当的人体极值尺寸(P5 和 P95):

——具有 P5 身高和 P5 腿长的 P5 人体模型;

——具有 P5 身高和 P5 坐高的 P5 人体模型;

——具有 P95 身高和 P95 腿长的 P95 人体模型;

——具有 P95 身高和 P95 坐高的 P95 人体模型。

此外在确定最小空间时,还需要一些可选的体型,如瘦体型、平均体型或大体型。

为确定关键尺寸,可能还需要一些由极值尺寸组合而成的人体模型。一个典型的例子是,当设计带桌面的工作站时,就需要由最大腹厚和最小上臂长组合而成的人体模型,用它来指示在桌子边缘伸手可及的最短距离。由最小腹厚和最大下肢长组合而成的人体模型则可用于指出腿部空间的最大深度(见 ISO 14738)。在特定应用中,可能需要分别确定人体各个体段的尺寸,如它们的长度、宽度和厚度。

A.5.3 多元选项

当一个设计情境有多个不同的人体测量学上的约束(如坐高、坐姿眼高、坐姿肘高和坐姿膝高)时,开发者宜考虑多元化方法。

A.6 人体测量数据的有效性和准确度

人体测量数据的有效性和准确度在很大程度上决定了计算机人体模型的有效性和准确度。对于许多关注人群都有他们标准姿势下的人体测量数据,但仍缺乏非关注人群的数据,而且在很大程度上数据是过时的。就像生物力学建模所需的数据一样,目前建立细致的人体表面模型所需的人体数据尚不存在。实际上,常常只能估计所需的参数。

A.7 影响准确度的其他因素

影响人体模型静态和动态准确度的其他因素包括人体表面建模的粗糙程度(如:多面体或椭球体),内部结构(骨骼,肌肉或脂肪组织)的表征,以及特殊服装和装备等。

A.8 一体化方式、模块化设计和开放性系统架构

人体模型系统软件的结构体系在很大程度上影响人体模型系统对用户特定需求服务的好坏,也会影响到特定应用中控制人体测量准确度的可能性,以及人体模型与其整体功能的准确性。目前主要有两种方案可供选择:一体化的方式或模块化的方式。一体化的方式(早期的典型应用)提供了一个整体框架,将功能和数据连接在一起。在这种方式下,不可能只改变其中一项而不影响到其他项的内部工作。这意味着不易于定义人体模型及其系统的特性和功能,很难追踪所用的人体测量和生物力学数据。模块化的方式则将人体模型分解成易于管理的元素,这些元素可由适当领域的专家来进行设计和控制。

一个模块化的人体模型系统由各自独立并相互兼容的软件对象组成,这些软件对象经组合后可在工作空间和设备的设计与评估中模拟人的行为。功能模块的实例包括人体模型结构组成部分(如手、足、颈)、人体模型的生成、人体模型的定位或姿势与运动的控制、视觉、力量、平衡、服装和个人装备等。模块化软件设计允许独立开发和维护人体模型的功能,能够针对应用有选择地增强人体模型系统的组件,这些应用需要更高的准确度或专门的数据,例如头盔的设计或假肢的开发。

开放性的系统架构具备标准化的、公开的接口定义。这种方式提供了相应的模块用以定义可互换的功能,并且这功能独立于任何特定的开发工具、集成工具、测试工具、维护工具或支持工具。开放性的系统架构促进了各专业支持者间的合作。由于经济上的原因,对于人体模型系统的供应商来说,开发和支持这些特定数据及功能算法是困难的,有时甚至是无法实现的。

建议本部分的应用宜通过真人的实际测试进行确认。

参 考 文 献

[1] GB/T 15706.2—2007 机械安全 基本概念与设计通则 第2部分:技术原则(ISO 12100-2:2003,IDT).

[2] ISO 14738 Safety of machinery-Anthropometric requirements for the design of workstations at machinery.

[3] GB/T 23699 工业产品及设计中人体测量学特性测试的被试选用原则(GB/T 23699—2009,ISO 15537:2004,IDT).

ICS 03.100.01;35.080
A 00

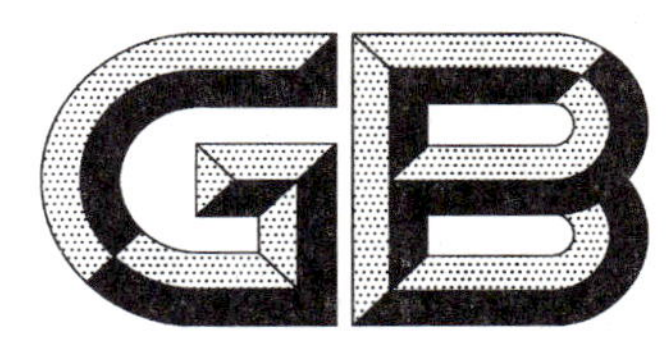

中华人民共和国国家标准

GB/T 23703.1—2009

知识管理　第1部分:框架

Knowledge management—Part 1:Framework

2009-05-06 发布　　2009-11-01 实施

中华人民共和国国家质量监督检验检疫总局
中国国家标准化管理委员会　发布

前　　言

GB/T 23703《知识管理》包括以下部分：

——第1部分：框架；

——第2部分：术语；

——第3部分：组织文化；

——第4部分：知识活动；

——第5部分：实施指南；

——第6部分：评价。

本部分为GB/T 23703的第1部分。

本部分由中国标准化研究院提出并归口。

本部分主要起草单位：中国标准化研究院、全国组织机构代码管理中心、北京智识企业管理咨询有限公司、深圳蓝凌管理咨询支持系统有限公司、用友软件股份有限公司、TRS信息技术有限公司。

本部分主要起草人：岳高峰、邢立强、郭秀婷、张爱、顾迎建、陈琳、王涛、夏敬华、由海涛、吕学强、李兴森、王鑫、周晓英、武骏。

引　　言

知识正逐渐成为当今组织取得竞争优势的关键因素，意味着当代社会正在进入知识经济时代。但是，知识管理的概念和框架模型在我国目前还缺乏统一的认识。GB/T 23703在提供标准参考模型的基础上，力图为我国的组织开展知识管理实践提供指南。

知识管理　第1部分：框架

1　范围

GB/T 23703的本部分规定了知识管理的基本框架，为组织提供通用的知识管理参考模型。

本部分适用于：

a）通过实施知识管理提高竞争力的组织；

b）评价组织知识管理的机构；

c）为组织知识管理提出服务的机构。

2　规范性引用文件

下列文件中的条款通过GB/T 23703的本部分的引用而成为本部分的条款。凡是注日期的引用文件，其随后所有的修改单（不包括勘误的内容）或修订版均不适用于本部分，然而，鼓励根据本部分达成协议的各方研究是否可使用这些文件的最新版本。凡是不注日期的引用文件，其最新版本适用于本部分。

GB/T 19000—2008　质量管理体系　基础和术语（ISO 9000:2005,IDT）

3　术语和定义

GB/T 19000—2008确定的以及下列术语和定义适用于GB/T 23703的本部分。

3.1

知识　knowledge

通过学习、实践或探索所获得的认识、判断或技能。

注1：知识可以是显性的，也可以是隐性的；可以是组织的，也可以是个人的。

注2：知识可包括事实知识、原理知识、技能知识和人际知识。[OECD(1996)，基于知识的经济][3]

3.2

知识管理　knowledge management

对知识、知识创造过程和知识的应用进行规划和管理的活动。

3.3

组织　organization

职责、权限和相互关系得到安排的一组人员及设施。

示例：公司、集团、商行、企事业单位、研究机构、慈善机构、代理商、社团或上述组织的部分或组合。

注1：安排通常是有序的。

注2：组织可以是公有的或私有的。

［GB/T 19000—2008，定义3.3.1］

3.4

管理体系　management system

建立方针和目标并实现这些目标的体系。

［GB/T 19000—2008，定义3.2.2］

3.5

显性知识　explicit knowledge

以文字、符号、图形等方式表达的知识。

3.6

隐性知识　tacit knowledge

未以文字、符号、图形等方式表达的知识，存在于人的大脑中。

4　知识管理目标和原则

4.1　目标

知识管理应把知识作为组织的战略资源，作为一种管理思想和方法体系，它以人为中心，以数据、信息为基础，以知识的创造、积累、共享及应用为目标。知识管理可以：

a）实现组织的可持续发展

将组织中的产品研发、销售网络、专利技术、业务流程、专业技能等知识，作为核心资产进行管理、开发和保护；建立相应的管理体系，通过组织文化、知识库、信息通信技术等形式固化到组织中去，有助于实现组织的可持续发展。

b）提高员工素质及工作效率

通过组织知识的共享与重用，可以提高员工的知识水平和创新能力，提高工作效率、研发水平、操作技能及服务能力。通过建立保障知识共享、创新的制度和措施，有利于员工之间开展知识交流与共享，可以促进员工的个人发展；还有利于提高员工的创新积极性，从而实现组织内和谐共处。

c）增强用户满意度

通过为用户、社会提供更优质的产品，高效的服务，可以帮助提升组织的用户满意程度、社会公众满意程度。

d）提升组织的运作绩效

通过将组织的知识运用于业务运作的各个环节，提高业务管理水平、产品研发能力、生产经营水平、市场开拓能力、产品附加值，提升客户服务水平，建立竞争优势。

4.2　原则

针对所有相关方的需求，实施并保持持续改进其业绩的知识管理，可使组织获得成功。实施知识管理宜遵循以下原则：

a）领导作用

对领导者、管理者的培训和教育是取得知识管理成功的关键。领导者的支持和参与，是系统实施知识管理的前提和保障。

b）战略导向

不同组织由于其行业环境、组织特点、战略选择和知识特征的不同，会导致该组织在知识管理战略选择上方向和路径不同。因此，组织需要基于对自身经营战略、知识管理现状及其需求的分析，将知识管理战略融入到组织的业务战略之中，以支撑组织战略目标。

c）业务驱动

组织需要在不同的规划期内，以核心业务为向导，针对业务热点或主题来推进知识管理，实现组织结构、业务流程和知识流程的有效衔接和互动。

d）文化融合

知识管理涉及人员、文化、制度、行为模式等多方面的问题。实施时，应抛弃单纯从技术出发的观念，宜将知识管理思想、理念和方法与组织现有的文化和行为模式相融合。

e）技术保障

组织应采用适宜的技术设施来保障知识管理的实施，从而在业务或文化角度推进知识管理时，使知识管理的成果固化和持久。

f）知识创新

组织应制定制度鼓励员工创新，将知识管理与创新的绩效挂钩，激发员工的创新自主性。鼓励员工勇于试错，并愿意承担员工创新的风险；在员工创新的过程中，阶段性的创新成果应通过知识管理来固定、分享和保护。

g) 知识保护

在组织创造、积累、分享和使用知识的同时，应注重组织内部知识的安全保密，维护好组织知识，保护知识产权，避免因人员的流动、合作伙伴、供应商等因素导致知识的流失与损失。

h) 持续改进

知识管理作为组织内一项日常管理工作，应定期检查评审，持续改进。

5 知识管理模型

GB/T 23703 的本部分提出了知识管理的概念模型和过程模型，重点阐述了概念模型的基本框架，对于框架中的具体要求见 GB/T 23703 的其他部分，过程模型的要求在知识管理体系相关标准中规定。

a) 概念模型

图 1 为概念模型。知识管理应根据组织的核心业务，鉴别组织的知识资产，开展管理活动：鉴别知识、创造知识、获取知识、存储知识、共享知识和使用知识；知识管理的实施，应从三个维度建设组织内的知识管理基础设施，即组织文化、技术设施、组织结构和制度。

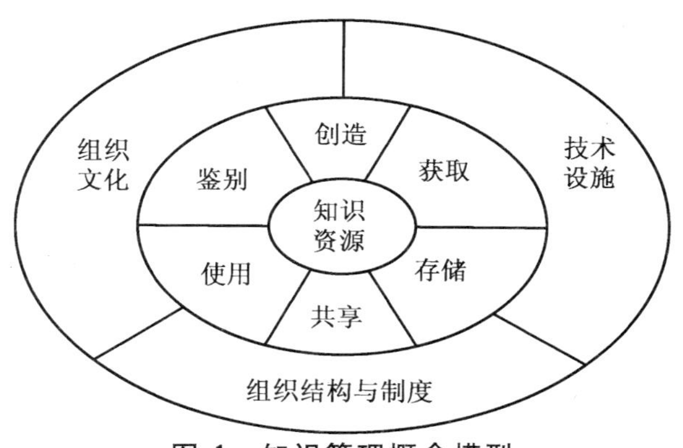

图 1 知识管理概念模型

b) 过程模型

知识管理体系作为组织整体管理体系的一部分，与其他管理体系的过程保持一致，分为知识管理的策划、实施、评价、改进四个过程环节，见图 2。

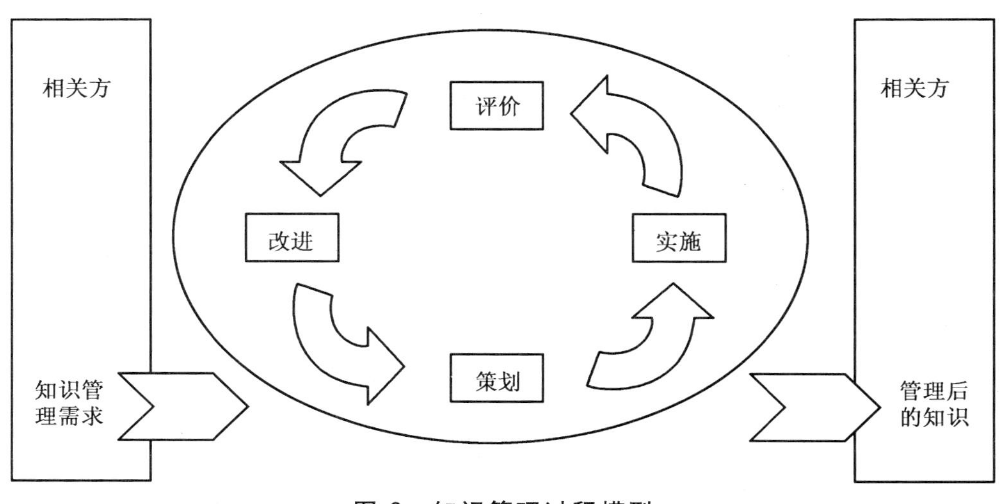

图 2 知识管理过程模型

6 知识资源

6.1 概述

知识资源是组织知识管理的核心对象。对于组织来说，首先依据组织业务战略及核心业务，鉴别组织内的知识资源，分析组织内现有的知识现状和未来对知识的需求。可以从知识类型、知识域、知识表达三个角度进行分析，见图3。

6.2 知识类型

知识可以分为事实知识（know-what）、原理知识（know-why）、技能知识（know-how）和人际知识（know-who）。参见经济合作与发展组织（OECD）1996年发布的年度报告《基于知识的经济》[3]。

6.3 知识表达

根据知识是否表达出来，将知识分为显性知识和隐性知识。在组织内部，知识管理的目标是将组织专家隐性知识表达出来，存储在纸质或电子文件、数据库、电影胶片、磁带等上，建立组织内部的知识库，有利于组织知识的持续发展和知识共享及重用。

6.4 知识域

根据知识的来源，分为组织的内部知识和外部知识。内部知识指组织内支持业务运作所需的知识，包括产品内控标准、核心技术、生产流程、销售渠道网络、客户服务知识等。外部知识指与组织自身发展密切相关的外部组织或个人的知识，依据组织的性质可分为客户和供应商、合作伙伴、政府、媒体、权威机构、竞争对手、权威专家等知识。

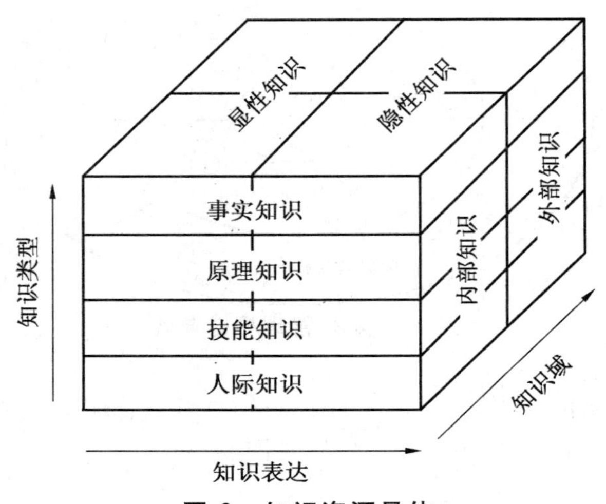

图3 知识资源晶体

7 知识流程与活动

7.1 知识鉴别

知识鉴别是知识管理活动中关键性的工作。知识管理首先应根据目标，分析知识需求，包括现有知识的分析和未来知识的分析，适用于组织层次战略性的知识需求和个人层次日常对知识的需求。

7.2 知识创造

知识创造是知识管理活动中知识创新部分。对于组织来说，创新过程通常是在产品或服务方面的知识创造过程，通过研发部门的专家小组开展技术攻关。与此同时，创新需要通过全体员工积极参与，改善业务经营过程中的各个环节，创新过程不局限于研发部门。

7.3 知识获取

知识获取强调对存在于组织内部已有知识的整理积累或外部现有知识的获取。对于组织来说，应收集整理多方面知识，并使沉淀下来的知识具有可重用价值。同时，还可以通过兼并、收购、购买等方式直接在某个领域突破知识的原始积累获取所需要的知识，或有针对性地引入相应人才。

7.4 知识存储

在组织中建立知识库，将知识存储于组织内部。知识库中应包括显性知识和存储在人们头脑中的隐性知识。此外，知识也可以存储在组织的活动程序中。

7.5 知识共享

知识在组织中转移、传递和交流的过程。通过知识共享将个人或部门的知识扩散到组织系统，知识共享方式可在组织内人员或部门之间通过查询、培训、研讨或其他方式获得。

7.6 知识应用

知识在组织中得到应用时才能增加价值。知识应用是实现上述知识活动价值的环节，决定了组织对知识的需求，是知识鉴别、创新、获取、存储和共享的参考点。

8 知识管理的支持要素

8.1 组织结构与制度

a) 知识管理活动是组织业务流程中的组成部分。知识管理活动应为增值的、清晰的、可交流的、可理解的和可接受的。

b) 组织应制定出知识管理运作程序，设置与知识活动相关的工作角色和职责范围。组织知识管理的组织制度包括：知识管理的组织结构、知识管理的流程及运行制度、知识管理考核激励制度。

8.2 组织文化

a) 组织应为不同业务领域、不同知识的所有者之间提供沟通交流的环境和氛围。知识在很大程度上依赖于个体，需要在组织内形成一种具有激励、归属感、授权、信任和尊敬等机制的组织文化，才能使所有员工做到知识的创造、积累、共享及应用。

b) 组织应为包括决策人员、管理人员、操作人员等在内的全体员工创造良好的文化氛围，参与知识共享与创新。

c) 组织应在鼓励员工共享个人知识的同时，通过实践社区、共同兴趣小组、学术交流、研讨等各种形式促进员工在组织内获得个人发展。

8.3 技术设施

a) 知识管理的实践需要技术基础设施的支持。现在的信息通信技术使得知识的获取、发布和查找越来越方便。技术设施应致力于支持知识活动的不同环节，此类技术包括数据挖掘与知识发现、语义网、知识组织系统等。

b) 技术设施应满足功能需求，并且是易于使用的、恰当的、标准化的，这样知识管理才能得以真正地运作。

参 考 文 献

[1] 澳大利亚国家标准 AS 5037—2005 知识管理 指南[S].

[2] 欧洲标准化组织工作协议 CWA 14924 系列.欧盟知识管理良好实践指南[S].

[3] 经济合作与发展组织(OECD).基于知识的经济[EB/OL].http://www.oecd.org/dataoecd/51/8/1913021.pdf,1996.

ICS 35.040
L 71

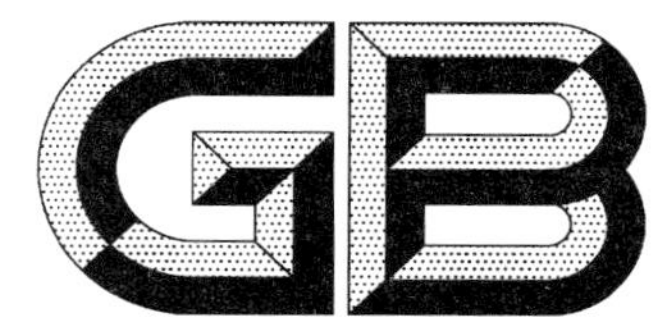

中华人民共和国国家标准

GB/T 23704—2009

信息技术　自动识别与数据采集技术 二维条码符号印制质量的检验

Information technology—Automatic identification and data capture techniques—Bar code print quality test specification—Two-dimensional symbols

(ISO/IEC 15415:2004,MOD)

2009-05-06 发布　　2009-11-01 实施

中华人民共和国国家质量监督检验检疫总局
中国国家标准化管理委员会　发布

前　言

本标准修改采用ISO/IEC 15415:2004《信息技术　自动识别与数据采集技术　条码符号印制质量检验规范　二维符号》(英文版)。

本标准与ISO/IEC 15415:2004相比,主要技术差异如下:

——对附录的次序作了调整;

——在7.1中,对矩阵式二维条码检测过程用项目的方式进行表述,以突出过程的各个步骤;

——增加了"附录G　二维条码符号检验报告实例";

——修改了各等级分级表格中等级阈值范围的表达方式;

——在一些表述方法上作了一些适合中文习惯的修改。

本标准的附录D为规范性附录,附录A、附录B、附录C、附录E、附录F、附录G为资料性附录。

本标准由中国标准化研究院提出并归口。

本标准起草单位:中国物品编码中心。

本标准主要起草人:赵辰、刘伟、王毅、熊立勇、罗秋科、黄燕滨、郭卫华。

引　言

条码技术是基于编码图形的标识技术。根据规则将字符转换为一定尺寸的条、空或模块阵列构成的条码符号图形，这种规则被称为码制规范。

条码可分为一维条码和二维条码，二维条码又可以分为层排式(堆积式)二维条码和矩阵式二维条码。由一维条码部分和二维条码部分组合形成的、表示一组信息或相关数据的条码称为复合码，其中二维条码部分的位置与一维条码部分的位置保持特定关系。

层排式二维条码符号是由一系列行垂直排列形成的矩形符号，以表示一整段数据信息。其中每行由表示数据和前缀部分的符号字符构成。每个符号字符具有一维条码符号字符的特征，每行也同样具有一维条码符号的特征；因此，每行可以通过一维扫描技术进行识读，但在整段信息传送到应用软件前，符号中所有行的数据都必须识读。

矩阵式二维条码符号通常是由深色浅色模块构成的矩形符号，模块的中心位于网格的交点。为了识读矩阵式二维条码符号，需要知道每个模块的坐标，在译码前应以二维的方式对符号进行分析。点码是矩阵式二维条码的一个子集，点码的单个模块和其他邻近的模块不直接相接，它们之间用空分开。

除非另有说明，本标准中“符号”是指这两种类型的二维条码符号。

作为机器识读的数据载体，条码符号的印制必须保证在其使用时能够被识读。

为了客观评价条码符号的质量，条码设备制造商、条码符号制作者和使用者需要一个共同标准的测试规范，作为开发设备、制定应用标准或评价符号质量的依据。本标准可作为条码设备制造商、条码符号制作者和使用者在设备开发、符号制作过程控制和质量评价的基础。

检测条码符号的检测设备的性能可参照 ISO/IEC 15426《条码检测仪一致性规范》(第 1 部分：一维条码检测仪和第 2 部分：二维条码检测仪)的内容。

本标准遵循一维条码符号印制质量检验标准 GB/T 14258 的一般原则，其质量评价结果和 GB/T 14258 具有一定的可比性。本标准的应用应结合被测条码符号的码制规范，码制规范提供了应用中所需要的符号的具体细节。层排式二维条码符号的检测是根据 GB/T 14258 的方法进行的，在第 6 章对其中的修改进行了说明；对于矩阵式二维条码，所用的参数和方法有所不同。

目前，在符号制作的不同阶段评价条码符号质量有多种方法。本标准给出的方法为符号制作者和贸易伙伴提供了一个在二维条码符号制作后，进行质量评估的通用的标准化的手段，不替代现有的其他质量控制方法。应根据适用的码制规范需要，将参考译码算法以及其他测量细则对本标准所描述的过程给予补充，强制性的码制规范和应用标准也可以对这些过程进行变更或替代。

各参与方可以通过协商采用其他质量评价方法，或将之作为应用标准的一部分。

信息技术 自动识别与数据采集技术 二维条码符号印制质量的检验

1 范围

本标准规定了层排式和矩阵式二维条码符号的检测、分级以及符号整体质量评价的方法，给出了造成偏离最佳等级的可能原因及相应的纠正措施。

本标准适用于二维条码码制规范已给出参考译码算法的二维条码符号印制质量的检验，其方法也可部分或全部应用于其他码制二维条码符号的检验。

2 规范性引用文件

下列文件中的条款通过本标准的引用而成为本标准的条款。凡是注日期的引用文件，其随后所有的修改单(不包括勘误的内容)或修订版均不适用于本标准，然而，鼓励根据本标准达成协议的各方研究是否可使用这些文件的最新版本。凡是不注日期的引用文件，其最新版本适用于本标准。

GB/T 2828.1 计数抽样检验程序 第1部分：按接收质量限(AQL)检索的逐批检验抽样计划(GB/T 2828.1—2003，ISO 2859-1:1999，IDT)

GB/T 6378.1 计量抽样检验程序 第1部分：按接收质量限(AQL)检索的对单一质量特性和单个AQL的逐批检验的一次抽样方案(GB/T 6378.1—2008，ISO 3951-1:2005，IDT)

GB/T 11186.2 漆膜颜色的测量方法 第二部分：颜色测量(GB/T 11186.2—1989，eqv ISO 7724-2:1984)

GB/T 12905 条码术语

GB/T 14258 信息技术 自动识别和数据采集技术 条码符号印制质量的检验(GB/T 14258—2003，ISO/IEC 15416，MOD)

3 术语和定义

GB/T 12905 和 GB/T 14258 中确立的以及下列术语和定义适用于本标准。

3.1

像素 pixel

在一个图像采集器件(如 CCD 或 CMOS 器件)的阵列中的单个光敏单元。

3.2

有效分辨率 effective resolution

测量仪器从被测符号表面采集图像的分辨率，以每毫米的像点数或每英寸的像点数表示。其计算方法为：图像采集元件的分辨率乘以测量仪器光学系统的放大系数。

3.3

纠错容量 error correction capacity

二维条码符号(或纠错块)中用来对拒读错误和替代错误进行纠正的码字数目减去用于探测错误的码字数目。

3.4

检测区 inspection area

包括被测二维条码及其空白区的整个矩形区域。

3.5

分级阈值 grade threshold

区分某一参数等级的分界值,其值本身是上一等级的下限值。

3.6

模块错误 module error

在二值化图像中,模块深色浅色状态和设计的状态发生倒置的情况。

3.7

原始图像 raw image

在 X 和 Y 坐标中,由光敏阵列每个像素所对应的实际反射率值所构成的图像。

3.8

参考灰度图像 reference grey-scale image

在 X 和 Y 坐标中,用圆形的合成孔径对原始图像进行卷积得到的图像。

3.9

二值化图像 binarised image

用整体阈值对参考灰度图像进行处理而得到的黑白两色的图像。

3.10

采样斑 sample area

直径为 $0.8X$ 的圆形图像区域。X 的值为被测符号经参考译码算法计算得到的平均模块宽度。如果具体应用许可的 X 尺寸为一个取值范围,则计算采样斑直径时 X 取其中的最小值。

3.11

扫描等级 scan grade

对矩阵式二维条码符号单次扫描获得的等级,其值为由参考灰度图像和二值化图像得到的参数等级中的最低值。

4 符号

AN	轴向不一致性(Axial Nonuniformity)
E_{cap}	纠错容量(Error correction capacity)
e	拒读错误的数目(number of erasures)
FPD	固有图形污损(Fixed Pattern Damage)
GN	网格不一致性(Grid Nonuniformity)
GT	整体阈值(Global Threshold)
MOD	调制比(Modulation)
R_{max}	最高反射率,在一次扫描反射率曲线中,各单元(包括空白区)的最高反射率值,或者在矩阵式二维条码符号中所有采样斑反射率的最高值。
R_{min}	最低反射率,在一次扫描反射率曲线中,各单元的最低反射率值,或者在矩阵式二维条码符号中所有采样斑反射率的最低值。
SC	符号反差($SC=R_{max}-R_{min}$)(Symbol Contrast)
t	替代错误数目(number of errors)
UEC	未使用的纠错(Unused Error Correction)

5 质量分级

5.1 概述

检测二维条码符号可得出符号质量等级。该符号等级用于符号的质量判定和过程控制,并可预测在不同环境中的识读性能。

通过对所规定的参数进行测量，对测量值分级得出单次扫描的等级；对多次扫描的等级进行平均得出符号等级。

在实际应用中，由于使用条件不同，识读设备的类型不同，可接受的二维条码符号质量等级不同。应根据附录 A 的 A.4 中的内容，按本标准规定的符号等级形式，定出所需的符号等级。

应根据被测样本批次中统计上有效的样本数量抽样，并确定可接受的最低符号等级。如果在质量控制过程或在双方的协议中没有规定抽样方案，可按 GB/T 2828.1 或 GB/T 6378.1 采用适当的抽样方案。

5.2 质量等级的表示

本标准用 4 到 0 的数字表示不同的质量等级，其中 4 代表最高等级，0 表示失败等级。各参数的质量等级和单次扫描的质量等级也可用字母 A、B、C、D、F 表示，其中 F 表示失败等级。

表 1 给出了数字等级和字母等级的对应关系。

表 1 数字等级和字母等级的对应关系

数字等级	字母等级
4	A
3	B
2	C
1	D
0	F

5.3 符号等级

符号等级按照 6.2.6 或 7.10 的规定进行计算。符号等级值保留一位小数，以 4.0 到 0.0 表示由高到低的质量等级。

符号等级也可以用字母的形式表示。字母符号等级和数字符号等级的关系见图 1。例如，数字符号等级值域在[1.5,2.5)区间时，对应的字母等级为 C。

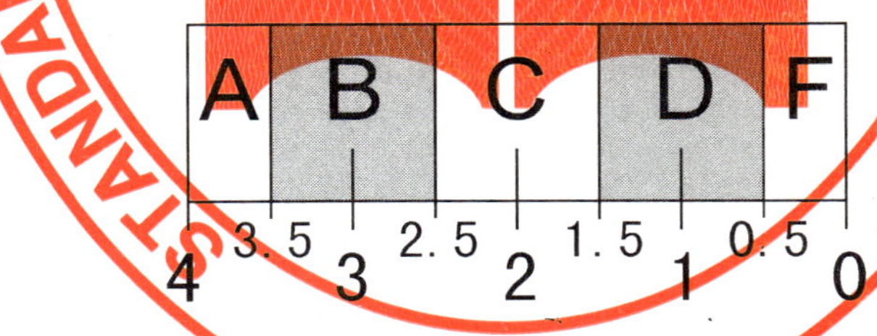

图 1 字母符号等级和数字符号等级的关系图

5.4 符号等级的表示形式

符号等级应与检测的光照条件及孔径相关联。它的表示形式为：等级/孔径/测量光波长/角度，其中：

——“等级”为通过 6.2.6 或 7.10 确定的符号等级值，即各扫描反射率曲线等级或扫描等级的算术平均值，保留一位小数。

——“孔径”为孔径标号[对于一维扫描按 GB/T 14258，或本标准 7.3.3 中规定的合成孔径的直径尺寸(以千分之一英寸为单位并取整)]。

——“测量光波长”指明了照明光源峰值波长的纳米数(对于窄带照明)；如果测量用的光源为宽带照明光源(白光)，用字母 W 表示，此时应明确规定此照明的光谱响应特性，或给出光源的规格。

——“角度”为测量光的入射角，缺省值为45°。如果入射角不是45°，那么入射角度应包含在符号等级的表示中。

注：除了默认照明角度为45°以外，还可选用30°和90°的照明角度。

对于矩阵式二维条码符号，在“等级”后面加有星号表示符号周围存在反射率极值。这种情况可能干扰符号的识读，见7.7。

示例1：

2.8/05/660表示符号等级为2.8，使用的孔径为0.125 mm(孔径标号05)，测量光波长为660 nm，入射角为45°。

示例2：

2.8/10/W/30表示符号设计用于在宽带光条件下进行识读，测量时入射角为30°，孔径为0.250 mm(孔径标号10)。在此情况下，需要给出所引用的对用于测量的光谱特性进行规定的应用标准，或者给出光谱的自身特性。

示例3：

2.8*/10/670表示符号等级是在孔径为0.250 mm(孔径标号10)、光源波长670 nm情况下测量的，并且符号周围存在有潜在干扰作用的反射率极值的情况。

6 层排式二维条码符号的检测方法

6.1 概述

6.2.2和6.3规定了层排式二维条码符号质量评价方法，该方法基于GB/T 14258的规定。在符号码制适用的情况下，根据6.2.3，6.2.4和6.2.5中的方法导出符号等级。检测时应对环境光进行控制，确保其对检测结果不造成影响。测量时使用的波长和孔径应和适用的应用标准的要求一致。测量时，扫描线应和起始字符及终止字符中条的高度方向垂直，并尽量使扫描光束水平扫过行的中心，以避免跨行扫描造成的影响。在使用平面成像技术时，应通过一定的合成孔径对原始图像进行卷积，合成一定数量的、和条高方向垂直的并能足以覆盖符号中所有行的扫描线。

6.2 允许跨行扫描的符号

6.2.1 分级基础

允许跨行扫描符号的特点是扫描线出现跨行时数据仍能被识读。这类符号另一个特征是各行的起始符和终止符(或符号的等效图形，如微四一七条码的行指示符)相同，或这些图形中只有一个边的位置在相邻行间有小于1X的变化量。这些符号应根据以下几个方面进行分级：

——扫描反射率曲线分析(见GB/T 14258和本标准6.2.2)；

——码字读出率(见6.2.3)；

——未使用的纠错(见6.2.4)；

——码字印制质量(见6.2.5)。

6.2.2 基于扫描反射率曲线分析的等级

符号的起始符、终止符或等效图形(如行指示符)根据GB/T 14258进行评价。对于数据内容所在的区域，按6.2.3、6.2.4和6.2.5所述的方法进行评价。在起始符和终止符的等级确定中应使用GB/T 14258标准中规定的所有参数。测量孔径的大小由适用的应用标准确定，或者取GB/T 14258标准中根据符号X尺寸给出的默认孔径。

扫描的次数应为10、符号的高度除以测量孔径所得的商(取整数部分)这两个数值中的较小者。应尽可能使扫描线在符号高度方向上均匀分布。例如，对于一个20行的符号，应按一定间隔对其进行10次扫描；对于一个两行的符号，对一个行可能需要在条的不同高度位置上进行多达5次扫描。针对扫描次数的选择，具体的码制规范可能会给出更详细的指导。

为了辨别条和空，每次扫描都必须确定一个整体阈值。整体阈值等于最高反射率与最低反射率之和的二分之一。整体阈值以上的区域应认定为空(或空白区)，整体阈值以下的区域应认定为条。

单元边缘的位置位于扫描反射率曲线上邻接单元(包括空白区)最高反射率与最低反射率的中间点处。

应使用参考译码算法评价“参考译码”和“可译码度”参数。

每次扫描中各个参数等级的最低等级值作为该次扫描的等级。扫描反射率曲线的等级应为各次扫描等级的算术平均值。

为了生产过程控制，可能需要测量条宽的平均增减量。当印刷方向与起始符和终止符高度方向一致时，印刷增量较小。如果希望全面分析印刷增量的影响，宜分别在两种方向上印制和测试符号。

6.2.3 码字读出率的等级

码字读出率(CY)衡量一维扫描从层排式二维条码中识读数据的能力。码字读出率以有效译码的码字数目占应能够译码(在调整识读角度后)的码字最大数目的百分比来表示。如果某符号其他参数等级高，而码字读出率等级低，则表明在符号的高度方向上印刷质量存在问题。

在完成“未使用的纠错”计算(见 6.2.4)后，可以得出一个正确的符号字符值表。在下面确定正确译码码字的步骤中，此符号字符值表将被用作“最终译码字符值表”。

如果某一次扫描满足下面两条件之一时，便可被纳入到码字读出率的计算。

a) 此扫描没有包括符号顶行或底行。通过此次扫描，至少起始符/终止符(或行指示符)其中之一以及至少一个码字或另一个终止符/起始符(或行指示符)已经被成功译码。

b) 扫描线包含了符号顶行或底行的识读区域，此扫描中的起始和终止符应已被成功译码。

应注意到，符号参考译码算法需要有一个扩展，以便当与起始符/终止符相邻的码字都不能译码时，探测一对起始符和终止符并译码。例如，扫描时参考译码算法本身不对四一七条码符号的起始符和终止符或微四一七条码符号中一对匹配的行指示符译码，在对这两种图形的扫描搜索时，会需要这种扩展；这样，此扩展能将没有码字(匹配的尾部图形除外)被译码的扫描纳入码字识读率的计算。但是应注意到，如果一次扫描仅扫描译码出一个起始符或终止符，而同时没有相应的第二个起始或终止符、任何其他码字或行指示符被译码，这个扫描不能作为合格的扫描。

对整个符号译码并构建符号字符值表。

对于每一次合格的扫描，将实际译出的码字和符号“最终译码字符值表”中的码字作比较，记录匹配的码字数目。累计正确译码的码字的总数，更新符号中每一个码字已被译码的次数，以及每一个行已被探测的次数。同样要记录每次扫描探测到的跨行数目(如果一个扫描线同时出现正确译码的相邻行的码字，则称为跨行)。

在处理完每次扫描后，计算目前应能够被译码的码字的最大数目：合格扫描的数目乘以符号中列单元数的乘积(不包括固定的图形，例如四一七条码的起始符和终止符，以及微四一七条码中的行指示符)。

在满足以下三个条件前，应持续对整个符号进行扫描。

a) 已译码码字的最大数目至少是符号中码字数目的十倍；

b) 符号中最高和最低的可译码行(它们并不一定是第一行和最后一行)至少被扫描三遍；

c) 已被成功识读两遍以上的码字(数据码字或纠错码字)数至少为 $0.9n$ 个，其中 n 为符号中数据码字(非纠错码字)的个数。

示例：

一个四一七条码符号，6 行 16 列，纠错等级为 4，总码字数目为 96 个，其中数据码字为 64 个，纠错码字为 32 个。为了满足第一个条件，码字已被译码的最大数目至少为 960。因为 n 等于 64，为了满足第三个条件，至少应有 58 个码字必须被识读两次以上($0.9\times64=57.6$)。

如果有效译码的码字总数与探测到的跨行数之比小于 10：1，应放弃所得的测量结果，然后调整扫描线的角度以减少跨行，重复此测量步骤。如果有效译码的码字总数与探测到的跨行数之比大于或等于 10：1，要从能够识别的码字的最大数目中减去探测到的跨行数目，以补偿倾斜的影响。

码字读出率的分级方法见表 2。

表 2 码字读出率的分级

码字读出率(CY)	等级
$CY \geqslant 0.71$	4
$0.64 \leqslant CY < 0.71$	3
$0.57 \leqslant CY < 0.64$	2
$0.50 \leqslant CY < 0.57$	1
$CY < 0.50$	0

6.2.4 未使用的纠错的等级

持续扫描整个符号并译码，直至译码的码字数目趋于稳定。按公式(1)计算出未使用的纠错(*UEC*)。

$$UEC = 1 - (e + 2t)/E_{cap} \quad \cdots\cdots (1)$$

式中：

e——拒读错误数；

t——替代错误数；

E_{cap}——符号的纠错容量。

如果没有使用任何纠错码字，且符号能够译码，则 $UEC=1$；如果$(e+2t)$大于 E_{cap}，则 $UEC=0$。如果一个符号中有多个纠错块，应分别计算每一个纠错块中的 *UEC* 值，用其中的最小值来进行等级判定。

未使用的纠错的分级方法见表 3。

表 3 未使用的纠错的分级

未使用的纠错(UEC)	等级
$UEC \geqslant 0.62$	4
$0.50 \leqslant UEC < 0.62$	3
$0.37 \leqslant UEC < 0.50$	2
$0.25 \leqslant UEC < 0.37$	1
$UEC < 0.25$	0

6.2.5 码字印制质量的等级

本条款给出了评价可译码度、缺陷度、调制比参数的方法。该方法基于 GB/T 14258 中的扫描反射率曲线参数分级，同时考虑了纠错对符号质量参数可译码度、缺陷度、调制比的修正。修正方法参见附录 B。

使用以下过程对这三个参数中的每一个参数进行质量评价。如果符号中存在不止一个纠错块，对于每个纠错块，都应分别进行这一过程，其中的最小值用于符号分级。

持续扫描整个符号，直到 $0.9n$ 个码字(n 的含义见 6.2.3)已经被译码的次数大于 10，或可以确认，每一个码字至少被扫描了一次而没有受到跨行的干扰。在每次扫描中，可译码度、缺陷度和调制比参数应以符号字符为单位按照 GB/T 14258 的规定进行测量。以上三个参数的计算应基于该次扫描反射率曲线中 R_{max} 和 R_{min} 值所得出的符号反差值。对于每个参数，每个码字的临时参数等级为该码字所有扫描获得的参数等级的最高值。

如果扫描行包括不被纠错的标头字符(除了起始符、终止符及其等效图形之外),例如四一七条码的行指示符,对于每行,首先应结合此行的上下相邻行的相应字符,对这些标头字符进行评价。这六个(对于顶行或底行,为四个)字符中最高的临时码字的等级为标头等级,这个等级用于修正此行中临时的码字等级。如果一个数据码字的临时等级比得到的头部字符的等级高,应将这个数据码字的临时等级降低到标头字符的等级。然后按照下面的方法,对由此得到的这些临时参数等级进行修正,以便将纠错的影响考虑进去。

对于每个参数,按照 4 级至 0 级和不译码的次序分别统计各级别的码字数,并累计统计大于或等于各级别的码字总数。按照如下方法将这些数目和符号的纠错能力进行比较:

对于每一个参数等级,假定低于这个等级的所有符号字符都是拒读错误,按照 6.2.4 的方法,根据表 3 所给出的阈值,导出一个假定的未使用的纠错(*UEC*)的等级。临时的码字参数等级应为每一个等级与其对应的假定的 *UEC* 等级的较低值。符号最终的码字参数等级应为所有等级水平中临时的码字参数等级的最高值。

注:此假定等级和根据 6.2.4 计算出的符号的未使用的纠错参数不相关,也对其不影响。错误纠正能力在一定程度上可以弥补符号缺陷的影响。这种假定等级标志着弥补的程度。如果一个符号比另一个符号的纠错能力高,那么高纠错能力的符号能容忍数目更多的、参数值有问题的码字。附录 F 对此方法有着更详尽的说明。

表 4 给出了码字参数分级的示例。此例中,符号包含 100 个符号字符(码字),其中数据码字为 68 个,纠错码字为 32 个。纠错码字中 3 个码字用于错误探测,29 个码字用于错误纠正,纠错能力为 29。此符号最终的码字参数等级为 1 级(表 4 中最右列中的最高值)。

注:调制比、缺陷度和可译码度三个参数应分别进行此计算。

表 4 允许跨行扫描的层排式二维条码符号码字印制质量参数的分级示例

码字调制比的等级 (a)	处于该等级的码字数	达到或超过该等级的码字累计数 (b)	剩余码字数(按照错误码字对待)(100−b) (c)	假定的未使用的纠错能力(29−c)	假定的未使用的纠错 *UEC*	假定的未使用的纠错的等级 (d)	a 和 d 中的较低值 (e)
4	40	40	60	超出纠错容量	<0	0	0
3	20	60	40	超出纠错容量	<0	0	0
2	10	70	30	超出纠错容量	<0	0	0
1	10	80	20	9	0.31	1	1
0	7	87	13	16	0.55	3	0
不能译码	13	100					
					最终的码字参数等级(e 的最高值)		1

6.2.6 符号等级

符号等级为扫描反射率曲线的等级(6.2.2)、码字读出率等级(6.2.3)、未使用的纠错等级(6.2.4)以及码字印刷质量等级(6.2.5)中的最低值。符号等级评定流程见图 2。

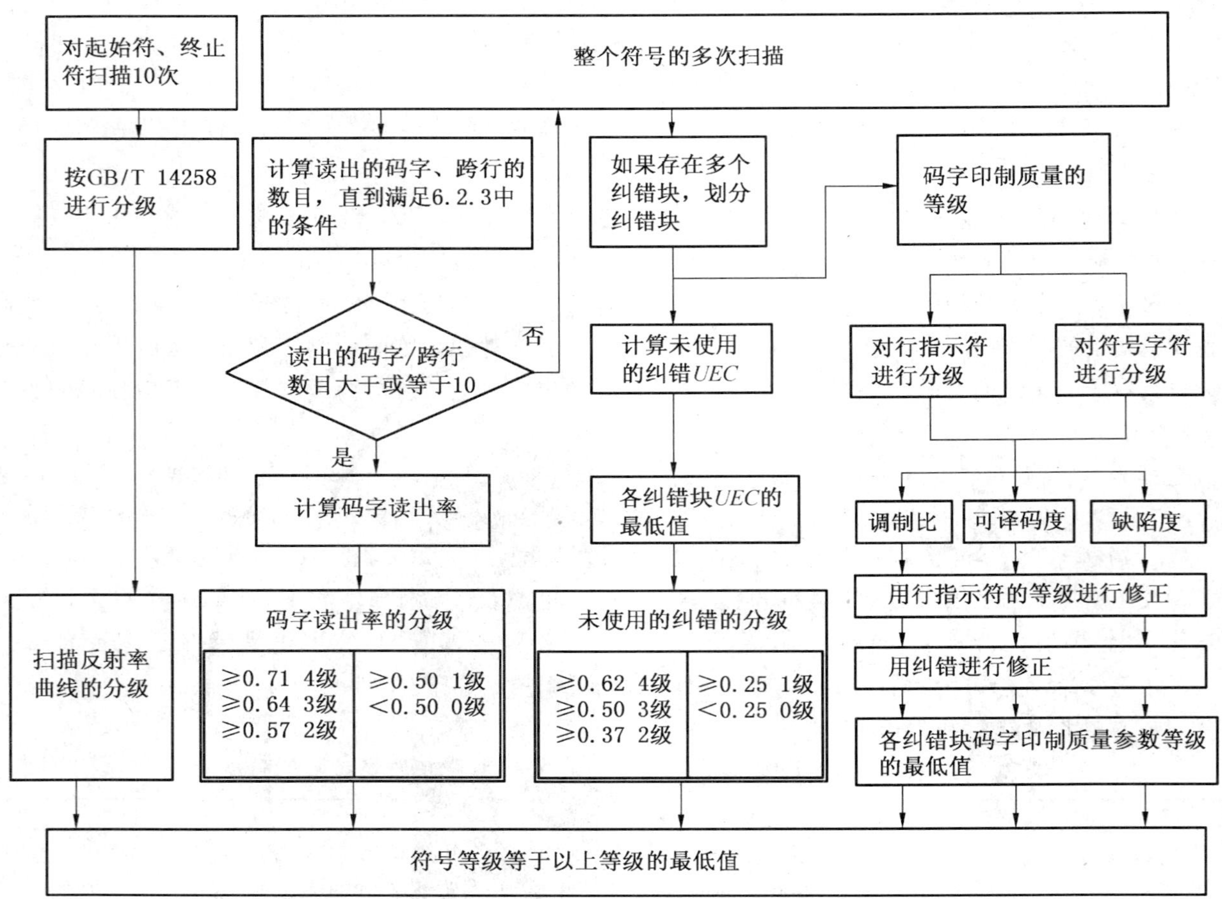

图 2 允许跨行扫描的层排式条码符号的分级流程

6.3 需要逐行扫描的符号

需要逐行扫描的符号要求扫描线从起始符到终止符或者从终止符到起始符扫过完整的一行，中间不能跨行。每一行都被看作是一个独立的一维条码符号，应用 GB/T 14258 进行评价。扫描线应扫过占每行高度 80%的中间检测带，以便尽量避免跨行的影响。扫描的次数取 10 和行高度除以扫描孔径直径之商两个值中的较小者。符号等级应为所有行等级中的最低值。

7 矩阵式二维条码的检测方法

7.1 概述

矩阵式二维条码的检测方法基于符号反射率的测量，同时考虑二维扫描系统所遇到的环境条件因素，以最大限度地提高各种印刷基底上符号反射率测量和尺寸测量的一致性。

矩阵式二维条码的检测过程如下：

——在一定的照明和采集视角条件下获取一个高分辨率的灰度原始图像。

——用合成的圆形孔径对此原始图像进行卷积运算，得到参考灰度图像。

——从参考灰度图像测量出符号反差、调制比和固有图形污损等参数值，并对这些参数进行分级。

——采用整体阈值将参考灰度图像转化为二值化图像，分析二值化图像，得出参考译码、轴向不一致性、网格不一致性、未使用的纠错以及符号或应用标准规定的其他参数值。

——扫描等级是符号反差、调制比、固有图形污损、参考译码、轴向不一致性、网格不一致性和未使用的纠错等7个参数等级以及码制标准或应用标准规定的其他参数等级中的最低值。符号等级是多次扫描得出的扫描等级的算术平均值。

符号的临近区域可能存在反射率极值，这可能干扰符号的识读。对于这种情况可在符号等级的报告中标注。另外，在符号的每个轴向宜对印刷增量或减量进行测量，并将它作为一个非分级的、过程控制的测量值在报告中给出。

7.2 获取测量图像

7.2.1 测量条件

在测量符号时，周围的环境条件应模拟符号典型的扫描环境，分辨率应足够高(见7.3.3)，照明均匀，对焦准确。如果具体应用对此没有特殊的光路要求，应使用7.3.4中规定的参考测量光路。如果其他可选光路(如7.3.4中给出了两个可选的光路)所得的测量值可以和使用参考测量光路得出的测量值相互关联，则可使用这些测量光路。

应使用单峰值波长或具有确定光谱特性的光源，在已知测量孔径的条件下进行测量。光源和测量孔径应由应用标准或按7.3.2和7.3.3的要求来确定。

测量时被测符号宜处于实际应用中被扫描的状态。7.6和附录C给出了测量方法，并防止符号区域外围(例如外围是开放空间或高反射率表面)影响符号反差的测量。

7.3.4中的基本设置适用于许多开放应用。一些特殊的应用(如：对印刷基底表面进行雕刻或蚀刻处理所形成的符号的质量检测)需要对符号的照明角度、照明光颜色及采集符号图像的分辨率进行限定。

光路设计遵循两个原则。第一，测量图像的灰度应是标称线性的，不能以任何方式进行增强。第二，为保证测量的一致性，图像采集的分辨率应足够高，一个模块宽度和高度分别跨越至少5个像素，见7.3.3。

7.2.2 原始图像

原始图像是光敏阵列每个像素对应的实际反射率值组合起来形成的图像。从原始图像可以导出参考灰度图像和二值化图像，以此对符号的印制质量进行评价。

7.2.3 参考灰度图像

通过用7.3.3所述的合成圆形孔径对原始图像上各个像素反射率值进行处理，可以得出参考灰度图像。参考灰度图像用于评价符号反差、调制比和固有图形污损。

7.2.4 二值化图像

按照7.8.3的规定，整体阈值为R_{max}和R_{min}的算术平均值。将此值作为深色和浅色的分界，将参考灰度图像转换为二值化图像，用于评价参考译码、轴向不一致性、网格不一致性和未使用的纠错。

7.3 参考反射率的测量

7.3.1 基本要求

评价符号质量的设备应具备测量和分析印刷基底上检测区内各处反射率的能力。对矩阵式二维条码的所有测量均应在7.3.5中规定的检测区内进行。

测量的反射率值用百分比的形式表示。反射率量值可溯源到GB/T 11186.2中的硫酸钡或氧化镁(此两种物质的反射率为100%)，或者可以溯源到国家计量基准。

7.3.2 光源

应用标准宜指定测量光的峰值波长；对于设计上使用宽光谱照明的应用，应用标准宜指定基准光谱响应特性。如果在应用标准中对这些没有规定，那么测量应使用和实际扫描光最为接近的照明光源。

光源既可以为窄带光源或接近于单色光，也可以采用波长范围比较宽的光源，在后一种情况下，测量系统可通过在光路中安装窄带滤光片，将光谱响应限定在一个特定的峰值波长周围。

注：在宽光谱照明条件下测量时应特别注意，必须设定好、匹配好测量和识读系统的整个光谱响应，以得到和应用系统相关的、精度和重复性较好的采样斑灰度反射率的测量结果。整个光谱响应包含光源的光谱分布、探测器的响应以及各种相关滤光片的特性。

光源的选择指导参见附录A。

7.3.3 有效分辨率和测量孔径

在评价符号质量时，测量仪器的有效分辨率以及测量孔径可以由使用者的应用标准来指定，以便满足 X 尺寸和实际扫描环境的要求。对矩阵式二维条码符号分级时，应选用直径为 $0.8X$ 的合成孔径。如果应用中 X 尺寸不固定，选用可能遇到的最小的 X 尺寸计算合成孔径，参见A.2。

有效分辨率应足够高以确保参数分级结果的一致性不受符号旋转的影响。有效的分辨率取决于光敏阵列的分辨率和与之相联系的光学系统放大率。参考的光学设置最低有效分辨率应达到每模块宽度跨越5个像素。

7.3.4 光路

测量反射率的参考光路包括：

——相互成90°角的四个泛光光源，分布于以检测区为中心的圆周上。此圆周所在平面与检测区所在的平面平行，位于检测区上方，其高度应能使照明光以和检测区平面成45°角入射到检测区的中央，均匀地照亮检测区。

——光接收装置，其光轴应与检测区所在的平面垂直并穿过检测区中心，并将被测符号成像到光敏阵列上。

检测区（见7.3.5）以及 $20Z$ 的扩展区域（见7.7）的反射光将被采集并会聚在光敏阵列上。

可以使用其他可选光路和组件，但所选光路和组件的性能应能和本条中定义的参考光学结构的性能相关联。图3和图4对参考光学结构的原理进行了说明，但这并不意味着实际设备即是如此；特别是此类设备的放大倍数很可能不是1：1。另外，许多设备还包括调节光谱特性或限制无用光谱成分的滤光片。

参考光路为提高测量一致性提供基础，它有可能和具体扫描系统的光路不一致。正如7.2所述，对于一些专业化的特殊应用，特别是通过对印刷基底表面进行物理性改变制作符号图形的应用，需要不同的照明角度。在这种情况下，此测量和参考光路有可能不能严格对应。本标准提供有两种可选的光路，即：照明入射光和符号平面成30°角；照明采用泛光照明，其入射角接近于90°。如果使用了其中一种可选角度，当给出符号质量等级时，光的入射角应作为第四个参数（测量条件参数）同时给出，如5.4所述。如果此三个设定的可选光路都不能针对某个特殊应用的要求提供一个足够的关联关系，那么应调整检测仪的光路，使其尽可能接近实际应用中扫描设备的光路。

图3和图4所描述的结构为示意结构，适用于许多开放系统的应用。一个标准的单色成像装置直接对被测符号进行图像采集，光轴位于被测符号的中心，并和被测符号所在平面垂直。使用的透镜能够对整个符号（包括所有的需要的空白区）进行准确对焦、成像。整个符号的视场应足够小，以最大限度地减少符号成像的变形，同时保证成像装置具有的有效分辨率适用于符号的 X 尺寸。照明光以45°角均匀地照射在符号区域。采用标准的图片采集设备采集测试图像，灰度用8位进行数字化，并使用已知漫反射率的物体对此灰度进行计量校准。

附录A介绍了如何实现参考光路。

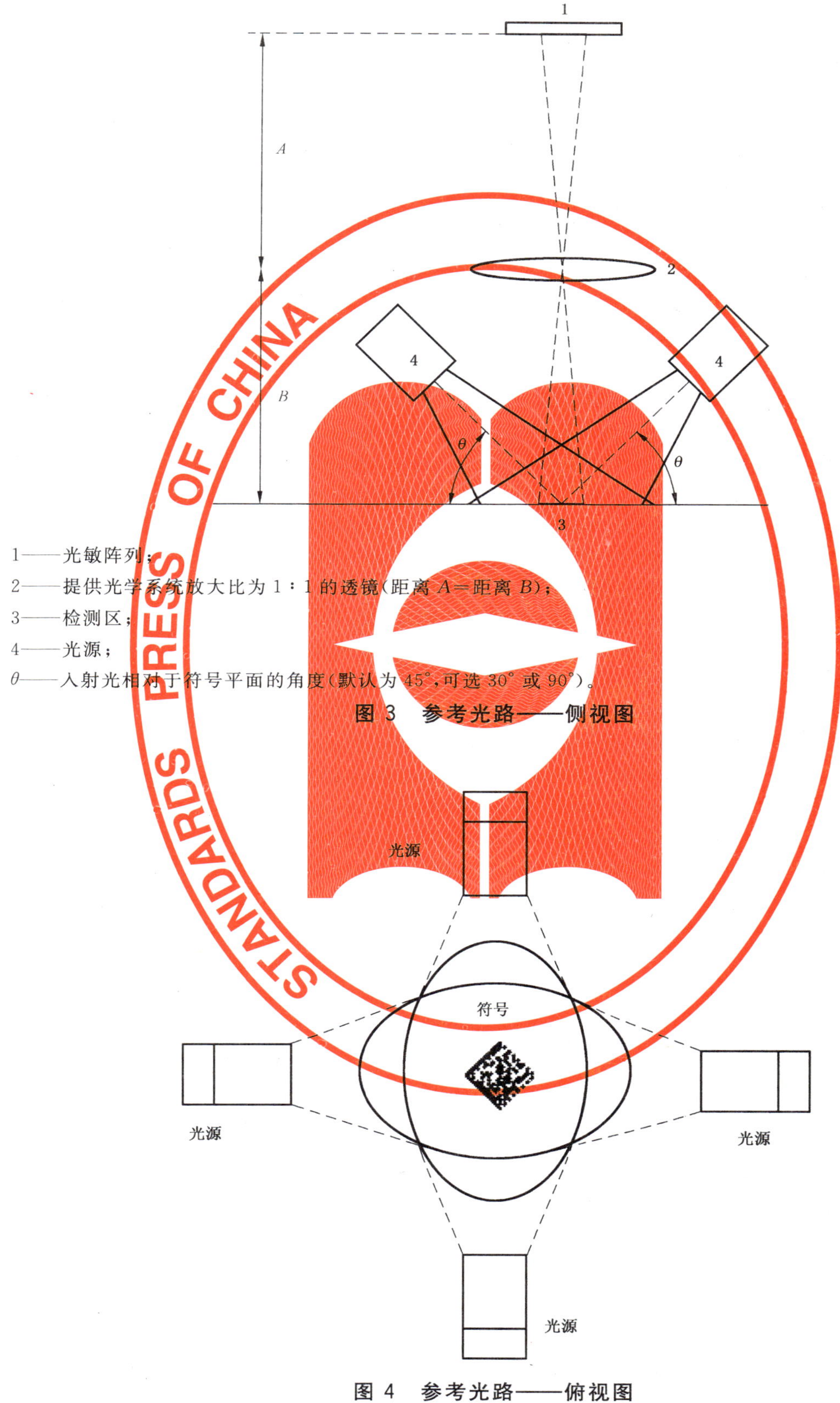

1——光敏阵列；

2——提供光学系统放大比为 1∶1 的透镜(距离 A=距离 B)；

3——检测区；

4——光源；

θ——入射光相对于符号平面的角度(默认为 45°，可选 30° 或 90°)。

图 3 参考光路——侧视图

图 4 参考光路——俯视图

7.3.5 检测区

检测区为包含整个符号及空白区的区域。检测区的中心应和视场的中心重合。

注：检测区和检测仪的视场不相同，后者要足够大，至少要在5个方向(见7.4)中的其中一个方向上能包含整个符号以及20Z的扩展区域。

7.4 扫描的次数

在相对于测量仪器轴不同方向上识读时，符号呈现出的特性可能会发生变化。应采用合适的测量孔径和光源以不同角度对符号进行5次测量。一次测量完成后，将符号绕着仪器的光轴旋转72°±5°。在第一次测量时，符号的纵轴方向和光敏阵列的纵轴方向成45°±5°角。按照7.10的原则，符号的等级为这5次扫描所得的等级的平均值。

7.5 扫描分级的基础

通过对参考灰度图像、由参考灰度图像导出的二值化图像的测量，以及应用参考译码算法得出的参数与等级来评价矩阵式二维条码符号的质量(见7.8)。在给定测量条件下，这些参数的等级为符号质量提供了一个相对的量度。应对每一个参数进行测量和分级，等级从4到0递降，4级代表最高级，0级代表失败等级。

7.6 分级过程

符号分级流程图参见附录C。符号分级步骤如下：

——将符号放置到检测仪的视场中央。

——采集原始图像(见7.2.2)。

——用7.3.3中规定的孔径将原始图像转换为参考灰度图像。

——在参考灰度图像中央的、直径为孔径20倍的圆形区域中寻找R_{min}和R_{max}的初始值。使用这两个值确定符号的初始整体阈值，将参考灰度图像转化为二值化图像(见7.2.4)。在二值化图像中搜索符号并进行初步译码。

——符号被译码后，在参考灰度图像的整个符号检测区范围内(包括空白区)确定修正后的R_{min}和R_{max}，再重新计算整体阈值，这些值将用于重新计算模块的中心。创建一个新的二值化图像。再次进行译码，并计算符号所有参数的等级。在此基础上，确定该图像的扫描等级。

7.7 在扩展区域内对反射率的附加测量

对5次测量获得的每个图像，如果调制比、译码和寻像图形污损的等级都大于或等于1，按下列步骤再次测量反射率：

——在符号每个边空白区向外扩展20Z的区域内测量R_{min}和R_{max}。视场足够大，应包含5次测量中任意一个方向上扩展区域中的所有点。

——如果扩展区域的R_{min}小于修正后的R_{min}或扩展区域的R_{max}大于修正后的R_{max}，那么重新测量调制比和寻像图形的污损。如果对5次测量的任何一个图像，测量的调制比或寻像图形污损的等级为零，这时，符号等级后面加一个星号，表示符号周围有极端反射率区域，可能会干扰识读。

注：此反射率的再次测量并不改变符号最后得出的等级，也不改变符号反差、调制比或寻像图形污损等级的报告值。

如果应用标准规定的符号的印刷条件和应用条件允许扩展区域中存在反射率极值，则反射率的再次测量可以省略。这时检测仪的视场可以仅包括符号和符号关联的空白区。

7.8 图像评价的参数和分级

7.8.1 参考译码算法的使用

检测过程中使用的参考译码算法可能包含在符号码制规范中。为了简化处理过程，假定待检符号大致处于仪器视场的中央，在检测仪中可以对参考译码算法作一定调整。在对随后的符号质量参数进行测量时，参考译码执行以下5个步骤：

——在图像中定位和划定被测符号区域；

——创建一个与数据模块标称中心对应的采样网格；

——确定符号每个轴向上的标称网格交叉点的间距(符号的 X 尺寸)；

——进行纠错，并确定纠正符号污损使用了多少纠错码字；

——对符号译码。

7.8.2～7.8.9 各参数的测量是在上述 5 个步骤中实现的。应按照本标准对 7.8.2～7.8.9 中的图像参数进行评价。

7.8.2 参考译码

参考译码参数，只有通过和不通过两种情况。它衡量符号是否具有正确识读的所有特征。

可译码的符号应在数据编码、纠错编码、模块放置、功能图形(如寻像图形和校正图形)及空白区等方面符合码制规范。

应使用码制参考译码算法对符号进行译码。译码中需使用在处理二值化图像过程中确定的模块中心网格和模块中心位置。

如果用参考译码算法不能对图像进行译码，则参考译码等级为 0，反之为 4。

7.8.3 符号反差

符号反差(SC)衡量符号中深浅两种反射状态的差异是否足够明显。

在符号的参考灰度图像中测量检测区内的 R_{max} 和 R_{min}。符号反差为参考灰度图像中最高反射率和最低反射率值之差。在此所用的反射率值是按在 7.6 中规定的修正后的 R_{max} 和 R_{min}。

应按表 5 对符号反差分级。

表 5 符号反差的分级

符号反差(SC)	等　级
$SC \geqslant 70\%$	4
$55\% \leqslant SC < 70\%$	3
$40\% \leqslant SC < 55\%$	2
$20\% \leqslant SC < 40\%$	1
$SC < 20\%$	0

7.8.4 调制比

调制比(MOD)是反映深(浅)色模块反射率一致性的量度。印刷增量、相对于网格交叉点模块位置的错误摆放、印刷基底的光学特征、印刷的不均匀度都会降低模块反射率和整体阈值的差值。如果调制比不足，会增加错误辨别深色浅色模块的可能性。

将参考译码算法处理二值化图像得到的网格放置到符号的参考灰度图像上，并将合成孔径的中心(其定义见 7.3.3)放置到网格交叉处，然后测量符号每一个码字中各个模块的反射率值。

如果符号包含多个纠错块，应分别对每个纠错块进行评价。符号的调制比等级应取各个纠错块调制比等级的最低值。

模块的反射率值应和整体阈值进行比较，在每一个码字或结构中选取最接近整体阈值的反射率 R。按公式(2)计算出每一个码字的调制比值：

$$MOD = \frac{2\,|R - GT|}{SC} \qquad \cdots\cdots(2)$$

式中：

MOD——调制比；

R——在一个码字中最接近整体阈值的模块的反射率；

GT——整体阈值；

SC——符号反差。

按照表6,根据码字调制比的值得到码字调制比的等级。

表6 码字调制比的分级

调制比(*MOD*)	码字等级
$MOD \geqslant 0.50$	4
$0.40 \leqslant MOD < 0.50$	3
$0.30 \leqslant MOD < 0.40$	2
$0.20 \leqslant MOD < 0.30$	1
$MOD < 0.20$	0

对所有码字,按照码字调制比4级至0级和不译码的次序分别统计各级别的码字数。累计大于或等于各级别的码字总数。并按照如下方法将这些数目和符号的纠错能力进行比较:

——对于每一个等级,假定所有低于这个等级的码字都是拒读错误,按7.8.8所述导出一个假定的未使用纠错的等级。在这个等级和假定的未使用纠错的等级中取较低的值。

注:这个假定等级和根据7.8.8计算出的符号未使用的纠错的等级无关,对后者也没有影响。它只是体现符号纠错修正符号质量问题的一个手段。如果一个符号比另一个符号的纠错能力强,那么纠错能力强的符号要比纠错能力弱的符号能容忍更多的调制比低的码字。有关此方法的更进一步解释参见附录B。

——符号的调制比等级应为所有码字等级所导出的值的最高值。

表7给出了一个示例。在此示例中,符号只有一个纠错块,其中包含120个码字,纠错能力为60个码字,能够纠正多达30个替代错误,最终的符号调制比等级为2级(表7中最右列中的最大值)。

表7 矩阵式二维条码符号调制比分级示例

码字调制比的等级 (*a*)	处于该等级的码字数	达到或超过该等级的码字累计数 (*b*)	剩余码字数(按照错误码字对待)(120—*b*) (*c*)	假定的未使用的纠错能力(30—*c*)	假定的未使用的纠错 *UEC*	假定的未使用的纠错的等级 (*d*)	*a* 和 *d* 中的较低值 (*e*)
4	25	25	95	(超出范围)	<0	0	0
3	75	100	20	10	0.33	1	1
2	15	115	5	25	0.83	4	2
1	5	120	0	30	1	4	1
0	0	120	0	30	1	4	0
不译码	0	120					
					调制比等级(*e* 中的最大值)		2

7.8.5 固有图形污损

固有图形污损衡量寻像图形、空白区、定位图形、导引图形以及其他固有图形的污损情况是否严重影响参考译码算法对视场中探测和识读符号的能力。这种污损是由于一个或多个模块由深到浅或由浅到深的反转造成的。这些需考虑的特殊图形以及和各种等级阈值对应的污损量的大小,应根据具体码制规范的规定。

固有图形污损的评价基于在参考灰度图像中这类图形(或图形中的一部分)出现的模块错误(即:模块的颜色是否有反转错误)的数目。符号一般包含若干个此类明显的图形(如寻像图形、定位图形)。对每种图形的评价应分别进行,其中最差的值用于分级。

对于每种码制，应使用相应的阈值进行固有图形污损的分级，见附录 D 和具体的码制规范。如果两者的规定不一致，以码制规范为准。

7.8.6 轴向不一致性

组成矩阵式二维条码符号数据区域的模块在理想情况下位于一个正多边形的网格中。采用参考译码算法译码时应正确绘制出模块的中心位置。轴向不一致性(*AN*)测量和分级的对象是每个网格轴向上的相邻模块中心点的间距。模块中心点即采样点，是参考译码算法对二值化图像进行处理后得到的网格的交叉点。轴向不一致性衡量符号轴向尺寸不均匀的程度。在某些视角上，这种尺寸不均匀可能妨碍识读。

相邻取样点之间的间距按多边形每个轴向分别处理，计算沿每个轴向的平均间距 X_{AVG} 和 Y_{AVG}。轴向不一致性衡量了一个轴和另一个轴之间采样点的间隔的差异量。轴向不一致性的计算见公式(3)：

$$AN=\frac{2\mid X_{AVG}-Y_{AVG}\mid}{X_{AVG}+Y_{AVG}} \qquad (3)$$

式中：

AN——轴向不一致性；

X_{AVG}——X 轴向的平均间距；

Y_{AVG}——Y 轴向的平均间距。

如果符号的主轴多于两个，则轴向不一致性用其中差别最大的两个平均间距进行计算。

轴向不一致性的分级方法见表 8。

表 8 轴向不一致性的分级

轴向不一致性(*AN*)	等　级
$AN \leqslant 0.06$	4
$0.06 < AN \leqslant 0.08$	3
$0.08 < AN \leqslant 0.10$	2
$0.10 < AN \leqslant 0.12$	1
$AN > 0.12$	0

7.8.7 网格不一致性

网格不一致性(*GN*)衡量网格交叉位置偏离于其理想位置的最大矢量偏差。网格交叉位置可通过使用参考译码算法对给定符号的二值化图像进行处理后得出。

使用符号的参考译码算法，在符号数据区域内将所有的网格交叉位置画出来。将这些位置和同等尺寸理想符号的理论位置进行比较。对于所有交叉位置，实际的交叉位置和理论的交叉位置之间的距离的最大值应以 *X* 尺寸为单位进行表示，并用于分级。

网格不一致性分级方法见表 9。

表 9 网格不一致性的分级

网格不一致性(*GN*)	等　级
$GN \leqslant 0.38$	4
$0.38 < GN \leqslant 0.50$	3
$0.50 < GN \leqslant 0.63$	2
$0.63 < GN \leqslant 0.75$	1
$GN > 0.75$	0

7.8.8 未使用的纠错

未使用的纠错(*UEC*)衡量为纠正符号局部或点的各种错误所消耗的纠错容量。

用参考译码算法对二值化图像进行译码。

未使用的纠错按公式(1)计算。如果对符号没有使用纠错且对符号成功译码，未使用的纠错值为1。如果$(e+2t)$大于E_{cap}，那么，未使用的纠错$UEC=0$。对于含有多个纠错模块，各模块的纠错参数分别计算，在这些值中取最低值参加分级。

未使用的纠错应按表10进行分级。

表10 未使用的纠错的分级

未使用的纠错(UEC)	等 级
$UEC \geqslant 0.62$	4
$0.50 \leqslant UEC < 0.62$	3
$0.37 \leqslant UEC < 0.50$	2
$0.25 \leqslant UEC < 0.37$	1
$UEC < 0.25$	0

7.8.9 附加的分级参数

码制规范或应用标准可以规定其他参与符号分级的附加参数。在计算符号等级时，可以将这些参数的等级考虑进去。

7.9 扫描分级

每次扫描的等级应为按7.8.2～7.8.9对该扫描进行测量而得出的所有参数的等级的最低值。

矩阵式二维条码符号各质量参数和分级见表11。

表11 测量参数和值

参数等级	参考译码	符号反差	固有图形的污损	轴向不一致性	网格不一致性	调制比	未使用的纠错
4 (A)	通过	$SC \geqslant 70\%$	关于阈值见码制规范或附录D	$AN \leqslant 0.06$	$GN \leqslant 0.38$	见7.8.4	$UEC \geqslant 0.62$
3 (B)		$55\% \leqslant SC < 70\%$		$0.06 \leqslant AN < 0.08$	$0.38 \leqslant GN < 0.50$		$0.50 \leqslant UEC < 0.62$
2 (C)		$40\% \leqslant SC < 55\%$		$0.08 \leqslant AN < 0.10$	$0.50 \leqslant GN < 0.63$		$0.37 \leqslant UEC < 0.50$
1 (D)		$20\% \leqslant SC < 40\%$		$0.10 \leqslant AN < 0.12$	$0.63 \leqslant GN < 0.75$		$0.25 \leqslant UEC < 0.37$
0 (F)	不合格	$SC < 20\%$		$AN > 0.12$	$GN > 0.75$		$UEC < 0.25$

为了确定质量等级低的原因，有必要检查扫描中每一个有关参数的等级，参见附录E。为了过程控制的需要，各次扫描的每个参数的等级的平均值可以提供一个有价值的参考。

7.10 符号等级

符号等级为多次扫描图像的扫描等级的算术平均值，如果两个扫描产生的译码数据不同，那么不论单次扫描的等级如何，符号的扫描等级为0。符号等级按4.0到0.0的顺序表示符号质量的高低。符号等级值保留一位小数。

注：多次扫描后的等级经过平均计算后，其结果修约到一位小数。

7.11 印刷增量

印刷增量衡量构成符号的图形相对于标称尺寸增大或减小的程度。印刷增量严重时会妨碍识读，尤其是在识读条件比测量条件更差的环境中。印刷增量标志着图形的深色浅色模块边界扩张的程度，它是符号生成过程中与识读性能有关的质量控制参数，可以在多个轴向对印刷增量分别进行测量和评价，例如确定水平增量和垂直增量。印刷增量不分级，可在检测报告中给出，用于生产过程质量控制。

从二值化图像入手，识别符号在每个轴上最能代表印刷增量的图形结构。这些结构通常为固定的结构和独立的图形。根据码制规范和参考译码算法，以模块为单位，在每个轴上为每种图形结构确定其标称尺寸 D_{NOM}。

使用参考译码算法可以确定网格线。沿符号轴上每一个待测图形结构，通过在网格线上对像素进行计数，确定该图形结构两个边缘之间实际的 D 尺寸(以 X 为单位)。

在对符号的每次扫描中，应计算出每个轴向上的印刷增量，其值为所有($D-D_{NOM}$)值的算术平均值。如果其结果为负值，则表示印刷的实际尺寸比设计尺寸小。

8 复合码的检测方法

对复合码的一维部分和二维部分应分别测量和分级。对一维部分的测量和分级依据GB/T 14258。当二维部分为层排式二维条码时，应使用第 6 章的方法测量和分级；当二维部分为矩阵式二维条码时，应使用第 7 章的方法测量和分级。检测报告中应同时给出一维部分的等级和二维部分的等级，以满足只识读一维部分的用户和识读整个符号的用户的需求。

9 印刷基底特性

可能影响反射率测量的因素有：基底的光泽、透明性、印制在纸张等材料上的符号上面的覆盖层，以及符号直接刻印在物品上时，物品表面的质地和对刻印方法的适应性等。如果有这些因素存在，可参见附录 F 推荐的方法。

附 录 A
（资料性附录）
应用标准选择分级参数指南

A.1 测量波长的选择

A.1.1 概述

第6章和第7章要求检测光在特性上和预定识读设备使用的光保持一致。如果应用标准没有指定光源，必须通过判断以确定识读时最可能用到的光源，以便保证测量的有效性以及确保检测的结果能够反映在此应用中符号可能具备的扫描性能。

为了最大限度地提高相关性，不仅要考虑到光源（包括其中可以影响光谱分布的各种滤光片），还要考虑到探测器的光谱灵敏度。这是因为在一个给定的波长段，反射率是光发射强度和探测器接收灵敏度的函数。本附录未就探测器灵敏度作进一步论述。

A.1.2 光源

在条码扫描应用中，光源通常分为两类：

——在可见光谱或红外光谱中的窄带照明；

——覆盖大部分可见光谱的宽带照明。有时候尽管它偏向于某种颜色上，人们仍称其为“白光”；有一小部分应用要求使用特殊光源，例如识读荧光材料印制的符号时需要采用紫外光源。

层排式二维条码识读设备大多使用窄带的可见光，其光源的峰值波长在620 nm到700 nm之间的红色光谱范围内。某些识读设备使用峰值波长在720 nm到940 nm之间的红外光源。

识读矩阵式二维条码符号的照明条件有多种，最常见的为白光。还有一些手持式识读器，使用和扫描一维条码符号以及层排式二维条码符号相同的红色光谱波段。

检测中最常使用的光源为：

a） 窄带
   1） 氦氖激光（633 nm）（只用于层排式二维条码符号）
   2） 发光二极管（接近单色光，峰值波长在可见光和红外光波段）
   3） 固态激光管（大多数为660 nm和670 nm）（仅用于层排式二维条码符号）

b） 宽带
   1） 白炽灯（白光，色温在2 800 K到3 200 K之间）
   2） 荧光灯（白光，色温在3 200 K到5 500 K之间）
   3） 发光二极管（白光，色温在7 000 K的范围之内）
   4） 卤素灯（白光，色温在2 800 K到3 200 K之间）
   5） 气体放电灯（其光的特性有多种）

这些光源的主要特性如下：

a） 氦氖激光器是能够发出高相干性单色光的气体激光管，其峰值波长为632.8 nm（通常取整为633 nm），处于光谱可见光部分的红光区。

b） 发光二极管是低功率的固体元件，它常用于光笔或CCD识读器。在可见光谱中，其工作波长位于620 nm到680 nm之间，最常见的是633/640 nm或者在660 nm附近。在红外光谱中，其工作波长通常位于880 nm到940 nm之间。

c） 激光管也是一个低功率的固体元件，常用于手持激光识读设备和某些固定式识读器。它能发出相干性高的单色光。到本标准颁布之时，在可见光谱中它的典型工作波长为660 nm和670 nm，在红外光谱中，它的常见波长为780 nm。

相对于一维扫描技术而言，宽带光源更常用于二维条码符号成像以及图像处理技术的系统。

白炽灯的光功率分布覆盖了可见光谱的大部分以及近红外光谱。它的光学特性用色温比用峰值波长更容易定义。这是因为在宽带光源的功率分布中，波长范围太宽，相对来说也不存在一个清晰的峰值波长。这种宽的光功率分布意味着从符号测量出来的符号反差值可能随着色温的变化而改变，这种变化程度要比窄带光源在相同色温变化情况下符号反差的变化量要小得多。

卤素灯(准确地讲为卤钨灯)是白炽灯的改进型，它具有更高的色温和平滑的光谱功率分布，并能很好地延伸到近红外区。

荧光灯也产生白光，并具有宽的光功率分布特性。和白炽灯比较起来，它更偏于可见光谱中的蓝端，并含有相当多的紫外光成分，其光谱分布中存在许多峰状波形。一般情况下，这种光的色温在 3 200 K 到 5 500 K。荧光灯具有管状的物理结构。它可以被弯曲成各种形状。以识读设备光轴为中心的环状灯管可以提供一个较理想的泛光照明。

具有白色光特性的发光二极管可以发出“冷色的”白光，其色温一般在 7 000 K 左右。这些光源的实际光谱可能存在多个位于蓝色、黄色和桔黄色区域的峰状波形。

气体放电灯的光谱分布可能含有多个尖峰状波形。这要取决于所用气体的精确混合。例如，钠蒸气发出黄桔色光，其峰值波长在 580 nm 附近；汞蒸气发出绿蓝光，其峰值波长在 520 nm 附近。

照明系统的光谱分布常使用滤光片进行修正。例如，当使用 Wratten 26 滤光片时，色温为 2 856 K 的光源特性会接近于 620 nm 到 633 nm 的光源。红外和紫外吸收滤光片在识读系统中也常使用。通过使用滤光片有可能改变呈现出来的色温。

注：以上所述的波长和色温会随着技术发展而有所变化。

A.1.3 波长改变的效果

印刷基底或条码符号单元的反射率随入射光波长的变化而变化。黑、蓝或绿色的印刷区域会强烈吸收可见光中的红光成分(因此呈低反射率)，而白、红或桔黄色的区域会反射大部分的红光。在红外光谱中，单元的反射率由使用颜料的性质(如碳含量的比率)决定，和单元的颜色无关。例如：以波长为 633 nm 测得的反射率作为参照，如果用波长 660 nm 或 680 nm 的光测量，结果会有很大差别，进而可能影响符号等级一到两个单位。如果是打印到一些热敏纸上的条码符号，影响还会更大。

然而，在宽带光源照明的情况下，在光谱功率的分布中存在多个波长的光意味着在来自多个白光光源下测量得出的黑色油墨的反射率值不会有很大区别；而在基于染料(非碳基)的油墨的情况下，如果照明光源含有大量的红外成分，测量得出的黑色油墨的反射率值可能出现一些变化(反射率会增加)。对于彩色油墨，差别会更大。在光路中插入滤光片将会使光谱呈峰状分布，识读器的光谱响应曲线需要更好地和该光源匹配。在光学系统中同时包含吸收红外和吸收紫外的滤光片的情形是常见的。

A.1.4 宽带光源的选择

根据定义，宽带光源发射的光具有一定的带宽，光谱没有明显的尖峰状。不过，在不同的波长上发出的光的强度是不同的。色温在 3 000 K 左右的光被称作暖光。此类光的光谱分布中，在红光和红外谱段集中了比较强的光辐射。色温在 6 500 K 左右的光被称作冷光，它的光谱分布偏向于光谱中的蓝紫区域，并延伸到紫外区域。更高色温的光比低色温的光会在蓝色油墨上产生更多的反射。而对于红色油墨，则是相反。

通过在照明光路中插入适当的滤光片，有可能修改光源的色温。

为了提高二维条码符号质量评价的精度，同样有可能通过将光谱中三个窄带波长(即红、绿和蓝的波长范围，这里假设所有红外光和紫外光都被设定好的滤光片滤掉)的反射率测量结合起来，并通过在每个波长上施加修正对此结果进行修正，对应用中的光谱响应特性进行匹配，以拟合不同宽带光源的特性。

A.2 孔径的选择

孔径大小的选择非常重要。为了使符号等级的测量具有一致性，必须要按照 7.3.3 的要求确定孔径。应用标准应对要使用的孔径做出规定。按照5.4的要求，孔径的大小应连同符号等级以及照明条件在测量结果中给出，以指明测量条件。

测量孔径的大小决定了测量过程中孔径是否能对符号中疵点的影响具有一定的消减能力。因此必须根据标称模块尺寸的范围以及预定的识读环境来选择测量孔径。如果孔径过小，孔径不能消减在直接刻印的符号上单元间随机的污点或间隔的影响，从而导致等级降低或译码失败。另一方面，孔径过大会造成识读出的模块模糊，调制比降低，也会导致符号译码失败。

在本标准中，通常选择孔径尺寸为所允许的最小模块尺寸的80%。对于包括一系列标称模块尺寸(如范围为0.25 mm到0.40 mm)的应用，应用标准可指定一个可应用于所有情况的测量孔径。这就是说，测量每一个符号不需要考察符号的模块尺寸的大小。例如，如果孔径大小被规定为最小模块宽度0.25 mm的80%，即0.20 mm，那么在此应用中，包括模块尺寸为0.40 mm的所有符号必须在0.20 mm的孔径下测量。在应用中应指定并使用唯一的测量孔径，不能随意改动。

如果在应用标准中使用了一系列的模块尺寸，那么应注意测量孔径会限制可接受的疵点、污点的最大尺寸。一般来讲，孔径越大，可以接受的疵点、污点尺寸越大；如果孔径过大，最小模块尺寸的符号的调制比会不足。与之相反，孔径越小，能识读的模块尺寸也越小。因此，一个好的应用标准在选择的一个测量孔径时，必须能够预测对最小和最大模块尺寸的符号的识读性能。

使用唯一的测量孔径将确保对所有符号使用统一的测量条件，而这种测量条件能够反映特定识读条件下的识读性能。在一些情况下，应用识读环境中通用的识读设备会影响到测量孔径的选择。相应地，识读设备也会受标准中测量孔径的影响。在这两种情况下，为了使符号质量等级能很好地反映识读性能，识读环境和检测技术应相互匹配。

A.3 照明角度的选择

45°默认的照明角度能很好地适用于印刷符号以及那些刻印在没有镜向反射平整表面的符号。对于这些符号，在入射角或接收角变化时，其漫反射的光变化不大。然而许多"直接刻印"的符号为达到最佳的识读性能需要调整入射角。因此，相对于照明的光谱特性，对于采用刻印方法生成的符号，入射光和接收光的角度可能要更重要一些。光源的摆放方式应使图像采集设备接收到的反差最大。由于应用的表面特性和刻印技术不同，光源的光谱特性可能对印制符号的反差产生影响。检测直接刻印的符号时，宽带照明比窄带照明更为常见。检测仪使用的光源应和识读符号所用的光源相同。例如，美国电器工业协会在应用标准EIA706中规定了这类符号检测设备的光路设置：

"待检的印制或刻印的符号应用白光源照明，如像Stocker and Yale Model 9的环形光源(直径为70 mm的环状荧光灯)以及与之等效的光源。光源应安装到一定高度以提供相对于符号呈35°～45°的入射照明光。从荧光灯的底部到符号表面的距离应为24 mm左右(给出一个40°的入射光)。"

"使用NEC Model T1324A CCD摄像头，快门速度为1/2 000 s，一个20 mm的外接镜头，当光圈为f/8，使用50 mm的镜头设置，图像的对焦应调好。从镜头到符号表面的距离的推荐值为160 mm。"

注：上述光路设置仅作为一个具体应用的实例，一般的应用或其他应用中可采用其他光路设置。

A.4 最小可接受等级的选择

在应用标准中，最小可接受等级应综合考虑印制更高等级的符号可能增加的成本、提高符号等级所能改进的识读性能以及应用对数据完整性的要求。

对符号等级要求高可能限制了以下的符号生产商的选择：

——印制符号的油墨和载体(例如，要提高符号反差，就需要印刷基底具有高的反射率以及印刷油墨具有低反射率，这就限制了颜色的选择)；

——印制技术(即：那些对印制点分布不能很好控制的方法可能会被排斥在外)。

这也可能需要放慢生产速度，需要更高的质量控制水平或者导致更高的废品率，所有这些可能导致单品价格更高。

另一方面，符号等级提高后，符号的使用者会获得较高的符号识读率，或者可以使其在选择识读技术方面有更大的余地。

如果指定了一个低的符号等级，符号的接收者可能会承受以下成本：

——安装性能更好的识读设备；

——接受更低的识读率；

——重新处理识读失败的符号。

许多应用要求最小等级为 1.5(C)，这个等级对于这些应用条件来讲，在印制成本和识读性能方面很好地实现了平衡。

识读率不但和成本有关，还和数据完整性要求有关。识读率要求越高，规定的符号质量等级就越高。

附 录 B
（资料性附录）
应用于二维条码符号中的参数等级的修正

由于码字和模块质量对识读性能的影响受到了符号纠错能力和识读器对符号固有图形模块错误容忍度的制约，符号的等级不能仅取决于某一个或某几个码字或模块的等级。考察码字等级和固有图形污损对标志着识读性能的符号等级的影响应综合符号纠错能力和识读设备对固有图形模块错误的容忍度。本附录介绍了这种综合、修正的方法。

在本方法中，针对参数的每一个等级水平，假定只有达到或超过该参数的这个等级水平的模块或码字才实际上能识读，然后基于未使用的纠错或功能性图形污损，评价在该等级以下的、被假定为错误的码字或模块数目可以导出此参数的一个假定等级。

符号的可识读性必须将在每一个等级水平上的码字和模块的可识读性考虑在内，并且要将使用了纠错以及对一些定位图形污损的容忍情况所带来的识读符号的能力考虑进去。

具体过程如下：

a) 在每一个等级水平对码字的数目进行计数（包括更高的等级水平），假设所有余下来的码字为拒读错误，确定未使用的纠错或固有图形污损等级。

b) 对于每一个等级水平，取与相关的未使用的纠错或定位图形污损等级相比的较低的等级。

c) 从 b)得出的数值中选择最高的值作为此参数的符号等级。

最后得到的等级能够保证符号等级反映了识读器的识读性能。这是因为识读器识读该等级或高于该等级的码字或模块后，纠错或定位图形污损在该等级上的容许范围仍然能够覆盖低于此等级的码字或模块数目。

这种方法可以反映对缺陷有容忍能力的符号的缺陷情况。实际上，这种方法对纠错能力强、识读更为容易的符号有利一些。这种方法也使一维条码符号的印制质量的测量方法和二维条码的方法保持一致。从某种意义上讲，一维条码符号的方法是以上规则中没有纠错情况下的一个线性逼近。在这种没有纠错能力的情况下，最低等级的码字指标应避免为 0。如果最低等级码字参数等级为 1，那么符号等级为 1，尽管所有其他码字的参数等级可能为 4。

注：在此计算中使用的假设的未使用的纠错或定位图形污损等级对在 6.2.4、7.8.5、7.8.8 中的 UEC 或未使用的纠错不相关，对后者也不会造成影响。

附 录 C
（资料性附录）
矩阵式二维条码符号分级流程图

矩阵式二维条码符号质量进行分级的步骤见图 C.1。

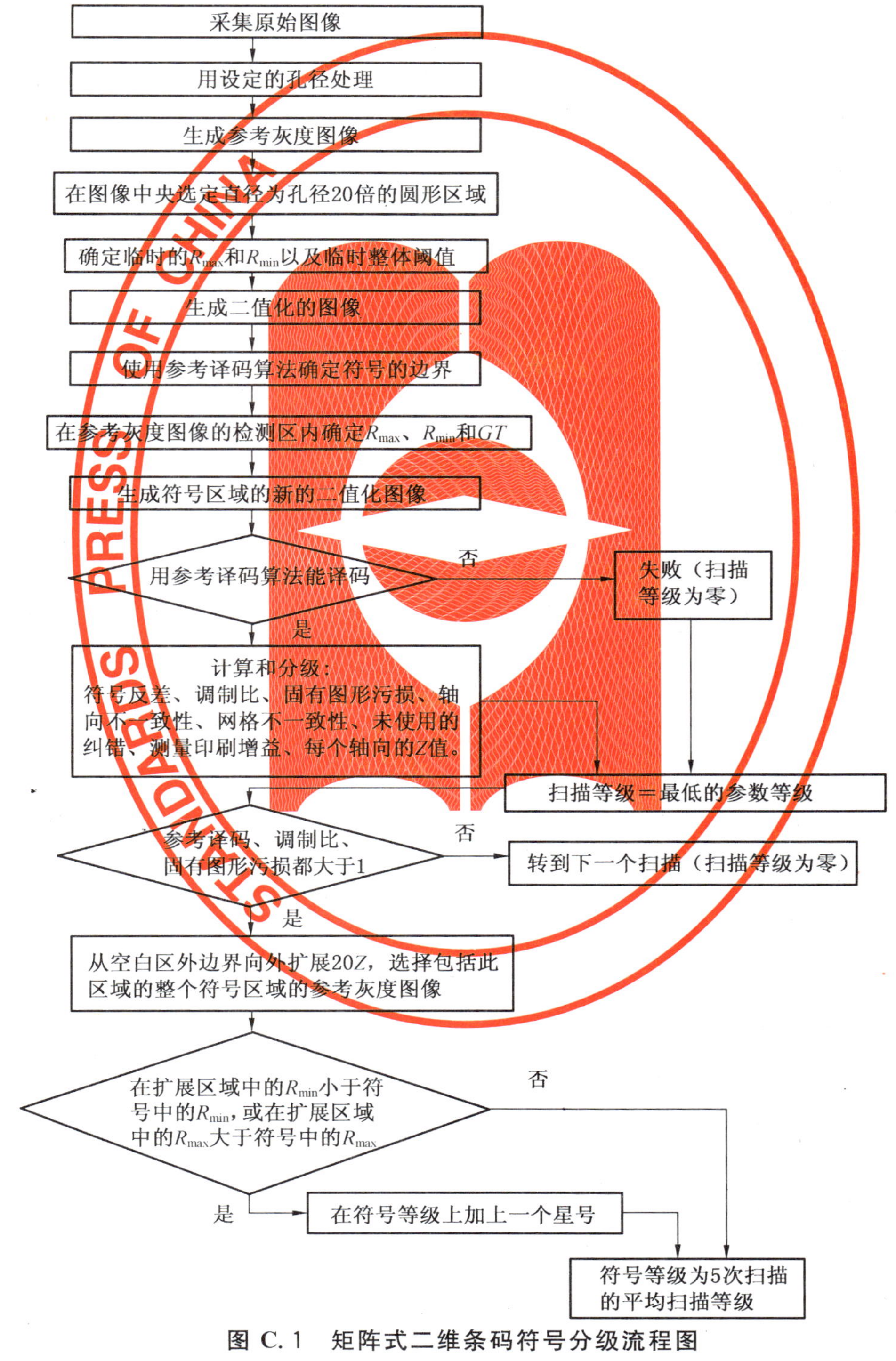

图 C.1 矩阵式二维条码符号分级流程图

附 录 D
（规范性附录）
用于符号分级的具体码制的专有参数

D.1 应用

由于符号结构以及符号参考译码算法的差异，一些参数对符号识读效果的作用有所不同。此附录规定了以下码制的固有图形污损参数的等级阈值（固有图形污损见 7.8.5）：

——数据矩阵码（Data Matrix）（ISO/IEC 16022）；

——Maxi code（ISO/IEC 16023）；

——快速响应矩阵码（GB/T 18284）。

此附录同时也为快速响应矩阵码的分级定义了附加的、该种码制特有的参数。

如果一个码制规范对这些参数指定了分级的基准，并明确引用本标准，则在此码制规范中的值将覆盖此附录所给出的值。

D.2 数据矩阵码（Data Matrix）的固有图形污损

D.2.1 待评价的图形部分

待评价的固有图形包括符号边缘一个模块宽度的区域以及环绕符号的一个模块宽（这种宽度可能由于应用标准的规定而变宽）的空白区。对于内部含有校正图形的大尺寸符号（32×32 模块或者更大的正方形符号，8×32 或 12×36 或者更大的矩形符号），校正图形也是固有图形的一部分。符号的左边和下边，应为一个模块宽度的、颜色深且均匀一致的 L 形图形。符号的右边和上边应包含一组由深浅交替变化的单个模块组成的图形（即定位图形）。校正图形也可视为由单模块宽的单色条和一系列深浅交替变化的单个模块组合而成的图形。固有图形污损的分级不仅要考虑到模块污损的总数，还要考虑到污损的集中程度。

D.2.2 固有图形 L 形边的分级

L 形边每边的污损分级应基于构成 L 形边的单个模块的调制比。这些测量实施于 L 边的整个长度以及相连的空白区。

图 D.1 标出了 4 个区域：L1，L2，QZL1 和 QZL2。QZL1 和 QZL2 分别为 L1 和 L2 边缘向外扩展一个模块的区域，在图 D.1 中用灰色表示。L1 和 L2 部分均包括它们之间相交叉的角部模块，QZL1 和 QZL2 在其交叉部分上亦是如此。

图 D.1 L 形边和相关空白区区域

QZL1

QZL2

图 D.1（续）

应将下述的过程应用于每一个区域。

a） 根据表 6，确定每一个模块的等级。由于模块设计上的深色浅色性质是确定的，任何一个模块，如果设计上模块应是深色的，但其反射率高过了整体阈值，以及任何一个模块，在设计上模块应是浅色的，但其反射率低于整体阈值，这时该模块的调制比应为 0。

b） 对每一个调制比等级使用附录 B 描述的参数等级修正技术：

1） 为 L 的每一边（在图 D.1 中的 L1 和 L2）以及每一个空白区段（分别和 L1 和 L2 相邻的 QZL1 和 QZL2），假定所有低于这个等级的所有模块都是错的，根据表 D.1 列出的等级阈值，导出一个假定的污损等级。在调制比等级水平和假定的污损等级中取较低值。

2） 另外，对于 L1 和 L2 区域，如果连续出现三个假定的错误模块，或错误区域之间间隔小于 4 个模块，则在该调制比等级上，由 a）条所得出的等级应减到 0。

表 D.1 假定的污损等级的阈值

污损模块的百分比（MD）	等　级
$MD=0\%$	4
$0\%<MD\leqslant 9\%$	3
$9\%<MD\leqslant 13\%$	2
$13\%<MD\leqslant 17\%$	1
$MD>17\%$	0

c） 此区域的固有图形污损的等级应为所有调制比等级水平的最高等级。

D.2.3 对定位图形和其相邻的同色区部分的分级

此节定义了内部校正图形（如果存在）、外部定位图形以及相关空白区污损的测量。对于内部校正图形、定位图形以及和数据区相连的对应空白区，或者大符号中的单个数据区，测量是分开进行的。每一个区域由定位图形区域和同色区（这个区域可能是空白区或是内部的校正条）组成。定位图形区域以和它相垂直的 L 边或内部校正条上的一个深色的模块为起始，延伸到空白区前或是下一个内部校正条前的一个浅色模块。同色区的起始模块和相连定位图形区域的第一个模块相邻，延伸到和这个相连定位图形区域最后一个模块相邻的模块。图 D.2 展示了这一区域的结构。

注：在一个没有内部校正图形的符号中，此外部的定位图形区域扩展到符号的整个高度和宽度。

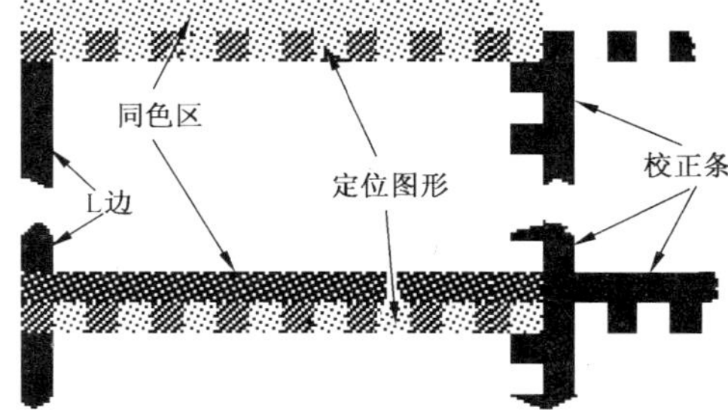

图 D.2 外部定位图形区域和内部校正图形区域的结构

a) 对于符号(适用于多数据段的符号)的每一个外部定位图形区域和内部校正图形区域，根据下列过程测量污损情况。

1) 转变比例测试

在二值化图像中的每一个定位图形区域上，不论是外部(和空白区相邻)还是内部(和同色的内部校正条相邻)，计算定位图形一边的转变(深色浅色变化)数目 Tc，并计算同色线边的转变数目 Ts，然后按公式(D.1)和公式(D.2)计算并对转变比率进行分级：

$$Ts' = \mathrm{Max}(0, Ts - 1) \quad \cdots\cdots\cdots\cdots (\mathrm{D}.1)$$

$$TR = Ts'/Tc \quad \cdots\cdots\cdots\cdots (\mathrm{D}.2)$$

表 D.2 转变比率的分级

TR	等　级
$TR<0.06$	4
$0.06\leqslant TR<0.08$	3
$0.08\leqslant TR<0.10$	2
$0.10\leqslant TR<0.12$	1
$TR\geqslant 0.12$	0

注：转变计数之间的端点是根据参考译码算法网绘制的、第一个和最后一个定位图形或同色区的格线的交汇点，如图 D.3 所示。

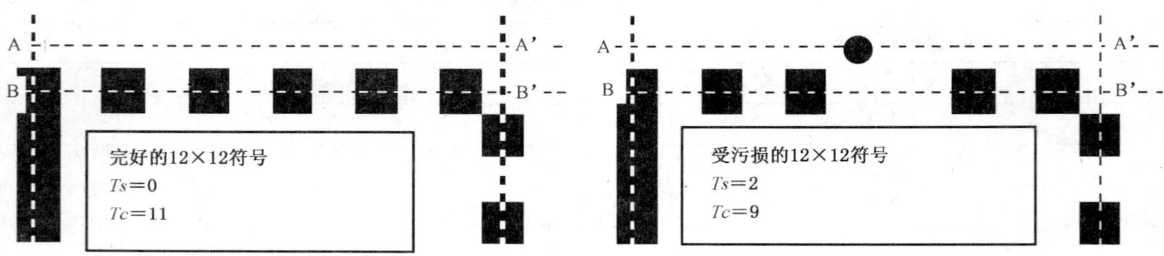

--------由参考译码算法得出的连接模块中心的网络线

A,A'——指定同色区域头部和尾部的交叉点

B,B'——指定定位图形头部和尾部的交叉点

图 D.3 完好符号的转变计数(左)和受污损符号的转变计数(右)的对比

2) 假定的污损等级

基于表 6 的值，找出每一个模块的调制比的等级。由于模块预想的深色或浅色的性质是确定的，对于任何应为深色，但其反射率值在整体阈值之上的模块，或者应为浅色，但其反射率值在整体阈值之下的模块，其调制比等级应为零。

i) 对于每一个调制比等级水平：

假定所有低于这个等级的所有模块都是错的，基于以下两个评价导出一个假定的污损等级。

(1) 定位图形规则性测量

对于每个定位图形区域，以五个相邻模块为一组，以每步一个模块沿着该区域推进。核实在任意 5 个相邻模块构成的一组中，模块错误的数目不得大于 2。如果满足这个条件，那么定位图形的等级应为 4，否则为 0。

(2) 同色的固有图形测量

对每个区域，在和定位图形相邻的同色区域(内部的校正条和外部的空白区)内，对错误的模块进行计数。应根据此区间整个长度范围内的错误模块的百分比 P 得出以下污损百分比的等级：

表 D.3　同色区域的污损百分比的分级

P	等　级
$P<10\%$	4
$10\%\leqslant P<15\%$	3
$15\%\leqslant P<20\%$	2
$20\%\leqslant P<25\%$	1
$P\geqslant 25\%$	0

ii）在每一个等级水平上，在调制比等级、定位图形规则性等级以及同色的固有图形污损百分比等级中取最低值。

iii）此区域的暂定的污损等级应为所有调制比等级中的最高的等级。

b）此区域的固有图形污损等级应为转变比率等级和此暂定的污损等级中的较低值。

c）定位图形和同色区域的整个固有图形污损等级为每个区域所得等级的最低值。

在图 D.4 中，阴影的区域展示了一个内部校正图形区域的一个实例。此图形包括定位图形区域和同色区域。对这些区域要进行转变比率、规则性以及同色的固有图形的测量。

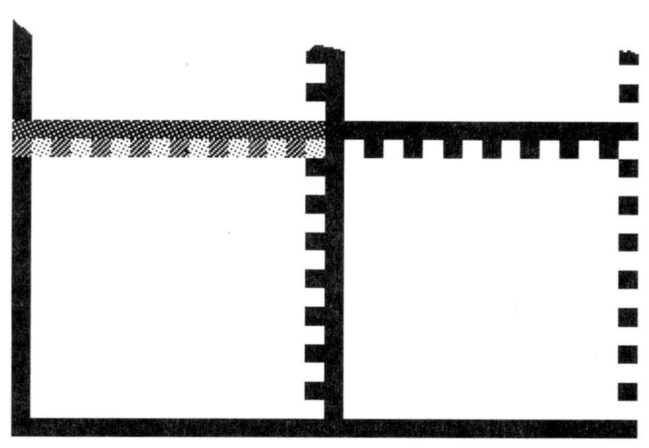

图 D.4　内部校正图形区域

在图 D.5 中，阴影部分展示了一个外部定位图形以及与之相连的空白区的一个实例。对这些部分要进行转变比率、规则性以及同色固有图形的测量。

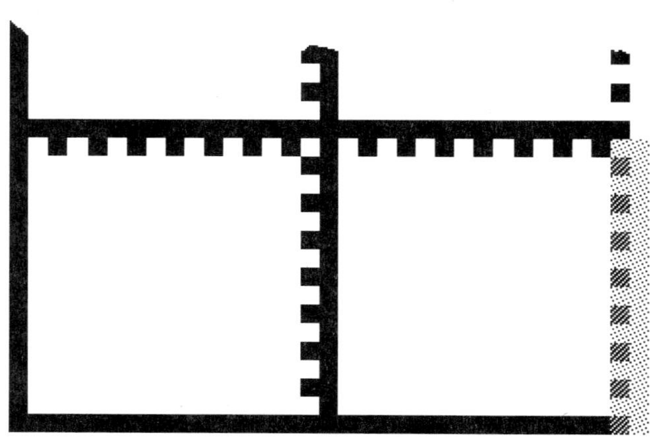

图 D.5　外部定位图形区域

示例：

图 D.6 展示的实例描述了对一个 36×36 区域中 L1 的分级。其中 $SC=89\%$，$GT=51\%$。表 D.4 展示了此区域 36 模块中每一个模块的反射率和调制比的值以及调制比的等级。

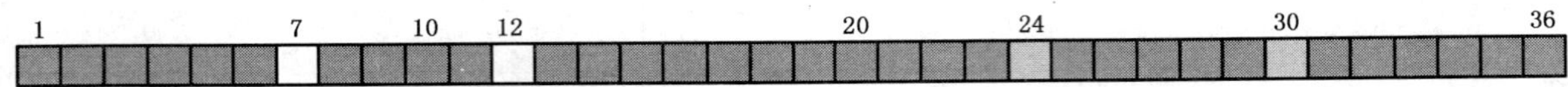

图 D.6 为展示调制比效果的 L1 区域的实例

表 D.4 36 模块的区域的调制比分级实例

模块	1	2	3	4	5	6	7	8	9
反射率/%	15	13	13	13	9	11	84	11	10
调制比	80	86	86	86	94	90	(74)	90	92
调制比等级	4	4	4	4	4	4	0	4	4
模块	10	11	12	13	14	15	16	17	18
反射率/%	9	11	70	13	12	15	11	11	11
调制比	94	90	(42)	86	88	80	90	90	90
调制比等级	4	4	0	4	4	4	4	4	4
模块	19	20	21	22	23	24	25	26	27
反射率/%	27	11	14	10	12	50	12	11	14
调制比	54	90	83	92	88	2	88	90	83
调制比等级	4	4	4	4	4	0	4	4	4
模块	28	29	30	31	32	33	34	35	36
反射率/%	13	12	37	13	12	13	11	13	12
调制比	86	88	31	86	88	86	90	86	88
调制比等级	4	4	2	4	4	4	4	4	4

注意，第 7 和第 12 个模块完全是浅色的，第 24 个模块调制比低，第 30 个模块调制比也偏低。

基于这些值，此区域的分级将按表 D.5 进行。

表 D.5 区域分级实例

调制比水平	模块数目	模块积累的数目	剩下的“污损”模块数	污损模块百分比/%	假定的污损等级	等级的较低者
4	32	32	4	11.1	2	2
3	0	32	4	11.1	2	2
2	1	33	3	8.3	3	2
1	0	33	3	8.3	3	1
0	3	36	0	0	4	0
此区域的最后等级——最后一列的最高值						

D.2.4 平均等级的计算和分级

污损对单个区域影响相对较轻，但它会影响多个区域。考虑到污损的累积效果，除了对单个区域进行评价外，也应对平均等级(*AG*)进行计算。平均等级为L1、L2、QZL1、QZL2、整个定位图形以及相邻单色区域的等级的平均值。

对所有的区域定级后，按公式(D.3)计算平均等级*AG*：

$$AG = S/5 \quad \cdots\cdots(D.3)$$

其中*S*为各区域等级的总和。

根据表D.6给*AG*定一个等级。

符号的固有图形污损的等级应为五个区域的等级和等级平均值*AG*等级中的最低值。

表D.6 对平均等级的分级

五个区域等级的平均值(*AG*)	等　级
AG=4	4
3.5≤*AG*<4	3
3.0≤*AG*<3.5	2
2.5≤*AG*<3.0	1
AG<2.5	0

示例1：

假设五个区域中有四个区域等级为4，一个区域等级为1，那么：

(4×4)+(1×1)=17

这样*AG*=17/5=3.4。根据表D.6，平均等级为3.4时，等级将定为2，6个等级中最低值为1，因此符号的固有图形污损等级为1。

示例2：

假设5区域中有3个区域的等级为4，一个区域的等级为3，还有一个为1，那么：

(3×4)+(1×3)+(1×1)=16

这样*AG*=16/5=3.2。根据表D.6，平均等级为3.2时，等级将定为2，6个等级中最低值为1，因此符号的固有图形污损等级为1。

示例3：

假设所有这5个区域的等级为3，那么：

5×3=15

这样*AG*=15/5=3.0。根据表D.6，平均等级为3.0时，等级将定为2，6个等级中最低值为2，因此符号的固有图形污损等级为2。

D.3 Maxicode符号的固有图形污损

D.3.1 待评价的特征

Maxicode符号的固有图形为一个位于符号中部三个间距相等的深色同心圆环以及6个围绕圆环放置的三模块定向图形，如图D.7所示：

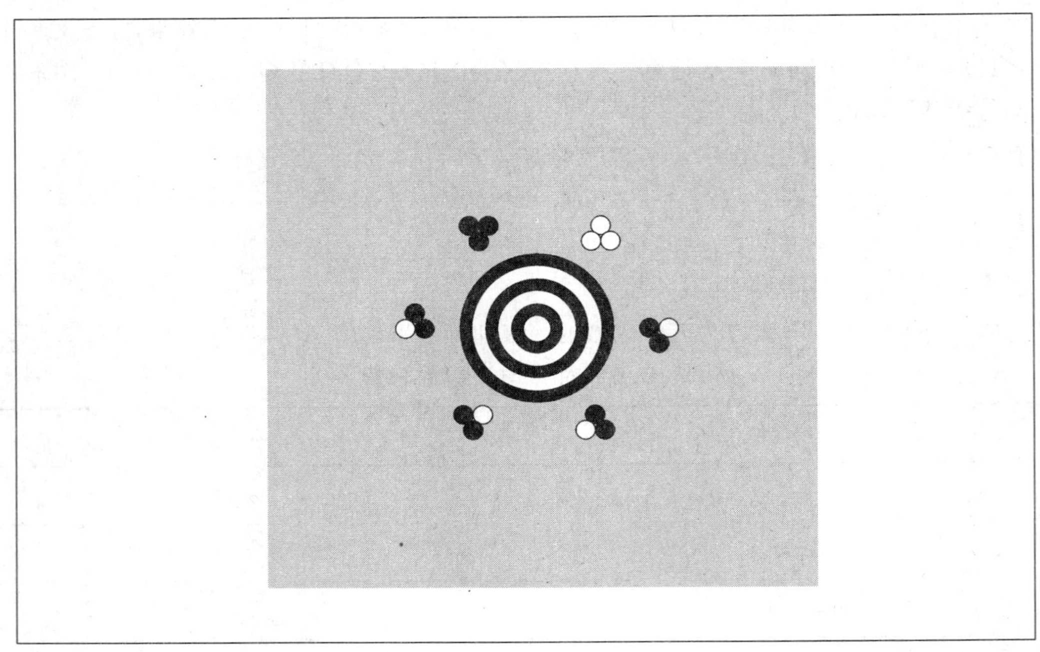

图 D.7 Maxi code 符号中的固有图形

D.3.2 对寻像图形的分级

Maxicode 寻像图形不是由六角形数据模块排列而成，不能通过模块中心取样的方法对其进行分级，其质量评价从以下两方面进行。

a) 环的连续性。在寻像图形中有三个深色环带以及两个相间隔的浅色环带，应沿着位于环带中央位置的圆形路径对每一个环带上的每一个像素位置进行取样，见图 D.8 中的点状线。对于中间浅色的圆形区域，也应沿着一个小的环状路径进行采样，该路径的半径为此区域标称的半径的⅓，同样见图 D.8。

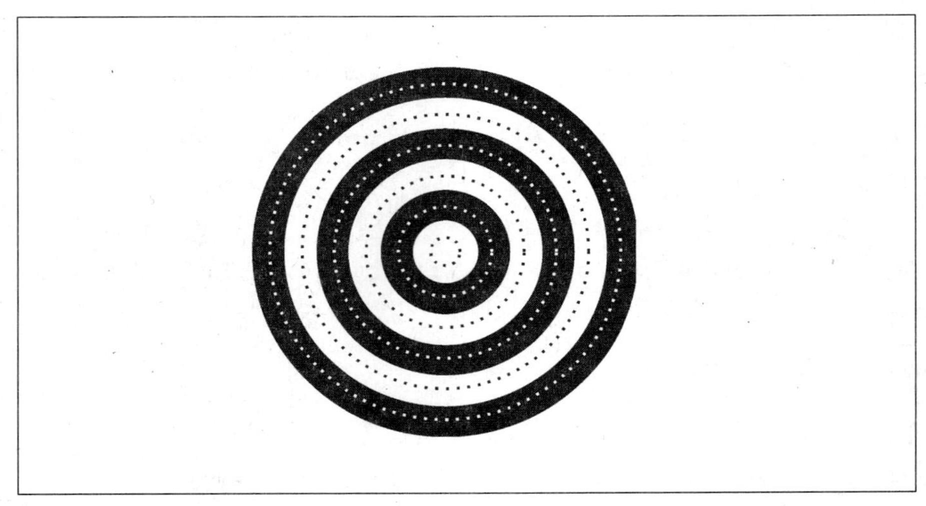

图 D.8 符号环带中的取样路径

对于这 6 组采样点，沿着每组采样点的路径进行采样，根据采样颜色错误的数目占沿着环形路径采样的总数目的百分比，对每组采样点进行分级，具体的分配等级如下：

表 D.7 环连续性的分级

错误采样数目的比率(表中以 SE 代表)	等 级
$SE=0$	4
$0<SE\leqslant 3\%$	3
$3\%<SE\leqslant 6\%$	2
$6\%<SE\leqslant 9\%$	1
$SE>9\%$	0

b) 环增益。应在准确穿过灰度图像圆环中心的水平方向和垂直方向(相对于符号方向)的路径上,测量扫描反射率曲线,如图 D.9 所示,并根据 GB/T 14258 标准确定边缘的位置。

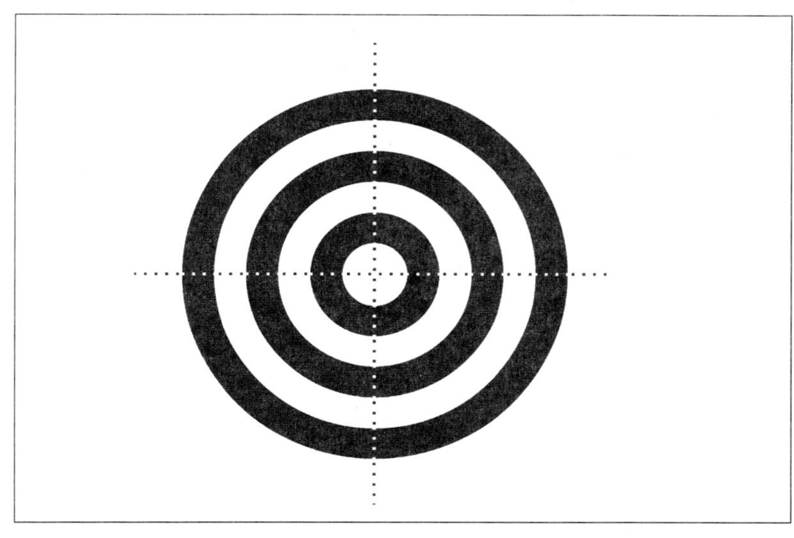

图 D.9 在一个 Maxicode 符号中,环增益的采样路径

分别对每条扫描反射率曲线,按公式(D.4)计算环增益:

$$RG=(S_{bar}-S_{space})/(S_{bar}+S_{space}) \qquad \text{(D.4)}$$

式中:

S_{bar}——条宽度的总和;

S_{space}——空宽度的总和。

以上计算不包括最外部的深色环和中心的空。水平和垂直环增益分别按表 D.8 进行分级。

表 D.8 环增益分级

RG	等 级
$\lvert RG\rvert<0.10$	4
$0.10\leqslant\lvert RG\rvert<0.14$	3
$0.14\leqslant\lvert RG\rvert<0.17$	2
$0.17\leqslant\lvert RG\rvert<0.20$	1
$\lvert RG\rvert\geqslant 0.20$	0

D.3.3 定向图形的分级

将 6 个定向图形组合在一起，成为一个共有 18 个模块的组，将它们作为数据区域的一部分进行采样。按照错误模块的数目进行分级，见表 D.9：

表 D.9 定向图形的分级

模块错误的数目	等　级
0	4
1	3
2	2
3	1
≥4	0

D.3.4 固有图形污损的等级

Maxicode 固有图形污损的等级为六个环连续性等级、两个环增益等级以及单个定向图形等级中的最低值。

D.4 快速响应矩阵码的固有图形污损以及附加的参数

D.4.1 固有图形污损

D.4.1.1 待评价的图形

待评价的图形有：

a) 三个角部图形，每一个包括：

 1) 7×7 的位置探测图形；

 2) 环绕位置探测图形的两个内边的 1*X* 宽的分隔符；

 3) 最小为 4 个模块宽度的空白区（如果具体应用有要求可以更多），此部分沿着位置探测图形外围两侧扩展到 15 个模块长。

b) 两个和位置探测图形的内角连接的、黑白模块相间的定位图形。

c) 5×5 的校正图形（存在于模式二或更高版本的快速响应矩阵码中）。

以上所列图形将作为六个区域进行评价，即：

a) 三个角部图形（位置探测图形以及和它们相关的分隔符和部分空白区）（分别对应于 A1，A2 以及 A3 区域）；

b) 两个定位图形（分别对应于 B1 和 B2 区域）；

c) 包含所有校正图形的单个区域（C 区域）。

定位图形穿过校正图形时，有五个模块和校正图形重合。将此五个模块同时作为定位图形和校正图形的一部分进行评价。

以版本为 7 的符号（45×45 个模块）为例，每一个 A 区域占据 168 个模块，每个 B 区域为 29 个模块长，C 区域总共占据 150 个模块（即：6×25）。

这些区域在版本为 7 符号中的位置见图 D.10。A1、A2、A3 为 3 个角的区域，B1、B2 为两个定位图形，C 为单个的 C 区域（有 6 个校正图形）。

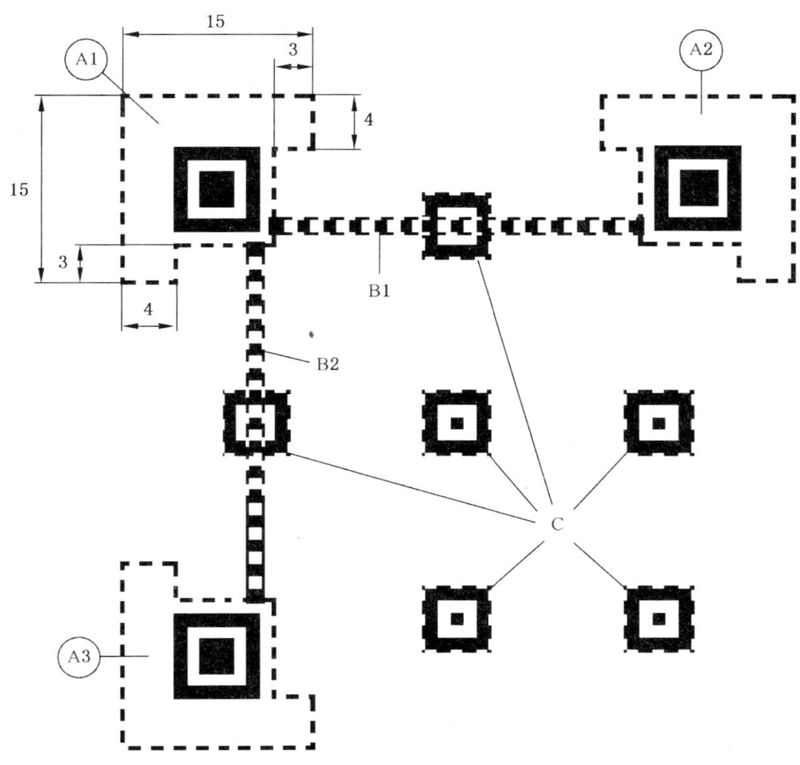

图 D.10 快速响应矩阵码的固有图形

D.4.1.2 固有图形污损的分级

对每一区域污损的分级应基于组成它的单个模块的调制比。应分别对每一个区域进行下述的过程：

a) 对于每一个模块，根据表 6 找到调制比的等级。由于模块的设计深色浅色性质是确定的，对于任何模块，如果设计为深色而其反射率高于整体阈值，或设计为浅色，而其反射率低于整体阈值，则模块的调制比等级为 0。

b) 对于每一个调制比等级水平，假定所有低于这个等级的模块都是错的，基于表 D.10 所给出的等级的阈值导出一个假定的污损等级，取调制比等级水平和假定的污损等级中的较低值。假定的污损等级通过以下进行确定：

   1) 对于 A1、A2 和 A3 每一个区域，对模块的错误进行计数。

   2) 对于 B1 和 B2 区域，计算出模块的错误数，将此数目和此区域中的整个模块数目相比，结果以百分比的形式表示。

   3) 对于 B1 和 B2 区域，取 5 个相邻模块的组，并且沿着此区域以一个模块为单位向前推进，在五个相邻模块组中检查污损的数目是否不大于 2。如果此污损的数目大于 2，这个区域的等级为 0。

   4) 对于 C 区域，对含有模块错误的校正图形的情况进行计数，将这一数值以和符号中校正图形数目百分比的形式表示。

   5) 基于表 D.10 中的等级阈值，将一个假定的污损等级分配给每一个区域。

c) 区域中的固有图形污损等级应为所有调制比等级水平所导出的最高等级。

符号的固有图形污损等级应等于这六个区域等级的最低值。

表 D.10　快速响应矩阵码固有图形污损的等级阈值

A1、A2 和 A3 区域	B1 和 B2 区域	C 区域	等级
模块的错误数目	模块的错误数目和整个模块数的百分比	含模块错误的校正图形的百分比	
0	0%	0%	4
1	(0%,7%]	(0%,10%]	3
2	(7%,11%]	(10%,20%]	2
3	(11%,14%]	(20%,30%]	1
≥4	(14%,100%]	(30%,100%]	0

D.4.2　对附加参数的分级

D.4.2.1　待评价的特性

快速响应矩阵码包含表示确定符号格式信息的两组重复的模块，它们所含的信息用于定义符号的格式。7 到 40 版本的符号还包含表示定义符号版本信息的一组重复的模块。在译码过程的初始阶段需要正确识读这两组数据。如果它不能被译码，符号的其他区域便不能译码。出于这一原因，格式信息和版本信息模块的分级是分别进行的(这种做法类似于固有图形污损的情形)，它的等级被纳入符号等级的确定。

D.4.2.2　格式信息的分级

对于两个格式信息区域，根据以下方法确定各区域等级。

a)　根据表 6 找出每一个模块的调制比等级。由于在译码后，模块设计的深色浅色性质已经知道，如果一个模块设计为深色，而其反射率高于整体阈值，那么其调制比等级应为 0。同样，如果一个模块设计为浅色，而其反射率低于整体阈值，那么其调制比等级应为 0。如果区域中的格式信息不能被译码，那么整个区域的等级应为 0。

b)　对于每一个调制比等级水平：

1)　假定所有低于这个调制比等级的模块都是错的，根据表 D.11 导出一个假定等级。

表 D.11　格式信息假定的等级

模块错误的数目	等　级
0	4
1	3
2	2
3	1
≥4	0

2)　在每一个水平上在调制比等级和假定等级中间选择较低值作为该水平的等级，如表 D.12 所示。

3)　此图区的等级应为以上导出等级的最高值，如表 D.12 所示。

表 D.12　格式信息区域的分级实例

调制比等级	假定的等级	等级的较低值
4	2	2
3	2	2
2	3	2
1	3	1
0	4	0
	选定的等级(最高值)→	2

c) 格式信息等级应为这两个格式信息区域等级的平均值，如果需要可以对该数值取整。

D.4.2.3 版本信息的分级

对于每一个版本信息区域，按以下方法确定等级。

a) 根据表 6 找出每一个模块的调制比等级。在译码后，模块设定的深色浅色性质得到确定，如果一个模块设计为深色，而其反射率高于整体阈值，那么其调制比等级应被定为 0；同样，如果一个模块设计为浅色，而其反射率低于整体阈值，那么其调制比等级应被定为 0。如果版本区域中的版本信息不能被译码，那么整个区域的等级应为 0。

b) 对于每一个调制比等级水平：

1) 假定所有低于这个调制比等级的所有模块都是错的，然后根据表 D.13 导出一个假定等级。

表 D.13 版本信息假定的等级

模块错误的数目	等级
0	4
1	3
2	2
3	1
≥4	0

2) 在每一个水平上选择调制比等级和假定等级中的较低值作为水平的等级，如表 D.14 所示。

3) 此区域的等级应为以上导出等级的最高值，如表 D.14 所示。

表 D.14 版本信息区域的分级实例

调制比等级	假定等级	等级中的较低者
4	2	2
3	2	2
2	3	2
1	3	1
0	4	0
	选定的等级(最高值)→	2

c) 版本信息等级应为这两个版本信息区域等级的平均值，如果需要可以对该数值取整。

附 录 E
（资料性附录）
对扫描和符号等级的说明

本附录对层排式条码符号或矩阵式条码符号等级低的可能原因作了说明。

表 E.1 列出了造成指定的参数等级低的一些因素，这些因素对于这两种不同的二维符号有可能相似也有可能不同。

表 E.1 造成等级低的可能原因

参　数	层排式符号	矩阵式符号
符号反差	● 背底或浅色单元的反射率低，原因为： 　● 印刷基底不合适，例如对于红光识读的符号选用蓝纸 　● 有光泽的覆膜或外包装 　● 照明角度不对（直接刻印的符号） ● 深色单元的反射率高，原因为： 　● 油墨吸收入射光的能力低（配方或颜色不对） 　● 油墨覆盖不足（例如，喷墨点不重叠） ● 照明角度不对（直接刻印的符号）	● 背底或浅色单元的反射率低，原因为： 　● 印刷基底不合适，例如对于红光识读的符号选用蓝纸 　● 有光泽的压层或外包装 　● 照明角度不对（直接刻印的符号） ● 深色单元的反射率高，原因为： 　● 油墨吸收入射光的能力低（配方或颜色不对） 　● 油墨覆盖不足（例如，喷墨点不重叠） ● 照明角度不对（直接刻印的符号）
参考译码	● 多种因素——见表中的其他参数 ● 印制系统软件错误	● 多种因素——见表中的其他参数 ● 印制系统软件错误
未使用的纠错	● 物理损坏（磨损、撕裂、涂抹） ● 由于缺陷而产生的位错误 ● 一个或两个轴上的印刷增益过大 ● 局部变形 ● 模块位置放错	● 物理损坏（磨损、撕裂、涂抹） ● 由于缺陷而产生的位错误 ● 一个或两个轴上的印刷增益过大 ● 局部变形 ● 模块位置放错
最小反射率（R_{min}）	● 所有条的反射率大于 $0.5R_{max}$——可能的原因见符号反差	
最小边缘反差	● 印刷增益或减少过大 ● 测量孔径过大 ● 印刷基底反射率不规则 ● 油墨覆盖低 ● 透背	
调制比	● 印刷增益或减少 ● 测量孔径过大 ● 印刷基底反射率不规则 ● 油墨覆盖低 ● 透背	● 印刷增益或减少 ● 测量孔径过大 ● 模块位置放错 ● 印刷基底反射率不规则 ● 油墨覆盖低 ● 透背

表 E.1（续）

参　数	层排式符号	矩阵式符号
缺陷度	● 在背底上有墨点或其他深色标记 ● 在印制区域中有疵点 ● 打印头单元有问题 ● 测量孔径太小	
可译码度	● 局部扭曲变形 ● 印刷中像素错误 ● 印刷中出现滑动 ● 喷墨口堵塞 ● 加热单元出故障	
码字读出率	● 扫描线过分倾斜 ● Y 轴方向印刷增益 ● 出现热托曳	
固有图形污损		● 喷墨口堵塞 ● 加热单元出故障 ● 物理损坏(磨损、撕裂、涂抹)
轴向不一致性		● 在印制中传送速度和符号尺寸不匹配 ● 打印软件错误 ● 检测仪的光轴和符号平面不平行
网格不一致性		● 在印刷中出现传送错误(加速、减速、振动、滑移) ● 打印头和印刷基底的距离有变化 ● 检测仪的光轴和符号平面不平行
印刷增益或减少（非分级项目）	● 取决于印刷过程的因素 ● 印刷基底的吸墨性 ● 印点的大小(喷墨，点刻等) ● 热打印头的温度不正确	● 取决于印刷过程的因素 ● 印刷基底的吸墨性 ● 印点的大小(喷墨，点刻等) ● 热打印头的温度不正确

附　录　F
（资料性附录）
印刷基底的特性

F.1　基本原理

在一些条件下，如在含有条码符号印刷包装的设计和生产中，在按此标准对条码符号进行检验之前，应对印刷基底的承印能力及油墨颜色是否满足特定的条码应用进行评估。对于在识读和检测条码符号时存在的光泽的影响以及印刷基底不透明度低的问题，应参见 ISO/IEC TR 17962，以便得到进一步的指导。

F.2　基底不透明度

本标准的方法要求符号按照第 6 章的方法（对于层排式二维条码符号）和第 7 章（对于矩阵式二维条码符号）进行分级。测量分级时，符号的状态应为最终状态，即包装成型的状态。

如果在这种状态下无法对符号进行测量，按下面方法测量的印刷基底的不透明度为 0.85 或更大时，那么高对比的干扰图形透映的影响可以忽略。如果不透明度小于 0.85，测量符号时应在符号的底部衬上均匀的深色平面，其表面反射率要小于 5%。

印刷基底的不透明度按公式（F.1）计算：

$$\text{不透明度} = R_2/R_1 \qquad \text{(F.1)}$$

式中：

R_1——印刷基底衬上一个反射率为 89%或更高的白平面时的反射率；

R_2——印刷基底衬上一个反射率为 5%或更低的黑平面时的反射率。

F.3　光泽

测量反射率所规定的标准照明条件应能最大限度地削弱镜向反射，并对条码符号和印刷基底的漫反射率给出有效的评价。对于光泽度高的材料以及那些漫反射特性随入射角和/或接收光角度的变化而变化的材料，如果不按照以 45°照明的参考光路进行测量，所获得的条码符号反射率的参数等级可能会出现不一致。因此，为了使测得的符号反差最大，7.3.4 给出了一些可选用的照明角。

F.4　覆膜

对于要加保护膜层的符号，符号应连同膜层一起测量和分级，对于层排式二维条码符号应用第 6 章，对于矩阵式二维条码符号应用第 7 章。膜层（包括其粘结胶）的厚度应尽量小，以减少它对符号识读性能的影响。

F.5　静态反射率的测量

F.5.1　概述

在某些情况下，如条码符号印制前，通过对即将印制条码的色样或油墨印制的样品的测量，可以获得印制基底材料样品的静态反射率。以下过程能够比较精确地预测条码符号印制后达到的、应用于实际扫描的状态。

静态反射率测量使用的波长、孔径尺寸以及光学条件应和具体的应用一致，如果测量层排式二维条码符号，还应和 GB/T 14258 保持一致。

如果没有符合此附录要求的测量设备，可以用标准的光密度计进行光密度的测量，这时候，要选择合适的光源以及将密度值转换为反射率值。密度(D)和反射率(R)的转换公式如公式(F.2)：

$$R = 100/10^{D} \quad \cdots\cdots (F.2)$$

注：要精确地预测符号反差是不可能的，特别对于边缘反差，这项指标只能在符号印刷后得到。所以在指定等级的最小值时应留有一定的余量。

F.5.2 预测符号反差

预测符号反差需要对能模拟出最终印制条码最高反射率(R_{max})和最低反射率(R_{min})区域的样品进行测量。

在许多条码符号中，R_{max}一般处在空白区内，因此，为了模拟空白区的条件，对待印条码的材料检测时应检测样品的中心区域，区域的大小至少为10个X尺寸。

一般情况下，R_{min}出现在符号中最宽的条上。因此，要模拟和实际一致的、得到R_{min}的条件，检测带域应选择2倍到3倍X尺寸的带状区域，并且所选区域的颜色要和将要印的条的颜色一致。

这样符号反差的预测值可以按公式(F.3)计算：

$$SC' = R_{max} - R_{min} \quad \cdots\cdots (F.3)$$

对于不透明度满足不了测试的材料，为了预测符号反差SC，测试的样品在测试时背底应衬垫上黑色均匀的表面，其反射率不高于5%。然后再用反射率不低于89%的均匀表面做衬垫，再进行同样的测量。在深色浅色背底上得出的静态反差的计算值都应大于或等于应用指定的最小等级所对应的反差值。

附 录 G
（资料性附录）
二维条码符号检验报告实例

G.1 层排式二维条码符号检验报告

<table>
<tr><td rowspan="2">样品名称</td><td colspan="2" rowspan="2">×××产品的二维条码符号印制品</td><td>规格/包装</td><td>/</td></tr>
<tr><td>商标</td><td>/</td></tr>
<tr><td>委托方</td><td colspan="2">/</td><td>印刷载体</td><td>复印纸</td></tr>
<tr><td rowspan="2">送检单位</td><td colspan="2" rowspan="2">/</td><td>条码类型</td><td>四一七条码</td></tr>
<tr><td>供人识别字符</td><td>略</td></tr>
<tr><td>单位地址</td><td colspan="2">/</td><td>来样日期</td><td>2008.07.14</td></tr>
<tr><td>送样者</td><td colspan="2">/</td><td>检验日期</td><td>2008.07.14</td></tr>
<tr><td>检验依据</td><td colspan="4">GB/T 23704—2009 信息技术 自动识别与数据采集技术 二维条码符号印制质量的检验
GB/T 17172—1997 四一七条码</td></tr>
<tr><td rowspan="2">检验条件</td><td>温度</td><td>22 ℃</td><td>相对湿度</td><td>45%</td></tr>
<tr><td>测量孔径</td><td>0.152 mm</td><td>测量光波长</td><td>660 nm</td></tr>
<tr><td>检验结论</td><td colspan="4">该样品按所依据的标准进行检验，被检样品的符号等级为3.0/06/660。所检项目均符合技术要求。

（检验报告专用章）
签发日期：2008年7月28日</td></tr>
<tr><td>备注</td><td colspan="4">/</td></tr>
</table>

批准： 审核： 主检：

检验结果

1. 符号特征

矩阵尺寸 Matrix Size	14 行×2 列	码字总数 Total Codewords	28	数据码字数 Data codewords	20
纠错码字数 Error Correction budget	8	纠正的错误数 Error Corrected	0	最大反射率 R_{max}	76%
最小反射率 R_{min}	6%	Horizontal/Vertical BWG 印刷增益	78 μm	X 尺寸 Nominal X Dim	0.388 mm
数据内容 Data:	（略）				

2. 符号等级参数检测值

参数	参数值	等级	参数	参数值	等级
参考译码 decode		A	码字的印制质量		A
未使用的纠错 *UEC*	100%	A	起始符/终止符		3.5
码字读出率	73%	A	符号等级		3.5

3. 具体应用标准、符号标准要求的参与分级的其他参数。

参　数	参数值	等　级	参　数	参数值	等　级

注：符号"/"表示无此项或此项不检。

G.2 矩阵式二维条码符号检验报告

<table>
<tr><td rowspan="2">样品名称</td><td colspan="2" rowspan="2">XXX 产品的二维条码符号印制品</td><td>规格/包装</td><td>/</td></tr>
<tr><td>商标</td><td>/</td></tr>
<tr><td>委托方</td><td colspan="2">/</td><td>印刷载体</td><td>复印纸</td></tr>
<tr><td rowspan="2">送检单位</td><td colspan="2" rowspan="2">/</td><td>条码类型</td><td>Data Matrix 码</td></tr>
<tr><td>供人识别字符</td><td>略</td></tr>
<tr><td>单位地址</td><td colspan="2">/</td><td>来样日期</td><td>2008.07.14</td></tr>
<tr><td>送样者</td><td colspan="2">/</td><td>检验日期</td><td>2008.07.14</td></tr>
<tr><td>检验依据</td><td colspan="4">GB/T 23704—2009 信息技术 自动识别与数据采集技术 二维条码符号印制质量的检验
ISO/IEC 16022 Data Matrix</td></tr>
<tr><td rowspan="2">检验条件</td><td>温度</td><td>22 ℃</td><td>相对湿度</td><td>45%</td></tr>
<tr><td>测量孔径</td><td>0.152 mm</td><td>测量光波长</td><td>660 nm</td></tr>
<tr><td>检验结论</td><td colspan="4">该样品按所依据的标准进行检验，被检样品的符号等级为 3.0/06/660。所检项目均符合技术要求。

（检验报告专用章）
签发日期：2008 年 7 月 28 日</td></tr>
<tr><td>备注</td><td colspan="4">/</td></tr>
</table>

批准： 审核： 主检：

检验结果

1. 符号特征

矩阵尺寸 Matrix Size	32×32	码字总数 Total Codewords	98	数据码字数 Data codewords	62
纠错码字数 Error Correction budget	34	纠正的错误数 Error Corrected	0	最大反射率 R_{max}	75%
最小反射率 R_{min}	5%	Horizontal/Vertical BWG 印刷增益	水平 2%/ 垂直 4%	*X* 尺寸 Nominal *X* Dim	0.587 mm
数据内容 Data:	（略）				

2. 符号等级参数检测值

参　数	参数值	等　级	参　数	参数值	等　级
参考译码 decode		A	轴向不一致性 *ANU*	0%	A
未使用的纠错 *UEC*	100%	A	网格不一致性 *GNU*	8%	A
符号反差 *SC*	69%	B	固有图形污损 *FPD*		B
调制度 *MOD*		B	符号等级 Overall ISO 15415		3.0

3. 具体应用标准、符号标准要求的参与分级的其他参数。

参　数	参数值	等　级	参　数	参数值	等　级

注：符号“/”表示无此项或此项不检。

参 考 文 献

[1] ISO/IEC 15438 Information technology—Automatic identification and data capture techniques—Bare code symbology specifications—PDF417.

[2] ISO/IEC 16022 Information technology—International symbology specification—Data Matrix.

[3] ISO/IEC 16023 Information technology—International symbology specification—Maxi Code.

[4] ISO/IEC 18004 Information technology—Automatic identification and data capture techniques—Barcode symbology specification—QR Code.

[5] AIM ITS 97/002—Aztec Code.

[6] AIM ITS 98/001—MicroPDF417.

[7] AIM ITS 99/001—Reduced Space Symbology (RSS).

[8] AIM ITS 99/002—EAN. UCC Composite Symbology.

[9] AIM ITS—Aztec Mesas.

[10] AIM ITS—EAN. UCC Composite Symbology.

[11] AIM ITS—SuperCode.

[12] AIM USS—Code One.

[13] AIM USS—Codablock F.

[14] AIM USS—Dot Code A.

[15] ANSI/AIM BC6-1995,USS—Code 49.

[16] EIA-706 Component Marking Standard (Data Matrix).
(Published by Electronic Industries Alliance, 2500 Wilson Boulevard Arlington, Virginia 22201,USA).

[17] EN 12323—Bar Code—Symbology Specifications—Code 16K.

ICS 07.040
A 75

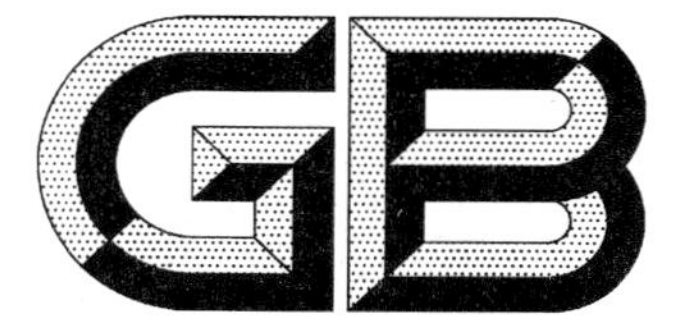

中华人民共和国国家标准

GB/T 23705—2009

数字城市地理信息公共平台
地名/地址编码规则

Rules of coding for address in the common platform for geospatial information service of digital city

2009-05-06 发布　　2009-10-01 实施

中华人民共和国国家质量监督检验检疫总局
中国国家标准化管理委员会　发布

前　　言

本标准由国家测绘局提出。

本标准由全国地理信息标准化技术委员会(SAC/TC 230)归口。

本标准起草单位：中国测绘科学研究院、建设综合勘察研究设计院、国家测绘局测绘标准化研究所。

本标准主要起草人：李成名、王丹、王继周、印洁、肖学年、马照亭、刘东琴、刘勇。

引　　言

为进一步推动数字城市地理信息公共平台的建设，并保证各类专题信息通过地名/地址编码的规范化实现与地理信息公共平台的有效集成，以促进地理信息资源的共享和广泛应用，加快城市信息化进程，制定本标准。

数字城市地理信息公共平台
地名/地址编码规则

1 范围

本标准规定了数字城市地理信息公共平台地名/地址及标志物的编码规则与地理位置表示方法。

本标准适用于数字城市地理信息公共平台建设。

2 规范性引用文件

下列文件中的条款通过本标准的引用而成为本标准的条款。凡是注日期的引用文件,其随后所有的修改单(不包括勘误的内容)或修订版均不适用于本标准,然而,鼓励根据本标准达成协议的各方研究是否可使用这些文件的最新版本。凡是不注日期的引用文件,其最新版本适用于本标准。

GB/T 2260 中华人民共和国行政区划代码

GB/T 10114 县以下行政区划代码编制规则

GB/T 21381—2008 交通管理地理信息实体标识编码规则 城市道路

3 术语和定义

下列术语和定义适用于本标准。

3.1

数字城市地理信息公共平台 common platform for geospatial information service of digital city

依托基础地理信息标准数据,通过在线地理信息服务满足城市政府部门、企事业单位和社会公众的基本需求,具备实现个性化应用的二次开发接口和可扩展空间。它是各种专业信息空间定位、集成交换和互联互通的基础,也是数字城市地理空间框架的重要组成部分。在本标准中,简称"公共平台"。

3.2

行政区域地名 administrative region name

行政区域是指行政管辖范围,分省、市、县、乡四级。行政区域地名是行政区域规范名称的文字描述。

3.3

街巷名 road name

街巷指供各种车辆和行人通行的城市道路。街巷名是街巷规范名称的文字描述。

3.4

小区名 zone or block name

小区指居住相对集中的生活聚集地,如居民小区、自然村等。小区名是小区规范名称的文字描述。

3.5

门(楼)址 building address

门(楼)址是院落、独立门户或建筑物标示编号的文字描述,包括门牌号码和楼牌号码。

3.6

标志物名 special object name

标志物指具有地理位置指示作用的建筑物(如北京奥运大厦、天安门广场)、院落(如颐和园、北京大学)、交通运输设施(如联想桥、双峪环岛)和地理概念(如公主坟、中关村)等。标志物名是标志物规范名称的文字描述。

4 描述规则

4.1 层次规则

地名/地址根据其描述范围的粒度宜分为行政区域地名，街巷名或小区名，以及门（楼）址或标志物名三个层次。

4.2 行政区域地名描述

a) 省级行政区域地名（省、自治区、直辖市、特别行政区）

示例 1:河北省

b) 市级行政区域地名（市、地区、自治州、盟）

示例 2:河北省石家庄市

c) 县级行政区域地名（县、自治县、县级市、旗、自治旗、市辖区、林区、特区）

示例 3:河北省石家庄市长安区

d) 乡级行政区域地名（乡、民族乡、苏木、镇、街道、政企合一单位）

示例 4:河北省石家庄市长安区育才街道

4.3 街巷名或小区名描述

a) 行政区域地名|街巷名

示例 5:河北省石家庄市长安区中山东路街道|中山东路

b) 行政区域地名|小区名

示例 6:河北省石家庄市长安区中山东路街道|银宏花苑小区

4.4 门（楼）址或标志物名描述

a) 行政区域地名|街巷名|门（楼）址

示例 7:河北省石家庄市长安区中山东路街道|中山东路|16 号

示例 8:北京市海淀区万寿路街道|北太平路|18 号

b) 行政区域地名|街巷名|标志物名

示例 9:河北省石家庄市长安区中山东路街道|中山东路|河北省体育馆

示例 10:北京市海淀区万寿路街道|北太平路|空政歌舞团

c) 行政区域地名|小区名|门（楼）址

示例 11:河北省石家庄市长安区中山东路街道|银宏花苑小区|1 号楼

示例 12:北京市昌平区东小口|天通苑东一区|65 号楼

d) 行政区域地名|小区名|标志物名

示例 13:北京市昌平区东小口|天通苑东一区|北京市天通仁和医院

示例 14:北京市昌平区东小口|天通苑东二区|北京市中山实验幼儿园

4.5 优先规则

在地名/地址描述中，遇有使用街巷名和小区名描述均可的情况时，街巷名优先于小区名；遇有使用门（楼）址和标志物名描述均可的情况时，门（楼）址优先于标志物名。

5 编码规则

5.1 地名/地址编码结构

5.1.1 行政区域地名的编码结构见图 1。

5.1.2 街巷名或小区名的编码结构见图 2。

5.1.3 门（楼）址或标志物名的编码结构见图 3。

××　××　××　×××

乡（×××）
县（××）
市（××）
省（××）

图 1　行政区域地名的编码结构

×××××××××　××××

街巷或小区名代码（××××）
行政区域地名代码（×××××××××）

图 2　街巷名或小区名的编码结构

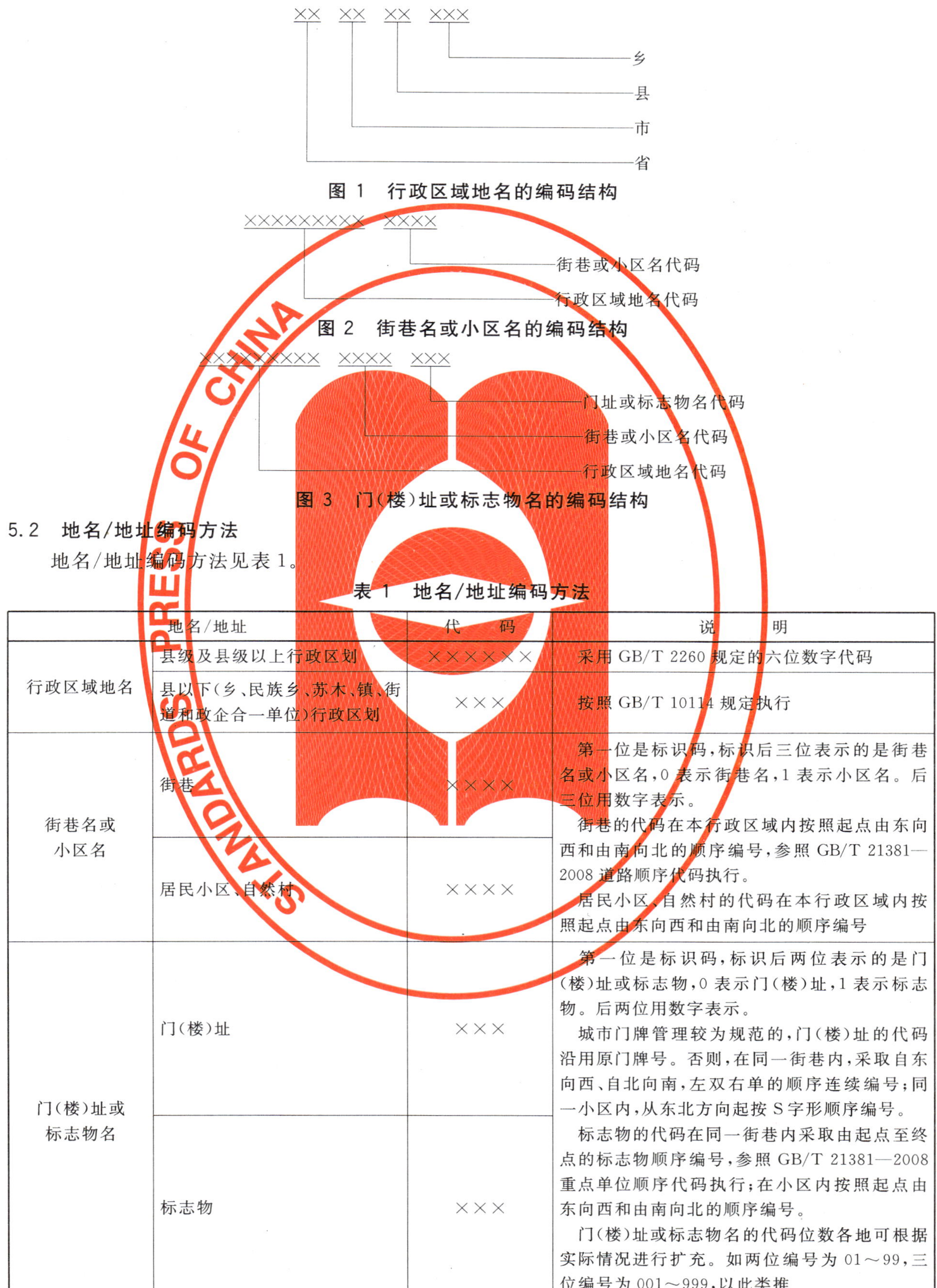

×××××××××　××××　×××

门址或标志物名代码（×××）
街巷或小区名代码（××××）
行政区域地名代码（×××××××××）

图 3　门(楼)址或标志物名的编码结构

5.2　地名/地址编码方法

地名/地址编码方法见表 1。

表 1　地名/地址编码方法

地名/地址		代　码	说　明
行政区域地名	县级及县级以上行政区划	××××××	采用 GB/T 2260 规定的六位数字代码
	县以下(乡、民族乡、苏木、镇、街道和政企合一单位)行政区划	×××	按照 GB/T 10114 规定执行
街巷名或小区名	街巷	××××	第一位是标识码，标识后三位表示的是街巷名或小区名，0 表示街巷名，1 表示小区名。后三位用数字表示。 街巷的代码在本行政区域内按照起点由东向西和由南向北的顺序编号，参照 GB/T 21381—2008 道路顺序代码执行。 居民小区、自然村的代码在本行政区域内按照起点由东向西和由南向北的顺序编号
	居民小区、自然村	××××	
门(楼)址或标志物名	门(楼)址	×××	第一位是标识码，标识后两位表示的是门(楼)址或标志物，0 表示门(楼)址，1 表示标志物。后两位用数字表示。 城市门牌管理较为规范的，门(楼)址的代码沿用原门牌号。否则，在同一街巷内，采取自东向西、自北向南，左双右单的顺序连续编号；同一小区内，从东北方向起按 S 字形顺序编号。 标志物的代码在同一街巷内采取由起点至终点的标志物顺序编号，参照 GB/T 21381—2008 重点单位顺序代码执行；在小区内按照起点由东向西和由南向北的顺序编号。 门(楼)址或标志物名的代码位数各地可根据实际情况进行扩充。如两位编号为 01～99，三位编号为 001～999，以此类推
	标志物	×××	

6 地理位置表示方法

6.1 坐标系统

地名/地址的地理位置表示采用与公共平台一致的坐标系统。

6.2 行政区域地名地理位置

行政区域地名地理位置用该行政区域政府办公所在地的点坐标表示。

6.3 街巷名地理位置

街巷名地理位置用街巷对应实体区域内的点坐标表示。

6.4 小区名地理位置

小区名地理位置用小区对应实体区域内的点坐标表示。

6.5 标志物名地理位置

标志物名地理位置用标志物的点坐标表示。

6.6 门(楼)址地理位置

门(楼)址地理位置用门(楼)牌所在位置的点坐标表示。

参 考 文 献

[1] GB 17733—2008 地名 标志.
[2] GB/T 18521—2001 地名分类与类别代码编制规则.
[3] JTJ 002—1987 公路工程名词术语.
[4] 北京市政府和北京市公安局.北京市门牌、楼牌管理暂行办法.

ICS 07.040;35.240.70
A 75

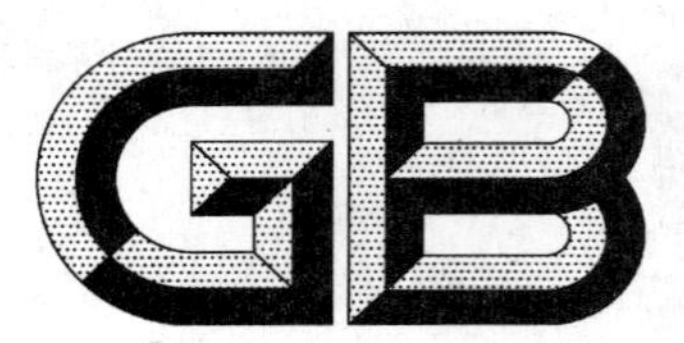

中华人民共和国国家标准

GB/T 23706—2009/ISO 19137:2007

地理信息　核心空间模式

Geographic information—Core profile of the spatial schema

(ISO 19137:2007,IDT)

2009-05-06 发布　　2009-10-01 实施

中华人民共和国国家质量监督检验检疫总局
中国国家标准化管理委员会　发布

前　言

本标准等同采用ISO 19137:2007《地理信息　核心空间模式》(英文版)。

为便于使用,本标准作了下列编辑性修改:

a) 将“本国际标准”一词改为“本标准”;

b) 删除了国际标准的前言;

c) 本标准中的空间要素分类几何带有“GM_”(几何)包前缀,在本标准中对“GM_”前缀不予翻译;

d) 对于类名、操作名、参数名、变量名、元素名,在第一次出现时给出相应的中文名称并在其后的括号中保留英文名称,即中文名称+(英文名称),在后面的使用中直接用英文名称,示例:GM_单形(GM_Primitive),GM_曲面(GM_Surface);

e) 对于UML类结构图的翻译,只翻译UML图的总名称,不翻译图上的内容,以便于UML图转化为实现代码,以及与其他描述中的类名、操作名、参数名、变量名、元素名的对照;

f) 将国际标准原文中图D.4右侧对象图中的“Boundary A:GM_SurfaceBoundary”改为“Boundary B:GM_SurfaceBoundary”;

g) 对于ISO 19137:2007引用的其他国际标准中有被等同采用为我国标准的,本标准引用我国的这些国家标准代替对应的国际标准,其余未有等同或修改采用为我国标准的国际标准,在本标准中均被直接引用;

h) 本标准的编写方法执行GB/T 1.1—2000《标准化工作导则　第1部分:标准的结构和编写规则》、GB/T 20000.2—2001《标准化工作指南　第2部分:采用国际标准的规则》的要求。

本标准的附录B是规范性附录,附录A、附录C、附录D是资料性附录。

本标准由全国地理信息标准化技术委员会(SAC/TC 230)提出并归口。

本标准起草单位:中国标准化研究院、中国测绘科学研究院。

本标准主要起草人:江洲、李小林、李青元、佟文会、原健菲。

引　言

本标准是 GB/T 23707—2009《地理信息　空间模式》几何部分中的核心专用标准，它易于理解且实现成本低。此专用标准有意地对范围进行了缩小和限制，以增加获得市场广泛接受的机会。

对本标准中的简单拓扑包扩展可以发展成为本标准未来版本中的一部分。许多用户群体的需求都超出了本标准所规定的范围，这时他们可以定义自己的专用标准。

本标准支持 0、1、2 维的几何单形的数据类型。它符合国家标准 GB/T 23707—2009 的 A.1.1.3 一致性测试的要求。它属于 ISO 19106 的一致性类别 1。

附录 A 列出了一些本标准发布时所支持的规范。附录 B 规定了一个抽象测试套件，用于判断一个应用模式或者专用标准是否与本核心专用标准相一致。附录 C 探讨了如何扩展本核心专用标准。附录 D 给出了两个示例。

地理信息 核心空间模式

1 范围

本标准定义了 GB/T 23707—2009 的一个核心专用标准。本标准依据 ISO 19106 规定了有效创建应用模式所必需的几何要素的一个最小集合。

本标准支持许多已经被开发出来并且在多个国家或联合组织内部都有广泛应用的空间数据格式和描述语言。

注：根据本标准建模生成的数据与许多组织开发和使用的空间模型是一致的，见附录 A。

2 一致性

本标准的抽象测试套件见附录 B。

3 规范性引用文件

下列文件中的条款通过本标准的引用而成为本标准的条款。凡是注日期的引用文件，其随后所有的修改单(不包括勘误的内容)或修订版均不适用于本标准，然而，鼓励根据本标准达成协议的各方研究是否可使用这些文件的最新版本。凡是不注日期的引用文件，其最新版本适用于本标准。

GB/T 23707—2009 地理信息 空间模式(ISO 19107:2003,IDT)

ISO 19111:2003 地理信息 基于坐标的空间参照

4 术语、定义、符号和缩略语

本标准使用与 GB/T 23707—2009 相同的术语、定义、符号和缩略语。

5 几何包

5.1 类图

图 1 描绘了 GB/T 23707—2009 的完整专用标准。GB/T 23707—2009 的约束太多，不能在图 1 中表达出来，在 5.2～5.11 中进行了描述。本标准仅限于以下几种应用情况：

——地理要素和几何单形之间存在 1：1 的映射关系；

——所有几何单形都参照单一的坐标参照系；

——所有曲线都由若干线段组成；

——所有曲面都由若干平面组成。

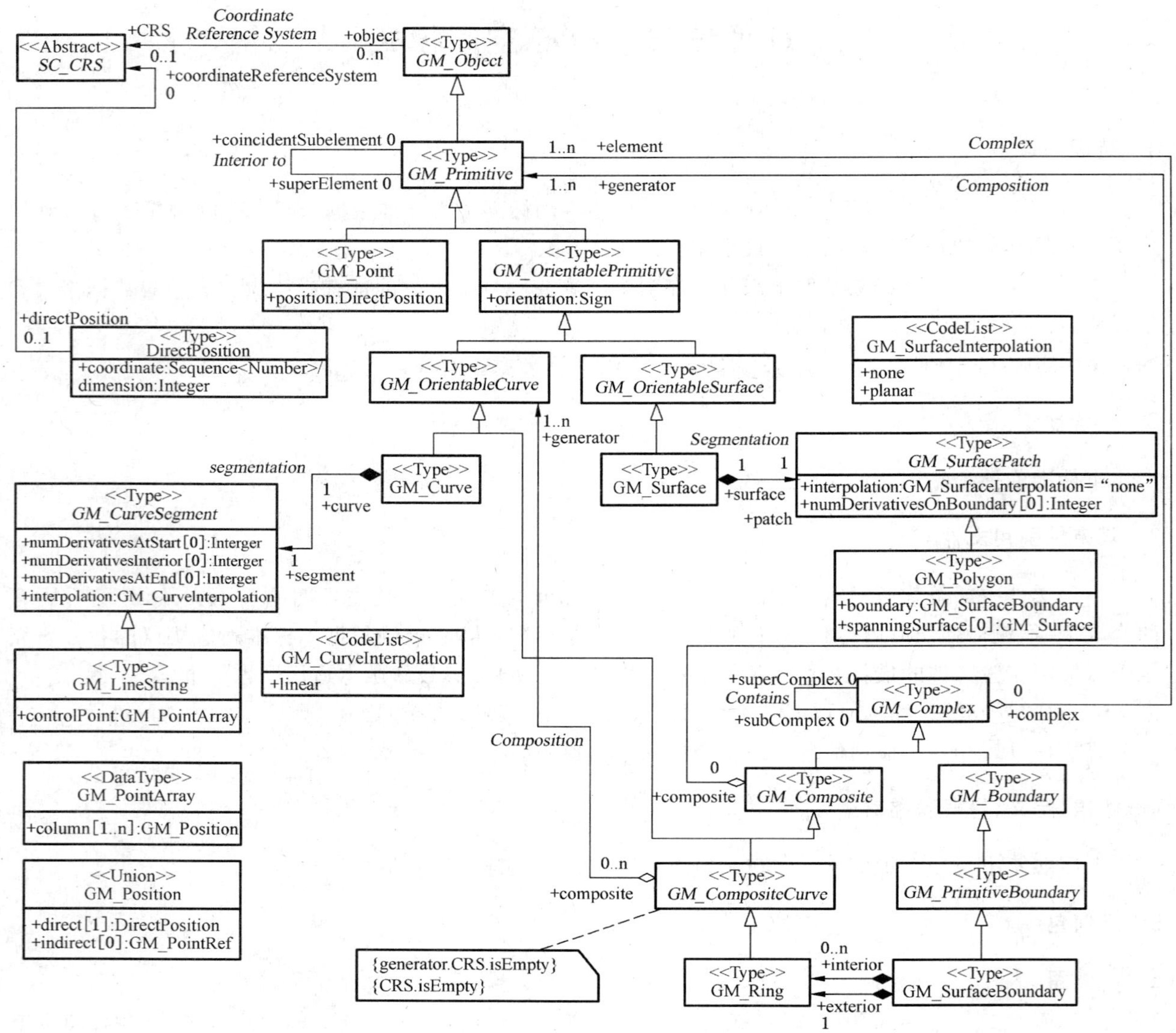

图 1 完整的专用标准

图 1 中出现的那些用来规定与 GB/T 23707—2009 之间兼容的抽象类，在图 2 的简化表示中均被省略。

注：那些用来规定与 GB/T 23707—2009 之间兼容性的抽象类已被省略。而且，GM_Ring 与 GM_Object 之间的继承关系也未表示。

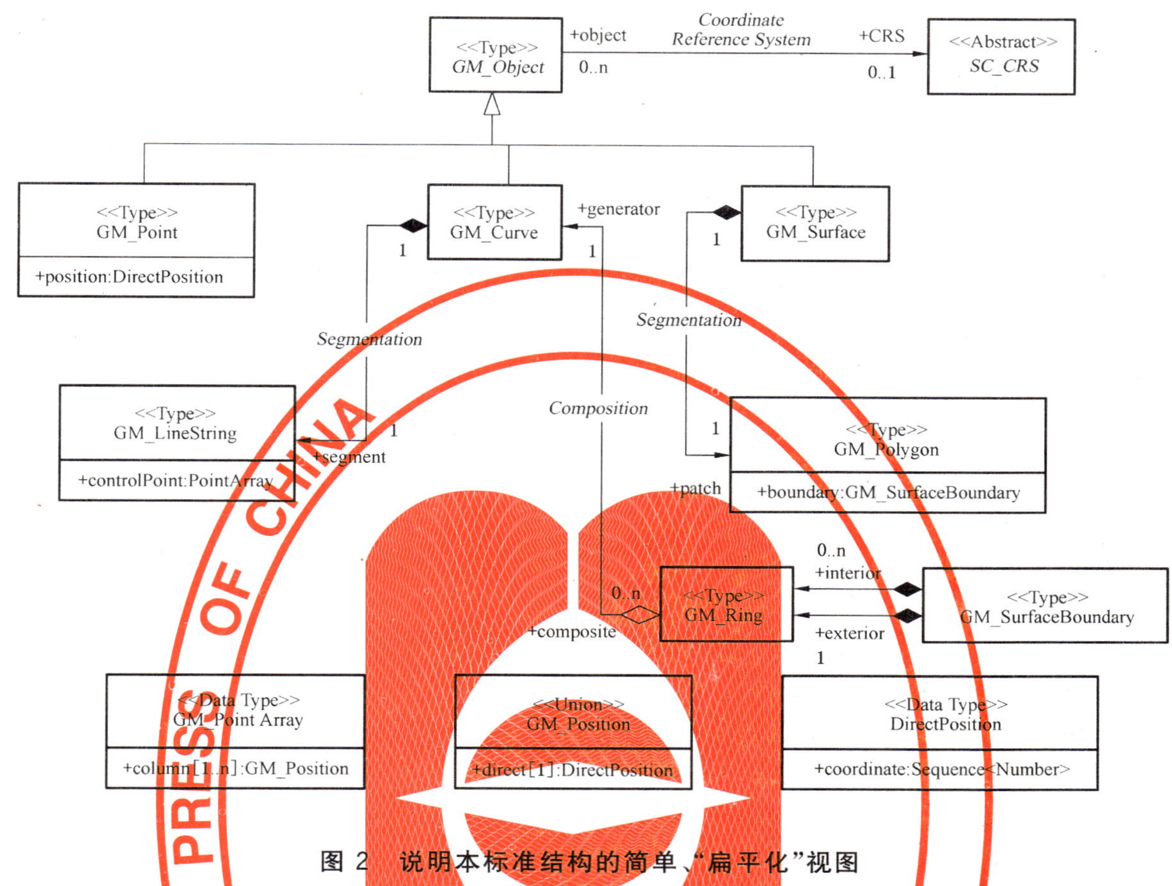

图 2　说明本标准结构的简单、"扁平化"视图

5.2　省略的构件

本标准不使用 GB/T 23707—2009 的操作或接口。而且，除了本标准 5.3 中列出的之外，所有 GB/T 23707—2009 的其他任何构件(constructs)在本标准中均省略。

5.3　保留的无附加约束的类

下面的类与 GB/T 23707—2009 中的相同。

——抽象类：GM_对象(GM_Object，GB/T 23707—2009，6.2.2)；GM_边界(GM_Boundary，6.3.2)；GM_单形边界(GM_PrimitiveBoundary，6.3.4)；GM_单形(GM_Primitive，6.3.10)；GM_可定向单形(GM_OrientablePrimitive，6.3.13)；GM_复形(GM_Complex，6.6.2)；GM_组合(GM_Composite，6.6.3)。

——具体类：GM_环(GM_Ring，GB/T 23707—2009，6.3.6)；GM_曲面边界(GM_SurfaceBoundary，6.3.7)；GM_点(GM_Point，6.3.11)；GM_曲线(GM_Curve，6.3.16)；GM_曲面(GM_Surface，6.3.17)；坐标位置(DirectPosition，6.4.1)；GM_点数组(GM_PointArray，6.4.6)；GM_线串(GM_LineString，6.4.10)。

与 GB/T 23707—2009 相同，本标准引用了 ISO 19111:2003 中定义的抽象类 SC_CRS。

5.4　抽象化的具体类

下列的类是 GB/T 23707—2009 中的具体类，但是在本标准中被抽象化，包括：GM_可定向曲线(GM_OrientableCurve，6.3.14)；GM_可定向曲面(GM_OrientableSurface，6.3.15)；GM_合成曲线(GM_CompositeCurve，6.6.5)。

5.5　关联

5.5.1　保留的无附加约束的关联

下列的关联与 GB/T 23707—2009 中的相同，包括：坐标参照系(Coordinate Reference System，

GB/T 23707—2009,6.2.2.17);GM_CompositeCurve 与 GM_OrientableCurve 之间的关联“合成”(GB/T 23707—2009,图 28)。

5.5.2 GM_Curve 与 GM_CurveSegment 之间的分段

GM_Curve 与 GM_CurveSegment 之间的关联“分段”(GM_曲线段,GB/T 23707—2009,6.3.16.3)改变如下:“曲线”角色的多重性限定为[0,1]到[1],“段”角色的多重性限定为[1..n]到[1]。如果 GM_CurveSegment不作为 GM_Curve 的一部分,那么它的实例就不能存在。

GM_CurveSegment∷curve[1]:引用〈GM_Curve〉(多重性限定为[0,1])

5.5.3 GM_Surface 与 GM_SurfacePatch 之间的分片

GM_Surface 与 GM_SurfacePatch 之间的关联“分片”(GB/T 23707—2009,6.3.17.3)改变如下:“曲面”角色的多重性限定为[0,1]到[1]。如果 GM_SurfacePatch 不作为 GM_Surface 的一部分,那么它的实例就不能存在。

GM_SurfacePatch∷surface[1]:引用〈GM_Surface〉(多重性限定为[0,1])

5.5.4 DirectPosition∷coordinateReferenceSystem

数据类型 DirectPosition 的关联角色“坐标参照系”(GB/T 23707—2009,6.4.1.4)的多重性限定为[0,1]到[0]。单个的点不能指定一个参照系统,必须通过 GM_Object∷CRS 来构建。

对于遵循本标准的任何数据集中的数据,应在且仅在一个确定的坐标参照系内。

DirectPosition∷coordinateReferenceSystem[0]:ISO 19111∷SC_CRS (多重性限定为[0,1])

5.5.5 GM_SurfaceBoundary∷exterior

GM_SurfaceBoundary 的关联角色“exterior”(GB/T 23707—2009,6.3.7.2)的多重性限定为[0,1]到[1]。因此,所有的曲面都需要包含一个外部边界,并且本标准中不允许存在“全域面”。

GM_SurfaceBoundary∷exterior[1]:GM_Ring (多重性限定为[0,1])

5.5.6 在内部(Interior to)

GM_Primitive 的关联角色(GM_单形,GB/T 23707—2009,6.3.10.4,关联“Interior to”)“重合的子元素(coincidentSubelement)”和“超元素(superElement)”的多重性在两端都限定为[0]。因此,本标准把那些彼此相互重叠的 GM_Primitives 排除在外。

GM_Primitive∷coincidentSubelement[0]:GM_Primitive (多重性限定为[0..n])

GM_Primitive∷superElement[0]:GM_Primitive (多重性限定为[0..n])

注:GB/T 23707—2009 中的图 8 把这些关联端命名为“被包含的单形(containedPrimitive)”和“包含单形(containingPrimitive)”,而在 GB/T 23707—2009 正文中它们分别命名为“coincidentSubelement”和“superElement”。

5.5.7 包含(Contains)

GM_Complex 的关联角色(GB/T 23707—2009,6.6.2.3,关联“包含”)“subComplex”与“superComplex”的多重性在两端限定为[0]。因此,本标准把那些彼此相互重叠的 GM_Complexes 排除在外。

GM_Complex∷subComplex[0]:GM_Complex (多重性限定为[0..n])

GM_Complex∷superComplex[0]:GM_Complex (多重性限定为[0..n])

5.5.8 复形(Complex)

GM_Primitive 与 GM_Complex 之间的关联角色(GB/T 23707—2009,6.6.2.4,关联“复形”)“element”和“complex”的多重性限定为[0]。因此,几何单形不能成为 complex 的一部分,原因是复形化(complexes)超出了本标准所规定的最小范围。

GM_Primitive∷complex[0]:GM_Complex (多重性限定为[0..n])

5.5.9 组合(Composition)

GM_Primitive 与 GM_Composite 之间的关联角色(GB/T 23707—2009,图 25,关联“组合”)“generator”与“composite”的多重性限定为[0]。因此,几何单形不能成为 composite 的一部分,原因是组合(composites)超出了本标准所规定的最小范围。

GM_Primitive∷composite[0]:GM_Composite（多重性限定为[0..n]）

5.6 GM_位置（GM_Position）

数据类型 GM_Position（GB/T 23707—2009,6.4.5）被限定如下：它的“direct”属性的多重性限定为[1]，它的“indirect”属性的多重性则限定为[0]。因此，数据类型仅允许以坐标的形式来识别一个位置（direct 变量）。而 indirect 变量则不被使用。

GM_Position∷direct[1]:DirectPosition（多重性限定为[0,1]）

GM_Position∷indirect[0]:GM_PointRef（多重性限定为[0,1]）

5.7 GM_曲线段（GM_CurveSegment）

属性 GM_CurveSegment∷numDerivativesAtStart，numDerivativesInterior 和 numDerivativesAtEnd（GB/T 23707—2009,6.4.9.3）的多重性限定为[0,1]到[0]。因此，仅仅只有在邻近曲线段的内部和之间的简单连续性才被描述。

GM_CurveSegment∷numDerivativesAtStart[0]:Integer（多重性限定为[0,1]）

GM_CurveSegment∷numDerivativesInterior[0]:Integer（多重性限定为[0,1]）

GM_CurveSegment∷numDerivativesAtEnd[0]:Integer（多重性限定为[0,1]）

5.8 GM_曲线插值（GM_CurveInterpolation）

代码表 GM_CurveInterpolation（GB/T 23707—2009,6.4.8）被限定为“线性的”。因此，曲线上的点之间的插值为线性插值，而不包括其他插值，如大地线插值、椭圆线插值、回旋曲线插值等。

5.9 GM_曲面插值（GM_SurfaceInterpolation）

代码表 GM_SurfaceInterpolation（GB/T 23707—2009,6.4.32）被限定为“平面的”和“无”。因此，一个曲面的内部要么是一个平面，要么不被指定而通过参照曲面来定义。

5.10 GM_曲面片（GM_SurfacePatch）

属性 GM_SurfacePatch∷numDerivativesOnBoundary（GB/T 23707—2009,6.4.34.3）的多重性限定为[0,1]到[0]。因此，只有邻近曲面之间的边界上的简单连续性才被描述。

GM_SurfacePatch∷numDerivativesOnBoundary[0]:Integer（多重性限定为[0,1]）

5.11 GM_多边形（GM_Polygon）

属性 GM_Polygon∷spanningSurface（GB/T 23707—2009,6.4.36.3）的多重性限定为[0,1]到[0]。因此，多边形的内部不应该由一个生成曲面来描述，例如一个高程模型。

GM_Polygon∷spanningSurface[0]:GM_Surface（多重性限定为[0,1]）

5.12 GM_组合曲线（GM_CompositeCurve）

GM_CompositeCurve（GB/T 23707—2009,6.6.5）被抽象化。此外，还要求不论是 GM_CompositeCurve 还是它的发生器都不能指定坐标参照系（依照 GB/T 23707—2009，它被认为与其容器具有相同的参照系）。

GM_CompositeCurve:

CRS.isEmpty

generator.CRS.isEmpty

6 拓扑包

本标准没有使用 GB/T 23707—2009 的拓扑包。

注：考虑到简化性和降低执行成本才做出这个决定。然而，一些用户群体可能需要拓扑类。他们可以自由地用其他任何构造去定义本标准的扩展版本，添加完整的拓扑框架或者在其中添加合适的子集。GB/T 23707—2009 的附录 D 可视为将几何和拓扑联系起来的示例。

附　录　A
（资料性附录）
支持的规范

A.1　概述

本标准以那些已经开发出来并在许多组织内部使用的空间模型为基础。我们认为，依据本标准进行模拟而生成的空间数据应当与下面列出的规范的子集相一致。因此，只需要少量的工作就可以将“适应于专用标准”的数据转移到那些针对以下任何规范所开发出来的系统中。

然而，建模而得的数据与核心专用标准的扩展部分不再要求必须相互一致。例如，如果扩展部分将GM_回旋曲线(GM_Clothoid)从GB/T 23707—2009中合并过来，那么模拟而生成的数据将仅仅与那些切实支持回旋曲线的标准相一致。绝大多数列出的规范都对本标准所指定的通用核心标准进行了扩充，如图A.1所示。

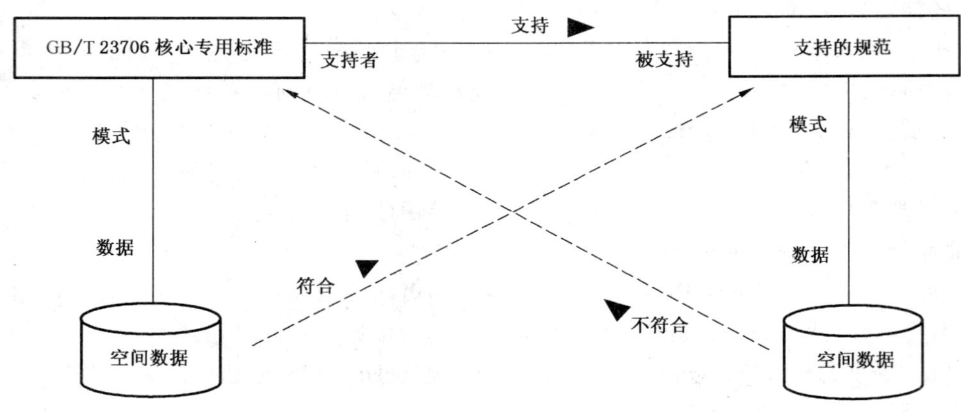

图 A.1　GB/T 23706与包含扩展部分的规范之间的关系

A.2　支持的规范的列表

本标准发布的时候，已知已有下列规范与本标准相容。然而，这些规范中的某些部分对本标准有所扩展。

——ALKIS，联邦德国政府测量机构工作委员会(Arbeitsgemeinschaft der Vermessungsverwaltungen dèr Länder der Bundesrepublik Deutschland)，2003。

——DGIWG和IHO，ISO 19107(GB/T 23707)的专用标准，支持二维拓扑，数字地理信息工作组和国际水文局，2003。

——INTERLIS，瑞士国家标准SN 612031。Association Suisse de Normalisation，2003。

——ISO 19136(GB/T 23708)地理信息　地理标记语言(GML)。

——OpenGIS简单要素，开放式地理信息系统联盟，1999。

——SOSI空间数据协调——挪威标准，第一部分　几何模型。

附 录 B
（规范性附录）
抽象测试套件

B.1 0维几何对象的数据类型

a) 测试目的：验证应用模式或者专用标准是否通过属性*position* 和从 GM_Object 继承而来的关联*Coordinate Reference System* 实例化了 GM_Point。
b) 测试方法：检查应用模式或核心专用标准的文献资料。
c) 引用：GB/T 23707—2009，A.1.1.1。
d) 测试类型：能力测试。

B.2 1维几何对象的数据类型

a) 测试目的：验证应用模式或者专用标准是否满足 B.1 的所有要求，并且通过属性*orientation* 和关联*segmentation* 实例化了 GM_Curve，以及通过属性*controlPoint* 实例化了 GM_LineString。
b) 测试方法：检查应用模式或核心专用标准的文献资料。
c) 引用：GB/T 23707—2009，A.1.1.2。
d) 测试类型：能力测试。

B.3 2维几何对象的数据类型

a) 测试目的：验证应用模式或者专用标准是否满足 B.2 的所有要求，并且通过属性*orientation* 和关联*segmentation* 实例化了 GM_Surface，以及通过属性*boundary* 实例化了 GM_Polygon。
b) 测试方法：检查应用模式或核心专用标准的文献资料。
c) 引用：GB/T 23707—2009，A.1.1.3。
d) 测试类型：能力测试。

注：GB/T 23707—2009 的 A.1.1.3 一致性测试强制要求对关联 GM_Primitive::interiorTo（6.3.10.4）进行实例化。本标准实例化了此关联，但将多重性限定为 0。

附 录 C
(资料性附录)
本标准的扩展

C.1 引言

本标准的目的是提供一个易于理解且实现成本低的核心专用标准。一个小而有限的核心专用标准更容易被市场广泛接受,而一个宽泛的核心专用标准将会损害它所存在的意义。

然而,许多用户群体的需求都超出了本标准的能力范围。这些群体可能会定义他们自己的专用标准,这些自定义的专用标准应该与本标准中的核心专用标准相一致,但是可以弱化它的限制并添加其他构件。如果他们的专用标准可以使用户普遍受益,那么它可以通过标准化的过程而成为一项 ISO 标准。虽然读者会参考 ISO 19106 来了解标准专用化的过程,但针对某些典型的需求,本资料性附录也可以作为指南。

C.2 几何聚集

不同用户的应用模式可自由使用关联、聚合和组合,而用户类的属性可以是几何类型。例如,一个果园可以模拟为果木的聚合,每棵果木都具有一个位置属性。而且,对温度样本的周期测量可模拟为图 C.1 所示。

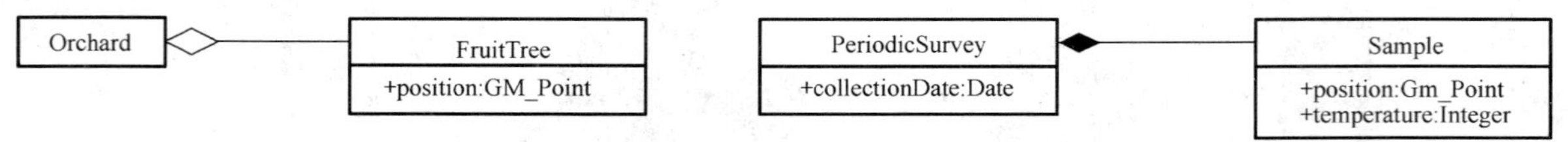

图 C.1 定义应用模式中的聚合和组合的示例

大多数情况下,聚合可以在应用模式级别上进行模型化。这些示例仅仅使用 GM_Point(由核心专用标准所支持的一个类型)。因此,核心专用标准就足够了,不需要进行扩展。

然而,某些用户群体可能会需要 GB/T 23707—2009 中的几何聚集型,例如 GM_MultiPoint 或 GM_MultiCurve。这些用户群体可以自由地扩展本标准以包含这些类型。

C.3 三维几何

虽然本标准不支持三维几何单形(体),但它确实允许 0、1 和 2 维几何单形存在于一个三维的坐标参照系中。

尤其是,组成 GM_SurfacePatch 的外部边界的曲线可能会包含带有三维控制点的 GM_LineStrings。如果内部点的位置没有被确定,曲面插值将会是“无”。仅当所有的点都位于一个平面中时,“平面”插值才是可以接受的。

如果某些用户群体想要去使用体(Solid),例如 GM_二次曲线(GM_Conic)或 GM_球体(GM_Sphere),那么他们就可以自由地去扩展本标准。

C.4 其他的 GM_CurveSegment 子类

本标准中,GM_LineString 是 GM_CurveSegment 仅有的子类。然而,某些用户群体可能会需要 GB/T 23707—2009 附加的曲线段类型,例如 GM_弧(GM_Arc),GM_回旋曲线(GM_Clothoid)或者 GM_B 样条曲线(GM_BSplineCurve)。这些群体可以定义本标准的扩展部分,以包含所需要的 GM_CurveSegment子类。

附 录 D
（资料性附录）
示 例

D.1 曲线示例

图 D.1 给出了包含单一 GM_LineString 段的 GM_Curve 例子。

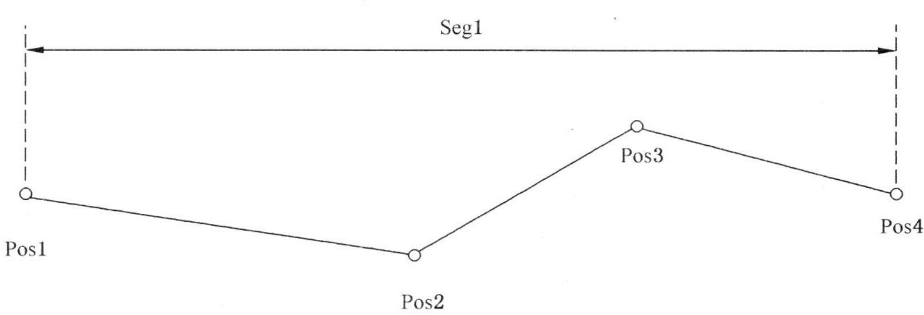

图 D.1 "ExampleCurve"是一个 GM_Curve，它包含单一的 GM_LineString 段

图 D.2 显示出了"ExampleCurve"和它的关联对象的 UML 对象图。

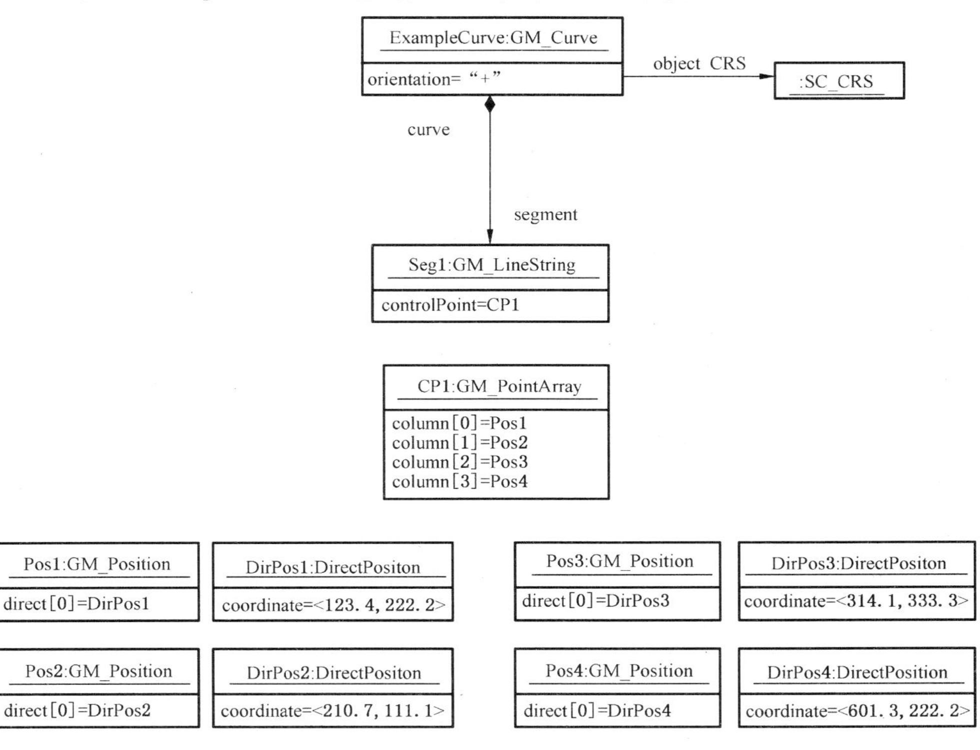

图 D.2 "ExampleCurve"和它的关联对象的 UML 对象图

D.2 曲面示例

图 D.3 给出了包含两个 GM_Polygon 的 GM_Surface 的示例。

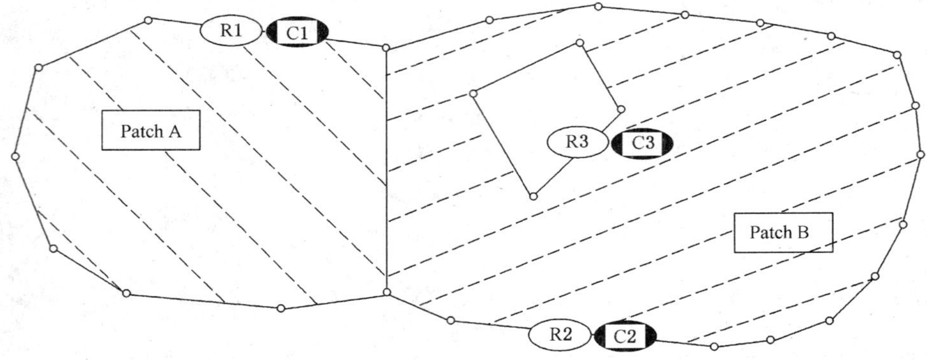

注：曲面片 A(Patch A)的边界的外部是 GM_Ring“R1”，它由单一的 GM_Curve“C1”所组成。曲面片 B(Patch B)的边界不仅具有一个外部(“R2”，由“C2”组成)而且具有一个内部(“R3”，由“C3”组成)。

图 D.3 “ExampleSurface”是一个 GM_Surface，它由两个 GM_Polygon“曲面片 A”和“曲面片 B”组成

图 D.4 显示了“ExampleSurface”和它的关联对象的 UML 对象图。

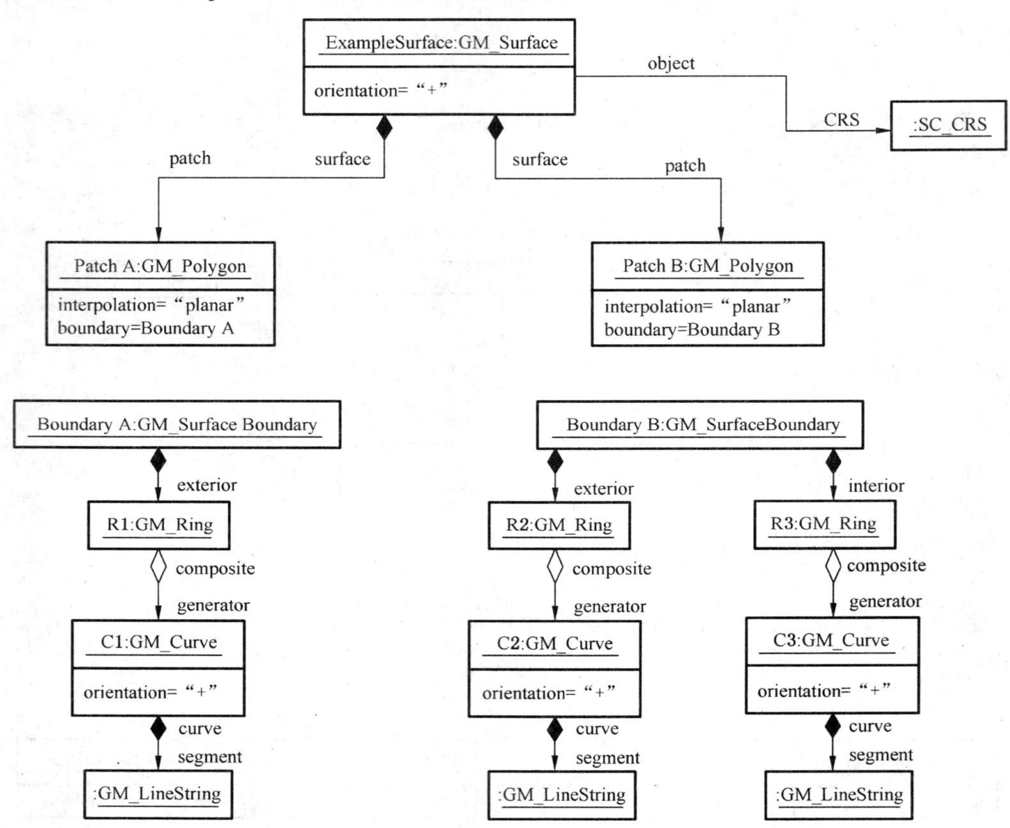

注：各个线串的细节被省略了；请参考前述示例来了解曲线的结构。

图 D.4 “ExampleSurface”和它的关联对象的 UML 对象图

参 考 文 献

［1］ ISO 19106:2004 地理信息 专用标准
［2］ ISO 19136 地理信息 地理标记语言(GML)

ICS 07.040;35.240.70
A 75

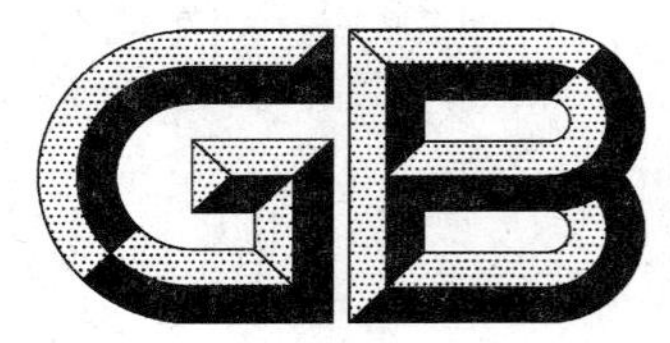

中华人民共和国国家标准

GB/T 23707—2009/ISO 19107:2003

地理信息　空间模式

Geographic information—Spatial schema

(ISO 19107:2003,IDT)

2009-05-06 发布　　　　2009-10-01 实施

中华人民共和国国家质量监督检验检疫总局
中国国家标准化管理委员会　发布

前　言

本标准等同采用ISO 19107:2003《地理信息　空间模式》(英文版),并作了下列编辑性修改:

a) 本标准的编写方法执行GB/T 1.1—2000《标准化工作导则　第1部分:标准的结构和编写规则》、GB/T 20000.2—2001《标准化工作指南　第2部分:采用国际标准的规则》的要求;

b) 将"本国际标准"一词改为"本标准";

c) 删除了国际标准的前言;

d) ISO/IEC 11404:1996已被我国等同采用为国家标准,在本标准中用国家标准的代号(GB/T 18221—2000)和名称取代相应的国际标准的代号和名称;

e) 由于ISO 19109、ISO 19111国际标准已经出版,在本标准规范性引用文件中删去了原国际标准中标识即将出版的角标;

f) 在本标准规范性引用文件中增加了ISO 19101:2002《地理信息　参考模型》;

g) 在参考文献中增加了ISO 19111:2007《Geographic information—Spatial referencing by coordinates》,对原参考文献顺序按作者(或机构)首字母顺序进行了重排,并对文中引用编号进行了相应调整;

h) 对原文本中章条编号错误(6.5.4下直接就是6.5.4.3)进行了更正;

i) 对原文本中7.4.2.7下的代码语句去掉了多余的"["符号,
即将 TP_Primitive::complex [[1..n]:Reference〈TP_Complex〉
改为 TP_Primitive::complex [1..n]:Reference〈TP_Complex〉;

j) 对原文中附录B的B.8中homomorphism(4.52)注后面多余的一段话去掉,以与4.52一致;

k) 增加了资料性附录NA。

本标准的附录A为规范性附录,附录B、附录C、附录D、附录NA为资料性附录。

本标准由全国地理信息标准化委员会(SAC/TC 230)提出并归口。

本标准起草单位:中国测绘科学研究院、武汉大学。

本标准主要起草人:李青元、王涛、石丽红、刘纪平、邓跃进、杜道生、龚健雅。

引　言

本标准提供的概念模式用于描述与处理地理要素的空间特征，空间特征概念模式的标准化将是其他地理信息标准的基石。

要素是对现实世界现象的抽象，如果要素与地球上的位置相关就称其为地理要素。矢量数据是由几何单形与拓扑单形组成，人们单独或组合使用几何单形与拓扑单形来构建对象，以表达地理要素的空间特征。栅格数据是将覆盖区域划分为规则格网单元，并为每个单元赋一个属性值所形成的数据。本标准仅涉及矢量数据。

在本标准定义的模型中，空间特征通过一个或多个空间属性来描述，而这些空间属性的值通过几何对象(GM_Object)或拓扑对象(TP_Object)来定义。几何以坐标和数学函数为基础，定量化地描述要素的维数、位置、尺寸、形状、方向等空间特征。描述对象的几何的数学函数取决于定义空间位置的坐标参照系类型。当地理信息从一个大地参照系或坐标系转换到另一个大地参照系或坐标系时，仅几何特征发生变化。

拓扑用于处理当空间发生弹性、连续变形时(例如当地理数据从一个坐标系转换到另一个坐标系)几何图形上保持不变的那些特征。在地理信息范畴内，拓扑通常用来描述 n 维图的连通性——图(graph)在连续变换中不变的一种性质。计算拓扑提供关于几何单形的连通信息，这些信息可以从基础的几何特征中推导出来。

空间算子是使用、查询、创建、修改、删除空间对象的函数和程序。本标准定义这些算子的分类方法，以便创建一个对这些算子进行定义与实现的标准。其目标是：

a) 无歧义地定义空间算子，以保证在已知精度和分辨率限定下的不同实现均能生成可比较的结果；

b) 基于这些定义来制定一套标准操作，以形成兼容系统的基础，并作为实现的测试平台和兼容性确认的基准；

c) 定义一套允许将这些算子组合起来的算子代数，以用于可预见的地理数据查询与处理。

空间特征概念模式的标准化将提高在不同应用中共享地理信息的能力。这些概念模式将被地理信息的系统与软件开发者以及地理信息用户所使用，以实现对空间数据结构的一致理解。

地理信息 空间模式

1 范围

本标准定义了用于描述地理要素的空间特征的概念模式和基于这些模式的一组空间操作。它处理3维以内的矢量几何与拓扑，为位于最多3个轴的坐标空间中的不超过3个拓扑维的空间对象（几何的与拓扑的）的地理信息的存取、查询、管理、处理和数据交换定义标准的空间操作。

2 一致性

2.1 概述

本标准的第6章、第7章以统一建模语言（UML）来表达用于描述地理要素空间特征的概念模式。这些模式定义可用于应用模式、专用标准和实现规范的概念类。本标准只关注外部可见的接口，而对内部实现没有限制，并且这些接口不同于下列真实环境下需要满足的接口规范：

——使用如COM或CORBA技术的软件服务接口；

——使用如SQL技术的数据库接口技术；

——使用ISO 19118定义编码的数据交换技术。

几乎没有哪个应用会需要本标准概念模式所描述的全部内容，因此本章定义了相容类的一个集合，这些相容类可支持从定义数据结构的最小需求到完整对象的实现。其灵活性是由一套可用多种方式实现的UML类型来控制的。当定义完整对象功能的应用时，必须实现由所选择的相容类的类型所定义的所有操作，因为这些操作对UML设计目标的实现是共同的。对于某些或全部操作都选择基于外部“自由函数”或放弃完全实现的那些应用，不必支持所有的操作，但是应该支持这样一种数据类型，它能通过定义成员变量来记录所选UML类型的每一种状态。“语意相同”的通用名称允许不同的技术实现。本标准的UML模型定义抽象的类型（type）；应用模式定义概念上的类（class）；各种软件系统定义类或数据结构的实现；从编码标准（ISO 19118）中来的XML定义实体的标签。所有这些定义引用相同的信息内容。在数字实体的实现中，虽然在深度级别上存在明显的技术差别，但在使用相同名称表达相同信息内容方面并没有困难。这就“允许”定义在UML模型中的类型直接用在应用模式中。

有39个相容的可选项（见表1～表4）用于实例化几何或拓扑对象的应用模式。下面按数据复杂度、维数和功能复杂度三个准则对它们进行划分。

前两个准则确定定义在本模式中的类型，而本模式将按照由所给的一致性选项所确定的应用模式来实现。为了定义要实现的对象类型的维数，需要应用模式指定所要实例化的曲线和曲面所使用的插值类型。对于那些包含1维对象的应用模式，曲线实例化需要包含一个“线性”插值方法，即包含一个以线串逼近任意曲线的机制，以允许将数据转化为所需要的更简单的模式。对于那些包含2维对象的应用模式，曲面实例化需要包含一个“平面插值”方法，即以平面型的面片组合来逼近任何曲面的方法，以允许将数据转化为所需要的更简化的模式。附加的曲线与曲面插值机制是可选的，但如果要实现，则应遵循包含在本标准中的定义。第三个准则（功能复杂度）确定要实例化的类型的成员元素（属性、相关规则和操作）。这些模式的最大限定就是仅定义数据类型，并且可能被用于数据传输或为服务提供者传递操作参数。

第一个准则是数据复杂度级别，分为四级：

——几何单形；

——几何复形；

——拓扑复形；

——具有几何实现的拓扑复形。

注：对于通常被称之为“非结构(spaghetti)”数据的模式仅使用几何单形的无结构集合。如果需要对于每一个几何成分单独定义，模式中就需要引入几何复形。同一几何复形内的不同单形仅在边界处相连。如果模式需要明确的拓扑信息，则几何复形需要拓展到包含拓扑复形的结构。包含在复形中的对象的类型受该复形的维数控制。通常称为“边—结点”的拓扑结构是1维拓扑复形。在2维制图环境中的“全拓扑(full topology)”是一个2维拓扑复形，它是由2维坐标系的几何对象实现的。

第二个准则是维数，对于简单的几何对象有4级：

——0维对象；

——0、1维对象；

——0、1、2维对象；

——0、1、2、3维对象。

由于0维复形没有提供比0维几何单形更多的有用信息，故一致性类仅定义1、2、3维复形。

第三个准则是功能的复杂度级别，分为三级。

——只有数据类型；

——还有简单操作；

——具有完整的操作。

本标准的第8章定义了三组布尔操作用来导出在几何对象与拓扑对象之间的拓扑关系。本标准为使用这些操作的应用模式定义了四个一致性的类(见表5)。

2.2 一致性类

要遵从本标准，一个实现应该满足附录A中抽象测试套件对于指定的一致性类的要求，表1～表5列出了用于每一个一致性类的抽象测试套件的章条。

表1 几何单形的一致性类

功能复杂度维数	数据类型	数据类型+简单操作	数据类型+完整操作
0	A.1.1.1	A.1.2.1	A.1.3.1
1	A.1.1.2	A.1.2.2	A.1.3.2
2	A.1.1.3	A.1.2.3	A.1.3.3
3	A.1.1.4	A.1.2.4	A.1.3.4

表2 几何复形的一致性类

功能复杂度维数	数据类型	数据类型+简单操作	数据类型+完整操作
1	A.2.1.1	A.2.2.1	A.2.3.1
2	A.2.1.2	A.2.2.2	A.2.3.2
3	A.2.1.3	A.2.2.3	A.2.3.3

表3 拓扑复形的一致性类

功能复杂度维数	数据类型	数据类型+简单操作	数据类型+完整操作
1	A.3.1.1	A.3.2.1	A.3.3.1
2	A.3.1.2	A.3.2.2	A.3.3.2
3	A.3.1.3	A.3.2.3	A.3.3.3

表 4 具有几何实现的拓扑复形的一致性类

功能复杂度维数	数据类型	数据类型+简单操作	数据类型+完整操作
1	A.4.1.1	A.4.2.1	A.4.3.1
2	A.4.1.2	A.4.2.2	A.4.3.2
3	A.4.1.3	A.4.2.3	A.4.3.3

表 5 派生拓扑算子

布尔算子	A.5.1
Egenhofer 算子	A.5.2
全拓扑算子	A.5.3
所有的派生拓扑算子	A.5.4

3 规范性引用文件

下列文件中的条款通过本标准的引用而成为本标准的条款。凡是注日期的引用文件，其随后所有的修改单(不包括勘误的内容)或修订版均不适用于本标准，然而，鼓励根据本标准达成协议的各方研究是否可使用这些文件的最新版本。凡是不注日期的引用文件，其最新版本适用于本标准。

GB/T 18221—2000 信息技术 程序设计语言、环境与系统软件接口 独立于语言的数据类型(idt ISO/IEC 11404:1996)

ISO 19101:2002 地理信息 参考模型

ISO 19109:2005 地理信息 应用模式规则

ISO 19111:2007 地理信息 基于坐标的空间参照

4 术语和定义

本标准使用下列术语与定义。本章中的术语按英文字母顺序列出，在附录 B 中按它们的概念关系组织。

4.1

应用 application

支持**用户**需求的**数据**操作和处理。

[ISO 19101:2002]

4.2

应用模式 application schema

一个或多个**应用**所需**数据**的概念模式。

[ISO 19101:2002]

4.3

包 bag

可以重复的相关项(**对象**或**值**)的有限、无序集合。

注：逻辑上，包是〈项，数目〉对的**集合**。

4.4

边界 boundary

表示一个实体界限的**集合**。

注：边界通常用在几何结构中，这里的集合是点的集合或代表这些点的对象的集合。在其他场合，边界这个术语通常隐喻地描述在实体与论域其余部分之间的一个跃迁。

4.5

缓冲区 buffer

包含距一个指定**几何对象**的距离都小于或等于一个给定值的所有**直接位置**的**几何对象**。

4.6

循环序列 circular sequence

没有逻辑起始,因而等同于任何自身循环移位的序列,因此可认为序列的最后一项位于该序列的第一项之前。

4.7

类 class

具有相同的属性(域)、操作、方法、关系与语义的对象集的描述。

注:类可以用**接口**的**集合**来定义它所提供给它的外界(环境)的**操作集**。该术语过去最先在面向对象的编程中使用,后来被 UML(统一建模语言)所采纳,并具有相同的含义。

[ISO/TS 19103:2005]

4.8

闭包 closure

拓扑对象或**几何对象**的**内部**与**边界**的并集。

4.9

余边界 coboundary

与该**拓扑对象**相关联(该拓扑对象在其**边界**上),具有更高维数的**拓扑单形**的**集合**。

注:如果一个**结点**在**边**的**边界**上,则该边就在该结点的余边界上。任何定向参数,只要与这些关系中的一个相关联也就与其他的关系相关联。所以,如果一个结点是一条边的**终结点**(定义为正有向边的终点),那么该结点的正定向(定义为正有向结点)将有边在它的余边界上,见图 35。

4.10

组合曲线 composite curve

曲线的**序列**。在该**序列**中,每条**曲线**(第一条除外)均从前一条曲线的**终点**开始。

注:组合曲线作为**直接位置**的集合,具有曲线的所有特性。

4.11

组合体 composite solid

沿共有**边界曲面**相邻且相连的**体**的**集合**。

注:组合体作为**直接位置**的集合,具有**体**的所有特性。

4.12

组合曲面 composite surface

沿共有**边界曲线**相邻且相连的**曲面**的**集合**。

注:组合曲面作为**直接位置**的集合,具有**曲面**的所有特性。

4.13

计算几何 computational geometry

几何表达式的处理与计算,用于几何**操作**的**实现**。

示例:计算几何操作包括**几何对象**间的几何包含或相交测试、**凸包**或**缓冲区**计算和确定最短路径。

4.14

计算拓扑 computational topology

在**计算几何**中通常用来辅助、增强或定义对**拓扑对象**进行**操作**的拓扑概念、拓扑结构和拓扑代数。

4.15

连通 **connected**

几何对象的一种**特性**，指该**对象**内的任何两个**直接位置**能置于完全在该对象内的一条**曲线**上。

注：当且仅当一个**拓扑对象**的所有**几何实现**是连通的，该拓扑对象才是连通的。由于它源自拓扑定理，所以未写在定义内。

4.16

相连结点 **connected node**

起始于或终止于一条或多条**边**的**结点**。

4.17

凸包 **convex hull**

包含所给**几何对象**的最小**凸集**。

注："最小"是集合理论上的最小，并不是指尺度上。这个定义也可以重写为"包含所给几何元素的所有凸集的并集"。

4.18

凸集 **convex set**

一种**几何集**，在该**几何集**中连接任意两个**直接位置**的直线段上的任意**直接位置**都包含在该**几何集**中。

注：凸集间是"简单连接"，这意味着它们没有内部孔洞，并且通常可以认为在拓扑上是与适当维数的欧几里德球同构的。所以，球的表面可以被认为是几何凸集。

4.19

坐标 **coordinate**

表示 n 维空间中**点位置**的 n 个**序列**数之一。

注：在一个**坐标参照系**中，坐标数值取决于所选单位。

[ISO 19111:2007]

4.20

坐标维数 **coordinate dimension**

在一个**坐标系**中描述一个位置所需的量测或坐标轴个数。

4.21

坐标参照系 **coordinate reference system**

通过**基准**与对象相联系的**坐标系**。

注：对**大地基准**和**垂向基准**而言，对象是地球。

[ISO 19111:2007]

4.22

坐标系 **coordinate system**

给**点**赋予**坐标**的数学规则**集**。

[ISO 19111:2007]

4.23

曲线 **curve**

1维**几何单形**，表达一条线的连续映像。

注：**曲线**的**边界**是**曲线**两个端**点**的**集合**。如果曲线是一个**圈**，则这两个端点相同，并且该曲线(如果拓扑上是闭合的)被认为没有边界。这第一个**点**被称作**始点**，最后一个**点**被称为**终点**。曲线的连通性由"一条线的连续映像"条款所保证，拓扑定理认为一个连通集合的连续映像仍然是连通的。

4.24

曲线段 curve segment

具有相似的插值与定义方法,用来表达一条**曲线**的连续组分的1维**几何对象**。

注:用一条单独的曲线段表达的**几何集**与一条**曲线**等价。

4.25

圈 cycle

〈几何学〉没有**边界**的**空间对象**。

注:圈用来描述边界组成部分(参见**壳**、**环**)。圈没有边界,因为它自身闭合,但它是有界的(即它不具有无限的外延)。例如圆环或球,没有边界,但却是有界的。

4.26

直接位置 direct position

用**坐标参照系**中的一组**坐标**描述的位置。

4.27

有向边 directed edge

表达**边**和它的某一定向(orientation)相关联的**有向拓扑对象**。

注:与边的定向一致的有向边为正定向(+),反之,它为反定向(−)。有向边用在**拓扑**中以区分同一条边的右侧(−)与左侧(+),同一条边的**始结点**(−)与**终结点**(+)。在**计算拓扑**中使用这些概念。

4.28

有向面 directed face

表达**拓扑面**和它的某一定向相**关联**的**有向拓扑对象**。

注:根据有向面定向的矢量方向,组成该面的外边界的**有向边**的定向为正;约束一个拓扑体的有向面的定向指向离开该**拓扑体**。共享边界面的相邻体将具有不同的定向,这与相邻面和它们的共享边之间的关联关系相一致。有向面用在**余边界**关系中,以维持面与边之间的空间关联。

4.29

有向结点 directed node

表达**结点**和它的某一定向相关联的**有向拓扑对象**。

注:有向结点用在**余边界**中以维持**边**与**结点**间的空间关联。**结点**的定向是关于某条**边**的,**终结点**为"+",**始结点**为"−",这与"结果=结束−起始"的矢量概念相一致。

4.30

有向体 directed solid

表达**拓扑体**和它的某一定向相关联的**有向拓扑对象**。

注:**有向拓扑体**用在**余边界**关系中以维持**拓扑面**与**拓扑体**之间的空间关联。**拓扑体**的**定向**是关于某一**拓扑面**的,如果拓扑面的外法向指向外,则拓扑体的定向为"+";如果拓扑面的外法向指向内,则拓扑体定向为"−"。这与约束一个拓扑体的曲面"向上=向外"的概念相一致。

4.31

有向拓扑对象 directed topological object

表达**拓扑单形**和它的某一定向逻辑关联的**拓扑对象**。

4.32

域 domain

定义明确的**集合**。

注:域用于定义域**集**以及**属性**、**算子**和**函数**的**范围集**。

4.33

边 edge

1维**拓扑单形**。

注:边的**几何实现**是**曲线**。边的**边界**是**拓扑复形**中关联到该边的一个或两个**结点**的**集合**。

4.34

边-结点图　edge-node graph

镶嵌在**拓扑复形**中的**图**，该**拓扑复形**由其内的所有**边**和**相连结点**构成。

注：**边-结点图**是镶嵌在**复形**中的**子复形**。

4.35

终结点　end node

在**边**的**边界**中对应于**边**的**终点**的**结点**。在使用该**边**的**拓扑复形**的任何有效**几何实现**中，**边**为**曲线**。

4.36

终点　end point

曲线的最后一个**点**。

4.37

外部　exterior

全域与**闭包**之差。

注："外部"这个概念对**拓扑复形**和**几何复形**都适用。

4.38

[拓扑]面　face

2维拓扑单形。

注：**拓扑面**的**几何实现**是**曲面**。拓扑面的**边界**是在**拓扑复形**内通过边界关系关联到该拓扑面的**有向边**的**集合**。这些有向边的集合可以组织成若干**环**。

4.39

要素　feature

现实世界现象的抽象。

注：要素可以**类型**或**实例**的形式出现。当仅表达一种含义时，应使用要素类型或要素实例。

[ISO 19101:2002]

4.40

要素属性　feature attribute

要素的特征。

示例1：一个名为"颜色"的要素属性有一个属性值为"绿色"，其数据类型为"文本"。

示例2：一个名为"长度"的要素属性有一个属性值为"82.4"，其数据类型为"实型"。

注1：要素的属性包括名称、数据类型及与其相关的值域。要素实例的要素属性有一个来自于其值域的属性值。

注2：在要素目录中，要素属性可以包括一个值域，但并不指定要素实例的属性值。

[ISO 19101:2002]

4.41

函数　function

从一个**域**(源或函数的定义域)中的每一个元素到另一个域(目标域、因变量域、值域)中唯一元素相关联的规则。

4.42

地理信息　geographic information

与地球上的地点直接或间接相关的现象的信息。

[ISO 19101:2002]

4.43

几何聚集形　geometric aggregate

没有内部结构的**几何对象**的**集合**。

注：不对这些元素间的空间关系作任何假设。

4.44

几何边界 geometric boundary

由约束**几何对象**范围的较低**几何维数**的**几何单形**的**集合**所表达的**边界**。

4.45

几何复形 geometric complex

分离的**几何单形**的**集合**，其每一个**几何单形**的**边界**都可以表达为该集合内维数更低的**几何单形**的并集。

注：集合中的**几何单形**是分离的，意味着没有一个**直接位置**能同时在两个或两个以上的**几何单形**的**内部**。**集合**在**边界操作**中闭合，意味着几何复形中的每一个元素，存在一个代表该元素边界的几何单形的组合（即一个几何复形）。**点**（几何中唯一的0维单形**对象**）的**边界**是空。这样，如果最高维的几何单形是体（3维），按照该定义，边界算子的运算最多三步结束。这就是任何对象的边界是一个**圈**（**cycle**）的情形。

4.46

几何维数 geometric dimension

在**几何集**内每一个**直接位置**都可以与其**内部**具有该**直接位置**的子集相**关联**，且相似（**同构**）于 n 维欧几里德空间 R^n 的最大数目 n。

注：**曲线**的几何维数为1，因为它们是实线段的连续映像。虽然**曲面**不能将它的整体映射到2维空间 R^2 中，但围绕每个**点**的**位置**，（在连续**函数**的情况下）可以找到一个类似于 R^2 单位圆的小邻域，因此曲面是2维的。在本标准中，大多数**曲面片**（几何曲面片 GM_SurfacePatch 的实例）通过它们所定义的插值机制映射为 R^2 中的一部分。

4.47

几何对象 geometric object

表达一个**几何集**的**空间对象**。

注：几何对象由**几何单形**、**几何单形**的组合或处理为一个单独实体的**几何复形**构成。几何对象可以是作为**要素**或**要素**的一个有意义部分的**对象**的空间表达。

4.48

几何单形 geometric primitive

表达空间中单一、**连通**和同质元素的**几何对象**。

注：几何单形是在能表达几何结构信息的层次上不可再分的对象。几何单形包括**点**、**曲线**、**曲面**和**体**。

4.49

几何实现 geometric realization

几何复形，其**几何单形**与一个**拓扑复形**中的**拓扑单形**一一对应，且这两个复形的**边界**关系一致。

注：在该实现中，拓扑单形表达相应的几何单形的**内部**。组合几何对象是闭合的。

4.50

几何集 geometric set

直接位置的**集合**。

注：在大多数情况下，这个**集合**是无限的。

4.51

图 graph

结点集，有些**结点**与**边**相连。

注：在地理信息系统中，一个**图**可以有多于一条**边**连在两个**结点**上，也可以一条**边**的首尾**结点**相同。

4.52

同态 homomorphism

两个**域**（例如两个复形）之间存在一种**函数**关系，能从一个域保持结构地映射到另一个域。

注：**同态**区别于**同构**在于它没有反函数的要求。在同构中，两个**同态**互为反函数。连续函数是拓扑同态，因为它们保留了“拓扑特征”。**拓扑复形**到其**几何实现**的映射保持了**边界**的概念，因此是同态。

4.53

实例　instance

类的实现对象。

4.54

内部　interior

几何对象除边界外的所有直接位置的集合。

注：拓扑对象的内部是与其相对应的几何实现的内部的同态映像。因为它遵从拓扑定理，所以不再定义。

4.55

孤立结点　isolated node

不与任何边相连的结点。

4.56

同构　isomorphism

在两个域(例如两个复形)之间的一种关系，它们具有从一个域到另一个域一一对应地保持结构的函数和相对应的反函数，并且按两种顺序组合这两个函数得到相应的恒等函数。

注：如果几何复形与拓扑复形的元素个数、维数、边界都一一对应，则该几何复形与该拓扑复形同构。

4.57

邻域　neighbourhood

几何集，在它的内部包含有一个指定的直接位置和距该直接位置的距离都在一个给定值之内的所有直接位置。

4.58

结点　node

0维拓扑单形。

注：结点的边界是空集。

4.59

对象　object

〈UML〉具有明确定义的边界与标识，封装了状态与行为的实体。

注：该术语最先是用在面向对象编程的一般理论中，后来以相同的含义被UML所采纳。对象是类的实例，属性与关系表达状态。操作、方法和状态机制表达行为。

[ISO/TS 19103:2005]

4.60

平面拓扑复形　planar topological complex

具有一个可以嵌到欧几里德2维空间中的几何实现的拓扑复形。

4.61

点　point

0维几何单形，表示一个位置。

注：点的边界是空集。

4.62

记录　record

有限的、有名称的相关项(对象或值)的集合。

注：逻辑上，记录是〈名称，项〉对的集合。

4.63

环　ring

为圈的简单曲线。

注：环用来描述在2维和3维坐标系中的曲面的边界成分。

4.64

序列　sequence

可重复的相关项(**对象**或值)的有限、有序集合。

注：逻辑上，序列是〈项，偏移量〉对的集合。它原是 LISP 语言中一种用括号括起来，有次序限定，元素间用逗号隔开的结构，现用在本标准中。

4.65

集[合]　set

不重复的相关项(**对象**或值)的无序汇集。

4.66

壳　shell

为圈的**简单曲面**。

注：**壳**用来描述 3 **维坐标系**中**体**的边界成分。

4.67

简单　simple

几何对象的一种特性，其**内部是**等向的(所有点都具有**同构**的**邻域**)，因而它处处都局部同构于适当维数欧几里德坐标空间的开子集。

注：这暗示几何对象内部的**直接位置**不会出现任何形式的自相交。

4.68

体　solid

3 维**几何单形**，表达欧几里德 3 维空间中一个区域的连续映像。

注：**体**可局部地实现为**直接位置**的三个参数的**集合**。**体**的**边界**是构成体的界限的有向闭合**曲面**的**集合**。

4.69

空间对象　spatial object

用于表达**要素**空间特征的**对象**。

4.70

空间算子　spatial operator

在它的**域**或范围内至少有一个空间参数的**函数**或**程序**。

注：对空间对象的任何 UML 操作都可以归为空间算子，例如本标准中第 8 章的查询算子。

4.71

始结点　start node

在**边**的**边界**中对应于边的**始点**的**结点**，在使用该**边**的**拓扑复形**的任何有效**几何实现**中，**边**为**曲线**。

4.72

始点　start point

起点

曲线的第一个**点**。

4.73

强可替换性　strong substitutability

继承或实现另一个**类**、**类型**或**接口**的派生类的任何**实例**在任何相关环境中用于替代其祖先**实例**的能力。

注：弱可替换类型对于要进行替换的环境有各种限制。

4.74

子复形　subcomplex

所有元素都在一个更大**复形**里的**复形**。

注：因为**几何复形**与**拓扑复形**的定义只要求它们在**边界操作**中闭合，所以一个特定维数以及更低维数的任何单形的**集合**总是原来更大**复形**的**子复形**。这样，任何完全的**平面拓扑复形**包含一个作为子复形的**边-结点图**。

4.75

曲面 surface

2维几何单形,局部表达一个平面区域的连续映像。

注:曲面的边界是定义曲面界限的有向、闭合曲线的集合。与一个球面或 n 圆环面(具有 n 个贯通孔洞的拓扑球面)同构的曲面没有边界,这样的曲面被称之为圈。

4.76

曲面片 surface patch

2维且连通的几何对象,用于表达使用相同插值与定义方法的曲面的连续部分。

4.77

拓扑边界 topological boundary

由约束拓扑对象范围的更低拓扑维的有向拓扑单形的集合所表达的边界。

注:拓扑复形的边界对应于该拓扑复形的几何实现的边界。

4.78

拓扑复形 topological complex

在边界操作中闭合的拓扑单形的集合。

注:在边界操作中闭合,意味着如果一个拓扑单形在该拓扑复形中,则它的边界对象也在该拓扑复形中。

4.79

拓扑维 topological dimension

在几何对象内区分邻近但不同的直接位置所需自由变量的最小个数。

注:上面提到的自由变量通常可以认为是一个局部坐标系。在3维坐标空间中,平面可以写为 $P(u,v)=A+u\boldsymbol{X}+v\boldsymbol{Y}$,这里 u 和 v 是实数,A 是平面上的任意点,$\boldsymbol{X}$ 和 $\boldsymbol{Y}$ 是该平面的两个切矢量。因为平面上的地点可以用 u,v 这两个变量来区分(没有例外),所以平面是2维的,并且 (u,v) 是该平面上对这些点的一个坐标系。在一般曲面上,并不总能这样。但是,如果我们取该曲面的切平面,并且将曲面上的点投影到该切平面上,我们通常可以在该切平面上得到曲面在该切点的小邻域的局部同构。对于这个潜在曲面,该"局部坐标系"足以建立该曲面为一个2维拓扑对象。

由于本标准仅涉及空间坐标,任何3维对象可以依靠坐标建立它的拓扑维。在一个四维模型(空间-时间)中,切空间(tangent spaces)在将对象在3维上建立拓扑维的过程中也起着重要的作用。

4.80

拓扑表达式 topological expression

有向拓扑单形的集合,这些有向拓扑单形可以像多变量多项式一样进行操作。

注:拓扑表达式用在很多计算拓扑的计算中。

4.81

拓扑对象 topological object

表达在连续变换下不变的空间特性的空间对象。

注:拓扑对象可以是拓扑单形、拓扑单形的一个集合或拓扑复形。

4.82

拓扑单形 topological primitive

单一的、不可再分的拓扑对象。

注:拓扑单形对应于几何实现中同维几何单形的内部。

4.83

拓扑体 topological solid

3维拓扑单形。

注:拓扑体的边界由有向拓扑面的集合组成。

4.84

全域面　universal face

在2维复形中无界的**拓扑面**。

注：**全域面**通常不是任何**要素**的组成部分，它用来表达数据集的无界部分，通常认为它的**内边界**（它没有**外边界**）是由数据集所表达的地图的**外边界**。本标准并不将**全域面**当特殊情况对待，但应用模式可发现将其特殊处理也很方便。

4.85

全域体　universal solid

在3维复形中无界的**拓扑体**。

注：3维中**全域体**与2维中的**全域面**相似，通常也不是任何**要素**的组成部分。

4.86

矢量几何　vector geometry

用构造的**几何单形**表达的**几何**。

5　符号、注记与缩略语

5.1　表达与注记

5.1.1　统一建模语言（UML）概念

本标准中，用统一建模语言（UML）表达概念模式。

UML类是对共享相同属性、操作、方法、关系和语义的一组对象的集合的描述。参数化类是对若干类的集合的一个单独描述，这些类具有共同的操作、方法和关系，这些类的区别在于具有不同的参数，而这些参数控制其属性的精细结构和操作的行为。例如，整型参数用来固定在参数化类的实现（称为实例化的类）中属性数组的大小。

不应将本标准中以某种方式对几何或拓扑元素的模型化视为对实现的限制。属性既可以作为数据直接实例化，也可以作为“获取”与“修改”这样的“操作对”来实现对值的获取与设置。在本标准中，大多数的图是“结构示意图（context diagram）”，这种图主要关注某个类的属性、操作与重要关系。而其他图是对这些类间关系的一个概览。UML并不要求将所有关系都显示在图上，一些琐碎的细节被忽略以保持其简洁性。例如，GM_Object与集合〈GM_Object〉具有明显的关系，但是在GM_Object结构示意图上并没有明确地显示这种关系。

5.1.2　属性、操作与关联

表现在UML图上的属性与操作遵从UML符号指南（见参考文献[20]）。UML的属性符号有下面几种形式：

属性声明：＝＝〈〈构造型〉〉可见性　名称　多重性：类型＝初值{特性，...}

多重性：＝＝[基数范围，...]

基数范围：＝＝起始值{..结束值}

注：基数（Cardinality）指集合中的元素个数。多重性（Multiplicity）指一个集合可以允许的基数范围规定。多重性规定可以赋给关联中的角色、组合中的组成部分、副本以及其他目。本质上，多重性是一个非负整数的子集。见ISO 19103。

UML对于操作的符号有下面几种形式：

操作：＝＝〈〈构造型〉〉可见性　名称（参数列表）：[返回值]，...{{特性{＝值}，...}}，...

参数列表：＝＝[方向]参数名：类型[＝缺省值]

上面语法的解释如下：

a) 构造型（stereotype）：对所定义的属性或操作进行标签，见5.1.3。

b) 可见性（visibility）：从对象的外部来看，对象的属性和方法的可见性包括公有（＋）、私有（－）、保护(#)。如果可见性包括“/”,则属性是从该模型的其他部分派生而来的。

c) 名称(name):属性或操作的名称。

d) 多重性(multiplicity):该属性可以取的值的个数,除非有其他定义,都假定数据是按一个集合组织的。这是对 GB/T 18221 的一个扩展,除非使用 UML 的符号“[...]”,否则就与 GB/T 18221标准中的 size 机理一致。为了保持概念的一致性,当它用在与 GB/T 18221 标准的图表中的“size”相关联的地方时,本标准使用一个单独的(来自 UML 的)多重性语义。

e) 起始值(begin-value):有效的多项可选之中的任意一个整数;如果没有结束值相随,则只有起始值作为多重性的可能值。

f) 结束值(end-value):大于前面的起始值的任何整数,或用“n”表达无穷或无界的坐标范围。“a..b”是指大于或等于 a 并且小于或等于 b 的任何整数(例如 j,则 a≤j≤b);[a..a] 是指与[a]一样。

g) 参数列表(parameter list):用逗号分隔的一个参数列表声明。

h) 参数名(parameter-name):操作参数的名称,通常指示该参数在操作中被定义的角色。注意,除非操作包含了一个参数列表,否则操作和属性的语义结构是相同的。

i) 方向(direction):流向的可选指示符,该参数有“in”(该值在操作之前设定,并影响到操作)、“out”(该值是在操作之中赋设定,并且在完成操作之后,调用者可以得到其值)或“inout”(该值在操作之前设定,并影响到操作,在操作中被重新设置为一个在操作完成后可存取的值)。对于任何参数,缺省的方向是“in”。

j) 类型(type):对象类型或前述参数或属性的值的类型。

k) 缺省值(default-value):当调用者未设定时,“in”或“inout”参数所取的值;或当构造函数中未设定时,对象的属性所取的值。

l) 返回类型(return-type):操作的返回值或对象的类型,本质上是操作的类型。

m) 特性(property):属性或操作的附加信息,例如非空或唯一。可以作为附加名随值一同构造,例如“{size=[0..n]}”。(见 GB/T 18221 对特性在图表类型的有关使用解释)

n) ...:前述内容可以以任意次数重复。

o) 初值(initial-value):属性的缺省值,当构造新对象时使用,除非被构造参数列表专门重载。

在本标准中,从对象约束语言(OCL)中来的符号在使用中稍微有一点修改。“ocl”前缀在很多操作中都被去掉了,因为它是不必要的,而且会引起混淆,尤其是当这些操作符作为基本类型的一部分已经出现在 ISO/TS 19103 中而没有使用前缀时。“::”是一个分辨操作符,分辨它所跟随的名称空间。在 OCL 中,大多数情况下,名称空间定义该操作的类。但是它也可以包含定义该类的包(package)的名称。在本文档中,所有的名称空间是类的标识符,并且只能是下面两种形式中的一种:

类标识:==类名|包名::类标识

类型:==类标识

除非存在潜在的混淆,或需要强调,一般不用包括包的名称。在本标准中,所有的类名都包含一个双字符的包名前缀,后跟一个下划线“_”,并且在该模型中是唯一的。这避免了在类名和类型名中使用包名鉴别。本标准中的专用标准也鼓励尽可能地保持这个约定。对于属性、角色名和操作的文字描述如下:

属性名{多重性}:属性类型

{关联名::}角色名{多重性}:属性类型{类型 1::}

操作名(名称 2:类型 2,名称 3:类型 3,...):返回类型

对于角色,如果多重性不是[1],则假定角色值是以集合的方式组织的。如果角色值需要以某种其他方式组织,属性类型就应当使用参数化类的适当组合,其多重性 size 的给出与 GB/T 18221 一样:

boundary:CircularSequence〈GM_OrientableCurve〉{size=[1..n]}

面向对象的操作符(例如在C++中使用的那样)在操作之前设定第一个参数,声明方法如下:

返回类型　类型1::操作(类型2,类型3...)

这些方法被限定在名称空间中,这意味着只对“类型1”名称空间可用。另外,在赋值过程中,暗示参数类型“类型1”是已知的。在OCL中,该对象被标识为“self”。在C++中,该对象被标识为“this”。在非对象语言或对象语言中的自由函数,对于一个操作的函数标识不以任何方式区分第一个参数,并且书写为:

操作(名称1:类型1,名称2:类型2,名称3:类型3...):返回类型,

这些符号是等价的(除非强调)并且两者都可以用在本标准的专用标准中。

这些操作定义被称作“操作署名(operation signatures)”或“协议(protocols)”。这将操作与调用机制区分开。在UML中,形式化的符号定义协议,与协议相关联的操作只是非正式地定义在相关的文档中,文档中可以包括OCL约束。

根据属性可以被认为是一种操作(更改与存取对)的观点,该术语可以被扩展到包括属性“署名”。署名的定义包括操作名、参数名和类型,以及返回值。方法或属性可以被重载,这通过提供一个与原名称相同但有些类型不同(通常是被原始类型的子类型替换)的新方法来实现。署名的重新使用被称为多态性。从类的遗传而来的多态性被称为“结构性”的。从语义类似而产生的多态性被称为“自然的”或“普通的”。例如,在几何与拓扑类中,对于“边界”的共同协议是自然多态性,因为它是源自于基于拓扑定义的操作约束。这不是一个结构性多态,因为两个包没有共享一个共同的超类祖先。假定这个类继承的层次是基于这些对象的语义,则结构性多态就是自然的。不依赖于语义类似的多态是“特定”多态。例如,“+”的使用,用在数值时表示加法,用在字符串类时表示连接操作,这就是一个“特定”多态。特定多态是语义混乱的,本标准中不使用,并且也应当尽量避免在本标准的专用标准中使用。

大多数的操作是以函数形式定义的,也就是说,它的所有参数是以“只读”(方向=“in”)方式传递的,并且只有通过指派的操作符的返回类型来实现对对象的修改或创建。在描述接口时,“this”指示对象接口正在被调用的这个实体。在OCL中,该对象被叫做“self”。如果一个对象是作为一个参数传递到另一个对象的方法中,则这个对象被称作“被传递的”对象。

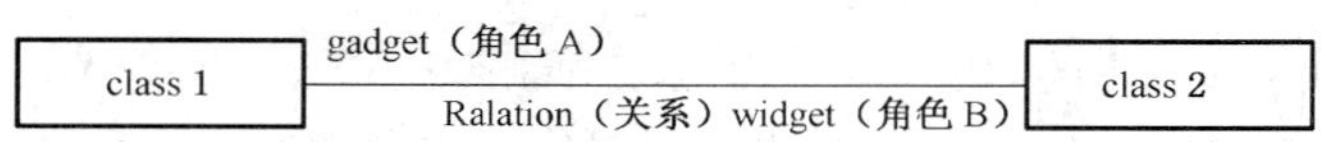

图1　UML关联示例

在本模型中,每个关联都给出一个关联名,并且参加到该关联中的每一个类都被赋予一个角色名。在这种情况下,“class 1”与“class 2”之间有一个“关系(Relation)”关联,如图1所示,这两个类在实现中通常包含对其他类的引用作为“属性”,而这个被包含的类被称为该关系的角色,例如:

Class1::gedget :Set〈Class2〉　　//这是多对多的强连接

Class2::widget :Set〈Class1〉

或

Class1::gadget[1..n] :Class2　　//这是多对多的强连接

Class2::widget[1..n] :Class1

注:对于class2,角色名是被作为变量用在class1中,而class1又指向class2。这种组合的类型取决于该角色的分类标准的类型。

Class1::gadget:Sequence〈Class2〉　　//这是多对多、有序的强连接,

Class2::widget:Set〈Class1〉

大多数的角色或者与集合Set(无序关系)对应,或者与序列Sequnce(有序关系)对应。当角色的次序没有一个自然的起始位置时,就是循环序列。这种符号将出现在下面的文本中,但这并不意味着暗指关联的一个特别实现。对于弱连接类型,这种情况下,目标类并不依赖于这种关联的存在,参数化的类

引用 Reference〈.〉被恰当地用在这种场合。例如：

Class1::gadget [1..n]:Reference〈Class2〉　　//弱连接

Class2::widget [1..n]:Class1　　//强连接

5.1.3 构造型

在 UML 模型中，大多数的实体可以被描述为“构造型”，它包含了相近的对象名和包含在“〈〈”和“〉〉”中的内容。构造型允许模型扩展 UML 以包括对模型的元素的描述。在本标准中使用下列的构造型。

a) 〈〈接口〉〉(〈〈Interface〉〉)：这种类不可直接实例化，但可用在操作署名的抽象组合中。〈〈接口〉〉类的目的是对于操作的结构型多态定义一个参考类。在各种程序语言中，这种类被称之为“虚类”或“抽象类”。在 UML 标准中，〈〈接口〉〉类不得有属性或者来自接口的可见关联。接口可以参与一个关联，而提供该关联的接口看不见这个关联，即，一个类(而不是一个接口)可以有对于一个接口的关联，该(接口)关联对于这个类是可见的，但对于该接口则是不可见的。就像用在本标准中那样，在应用模式中，来自本标准的接口类与具有相同名称的非接口类逻辑上相互矛盾，不能并存在一个应用模式中。

b) 〈〈类型〉〉(〈〈Type〉〉)：这种类不可直接实例化，但可用在操作、属性和关系署名的抽象组合中。〈〈类型〉〉类的目的是对于包含属性和关联的结构性多态定义一个引用类，该引用类包含属性和关联。实际属性和关联的内部组织依赖于实现。因为这些元素的组织是未知的，UML 不允许〈〈type〉〉类有任何方法(操作的实现)。就像用在本标准中那样，在应用模式中，只要 type 不是抽象的(在 UML 模型中用斜体字表示)，就可以创建具有与从本标准中来的 type 名称相同的实现类。

c) 〈〈抽象〉〉(〈〈Abstract〉〉)：(在 UML 中通过斜体字的类名表示)这种 class 除了它被允许有方法外，类似于〈〈type〉〉。这种 class 用来定义包括这些附加元素的结构性多态的根类。就像用在本标准中那样，在应用模式中，来自本标准的抽象 class 与具有相同名称的具体 class 逻辑上相互矛盾，不能并存在一个应用模式中。

d) 〈〈数据类型〉〉(〈〈Data Type〉〉)：这种类可以直接实例化，并且它的最初目的是封装数据，这与分类学和行为描述相反。〈〈Data Type〉〉没有它自己的标识，而必须强制约束到某种类型的容器中，作为另一个 class 的属性，或者作为一个强聚集的目标 class。〈〈Data Type〉〉类型不能作为弱聚集的目标，它们也不能被用在引用〈〉的参数化类中。

e) 〈〈联合〉〉(〈〈Union〉〉)：由几个可选项(作为成员属性列出)的一个且仅一个值组成的一种类型。它很类似于很多程序语言中的有区别的联合。在一些使用指针的语言中，它要求一个“void”指针，使得它可以根据识别器的属性决定转换为适当的类型。

f) 〈〈叶〉〉(〈〈Leaf〉〉)：不含有子包，只含有对象类和接口定义的可用包。虽然不是一个技术要求，本标准将所有的对象定义放在 Leaf 包中，然后在更大的包中组织成非 Leaf 的包。

g) 〈〈代码列表〉〉(〈〈Code List〉〉)：类似于可枚举数据类型，在这里一系列值中的任何一个都是可能的，但是在设计目的上不同于枚举，代码列表可以随时间膨胀。大多数的代码列表是以数值型值来存储的，也有一些用来存字符串代码，但这只是实现的细节，纯数值代码也是可接受的。

5.1.4 数据类型与集合类型

为了本标准的相容性，需要多种类型组合，但是并没有根据它们的接口定义这些类型。当在 UML 中没有包括这些类型时，通常通过使用对象约束语言(OCL)来暗示，见 ISO/TS 19103。

这些接口通常是有限的集合。如果用类型“T”表示新的实例化类的类型，则称“Set〈T〉”由对象类型为“T”的所有对象的有限、无序集合构成。实现环境通常提供几种常见的组合类型，例如数组，并且我们没有打算提供这些类型的通用的接口。ISO/TS 19103 包含了对这些类型定义的一个示范接口。本标准并不限制对于一些应用环境使用一些逻辑上等价的本地化。一些基本 class 类型和参数化类型，例如用在本标准中的这些组合类型，包括下面的内容：

a) 超限集〈T〉(TransfiniteSet〈T〉)：可能为无穷集(infinite set)，只对值有限制。例如，整数与实数是超限集。这实际上是数学上对集合的通常定义，但是程序语言限定该术语的含义为有限集(finite set)。

b) 集合〈T〉(Set〈T〉)：有限集合，用在对象类型上。每一个对象在集合中只出现一次。通常不是一个强聚集，因为每一个对象可以是很多集合中的元素。除非另外注明，本标准将用集合来表达弱聚集类型(集合〈引用〈T〉〉形式的强聚集类型的等价形式)。

c) 包〈T〉(Bag〈T〉)：一种有限无序的集合，这里每一个对象都可以在集合中出现多次。在逻辑上可以认为这是一种成对的集合〈对象 T，出现次数　整型〉。

d) 序列〈T〉(Sequence〈T〉)：对象的有序、有限集合，通常具有重复的值。在逻辑上可以认为这是一种成对的集合〈对象：T，偏移量：整数〉，这里偏移量给出对象出现在序列中的位置。偏移量可以从 0、1 或任何数开始计数，这取决于具体实现。投影到每一个成对的对象上时形成一个 Bag。去掉重复的元素就是一个集合。

e) 循环序列〈T〉(CircularSequence)：自身重复使用的序列，被认为与循环迁移一样。可以认为它与序列的类是等价的，只是以一个偏移量循环出现。

f) 引用〈T〉(Reference〈T〉)：对于类 T 的一个可确认对象的引用，等价于 C++ 的指针，SQL99(以前叫 SQL3)的 REF，或 Java 类中的变量。在本标准中对类的文字声明里，弱聚集被表述为某个类的引用。强聚集以相同方式表述为属性。

g) 数、浮点数、整数、实数：在这个环境中，各种简单数值类型通常被实例化为程序语言中的简单数。见 ISO/TS 19103。

h) 长度、面积、距离：各种标量，与度量的特定单位(例如米或平方千米)相联系。见 ISO/TS 19103。

注：在 UML 的代码构造函数中，常用"代码列表"表达关联。关联角色被用作引用〈T〉类型的成员名称，这里 T 是关联中目标类的角色名称。在可能产生混淆的情况下，关联名用作角色的名称空间，即〈关联_名〉::〈角色_名〉：引用〈目标_类〉。逻辑上，在使用关联的源类时已经这样做了，例如〈源_类〉::〈角色_名〉：引用〈目标_类〉。如果是强聚集，在逻辑上可以去掉引用，即为〈源_类〉::〈角色_名〉：目标_类。强聚集、单向关联的语义在逻辑上被认为与一个成员属性等价。在 UML 设计中，使用"源"的一种可供选择的方案是使用"关联"来代替使用"角色属性"。一旦使用代码生成器，产生逆向 UML 关联(缺少任何其他信息)可能需要工程师们回过去配对角色属性。

一些数据类型是定义在 ISO/TS 19103 中的记录类型的简单实例，与 GB/T 18221 稍有不同。因为后一个标准有一个在参数列表上可能会引起混淆的说明，本标准使用了略加修改的语义(用"〈.〉"代替"(.)")。

记录类型：==〈字段名称：类型 [=缺省值],...〉

记录实例：==〈字段名称：字段值,...〉

注意除了括号被省略以外，一个多种返回类型的语义与记录(Record)的语义相一致。当单独使用时，本标准使用上面的记录语义，但当定义返回结构为如匿名类型的"似记录"(record-like)操作时，使用标准 UML 的多重返回类型语义。

定义在本标准中的几个操作中可以使用 NULL 和 EMPTY。NULL 指要求的值没有定义。本标准假定所有的 NULL 的值是等价的。当请求一个对象，而没有与所请求相匹配的对象存在时，就返回一个 NULL。EMPTY 指这种对象，它们可以被解释为一种形式或另一种形式的集合，并且指所提到的这些集合中没有元素存在。不像程序设计中具有强类型聚集(strongly typed aggregates)，本标准使用数学同义语，即有一个且只有一个空集，代表这个空集的任何对象与使用任何其他集合所起的作用是等价的。不同于空(empty)，这种 EMPTY 集合缺乏任何内在信息，因此在适当的相关环境中，一个 NULL 值假定等价于一个 EMPTY 集合。

5.1.5 强可替换性

本标准假定专用标准和传输模式将使用一个强可替换版本来构建。这意味着,在设计应用模式的个别地方,专用标准制定者可以使用一个类来替换定义在本模式中的一个类,只要这个类支持基类所要求的数据、操作和关联。这种替换实现的方法并不是标准的,可以有各种方式实现,这取决于所使用的实现环境的特征。尤其是转换标准取决于数据类型。转换集合中的实体与它在本标准中的基类可能仅有很微弱的联系,在基类中它们可能仅是数据的表象形式。可替换性最大的用处是在与该类关联的子项检测中,这最能发挥该技术的优势。

本标准假定子类的语义需要严格遵从一种"is type of(是……类型)"的层次体系。类的每一个实例必须是由该类的父类的语义定义的集合中的一个成员。这样,我们可以定义圆是椭圆的子类型,而不是其他的形式,虽然这有违于子类型比超类型更复杂的这样一种观点。

5.2 组织

本标准中的章条按照UML包的方式组织。包(Package)是相关类型与接口的一个集合,它们形成一个软件系统设计的相容成分。包通常并不形成一个完整的系统,因为它们通常还要调用系统中其他包提供的服务。当包作为一个客户,使用其他服务包来提供所需服务,我们说该客户包依赖于服务包。当一个包中类的对象存取定义在服务包中的另一个对象时,就出现这种依赖关系。因为在地理信息中,几何体很少只是纯粹的客户或服务器,这些形式在本标准中很少使用。因为所依赖的类是通过一种可以携带请求的关联来关联到它们的服务器,所以由大多数的对象类之间的依赖关系派生出对象类之间的关联关系。不同包的对象间的每一个依赖关系必须由包的依赖关系来反映。这种包的依赖关系用图2所示的图形符号来指示。

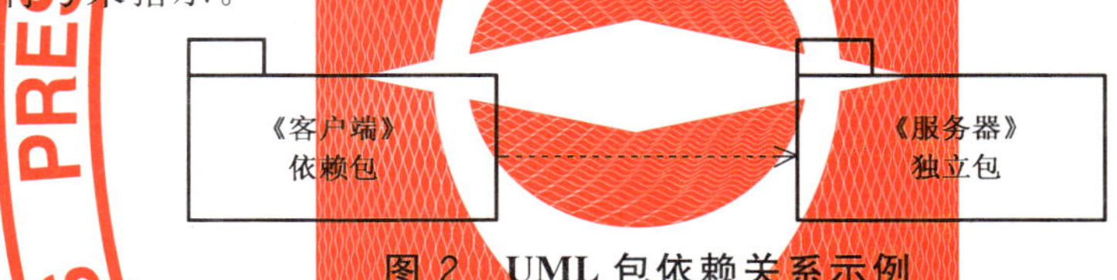

图2 UML包依赖关系示例

由于这个客户—服务器关系,包交叉的依赖关系定义了可行的应用模式准则。包含对任何根据本标准定义的包的实现的应用模式也应该包含所有这些依赖关系的实现。

表6总结了本标准中的包。在第6章、第7章的包是标准的。它们为应用模式提供几何与拓扑成分,应用模式形成相容系统的外部接口的基础。附加的包是从其他标准引用来的,例如从ISO 19111中来的对于坐标的空间参照系包以及从ISO/TS 19103来的基本类型包。只是把它们复制到这里,为所需要的范围提供一个完整、易读的空间模式的描述。

表6 包与类

条目号	英文包名	中文包名	所包含的主要类
6	Geometry	几何	几何类
6.2	Geometry root	几何根	几何根类
6.3	Geometric primitive	几何单形	几何单形类
6.4	Coordinate geometry	坐标几何	坐标几何类
6.5	Geometric aggregates	几何聚集形	几何聚集形类
6.6	Geometric complex	几何复形	几何复形类与组合形类
7	Topology	拓扑	拓扑类
7.2	Topology root	拓扑根	拓扑根类
7.3	Topological primitive	拓扑单形	拓扑单形类
7.4	Topological complex	拓扑复形	拓扑复形类

图 3 显示了对于本标准的上述标准条目的 Leaf 包的相互依赖关系。

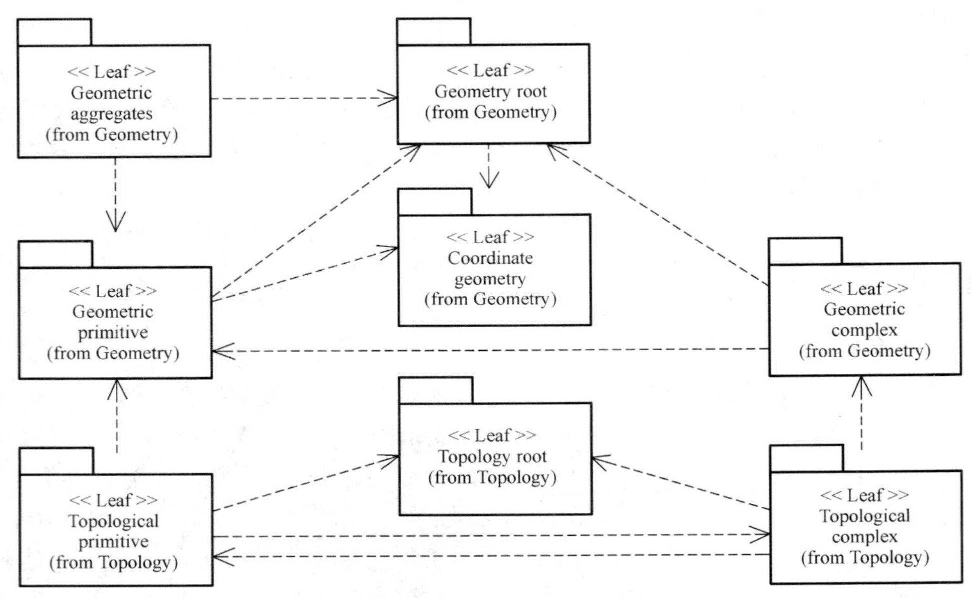

图 3　标准条目中 UML 包的依赖关系

注：在这里文中所给的例子最适合于理解本标准中的这些条目，以及经常隐含地提前引用在后面才讨论的其他条目。例如，GM_包络(GM_Envelope)的讨论包含对 GM_线串(GM_LineString)的提前引用。在大多数情况下，这不会引起混淆，因为某个提前引用的条目(类型、操作或属性)经常在语义上丰富并且相当接近于通常使用的名词。如果读者发现有混淆，建议跳过示例，先通读全文建立起总体框架后再细读所包含的例子。

5.3　缩略语

本标准采用以下缩略语：

ATS　抽象试验套件(Abstract Test Suite)

C++　基于 C 的面向对象扩展的程序语言

LISP　基于列表处理的程序语言，该标准称为 Common LISP

MBR　最小包含范围(Minimum Bounding Region)

OCL　对象约束语言(Object Constraint Language)

SQL3　开发 SQL 99 期间采用的通用名称

SQL99　1999 年接受的 SQL 语言规范，包含面向对象数据类型扩展机制

TIN　不规则三角网(Triangulated Irregular Network)

UML　统一建模语言(Unified Modelling Language)

2D　2 维(2-dimensional)

3D　3 维(3-dimensional)

6　几何包

6.1　语义

几何包(图 4)包含了坐标几何的各个类。所有这些类都从根 GM_Object(GM_对象)继承一个对于坐标参照系的可选关联。所有通过定义在本标准中的接口对外公开的直接位置将处在与几何对象相关联的坐标参照系中。所有几何复形、组合形或聚集形的元素都与相同的坐标参照系相关联。当 GM_Object 的实例聚集在另一个已经定义有坐标参照系的 GM_Object(例如 GM_Aggregate 或 GM_Complex)上时，除非单独说明，否则假定这些元素具有相同的坐标参照系。

几何包有几个内部包，即分离的单形、聚集形和复形，其中复形具有比简单的聚集形更精巧的内部结构。图 4 显示了几何包之间的依赖关系以及对于每一个包的类的列表。

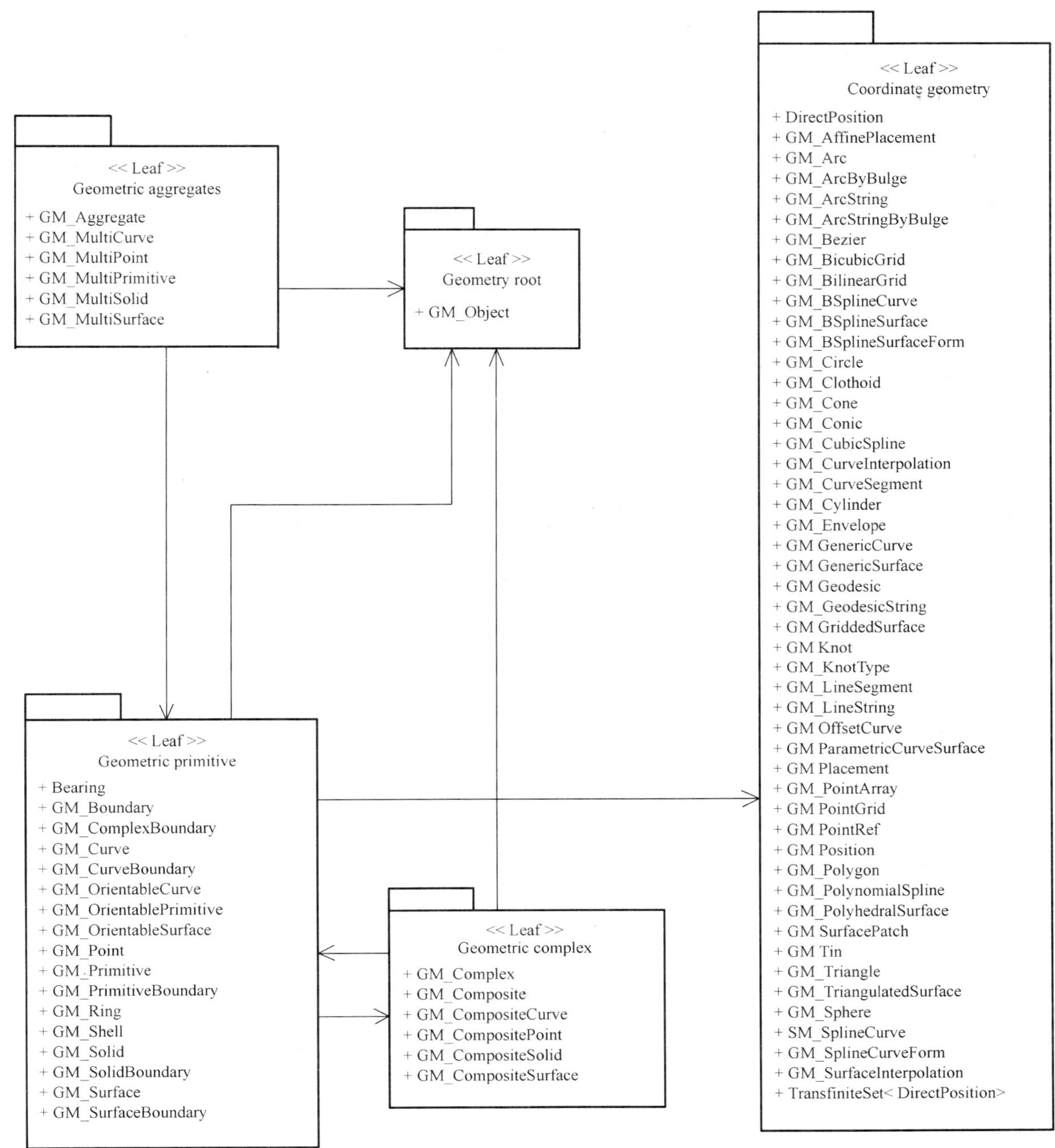

图 4　几何包：类的内容和内部依赖关系

图 5 所示为定义在几何包中的基本类。任何继承 GM_Object 语义的对象都作为直接位置(direct position)的集合。它的行为由它所包含的直接位置决定。GM_Primitive(GM_单形)中的对象是开放的，即它们不包含它们的边界点；曲线不包含它们的端点，曲面不包含它们的边界曲线，体不包含它们的边界曲面。GM_Complex(GM_复形)中的对象是闭合的，即它们包含它们的边界点。这可能导致一些明显的含混。一条线作为一个单形表述时必然引用它的端点，但是在直接位置的集合中却不包含这些端点。一条线作为一个复形表述时，也将引用它的端点，并且将把端点包含在直接位置的集合中。这意味着，同样的数值表述将有轻微的语义差别，这取决于是把它们处理为单形还是复形。

最明显的语义差别是在 GM_CompositeCurve(GM_组合曲线)。组合曲线是用来表达在几何上也可以被表述为曲线单形的要素。从制图学的观点,这两个表述是没有差别的。从拓扑学的观点,它们是不同的。这个差别出现在继承图(图 5)上,即作为 GM_CompositeCurve 和 GM_OrientableCurve(GM_可定向曲线)之间的继承关系上。GM_CompositeCurve(见 6.6.5)的原始语义是作为一个闭合的 GM_Object,但是在 GM_Primitive 中,它也可以作为一个开放的 GM_Object 来操作(见 6.3.10)。建立在该对象上的拓扑细节上的接口协议,必须区分它们是从 GM_Primitive 继承来的还是从 GM_Complex 继承来的。尽管这些协议继承了定义在 GM_Object 中相同的操作,它们将根据各自进化过程中所经历的不同的途径而具有不同的行为。专用标准实现的创建者可以把这个因素考虑进去,采用代理机制来实现导致语义分歧的这些关系。在那些不允许多重继承或对于方法绑定假设作了限制的系统,这个过程在面向对象的程序和数据库中将是必要的。

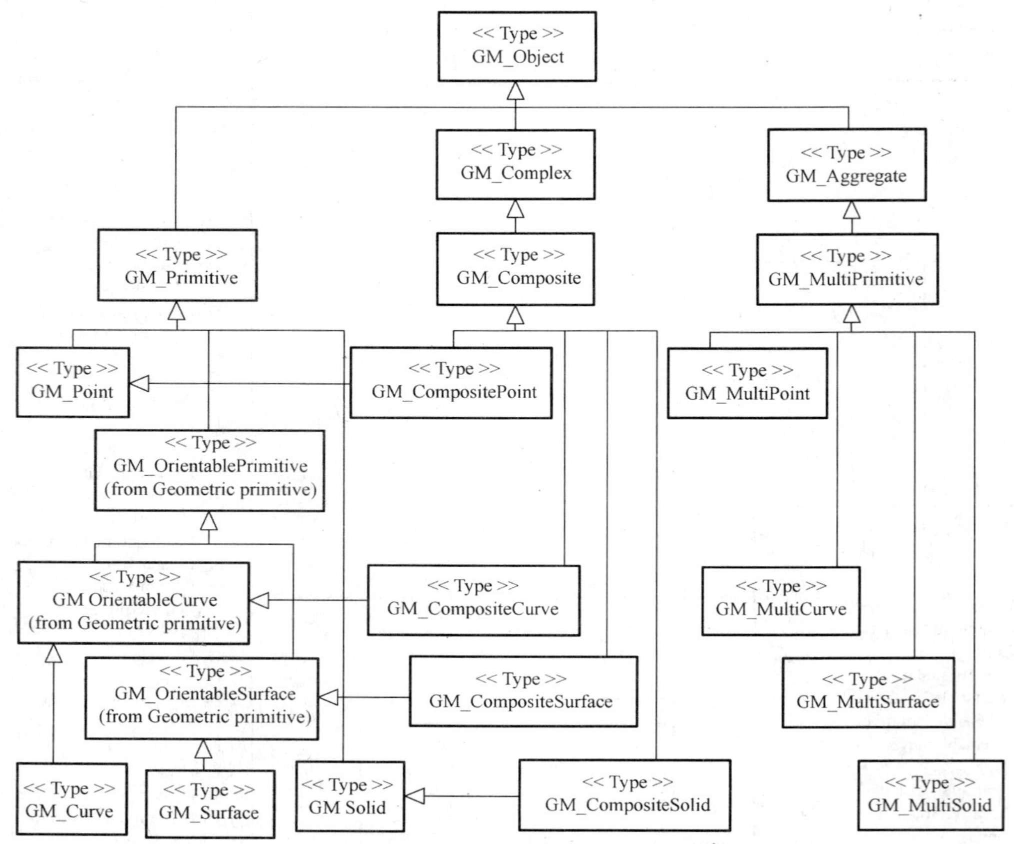

图 5 具有特化关系的几何基本类

6.2 几何根包

6.2.1 语义

几何对象是坐标几何与坐标参照系的结合。在所有的操作中,所有的几何计算都应以最先使用到的几何对象的坐标系为准,因为它们通常为操作的调用者。返回的对象应该是在进行计算的坐标参照系中,如果返回的对象不在该坐标系下则必须明确说明。本条定义的接口协议基本上是来自于集合理论。通常,几何对象是由直接位置(见 6.4.1)描述的几何点的集合。几何对象的对象实例化是 GM_Object。用数值对几何点进行对象实例化就是直接位置。定义在 GM_Object 中的通用集合理论操作随着类层次向下遗传,根据边界点的直接位置是否包含在集合元素中而各不相同。GM_Primitive 的子类型不包含边界点,而 GM_Complex 的子类型包含边界点。

GM_Object 和 GM_Primitive 是纯粹的抽象类,即在应用模式中不能用对象(或数据结构)直接实例化它们。这些类的实例必须是它们非抽象化的子类型(如 GM_Point、GM_Curve 或 GM_Surface)的实例。而 GM_Complex 就不是这样，它可以通过应用模式直接实例化，而不必是 GM_Composite 的非抽象子类的实例。虽然在本标准中 GM_Complex 没有显式地实例化，但应用模式可以在与本标准一致的类库中包含一个称作“GM_Complex”的具体的类。应用模式的名称空间是不同于本标准所采用的名称空间，因此看上去不合逻辑的名称实际上是可用的。在本标准中的抽象类可不是这样，这些类在逻辑上不支持直接实例化。这些抽象类型在逻辑上并不直接实例化，而是通过它们的具体子类的构造函数进行实例化。

与 UML 中的通常用法相比，这是对“抽象”的更严谨解释，并且适合作为对应用模式开发者的一个向导。

6.2.2 GM_对象(GM_Object)

6.2.2.1 语义

GM_Object(见图 6)是几何对象分类学上的根类，它支持通常地理上引用的所有几何对象的接口。GM_Object 的实例是在一个特定坐标参照系下直接位置的集合。GM_Object 可以被看作是点的无穷集(infinite set)，这些点满足对于直接位置的超限集 TransfiniteSet〈DirectPosition〉的集合操作接口。因为无限组合的类不能直接实现，所以“包含”的布尔测试是由 GM_Object 接口提供的。本标准主要关心矢量几何类，但对于栅格几何类的进一步工作可以直接使用 GM_Object 作为根类而无需修改。

注：作为一个类型，GM_Object 没有一个明确定义的缺省状态或值来作为一种数据类型的表达。GM_Object 只能在其子类中实例化。

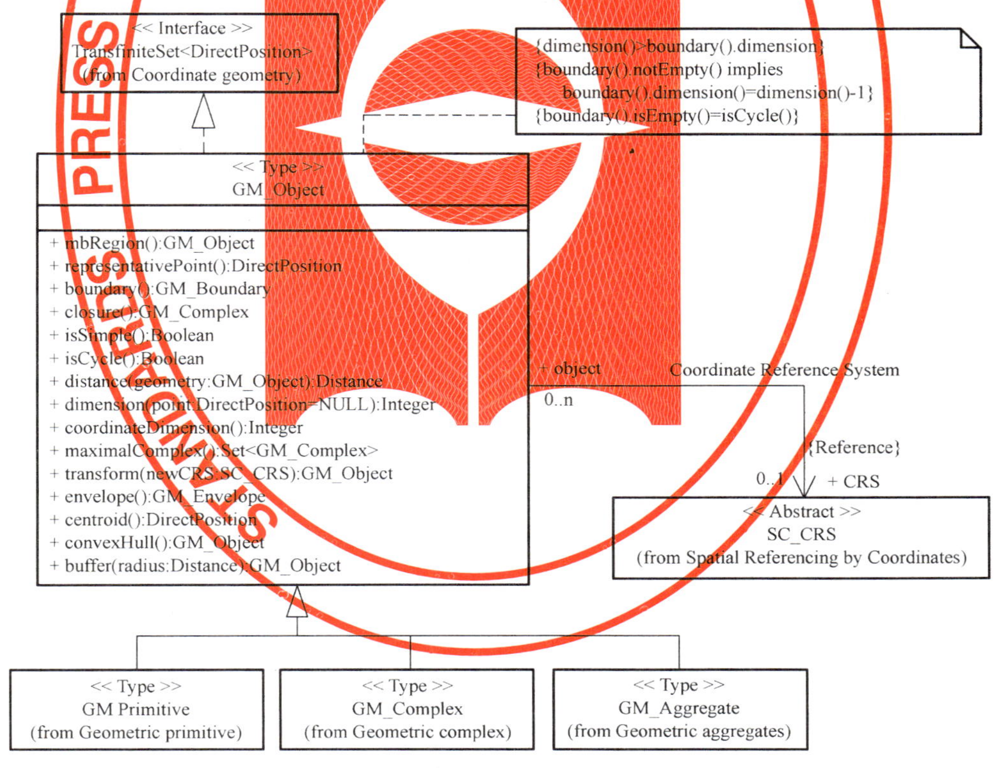

图 6 GM_对象(GM_Object)

6.2.2.2 mbRegion(最小限定区域)

“mbRegion”操作只是作为接口包含在这里，不同应用可以选择不同的方式进行实现。它将返回在坐标系下包含该 GM_Object 对象的一个区域。缺省状态将返回一个 GM_Object 子类的实例，该子类表达从 GM_Object::envelope(包络)操作返回的相同的空间集合。mbRegion 最通常的用法是用来支持使用范围(extents)而不是它的最小边界矩形(MBR 或 envelope)的索引方法。

GM_Object::mbRegion():GM_Object

返回的 GM_Object 为一个非矢量的几何表达也是可以的，虽然这些类型在本标准中没有定义。

6.2.2.3 **representativePoint（代表点）**

"representativePoint"操作只是作为一个接口包含在这里，它可以用不同的方式实现。它将返回保证在该 GM_Object 上的一个点的值(DirectPosition)。缺省逻辑使用由"GM_Object::centroid"操作返回的点(如果该点在这个对象上)的直接位置。

GM_Object::representativePoint():DirectPosition

RepresentativePoint 操作还可用于符号化表达系统中的注记配置。本标准不讨论符号化和注记配置。

6.2.2.4 **boundary（边界）**

"boundary"操作应该返回由若干 GM_Object 组成的一个有限集合，这些 GM_Object 包含在该 GM_Object 边界上的所有直接位置。这些对象的组合在适当的场合具有更多的内部结构，并且应该作为 GM_Boundary(GM_边界)数据类型的子类来表达，而 GM_Boundary 本身是 GM_Complex 的子类。返回的这些 GM_Objects 的有限集合应该与该 GM_Object 在同一个坐标参照系中。如果该 GM_Object是在一个 GM_Complex 内，那么返回的这些边界 GM_Objects 应该在这同一个 GM_Complex中。如果该 GM_Object 不在任何的 GM_Complex 上，那么返回的这些边界 GM_Objects 可能是为了响应这个操作而构造的。

GM_Object::boundary():GM_Boundary

返回的该集合的组织方式取决于该 GM_Object 的类型。下面描述的 GM_Object 的每个子类都非常完整地定义了它的边界集合的组织方式。

边界元素的空间维数应该比原始元素的空间维数低。

//边界上的所有对象的空间维数都比原始 GM_Object 的空间维数至少少 1

boundary→select(dimension)<=self.dimension−1

6.2.2.5 **closure（闭包）**

"closure"操作应该返回由若干 GM_Object 组成的一个有限集合，这些 GM_Object 包含在该 GM_Object 边界和对象上的所有的点(即该对象与它的边界的联合)。这些对象组合将在适当的场合具有更多的内部结构。返回的这些 GM_Objects 的有限集合应该与这个 GM_Object 在同一个坐标参照系中。如果该 GM_Object 是一个 GM_Complex，则返回的这些边界 GM_Objects 也应该是在该 GM_Complex上。如果该 GM_Object 不在任何的 GM_Complex 上，那么返回的这些边界 GM_Objects 可能是为了响应这个操作而构造的。

GM_Object::closure():GM_Complex

6.2.2.6 **isSimple（简单性判断）**

如果该 GM_Object 没有自交或自切的内部点，"isSimple"操作将返回 TRUE。在数学形式上，这意味着在对象的内部的每一个点都必须有一个可度量的邻域，该邻域与该对象的交同构于一个 n 维球，这里 n 是该 GM_Object 的空间维数。

GM_Object::isSimple():Boolean

因为大多数的坐标几何都是直接或间接由它们的拓扑维的欧几里德空间区域的函数来表达，对于简单性最容易的测试就是需要有一个函数存在，该函数是一对一并且是双向连续的。这样一个函数是拓扑同构的。这个测试对于"闭合的"对象(即对于那些 isCycle 操作中返回 TRUE 的对象)不起作用。

当 GM_Complex 只包含简单 GM_Object 时，非简单的 GM_Object 通常被用在"非结构"的数据集里。

注："非结构"是一个贬义的词语，通常是暗指数据中在应用前应该清除掉的不受欢迎的几何异常或矛盾。这些矛盾可能包括(但不仅限于)下列的一些异常类型：

1) 未及线(undershot)：一条线本来应该与另一条线相交，但是由于有一小点误差没有交上。这与真正的"邻近未交”常常难以区分(例如,某处一条道路与另一条道路被一堵仅仅一砖厚的墙所隔开)。当一张曲面或多边形边界的悬挂线未能闭合时,这个问题尤其难以处理。这通常是由于数值化仪在太小的比例尺上工作,而未能抓住线的端点所致。

2) 过伸线(overshot):一条线本来应该相交并终止于另一条线,但它走过了,在交点的另一边留下一小段过剩的线头。这通常是由于数值化仪在太小的比例尺上工作,而试图在视觉上抓住线的端点所致。

3) 端点打圈(end loop):一条线本来应该相交并终止于另一条线,但它走过了然后又折回来,留下一个小的多余的环在线交点的端点的另一边。这通常是由于数值化仪在太小的比例尺上工作,在它已经过伸后还试图抓住这根线所致。

4) 碎条与裂缝(slivers and gaps):很多线,本来是表达同一个几何对象,但是相互之间不一致,在两个曲面的边界处留下一些细碎长条状的重叠区域和裂缝。在辫状河流区域,这种问题尤其难于处理,这里自然要素的真实的几何形状本来就类似于由于糟糕的数值化作业造成的重叠区与裂缝。这通常是由于对于同一区域的多重数据来源,当它们被合并到同一数据库中,但没有很好地进行合并处理所致。

“非结构”数据的真正问题经常是来自于为了改正上述问题而使用的纠正方法(既可能是手工的也可能是自动的)所导致的附加但又各不相同的实际误差。这可能是几何数据中严重的质量问题。

6.2.2.7 **isCycle(圈判断)**

在拓扑简化(去掉了在非构造性聚集,例如 GM_Aggregate 的子类的成分之间的重叠)之后,如果 GM_Object 有一个空的边界,则“isCycle”操作返回 TRUE。可以说一条“闭合曲线(closed curve)”是“闭合的(closed)”。这造成一些混淆,因为对于“闭合的”这个词有两个截然不同并且不相容的定义。圈(cycle)这个词的使用是非常少的(通常限于代数拓扑领域),这就减小了混淆。尤其在某一欧几里德空间内如果一个对象同构于一个是某个区域的边界的几何对象,则该对象就是一个圈。这样,点是圈,因为它的边界是空。如果一条曲线同构于一个圆(circle)(具有相同的始点和终点),这样的曲线就是一个圈。如果一张曲面同构于一个球面或某个圆环面(torus),该曲面就是一个圈。一个大小有限的体在3维空间中不是一个圈。

GM_Object::isCycle():Boolean

范例:下列的 OCL 使用边界操作来产生一个 GM_Object,然后使用 TransfiniteSet<DirectPosition>::isEmpty()算子测试一个空集。

GM_Object:

isCycle()=boundary().isEmpty()

6.2.2.8 **distance(距离)**

“distance”操作将返回该 GM_Object 与另一个 GM_Object 之间的距离。这个距离定义为两个 GM_Object 的点集间的最小距离。“Distance”值是与距离单位(例如米或厘米)相联系的正数。在计算距离之前,如有必要,第二个几何对象应该转换到与第一个几何对象相同的坐标参照系中。

GM_Object::distance(geometry:GM_Object):Distance

如果几何对象重叠或接触,则它们相距的距离是0。目前一些实现中对这种情况使用“负”距离,但这种方法在不同的实现之间既不相容,在理论上也站不住脚。

“Distance” 是量测数据类型的一种单位,定义在 ISO/TS 19103 中。

注:在距离计算中,坐标参照系的作用是重要的。通常,在点之间(因而在几何对象间)至少可以定义三种距离:地图距离、大地距离和地面距离。

地图距离是两点在图上的距离,点的位置是定义在一个投影坐标系下(例如某一比例尺的一张地图上)。通常,地图距离在与比例尺相适应的一个适当小的范围内是精确的。

大地距离(也称测地距离)是沿着被作为坐标参照系的地球模型表面的最短曲线长度。大地距离用于覆盖面积广大的范围,并且要考虑地球的曲率。大地距离常用在大气与海洋航行中,有时还需区别罗盘方位线(方位固定的曲线)距离和大地曲线距离。

地面距离考虑局部垂直位移(地形起伏)。地面距离可能是基于大地距离或地图距离。

6.2.2.9 **dimension（维数）**

“dimension”操作将返回该 GM_Object 固有的空间维数，它应该小于或等于坐标系的维数。几何对象的组合的空间维数应该是这些几何对象中维数最大的对象的维数。点是 0 维，曲线是 1 维，曲面是 2 维，体是 3 维。局部地，在一个点上，几何对象的维数是该点的局部邻域的维数，即该点的任何坐标邻域的维数。只有给出该 GM_Object 内部的 DirectPosition，维数的定义才是明白无误的。如果传递的 DirectPosition 是 NULL，则该操作将返回对于该 GM_Object 中的所有 DirectPosition 的可能维数的最大值。

GM_Object::dimension(point:DirectPosition=NULL):Integer

6.2.2.10 **coordinate Dimension（坐标维数）**

操作“coordinateDimension”返回定义该 GM_Object 的坐标的维数，它必然等于该 GM_Object 所在的坐标参照系的维数。

GM_Object::coordinateDimension():Integer

6.2.2.11 **maximalComplex（最大复形）**

作为单形的集合，复形可能作为一个集合被包含在另一个更大的复形里，这个更大的复形被称之为原来复形的“超复形(super complex)”。如果没有更大的超复形，该 GM_Complex 就是最大复形。操作“maximalComplex”将返回包含该几何对象的最大 GM_Complexes 的集合。

GM_Object::maximalComplex():Set〈GM_Complex〉

如果所采用的应用模式不包含 GM_Complex，则这个操作将返回 NULL 值。

注：作为最大复形的一般语义，不允许任何 GM_Primitive 在多于一个的最大复形中构成强聚集类型。但这也不是绝对的，这取决于实现的语义，在 GM_Primitives 与最大 GM_Complexes 间的关联可能是多对多的。从编程的观点，要动态地构造并维护它们是困难的(虽然不是不可能)。但是作为一个静态的仅供查询的结构，在减少同样的原始几何对象在两种表达中存在数据冗余方面，这可能非常有用。

6.2.2.12 **transform（转换）**

操作“transform”将返回一个新的 GM_Object，它在允许的转换精度内将对象的坐标从原来的坐标系转换到传进的新坐标系中。

GM_Object::transform(newCRS:SC_CRS):GM_Object

6.2.2.13 **envelope（包络）**

操作“envelope”将返回该 GM_Object 最小的边界矩形框。这是横跨该 GM_Object 的 DirectPosition 的每一维坐标的最小值与最大值的一个坐标区域。对于 envelope 最简单的表达是用两个 DirectPosition，这第一个点包含了所有坐标的最小值，第二个点包含所有坐标的最大值。但是，有时这两个点可能在该对象的坐标参照系有效范围之外。该操作包含在这里仅仅是作为一个接口，在应用中可以选择以不同的方法来实现。

GM_Object::envelope():GM_Envelope

6.2.2.14 **centroid（质心）**

“centroid”操作将返回该对象的数学质心。并不能保证返回的结果还在该对象上。对于单形的异类集合(例如曲线与曲面集合)，该 centroid 操作只考虑这些单形中最大维数。例如，当计算曲面的质心，取面积作为权重的平均数。因为曲线没有面积，它们对于面积的平均数没有贡献。

GM_Object::centroid():DirectPosition

注：可能出现这种情况，质心的位置位于该对象的坐标参照系有效区域范围之外，虽然未必总是这样，大多数坐标参照系的有效范围是凸的。如果可能出现这种意外情况，由实现来决定采取适当的对策。

6.2.2.15 **convexHull（凸包）**

“convexHull”操作将返回表达该 GM_Object 的凸集的 GM_Object。

GM_Object::convexHull():GM_Object

注：可能出现这种情况，该 GM_Object 部分地在该对象的坐标参照系有效域范围之外，虽然并不总是这样，因为大多数坐标参照系的有效范围是凸。如果可能出现这种意外情况，由实现来决定采取适当的对策。

凸要求使用“直线”或“最短长度的曲线”，并且使用不同的坐标系可能导致一个对象的凸集的不同版本。每一个实现应当对这个含混采取适当的措施。对于两个合理的坐标系统，在一个坐标系中一个对象的凸集与该对象的凸集转换到另一个坐标系中的镜像可能非常接近。

6.2.2.16 **buffer（缓冲区）**

“buffer”操作将返回一个 GM_Object，它包含距原来 GM_Object 的距离都小于或等于作为参数传进来的距离。返回的 GM_Object 与原来的 GM_Object 在相同的坐标参照系中。返回的 GM_Object 的空间维数在通常情况下与坐标的空间维数相同，在 2 维空间中是 GM_Surface 的一个集合，在 3 维空间中是 GM_Solid 的一个集合，但这些是由应用模式来定义的。

GM_Object::buffer(radius:Distance):GM_Object

注：可能出现这种情况，该 GM_Object 可能部分地在该对象的坐标参照系有效范围之外。如果可能出现这种意外情况，由实现来决定采取适当的对策。

6.2.2.17 **Coordinate Reference System association（坐标参照系关联）**

关联角色“Coordinate Reference System::CRS”链接该 GM_Object 到表达该对象的直接位置所在的那个坐标参照系。如果该关联是空，这个 GM_Object 使用从另一个包含它的 GM_Object 中来的 SC_CRS(坐标参照系)。

GM_Object::CRS[0,1]:SC_CRS

注：这种关联是空的普通例子是一个最大 GM_Complex 元素与子复形之间的坐标参照系关联。这个最大 GM_Complex 可以携带 SC_CRS 为它所有 GM_Primitive 元素和所有 GM_Complex 的子复形所共用。该关联仅仅是从 GM_Object 到 SC_CRS 的索引。这意味着在数据集中，坐标参照系对象并不保持一个使用它的 GM_Object 的列表。

6.2.2.18 **从 TransfiniteSet（超限集）继承来的操作**

6.2.2.18.1 **语义**

TM_Object 实现下列从接口 TransfiniteSet〈DirectPosition〉(见 ISO/TS 19103) 继承来的操作。

6.2.2.18.2 **contains（包含）**

如果该 GM_Object 包含另一个 GM_Object，或包含一个用 DirectPosition 给出的单独的点，操作“contains”将返回 TRUE。设计该算子的目的是为了实现 TransfiniteSet〈DirectPosition〉::contains。

GM_Object::contains(pointSet:GM_Object):Boolean　　　// 子集算子

GM_Object::contains(point:DirectPosition):Boolean　　　// 元素包含算子

如果传进的 GM_Object 是一个 GM_Point，那么该操作等价于该点的 DirectPosition 是否在该 GM_Object 内的集合元素测试。由于点和其他的几何对象共享共同的基类(GM_Object)，对于 GM_Object 来说，通常不需要区分点包含与集合包含。下面的 OCL 重申了基本集合理论的公理。

GM_Object:

contains(that:GM_Object) 并且 that.contains(other:GM_Object)
　　　则隐含有 contains(other)

contains(that:GM_Object) 并且 that.contains(p:DirectPosition)
　　　则隐含有 contains(p)

contains(point:GM_Point) 则隐含有 contains(point.position)

注：“Contains”确切地说是集合理论上的包含，并且没有维数限制。在一个 GM_Complex 中，一个 GM_Primitive 不能包含另一个 GM_Primitive，除非有一个维数的跳跃。见 6.3.11.3。

6.2.2.18.3 **intersects（交）**

如果该 GM_Object 与另一个 GM_Object 相交，操作“intersects”将返回一个布尔值的 TRUE。该算子的目的是实现 TransfiniteSet〈DirectPosition〉::intersects。

GM_Object::intersects(pointSet:GM_Object):Boolean

在一个 GM_Complex 内,GM_Primitive 不会与另一个 GM_Primitive 相交。通常,拓扑结构数据用它们共享的几何对象来获取相交信息。

注:这个交实际上是集合理论中通常的 DirectPositions 包含。在 GM_Primitive 下,如果两个 GM_Curve 共享一个共同的端点,它们不相交,因为 GM_Primitive 被认为是开放的(即不包含它们的边界)。在 GM_Complex 下,如果两个 GM_组合曲线(GM_CompositeCurve)共享一个共同的端点,它们是相交的,因为 GM_Complexes 被认为是闭合的(即包含边界)。

6.2.2.18.4 equals(相等)

如果一个 GM_Object 等于另一个 GM_Object,那么操作"equals"将返回一个布尔值的 TRUE。该算子的目的是实现 TransfiniteSet⟨DirectPosition⟩::equals。

GM_Object::equals(pointSet:GM_Object):Boolean

两个不同的 GM_Object,如果在相关联的坐标参照系有效范围内对于每一个 DirectPosition,GM_Object::contains 操作都返回相同的布尔值,则这两个 GM_Object 是相等的。

注:因为无法测试直接位置的无穷集(infinite set),equals 操作的内部实现必须测试两个可能完全不同的表述之间的等价性。该测试可能受限于坐标系的分辨力或数据的精度。应用模式可以定义一个容差,如果两个 GM_Object 具有相同的维数,并且该 GM_Object 中每一个直接位置与另一个传进来的 GM_Object 的直接位置的距离小于该容差,那么该操作返回 TRUE,反之亦然。

6.2.2.18.5 union(联合)

"union"操作返回该 GM_Object 和传进来的 GM_Object 在集合理论中的联合。union 的设计目的是实现 TransfiniteSet⟨DirectPosition⟩::union 操作。

GM_Object::union(pointSet:GM_Object):GM_Object

6.2.2.18.6 intersection(交)

"intersection"操作将返回该 GM_Object 和传进来的 GM_Object 在集合理论中的交集。intersection 的设计目的是实现 TransfiniteSet⟨DirectPosition⟩::intersection。

GM_Object::intersection(pointSet:GM_Object):GM_Object

6.2.2.18.7 difference(差)

"difference"操作将返回该 GM_Object 和传进来的 GM_Object 在集合理论中的差。difference 的设计目的是实现 TransfiniteSet⟨DirectPosition⟩::difference。

GM_Object::difference(pointSet:GM_Object):GM_Object

注:difference 操作不是对称的,并且通常 A.difference(B) 不等于 B.difference(A)。

6.2.2.18.8 symmetricDifference(对称差)

"symmetricDifference"操作将返回该 GM_Object 和传进来的 GM_Object 在集合理论中的对称差。symmetricDifference 的目的是实现 TransfiniteSet⟨DirectPosition⟩::symmetricDifference。

GM_Object::symmetricDifference(pointSet:GM_Object):GM_Object

6.3 几何单形包

6.3.1 语义

几何单形包包含了所有几何单形和所支持的用来描述它们的边界的数据类型。

6.3.2 GM_边界(GM_Boundary)

用来表达几何对象边界的所有数据类型的抽象根数据类型就是 GM_Boundary(见图 7)。

任何 GM_Object 的子类都使用 GM_Boundary 的子类通过操作 GM_Object::boundary 来表达它的边界。根据几何性质,边界对象应该是圈。

GM_Boundary:

{isCycle()=TRUE}

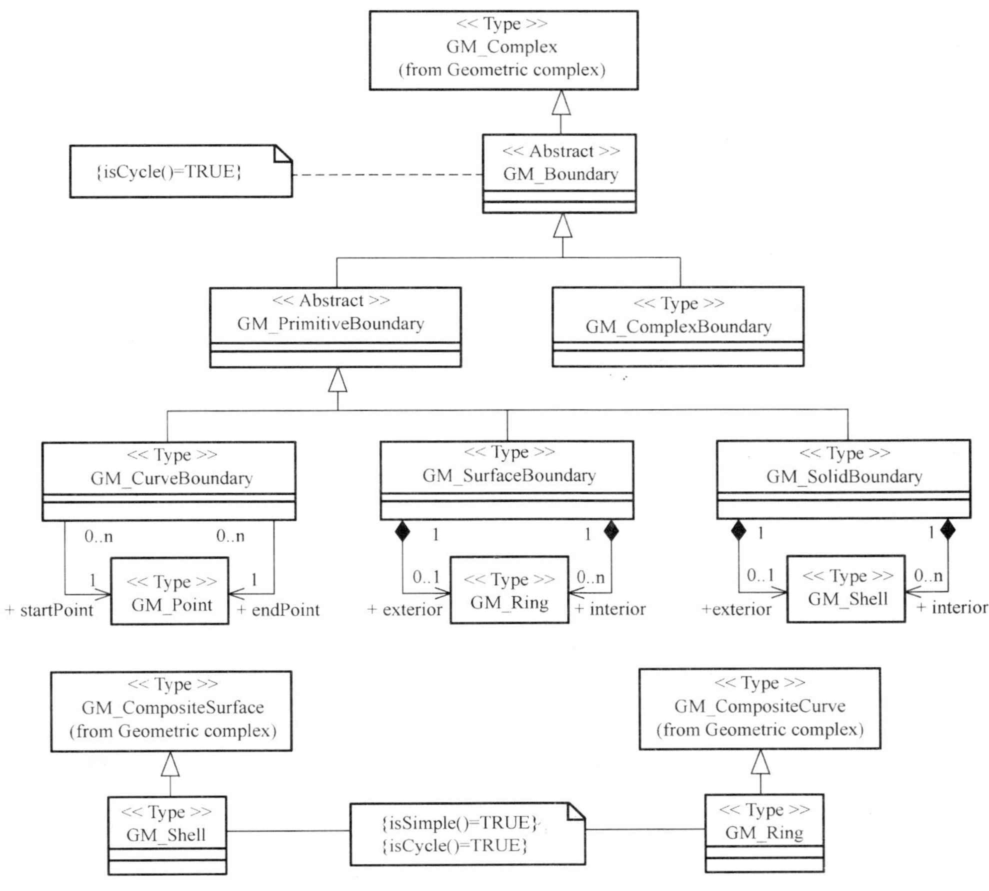

图 7　GM_边界(GM_Boundary)

6.3.3　GM_复形边界(GM_ComplexBoundary)

对于 GM_Complex 对象的边界的操作将返回一个 GM_ComplexBoundary,它是若干单形与一个 GM_Complex 的组合,该 GM_Complex 的维数比原对象维数少 1 维。

6.3.4　GM_单形边界(GM_PrimitiveBoundary)

抽象类 GM_PrimitiveBoundary 是对于 GM_Primitive 的子类的边界算子的各种返回类型的根。因为点没有边界,所以对于点的边界不需要特别的子类。

6.3.5　GM_曲线边界(GM_CurveBoundary)

6.3.5.1　语义

GM_Curve 的边界表达为 GM_CurveBoundary。

6.3.5.2　startPoint,endPoint (始点、终点)

GM_CurveBoundary 包含两个 GM_Point 引用。

GM_CurveBoundary::startPoint:Reference〈GM_Point〉;

GM_CurveBoundary::endPoint:Reference〈GM_Point〉;

6.3.6　GM_环(GM_Ring)

GM_Ring 是用来表达作为 GM_SurfaceBoundary(GM_曲面边界)的相互连接的独立成分。它包含若干 GM_OrientableCurve(GM_可定向曲线)的引用,这些 GM_OrientableCurve 连成一个圈(其边界是空)。

GM_Ring 在结构上类似于 GM_CompositeCurve,在这个序列里的每一条 GM_OrientedCurve (GM_有向曲线)的终点是下一条 GM_OrientedCurve 的始点。由于该序列是循环的,对于这条规则没有例外。每一个环象所有的边界一样,都是一个圈,并且每一个环都是简单的。

GM_Ring:

{isSimple()=TRUE}

虽然每一个 GM_Ring 是简单的,但边界不一定是简单的。最简单的例子是一张曲面的内环相切于它的外环。应用实现中,可以对于相交的边界元素施加更强的限制。

6.3.7 GM_曲面边界(GM_SurfaceBoundary)

6.3.7.1 语义

GM_Surface 的边界表达是 GM_SurfaceBoundary。

6.3.7.2 exterior,interior (外部、内部)

一个 GM_SurfaceBoundary 由若干 GM_Ring 构成,对应于它的边界的各种成分。在通常的 2 维情况下,这些环中有一个是外边界环。在更一般的流形(manifold)情况下,这并不总成立,在有的情况下,所有的边界都是内边界,外边界是空。

GM_SurfaceBoundary::exterior[0,1]:GM_Ring;

GM_SurfaceBoundary::interior[0..n]:GM_Ring;

注:这里所用的外部和内部并不打算调用几何对象的"interior"和"exterior"的定义。这些术语是其普通的用法,并且反映一个语义上的隐喻,即对于在一个容器内的一个对象内的概念使用相同的语义构造。在通常的数学术语中,外边界是出现在 Jordan(约旦)分隔定理(Jordan 曲线定理在 2 维以外的扩展)中的曲线。外边界是分隔该曲面(或 3 维中的体)与无限外空间的这样一种边界。内边界是分隔该对象与其他有界对象的边界。外部唯一性来自于无界空间的唯一性。本质上,Jordan 分隔定理显示了通常 2 维或 3 维空间分别通过插入环或壳,来分隔有界部分与无界部分。本标准最多到 3 维空间。

范例 1:如果有一个无限的圆筒流形,在圆筒的两个横切面之间定义一个紧致的(compact)曲面,并且这两个横切面分隔开该圆筒的无界部分。在这种场合,这两个切面都有理由被称为外部。对这种容易混乱的情形,本标准选择列出所有"内部"边界的集合。只在 2 维平面空间 E^2 中才能保证外部边界的唯一性。

范例 2:用球的赤道产生一个 1 m 宽的缓冲区,我们得到一个具有两个同构的边界成分的曲面。没有不带偏见的方法来区分这两个边界哪一个是外部。

6.3.8 GM_壳(GM_Shell)

GM_Shell 是用来表达 GM_SolidBoundary 的单个连接成分。它由若干连在拓扑圈(它的边界是空)上的 GM_OrientableSurface(GM_可定向曲面)的引用构成。不像 GM_Ring,构成 GM_Shell 的元素(曲面片)没有自然的排序方法。与 GM_Ring 一样,GM_Shell 也是简单的。

GM_Shell:

{isSimple()=TRUE}

6.3.9 GM_体边界(GM_SolidBoundary)

6.3.9.1 语义

GM_Solid 的边界用 GM_SolidBoundary 来表达。

6.3.9.2 exterior,interior (外部、内部)

GM_SolidBoundary 类似于 GM_SurfaceBoundary。在通常的 3 维欧几里德空间中,壳用来区分其外部。在更一般的情况下,这并非总是可行。

GM_SolidBoundary::exterior[0,1]:GM_Shell;

GM_SolidBoundary::interior[0..n]:GM_Shell;

注:对于没有外壳的体,一个可供选择的方法是定义有限体的"补(complements)"。所定义的无限体将只有内部边界。如果本标准拓展到 4 维欧几里德空间,或者采用 3 维紧致流形(3D compact manifolds)(可能在地理信息中不存在这种空间),可能就有其他样式的没有外边界的有界体。

6.3.10 GM_单形(GM_Primitive)

6.3.10.1 语义

GM_Primitive(图 8)是几何单形的抽象根类。它的主要目的是定义在各个空间维中将这些单形联系起来的基本“boundary”操作。GM_Primitive 是在系统中不能再进一步分解成其他的单形的几何对象。GM_Primitive 包括曲线和曲面(也包括点与体),虽然它们分别是由曲线段和曲面片构成的,但这个构成是强聚集,即曲线段和曲面片不能单独存在于单形的相关环境之外。

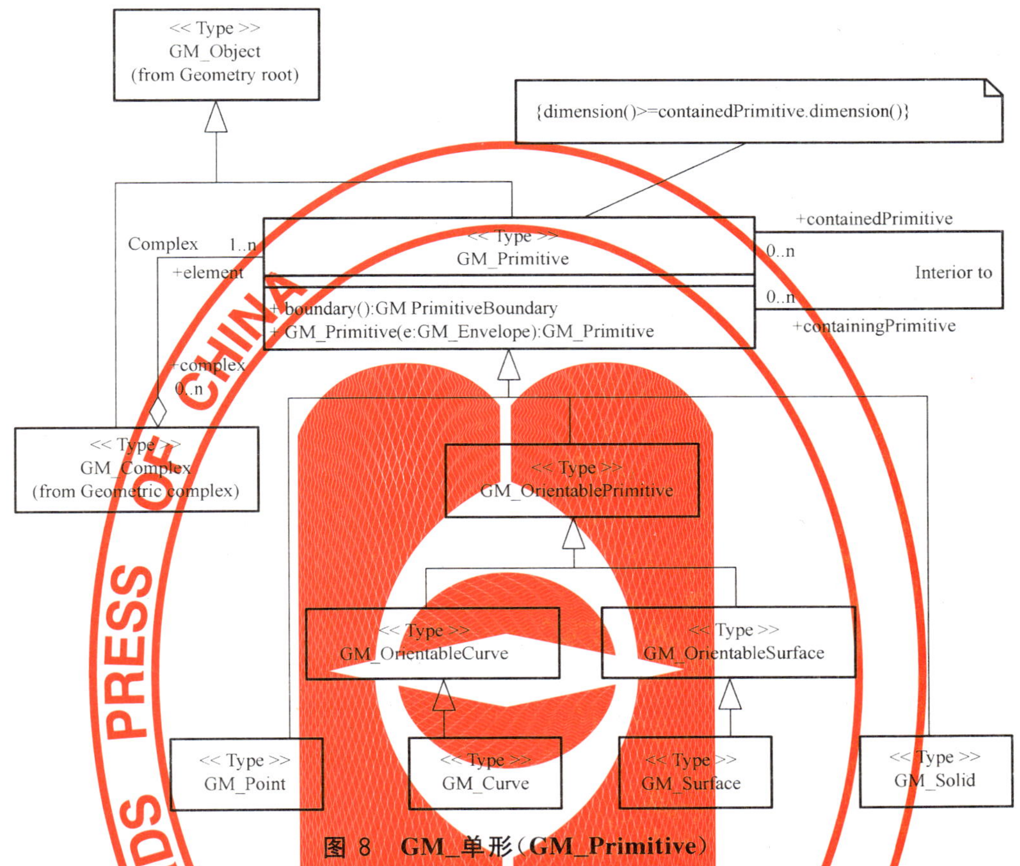

图 8 GM_单形(GM_Primitive)

注:大多数的几何单形是可无限再分解的,在一条线上加一个中点就可将这条线分为两条独立的线。在曲面上画一条新的曲线就可以把曲面分成两个部分,这每一个部分都是一张曲面。这就是为什么对于几何单形的定义为“不可分解(non-decomposable)”,而不是在几何模型上似是而非的定义——在几何上唯一不可再分的对象是点。通常描述为要素的任何几何对象都是若干几何单形的组合。几何单形的组合可以是也可以不是一个几何复形。几何复形有附加的性质,例如边界操作闭合和组分互斥。

GM_Primitive 与 GM_Complex 在操作意义、属性和关联上共享大多数的语义。不同的地方是 GM_Primitive 没有包含它的边界(除了边界是空的 GM_Point 这种平凡情况之外),而 GM_Complex 在所有情况下都包含它的边界。这意味着,如果一个实例化的对象既实现了 GM_Object 对于 GM_Primitive的操作,也实现了对于 GM_Complex 的操作,那么对于每一个集合理论的操作由它的名称来决定。特别要提到的是,对于特定对象,例如 GM_CompositeCurve(GM_组合曲线),GM_Primitive::contains(对于端点将返回 FALSE)是不同于 GM_Complex::contains(对于端点将返回 TRUE)。进一步,如果一个对象被映射为一个 GM_Primitive 值和一个 GM_Complex 值,这两个作为 GM_Object 的值是不必相等的。

6.3.10.2 **boundary(边界)**

“boundary”操作将返回由若干 GM_Primitive 构成的一个集合作为 GM_Primitive 的边界。这是对 GM_Object 操作的一个特化,它并不限制返回类的组合。GM_Primitive 边界集的组织形式取决于单形的类型。

GM_Primitive::boundary():GM_PrimitiveBoundary

6.3.10.3 GM_Primitive (constructor) (GM_单形 (构造函数))

GM_Envelope 经常用于查询操作中,因此必须有返回一个 GM_Object 的映射操作。这里提供 GM_Primitive 的一个构造函数。

GM_Primitive::GM_Primitive(env:GM_Envelope):GM_Primitive

注:该操作的实际返回取决于坐标参照系的维数和 envelope 的范围。在 2 维系统中,这个返回的单形将是一个 GM_Surface(如果该 envelope 没有退化为一个点或一条线)。在 3 维系统中,通常返回的是一个 GM_Solid。

范例:在 GM_Envelope 完全包含在它的 SC_CRS 对象的有效区域内的情况下,它相关联的 GM_Primitive 是一个在该区域里的坐标的各种排列的凸壳。例如,假定在 2 维中一个特定的范围定义为(在下面我们忽略 SC_CRS,假定它是一个全局变量):

env:GM_Envelope=〈lowerCorner=(x1,y1),upperCorner=(x2,y2)〉

然后我们就可以取坐标值的各种排列来创建一个多边形角点的列表。

multi_point:GM_MultiPoint={(x1,y1),(x1,y2),(x2,y1),(x2,y2)}

如果对于 multi_point(多点)使用定义在 GM_Object 的凸壳函数,可得到一个多边形。

multi_point. convexHull()→polygon:GM_Surface

在 2 维中,多边形的范围完全是由它的边界来定义的(内部曲面片是平坦的,并且不需要内部控制点),该边界给我们提供了在 2 维中表达 GM_Surface 的数据类型:

polygon. boundary→ring:GM_Ring={ string:GM_Linestring=
〈(x1,y1),(x1,y2),(x2,y2),(x2,y1),(x1,y1)〉}

所以,该 GM_SurfaceBoundary 记录的是没有内部孔洞的凸集:

boundary:GM_SurfaceBoundary=〈 exterior=ring,interior={ } 〉

细节见这种类型的每一个形式化定义的相关条目。

6.3.10.4 "interior to"("内在于")

"Interior to"关联把按定义相容的若干 GM_Primitive 关联起来。允许应用模式重载 Set〈DirectPosition〉的解释以及与它相关联的计算几何,并声明一个 GM_Primitive 是"interior to"于另一个 GM_Primitive。

当这些 GM_Primitive 在一个 GM_Complex 之内时,这个关联通常是空的,因为在这种情况下边界信息对于多数用例已足够了。

GM_Primitive::coincidentSubelement [0..n]:Reference〈GM_Primitive〉

GM_Primitive::superElement [0..n]:Reference〈GM_Primitive〉

该关联被定义在 GM_Object 中的集合算子和维数算子所限定。

GM_Primitive:

superElement-〉includes(p:GM_Primitive)=GM_Object::contains(p)

dimension() 〉=coincidentSubelement. dimension()

注:当两个 GM_Primitive 不是彼此闭合于另一个上时,就不应使用这种关联。其目的是允许应用模式来补偿内在的且不可避免的舍入、切断以及其他由计算机计算所带来的数学问题。

6.3.10.5 complex (复形)

一个 GM_Primitive 可以在几个 GM_Complexes 中,见 6.6.2。该关联在从单形到复形的这个方向上可能是不可导航的,这取决于应用模式。

GM_Primitive::complex [0..n]:Reference〈GM_Complex〉

6.3.11 GM_点(GM_Point)

6.3.11.1 语义

GM_Point(图 9)是由一个且仅由一个点组成的几何对象的基本数据类型。

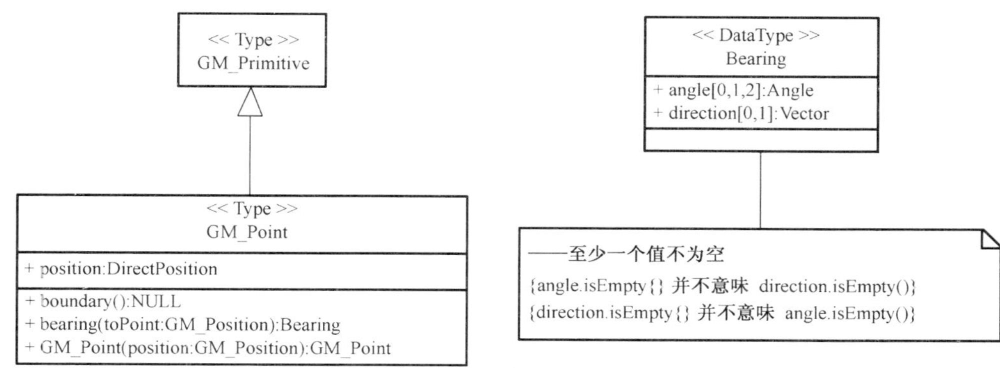

图 9 **GM_点(GM_Point)**

6.3.11.2 **position(位置)**

属性“position”就是 GM_Point 的 DirectPosition。

GM_Point::position:DirectPosition

GM_Point 是 GM_Primitive 中唯一不能用 GM_Position 来表达它的几何定义的子类。一个 GM_Position 可以是一个 DirectPosition 也可以是一个 GM_Point 的引用(从该引用可以得到一个 DirectPosition)。不允许 GM_Point 使用该方法,以避免无穷循环。应用模式可以采用其他的机制来避免这个逻辑问题。

注:在大多数情况下,GM_Point 的状态是完全由它的 position 属性决定的。唯一的例外是如果该 GM_Point 已经被子类化了以提供一个附加的非几何信息,例如符号化信息。

6.3.11.3 **boundary(边界)**

“GM_Point::boundary”操作是 GM_Object 边界操作的一个特化,它返回一个 NULL 来指示空集。

GM_Point::boundary():NULL

6.3.11.4 **bearing(方位)**

“bearing”操作返回在该 GM_Point 和传进来的 GM_Position 之间的曲线(在该 GM_Point 处)的切线方向。

GM_Point::bearing(toPoint:GM_Position):Bearing

对于所定义的方位的曲线类型的选择依赖于定义 GM_Point 的 SC_CRS。例如,对于墨卡托投影,该曲线是经线方向。在以地球为中心的 3 维坐标系中,该曲线可能是连接这两个点沿着大地水准面或所使用的椭球面的大地曲线。支持这个函数的应用实现应定义所使用的曲线的性质。

注:“Vector(矢量)”类型是一个定义在 ISO/TS 19103 中的公共数据类型。

6.3.11.5 **GM_Point(Constructor) (GM_点(构造函数))**

构造函数 GM_Point 在给定位置创建一个 GM_Point。

GM_Point::GM_Point(position:GM_Position):GM_Point

6.3.12 方位(**Bearing**)

6.3.12.1 语义

方位是用来在坐标参照系中表达方向的数据类型。在 2 维坐标参照系中,可以用“从正北方向起算的角度”或在这个方向上的一个 2 维矢量点来表达。在 3 维坐标参考系中,用两个角或任何的 3 维矢量来表达。如果一个角度的集合和矢量都给出了,它们应该是相互一致的。

6.3.12.2 **angle(角度)**

方位的角度变量通常用在 2 维坐标系中,这第一个角(方位角)是从第一个坐标轴(通常是北)以逆时针方向平行于参考曲面的切平面量测的。如果给出两个角,这第二个角(海拔高度)通常表达在一个平行于参考曲面的切平面的局部平面的上面(作为正角)或下面(作为负角)的这个角度。

Bearing::angle [0,1,2]:Angle

6.3.12.3 **direction（方向）**

方位变量通常用在3维坐标系中，direction 用来表达该坐标系中的一个任意矢量。

Bearing::direction [0,1]:Vector

6.3.13 GM_可定向单形(GM_OrientablePrimitive)

6.3.13.1 语义

可定向单形(图10)是那些可以根据它们的内部局部坐标系(流形图)(manifold charts)映射到新几何对象上的对象。对于曲线，定向(orientation)反映在曲线在它的参数化过程中经过的方向。当用作边界曲线，曲面被约束在定向曲线的左侧。对于曲面，定向反映在局部坐标系的方向可以看作一个"右手系统"，"顶部"或在 Z 轴方向的曲面将形成一个右手系统。当用作边界曲面，有界体是在曲面的"下面"。在3维空间中，点的定向和体的定向没有直接的几何含义。

GM_OrientablePrimitive 对象本质上是指携带有一个"orientation"颠倒符号("＋"或"－")的几何单形，这个"orientation"颠倒符号确定该几何单形的定向与所引用的对象的定向是否一致。

注：有几个原因支持从可定向单形分出"positive(正)"单形子类。首先是根据子类的语义。子类被认为是一个层次结构的类型。根据这个观点，"positive"单形仅仅是一个具有正定向的可定向单形。如果采用过去的一种相反的观点，过去曾认为可定向单形是"positive"单形下面的子类，根据子类的逻辑，"negative(负)"单形应该具有和"positive"单形相同类型的几何描述。唯一的可行方案是将"negative"单形从几何根下面分离出，作为"positive"单形的一种相反类型的引用。这大大增加了子类树的复杂程度。为了减少对象的数目并且绕过这个复杂的逻辑，"正"的定向单形作为自引用(是相应的单形子类的实例)，而"负"的定向单形则不是。

可定向单形经常用一个符号(对于该定向的记号)和基类几何元素(曲线或曲面)来表达。该符号数据类型定义在ISO/TS 19103中。如果"c"是一条曲线，那么"〈＋,c〉"就是一条正的可定向曲线，"〈－,c〉"就是一条负的可定向曲线。在大多数情况下，省略语义符号"〈,〉"不会导致混淆，所以"〈＋,c〉"可以写为"＋c"或简化为"c"，"〈－,c〉"写为"－c"。如果曲线排列适当，可以完成曲线空间算法。所以：

对于 c,d:GM_OrientableCurves 如果 c.endPoint＝d.startPoint 那么

(c＋d)＝＝:GM_CompositeCurve＝〈c,d〉

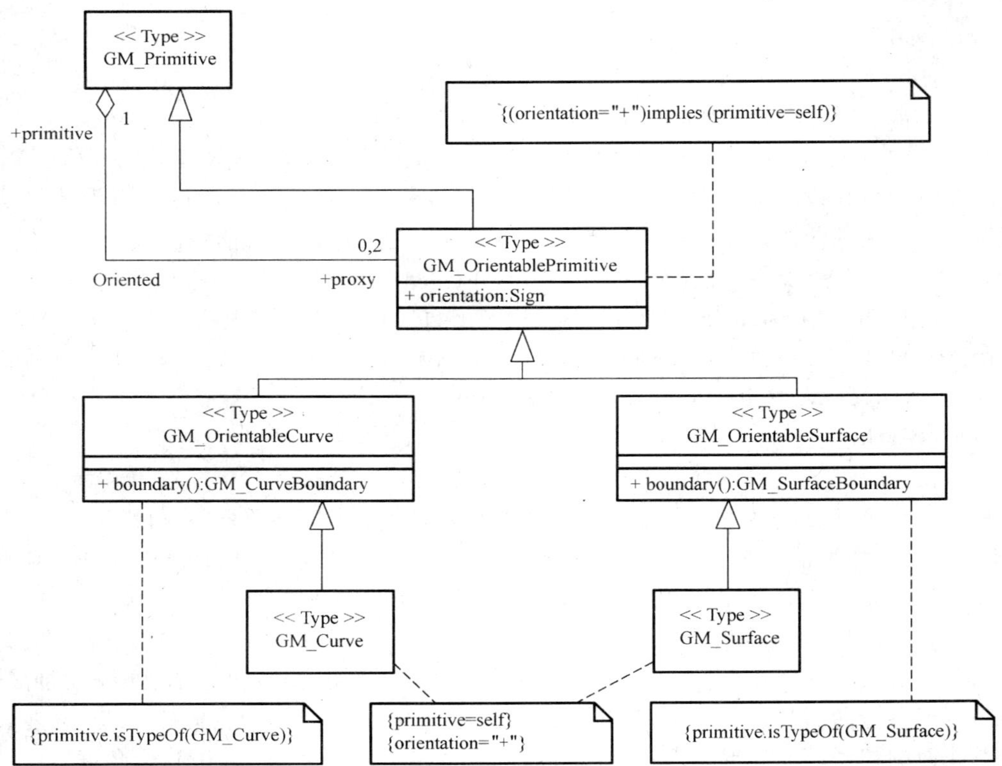

图10 GM_可定向单形(GM_OrientablePrimitive)

6.3.13.2 **orientation（定向）**

可定向单形的“orientation”属性确定了该对象为所表达的两个可能的定向(即“＋”或“－”)中的哪一个。

GM_OrientablePrimitive∷orientation:Sign

6.3.13.3 **Oriented association（定向关联）**

每一个1维或2维的GM_Primitive被关联到两个GM_OrientablePrimitive上，每一个可能的定向都有一个GM_OrientablePrimitive。

GM_Primitive∷proxy [0,2]:Reference〈GM_OrientablePrimitive〉;

GM_OrientablePrimitive∷primitive [1]:Reference〈GM_Primitive〉;

对于曲线和曲面，每一个几何对象正好有两个可定向单形。

GM_Primitive:

(proxy→notEmpty)=(dimension=1 或 dimension=2);

GM_OrientablePrimitive:

a,b:GM_OrientablePrimitive

((a.primitive=b.primitive)且(a.orientation=b.orientation))指示 a=b;

如果定向是“＋”(正)，则该GM_OrientablePrimitive就是这个对应的GM_Curve或GM_Surface。

GM_OrientableCurve:

orientation=“＋”指示 self.isTypeOf(GM_Curve);

GM_OrientableSurface:

orientation=“＋”指示 self.isTypeOf(GM_Surface);

6.3.14 **GM_可定向曲线(GM_OrientableCurve)**

6.3.14.1 **语义**

GM_OrientableCurve由一条曲线和从GM_OrientablePrimitive继承来的一个定向组成。如果该定向是“＋”，则该GM_OrientableCurve就是一条GM_Curve。如果定向是“－”，则该GM_OrientableCurve与该曲线具有相反参数化方向的另一条GM_Curve相关联。

GM_OrientableCurve:

{Orientation=“＋”指示 primitive=self};

{Orientation=“－”指示

primitive.parameterization(length()－s)=parameterization(s)};

6.3.14.2 **boundary（边界）**

“boundary”操作是定义在GM_Object和GM_Primitive中的boundary操作的特殊实现。boundary操作应该返回一个有序的点对，即这条曲线的始点和终点。如果曲线是闭合的，其边界将是空的。GM_CurveBoundary数据类型是定义为这条曲线的边界的简化结构，见6.3.5。

GM_OrientableCurve∷boundary():GM_CurveBoundary

6.3.15 **GM_可定向曲面(GM_OrientableSurface)**

6.3.15.1 **语义**

GM_OrientableSurface由一张曲面和从GM_OrientablePrimitive继承来的一个定向组成。如果该定向是“＋”，则该GM_OrientableSurface就是一张GM_Surface。如果定向是“－”，则该GM_OrientableSurface是对于一个GM_Surface的引用。这个被引用的GM_Surface具有与GM_OrientableSurface相反的外法线方向，意思是“该曲面的顶部”(见6.4.33.2)。

GM_OrientableSurface:

{Orientation="＋"指示 primitive=self};

{(Orientation="－"并且 TransfiniteSet∷contains(p:DirectPosition))

指示(primitive.upNormal(p)=－self.upNormal(p))};

6.3.15.2 **boundary(边界)**

操作"boundary"专门用于定义在GM_Object中的边界操作,具有与GM_OrientableSurface相适应的返回类型。它将返回GM_OrientableCurve循环序列的一个集合,它们限制该GM_Surface的外延。对于该GM_Surface的每一个边界成分,这些曲线将被组织成曲线的一个循环序列。

GM_OrientableSurface::boundary():GM_SurfaceBoundary;

当"外部"边界没有明确定义时,GM_SurfaceBoundary所有的环都是作为"内部"列出。

注:曲面外边界的概念仅对2维平面有效。一个有界的圆筒具有两个边界组分,但这两个组分在逻辑上都不能被归类为外部。这样,在3维空间中没有涵盖所有情况的"外部"的有效定义。

6.3.16 **GM_曲线(GM_Curve)**

6.3.16.1 **语义**

GM_Curve(图11)是GM_Primitive通过GM_OrientablePrimitive派生的子类。它是1维几何对象的基础。曲线是一个开放区间的连续映像,因而可以被写为一个形如$c(t):(a,b)\rightarrow E^n$的参数函数。这里,$t$是一个实型参数,$E^n$是一个$n$维空间(通常2维或3维,由坐标参照系确定)。任何沿着同样的方向,产生同样的映像曲线的其他的参数化方法,例如任何线性平移和缩放,如$e(t)=c(a+t(b-a))$:$(0,1)\rightarrow E^n$,都是对这同一条曲线的一个等价表达。为了简单起见,GM_Curve应该以弧长进行参数化,这样参数化操作继承GM_GenericCurve(见6.4.7),在0到弧长之间的参数将都是有效的。

曲线是连续的、连通的,并且根据坐标系有一个可度量的长度,曲线的定向是由参数化过程决定的,并且与切线函数相一致,该切线函数近似于参数的导数,且始终指向"前进"的方向。由$c(t):(a,b)\rightarrow E^n$定义的曲线相反方向的参数化由从$s(t)=c(a+b-t):(a,b)\rightarrow E^n$函数定义。

一条曲线由一条或多条曲线段构成。在一条曲线上,每一条曲线段可以使用不同的插值方法来定义。每条曲线段在端点处与另一曲线段相连,除非在曲线段列表中上一曲线段指定了下一曲线段的始点。

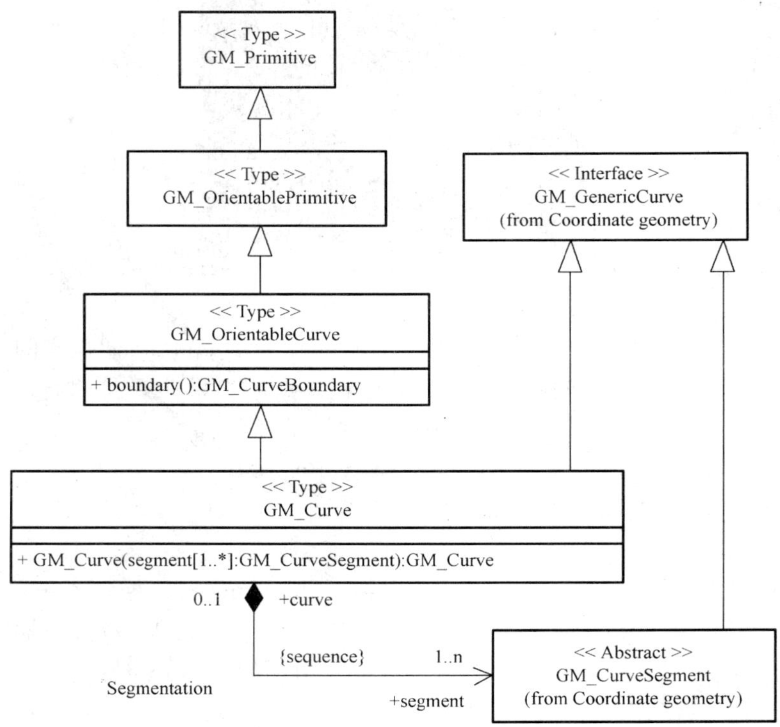

图11 **GM_曲线(GM_Curve)**

6.3.16.2 **GM_Curve (constructor)(GM_曲线(构造函数))**

GM_Curve的构造函数采用GM_CurveSegment(GM_曲线段)的列表来创建GM_Curve,该列表规定了从头至尾的关系。

GM_Curve::GM_Curve(segment[1..n]:GM_CurveSegment):GM_Curve

6.3.16.3 **Segmentation association(分段关联)**

该关联"分段"列出 GM_Curve 的 GM_CurveSegment 组分,每一个 GM_CurveSegment 定义沿着曲线的某一部分的点的直接位置。GM_CurveSegment 的次序是用来追踪 GM_Curve 的次序。

GM_Curve::segment [1]:Sequence〈GM_CurveSegment〉

GM_CurveSegment::curve [0,1]:Reference〈GM_Curve〉

对于一个特定的间隔参数,GM_Curve 和 GM_CurveSegment 遵从下列规则:

GM_CurveSegment:

{curve. startParam() 〈=self. startParam()};

{curve. endParam() 〉=self. endParam()};

{self. startParam() 〈 self. endParam()};

{s:Distance(startParam() 〈=s 〈=endParam())

则指示(curve. parameterization(s)=self. parameterization(s))};

注:在本标准中,曲线段(curve segment)只出现在一条曲线的相关环境中,因此,作用在该关联中的曲线角色的基数(cardinality)应该是"1",这可以保证曲线段只能以这种方式被使用。允许基数为"0...1"并不会影响到该标准,这样可以允许其他标准基于这一点以一种更灵活的方式去使用曲线段。

6.3.17 **GM_曲面(GM_Surface)**

6.3.17.1 **语义**

作为 GM_Primitive 的子类,GM_Surface(图 12)是 2 维几何对象的基础。不可定向的曲面,例如 Möbius(牟比乌斯)带是不允许的。如果一张曲面不是圈,曲面外边界为逆时针方向的这一面的"外法向(upward normal)"的定向被认为是"向上(up)"的。颠倒每一个边界成分的曲线方向并且交换这个曲面方向"上""下"的概念,则该曲面的定向颠倒。如果该曲面是体的边界,这个"向上"方向通常是向外的。对于没有边界的闭合曲面,这个"外法向"方向是构成该闭合曲面的曲面片的方向。该 GM_Surface 所包含的这些 GM_SurfacePatches 描述该曲面的内部形状。

注:除了可定向性的限制之外,对于 GM_Surface 没有要求其他的"有效性"条件。

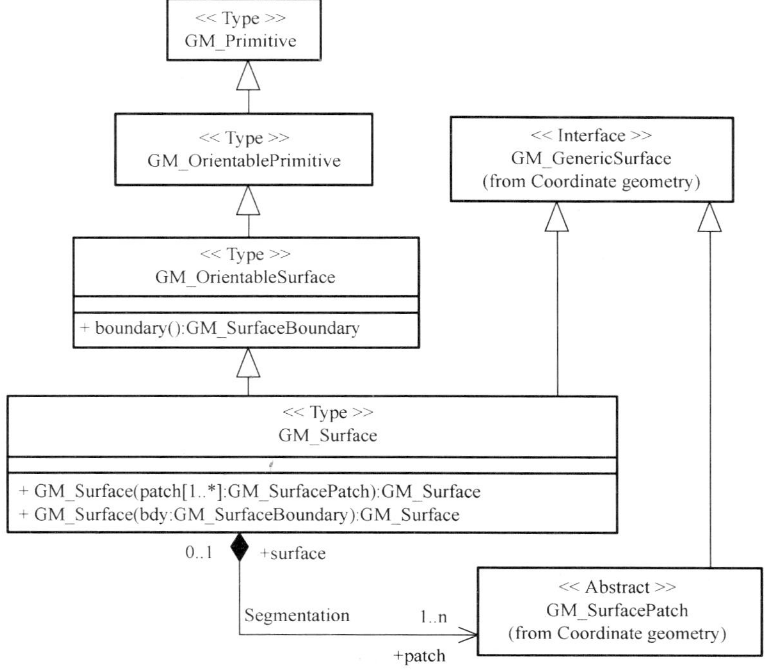

图 12 **GM_曲面(GM_Surface)**

6.3.17.2 GM_Surface (constructor)(GM_曲面(构造函数))

对于 GM_Surface,构造函数的第一个版本采用一个具有适当的边—边关系的 GM_SurfacePatch 列表来创建一个 GM_Surface。

GM_Surface::GM_Surface(patch[1..n]:GM_SurfacePatch):GM_Surface

第二个版本,它只保证在 2 维坐标空间中工作,通过指明它的边界作为 GM_Curve 的一个组合组织成一个 GM_SurfaceBoundary 来构造一个 GM_Surface。在 3 维坐标系空间,构造函数的第二个版本要求所定义边界的 GM_Curve 实例全部共面(位于同一个平面),并以此来定义曲面的内部。

GM_Surface::GM_Surface(bdy:GM_SurfaceBoundary):GM_Surface

6.3.17.3 Segmentation association(分段关联)

"Segmentation"关联指该 GM_Surface 是 GM_SurfacePatche 的一个集合,这些 GM_SurfacePatche 连在一起形成该 GM_Surface。根据所采用的插值方法,曲面片的这个集合可能还需要另外的附加结构。通常,曲面片的形式在应用模式中定义。

GM_Surface::patch [0..n]:GM_SurfacePatch

GM_SurfacePatch::surface [0,1]:Reference<GM_Surface>

如果 GM_Surface.coordinateDimension 是 2,则整个的 GM_Surface 是通过边界的线性插值定义的一个逻辑曲面片。

注:在本标准中,曲面片只出现在曲面的相关环境中。因此,作用在该聚集形中的曲面的基数(cardinality)应该是"1",这可以保证曲面片只能以这种方式被使用。允许基数为"0...1"并不会影响到该标准,这样可以允许其他标准基于这一点,以一种更灵活的方式去使用曲面片。

6.3.18 GM_体(GM_Solid)

6.3.18.1 语义

GM_Solid(图 13),为 GM_Primitive 的子类,是 3 维几何对象的基础。体的范围由边界曲面定义。

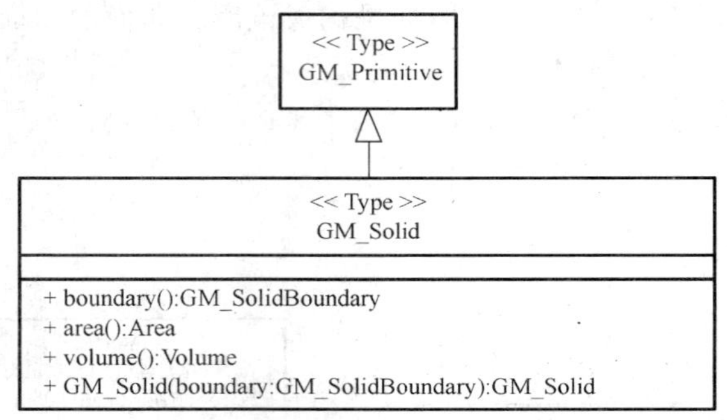

图 13 GM_体(GM_Solid)

6.3.18.2 boundary(边界)

"boundary"操作是对定义在 GM_Object 和 GM_Primitive 中的边界操作的特殊实现,它具有适当的返回类型。它将返回约束该 GM_Solid 范围的 GM_Surface 集合的序列。这些曲面将被组织成曲面的集合——壳,来作为 GM_Solid 的边界组分。这些壳的每一个都将是一个圈(没有边界的闭合的组合曲面)。

GM_Solid::boundary():GM_SolidBoundary

注:定义一个体的外壳仅仅因为体所在的坐标空间始终是处在一个 3 维欧几里德空间中。更一般的情况下,在一个有界 3 维流形内的体没有可辨别的外边界。

在"外部"边界没有明确定义的情况下,所有 GM_SolidBoundary 的壳将作为"内部"边界列出。

约束一个体的 GM_OrientableSurfaces 被定向向外,即由它的定向定义的每一个 GM_Surface 的"顶部"将从体的内部指向外。

每一个 GM_Shell 当被视作一个组合曲面时都将是一个圈(见 6.2.2.6)。

6.3.18.3 **area（面积）**

“area”操作将返回体的所有边界组分的曲面面积的总和。

GM_Solid::area():Area

Set<GM_Surface>类有一个称作“area”的“column operation(列操作)”，用来累计集合的组分的面积，可用于GM_Solid：

GM_Solid:

area()=boundary().area()

6.3.18.4 **volume 体积**

“volume”操作返回该GM_Solid的体积。它是该体的外边界壳所包含的体积减去所有内边界壳所包含的体积。

GM_Solid::volume():Volume

6.3.18.5 **GM_Solid (constructor)（GM_体（构造函数））**

因为本标准仅限于3维坐标参照系，任何体可由它的边界定义。GM_Solid缺省的构造函数是来自于由GM_Shell组织成GM_SolidBoundary构成的具有适当结构的一个集合。

GM_Solid::GM_Solid(boundary:GM_SolidBoundary):GM_Solid

6.4 坐标几何包

6.4.1 直接位置(**DirectPosition**)

6.4.1.1 语义

DirectPosition对象数据类型(图14)保存在某个坐标参照系下一个位置的坐标。坐标参照系在ISO 19111中描述。由于DirectPosition作为数据类型经常被包含在更大的对象(例如GM_Object)，这些更大的对象已经引用了ISO 19111::SC_CRS，所以，如果这个特别的DirectPosition是包含在一个更大的具有对SC_CRS引用的对象中，DirectPosition::cordinateReferenceSystem可能留下一个NULL。在这种情况下，DirectPosition::cordinateReferenceSystem隐含地被假定为采用了包含该对象的SC_CRS的值。

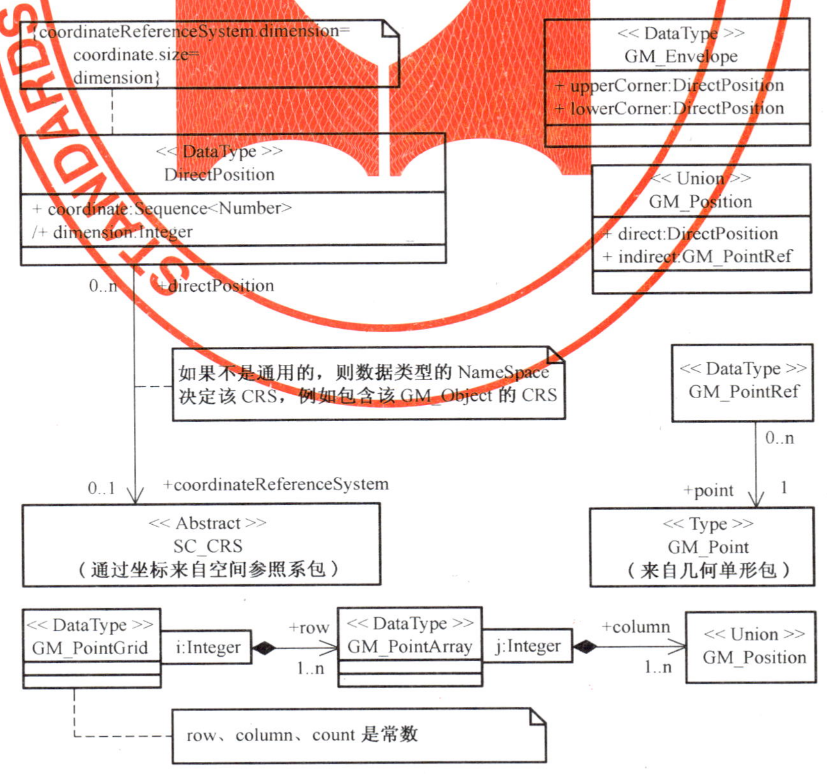

图14 直接位置(**DirectPosition**)

6.4.1.2 **coordinate（坐标）**

属性“coordinate”是一个数值序列，它包含了在所指定的参照系下该位置的坐标。

DirectPosition::coordinate:Sequence〈Number〉

6.4.1.3 **dimension（维数）**

属性“dimension”是坐标轴的个数，它由坐标参照系决定。

DirectPosition::dimension:Integer=(coordinate.length)

6.4.1.4 **coordinate ReferenceSystem（坐标参照系）**

关联角色“coordinateReferenceSystem”是所给坐标的坐标系统。SC_CRS 定义在 ISO 19111 中。

DirectPosition::coordinateReferenceSystem [0,1]:ISO 19111::SC_CRS

6.4.2 **GM_点引用(GM_PointRef)**

GM_PointRef 是用来引用已经存在的点。它是模板类 Reference〈GM_Point〉的一个实例。

GM_PointRef::point::Reference〈GM_Point〉

6.4.3 **GM_包络(GM_Envelope)**

6.4.3.1 **语义**

GM_Envelope 经常指一个最小边界盒子或矩形。不管维数，一个 GM_Envelope 可以没有含混地表达为两个坐标点(一个最小点、一个最大点)。要对一个 GM_Envelope 编码，只要对这两个点进行编码就足够了。它与本标准中的所有数据类型是一致的，它的状态是由它的公共可存取的属性来表达的。

6.4.3.2 **upperCorner（上角点）**

GM_Envelope 的“upperCorner”是由最大坐标值构成的一个坐标位置(coordinate position)，该点对于在 GM_Envelope 内所有点的每一维都是最大的。

GM_Envelope::upperCorner:DirectPosition

6.4.3.3 **lowerCorner（下角点）**

GM_Envelope 的“lowerCorner”是由最小坐标值构成的一个坐标位置，该点对于在 GM_Envelope 内所有点的每一维都是最小的。

GM_Envelope::lowerCorner:DirectPosition

6.4.4 **超限集〈直接位置〉(TransfiniteSet〈DirectPosition〉)**

几何对象的大多数功能都是基于把它们视为 DirectPosition 的无穷集(infinite set)(见图 6)的观点。参数化的类 TransfiniteSet〈T〉定义在 ISO/TS 19103 中。

6.4.5 **GM_位置(GM_Position)**

GM_Position 数据类型是一个联合类型，它由一个 DirectPosition 或对 GM_Point 的一个引用构成，从这个对 GM_Point 的引用可以得到一个 DirectPosition。该数据类型的使用允许区分一个位置是直接作为一个坐标(直接变量)还是间接地作为一个对 GM_Point 的引用(间接变量)。

GM_Position::direct [0,1]:DirectPosition;

GM_Position::indirect [0,1]:GM_PointRef;

GM_Position:

{direct.isNull=indirect.isNotNull}

6.4.6 **GM_点数组，GM_点格网(GM_PointArray，GM_PointGrid)**

在本标准中，很多几何构造函数需要使用参考点，这些参考点组织成序列或格网(等长序列的序列)。

GM_PointArray::column[1..n]:GM_Position;

GM_PointGrid::row[1..n]:GM_PointArray;

6.4.7 **GM_一般曲线(GM_GenericCurve)**

6.4.7.1 **语义**

GM_Curve 和 GM_CurveSegment 两者都代表曲线几何的分段，因此共享若干的操作语义。这些操作语义定义在接口类 GM_GenericCurve 中(见图 15)。

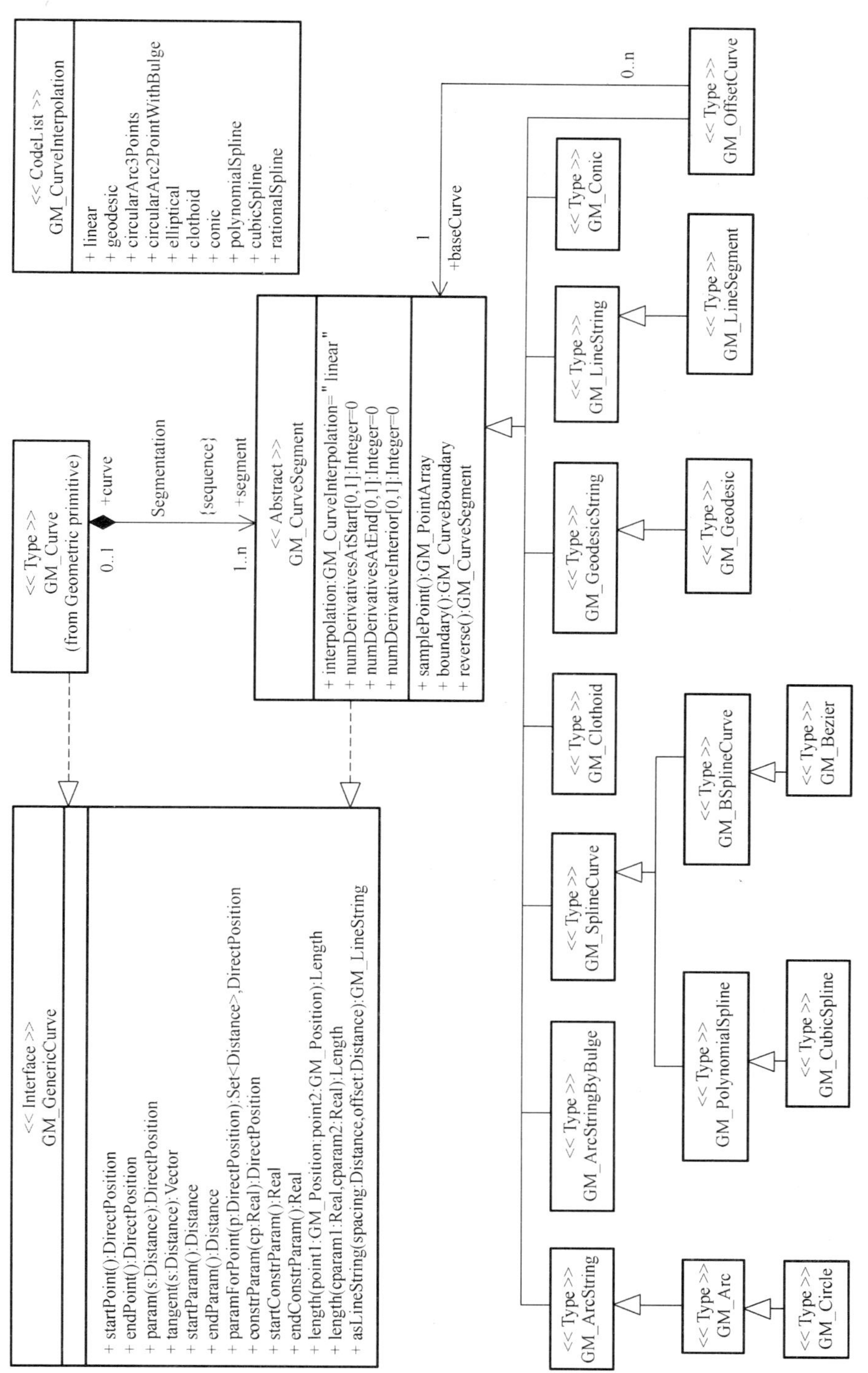

图 15 曲线段类(Curve segment class)

6.4.7.2 startPoint,endPoint（始点、终点）

“startPoint”和“endPoint”操作将分别返回 GM_GenericCurve 上第一个点和最后一个点的 DirectPositions。这不同于 GM_Primitive 中的边界操作，因为它仅仅返回这两个点的值，而不是所代表的对象。

GM_GenericCurve::startPoint():DirectPosition

GM_GenericCurve::endPoint():DirectPosition

6.4.7.3 tangent（正切）

“tangent”操作将返回在所传参数值位置处沿着 GM_GenericCurve 的切线矢量。该矢量近似于曲线的参数导数。该切线矢量是一个单位矢量(长度为 1.0)，这与由弧长的参数化相一致。

GM_GenericCurve::tangent(s:Distance):Vector

6.4.7.4 startParam,endParam（始点参数、终点参数）

startParam 和 endParam 分别指示对于 startPoint 和 endPoint 的参数。

GM_GenericCurve::startParam():Distance

GM_GenericCurve::endParam():Distance

GM_GenericCurve:

{parameterization(startParam())=startPoint()};

{parameterization(endParam())=endPoint()};

{length()=endParam()-startParam()}

一条 GM_Curve 的起始参数和结束参数分别是 0 和曲线弧长。对于在一条 GM_Curve 内的各个 GM_CurveSegment(GM_曲线分段)的起始和结束参数分别等于这些分段在这条 GM_Curve 中的 Segmentation 关联所对应的起始与结束参数(见 6.3.16.3)。所以任何分段(第一段除外)的 startParam 等于上一个线段的 endParam。如果一条 GM_GenericCurve 被用作其他目的，对于这两个参数将有一个限制，即由该 GM_GenericCurve 的弧长所决定的这两个参数(起始参数和结束参数)必须不同。

6.4.7.5 paramForPoint（点的参数）

“paramForPoint”操作将返回传进来的 DirectPosition 所对应的该 GM_GenericCurve 的曲线参数。如果 DirectPosition 不在曲线上，将返回曲线上最近点所对应的参数。

GM_GenericCurve::paramForPoint(p:DirectPosition):Set⟨Distance⟩,
DirectPosition

使用最接近点“p”的 DirectPosition，即它是在 GM_GenericCurve 上最接近所传递的点“p”的点。返回集将只包含一个坐标，除非不是简单曲线。如果在 GM_GenericCurve 上多于一个 DirectPosition 具有距所传递的“p”点相同的最小距离(例如曲线是一段圆弧，所传“p”为圆心)，这个返回值可能是所有可选答案中的任意一个。

6.4.7.6 param（参数）

“param”操作将对作为实数间隔的连续映像的曲线作参数化的表达。该操作以所传的距离返回在 GM_GenericCurve 上的 DirectPosition。这个参数化可以是弧长，即从始点沿着 GM_GenericCurve 量测并加到起始参数上去。

GM_GenericCurve::param(s:Distance):DirectPosition

6.4.7.7 startConstrParam,endConstrParam（始点构造参数、终点构造参数）

“startConstrParam”和“endConstrParam”分别指示用来构造 startPoint 和 endPoint 的参数。

GM_GenericCurve::startConstrParam():Real

GM_GenericCurve::endConstrParam():Real

GM_GenericCurve:

constrParam(startConstrParam())=startPoint();

constrParam(endConstrParam())=endPoint();

并没有假定 startConstrParam 比 endConstrParam 小，但是限定参数化是单调的(严格递增或严格递减)。

注：为了方便计算，经常选用构造性参数，而构造性参数很少与作为缺省参数的弧长有任何简单关系。通常，几何构造将使用构造性参数，因为程序员认为这样作合理，当查询的时候计算弧长。

6.4.7.8 constrParam(构造性参数)

"constrParam"操作是将曲线作为实数间隔的连续映像的另一种可替代表达，这里没有限制要求参数一定是代表曲线弧长，对于 GM_Curve 和它的组分 GM_CurveSegments 之间也没有限制。使用该操作通常是为了暴露隐藏在曲线后面的构造函数，当该曲线是用来构造参数曲面时尤其有用。

GM_GenericCurve::constrParam(cp:Real):DirectPosition

6.4.7.9 length(长度)

曲线段的长度是在坐标参照系下对它的长度的数值度量。由于长度是距离的积累，它的返回值将带一个与量测的距离相匹配的量测单位。"length"操作将返回曲线上的两个点沿着曲线的距离。这两个参数的缺省值分别是始点和终点。如果所给的点没有在曲线上，在计算长度之前，该点将被映射到曲线上最近的直接位置。如果曲线是非简单的，并且多次通过这两个所给点的一个或两个，这个返回的距离将是这两个点在 GM_Curve 上的最小距离。

GM_GenericCurve::length(point1:GM_Position=startPoint(),
point2:GM_Position=endPoint()):Length

length 操作的第二种形式将直接从构造参数产生，允许用在参数化过程中的变量和构造性参数之间直接转换。

GM_GenericCurve::length(cparam1:Real=startConstrParam(),
cparam2:Real=endConstrParam()):Length

在直接位置之间通过缺省参数确定的距离简单地就是参数间的差。length 函数也允许构造性参数与弧长参数间的转换。

如果 p=length(startConstrParam,p2)+startParam
则 parameterization(p)=constrParam(p2)

6.4.7.10 asLineString(作为线串)

"asLineString"函数构造一个线串(线段的序列)，这里控制点(线段的端点)位于这条曲线上。如果给出了"maxSpacing(最大间隔)"，即 maxSpacing 非 0，则沿着所产生的曲线在控制点间的距离将小于 maxSpacing。如果给出了"maxOffset(最大偏移量)"，即 maxOffset 非 0，则在所产生的曲线上任何点与原始曲线之间的距离将小于 maxOffset。如果 maxSpacing 和 maxOffset 两个参数都设定了，则这两个准则将同时满足。如果曲线的原始控制点位于曲线之上，则它们将包含在所返回的 GM_LineString 的 controlPoints(控制点)里。如果两个参数都为 0，则所返回的线串将由原始曲线的控制点构造。

GM_GenericCurve::asLineString(maxSpacing:Distance=0,maxOffset:
Distance=0):GM_LineString

注：该函数在创建曲线的线性逼近时有用，即在一些例如显示的简单动作时有用。它经常作为一个"打造曲线(stroked curve)"被引用。为了这个目的，"maxOffset"版本用在作为目标的显示设备上保持这条曲线的最小表达。该函数在准备将一条曲线根据转换控制点从一个坐标参照系转换到另一个坐标参照系时也有用。在这种情况下，通过控制"maxSpacing"的版本是非常合适的。允许这两个参数缺省为 0，并不意味着在地理上或几何上有任何有用的解释，除非知道关于曲线是怎样构造的等更多的信息。

6.4.8 GM_曲线插值(GM_CurveInterpolation)

GM_CurveInterpolation 是由应用模式定义，用来鉴别插值机制的代码列表。作为代码列表，没有打算限制 GM_CurveInterpolation 的可能值。GM_CurveSegment 的子类型可以通过子类直接产生，也可通过定义一个插值方法和相关联的支持它的 controlParameters(控制参数)来间接地定义。用于"插值"的有效方法包括但不仅限于下列类型：

a) linear(线性)：插值机制将返回在每个连贯的控制点对之间的一条直线上的直接位置。

b) geodesic(大地线):插值机制将返回在每个连贯的控制点对之间的大地曲线(也称测地曲线)上的直接位置。一条大地曲线是一条沿地球大地水准面具有最短长度的曲线。大地曲线由 GM_CurveSegmen 所使用的 GM_Curve 的坐标参照系所决定。

c) circularArc3Points(3 点圆弧):对于每一个由三个构造性控制点组成的集合,中间一个点是从该控制点序列的首点起算的偶数偏移量,插值机制将返回在圆弧上通过首点、中点到达第三个点的直接位置。控制点的序列将是一个奇数。

注:如果这三个点是共线的,该圆弧将成为一条直线。

d) circularArc2PointWithBulge(两点带凸圆弧):对于每一个构造性控制点对,该插值机制将返回在圆弧上通过第一个控制点到达第二个控制点的直接位置,相关联的控制参数决定弧的中心点到弦线的中心点间的偏移量,正值往左偏,负值往右偏。因为该项技术定义的限制,这种形式只用在 2 维中。

e) elliptical(椭圆弧):对于每一个由 4 个构造性控制点组成的集合,插值机制将返回在椭圆弧上从第一个控制点出发通过中间的控制点依次到达第四个控制点的直接位置。

注:如果这 4 个点是共线的,这条弧将成为一条直线。如果这 4 个点是在一个圆上,该弧将成为一条圆弧。

f) clothoid (回旋曲线):使用一个角度的螺旋或回旋进行的曲线插值。

g) conic(圆锥曲线弧):类似于椭圆曲线,但使用 5 个构造性参数来决定一个圆锥曲线段。

h) polynomialSpline(多项式样条):控制点是以一个线串排列,但它们之间是用多项式样条函数进行插值。通常,连续程度由所选的多项式的幂次决定。

i) cubicSpline(三次样条):在控制点用初始切线方向插值,中间用三次多项式样条插值,它是多项式样条的 3 次幂形式。

j) rationalSpline(有理样条):控制点以线串形式排列,但它们以有理(多项式的商)的样条函数进行插值。通常连续程度由所选多项式的幂次决定。

该列表通过一个代码列表实现,其值根据实际情况可以有所变化。

GM_CurveInterpolation::

linear
geodesic
circularArc3Points
circularArc2PointWithBulge
elliptical
clothoid
conic
polynomialSpline
cubicSpline
rationalSpline

6.4.9 GM_曲线段(GM_CurveSegment)

6.4.9.1 语义

GM_CurveSegment 定义了一个 GM_Curve 上同类型的线段。每一个 GM_CurveSegment 应该出现在至少一个 GM_Curve 上。

6.4.9.2 interpolation (插值)

"interpolation"属性定义了用在该线段上的曲线插值机制。这个机制使用控制点和控制参数来定义该 GM_CurveSegment 的位置。

GM_CurveSegment::interpolation:GM_CurveInterpolation

6.4.9.3 numDerivatives (可微次数)

属性"numDerivativesAtStar(始点可微次数)"和"numDerivativesAtEnd(终点可微次数)"定义在该

曲线段与它的直接相邻曲线段之间的连续类型，第一个参数用于与它前一个直接相邻的曲线段之间，第二个用于与它的后一个直接相邻的曲线段之间。如果该曲线段是一条曲线的第一条或最后一条曲线段，这两个值一个有用，一个被忽略。“numDerivativesInterior（内部可微次数）”该属性定义了在曲线内部连续的类型。缺省值是“0”，意味着简单连接，它是强制性的最低水平的连接，在数学教科书上，这个水平被称作“C^0”。值“1”意味着在它对应的端点处函数的一阶导数连续，即“C^1”连续。对于任何整数的值“n”意味着它的函数和它的第n阶导数连续：即“C^n”连续。

GM_CurveSegment::numDerivativesAtStart:Integer=0;

GM_CurveSegment::numDerivativesInterior:Integer=0;

GM_CurveSegment::numDerivativesAtEnd:Integer=0;

注：当系统的基本曲线定义未定时，使用这些值是唯一恰当的。例如，线串和线段不支持 C^0 以上的连续，因为没有多余的控制参数来调节线段端点引入的角度。相反，样条函数在线段的端点经常还有富裕的自由度使得它可以调节导数的值以支持 C^1 或更高级别的连续。

6.4.9.4 samplePoint（采样点）

“samplePoint”操作返回位于GM_CurveSegment上的点的一个有序数组（GM_PointArray）。在大多数情况下，这些点与用来构造这条线段的控制点有关。

GM_CurveSegment::samplePoint():GM_PointArray

注：用来控制曲线段形状的controlPoint（控制点）并不总是在曲线段上。例如，在一个样条曲线上，曲线段是作为controlPoints的权重矢量的总和给出。每一个权重函数在构造参数间隔内都有一个最大值，这大致对应于曲线上最接近相应的控制点controlPoint的曲线经过点。具有曲线的权重函数最大值的这些点就是该曲线段的采样点。

6.4.9.5 boundary（边界）

GM_CurveSegment的“boundary”操作的语义相同于GM_Curve中“boundary”的工作方式，不同点是GM_CurveSegment的端点不一定非得以GM_Point的方式存在，在它的boundary里可以包含若干的临时GM_Point。

GM_CurveSegment::boundary():GM_CurveBoundary

注：上面的GM_CurveBoundary（GM_曲线边界）几乎总是两个不同的位置，但是像GM_Curves一样，GM_CurveSegments也可以是自圈闭的。最有趣的是，除了与GM_Curve关联的startPoint和endPoint之外，所使用的点都是临时的（被构造并支持返回值）。在GM_Curve卷入到一个GM_Complex时，这两个位置就像在GM_Complex中一样，被表述为GM_Point。

6.4.9.6 reverse（翻转）

GM_CurveSegment的“reverse”操作简单地颠倒曲线段参数化的定向。

GM_CurveSegment::reverse():GM_CurveSegment

6.4.10 GM_线串（GM_LineString）

6.4.10.1 语义

GM_LineString（图16）由线段的序列构成，每一个线段都有一个像在GM_LineSegment中的线段一样的参数构造方法（见6.4.11）。这个类本质上是将Sequence〈GM_LineSegments〉结合到一个单独的对象中，具有自己的存储空间。

6.4.10.2 controlPoint（控制点）

GM_LineString中的若干controlPoint构成一个位置序列，在这些位置间曲线为线性插值。该序列中的第一个位置是GM_LineString的startPoint，最后一个位置是GM_LineString的endPoint。

GM_LineString::controlPoint:GM_PointArray

6.4.10.3 GM_LineString (constructor)（GM_线串（构造函数））

GM_LineString的构造函数采用点的序列，并以这些点作为controlPoints来构造一个GM_LineString。

该 GM_LineString 的构造函数采用两个或更多位置，并且创建适当的线串来连接它们。

GM_LineString::GM_LineString(points[2..n]:GM_Position):GM_LineString

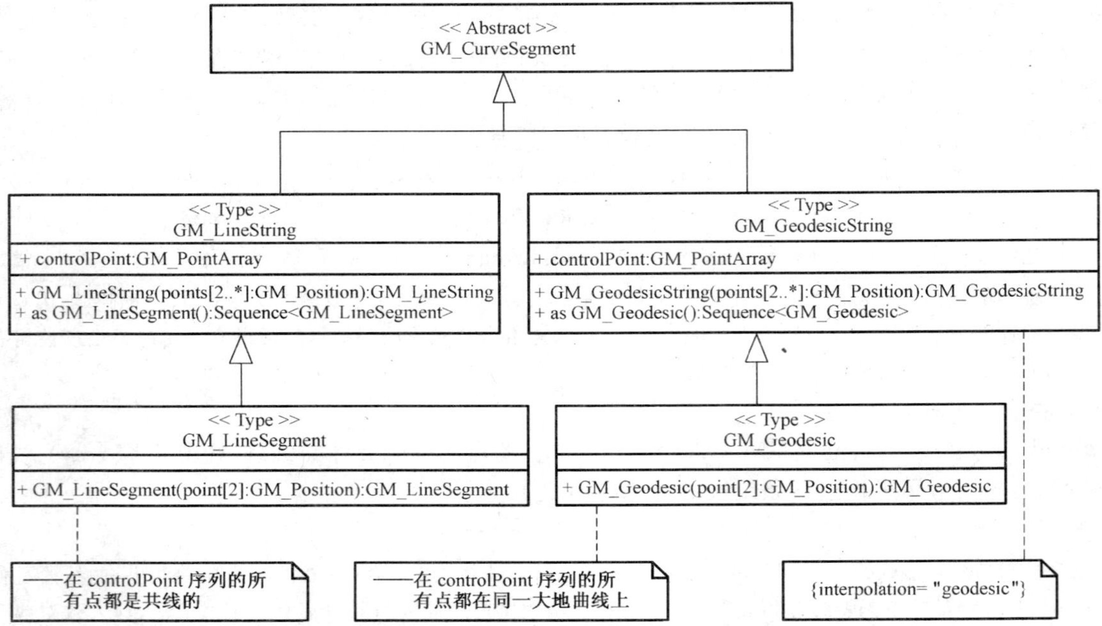

图 16 线性、圆弧和大地曲线插值(Linear, arc and geodesic interpolation)

6.4.10.4 asGM_LineSegment (作为 GM_线段)

asGM_LineSegment 操作分解一个线串为一个等价的线段序列。

GM_LineString::asGM_LineSegment():Sequence⟨GM_LineSegment⟩

6.4.11 GM_线段(GM_LineSegment)

6.4.11.1 语义

GM_LineSegment 由一段直线相连的两个不同的 DirectPositions(startPoint 和 endPoint)构成。这样，插值属性将是线性的。缺省的 GM_GenericCurve::parameterization=c(s) 是：

(L:Distance)=endParam−startParam

c(s)=ControlPoint[1]+((s−startParam)/L) * (ControlPoint[2]−ControlPoint[1])

在该 controlPoint 数组中的任何其他点必然落在这条直线上。这些 GM_LineSegment 的控制点都将位于直线的始点与终点之间。在这些控制点的两两之间的其他位置可以是线性插值的。

注：使用一个构造性参数 t，$0 \leqslant t \leqslant 1.0$，并且 $c(0)$=c. startPoint()，$c(1)$=c. endPoint()，这个线性插值函数是：

$$c(t)=c(0)(1-t)+c(1)t$$

6.4.11.2 GM_LineSegment (constructor) (GM_直线段 (构造函数))

GM_LineSegment 的构造函数采用两个位置并创建合适的线段连接它们。构造函数在类范围内使用。

GM_LineSegment::GM_LineSegment(point[2]:GM_Position):GM_LineSegment

6.4.12 GM_大地曲线串(GM_GeodesicString)

6.4.12.1 语义

GM_GeodesicString 由大地曲线段的一个序列构成。这个类本质上将 Sequence⟨GM_Geodesic⟩结合到一个单独的对象中，并具有自己的存储空间。

6.4.12.2 controlPoint (控制点)

GM_GeodesicString 的 controlPoints 是关于位置的序列，在这些位置之间使用从大地水准面或所使用的坐标参照系椭球体来的大地曲线对该 GM_GeodesicString 进行插值。这些点的组织方式与 GM_LineString(见 6.4.10.2)相同。

GM_GeodesicString::controlPoint:GM_PointArray

对于一个 GM_GeodesicString 的插值是“geodesic”。

GM_GeodesicString::interpolation:GM_CurveInterpolation="geodesic"

6.4.12.3 **GM_GeodesicString (constructor) (GM_测地曲线串(构造函数))**

GM_GeodesicString 的构造函数采用两个或更多的位置,使用一个定义在所使用的坐标参照系的大地水准面(或椭球体)中的大地曲线进行插值,并且创建一个连接这些位置的大地曲线串。

GM_GeodesicString::GM_GeodesicString(points[2..n]:GM_Position)
:GeodesicString

6.4.12.4 **asGM_Geodesic (分解为 GM_测地曲线)**

“asGM_Geodesic”操作分解一个大地曲线串为一个等价的大地曲线段序列。

GM_GeodesicString::asGM_Geodesic():Sequence⟨GM_Geodesic⟩

6.4.13 **GM_大地曲线(GM_Geodesic)**

6.4.13.1 **语义**

GM_Geodesic 由一条大地曲线连接的两个不同的位置构成。一条 GM_Geodesic 的控制点都将落在大地曲线的始点与终点之间。在这些控制点两两之间,一个由所使用的坐标参照系的椭球体或大地水准面来定义的大地曲线被用来插值产生其他位置。在该 controlPoint 数组中的任何其他点必然落在这条大地曲线上。

6.4.13.2 **interpolation (插值)**

GM_Geodesic 的 interpolation 是“geodesic”。

GM_Geodesic::interpolation:GM_CurveInterpolation="geodesic"

6.4.13.3 **GM_Geodesic (constructor) (GM_测地曲线(构造函数))**

GM_Geodesic 构造函数使用两个位置,并创建连接它们的适当的大地曲线。构造函数在类中使用。

GM_Geodesic::GM_Geodesic(point[2]:GM_Position):GM_Geodesic

6.4.14 **GM_弧串(GM_ArcString)**

6.4.14.1 **语义**

GM_ArcString(图 17)类似于 GM_LineString,不同点在于前者使用圆弧插值。因为需要 3 个点来确定一段圆弧,controlPoints 被处理为重载 3 个 GM_Positions 的集合,每一条弧段的始点、终点和在始点和终点之间的某一点。因为每一条弧段的结束是下一条弧段的开始,在 controlPoint 序列中的 GM_Position 不重复。

6.4.14.2 **numArc (弧段数目)**

属性“numArc”是该串中圆弧的数目。因为插值方法需要重载 3 点集合,弧段的数目决定了 controlPoints 的数目。

GM_ArcString:numArc:Integer=((controlPoint.length—1)/2)

6.4.14.3 **controlPoint (控制点)**

属性“controlPoint”是该串中的弧段的点的序列。该序列中的前三个 GM_Positions 确定第一条弧段。以奇数偏移量开始的任意三个连续的 GM_Positions 确定该串中的另一条弧段。

GM_ArcString:controlPoint:GM_PointArray {size=2 * numArc+1}

6.4.14.4 **interpolation (插值)**

GM_ArcString 的 interpolation 是“circularArc3Points(三点圆弧)”。

GM_ArcString::interpolation:GM_CurveInterpolation="circularArc3Points"

6.4.14.5 **GM_ArcString (constructor) (GM_弧串(构造函数))**

GM_ArcString 构造函数使用一个由 GM_Position 定义的点序列,创建一个连接这些点的三点圆弧序列,根据弧串的性质,该位置序列的数个必须是奇数。

GM_ArcString::GM_ArcString(point[3,5,7...]:GM_Position):GM_ArcString

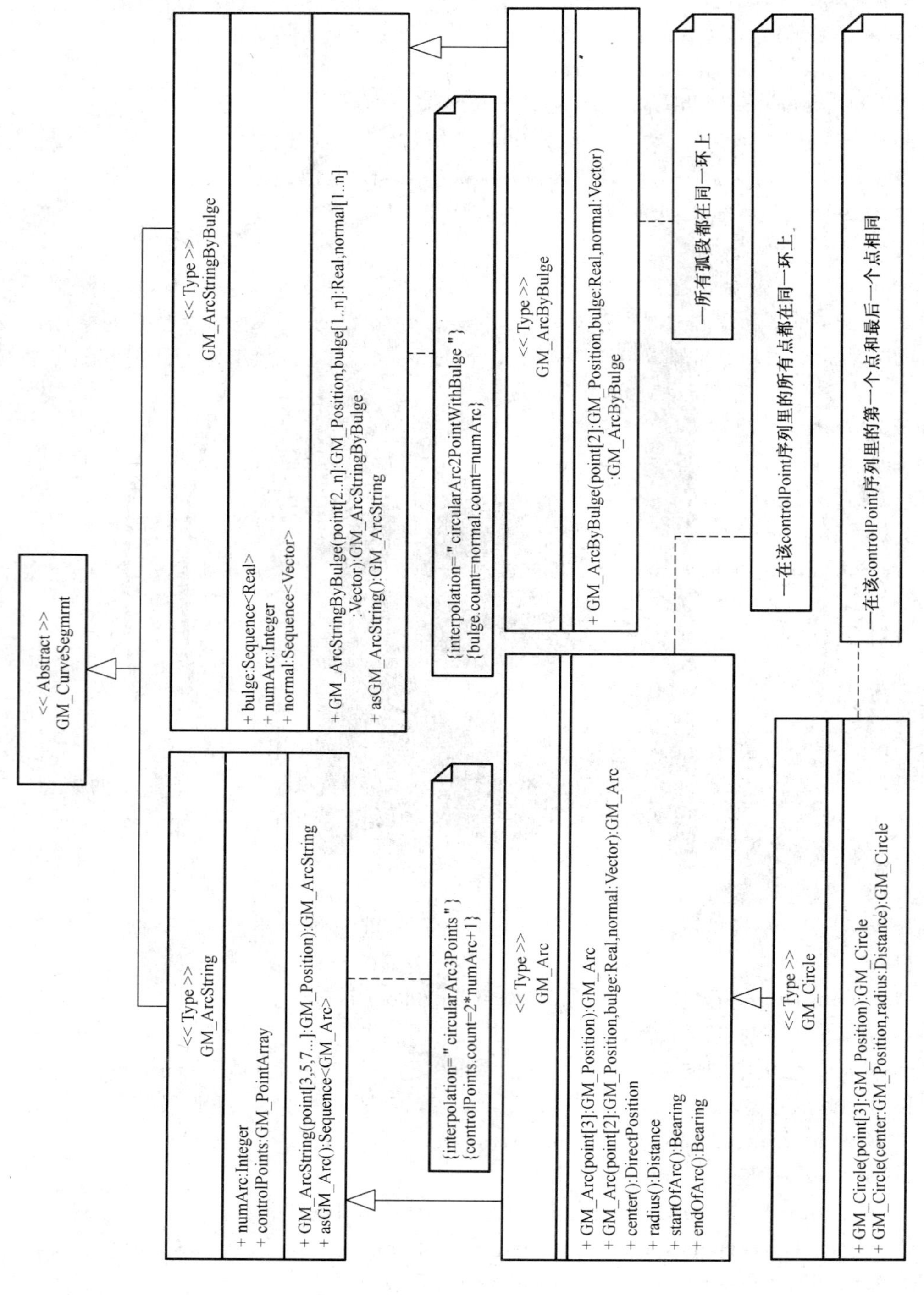

图 17 弧(Arcs)

6.4.14.6 asGM_Arc（作为 GM_弧）

asGM_Arc 操作构造一个与该弧串几何等价的弧序列。

GM_ArcString::asGM_Arc():Sequence⟨GM_Arc⟩

6.4.15 GM_弧(GM_Arc)

6.4.15.1 语义

一条 GM_Arc 由三个点定义，构成的圆弧由这三点决定，从第一点开始经过第二点，终止于第三点。如果这三点共线，这段弧就是一个三点直线串，并且不能返回圆心、半径、起始角、终止角等参数。

注：在该模型中，GM_Arc 是 GM_ArcString 的子类，仅由一条弧段构成一个平凡的弧串。这可能违反子类比它的父类更复杂的这样一个直觉(因为有附加的方法和属性)。GM_Arc 比 GM_ArcString 更简单在于它具有更少的数据，而其复杂性源于它可以返回圆心、半径、起始角、终止角等几何信息。这些所附加的计算复杂性迫使它成为子类。另外，"...是一种...(is type of)"这个语义在该情况起作用。

在它的最简单的表达中，GM_Arc 的 controlPoint 序列中的 3 点将由这样的次序构成：弧段的始点、弧段中既不在始点也不在终点的另一个点、弧段的终点。

GM_Arc::controlPoint:GM_PointArray=⟨startPoint:GM_Position,
midPoint:GM_Position,
endPoint:GM_Position⟩

如果给出了附加点，则所有的点必须在该由控制点数组中任意三个非共线的点定义的圆上。所有的点将位于这同一个圆上，并且控制点数组应该以它们在圆上出现的先后次序给出。

注：对于该 controlPoint 序列的中间 GM_Position 使用"midPoint"这个词并不意味着要求该 GM_Position 是位于弧段的几何中心。从计算稳定性的观点看，该 GM_Position 位于弧段的几何中心是一个最好的选择，但从数学实现上这并不是绝对必要的。

6.4.15.2 GM_Arc (constructor) (GM_弧 (构造函数))

GM_Arc 构造函数使用三个点并且创建相应的弧。

GM_Arc::GM_Arc(point[3]:GM_Position):GM_Arc

GM_Arc 的第二个构造函数使用两个位置和一个弧段的中点与弦线的中点之间的偏移量，由一个距离和方向给出，构造一个相应的弧段。

GM_Arc::GM_Arc(point[2]:GM_Position,bulge:Real,normal:Vector):GM_Arc

所产生的弧的中点这样给出：

midPoint=((startPoint+endPoint)/2.0)+bulge * normal

在 2 维坐标参照系下，该 bulge(凸)可以给出一个符号，并且可以假定法线是垂直于弧的始点和终点间的直线段(即弧的弦线)，并指向左。

例如：如果这两个点是 $P_0=(x_0,y_0)$ 和 $P_1=(x_1,y_1)$，bulge 是 b，从 P_0 到 P_1 的矢量方向是：

$$\vec{u}=(u_0,u_1)=(x_1-x_0,y_1-y_0)/\sqrt{(x_1-x_0)^2+(y_1-y_0)^2}$$

为了形成一个右手局部坐标系$\{\vec{u},\vec{v}\}$，这两个矢量的点积为 0，交积模为 1。可以检验，"向左(leftward)"法向量使得该矢量对为：

$$\vec{v}=(v_0,v_1)=(-u_1,u_0)$$

弧的中点，由弦线的中点加上偏移量，变成：

$$m=\frac{P_0+P_1}{2}+b\vec{v}$$

如果 $b>0$ 则向左，$b<0$ 则向右。

6.4.15.3 center（中心）

center 操作计算该弧所在圆的圆心。返回的 DirectPosition 的坐标参照系与 GM_Arc 所在的坐标参照系相同。在一些极端的情况下，计算所得的 DirectPosition 可能位于 GM_Arc 所使用的坐标参照系的有效范围之外(尤其是如果潜在的弧具有一个非常大的半径)。应用模式可以对这种情况选择一个适当的策略。

GM_Arc::center():DirectPosition

6.4.15.4 **radius(半径)**

radius 操作返回所在圆的半径。

GM_Arc::radius():Distance

6.4.15.5 **startOfArc(弧段起始方位)**

startOfArc 操作计算从弧所在圆的圆心到弧的始点这条直线的方位。在 2 维情况下,这就是一个起始角。在 3 维情况下,由该弧所暗指的法线方位角平行于参考圆。如果不是这种情况,该方位角必须包含高度信息。

GM_Arc::startAngle():Bearing

6.4.15.6 **endOfArc(弧段终止方位)**

endOfArc 操作计算从弧所在圆的圆心到弧的终点这条直线的方位。在 2 维情况下,这就是一个终止角。在 3 维情况下,由该弧所暗指的法线方位角平行于参考圆。如果不是这种情况,该方位角必须包含高度信息

GM_Arc::endAngle():Bearing

6.4.16 **GM_圆(GM_Circle)**

像 GM_Arc 一样,但 GM_Circle 闭合形成一个整圆。其"start"和"end"方位相等并且是所列出的第一个控制点的方位。

注:这仍然至少需要 3 个单独的非共线的点来没有歧义地定义。该弧简单延伸直到遇到第一个点为止。

6.4.17 **GM_凸形弧串(GM_ArcStringByBulge)**

6.4.17.1 **语义**

该弧的变量简单存储 GM_Arcs 类的第二个构造函数的参数,并且重新计算该标准弧的其他属性。该 ControlPoint 序列类似于 GM_ArcString,但是中点 GM_Position 不再需要了,因为它可以被计算出来。控制点序列将由每一条弧的始点和终点构成。

6.4.17.2 **bulge(凸)**

bulge 控制每一条弧段的中点偏移量。该属性是对于法线的实数放大器,该法线确定每一条弧段中点的偏移方向。bulge 序列的长度是比控制点数组的长度少 1。因为一个 bulge 需要控制点数组中的两个相邻点。

GM_ArcByBulge::bulge:Sequence〈Real〉

该 bulge 不是由距离给出,因为它是对于其法线的一个简单放大。偏移量距离的单位是由在该坐标参照系中的矢量的 length 函数确定的。在本标准的范例中,该法线经常是由欧几里德单位矢量给出,它可以固定也可以不固定其长度,这取决于坐标参照系所用的 distance 公式。

所产生的弧的中点这样给出:

midPoint=((startPoint+endPoint)/2.0)+bulge * normal

6.4.17.3 **numArc(弧段数目)**

属性"numArc"是在该串中循环弧段的数目。因为插值方法要求重载两个位置的集合,弧段的数目决定了控制点的数目。

GM_ArcStringByBulge:numArc:Integer=((controlPoint.length-1))

6.4.17.4 **normal(法向量)**

属性"normal"是一个垂直于弧的弦线的矢量,该弦线连接弧的第一个点和下一个点。在 2 维坐标系中,对于法线只有两个可能的方向,经常是作为一个带符号的实数给出,数的大小指示其长度,"+"指示其由弦线向左拐角,"-"指示其从弦线向右拐角。在 3 维中,沿着弧的始点和终点,该法线确定弧所在的平面。

法向量通常是单位矢量,但这并不是绝对必须的。如果法向量是零矢量,该几何对象成为等价于两个端点间的直线。矢量序列的长度与凸序列的长度严格相等,比控制点序列的长度少 1。

GM_ArcByBulge::normal:Sequence〈Vector〉

注:派生属性"midPoint(中点)"可以被定义为由 bulge(凸)和 normal(法矢量)属性确定的弧的中点。

GM_ArcByBulge::midPoint:Sequence〈GM_Position〉

midpoint(n)=(controlPoint(n)+contolPoint(n))/2.0)+bulge * normal

如果每一个 controlPoint 对与它相关联的 midpoint 一起给出,其结果是对于一条 GM_ArcString(它使用3点插值方法)控制点的一个有效集合,该 GM_ArcString 几何上等价于 GM_ArcStringByBulge(GM_凸形弧串)。

6.4.17.5 **interpolation(插值)**

GM_ArcStringByBulge 的 interpolation 属性始终是一个"circularArc2PointWithBulge(两点凸形圆弧)"。

6.4.17.6 **GM_ArcStringByBulge(constructor)(GM_凸形弧串(构造函数))**

该构造函数等价于 GM_Arc 的第二个构造函数,不同点在于 bulge 表达保持在对象内部。

GM_ArcByBulge::GM_ArcByBulge(point[2..n]:GM_Position,
bulge[1..n]:Real,normal[1..n]:Vector):GM_ArcStringByBulge

产生弧的中点这样给出:

midPoint(n)=((point(n)+point(n+1))/2.0)+(bulge * normal)

6.4.17.7 **asGM_ArcString(作为 GM_弧串)**

用 AsGM_ArcString 操作,每一个 GM_ArcStringByBulge 可以被重新投影为基础 GM_ArcString。

GM_ArcStringByBulge::asGM_ArcString():GM_ArcString;

6.4.18 **GM_凸形弧(GM_ArcByBulge)**

6.4.18.1 **语义**

GM_ArcByBulge 是在 GM_ArcStringByBulge(见 6.4.17)基础上增加了一个约束。GM_ArcByBulge 实例要求所有的控制点都在这同一条圆弧上。

6.4.18.2 **GM_ArcByBulge(constructor)(GM_凸形弧(构造函数))**

该构造函数等价于 GM_Arc 的第二个构造函数,不同点在于它还有 bulge 表达。

GM_ArcByBulge::GM_ArcByBulge(point[2]:GM_Position,
bulge:Real,normal:Vector):GM_ArcByBulge

产生的弧的中点这样给出:

Midpoint=((startPoint+endPoint)/2.0)+(bulge * normal)

6.4.19 **GM_圆锥曲线(GM_Conic)**

6.4.19.1 **语义**

GM_Conic 类型(见图 18)代表任何一般的圆锥曲线。任何圆锥曲线段的曲线可以以极坐标(ρ,φ)的形式表达为:

$$\rho=\frac{P}{1+e\cos(\varphi)}\ \text{适合于}\ -\frac{\pi}{2}\leqslant\varphi\leqslant\frac{\pi}{2}$$

这里 P 是半-正焦弦(semi-latus rectum),e 是离心率,这给出一个焦点在极(原点)的圆锥曲线,并且在圆锥曲线上的顶点在极轴方向上最接近于焦点,$\varphi=0$(极坐标下,在$(\rho,\varphi)=\left(\left(\frac{P}{1+e}\right),0\right)$)。当 $e=0$,就是一个圆。当 $0<e<1$,就是一个椭圆。当 $e=1$,就是一条抛物线。当 $e>1$ 就是一个双曲线的分枝。

这些一般的圆锥曲线可以被看作是2维笛卡尔参数空间(u,v),由一般的坐标系通过 $u=\rho\cos(\varphi)$ 和 $v=\rho\sin(\varphi)$转化而来。通过仿射变换$(u,v)\rightarrow(x,y,z)$,我们可以将其转化到3维坐标参照系,这个仿射变换的定义如下:

$$\begin{bmatrix}x\\y\\z\end{bmatrix}=\begin{bmatrix}u_x & v_x\\u_y & v_y\\u_z & v_z\end{bmatrix}\begin{bmatrix}u\\v\end{bmatrix}+\begin{bmatrix}x_0\\y_0\\z_0\end{bmatrix}$$

这里 φ 作为构造性参数。由 (x_0, y_0, z_0) 给出的 DirectPosition 是来源于局部坐标空间 (u, v) 的映射。

作为另一种选择，这个极点(origin)可以平移到圆锥曲线的顶点成为：

$$u' = \rho\cos(\varphi) - (P/1+e) \text{ 和 } v' = \rho\sin(\varphi)$$

并且 v 可以被作为构造性参数(见 6.4.7.7GM_GenericCurve 的定义)。

在通常情况下，圆锥曲线具有一个小的偏心率 P，用第一种或“中心”表达。那些具有大的偏心率或大的 P 的情况，倾向于使用第二种或“线性”表达。

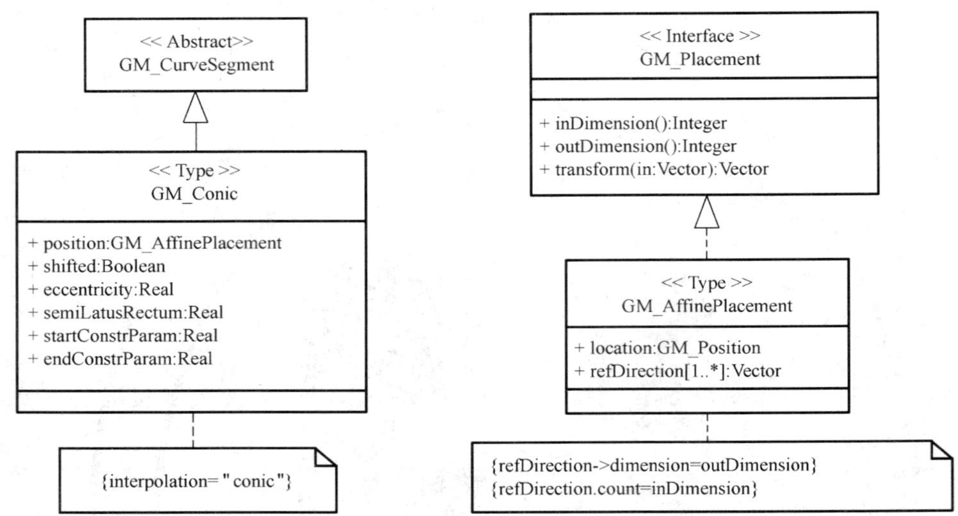

图 18 圆锥曲线与配置(Conics and placements)

6.4.19.2 position(位置)

属性“position”是一个仿射变换对象，用它将圆锥曲线从参数空间映射到圆锥曲线对应的 GM_Object 所在坐标参照系的坐标空间。这个仿射变换是由 6.4.19.1 的公式给出。

GM_Conic::position:GM_AffinePlacement

6.4.19.3 shifted(已偏移)

当在仿射变换中使用了参数 unshifted(u, v)，属性“shifted”就是 FALSE；如果仿射变换中使用了参数 shifted(u', v')，则属性“shifted”为 TRUE。这用来控制圆锥曲线的焦点或顶点是否还在参数空间的原点。

GM_Conic::shifted:Boolean

6.4.19.4 eccentricity(偏心率)

属性“eccentricity”是用来定义上面方程式中偏心参数“e”的值。它控制曲线的形状，决定这条曲线是圆、椭圆、抛物线还是双曲线。

GM_Conic::eccentricity:Real

6.4.19.5 semiLatusRectum(半正焦弦)

属性“semiLatusRectum”是用在上面方程中的参数“P”的值。它控制圆锥曲线焦距的宽度。

GM_Conic::semiLatusRectum:Real

6.4.19.6 startConstrParam，endConstrParam(起始构造参数，结束构造参数)

“startConstrParam”和“endConstrParam”分别指示在 6.4.19.1 中给出的使用在构造性参数化过程中的参数 startPoint 和 endPoint。

GM_Conic::startConstrParam:Real

GM_Conic::endConstrParam:Real

GM_Conic:

constrParam(startConstrParam)=startPoint();

constrParam(endConstrParam)=endPoint();

并没有假设 startConstrParam 小于 endConstrParam,但是参数化必须是严格单调(严格递增或严格递减)。

6.4.20 **GM_配置(GM_Placement)**

6.4.20.1 **语义**

配置操作采用一个标准的几何构造函数,并且把它放置在地理空间中。它定义了从构造性参数空间到所使用的坐标参照系的坐标空间的一个转换。在本标准中,参数空间在 2 维中由(u,v)给出,在 3 维中由(u,v,w)给出;坐标参照系位置由公式给出,在 2 维为(x,y),3 维为(x,y,z)。

6.4.20.2 **inDimension(输入维数)**

inDimension 操作将返回输入的参数空间的维数。

GM_Placement::inDimension():Integer

6.4.20.3 **outDimension(输出维数)**

outDimension 操作将返回输出的坐标参照系的维数。

GM_Placement::outDimension():Integer

注:通常,outDimension 大于 inDimension。如果不是这种情况,该配置是有奇异的,可以使用一个更简单维的参数空间的转换来替换它。

6.4.20.4 **transform(转换)**

"transform"操作映射参数坐标点到输出的笛卡尔坐标空间中的坐标点。

GM_Placement::transform(in:Vector {size=inDimension()}):
    Vector {size=outDimension()}

6.4.21 **GM_仿射配置(GM_AffinePlacement)**

6.4.21.1 **语义**

这些配置是由一个从参数空间到目标坐标空间的线性变换定义的。2 维笛卡尔参数空间(u,v),转换到 3 维坐标参照系空间(x,y,z),使用了一个仿射变换,其定义是:

$$\begin{bmatrix} x \\ y \\ z \end{bmatrix} = \begin{bmatrix} u_x & v_x \\ u_y & v_y \\ u_z & v_z \end{bmatrix} \begin{bmatrix} u \\ v \end{bmatrix} + \begin{bmatrix} x_0 \\ y_0 \\ z_0 \end{bmatrix}$$

这里给出这个方程,该 GM_AffinePlacement::location 是原参数空间中的(u,v)在目标空间中的直接位置(x_0,y_0,z_0)。两个参考方向(u_x,u_y,u_z)和(v_x,v_y,v_z)是在(u,v)原点的单位基础矢量的目标方向。

6.4.21.2 **location(定位)**

属性"location"给出参数空间原点的目标。这就是上面公式中的矢量(x_0,y_0,z_0)。

GM_AffinePlacement::location:GM_Position

6.4.21.3 **refDirection(参考方向)**

属性"refDirection"给出参数空间的坐标基本矢量的目标方向。它们是上面公式中矩阵的列。所给出的方向的数目是 inDimension,方向的维数就是 outDimension。

GM_AffinePlacement::refDirection [inDimension]:Vector {size=
    outDimension}

6.4.22 **GM_回旋曲线(GM_Clothoid)**

6.4.22.1 **语义**

GM_Clothoid(见图 19)实现了回旋曲线(或角的旋转),它是一个曲率是其长度的固定函数的平面曲线。在适当地选取坐标后,它由 Fresnel(菲涅耳)积分给出:

$$x(t)=\int_0^t \cos\left(\frac{A\tau^2}{2}\right)\mathrm{d}\tau,\text{和 } y(t)=\int_0^t \sin\left(\frac{A\tau^2}{2}\right)\mathrm{d}\tau$$

在参考书[18]中,有关于回旋曲线和回旋曲线分段性质更进一步的描述。

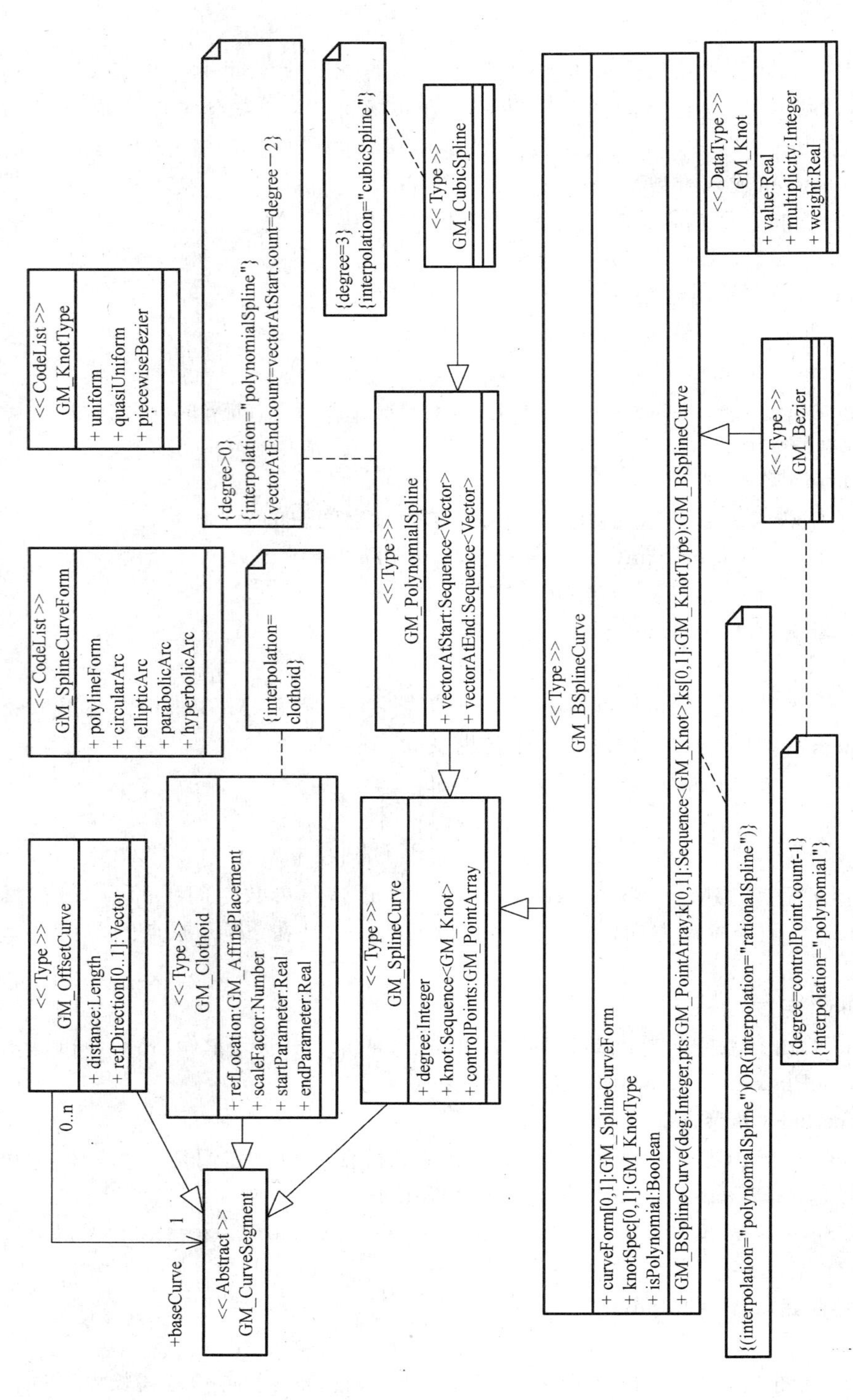

图 19 样条与特殊曲线(Spline and specialty curves)

该几何类主要是用于直线/圆弧或圆弧/圆弧曲线间的相互转换。使用这类曲线类型，可以实现在上面提到的曲线转换中的 C^2 连续的转换。对于回旋曲线的一个公式是 $A^2=Rt$，这里 A 是常量，R 是沿着曲线变化的曲率半径，t 是由 Fresnel 积分给出的沿曲线的长度。

6.4.22.2 refLocation（参照定位）

属性“refLocation”是一个仿射映射，它将由 Fresnel（菲涅耳）积分定义的曲线映射到该对象的坐标参照系中。

GM_Clothoid::refLocation:GM_AffinePlacement

6.4.22.3 scaleFactor（比例因子）

属性“scaleFactor”给出上面方程中 A 的值。

GM_Clothoid::scaleFactor:Number

6.4.22.4 startParameter（起始参数）

属性“startParameter”是从作为曲线段始点的拐点（inflection point）开始的弧长距离。在 Fresnel 积分中，它应该比“t”小，并且是该曲线段在起始点的构造性参数的值。“startParameter”可以是正值也可以是负值。参数“t”作为构造性参数，见 6.4.7.8。

GM_Clothoid::startParameter:Real

注：如果 0.0（零）位于回旋曲线的 startConstrParam（起始控制参数）与 endConstrParam（终止控制参数）之间，当曲线通过回旋曲线的拐点时，由第二个导出矢量给出的曲率半径的方向，随着切矢量的变化，从一侧变到另一侧。对于参数“t”的“length”这个词，仅在参数空间中有用，在进行了 placement 操作以后，它的长度与坐标参照系中曲线弧长的对应关系是不确定的。

6.4.22.5 endParameter（终止参数）

属性“endParameter”是从作为曲线段终点的拐点开始的弧长距离。在 Fresnel 积分中，它应该比“t”大，并且是该曲线段在终止点的构造性参数的值。“startParameter”可以是正值也可以是负值。

GM_Clothoid::endParameter:Real

6.4.23 GM_偏移曲线（GM_OffsetCurve）

6.4.23.1 语义

偏移曲线（offset Curve）是距基曲线（baseCurve）距离恒定的曲线。可用作对于根据定义发生了偏移的曲线而构造的一个简化替换。

6.4.23.2 baseCurve 基曲线

属性“baseCurve”是定义偏移曲线时用的一个参考曲线。

GM_OffsetCurve::baseCurve:Reference〈GM_Curve〉

6.4.23.3 distance（距离）

属性“distance”是偏移曲线距基曲线的距离。在 2 维系统中，正距离是在基曲线的左面，负距离是在基曲线的右面。

GM_OffsetCurve::distance:Length

6.4.23.4 refDirection（参考方向）

属性“refDirection”是用来定义偏移曲线从基曲线偏移的矢量方向。在 2 维的情况下，可以忽略，因为可以用偏移量的正或负来表达。在这种情况下，相对于基曲线的切线，距离定义为左边（正距离）或右边（负距离）。

在 3 维，基曲线在每一点都有一个定义好的切线方向。偏移曲线在 3 维中任何一点，基曲线都有一个定义好的切线方向。偏移曲线在基曲线“c”的任何点（参数）都在这个方向上。

$$\vec{s}=\vec{v}\times\vec{t} \quad 式中 \quad \vec{v}=c.refDirection(),\vec{t}=c.tangent()$$

对于已经定义好的偏移方向，在曲线的任何点上，方向 $\vec{v}$ 与方向 $\vec{t}$ 不是相同就是相反。

GM_OffsetCurve::refDirection:Vector

RefDirection 的缺省值是局部坐标的高程轴方向，在地理意义上指示向上。

注：如果 refDirection 对于局部高程轴（指向上）的 tangent 是正值，当从上往下看时，偏移矢量指向曲线的左方。

6.4.24 **GM_节点(GM_Knot)**

6.4.24.1 **语义**

GM_Knot 用来控制样条曲线和曲面的构造性空间参数。每一个节点序列用作参数空间的一个维，这样，在样条曲面中，有两个节点序列，一个序列对应于参数(u,v)中的 u，另一个对应 v。当节点原始序列是(u_i)和(v_j)时，第 i 行，j 列的节点将对应于(u_i,v_j)。样条曲线或曲面的每一个节点都是用一个 GM_Knot 来描述的。

6.4.24.2 **value (值)**

属性“value”是样条节点参数的值。节点序列是一个非描述性的序列，即在该序列中每个节点的值等于或大于原来节点的值。相等连续节点常用在处理多重性中。

GM_Knot::value:Real

6.4.24.3 **multiplicity (多重性)**

属性“multiplicity”是指用于样条(具有相同的权重)定义中的节点的多重性。

GM_Knot::multiplicity:Integer

6.4.24.4 **weight (权重)**

属性“weight”是样条上该节点的平均权重。

GM_Knot::weight:Real

6.4.25 **GM_节点类型(GM_KnotType)**

当且仅当所有节点是单重(multiplicity:1)，并且它们与前一个节点相差一个正的常量，B 样条(B-spline) 才是均匀的(uniform)。当且仅当节点在端点处是多重(multiplicity:degree+1)，在别处是单重(multiplicity:1)，并且它们与前一个节点相差一个正的常量，这个 B 样条才是准均匀的(quasi-uniform)。该代码列表用来描述节点在各种样条的参数空间的分布。可能的值是：

——uniform(均匀)：节点的形式适合于均匀 B 样条曲线。

——quasiUniform(准均匀)：节点的形式适合于准均匀 B 样条曲线。

——piecewiseBezier(分段贝塞尔)：节点的形式适合于分段贝塞尔曲线。

GM_KnotType::
uniform
quasiUniform
piecewiseBezier

6.4.26 **GM_样条曲线(GM_SplineCurve)**

6.4.26.1 **语义**

GM_SplineCurve(见图 19)作为使用多种版本的样条(多项式或有理函数)的 GM_CurveSegment 子类的根。

6.4.26.2 **knot (节点)**

属性“knot”是用来定义样条基函数的各种节点的序列。回调节点数据类型保持节点的多重性信息。

GM_SplineCurve::knot:Sequence〈GM_Knot〉

6.4.26.3 **degree (次数)**

属性“degree”是用于 GM_PolynomialSpline 插值的多项式的次数。

GM_SplineCurve::degree:Integer

6.4.26.4 **controlPoints (控制点)**

属性“controlPoints”是用于该 GM_SplineCurve 插值的点的数组。

GM_SplineCurve::controlPoints:GM_PointArray

6.4.27 **GM_多项式样条(GM_PolynomialSpline)**

6.4.27.1 **语义**

用分段的 n 次多项式来定义 n 次多项式样条，定义多项式变化的控制点可以达到 C^{n-1} 连续。连续的级别是由 numDerivativesInterior(内部可微次数)属性控制的。参数将包括方向,方向为该线段的始点与终点间的多项式"次数—2"阶导数。GM_Linestring 等价于一次多项式样条。在控制点处具有简单的连续性(C^0),但是不需要导数信息(次数—2=—1)。

注:多项式样条和B样条(基样条)之间的主要差别是多项式样条通过它们的控制点,使得控制点与采样点一致。

6.4.27.2 **Interpolation(插值)**

GM_PolynomialSpline 的插值方法是"polynomialSpline(多项式样条)"。

GM_PolynomialSpline::

interpolation:GM_InterpolationMethod="polynomialSpline"

6.4.27.3 **vectorAtStart(初矢)**

属性"vectorAtStart"是用在 GM_PolynomialSpline 样条函数插值中的始点的初导数的值(最高到:次数—2)。

GM_PolynomialSpline::vectorAtStart:Sequence〈Vector〉{size=degree—2}

6.4.27.4 **vectorAtEnd(末矢)**

属性"vectorAtEnd"是用在 GM_PolynomialSpline 插值样条函数中的终点的末导数的值(最高到:次数—2)。

GM_PolynomialSpline::vectorAtEnd:Sequence〈Vector〉{size=degree—2}

6.4.28 **GM_三次样条(GM_CubicSpline)**

三次样条在它们是分段序列这一点上类似于线串,但每一个段有它们自己定义的函数。三次样条使用控制点和一个导数集合来定义一个分段3次多项式插值。虽然仍然是多项式,但不像线串插值,并不必须以弧长作参数。在本标准中,样条有两个参数化方式,一个为定义的(构造性参数)和另一个采用弧长的参数化方法,以满足 GM_GenericCurve(GM_一般曲线)的需要。

描述三次样条的方程必须是 C^2 连续的,即在所有点具有连续的一阶与二阶导数,并且依次通过控制点。在控制点间,曲线段定义为三次多项式。在每一个控制点,多项式的一阶与二阶导数在控制点的两侧相等。控制参数记录中必须包含 vectorAtStart 和 vectorAtEnd,它们是在 controlPoint[1]和 controlPoint[n]的单位矢量,n 为控制点个数。

对于"vectorAtStart"和"vectorAtEnd"的限制简化这个序列到一个单独的切线矢量序列。

GM_CubicSpline::vectorAtStart:Vector// "degree—2" 是 1

GM_CubicSpline::vectorAtEnd:Vector// "degree—2" 是 1

注:实际应用的三次多项式是变化的,但是这样产生的曲线保证是唯一的。见参考资料[2]、[10]、[12]、[23]和[24]的插值实例。

对于 GM_CubicSpline 的插值方法是"cubicSpline"。

GM_CubicSpline::interpolation:GM_InterpolationMethod="cubicSpline"

GM_CubicSpline 的次数是"3"。

GM_CubicSpline::degree:Integer="3"

6.4.29 **GM_样条曲线形式(GM_SplineCurveForm)**

这个代码序列用来指示可能用来逼近一个特定的B样条的曲线类型。可能的值有:

——polyline form(多线):由一阶B样条表达的线段连接序列(线串)。

——circular Arc(圆弧):一段圆弧或一个完整的圆。

——elliptic Arc(椭圆弧):一段椭圆弧或一个完整的椭圆。

——parabolic Arc(抛物线弧):一段有限长度的抛物线。

——hyperbolic Arc(双曲线弧):一段有限长度的双曲线的一枝。

GM_SplineCurveForm::
polylineForm
circularArc
ellipticalArc
parabolicArc
hyperbolicArc

6.4.30 GM_B 样条曲线(GM_BsplineCurve)

6.4.30.1 语义

B样条(见图19)是由控制点和基函数描述的分段参数化多项式或有理曲线。如果在节点处的权重相等,它就是一条多项式样条。如果不等,它就是一条有理函数样条。如果布尔值"isPolynomial"被设为TRUE,则权重就被设为"1"。一条B样条曲线,如果它是准均匀的,除非它内部节点multiplicity(重数)为"degree"而不是1,那么这条B样条曲线就是一条分段的贝塞尔曲线。在该子类型(subtype)中,节点间隔是1.0,从0.0开始。一条只有两个节点0.0和1.0的分段的贝塞尔曲线,每一个节点的重数为"degree+1",等价于一条简单贝塞尔曲线。

6.4.30.2 degree (次数)

属性"degree"是基函数的次数。

GM_BSplineCurve::degree:Integer

6.4.30.3 curveForm (曲线形式)

属性"curveForm"是用来确定曲线的特定类型,即接近于哪种样条曲线。它只用于查询,用以捕获原始用意。如果没有打算使用样条逼近,该属性的值是NULL。

GM_BSplineCurve::curveForm:GM_SplineCurveForm

6.4.30.4 knotSpec (节点类型)

"knotSpec"属性给出在定义这条样条曲线时节点分布的类型。它只是用于查询,它是根据不同的构造函数设定的。

GM_BSplineCurve::knotSpec[0,1]:GM_KnotType

6.4.30.5 isPolynomial (是多项式)

如果这条样条曲线是多项式样条函数,则"isPolynomial"这个属性为TURE。

GM_BSplineCurve::isPolynomial:Boolean

6.4.30.6 GM_BSplineCurve (constructor) (GM_B 样条曲线 (构造函数))

GM_BsplineCurve 类的构造函数使用上面描述的相关属性信息构造一条B样条曲线。如果knotSpec不存在,knotType(节点类型)就是均匀的,并且节点是均匀间隔,只有第一个点和最后一个点具有multiplicity=1,在其他节点处,multiplicity=degree+1。如果knotType是均匀的,它们不需要专门指定。

GM_BSplineCurve::GM_BSplineCurve(deg:Integer,pts:GM_PointArray,
k [0,1]:Sequence⟨GM_Knot⟩,ks [0,1]:GM_KnotType):GM_BSplineCurve

注:如果B样条曲线是均匀的,并且degree=1,则该B样条等价于polyline(GM_LineString)。如果knotType是"piecewise Bézier(分段贝塞尔)",则节点缺省地为均匀间隔,并且除去首、尾节点外的中间节点的multiplicity为degree,首、尾节点的multiplicity=degree+1。

6.4.31 GM_贝塞尔曲线(GM_Bezier)

GM_Bezier 是在插值过程中使用Bézier或Bernstein(伯恩斯坦)多项式的多项式样条。一个有n个元素的控制点数组将创建一个n段多项式曲线,这里n定义了整个曲线的段数。这些曲线由称作Bézier或Bernstein多项式基函数的集合定义。Bézier或Bernstein基函数的形式如下:

$$J_{n,i}(t)=\binom{n}{i}t^{i}(1-t)^{n-i} \qquad 这里 \binom{n}{i}=\frac{n!}{i!(n-i)!} 对于 i=0,1,2,\cdots,n$$

这“$n+1$”个控制点 $P_0,P_1,\cdots,P_n$ 的集合将确定一条如下面给出的曲线段：

$$\vec{c}(t)=\sum_{i=0}^{n}P_iJ_{n,i}(t) \quad 其 t\in[0,1].$$

该曲线段的采样点是曲线的值，该曲线是由每一个多项式的最大值(i/n) 定义的：

$$S_i=\vec{c}\left(\frac{i}{n}\right),式中 i=0,1,2,\cdots,n$$

注：对于 $n=1$，这两个权重函数如下：

$$J_{1,0}(t)=\binom{1}{0}t^0(1-t)^1=(1-t) 和 J_{1,1}(t)=\binom{1}{1}t^1(1-t)^{1-1}=t$$

当给出 P_0 和 P_1，曲线段成为：

$$\vec{c}(t)=(1-t)P_0+tP_1 \quad 其中 t\in[0,1]。$$

换句话说，对于 $n=1$，Bézier 多项式在几何上等价于一条简单线段。

6.4.32 GM_曲面插值(GM_SurfaceInterpolation)

GM_SurfaceInterpolation(见图 20)是一个代码列表，它可用来标示由应用模式定义的插值机制。对于“interpolation(插值)”的有效值包括但不仅限于如下内容：

a) none(无)：曲面的内部没有定义。这假设曲面跟随由坐标参照系定义的参考曲面。

b) planar(平面)：插值方法将返回的点都在一个平面上。在这种情况下，边界将被限制在该平面内。

c) spherical(球面)，Elliptical(椭球面)，Conic(圆锥曲面)：该曲面是一个球面、椭球面或圆锥曲面的一部分。

d) tin(不规则三角网)：控制点组织成相邻的三角形，这些三角形形成小的平面片。

e) parametricCurve(参数曲面)：控制点组织成 2 维格网，在格网内的每一个单元是由一个曲线族定义的蒙皮曲面。

f) polynomialSpline(多项式样条曲面)：控制点组织成一个不规则的 2 维格网，格网内的每一个单元都是由多项式样条函数生成。

g) rationalSpline(有理样条曲面)：控制点组织成一个不规则的 2 维格网，格网内的每一个单元是由一个有理样条(多项式商)函数生成。

h) triangulatedSpline(三角样条曲面)：控制点组织成相邻的三角形，每一个三角形是由一个多项式样条函数生成。

如果这个方法使用了多于一种的插值类型，将有更多的限制。

GM_SurfaceInterpolation::

none

planar

spherical

elliptical

conic

tin

parametricCurve

polynomialSpline

rationalSpline

triangualtedSpline

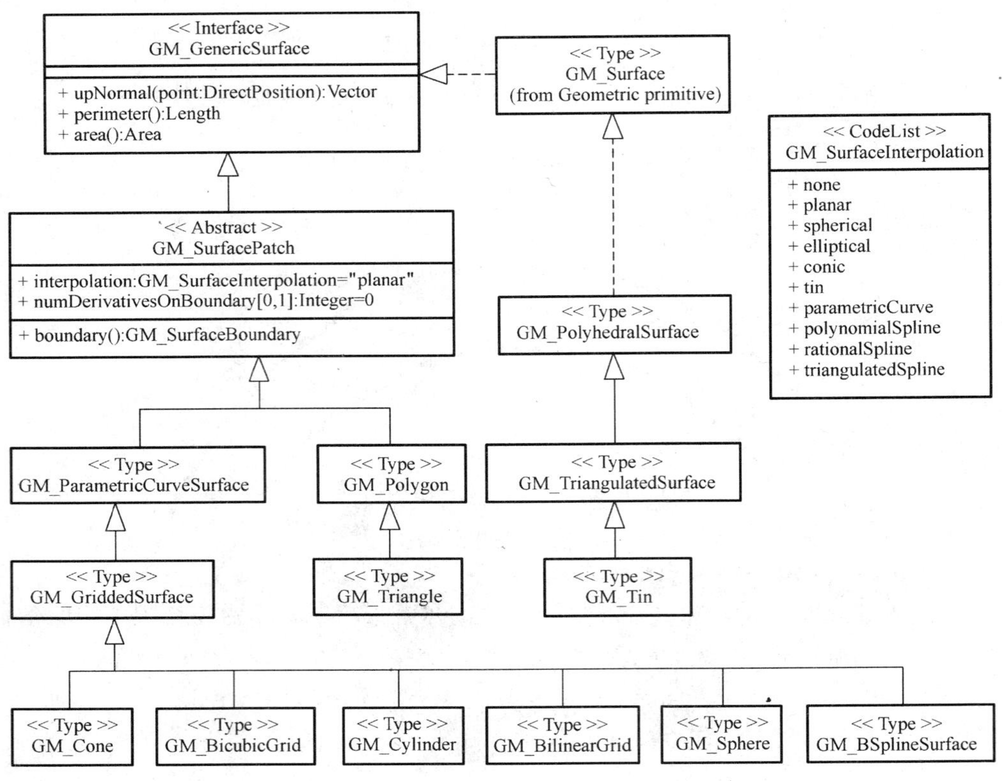

图 20 曲面片(Surface patches)

6.4.33 GM_一般曲面(GM_GenericSurface)

6.4.33.1 语义

GM_Surface 和 GM_SurfacePatch(GM_曲面片)两者都是描述曲面几何的片段，因此分享很多操作符号(operation signature)。它们定义在 GM_GenericSurface 类的接口里(见图 20)。

6.4.33.2 upNormal (外法向)

“upNormal”操作返回一个在所传递的 DirectPosition 处垂直于 GM_GenericSurface 的矢量，该 DirectPosition 必然是在 GM_GenericSurface 上。

GM_GenericSurface::upNormal(point:DirectPosition):Vector

外法向始终以与边界一致的方式指向上(upward)。这意味着当从曲面的外法向这一面来看曲面时(例如从上往下看 2 维多边形的边界)，曲面的外边界是逆时针方向，内边界是顺时针方向，由外法向指示的这一面被称作曲面的“顶(top)”。外法向函数应该是连续的，并且法向长度始终是 1.0。

注：外法向沿着体的边界运动将始终指向离开体的方向。在处理体的空洞时，在语义上稍微有点问题，在孔洞处外法向(为了数学一致性的缘故)指向空洞的中心，这在语义上可能被认为是空洞的内部。混淆的地方在于，在大多数语言中的语义隐喻“体的内部”和“容器的内部”使用“向里(inward)”与拓扑的观点不一致。“在(in)”岩石中的孔洞并不在岩石内部，这里的岩石内部是指岩石的物质以相同方式组成的固体材料。咖啡“在”杯子里，不同于“在”构成杯子的陶瓷玻璃里。使用这个文化派生出来的(“向里”与“在”这两个词)隐喻可能在所有语言中都是不一致的，有的语言可能对于这两种不同的概念使用不同的前置词。在本标准中使用从数学(拓扑)中派生的语义中立的“内部(interior)”概念。

6.4.33.3 perimeter (周长)

“perimeter”操作将返回该 GM_GenericSurface 的边界成分的所有长度的总和。由于周长像长度一样，是距离的累积(积分)，它的返回值将是在度量距离所使用的参照系中。

GM_GenericSurface::perimeter():Length

注：周长定义为所有边界成分的长度的总和。一条曲线或一组曲线的组合的长度始终是正值并且非零(除非曲线是病态的)。这意味着曲面上的孔洞对于曲面的总周长将有正的贡献。

6.4.33.4 area(面积)

2维几何对象的面积是对于它的曲面面积(以距离的平方单位)的一个数值度量。因为面积是一个积累(积分),它的返回值将具有一个为度量距离的平方的度量单位,例如平方米(m^2)。"area"这个操作将返回GM_GenericSurface的面积。

GM_GenericSurface::area():Area

该返回值与坐标参照系和曲面的形状有关。

注:为了与曲面定义为DirectPositions的集合相一致,曲面上的孔洞对于总面积没有贡献。如果使用通常的Green(格林)定理或更一般的Stokes(斯托克)积分定理,绕着曲面上洞的积分要从绕着曲面片的外环的积分中减去。

6.4.34 GM_曲面片(GM_SurfacePatch)

6.4.34.1 语义

GM_SurfacePatch(见图20)定义一个GM_Surface的同类部分。相关联的"Segmentation(分片)"的multiplicity(多重性)属性(见图12)定义每一个GM_SurfacePatch只能属于一个GM_Surface,而不能为多个GM_Surface所拥有。

6.4.34.2 interpolation(插值)

属性"interpolation"确定用在GM_SurfacePatch上曲面的插值机制。该机制使用定义在各个子类中的控制点和控制参数来确定该GM_SurfacePatch的位置。

GM_SurfacePatch::Interpolation:GM_SurfaceInterpolation

6.4.34.3 numDerivativesOnBoundary(边界可微次数)

属性序列"numDerivativesOnBoundary"定义在曲面以及与它以共享边界曲线的方式直接相邻的曲面片之间的连续类型。对于该面片,值的序列与在GM_SurfaceBoundary中由GM_GenericCurve::boundary返回的GM_Rings相对应。缺省值"0"意味着简单连续,即强制性最低水平的连接。在数学教科书中,这个水平被叫做"C^0"连续。值1意味着函数在端点处连续并可微:即"C^1"连续。对于任何整数值"n"意味着n次可微,即"C^n"连续。

GM_SurfacePatch::numDerivativesOnBoundary[0..1]:Integer

6.4.34.4 boundary(边界)

"boundary"操作返回该GM_SurfacePatch的边界,该边界表达为由GM_OrientableCurves组成的GM_Rings的一个组合。

GM_SurfacePatch::boundary():GM_SurfaceBoundary

注:该操作的语义相同于GM_Surface::boundary操作的语义,但这里使用的曲线可能是非持久的GM_OrientableCurve。临时性的GM_Curve数据类型值也是有效的。在通常情况下,GM_SurfacePatches将与聚合的GM_Surface以及具有GM_SurfacePatches(并不明显需要)的其他部分共享它们的部分边界。在附录C中,solid(体)示例(C.1.3.1)使用了一个单独的曲面片折回到它自己形成一个拓扑的圆柱面,再加上两个底面形成一个体的边界。在这种情况下,第一个曲面片与另外两个底面中的每一个共享一个边界线段,还有一个与它自己共享的边界(即曲面片折回形成圆筒时的连接带)。

6.4.35 GM_多面体表面(GM_PolyhedralSurface)

6.4.35.1 语义

GM_PolyhedralSurface(见图21)是一个GM_Surface,它由若干GM_Polygon(GM_多边形)构成并沿着它们公共的边界曲线相连接。它仅在可接受的曲面片类型限制上不同于GM_Surface。

6.4.35.2 GM_PolyhedralSurface(constructor)(GM_多面体表面(构造函数))

GM_PolyhedralSurface构造函数用若干GM_Polygon小面来构造所需的聚合曲面。

GM_PolyhedralSurface::GM_PolyhedralSurface(tiles[1..n]:GM_Polygon):
    GM_PolyhedralSurface

6.4.35.3 patch(面片)

关联角色"patch"将曲面与构成它的各个多边形小面片关联起来。它应该是非空的。

GM_PolyhedralSurface::patch[0,n]:Reference<GM_Polygon>

6.4.36 GM_多边形(GM_Polygon)

6.4.36.1 语义

GM_Polygon(见图 21)是一个曲面片,它由边界曲线的集合和一个将这些曲线粘在一起的一个潜在的曲面所定义。缺省状态这些曲线是共面的,并且在它内部使用平面插值。

6.4.36.2 boundary(边界)

属性"boundary"存储作为 GM_Polygon 边界的 GM_SurfaceBoundary。

GM_Polygon::boundary:GM_SurfaceBoundary

注:曲面片的边界与作为包含 GM_Surface 的 GM_Complex 的边界不必相同。包含在 GM_Surface 内部的曲线(作为两个相邻曲面片的公共边界)不是任何包含 GM_Surface 的 GM_Complex 的一部分,它们纯粹是构造性的,不应该将其作为定义该 GM_Complex 的 GM_Surface 与 GM_Curve 间连结性的拓扑关系。

6.4.36.3 spanningSurface(生成曲面)

可选的 spanningSurface 提供一种生成多边形内部的机制

GM_Polygon::spanningSurface[0,1]:GM_Surface

注:生成曲面应当没有与多边形边界相交的边界成分,并且对于该多边形,不应被混淆为被边界曲线定义的曲面的一部分。虽然 Tin 和格网曲面也时常用作生成曲面,但最常见的生成曲面还是高程模型,在本标准中不直接描述它。

6.4.36.4 GM_Polygon(constructor)(GM_多边形(构造函数))

GM_Polygon 构造函数的第一种形式直接由(组织成一个 GM_SurfaceBoundary 的)边界曲线的集合来创建 GM_Polygon,这些边界曲面由这些共面的 GM_Position 作为控制点来定义。

GM_Polygon::GM_Polygon(boundary:GM_SurfaceBoundary):GM_Polygon

注:GM_SurfaceBoundary 的外部与所构造的平坦多边形在同一个平面。

GM_Polygon 构造函数的第二种形式的第二个变量提供用来创建 GM_Polygon 的生成曲面。对于用在 GM_SurfaceBoundary 中的组合曲线所使用的插值类型没有限制,但是在接下来的处理中它们必须依赖于"生成曲面"。

GM_Polygon(boundary:GM_SurfaceBoundary,spanSurf:GM_Surface):GM_Polygon

注:边界成分是有向的这一属性对于完成这项任务很重要。在有界的流形(例如球)内经常存在含混,除非适当地使用定向(orientation)属性。

6.4.37 GM_三角化曲面(GM_TriangulatedSurface)

GM_TriangulatedSurface(见图 21)是仅由 GM_Triangle 构成的 GM_PolyhedralSurface。对于三角形如何派生而来没有限制。

6.4.38 GM_三角形(GM_Triangle)

GM_Triangle 是由三个角点定义的平面 GM_Polygon;GM_Triangle 应当由下面这种形式的构造函数产生。

GM_Polygon(GM_LineString(〈P1,P2,P3,P1〉))

这里,P1、P2、P3 是三个 GM_Position。GM_Triangle 没有洞。GM_Triangle 应当用来构造 GM_TriangulatedSurfaces。

注:在三角形中的点可以根据三角形的角点通过定义一套重心坐标来定位,三个非负的数值 c_1、c_2、c_3,令 $c_1+c_2+c_3=1.0$,则三角形中的每一个点可以用这套重心坐标表达为:

$$P = c_1 P_1 + c_2 P_2 + c_3 P_3$$

6.4.39 GM_不规则三角网(GM_Tin)

6.4.39.1 语义

GM_Tin(见图 21)是一个使用 Delaunay(德洛内)算法或类似算法构成的 GM_TriangulatedSurface,这里类似的算法是指考虑了阻断线、停止线和三角边的最大长度的算法(见图 22)。这些网络满足没有修正的 Delaunay 准则:网络中的每一个三角形,通过三角形顶点的圆的内部不包括其他三角形的顶点。

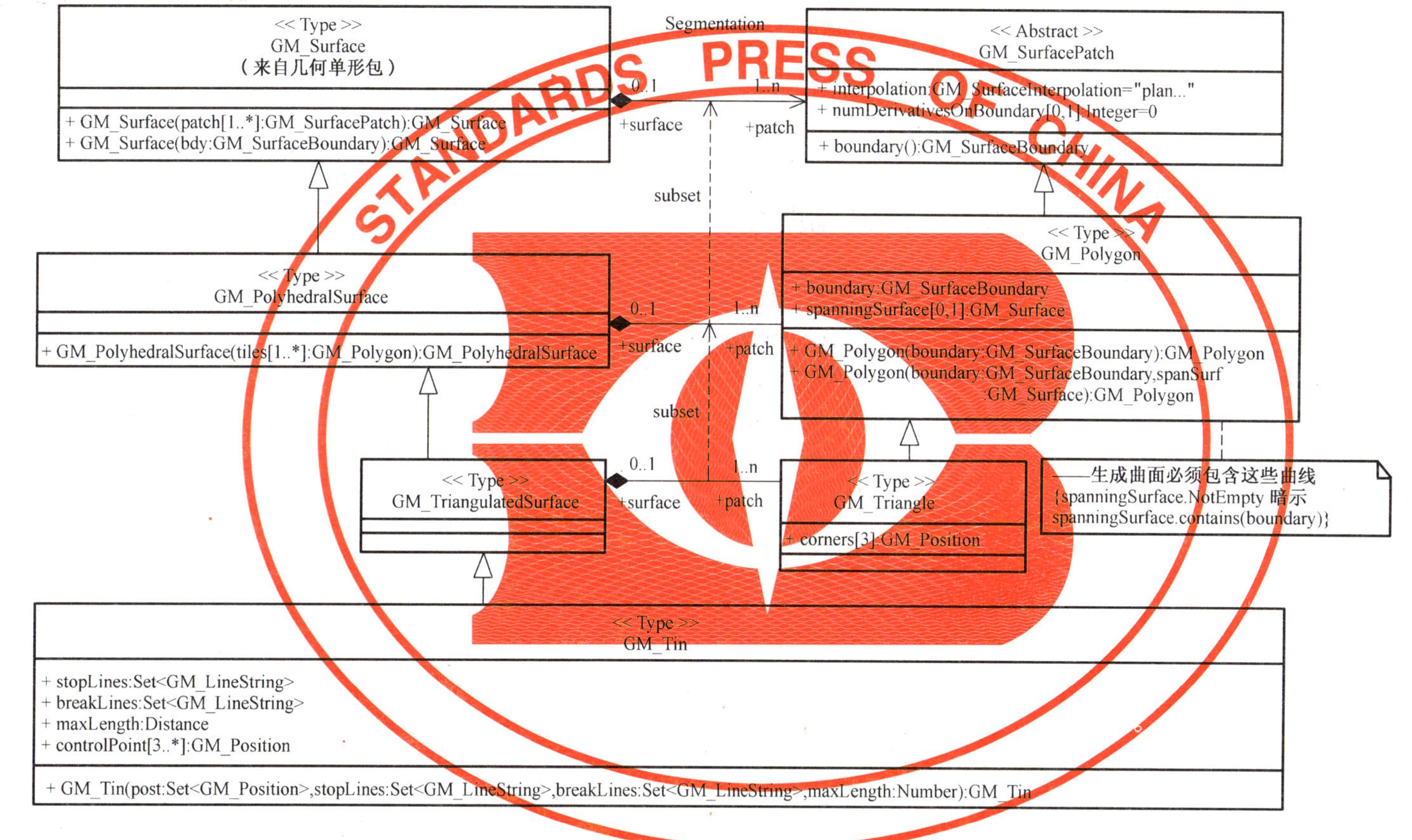

图 21 多边形的曲面(**Polygonal surface**)

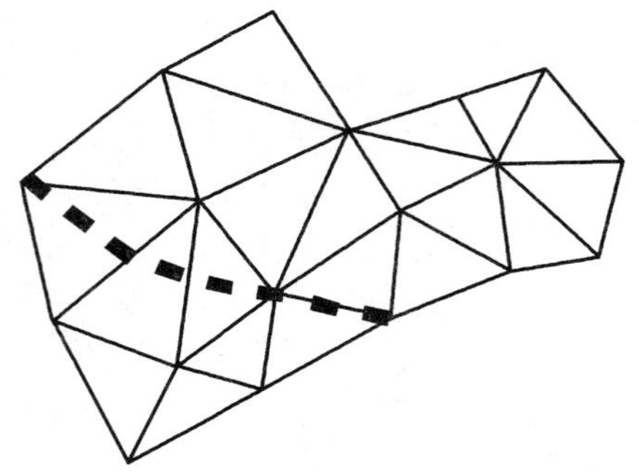

a）先不使用阻断线进行三角剖分

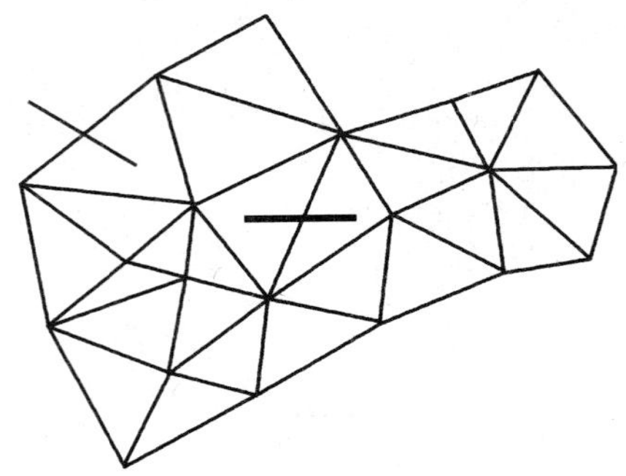

b）附加停止线

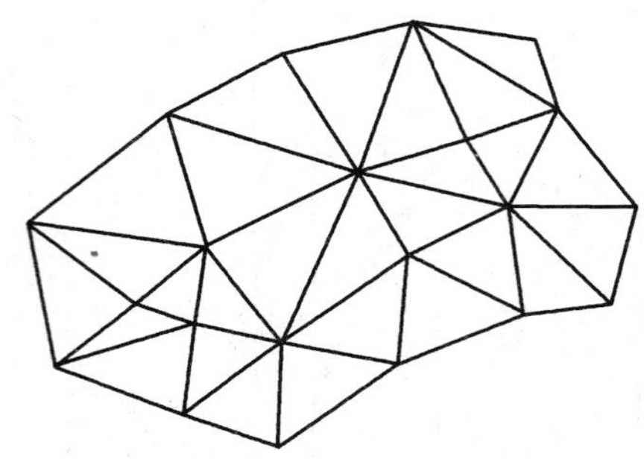

c）使用阻断线重新进行三角剖分

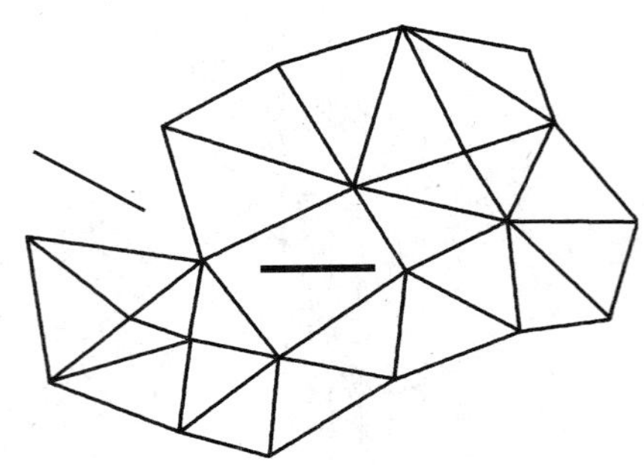

d）使用将导致空洞和边界变化的停止线重新进行三角剖分

图 22 TIN 的构造(TIN construction)

6.4.39.2 stopLines（停止线）

stoplines 是曲面的局部连续性或正则性有问题的线。在这种有问题的区域，相交于一个 stopline 的三角形应当从 TIN 曲面上去掉，在曲面上留下空洞。如果这种情况出现在曲面边界的三角形上，将导致曲面边界的改变。“stopLines”属性包含所有这些有问题的线段作为一个线串集。

GM_Tin::stopLines:Set〈GM_LineString〉

6.4.39.3 breakLines（阻断线）

breaklines 是对于曲面的形状有控制作用的线，代表曲面上的局部山脊或沟谷（如汇水线）。因为这些成分的线段必须包含在 TIN 中，尽管它们有违于 Delaunay 准则。“breakLines”属性包含这些评判线段作为一个线串集。

GM_Tin::breakLines:Set〈GM_LineString〉

6.4.39.4 maxLength（最大长度）

对于数据密度不能保证合理计算的这些区域，应当通过增加一个基于三角形边长的“保持标准”来消去这些区域。对于超过最大长度的任何三角形边，则应调整三角形的划分，以消除这些长边。

GM_Tin::maxLength:Distance

6.4.39.5 controlPoint（控制点）

在 TIN 中三角形的角点被称为桩(post)。属性“controlPoint”包含用在这个 TIN 中的角点的这些 GM_Position 的一个集合。因为每一个 TIN 都包含若干三角形，至少有三个 post。这些点给出的次序并不影响它们所表达的曲面。应用模式可以基于控制点的次序添加信息，以利于从控制点重构这个 TIN。

GM_Tin::controlPoint[3..n]:GM_Position

注：TIN 的控制点常被称为“桩(post)”。

6.4.39.6 GM_Tin (constructor)（GM_不规则三角网（构造函数））

对于受限 Delaunay 网的构造函数需要若干三角形角点（桩）、若干阻断线、若干停止线和三角形边的最大长度。

GM_Tin::GM_Tin(post:Set〈GM_Position〉,stopLines:Set〈GM_LineString〉,
breakLines:Set〈GM_LineString〉,maxLength:Number):GM_Tin

6.4.40 GM_参数曲线族曲面(GM_ParametricCurveSurface)

6.4.40.1 语义

构成参数曲线族曲面 GM_ParametricCurveSurface(见图 23)的曲面片是由连续的曲线族参数化而产生的,由下面的构造函数给出。

$$surface(s,t):[a,b]\times[c,d]\rightarrow \text{DirectPosition}$$

通过固定这两个参数中一个参数的值,我们就可以得到一个单参数的曲线族。

$$c_t(s)=c_s(t)=surface(s,t)$$

GM_ParametricCurveSurface(见图 23)的功能是对外界暴露两个曲线族。第一个为"horizontal(水平)"横切面 $c_t(s)$,第二个为"vertical(垂直)"纵切面 $c_s(t)$。"horizontal"和"vertical"这两个术语分别指参数空间,这并不需要曲线在坐标参照系下是"水平"或"垂直"。表 7 列出了这些曲面的一些可能的类型配对(对这些曲面可能还有其他表达方法)。曲面参数化的两个偏导数 $\boldsymbol{i}$ 和 $\boldsymbol{j}$ 由下面给出:

$$\boldsymbol{i}\equiv\frac{\mathrm{d}surface}{\mathrm{d}s}=\frac{\mathrm{d}}{\mathrm{d}s}c_t(s)=\frac{\partial}{\partial s}surface(s,t)$$

和

$$\boldsymbol{j}\equiv\frac{\mathrm{d}surface}{\mathrm{d}t}=\frac{\mathrm{d}}{\mathrm{d}t}c_s(t)=\frac{\partial}{\partial t}surface(s,t)$$

当曲面的两个偏导数矢量非零时,曲面缺省的外法向是这两个偏导数矢量的叉积:

$$\boldsymbol{k}=\boldsymbol{i}\times\boldsymbol{j}$$

如果坐标参照系是 2 维,则这个矢量 $\boldsymbol{k}$ 根据所提供的"向上"的高程矢量扩展局部坐标系。在这种情况下,基矢量$(\boldsymbol{i},\boldsymbol{j})$必须是一个右手系统,这就是说,从 $\boldsymbol{i}$ 到 $\boldsymbol{j}$ 的方位角必须小于 180°。由$\langle\boldsymbol{i},\boldsymbol{j}\rangle$给出一个局部坐标轴的右手"移动框架"。移动框架被定义为从该几何对象到该对象所在的局部切空间的一个基的连续函数。对于曲线,这就是曲线的导数,即局部切线。对于曲面,这就是一个局部切矢对。参数化曲面有一个自然的移动框架,在本章被用来定义曲面的外法向。

注:一个可见的移动框架的存在是"可定向"流形的定义。这就是为什么一个连续的外法向的存在意味着该曲面是可定向的。不可定向的曲面,例如牟比乌斯带(Möbius band)和克莱因瓶(Klein bottle),是违反直觉的。6.3.17.1禁止将它们用在与本标准一致的应用模式中。克莱因瓶在 3 维中甚至构造不出来,而需要 4 维空间的非奇异表达。

表 7 各种类型的参数曲线族曲面

曲面类型	水平曲线类型	垂直曲线类型
GM_Cylinder(GM_圆柱面)	圆,常数半径	线段
GM_Cone(GM_圆锥曲面)	圆,衰减半径	线段
GM_Sphere(GM_球面)	具有常数纬度的圆	具有常数经度的圆
GM_BilinearGrid(GM_双线性格网曲面)	线串	线串
GM_BicubicGrid(GM_双三次格网曲面)	三次样条	三次样条

6.4.40.2 horizontalCurveType(水平曲线类型)

属性"horizontalCurveType"指示以水平的方式穿越该曲面,与参数"s"相对应。

GM_ParametricCurveSurface::horizontalCurveType:GM_CurveInterpolation

6.4.40.3 verticalCurveType(垂直曲线类型)

属性"verticalCurveType"指示以垂直的方式穿越该曲面,与参数"t"相对应。

GM_ParametricCurveSurface::verticalCurveType:GM_CurveInterpolation

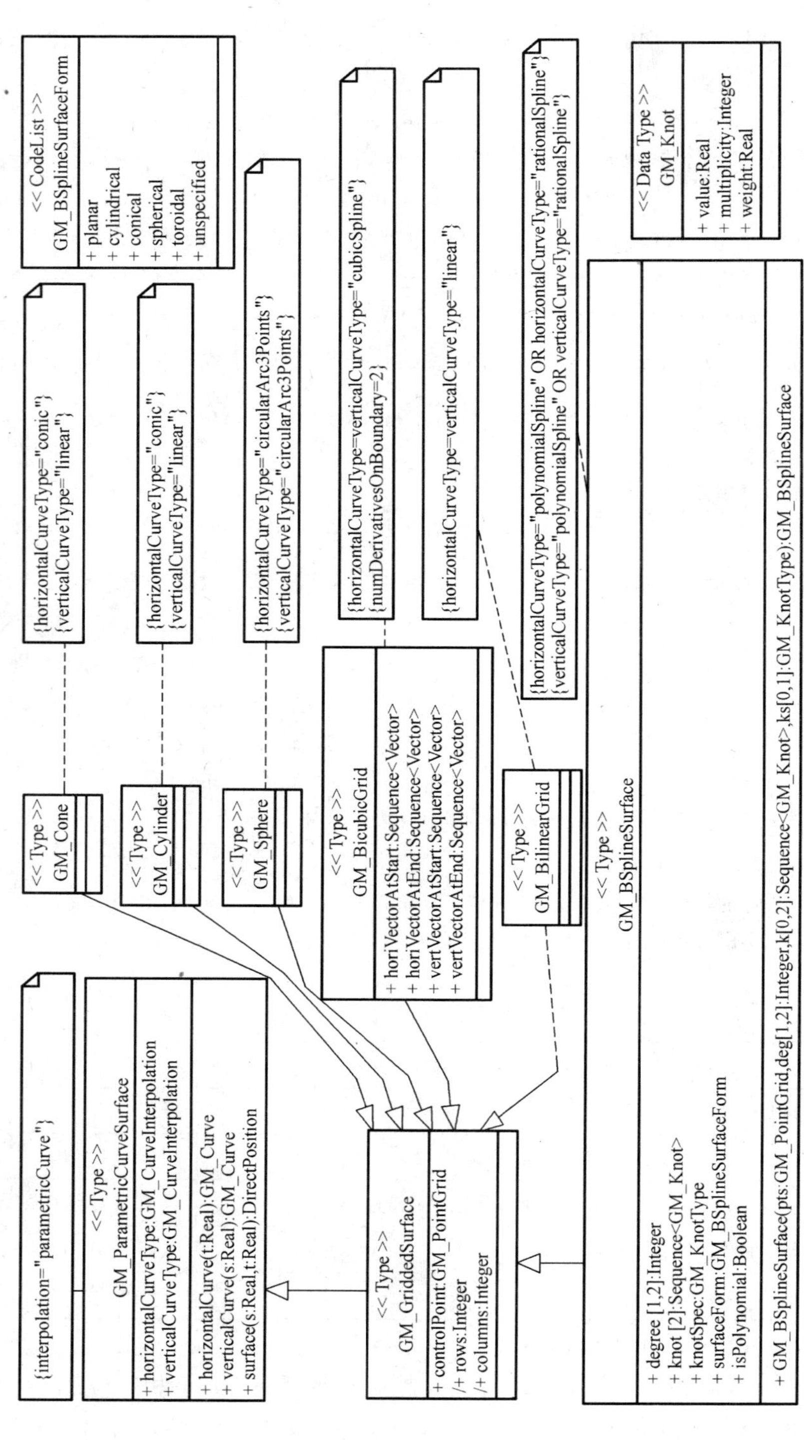

图 23 GM_参数曲线族曲面和它的子类(GM_ParametricCurveSurface and its subtypes)

6.4.40.4 **horizontalCurve**（水平曲线）

操作“horizontalCurve”构造一条曲线，这条曲线水平地穿越该曲面，与参数“s”相一致。该曲线的参数“t”是常数。

GM_ParametricCurveSurface::horizontalCurve(t:Real):GM_Curve

注：通过这个操作或相应的垂直曲线函数操作返回的 GM_Curve 通常不是任何包含该曲面的 GM_Complex 的一部分。在极端的参数空间，可能出现例外。支持这种曲面的参数空间通常映射到目标曲面的边界。

6.4.40.5 **verticalCurve**（垂直曲线）

“verticalCurve”这个操作构造一条曲线，这条曲线垂直地穿越该曲面，与参数“t”相一致。该曲线的参数“s”是常量。

GM_ParametricCurveSurface::verticalCurve(s:Real):GM_Curve

6.4.40.6 **surface**（曲面化）

操作“surface”在垂直和水平两个方向上穿越曲面。

GM_ParametricCurveSurface::surface(s:Real,t:Real):DirectPosition

6.4.41 **GM_格网化曲面(GM_GriddedSurface)**

6.4.41.1 **语义**

GM_GriddedSurface(见图 23)是在参数空间由矩形格网定义的一张 GM_ParametricCurveSurface。该格网的行是曲面的水平曲面线的控制点，列是曲面的垂直曲面线的控制点。这里假设对于每一对参数坐标(s,t)，水平曲面线对于每一个整数偏移量是根据“s”来求值的。这就定义了一个控制点序列：

〈$c_n(s)$:s=1...columns〉

从这个序列，垂直曲线计算“s”，并且以“t”求值。在大多数情况下，计算的次序(“水平—垂直”与“垂直—水平”)并没有差别。在使用时，首先使用“水平—垂直”次序。

注：大多数情况下一个格网曲面是一个 2 维样条曲面。在这种情况下，对于每一个参数的权重函数使得计算的次序无关紧要。

$$surface(s,t)=\sum_{i=0}^{rows}\sum_{j=0}^{columns}w_i^s(s)w_j^t(t)\vec{P}_{i,j}$$

这里 $\vec{P}_{i,j}$ 是在第 i 行 j 列的控制点。

逻辑上，任何成对的曲线插值类型都可以形成一个 GM_GriddedSurface 的子类。下面定义了一些可以以这种方式表达的最常用的曲面。

6.4.41.2 **controlPoint**（控制点）

这是以行为主要形式给出的控制点双索引序列。

GM_GriddedSurface::controlPoint:GM_PointGrid;

注：对于格网曲面的形态并没有作任何假设。例如，这个位置并不需要作用于一个“2.5 维”的曲面，在任何或它们所有的纵坐标上这些连贯的点可以相等。进一步，曲线在这两个方向中的一个或两个方向上可以是闭合的。

6.4.41.3 **rows**（行数）

导出属性“rows”给出该参数格网的行的数目。

GM_GriddedSurface::rows:Integer=controlPoint→row.count:Integer

6.4.41.4 **columns**（列数）

导出属性“columns”给出该参数格网的列的数目。

GM_GriddedSurface::rows:Integer=controlPoint→row→column.count:
Integer

6.4.42 **GM_圆锥曲面(GM_Cone)**

GM_Cone 是由圆锥曲面片段族给出的 GM_GriddedSurface(GM_格网化曲面)，这些圆锥曲面片段的控制点是线性变化的。

注：所有定义位置都相同的一个五点椭圆是一个点。这样一个被截取的椭圆圆锥曲面可以由一个 2×5 的控制点集合〈〈P1,P1,P1,P1,P1〉,〈P2,P3,P4,P5,P6〉〉给出。P1 是该圆锥曲面的顶点,P2、P3、P4、P5、P6 是在该圆锥曲面的基椭圆上的任何五个不同的点。如果该水平曲线是圆而不是椭圆,则一个圆锥曲面可以由〈〈P1,P1,P1〉,〈P2,P3,P4〉〉来构造。

6.4.43 GM_圆柱面(GM_Cylinder)

GM_Cylinder 是一个由圆族构成的 GM_GriddedSurface,这些圆族的位置沿着一个平行线的集合变化,保持水平横切面的形态不变。

注：这里与前面的假设一样,一个 GM_Cylinder 可以由两个圆给出,由〈〈P1,P2,P3〉,〈P4,P5,P6〉〉给出控制点。

6.4.44 GM_球面(GM_Sphere)

GM_Sphere 是一个由圆族构成的 GM_GriddedSurface,这些圆的位置沿着该球的轴呈线性变化,而圆的半径与中心角的余弦函数成比例。水平圆曲线类似于不变的纬线,垂直弧段线类似于不变的经线。

注：如果控制点是根据增加的经度和纬度排序的,球面的外法向是一个向外的法向量。

例如：如果我们采用经纬度(u,v)格网集合,例如:

(−90,−180)	(−90,−90)	(−90,0)	(−90,90)	(−90,180)
(−45,−180)	(−45,−90)	(−45,0)	(−45,90)	(−45,180)
(0,−180)	(0,−90)	(0,0)	(0,90)	(0,180)
(45,−180)	(45,−90)	(45,0)	(45,−90)	(45,180)
(90,−180)	(90,−90)	(90,0)	(90,−90)	(90,180)

然后使用普通的方程(这里 R 是球的半径)投影这些点到 3 维空间中去。

$$z=R\sin u$$

$$x=(R\cos u)(\sin v)$$

$$y=(R\cos u)(\cos v)$$

我们就得到一个半径 R、圆心(0,0)的球,其表面为一个格网化的曲面。注意,所有的第一行和最后一行的控制点分别影射到 3 维欧几里德空间中的南北极点,并且每一个水平曲线闭合回到它自身,形成一个几何圈。这给我们一个度量上有界(具有有限的尺寸),拓扑上无界的曲面(没有边界的圈)。

6.4.45 GM_双线性格网(GM_BilinearGrid)

GM_BilinearGrid 是在水平与垂直曲线上均使用线串的 GM_GriddedSurface。

注：这不是一个多边形曲面,因为每一个方格网是一个规则曲面,不一定是平面。

6.4.46 GM_双三次格网(GM_BicubicGrid)

6.4.46.1 语义

GM_BicubicGrid 是在水平和垂直曲线上都使用三次多项式样条曲线的 GM_GriddedSurface。

注：样条的初矢量经常由一个额外的控制点行、列对来代替。

6.4.46.2 horiVectorAtEnd,horiVectorAtStart,vertVectorAtEnd,vertVectorAtStart(末端水平矢量、始端水平矢量、末端垂直矢量、始端垂直矢量)

对于一个完整的定义,水平与垂直曲线需要始端与末端切矢量,这些值是由这四个属性值来提供的:

GM_BicubicSpline::horiVectorAtEnd:Sequence〈Vector〉;

GM_BicubicSpline::horiVectorAtStart:Sequence〈Vector〉;

GM_BicubicSpline::vertVectorAtEnd:Sequence〈Vector〉;

GM_BicubicSpline::vertVectorAtStart:Sequence〈Vector〉;

6.4.47 GM_B 样条曲面形式(GM_BsplineSurfaceForm)

代码列表"GM_BSplineSurfaceForm"用于指示一个由 GM_BsplineSurface 表达的特定几何形式。其可能值有:

——planar(平面):在每一个参数上都是 1 阶的 B 样条曲面表达的平面的有界部分。

——cylindrical(柱面):由 B 样条曲面表达的柱面的有界部分。

——conical(圆锥曲面):由 B 样条曲面表达的圆锥曲面的有界部分。

——spherical(球面):由 B 样条曲面表达的球面的有界部分。

——toroidal(圆环曲面):由 B 样条曲面表达的圆环曲面或圆环曲面的一部分。

——unspecified(未定义):没有特别定义的曲面。

GM_BSplineSurfaceForm::

planar

cylindrical

conical

spherical

toroidal

unspecified

6.4.48 GM_B 样条曲面(GM_BsplineSurface)

6.4.48.1 语义

B 样条曲面是有理或多项式参数曲面,它通过控制点和基函数以及可能的权重来表达。如果权重都相等,样条为一个分片多项式。如果权重不等,则样条为分片有理函数。如果布尔值"isPolynomial"被设为 TRUE,则权重都被设为 1。

6.4.48.2 degree (次数)

属性"degree"是第一个和第二个参数的基函数的代数次数。如果只设定了一个值,则这两个次数是相等的。

GM_BSplineSurface::degree [1,2]:Integer

6.4.48.3 surfaceForm (曲面形式)

"surfaceForm"是用来标识曲面的特定类型,即哪种样条被用来逼近曲面。它仅仅是用于信息查询,用来捕获原始意图。如果不打算使用样条来逼近曲面,则该属性的值为 NULL。

GM_BSplineSurface::surfaceForm:GM_BSplineSurfaceForm

6.4.48.4 knot (节点)

属性"knot"是两个不同的节点序列,用来定义两个参数的 B 样条基函数。调用该节点数据类型来保存节点的多重性(multiplicity)信息。

GM_BSplineSurface::knot [2]:Sequence<GM_Knot>

6.4.48.5 knotSpec (节点类型)

属性"knotSpec"给出用来定义该样条的节点的分布类型。它仅用于查询,并由不同的构造函数设定。

GM_BSplineSurface::knotSpec[0,1]:GM_KnotType

6.4.48.6 isPolynomial (是多项式)

如果这是一个多项式样条,"isPolynomial"该属性就设为 TRUE。

GM_BSplineSurface::isPolynomial:Boolean

6.4.48.7 GM_BSplineSurface (constructor) (GM_B 样条曲面 (构造函数))

"GM_BSplineSurface"类的构造函数采用上面描述的有关信息,构造一个 B 样条曲面。如果 knotSpec 不存在,则 knotType 是一致的,并且除去第一个和最后一个节点外,节点是均匀间隔的,具有 multiplicity=1。在首末端点处 multiplicity=degree+1。如果 knotType 是一致,则不需要专门定义。

GM_BSplineSurface::GM_BSplineSurface(
pts:Sequence〈GM_PointArray〉,
deg[2]:Integer,
k [0,2]:Sequence〈GM_Knot〉
ks[0,1]:GM_KnotType,):GM_BSplineSurface

6.5 几何聚集形包

6.5.1 语义

几何对象可以以任意方式聚集。没有假定有任何附加的内部结构用来“组合(collect)”这些所定义类型的几何曲面片。在这方面它不同于定义在6.6中的“composites(组合)”与“complexes(复形)”。这些聚集形类型的操作是从构成它们的元素的类的操作中派生出来的操作的总和。应用模式在它们的表达中,可以对于使用多种几何对象的要素使用聚集形,例如使用点的组合来表达一个油库或果园。

6.5.2 GM_聚集形(GM_Aggregate)

6.5.2.1 语义

GM_Aggregate(见图24)将几何对象收集在一起。由于GM_Aggregate经常使用定向(orientation)进行调整,因而曲线引用与曲面引用通常不是直接到GM_Curve和GM_Surface,而是定向到(directed to)GM_OrientableCurve和GM_OrientableSurface。

大多数的几何对象都是包含在要素里,但不能固持在强聚集的组合里。因为这个原因,在这一条里描述的组合都是弱聚集,因而应该使用引用来包含几何对象。下面给出各种引用对象之间的关系。

注:以这样一种方式来操作GM_OrientablePrimitive的子类,将引用对象链接到某个GM_OrientablePrimitive子类对象的一个明确的定向(orientation)上。

6.5.2.2 element(元素)

关联角色“element”是包含在该GM_Aggregate中的若干GM_Object的集合。在GM_Aggregate的子类中,element被限制为所定义类型的GM_Primitive。

GM_Aggregate::element:Set〈GM_ObjectRef〉

6.5.2.3 fromSet(来自集合)

操作“fromSet”是使用若干GM_Object的集合来创建GM_Aggregate的构造函数。

GM_Aggregate::fromSet(set:Set〈GM_Object〉):GM_Aggregate

6.5.3 GM_多单形(GM_MultiPrimitive)

GM_MultiPrimitive是所有单形聚集的根类。关联角色“element”是包含在该GM_MultiPrimitive中的若干GM_Primitive的集合。这里,该属性声明指定包含在该GM_Aggregate类型中的那一种GM_Primitive。

GM_MultiPrimitive::element:Set〈GM_Primitive〉

6.5.4 GM_多点(GM_MultiPoint)

6.5.4.1 语义

GM_MultiPoint是指包含点的聚集形类。关联角色“element”是包含在GM_MultiPoint中的所有GM_Point的集合。

GM_MultiPoint::element:Set〈GM_Point〉

6.5.4.2 position(位置)

派生属性“position”是包含在GM_MultiPoint中所有GM_Point的DirectPosition的集合。

GM_MultiPoint::position:Set〈DirectPosition〉

6.5.5 GM_多曲线(GM_MultiCurve)

6.5.5.1 语义

GM_MultiCurve是指包含GM_OrientableCurve实例的聚集形类。关联角色“element”应该是包含该GM_MultiCurve中的所有GM_OrientableCurve的集合。

GM_MultiCurve::element:Set〈GM_OrientableCurve〉

6.5.5.2 **length（长度）**

派生属性“length”是包含在该 GM_MultiCurve 中的所有 GM_Curve 的长度的总和。

GM_MultiCurve::length:Length

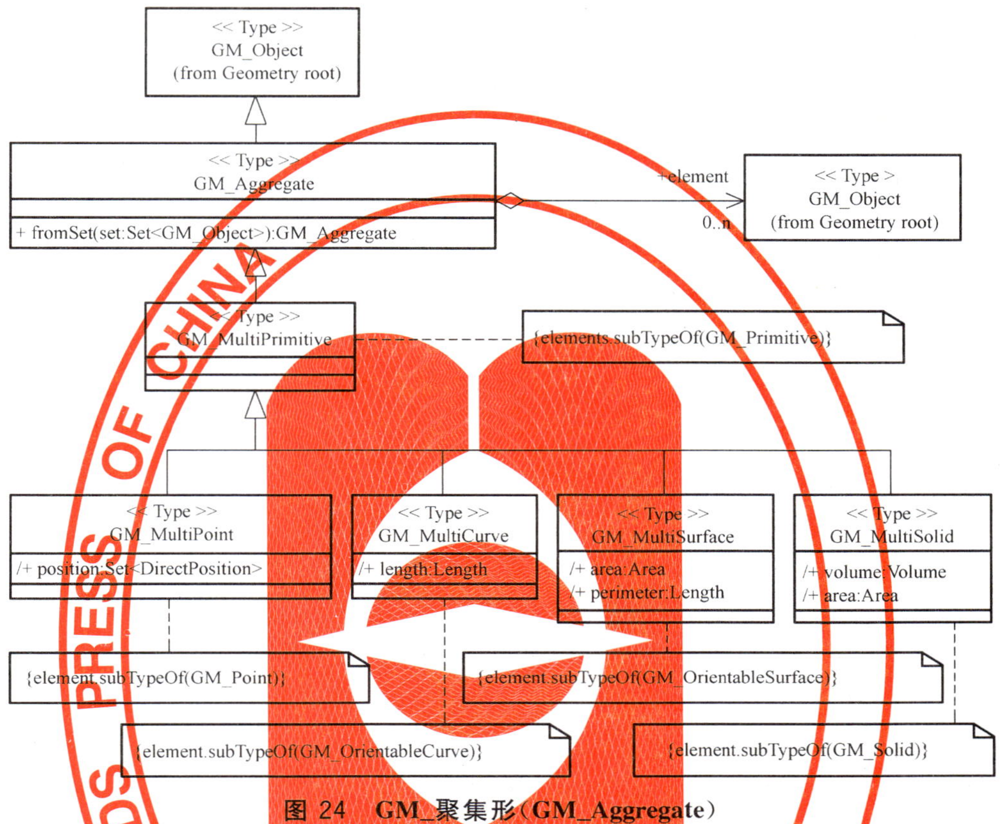

图 24 **GM_聚集形(GM_Aggregate)**

6.5.6 **GM_多曲面(GM_MultiSurface)**

6.5.6.1 **语义**

GM_MultiSurface 是指包含 GM_OrientableSurface 实例的聚集形类。关联角色“element”是包含在该 GM_MultiSurface 中的 GM_OrientableSurface 的集合。

GM_MultiSurface::element:Set〈GM_OrientableSurface〉

6.5.6.2 **area（面积）**

派生属性“area”是包含在该 GM_MultiSurface 中的所有 GM_Surface 的面积的总和。

GM_MultiSurface::area:Area

6.5.6.3 **perimeter（周长）**

派生属性“perimeter”是包含在该 GM_MultiSurface 中的所有 GM_Surface 的周长的总和。

GM_MultiSurface::perimeter:Length

6.5.7 **GM_多体(GM_MultiSolid)**

6.5.7.1 **语义**

GM_MultiSolid 是指包含 solid 实例的聚集形类。关联角色“element”是包含在该 GM_MultiSolid 中的所有 GM_Solid 的集合。

GM_MultiSolid::element:Set〈GM_Solid〉

6.5.7.2 **volume（体积）**

派生属性“volume”是包含在该 GM_MultiSolid 中的所有 GM_Solid 的体积的总和。

GM_MultiSolid::volume:Volume

6.5.7.3 **area(面积)**

派生属性"area"是包含在该GM_MultiSolid中的所有GM_Solid的边界曲面面积的总和。

GM_MultiSolid::area:Area

6.6 几何复形包

6.6.1 语义

几何复形(GM_Complex)是若干(在一个共同的坐标系下)内部不相交的单形几何对象的集合。进一步,如果一个单形在一个几何复形里,而在该复形内有由若干单形构成的一个单形集合,该单形与其他单形的点态联合(point-wise union)就是这第一个单形的边界。

一个复形的子复形是该复形的单形的子集,即是一个有它们自己的辖区的几何复形。复形的超复形是属于一个更大的复形的单形的超集。这些定义本质上是子集和超集再加上一个它们必须是一个复形的附加限制。一个复形如果不是一个更大复形的子复形,那么它就是一个最大复形。

在几何复形中的几何对象的边界是该复形的子复形。最简单的复形是一个单点。最简单的1维复形是具有两个端点的曲线。最简单的2维复形是一张曲面具有它的边界曲线和曲线的始点与终点。

复形所在的几何体通常被称为"流形(manifold)"。复形的结构使得构成该流形的几何成分组织成单形元素,类似于很多"图表(chart)"通过"地图集"组织到一个世界地图册中。

有一种方法,但显然不止这一种方法,由单形的集合来生成一个复形,就是由这些单形开始,作如下的操作。

a) 如果两个单形重叠,就对两个单形细分,去掉重复单元直到没有重叠。

b) 同样地,如果一个单形不是简单的,细分自交的部分直到没有重叠。

c) 如果一个单形不是一个点,就计算它的边界作为与其他单形的一个组合,如果可能,使用那些已经存在于产生的集合中的元素,并且将它们插入到复形中去。

d) 重复步骤a)到c),直到没有新单形。

许多系统都有一个全域面(对于2维)和全域体(对3维)的概念。这只有当复形所在的空间是一个无界的欧几里德空间时才有效。在这种情况下,对于2维,全域面就是复形只有内边界环时所在的曲面(它的外点是在一个"无穷远的点")。类似的,在3维中,全域体是只有内边界壳的复形体。在有界的流形里,例如球,没有点在无穷远处,所有的单形都是有界的。不考虑Jordan(约旦)分离法则,所有的边界本质上都是内边界。在那些无界的流形中,例如双曲线,可能有多于一个的无界单形。由于本标准不是直接针对这些无界流形,如果本标准用于那些非地理的流形中,有些元素集合的基数(cardinality)可能需要放宽。本标准并不将全域面与全域体当特殊情况对待,因而全域面、全域体与它们的边界之间的关系是以与其他边界关系相同的方式来表达的。

注:在应用模式的内部语义中,一个最大复形可能被合理地考虑为它的单形的一个强聚集类型。由于这个原因,没有定义多个GM_Primitive在一个GM_Complex中存在方式的控制机制。如果一个强聚集类型用在一个最大复形中,对于子复形的限制关联可能必须把最大复形作为对于单形所在的命名空间来引用。在任何情况下,一旦一个GM_Primitive被用在一个GM_Complex里,或者一个GM_Complex是一个最大复形的子复形,它的边界操作将不再需要构造代表性的GM_Objects,因为根据一个复形的定义,需要用来表述所包含对象的边界的对象已经存在,而只需要通过GM_Object::boundary操作,引用这些所需对象就行了。记住,对于多个GM_Complexes包含在另一个GM_Complex中是一个"子集-超集"的关联;而当多个GM_Primitive包含在一个GM_Complex中则是一个"元素-集合"的关联。

6.6.2 GM_复形(GM_Complex)

6.6.2.1 语义

GM_Complex(见图25)是若干几何分离的简单GM_Primitive的一个组合(collection)。如果一个非GM_Point的GM_Primitive在一个特定的GM_Complex中,则在该复形中存在更低维的单形的一个集合，形成该非 GM_Point 单形的边界。

注：可以有两种截然不同的方式将几何复形看作是一个集合。第一种方式认为几何复形是对象的一个有限集合（通过降维到它的元素成员），第二种方式将几何复形作为点值的无穷集，而点是几何对象的子类。委托（delegation）和子类型（subtyping）这两种用途作为集合接口的两种类型是不相混淆的。要确定一个 GM_Primitive P 是否是一个 GM_Complex C 的元素，调用 C. element(). contains(P)这个方法就行了。

属性“element”允许 GM_Complex 继承有限集合 Set〈GM_Primitive〉的行为，而且不会与通过 GM_Object 继承的超限集 TransfiniteSet〈DirectPosition〉的同类行为相混淆。

应用模式中，在几何共享很重要的那些场合应该使用复形，例如在计算拓扑的应用中。在复形中，单形可以以“多对多”的形式聚集在若干组合形(composite)中，以便于使用要素的属性。这个例子提供在本标准的附录 D 中。

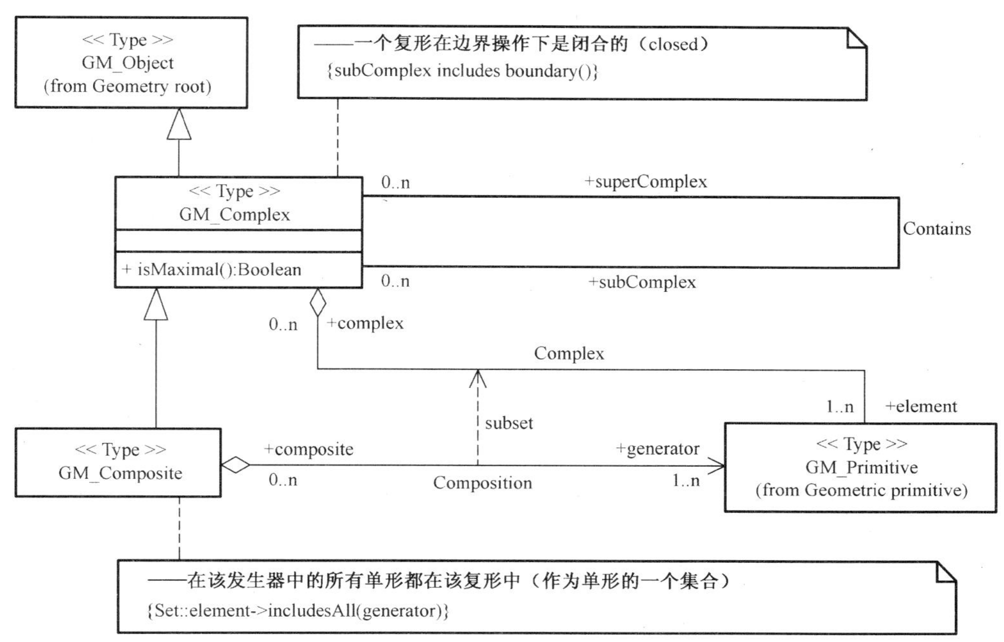

图 25 **GM_复形(GM_Complex)**

6.6.2.2 **isMaximal（是最大的）**

当且仅当 GM_Complex 是最大复形时，操作“isMaximal”才返回布尔值 TRUE。

GM_Complex::isMaximal():Boolean

6.6.2.3 **Contains association（包含关联）**

关联“Contains”实例化从 Set〈GM_Primitive〉中来的 contains 操作为一个关联。

GM_Complex::subComplex [0..n]:GM_Complex

GM_Complex::superComplex [0..n]:GM_Complex

6.6.2.4 **Complex association（复形关联）**

关联“Complex”是由 GM_Object 的“contains”操作定义的，而 GM_Object 则是继承自 TransfiniteSet〈DirectPosition〉。

GM_Complex::element [1..n]:GM_Primitive

如果复形包含一个 GM_Primitive，则它必然包含这些元素在它的边界里。

GM_Complex:

——在边界操作中闭合

self→forAll(self→includesAll(boundary()))

6.6.3 GM_组合形(GM_Composite)

6.6.3.1 语义

一个几何组合形(geometric composite)GM_Composite(见图 26)是一个几何复形,该几何复形具有一个潜在的同构于一个单形的几何核心。这样,组合曲线(composite curve)是曲线的组合(collection),它的几何接口应当满足单曲线的接口(尽管是非常复杂的单曲线)。组合曲线是打算以数据集的方式来使用属性值,虽然它们在几何上已经被分解了。组合形通常用来暴露它们的拓扑属性。

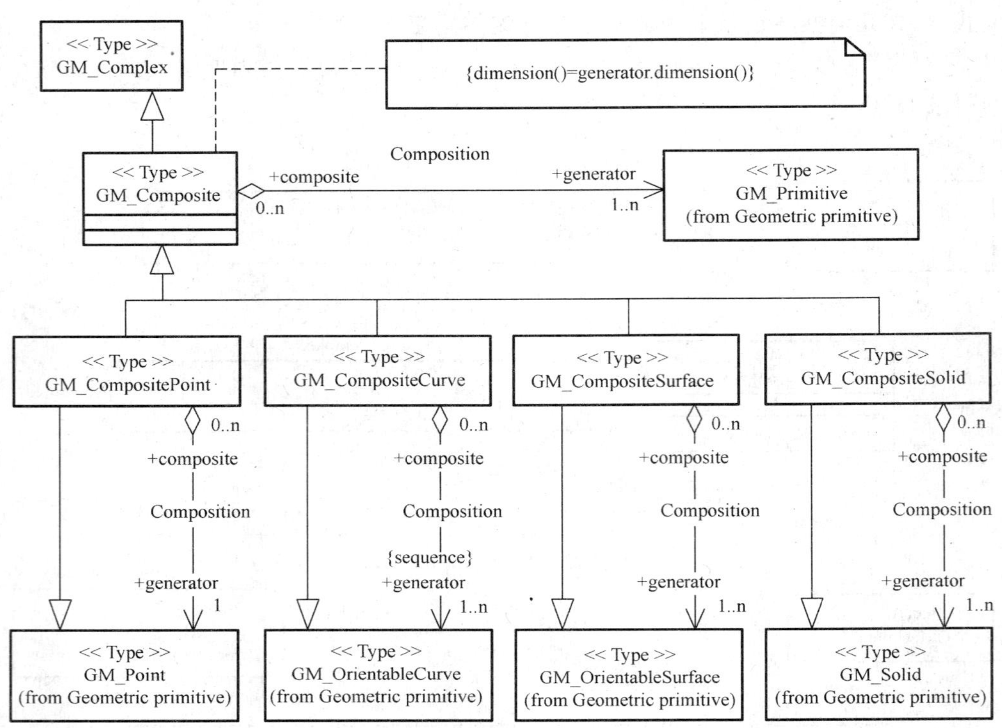

图 26 GM_组合形(GM_Composite)

6.6.3.2 generator(生成器)

关联角色 Composition::generator 是若干 GM_Primitive 的同类组合,它的联合就是该组合形的几何核心。该复形将包括这个发生器中的所有单形,以及在这些单形的边界上的所有单形,继续该过程,直到包括到 GM_Point。这样,在 GM_Composite 上的关联角色 Composition::generator 是 GM_Complex 上的关联角色 Complex::element 的子集。

GM_Composite::generator[1..n]:GM_Primitive

发生器中的几何类型完全由该组合形对象的维数决定。组合的曲线与曲面是面向允许以适当的组织方式集成到该组合形中。

GM_CompositePoint:

generator.type=GM_Point

GM_CompositeCurve:

generator.type=GM_OrientableCurve

GM_CompositeSurface:

generator.type=GM_OrientableSurface

GM_CompositeSolid:

generator.type=GM_Solid

6.6.4 GM_组合点(GM_CompositePoint)

6.6.4.1 语义

为了完整性,组合点 GM_CompositePoint(见图 27)作为一个单独的类。它是包含一个且仅包含一个 GM_Point 的 GM_Complex。

6.6.4.2 generator(生成器)

关联角色 Composition::generator 关联该 GM_Composite 点到该复形内的一个单独的单形上。

GM_CompositePoint::generator [1]:GM_Point

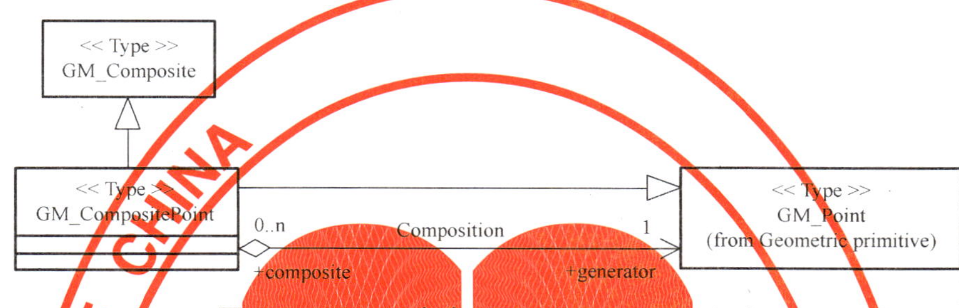

图 27 GM_组合点(GM_CompositePoint)

6.6.5 GM_组合曲线(GM_CompositeCurve)

6.6.5.1 语义

组合曲线 GM_CompositeCurve(见图 28)是具有曲线的所有几何性质的 GM_Composite。这些性质是在"curve"操作中实例化的。本质上,一条组合曲线是可定向曲线(GM_OrientableCurve)的一个列表,并遵从每一条曲线(第一条除外)以前一条曲线的终点为始点的这样一种规则。

6.6.5.2 generator(生成器)

关联角色 Composition::generator 将该 GM_CompositeCurve 与其发生序列中的单形曲线 GM_Curve 和 GM_OrientableCurve 关联起来,这些曲线形成该复形的核心。

GM _CompositeCurve::generator:Sequence〈GM_OrientableCurve〉

——在该发生器里,每一条有向曲线的始点是前一条有向曲线的终点

GM_CompositeCurve:

forAll(1〈 j〈 generator. count—1)→

generator[j]. endPoint=generator[j+1]. startPoint;

注:要得到在 GM_Complex 里的元素的完整表达,在 GM_Curve 发生器集合的边界上的 GM_Point 应该加到发生器列表的曲线里。

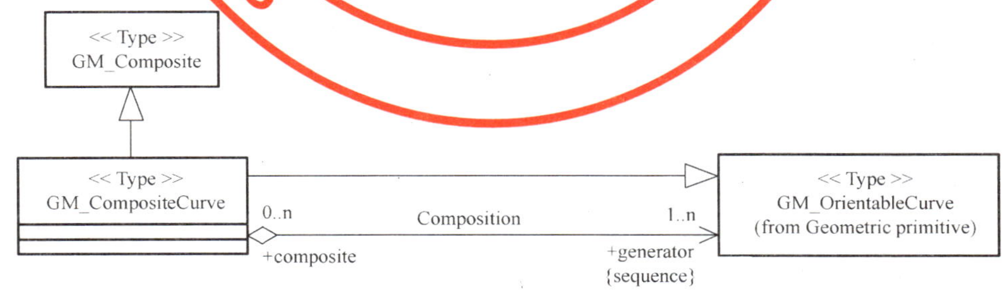

图 28 GM_组合曲线(GM_CompositeCurve)

6.6.6 GM_组合曲面(GM_CompositeSurface)

6.6.6.1 语义

组合曲面 GM_CompositeSurface(见图 29)是具有曲面的所有几何性质的 GM_Composite,因而可以将其当作可定向曲面(GM_OrientableSurface)的一种类型。本质上,组合曲面是有向曲面的组合,这些有向曲面以成对的公共边界曲线连接在一起,并被当作一个整体,形成一个单独的曲面。

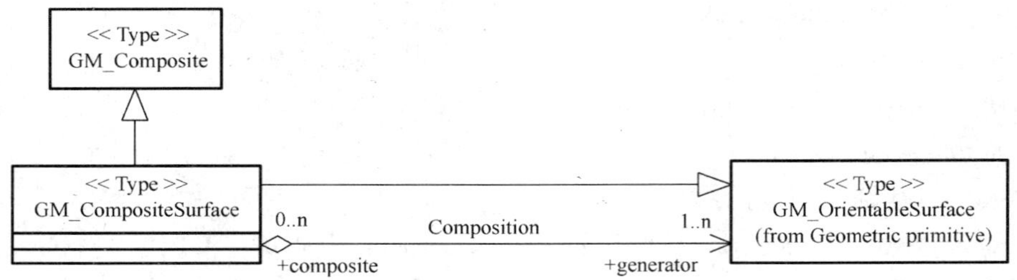

图 29　GM_组合曲面(GM_CompositeSurface)

6.6.6.2　generator(生成器)

关联角色 Composition::generator 关联该 GM_CompositeSurface 到若干单形 GM_Surface 上,并且在它的产生集合(GM_Surface 的列表)中的这些 GM_OrientableSurfaces 形成该复形的核心。

GM_CompositeSurface::generator:Set〈GM_OrientableSurface〉

注:要得到 GM_Complex 里元素的完整表达,在这些 GM_Surface 发生器集合的边界上的 GM_Curve 和 GM_Point 应该加到发生器列表的曲线里。

6.6.7　GM_组合体(GM_CompositeSolid)

6.6.7.1　语义

组合体 GM_CompositeSolid(见图 30)是具有体的所有几何性质的 GM_ Composite。本质上,组合体是若干体的组合,这些体以成对的公共边界曲面连接在一起形成一个单独的体。

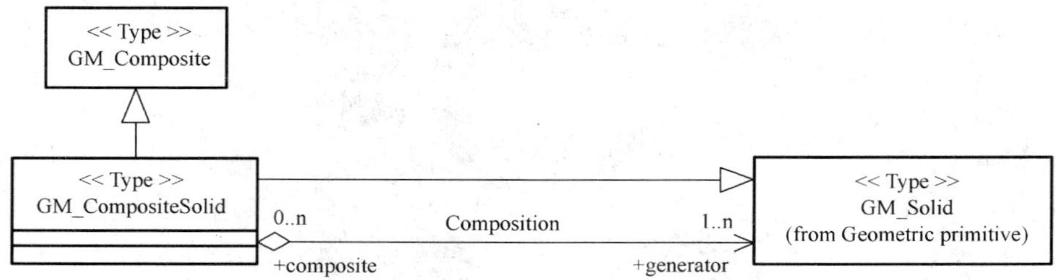

图 30　GM_组合体(GM_CompositeSolid)

6.6.7.2　generator(生成器)

关联角色 Composition::generator 将该 GM_CompositeSolid 关联到在它的产生集合里的所有单形 GM_Solid 上,这些 GM_Solid 形成该复形的核心。

GM_CompositeSolid::generator:Set〈GM_Solid〉

注:为了得到在 GM_Complex 里的元素的完整表达,如果要将这些 GM_Solids 加到发生器列表中,则还需要将在发生器集合边界上的 GM_Surface、GM_Curve 和 GM_Point 加到发生器列表里。

7　拓扑包

7.1　语义

拓扑的最大用处是加速几何计算。通过拓扑方法将要素实例与几何对象实例清楚地关联起来,这种关联是以相容以及从它们的隐含几何关系派生的方式进行的(见 D.3)。在有些情况下,这些关联要从一个与要素实例的关系不一致的几何概念中派生出来。为了这个目的,有必要定义与第 6 章中的几何包平行的拓扑包。图 31 显示这个包和它的依赖关系。

图 32 给出了基本拓扑包的类结构的一个概览。该图中的根类是 TP_Object。在它下面是 TP_Primitive 和 TP_Complex,这两者的关系类似于 GM_Primitive 和 GM_Complex,因此 TP_Complex 是若干 TP_Primitive 的一个有组织的结构。主要的差别在于 GM_Primitive 与 GM_Complex 的耦合更松散,允许它独立存在;而一个 TP_Primitive 必须至少存在于一个 TP_Complex 之中。TP_DirectedTopo(TP_有向拓扑)的实例应该包含对于一个 TP_Primitive 的引用和一个定向参数,类似于

6.3.13中的 GM_OrientablePrimitive。不管几维，都只有两个可能的定向，每一个单形被关联到两个有向拓扑实体上，这类似于在 GM_OrientableCurve 和 GM_Curve 的之间的关系以及在 GM_OrientableSurface 和 GM_Surface 之间的关系。为了保存对象的数目和使得单形自然地与它的正定向相一致，每一维的每一个单形在它的相应有向拓扑对象下又被细分，这在 7.3.11.1 中进一步扩展。

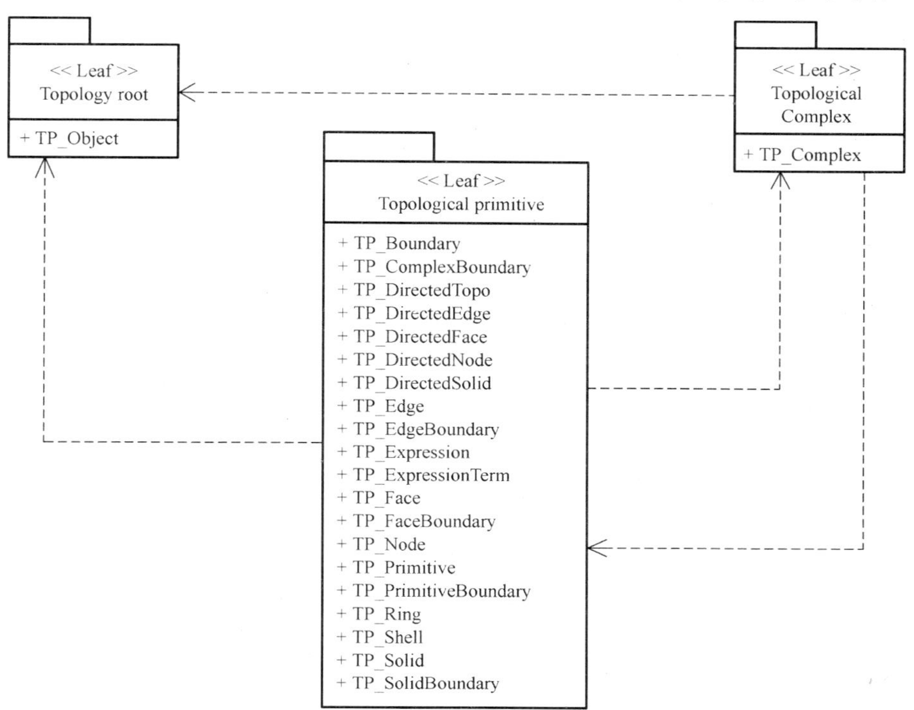

图 31　拓扑包、类内容和内部依赖关系

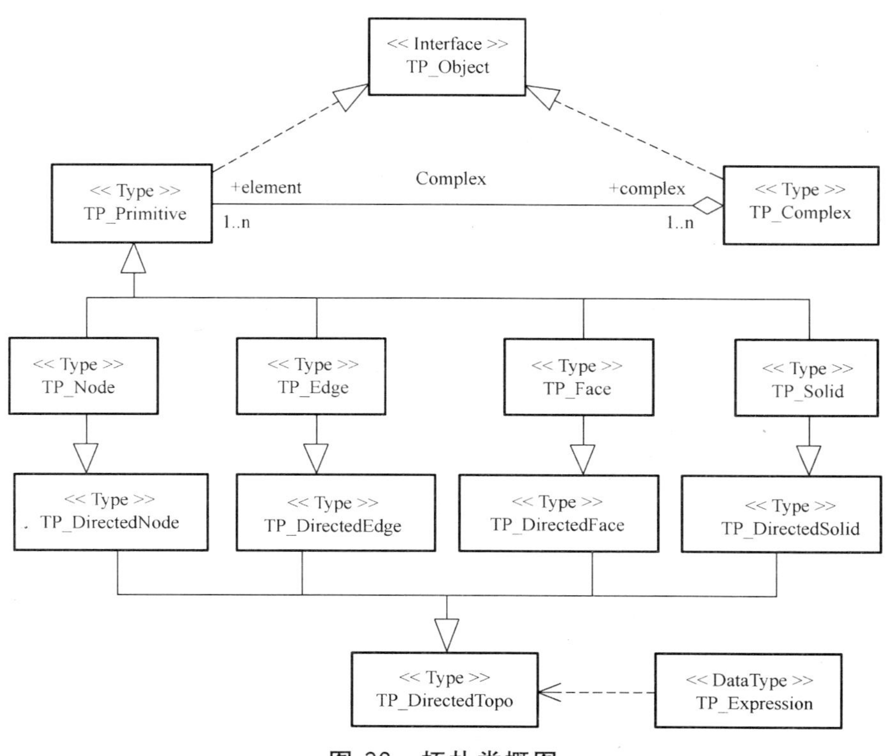

图 32　拓扑类概图

7.2 拓扑根包

7.2.1 语义

几何计算，例如包含（点是否在多边形内）、邻接、边界和网络追踪都是高强度计算。为此，人们构造了被称作拓扑复形的组合结构来将计算几何的运算转换为组合运算，其拓扑定义平行于第6章里的几何结构定义。另外一个目的是在地理信息范围内，使要素实例独立于它的几何表达。为了第一个目的，在这一章里的拓扑定义平行于第6章里的几何结构定义。为了第二个目的，在该包里的类被定义为可以独立于几何类使用。

拓扑复形由若干个维数最高到该复形所在维的不同种类拓扑单形的组合构成。这样，2维复形应包含面、边和结点，而1维复形或图(graph)仅包含边和结点。

注：拓扑单形对应于几何单形，而不是几何单形的子类。这与拓扑复形是被构造出来通过使用组合运算优化几何计算过程的观点相一致。这就允许通过使用拓扑复形来创建结构而忽略几何的限制，而该拓扑复形并不是由几何复形来实现的。

理解使用拓扑计算的关键在于考察这两个系统的相关过程。如图33所示，这两个系统间单形与复形的关系上具有很大的对应性。

拓扑系统是基于多变量多项式的代数运算。在拓扑包中，过程(procedures)、函数(functions)和操作(operations)的定义是以在几何领域里的几何问题可以转化为拓扑领域的代数问题的这样一种思路来解决的，最后再将解转换回几何领域中去。一个拓扑表达式在代数里是一个多变量一阶多项式，这里的变量对应于拓扑单形。

图33的图表总结了拓扑与几何间的相互关系。OCL约束意味着角色由TP_Primitive::complex(拓扑单形取复形)操作跟随TP_Complex.geometry拓扑复形取几何)操作，在作用上等价于TP_Primitive::geometry(拓扑单形取几何)操作跟随GM_Primitive::complex(几何单形取复形)操作。

注：一个单独的GM_Primitive可以被绑定到很多独立的GM_Complexes上，这些GM_Complexes的每一个都可能是一个不同的TP_Complex的实现。这样，一个GM_Primitive可以是很多不同的TP_Primitive的实现，因为一个TP_Primitive必须出现在一个而且也只能出现在一个最大TP_Complex中(见7.3.10.2)。由于对于可实例化的类，既可以实现为TP_Primitive和TP_Complex，也可以实现为GM_Primitive和GM_Composite，因而TP_Primitive特殊的实例也可以通过一个GM_Composite来实现，实例见附录D.3。

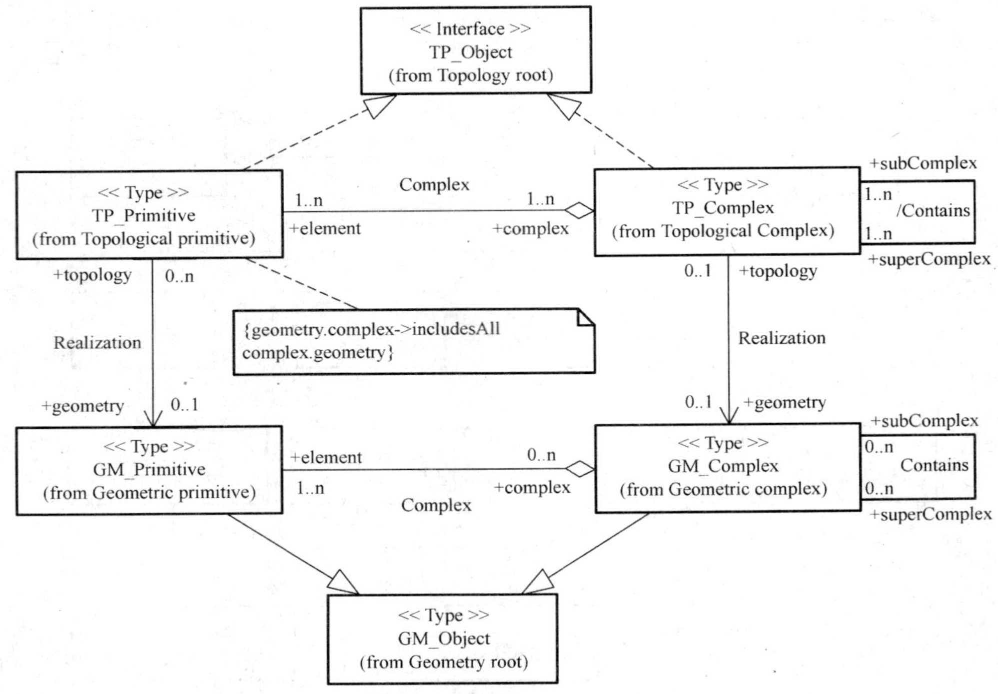

图33 几何与拓扑间的关系

7.2.2 TP_对象(TP_Object)

7.2.2.1 语义

拓扑对象 TP_Object(见图 34)是一个为拓扑复形和拓扑单形提供根类型的抽象类。

在逻辑和结构上,拓扑对象和几何对象可以共享一些子类的结构,但是由于有一个从拓扑到几何的分类同态(categorical homomorphism),这个同态保存边界操作,这种存取可能导致拓扑对象和相对应的几何对象的边界间的混乱。当这两种机制共享很多计算特征时,例如由同态所示例的那样,它们是不同的操作,并且需要清楚地分开。

7.2.2.2 dimension (维数)

"dimension"操作将返回该 TP_Object 的拓扑维数,它是一个整数。它仅依赖于该对象实例化的类,在没有改变类的情况下,它不会随着每一个特别的对象而变化。例如结点类的维数是 0,边是 1、面是 2、体是 3。任何关联到该 TP_Object 上的 GM_Object 也将与该 TP_Object 具有相同的维数。

TP_Object::dimension():Integer

7.2.2.3 boundary (边界)

"boundary"操作将返回 TP_DirectedTopo 的一个集合,这些 TP_DirectedTopo 结构是为了表达该 TP_Object 的边界 TP_Boundary。

TP_Object::boundary():TP_Boundary

如果该 TP_Object 关联到一个 GM_Object 上,它的边界将与在几何包中描述的 GM_Object 具有一致的定向。

作为限制,边界的维数将始终比它原来对象的维数少 1。由此,空集的维数被认为是"−1"。

TP_Object:

boundary. dimension()=dimension() −1

{boundary().dimension()=dimension()−1}

<< Interface >>
TP_Object

+ dimension():Integer
+ boundary():TP_Boundary
+ coBoundary():Set<TP_DirectedTopo>
+ interior():Set<TP_Primitive>
+ closure():Set<TP_Primitive>
+ exterior():Set<TP_Primitive>
+ maximalComplex():TP_Complex

<< Type >>
TP_Complex
(from Topological Complex)

<< Type >>
TP_Primitive
(from Topological primitive)

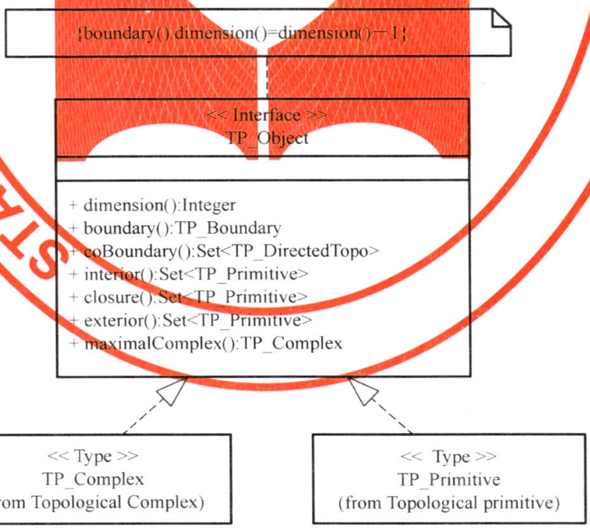

图 34 TP_对象(TP_Object)

图 35 显示了边界函数怎样被视作从每一个对象到比它低一维的对象间的一个关联。

在大多数情况下,返回值将是一个有效的 TP_Expression(TP_表达式)(见 7.3.18)。由于需要最简单的条件,返回的边界也可能不是有效的 TP_Expression。在一个面上摇摆或孤立的边(例如在边的两侧都是同一个面的这种边)将抵消向拓扑表达式的转换。

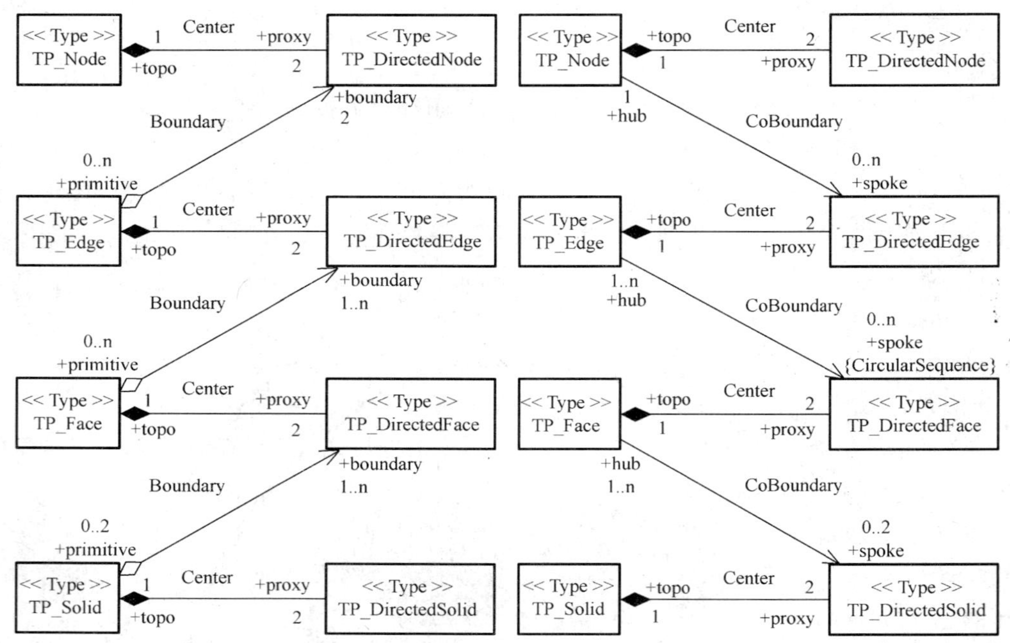

图 35 边界和作为关联表达的余边界操作

7.2.2.4 coBoundary(余边界)

"coBoundary"该操作将返回 TP_DirectedTopo 的集合,这些 TP_DirectedTopo 代表在边界中包含该 TP_Object 的所有的 TP_Object。

在大多数情况下,返回值将是一个有效的 TP_Expression(见 7.3.20)。有一个例外是当相应的 GM_Object 在一个闭合对象的边界上(例如曲线开始与终止于同一个点)。对应于 GM_Object 的 TP_Object 将以相反的定向两次出现在 TP_DirectedTopo 中,因此当 coBoundary 从 TP_DirectedTopo 的集合映射到 TP_Expression 上时就相互抵消了。

TP_Object::coBoundary():Set〈TP_DirectedTopo〉

图 36 显示了这个操作怎样被视作为不同维数的 TP_Primitive 之间的关系,类似于边界操作,但是以相反的方向增加而不是减少维数。

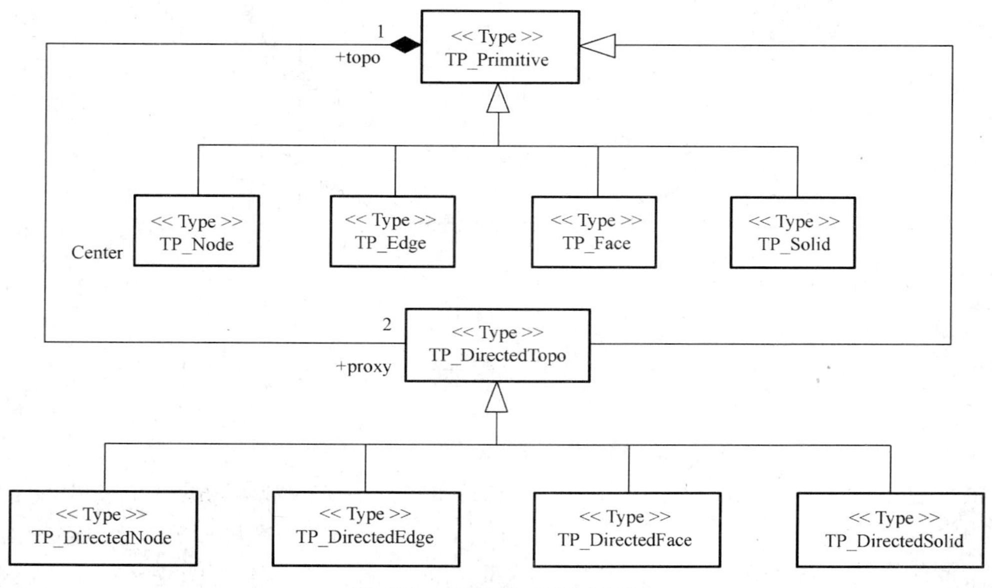

图 36 拓扑中的重要类

7.2.2.5 **interior（内部）**

“interior”操作将返回 TP_Primitive 的有限集合，该集合在该对象的最大复形里，包含该对象的内部。对于一个 TP_Primitive，这就是一个自引用。对于一个 TP_Complex，这就是在该 TP_Complex 里，但不在边界上的所有 TP_Primitive 元素。它与该 TP_Object 的几何实现的内部是同态等阶(homomorphic equivalent)。

TP_Object::interior():Set〈TP_Primitive〉

7.2.2.6 **exterior（外部）**

“exterior”操作将返回 TP_Primitive 的有限集合，这些 TP_Primitive 包含该 TP_Object 的外部，但仍然在该 TP_Object 所在的最大复形内，即它由在该 TP_Object 所在的最大 TP_Complex 内，但不在该 TP_Object 的内部或边界上的所有 TP_Primitive 组成。

TP_Object::exterior():Set〈TP_Primitive〉

7.2.2.7 **closure（闭包）**

“closure”操作被定义为对象的内部与边界的联合。该操作经常是有用的，但在基本实现中并不作要求。

TP_Object::closure()＝interior(). union(boundary())

7.2.2.8 **maximalComplex（最大复形）**

“maximalComplex()”操作将返回包含该 TP_Object 最大 TP_Complex。

TP_Object::maximalComplex():TP_Complex

一个 TP_Object 应该且只能被包含在一个最大 TP_Complex 里。

注：一个复形如果不是被包含在一个更大的复形里，则它自己就是一个最大复形。由该操作所暗示的对于集合的基数(cardinality)的限制意味着任何拓扑对象是在一个，且只在一个最大复形里。

7.3 **拓扑单形包**

7.3.1 **语义**

拓扑单形包包含每一维数的所有单形，并且支持这些类对于它们的结构关系的表达。

7.3.2 **TP_边界(TP_Boundary)**

这个类是用作拓扑包中的所有边界数据类型的根类。除了要求是一个拓扑表达式(TP_Expression) 和一个圈(cycle)之外，它不需要更多的细节。

TP_Boundary:

IsCycle();

7.3.3 **TP_复形边界(TP_ComplexBoundary)**

这个类是用作拓扑包中的拓扑复形的所有边界数据类型的根类。除了要求是拓扑表达式外，它不需要更多的细节。

7.3.4 **TP_单形边界(TP_PrimitiveBoundary)**

每一个拓扑单形都可以返回它的边界。在 TP_PrimitiveBoundary(见图 37)下的数据类型是用来以一种方便的方式构造它们的边界。因为 TP_Node 有一个空边界，对于它的边界没有特别的数据类型。

一个简单的事实是任何几何对象的边界都是一个圈(没有边界)。曲面的边界成分是若干环形组合曲线的集合，这些环形组合曲线的每一条都是自身闭合的。为了拓扑与几何间的一致性，对于所有 TP_Boundary 的子类，也要求其边界是一个圈。如果一个 TP_Complex 代表一个 GM_Complex 的拓扑，那么其几何实现也将遵循这个限制。

7.3.5 **TP_边边界(TP_EdgeBoundary)**

TP_EdgeBoundary(见图 37)包含作为 TP_DirectedNode 实例的两个 TP_Node 引用。startNode(始结点)为正定向，endNode(终结点)为负定向。作为一个 TP_Expression，TP_EdgeBoundary 就是：

Edge. boundary()=+endNode−startNode

TP_EdgeBoundary 的属性是：

TP_EdgeBoundary::startNode:TP_DirectedNode;

TP_EdgeBoundary::endNode:TP_DirectedNode;

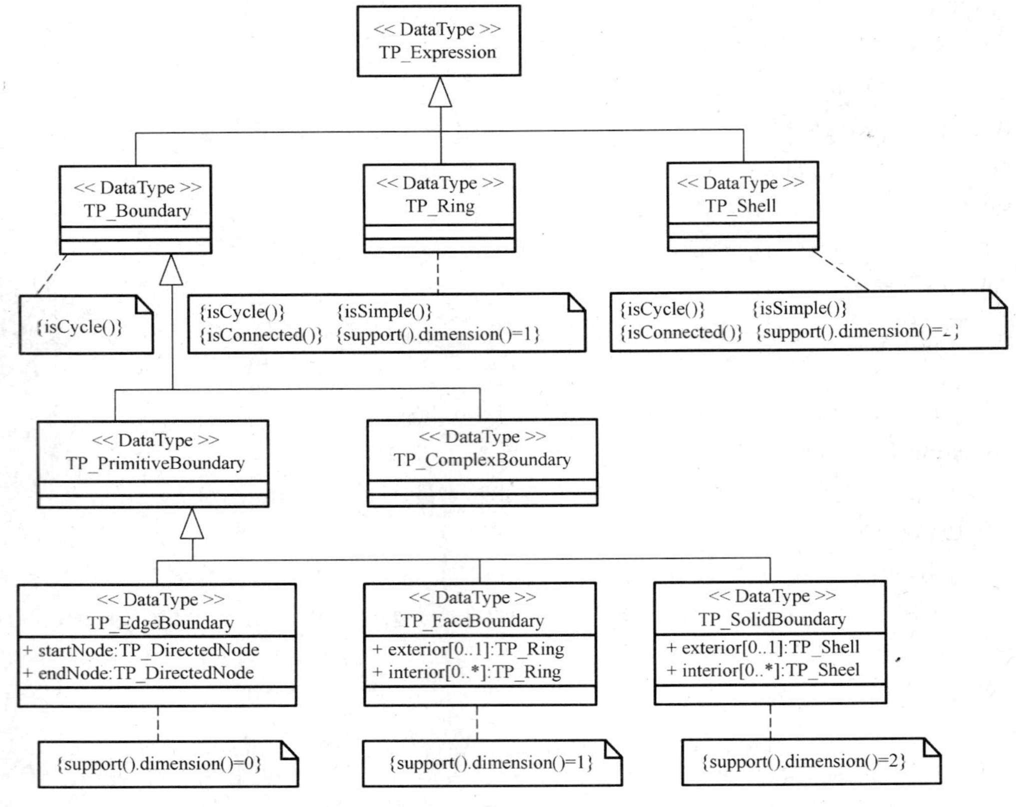

图 37 边界关系数据类型

7.3.6 TP_拓扑面边界(TP_FaceBoundary)

TP_FaceBoundary 由一些 TP_Ring(TP_环)构成，对应于它的边界的不同成分。在一般的 2 维情况下，这些环中的一个被单独称之为外边界。在一个更一般的流形情况下，这并不总是可行的，在有些情况下，所有边界都将是作为内边界列出，外边界是空。

TP_FaceBoundary::exterior[0,1]:TP_Ring;

TP_FaceBoundary::interior[0..n]:TP_Ring;

由于每个环都是定向的，并且拓扑面在环的左边，因而可得到拓扑面边界的表达式为：

Boundary(face)=b:TP_FaceBoundary=b. exterior+b. interior

7.3.7 TP_拓扑体边界(TP_SolidBoundary)

TP_SolidBoundary 类似于 TP_FaceBoundary。在通常的欧几里德空间中，有一个壳被单独称为外边界。在更一般的情况下，这并不总是可行的。

TP_SolidBoundary::exterior[0,1]:TP_Shell;

TP_SolidBoundary::interior[0..n]:TP_Shell;

由于每个壳都是定向的，并且拓扑体在壳的下面，因而可得到拓扑体边界的表达式为：

Boundary(solid)=b:TP_SolidBoundary=b. exterior+b. interior

7.3.8 TP_环(TP_Ring)

TP_Ring 用来表达 TP_FaceBoundary 连在一起的一个单独成分。它由若干 TP_DirectedEdge

(TP_有向边)构成，这些 TP_DirectedEdge 连结成一个圈(其边界为空的一个对象)。一个 TP_Ring 是一个结构上类似于 GM_CompositeCurve，即在序列中每一个 TP_DirectedEdge 的 endNode 是下一个 TP_DirectedEdge 的 startNode。由于序列是循环的，该规则没有例外。

作为一个 TP_Expression，TP_Ring 的解释是有向边的一个序列。用在正定向中的每一条边“e”表达为“+e”，用在负定向中的每一条边“d”表达为“−d”。因为 TP_Ring 被用在 TP_FaceBoundary 对象中，这些环应该是定向的，所以在任何几何实现中，面是位于环的“左边”。

7.3.9 TP_壳(TP_Shell)

TP_Shell 用来表达 TP_SolidBoundary 连在一起的一个单独成分。它由连接成一个拓扑圈(其边界为空的对象)的若干 TP_Face 构成。不像 TP_Ring，TP_Shell 没有自然的排序方法。

作为一个 TP_Expression，TP_Shell 的解释是定向面的一个集合。用在正定向中的每一个面“f”表达为“+f”，用在负定向中的每一个面“g”表达为“−g”。因为 TP_Shell 是用在 TP_SolidBoundary 对象中，这些壳应该被定向，所以在任何几何实现中，壳的外法向指向离开该体的方向。

7.3.10 TP_单形(TP_Primitive)

7.3.10.1 语义

拓扑单形 TP_Primitive(见图 38)是一个拓扑复形中无法再分解的元素。这样，它们通常对应于同样维数的几何单形，这些几何单形是一个几何复形的组成部分。如果一个几何复形是一个拓扑复形的几何实现，则这些单形将保持维数并一一对应。

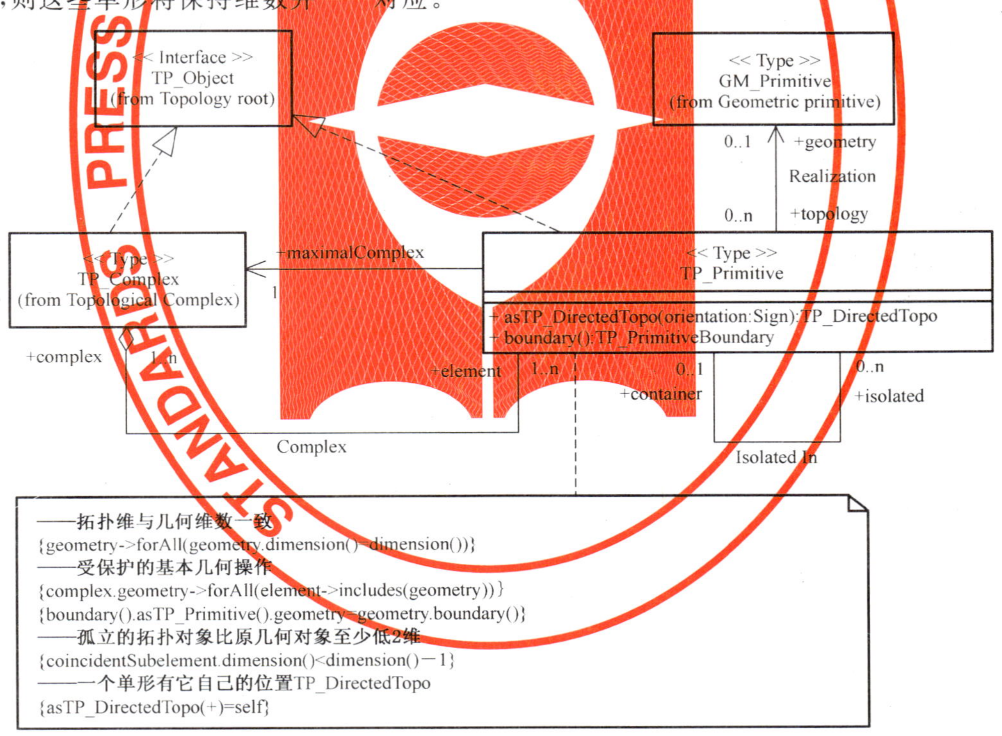

图 38 TP_单形(TP_Primitive)

7.3.10.2 Realization (实现)

关联操作“Realization”链接该 TP_Primitive 到它所在的最大复形中表达它的那个 GM_Primitive 上。如果该 TP_Primitive 描述的是一个没有被 GM_Complex 实现的逻辑拓扑结构，则包含该 TP_Primitive 的最大 TP_Complex 所对应的所有 TP_Primitive 的这种关系都将是空。每一个 GM_Primitive 可以被关联到任何 TP_Complex 的最多一个 TP_Primitive 上。如果该 TP_Primitive 是在任何实现的 TP_Complex 中，则它恰好关联到一个 GM_Primitive 上。一个 GM_Primitive 可以被关联到多个不同 TP_Complex 的不同 TP_Primitive 上。

TP_Primitive::geometry [0,1]:GM_Primitive

GM_Primitive::topology [0..n]:TP_Primitive

注：由于 GM_Composite(GM_组合形)是对应的单形下的子类型，可以定义一个模式使 TP_Primitive 是 GM_Composite 在相同维里的实现。这样，TP_Edge 就可以作为一个 GM_CompositeCurve(GM_组合曲线)来实现。见附录 D.3。

为了保持拓扑对象和它的边界算子间以及对应的几何对象与它的边界算子间的同态，由该关联定义的映射是保持维数不变以及在两个域的元素与复形间的关联保持不变。

TP_Primitive:

dimension()=geometry.dimension();

7.3.10.3 Complex association（复形关联）

"Complex"该关联操作将该 TP_Primitive 关联到包含它的若干 TP_Complexes 构成的有限集合上。每一个 TP_Primitive 可以在若干个 TP_Complexes 里，这些 TP_Complexes 都是包含该 TP_Primitive 的一个唯一最大 TP_Complex 的子复形。

TP_Primitive::complex [1..n]:TP_Complex

TP_Complex::element [1..n]:TP_Primitive

7.3.10.4 IsolatedIn association（孤立式关联）

在拓扑中，在维数相差 1 或 0 的单形间的邻接性操作都是由 boundary 或 coboundary 操作来完成的。这些操作仅涉及位于另一个更高维的单形的边界上的一个单形的实例，或处理共享一个边界元素具有相同维数的单形的实例。这包括在边的两侧具有相同的面的那种"悬挂(dangling)"的边，或在面的两面具有相同的体那种"悬挂"的面。有一个例外，当一个单形完全被至少高两维的另一个单形所包围，而没有中间的过渡单形。这些单形是未关联的。例如，在面当中没有附着在作为面的边界的边上的结点。在 3 维空间中，孤立的结点可能是连在不是曲面边界的边上。在这种情况下，该边是由垂直于该曲面的一条曲线实现的，而该(几何)曲面是该(拓扑)面的实现。在 3 维体内，这包括没有附着在体的边界曲面上的若干结点或边。

TP_Primitive::isolated [0..n]:TP_Primitive

TP_Primitive::container [0,1]:TP_Primitive

TP_Primitive:

isolated.dimension() 〈 self.dimension()−1;

container.count=0 implice

TP_Primitive→exists(boundary().topo→includes(self))

7.3.10.5 boundary（边界）

TP_Primitive 的"boundary"操作将通过向 TP_DirectdTopo 集合中添加更多的结构来重载定义在 TP_Object 中的"boundary"操作。

TP_Primitive::boundary():TP_PrimitiveBoundary

由于 TP_Primitive 是抽象的，附加结构只是为 TP_Primitive 的每一个子类型所定义。

7.3.11 TP_有向拓扑(TP_DirectedTopo)

7.3.11.1 语义

从计算的观点来看，TP_DirectedTopo 的元素(见图 39、图 40)等价于几何包中的各种定向几何对象 GM_OrientableObject(如 GM_OrientableCurve 和 GM_OrientableSurface)。TP_DirectedNode 和 TP_DirectedSolid 没有单独的几何对象与之等价。

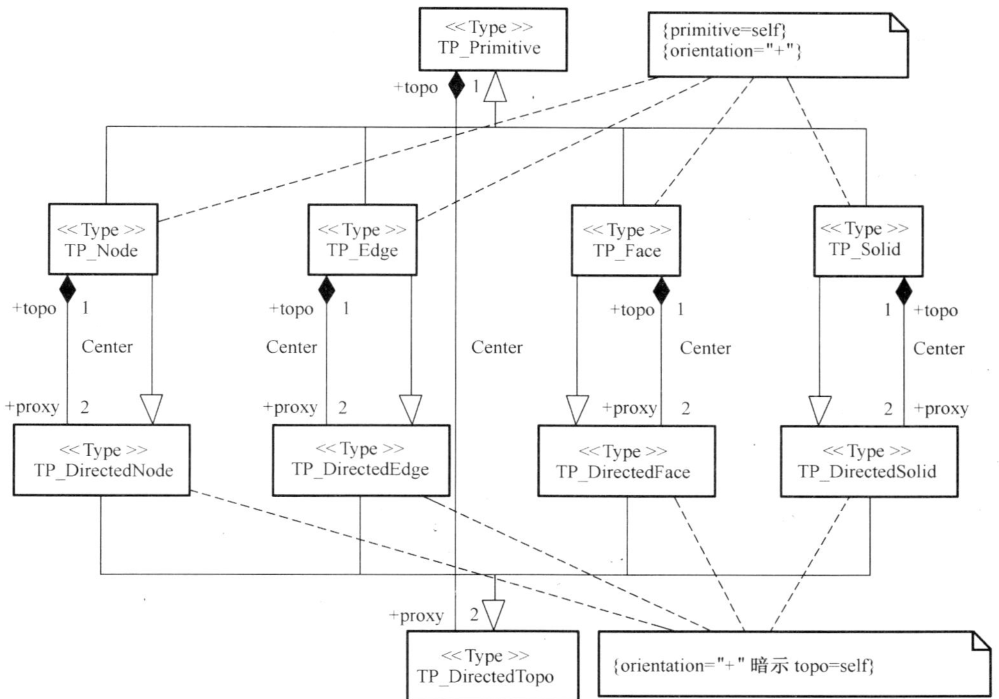

图 39 TP_有向拓扑子类(**TP_DirectedTopo subclasses**)

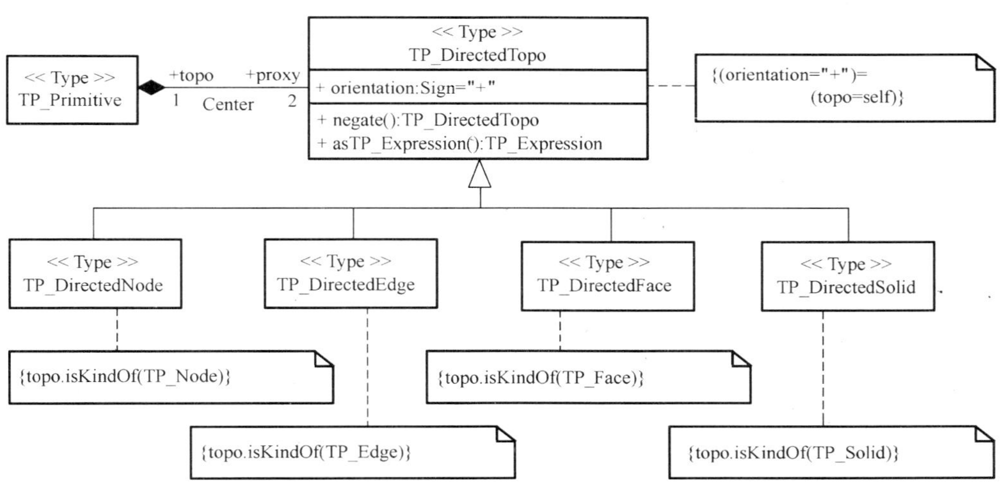

图 40 TP_有向拓扑(**TP_DirectedTopo**)

在几何上,每一个拓扑单形是从相应的有向拓扑单形继承而来的,但它满足更多的约束。这意味着 TP_Node 等价于"正"的 TP_DirectedNode,TP_Edge 等价于一个"正"的 TP_DirectedEdge,以此类推。

注:一个可选择的层次类型将 TP_Primitive 和 TP_DirectedTopo 分开,对于每一个单形,它们有 3 个对象:单形自己、等价的正有向拓扑单形和它的翻转(一个负的有向)拓扑单形。该方案是对于本模型中的抽象类型的一个有效实现,但它没有强调一个拓扑单形和它的正有向拓扑单形之间的逻辑等价性。从代数的观点看,子类和 OCL 限制把一个单形当作一个正有向单形看待,这使得它等价于代数中对于"+"的标准解释,就如同"x=+x"一样。因为对于拓扑对象最主要的应用是在它们的符号操作中,保持其代数含义是合适的。

在维数邻接的有向拓扑对象之间有一个隐含的关系。boundary 和 coboundary 操作及关系使得它们具有相同的定向含义。这样,如果一个正的有向边是在一个面的边界上,则这个正的有向面是在相关联的边的余边界上。如果一个正的有向结点是在一个边的边界上,则相应的正的有向边是在它相关联的结点的余边界上。

7.3.11.2　**orientation（定向）**

属性“orientation”的意义是该有向拓扑对象以该定向关联到它所在的 TP_Primitive 上。

TP_DirectedTopo::orientation:Sign=“+”

7.3.11.3　**negate（负）**

“negate”操作返回该单形的相反定向。

TP_DirectedTopo::negate():TP_DirectedTopo

7.3.11.4　**asTP_Expression（作为拓扑表达式）**

“asTP_Expression”操作将从它的 TP_DirectedTopo 中创建一个 TP_Expression，并保持其符号和定向意义。该操作是从 TP_Expression 类来的构造函数。

TP_DirectedTopo::asTP_Expression():TP_Expression

7.3.11.5　**Center association（中心关联）**

在“Center”关联中的角色“topo(拓扑)”标识所关联的 TP_Primitive。其相反的角色“proxy(代理)”标识关联到这个特定的 TP_Primitive 上的这两个 TP_DirectedTopo 的实例。

TP_DirectedTopo::topo [1]:TP_Primitive

TP_Primitive::proxy [2]:TP_DirectedTopo

7.3.11.6　**约束**

遵循有向拓扑对象的语义逻辑，对于每一个有向拓扑对象所关联的拓扑都应当有一个适当的类型。

```
TP_DirectedNode:
        topo.isKindOf(TP_Node);
TP_DirectedEdge:
        topo.isKindOf(TP_Edge);
TP_DirectedFace:
        topo.isKindOf(TP_Face);
TP_DirectedSolid:
        topo.isKindOf(TP_Solid);
```

注：这些约束使用了 OCL 的操作符“isKindOf(是一种)”来指示对应于拓扑单形的有向拓扑单形的类必须是相应的拓扑单形类型的一个实现。

“Center”关联是边界与余边界操作代数的一个重要部分。

```
TP_DirectedTopo:
    [boundary()=(orientation) * topo.boundary()]
TP_Primitive:
    [boundary()=(proxy.orientation) * proxy.boundary()]
TP_DirectedTopo:
        negate.topo=topo;
        negate.orientation <> orientation;
```

7.3.12　**TP_结点(TP_Node)**

7.3.12.1　**语义**

TP_Node(见图 41)继承了来自 TP_Primitive 的所有接口，在边界和余边界上具有更精巧的结构。

对于 TP_Node，定义在 TP_Object 上的“coBoundary”操作将返回 TP_DirectedEdge 的引用的一个集合，该集合指示哪些边进入(正 TP_DirectedEdge)该结点，哪些边离开(负 TP_DirectedEdge)该结点。该操作重载了 TP_Object 类。同样的信息可以表达为一个关联(即 TP_Node 的余边界表达为对 TP_DirectedEdge 的关联)。

注：当 2 维最大 TP_Complex 中包含该 TP_Node 时，余边界在这个最大 TP_Complex 的任何几何实现中可以作为一个逆时针循环序列来存储。在 3 维复形中，其次序是任意的。

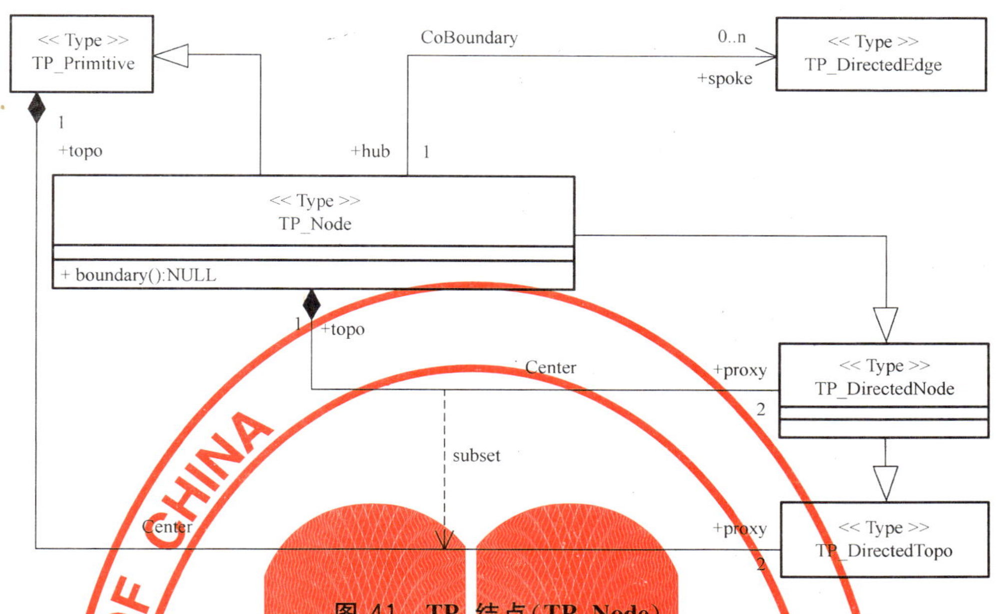

图 41 TP_结点(TP_Node)

TP_Node::coBoundary:Set〈TP_DirectedEdge〉{size=[0..n]}

TP_Node::coBoundary.spoke:Set〈TP_DirectedEdge〉{size=[0..n]}

7.3.12.2 **Center association(中心关联)**

每个 TP_Primitive,包括 TP_Node,被关联到两个 TP_DirectedTopo 实例上。

TP_Node::proxy[2]:TP_DirectedNode

TP_DirectedNode[1]:Reference〈TP_Node〉

7.3.12.3 **boundary(边界)**

TP_Node 的 boundary 操作通过指定一个空集来重载在 TP_Object 中的定义。

TP_Primitive::boundary():NULL

7.3.12.4 **约束**

TP_Node 的维数应该是 0,其边界是空(NULL)。

TP_Node:

TP_Object::dimension=0;

TP_Object::boundary()=NULL;

注:在一个拓扑面中,即使一个结点是在一条边的端点上,仍然可能是孤立的,只要这条边不是在包含这个拓扑面的边界上。这条边的几何实现将是游离在空间但终止在它与一个曲面的相交处。

7.3.13 **TP_有向结点(TP_DirectedNode)**

“TP_DirectedNode”类在一个计算拓扑类的 TP_Expression 中支持 TP_Node。对于 TP_Node,定义在 TP_Object 上的“boundary”操作将始终返回一个零值表达式,以对应于空集。该操作重载了来自 TP_Object 的 boundary 操作。

TP_Node::boundary():NULL

7.3.14 **TP_边(TP_Edge)**

7.3.14.1 **语义**

单形 TP_Edge(见图 42)是 1 维拓扑单形。对于 TP_Edge,定义在 TP_Object 上的“boundary”操作将返回一个结点对,一个是在边的始点(负 TP_DirectedNode),一个是在边的终点(正 TP_DirectedNode)。该操作重载了来自 TP_Object 的 boundary 操作。同样的信息可以表达为一个关联(即 TP_Edge 的边界表达为对 TP_DirectedNode 的关联)。

TP_Edge∷boundary():Set〈TP_DirectedNode〉{size=2}

TP_Edge∷boundary. boundary:Set〈TP_DirectedNode〉{size=2}

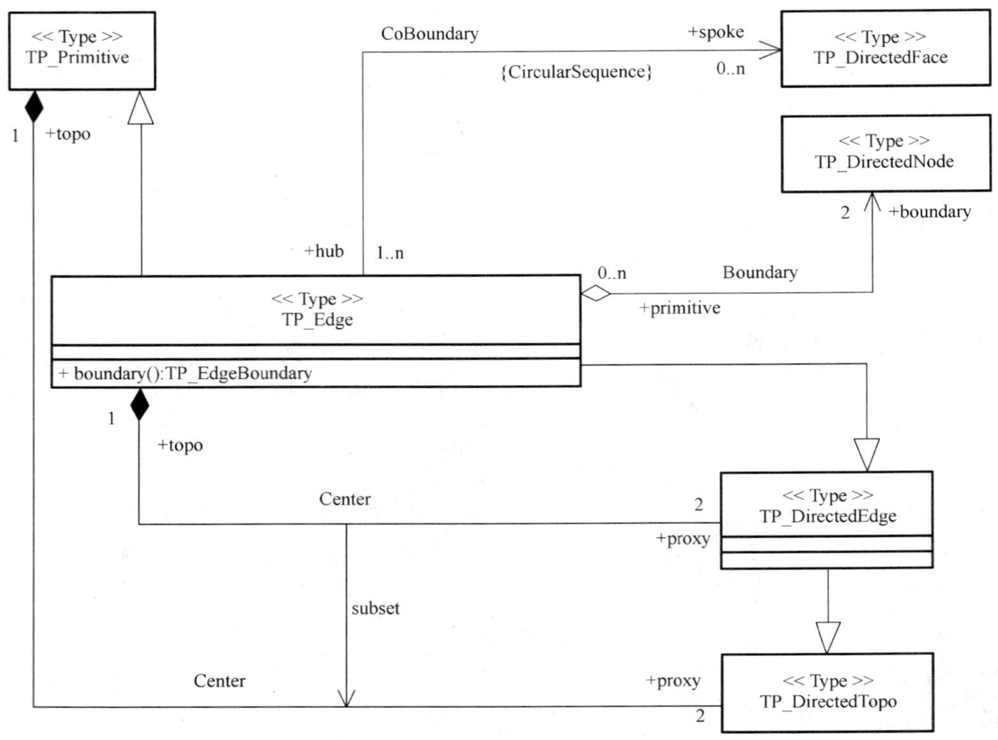

图 42 TP_边(TP_Edge)

7.3.14.2 coBoundary(余边界)

对于 TP_Edge,定义在 TP_Object 里的"coBoundary"操作将返回有向面(Directed Edge)的一个循环序列,指示哪些面在它们的边界上使用了这条边(正 TP_DirectedFace)或者是这条边的负代理(负 TP_DirectedFace)。当从包含该 TP_Edge 的最大 TP_Complex 的任何几何实现的关联曲线的端点来观察,该循环序列表达这些面的一个逆时针枚举。该操作重载了 TP_Object 的操作。同样的信息可以实现为一个关联(即 TP_Edge 的余边界表达为对 TP_DirectedFace 的关联)。

TP_Edge∷coBoundary():CircularSequence〈TP_DirectedFace〉{size=[0..n]}

TP_Edge∷coBoundary. spoke:CircularSequence〈TP_DirectedFace〉{size=[0..n]}

注:在 2 维平面的情况下,边的余边界最多有两个面,在全拓扑(full topology)的情况下,正好有两个有向面,一个有向面以正"+"定向关联到它的左边界上,另一个有向面以负"-"定向关联到它的右边界上。

7.3.14.3 boundary(边界)

TP_Edge 的边界操作"boundary"以指定一个包含一个始结点和一个终结点的 TP_EdgeBoundary 来重载定义在 TP_Object 中的 boundary 操作。

TP_Edge∷boundary():TP_EdgeBoundary

TP_Edge 也将有一个关联 Boundary,它所带的关联角色 boundary 定义了相同的信息,即两个有向边,正的定向到终结点上,负的定向到始结点上。

TP_Edge∷boundary [2]:TP_DirectedNode

7.3.14.4 Center association(中心关联)

包括 TP_Edge 的每个 TP_Primitive,被关联到两个 TP_DirectedTopo 实例上。

TP_Edge∷proxy [2]:TP_DirectedEdge

TP_DirectedEdge::topo [1]:Reference〈TP_Edge〉

注：在2维平面的情况下，每条有向边最多约束在一张拓扑面上，在完整的平面拓扑中，正好约束在一张拓扑面上。在3维情况下，或者在非平面2维复形中，一条有向边可以约束几张拓扑面。

7.3.14.5 约束

TP_Edge的维数为1。

TP_Edge:

TP_Object::dimension()=1

7.3.15 TP_有向边(TP_DirectedEdge)

"TP_DirectedEdge"类在计算拓扑类TP_Expression中支持TP_Edge。它类似于GM_Orientable-Curve的概念，它的作用是当需要的时候，作为基本的曲线/边的代理。

7.3.16 TP_拓扑面(TP_Face)

7.3.16.1 语义

"TP_Face"类(见图43)为GM_Surface提供拓扑单形。

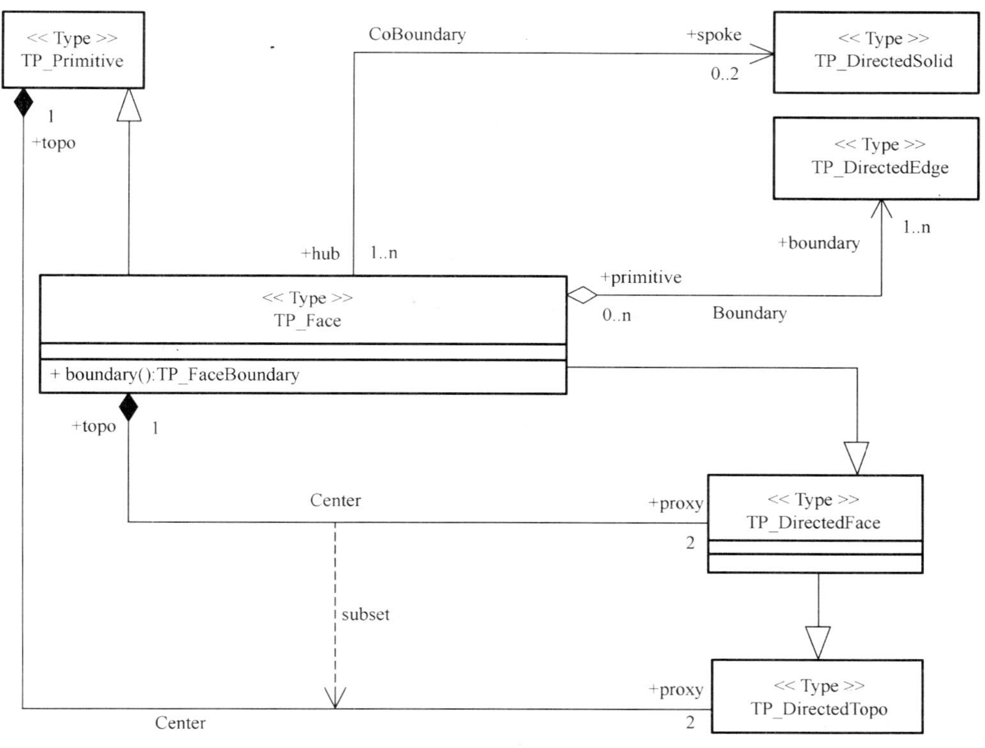

图43 TP_拓扑面(TP_Face)

7.3.16.2 边界(boundary)

对于TP_Face，定义在TP_Object中的"boundary"将返回具有适当定向的有向边的一个集合。该操作重载了来自TP_Object类的boundary操作。同样的信息可以表达为一个关联(即TP_Face的边界表达为对TP_DirectedEdge的关联)。

TP_Face::boundary():TP_FaceBoundary

注：对于外部的限制，用在拓扑中与用在几何中的含义一样。

TP_Face也应该有一个带关联角色boundary的关联边界，该关联角色boundary定义了与有向边相同的信息，正定向为边的左侧，负定向为右侧。

TP_Face::boundary [1..*]:TP_DirectedEdge

由boundary操作符返回的附加信息是将TP_FaceBoundary组织成若干环(ring)，并且指示哪一个环为外环。

7.3.16.3 **coBoundary（余边界）**

对于 TP_Face，定义在 TP_Object 里的“coBoundary”将返回对于有向拓扑体的引用的一个集合，该集合指示哪些拓扑体在边界面上使用该面（正 TP_DirectedSolid）或该拓扑面的负代理（负 TP_DirectedSolid）。该操作重载了来自 TP_Object 的 coBoundary 操作。同样的信息可以实现为一个关联（即 TP_Face 的余边界实现为对 TP_DirectedSolid 的关联）。

TP_Face::coBoundary() [0..2]:Reference〈TP_DirectedSolid〉

TP_Face::coBoundary.spoke [0..2]:Reference〈TP_DirectedSolid〉

7.3.16.4 **Center association（中心关联）**

包含 TP_Face 的每个 TP_Primitive 被关联到两个 TP_DirectedTopo 实例上。

TP_Face::proxy [2]:TP_DirectedFace

TP_DirectedFace::topo [1]:Reference〈TP_Face〉

7.3.16.5 **约束**

TP_Face 的维数是 2。

TP_Face:

TP_Face:TP_Object::dimension=2

7.3.17 **TP_有向拓扑面(TP_DirectedFace)**

TP_DirectedFace 用来定义 TP_Solid 的边界。它类似于 GM_OrientableSurface 的概念，它的作用是当需要的时候，作为基本的曲面/拓扑面的代理。

7.3.18 **TP_拓扑体(TP_Solid)**

7.3.18.1 **语义**

TP_Solid 类(见图 44)为 GM_Solid 提供拓扑单形。

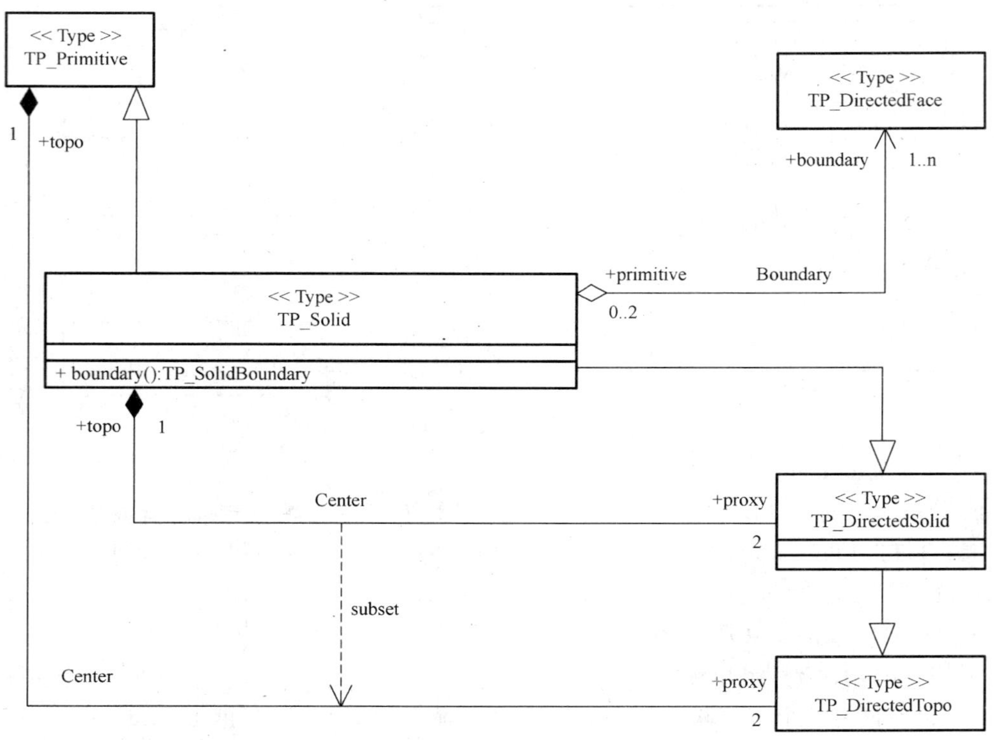

图 44 **TP_拓扑体(TP_Solid)**

7.3.18.2 **boundary（边界）**

对于 TP_Solid，定义在 TP_Object 里的“boundary”操作将返回一个拓扑面或拓扑面的负代理的一个组合。该操作重载了来自 TP_Object 类的 boundary。同样的信息可以表达为一个关联。

TP_Solid::boundary():TP_SolidBoundary

由 boundary 操作返回的附加信息是将 TP_SolidBoundary 组织成若干壳(shell),并且指示哪一个壳为外壳。

7.3.18.3 **coBoundary(余边界)**

对于 TP_Solid,"coBoundary"操作返回 NULL。

TP_Solid::coBoundary():NULL

7.3.18.4 **Center association(中心关联)**

每一个包含 TP_Solid 的 TP_Primitive 被关联到两个 TP_DirectedTopo 实例上。

TP_Solid::proxy [2]:TP_DirectedSolid

TP_DirectedSolid::topo [1]:Reference⟨TP_Solid⟩

7.3.18.5 **约束**

TP_Solid 的维数是 3。

TP_Solid:

TP_Object::dimension=3

7.3.19 **TP_有向拓扑体(TP_DirectedSolid)**

TP_DirectedSolid 类在计算拓扑类 TP_Expression 中支持 TP_Solid。

7.3.20 **TP_表达式(TP_Expression)**

7.3.20.1 **语义**

代数或计算拓扑是最容易被概念化为对多变量 1 阶多项式的操作,这里变量对应于 TP_Primitive。类 TP_DirectedTopo 以 TP_Expression 的代数方式来表达这些项。TP_Expression 类(见图 45)表达为多项式表达式。

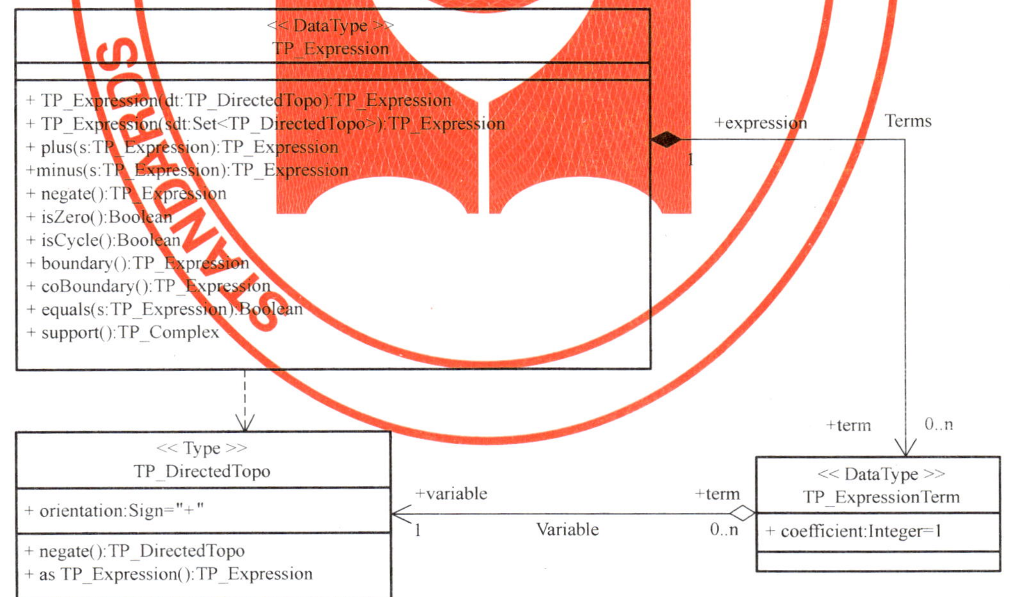

图 45 **TP_表达式(TP_Expression)**

多项式中项的次序并不影响它的值,所以 TP_Expression 类是由 Set⟨TP_DirectedTopo⟩类进行子类化而来的。TP_Expression 类的操作是用来构造、处理和测试这些"多项式"的。

计算拓扑的关键在于能以代数或组合的方式处理拓扑片段。这个代数中的单形是 TP_Primitive。单项式(单变量,单项的多项式)是 TP_Primitive 的实例,每一个项有一个整形的常数,实例化为 TP_ExpressionTerm(TP_表达式项)。

对于 TP_Expression，任何与多变量、一阶多项式代数相一致的约束都将是有效的，例如：

TP_DirectedTopo：

negate(). asTP_Expression()＝asTP_Expression(). negate()

asTP_Expression. negate(). Plus(asTP_Expression). isZero()

7.3.20.2 TP_ExpressionTerm（TP_表达式项）

像多项式一样，TP_Expression 是由若干项的一个集合构成，这些项由变量和常数构成。

TP_ExpressionTerm＝〈coefficient：Integer＝1，variable：Reference〈TP_DirectedTopo〉〉

其算法与一般的多项式操作的规则一致。

7.3.20.3 TP_Expression (constructor)（GM_表达式（构造函数））

"TP_Expression"构造函数用 TP_DirectedTopo 来创建 TP_Expression。该操作将被其他类(例如 TP_Object)用来创建表达式。

TP_Expression(dt：TP_DirectedTopo)：TP_Expression＝{〈1，dt〉}

TP_Expression(sdt：Set〈TP_DirectedTopo〉)：TP_Expression＝{〈1，dt〉| sdt. contains(dt)}

7.3.20.4 plus（加）

对于 TP_Expression，"plus"操作的作用如多项式的加法。它将采用加上它们的"orientation"系数的方法合并这些具有 TP_Primitive 相同潜在实例的 TP_DirectedTopo 元素。它将消除系数为 0 的项。

TP_Expression∷plus(s：TP_Expression)：TP_Expression

7.3.20.5 minus（减）

对于 TP_Expression，"minus"操作的作用如多项式的减法。它将采用减去它们的"orientation"系数的方法合并这些具有 TP_Primitive 相同潜在实例的 TP_DirectedTopo 元素。它将消除系数为 0 的项。

TP_Expression∷minus(s：TP_Expression)：TP_Expression

7.3.20.6 negate（取负）

"negate"操作对 TP_Expression 中的每一个项取负，它是多项式中的一元减去操作。

TP_Expression∷negate()：TP_Expression

7.3.20.7 isZero（是零）

对于零多项式，"isZero"操作将返回 TRUE，它等价于"Set. IsEmpty"操作。

TP_Expression∷isZero()：Boolean

7.3.20.8 isCycle（是圈）

对于边界（由 TP_Expression∷boundary()定义）是零的那些多项式，"isCycle"该操作将返回 TRUE。如果 TP_Expression 表达一个闭合的(closed)几何对象，例如多边形的边界，则它是一个圈(cycle)。在大多数 GIS 中，由"isCycle"返回的 TRUE 值意味着潜在的几何对象是另一个几何对象的边界。它等价于 isZero(boundary())操作。

TP_Expression∷isCycle()：Boolean

注：一个边界的任何镜像操作是一个圈。这意味着 boundary(). boundary(). isZero()＝TRUE。

7.3.20.9 boundary（边界）

"boundary"操作将在该 TP_Expression 中对每一个 TP_DirectedTopo 中的每一个 TP_Primitive 用它的边界取代，并且化简最后的表达式。边界始终由低一维的若干 TP_Primitive 构成。如果在该 TP_Expression 中所有的 TP_Primitive 的维数都是零(即所有的 TP_Primitive 都是结点)，则该边界操作将返回一个为零的 TP_Expression。

TP_Expression∷boundary()：TP_Expression

7.3.20.10 **coBoundary（余边界）**

“coBoundary”操作将该 TP_Expression 中每个 TP_DirectedTopo 的每个 TP_Primitive 用它的余边界取代，并且化简最后的表达式。注意余边界始终由高一维的若干 TP_Primitive 构成。如果在这个 TP_Expression 中所有的 TP_Primitive 的维数都相同于对应的最大 TP_Complex 的维数，则该 coBoundary 操作将返回一个为零的 TP_Expression。（例如，2 维中 2 个多边形相加，取余边界操作后变为 2 个体相加，但在 2 维中没有体，故是 2 个 NULL 相加，即为零的 TP_Expression。）

TP_Expression::coBoundary():TP_Expression

7.3.20.11 **equals（相等）**

对于一个与本拓扑表达式相等的多项式，“equals”操作将返回 TRUE，元素（项）的次序是无关紧要的。

TP_Expression::equals(s:TP_Expression):Boolean

7.3.20.12 **support（支持）**

“support”操作将映射该 TP_Expression 作为 TP_Primitive 的一个集合，以用于计算几何算子。该操作本质上是“asSet”操作，跟随着一个在 TP_DirectedTopo 和 TP_Primitive 间的 Center 关联的连接。

TP_Expression::support():Set〈TP_Primitive〉

7.3.20.13 **asSet（作为集合）**

“asSet”操作将映射该 TP_Expression 为 TP_DirectedTopo 的一个集合，以用于计算几何算子。该映射将包括添加所有的边界元素到该集合中，直到到达 TP_DirectedNode 为止。换句话说，TP_Expression 的 support 操作的返回值将是一个有效的 TP_Complex。

TP_Expression::asSet():Set〈TP_DirectedTopo〉

7.4 拓扑复形包

7.4.1 语义

“Topological complex”包提供附加的类用于创建 TP_Complex。

7.4.2 TP_复形（TP_Complex）

7.4.2.1 语义

本条包含拓扑复形的定义，它平行于在 6.6 中介绍的几何复形。拓扑复形（见图 46）可以根据它的元素作集合操作，以完成对于潜在的直接位置集的等价的集合操作，这些直接位置是由一个几何实现（即一个 GM_Complex）的若干几何元素所表达的。

7.4.2.2 TP_Complex（constructor）（GM_复形（构造函数））

拓扑复形缺省的构造函数使用一个几何复形。构造之后，该几何复形就是该拓扑复形的几何实现。只有那些由相互不连通的几何单形构成的几何复形才能没有错误地产生一个拓扑复形。

TP_Complex::TP_Complex(GC:GM_Complex):TP_Complex

对每一个几何复形使用缺省的构造函数定义一个缺省的拓扑复形，确保由该 TP_Complex 所表达的拓扑是该 GM_Complex 所表达的一个几何配置（configuration）的拓扑。“Realization”这个关联将跟踪该 TP_Complex 的每一个部分以回到该 GM_Complex 的适当部分。这允许我们在一个拓扑复形（TP_Complex）内谈论拓扑操作，就像它们是直接在一个几何复形（GM_Complex）中一样。

7.4.2.3 maximalComplex（最大复形）

私有属性“maximalComplex”包含对于该 TP_Complex 内唯一的最大拓扑复形的一个引用，本拓扑复形是这个最大拓扑复形的一个成员。这在编码中确定输出数据集的界限时需要。

TP_Complex::maximalComplex:Reference〈TP_Complex〉

7.4.2.4 isMaximal（是最大的）

如果该 TP_Complex 不再被更大的 TP_Complex 所包含，则布尔操作“isMaximal”返回 TRUE。

TP_Complex::isMaximal():Boolean

7.4.2.5 **isConnected(是连通的)**

如果该 TP_Complex 是拓扑上相互连通的,则"isConnected"操作返回 TRUE。

TP_Complex::isConnected():Boolean

注:如果一个 TP_Complex 是连通的,则它的几何实现也是连通的。这并不意味着这是一个组合形(composite)(几何的或拓扑的),因为组合形必须符合与一个单形同构的这样一个很强的约束条件。为了测试一个拓扑复形是否连通,而又不参考其几何实现,就需要转而计算边界、余边界的闭包和孤立式关联(IsolatedIn association)。如果在该复形中的每一个单形都是通过这些关联角色的一个序列连接到该复形中的另一个单形上,这里每一个中间单形也都是在该复形中,则该复形是连通的。

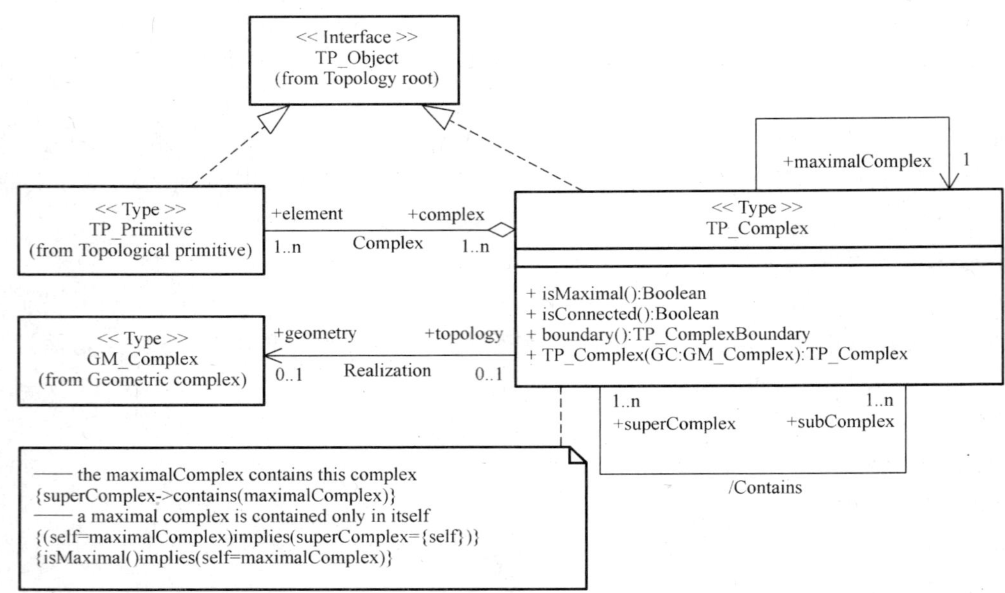

图 46 **TP_复形(TP_Complex)**

7.4.2.6 **Contains association(包含关联)**

派生关联"Contains"用来描述哪一个 TP_Complex 是作为 TP_Primitive 集合中的成员包含在该 TP_Complex 中。"superComplex(超复形)"角色是两个复形中较大的那一个,"subComplex(子复形)"角色是两个复形中较小的那一个。这个关系与从 Set〈TP_Primitive〉中继承来的"contains"操作相一致。

TP_Complex::subComplex [1..n]:Reference〈TP_Complex〉

TP_Complex::superComplex [1..n]:Reference〈TP_Complex〉

7.4.2.7 **Complex association(复形关联)**

"Complex"关联操作将使一些 TP_Primitive 元素与该 TP_Complex 发生关联。正是这个关联使得一个 Set〈TP_Primitives〉成为 TP_Complex。通过"Contains"暗示的该集合操作与 TP_Complex 作为单形的一个集合的定义是一致的。

TP_Complex::element [1..n]:Reference〈TP_Primitive〉

TP_Primitive::complex [1..n]:Reference〈TP_Complex〉

7.4.2.8 **Realization association(实现关联)**

"realization"关联链接该 TP_Complex 到它对应的 GM_Complex 上(如果必要的话)。

TP_Complex::geometry [0,1]:GM_Complex

GM_Complex::topology [0,1]:TP_Complex

8 派生拓扑关系

8.1 概述

本章定义将拓扑关系作为查询算子的机制。可以用定义在 GM_Object 和它的子类上的集合理论操作以及定义在 TP_Expression 上的代数操作来计算这些查询算子。这两种机制对于作为对应于拓扑复形的几何实现的几何复形来说是等价的。本章所定义的算子主要用于查询评价,并且其定义确保算子的各种不同实现能从具有等效信息内容的数据集获得等效的结果。

本标准对于特定的空间操作符并不指派专门的名称。假设应用模式将使用下面三种分类技术中的任何一个或全部来定义其操作。在下面的用例中,分类模式基于 TP_Object。这里,对于 GM_Object 也定义相同的算子并给出一些限制,遵循上面的定义,由 GM_Object 的集合来创建 TP_Complex。接下来只是针对点、曲线、曲面和体对象。维数不同的对象聚集理论还不足以作为一个标准的基础。

查询系统如果与本标准这一部分一致,意味着该系统所支持的拓扑查询操作可以根据下面的描述来定义,即可以根据下面几条以及定义在本条的直接可用的操作符来定义,或通过对所支持的操作符的一个易于理解的组合来定义。对于本章最低的一致性要求是:

a) 布尔查询操作的定义与所包含的子项相一致。

b) 在 8.2、8.3 或 8.4 的一个或多个上下文环境中所有可定义的有效布尔算子都是有效可用的。

完整的一致性要求支持本章整个上下文环境中的所有可定义的有效布尔操作。

8.2 布尔或集合算子

8.2.1 布尔算子的形式

集合理论算子有时也称为布尔算子。因为这种算子不区分集合的内部与边界,所以 closure(闭包)操作可用来合并它们。

GM_Object::closure():==interior().union(boundary())

对于两个对象 A 和 B,可以做下面 4 个交操作:

intersection(closure(A),closure(B))　　intersection(closure(A),exterior(B))

intersection(exterior(A),closure(B))　　intersection(exterior(A),exterior(B))

可以测试集合的矩阵,看每一个集合是空还是非空。这里将 A 和 B 的关系分为 2^4,即 16 种组合中的一种。

一个操作可以被定义为一个模板(template),用于测试交集矩阵中两个对象间特定的空间关系。该模板是具有 4 个扩展的布尔值的一个矩阵,对扩展的布尔值的解释由表 8 给出。有 3^4,即 81 种可能的算子模板。

表 8　布尔交范型(pattern)矩阵的意义

符　　号	是否非空	意　　义
T	TRUE	矩阵在该位置的交是非空。
F	FALSE	矩阵在该位置的交是空。
N	NULL	该操作无法测试矩阵在该位置的交。
注:值 TRUE 意味着交的集合是非空(见列的顶栏)。		

为了测试两个对象是否具有与特定的算子模板一致的关系,根据矩阵中的范型,这个交不与计算与测试的 NULL 值相联系(即两个对象对这些算子的"交"测试不会为 NULL)。如果关系相一致,则对这两个对象的测试返回值是 TRUE,否则是 FALSE。

8.2.2 布尔相关

通过对两个由"交范型矩阵(intersectionPatternMatrix)"中的值所控制的几何对象的闭包与外部的测试,如果这些对象是空间相关的,则"bRelate"算子返回 TRUE。

Boolean bRelate(GM_Object,GM_Object,intersectionPatternMatrix)

Boolean bRelate(TP_Object,TP_Object,intersectionPatternMatrix)

"交范型矩阵"由主表的行给出,即由一个由 4 个字符构成的字符串给出,这 4 个字母可能的取值为 T、F、N。对于矩阵中第一行有两个值,接下来第二行有两个值。

8.2.3 与集合操作的关系

"Boolean relate(布尔相关)"可以被用来实现定义在 6.2.2.18 中的 GM_Object 的"contains"、"intersects"和"equals"操作。

例如:

C:GM_Composite,G:GM_Object;

C. contains(G)=bRelate(C,G,"TNFT");

8.3 Egenhofer 算子

8.3.1 Egenhofer 算子的形式

这项技术来自缅因大学的 Egenhofer(埃根霍菲尔)教授(见参考文献[8]、[9])。对于两个对象 A 和 B,可以做下面的 9 交操作。

intersection(boundary(A),boundary(B))

intersection(boundary(A),interior(B))

intersection(boundary(A),exterior(B))

Intersection(interior(A),boundary(B))

intersection(interior(A),interior(B))

intersection(interior(A),exterior(B))

Intersection(exterior(A),boundary(B))

intersection(exterior(A),interior(B))

intersection(exterior(A),exterior(B))

可以测试这个集合矩阵(叫作 9 交矩阵),检测每一个"交"是"空"还是"非空"。它将 A 和 B 的关系分类为 2^9,即 512 种组合中的一种。实际上,并非这所有的 512 种组合在几何上都是可能的,但这并不妨碍它的使用。

一个操作可以被定义为一个用于 9 交矩阵模板,以测试两个对象间特定的空间关系。该模板是一个具有 9 个扩展布尔值的矩阵,其解释由表 9 给出,表的内容与前一个表一致。有 3^9,即 19 683 种可能的算子模板。

表 9 Egenhofer 9 交范型矩阵的含义

符　　号	是否非空	意　　义
T	TRUE	矩阵在该位置的交是非空。
F	FALSE	矩阵在该位置的交是空。
N	NULL	该操作无法测试矩阵在该位置的交。

为了测试两个对象对一个特定算子的一致关系,根据这个矩阵中的范型,计算与测试这些"交"是否"非空",这些交不与 NULL 值相联系(即两个对象对这些算子的"交"测试不会为 NULL)。如果一致,则算子对于这两个对象的测试返回值是 TRUE,否则是 FALSE。

8.3.2 Egenhofer 相关

通过对两个由"交范型矩阵"中的值所控制的几何对象之间 interior、boundary 和 exterior 关系的测试,如果这两个对象是空间相关的,则"eRelate(Egenhofer 相关)"算子返回 TRUE。

Boolean eRelate(GM_Object,GM_Object,intersectionPatternMatrix)

Boolean eRelate(TP_Object,TP_Object,intersectionPatternMatrix)

"交范型矩阵"是作为一个串在主表的行中列出,这个串有 9 个字母(每一个字母是 T、F 或 N)。

8.3.3 与集合操作的关系

"Egenhofer 相关"可以用来实现定义在 6.2.2.18 中 GM_Object 的"contains(包含)"、" intersects(相交)"和"equals(相等)"等操作。

例如:

C:GM_Primitive,G:GM_Primitive;

C.contains(G)=eRelate(C,G,"NFNNTNNFT");

C:GM_Primitive,G:GM_Composite;

C.contains(G)=eRelate(C,G,"FFNTTNFFT");

8.4 全拓扑算子

8.4.1 全拓扑算子的形式

全拓扑算子考虑了不同维的差异(见参考文献[4]、[5]和这一部分扩展的分析)在方式上类似于Egenhofer算子,但是在可能值上作了更精细的区别。

表10 全拓扑交范型矩形的含义

符号	是否非空	含义
0	TRUE	矩阵这个位置的交只包含点
1	TRUE	矩阵这个位置的交只包含点和曲线
2	TRUE	矩阵这个位置的交只包含点、曲线和曲面
3	TRUE	矩阵这个位置的交只包含点、曲线、曲面和体
F	FALSE	矩阵这个位置的交为空
N	NULL	该操作无法测试矩阵在该位置的交

为了测试两个对象是否与 6^9=10 077 696 种算子模板中的一种相一致,根据该范型矩阵,对于非空和维数的计算与测试的"交"不与NULL值相联系。如果存在一致性,对这两个对象的操作的值是TRUE,如果不一致则为FALSE。

8.4.2 全拓扑相关

通过对两个由"交范型矩阵"中的值所控制的几何对象之间内部、边界、外部关系的测试,如果这两个对象是空间相关的,则"cRelate"算子返回TRUE。

Boolean cRelate(GM_Object,GM_Object,intersectionPatternMatrix)

Boolean cRelate(TP_Object,TP_Object,intersectionPatternMatrix)

"交范型矩阵"是作为一个串在主表的行中列出,这个串有9个字母(每一个字母是0、1、2、3、F、N中的一个)。

8.5 组合

算子可以定义为前面章节的基本操作的一个或多个的任意布尔组合。

附 录 A
（规范性附录）
抽象测试套件

A.1 几何单形

A.1.1 几何单形的数据类型

A.1.1.1 0维几何单形的数据类型

a) 测试目的：检验应用模式或专用标准的实例 GM_Point 是否具有 position 属性和相关联的从 GM_Object 继承来的坐标参照系。如果应用模式或专用标准也实例化 GM_MultiPoint，检验它是否包含属性 position 和对 element 的关联。

b) 测试方法：检查应用模式或专用标准的文件。

c) 引用：6.1、6.2.1、6.2.2.17、6.3.10.1、6.3.11.1、6.3.11.2、6.4.1、6.5.1、6.5.2.1、6.5.2.2、6.5.3、6.5.4。

d) 测试类型：能力测试。

A.1.1.2 1维几何单形的数据类型

a) 测试目的：检验应用模式或专用标准是否满足 A.1.1.1 的所有要求以及实例化的 GM_Curve 是否具有 orientation 属性和 segmentation 关联以及至少一个具有它的所有属性的可实例化的 GM_CurveSegment 的子类。如果应用模式或专用标准也实例化 GM_MultiCurve，检验它是否包含 element 和 length 属性。

b) 测试方法：检查应用模式或专用标准的文件。

c) 引用：A.1.1.1、6.3.5，6.3.13、6.3.14.1、6.3.16、6.4.1、6.4.6、6.4.8～6.4.31、6.5.5。

d) 测试类型：能力测试。

A.1.1.3 2维几何单形的数据类型

a) 测试目的：检验应用模式或专用标准是否满足 A.1.1.2 的所有要求，以及实例化的 GM_Surface 是否具有 orientation 属性和 interiorTo、segmentation 关联，以及至少一个具有它的所有属性的可实例化的 GM_SurfacePatch 子类。如果应用模式或专用标准也实例化 GM_MultiSurface，检验它是否包含的 element、area 和 perimeter 等属性。

b) 测试方法：检查应用模式或专用标准的文件。

c) 引用：A.1.1.2、6.3.6、6.3.7、6.3.10.4、6.3.15、6.3.17.1、6.3.17.3、6.4.6、6.4.32～6.4.48、6.5.6。

d) 测试类型：能力测试。

A.1.1.4 3维几何单形的数据类型

a) 测试目的：检验应用模式或专用标准是否满足 A.1.1.3 的所有要求，以及实例化的 GM_Solid 是否具有 interiorTo 关联。如果应用模式或专用标准也实例化 GM_MultiSolid，检验它是否包含 element、area 和 volume 等属性。

b) 测试方法：检查应用模式或专用标准的文件。

c) 引用：A.1.1.2、6.3.6、6.3.7、6.3.10.4、6.3.15、6.3.17.1、6.3.17.3、6.4.6、6.4.32～6.4.48、6.5.6。

d) 测试类型：能力测试。

A.1.2 几何单形的简单操作

A.1.2.1 0维几何单形的简单操作

a) 测试目的:检验应用模式或专用标准是否满足A.1.1.1的所有要求以及GM_Point的实例是否包含boundary、mbRegion和representativePoint等操作。

b) 测试方法:检查应用模式或专用标准的文件。

c) 引用:A.1.1.1、6.2.2.2、6.2.2.3、6.2.2.4、6.3.10.2、6.3.11.3。

d) 测试类型:能力测试。

A.1.2.2 1维几何单形的简单操作

a) 测试目的:检验应用模式或专用标准是否满足A.1.1.2和A.1.2.1的所有要求以及GM_Curve的实例是否包含boundary、mbRegion和representativePoint等操作。

b) 测试方法:检查应用模式或专用标准的文件。

c) 引用:A.1.1.2、A.1.2.1、6.2.2.2、6.2.2.3、6.2.2.4、6.3.10.2、6.3.14.2。

d) 测试类型:能力测试。

A.1.2.3 2维几何单形的简单操作

a) 测试目的:检验应用模式或专用标准是否满足A.1.1.3和A.1.2.2的所有要求以及GM_Surface的实例化,这包含boundary、mbRegion和representativePoint等操作。

b) 测试方法:检查应用模式或专用标准的文件。

c) 引用:A.1.1.3、A.1.2.2、6.2.2.2、6.2.2.3、6.2.2.4、6.3.10.2、6.3.15.2。

d) 测试类型:能力测试。

A.1.2.4 3维几何单形的简单操作

a) 测试目的:检验应用模式或专用标准是否满足A.1.1.4和A.1.2.3的所有要求以及GM_Solid的实例是否包含boundary、mbRegion和representativePoint等操作。

b) 测试方法:检查应用模式或专用标准的文件。

c) 引用:A.1.1.4、A.1.2.3、6.2.2.2、6.2.2.3、6.2.2.4、6.3.10.2、6.3.18.2。

d) 测试类型:能力测试。

A.1.3 几何单形的完整操作

A.1.3.1 0维几何单形的完整操作

a) 测试目的:检验应用模式或专用标准实例化的GM_Point和GM_MultiPoint是否具有由这两个类所定义的以及从GM_Object和GM_Primitive继承来的除Complex关联和maximalComplex操作以外的所有属性、操作和关联。

b) 测试方法:检查应用模式或专用标准的文件。

c) 引用:6.1、6.2、6.3.10、6.3.11、6.3.12、6.4.1~6.4.5、6.5.1~6.5.4。

d) 测试类型:能力测试。

A.1.3.2 1维几何单形的完整操作

a) 测试目的:检验应用模式或专用标准是否满足A.1.3.1的所有要求,以及它是否直接或通过一个非抽象的子类实例化GM_Curve,GM_CurveSegment和GM_MultiCurve。检验这些实例是否支持专门为这些类定义的以及从GM_Object、GM_GenericCurve和GM_Primitive继承来的除了Complex关联和maximalComplex操作以外的所有的属性、操作和关联。

b) 测试方法:检查应用模式或专用标准的文件。

c) 引用:A.1.3.1、6.3.1、6.3.2、6.3.4、6.3.5、6.3.13、6.3.14、6.3.16、6.4.6~6.4.31、6.5.5。

d) 测试类型:能力测试。

A.1.3.3 2维几何单形的完整操作

a) 测试目的:检验应用模式或专用标准是否满足A.1.3.2的所有要求,以及它是否直接或通过一个非抽象的子类实例化 GM_Surface、GM_SurfacePatch 和 GM_MultiSurface。检验这些实例是否支持专门为这些类定义的以及从 GM_Object、GM_ GenericSurface 和 GM_Primitive 继承来的除了 Complex 关联和 maximalComplex 操作以外的所有的属性、操作和关联。

b) 测试方法:检查应用模式或专用标准的文件。

c) 引用:A. 1. 3. 2、6. 3. 6、6. 3. 7、6. 3. 15、6. 3. 17、6. 4. 32～6. 4. 48、6. 5. 6。

d) 测试类型:能力测试。

A. 1. 3. 4 3 维几何单形的完整操作

a) 测试目的:检验应用模式或专用标准是否满足 A. 1. 3. 3 的所有要求,以及它是否直接或通过一个非抽象的子类实例化 GM_Solid 和 GM_MultiSolid。检验这些实例是否支持专门为这些类定义的以及从 GM_Object、GM_ GenericSolid 和 GM_Primitive 继承来的除了 Complex 关联和 maximalComplex 操作以外的所有的属性、操作和关联。

b) 测试方法:检查应用模式或专用标准的文件。

c) 引用:A. 1. 3. 3、6. 3. 8、6. 3. 18、6. 5. 7。

d) 测试类型:能力测试。

A. 2 几何复形

A. 2. 1 几何复形的数据类型

A. 2. 1. 1 1 维几何复形的数据类型

a) 测试目的:检验应用模式或专用标准是否满足 A. 1. 1. 2 的所有要求,以及它实例化的 GM_Complex、GM_CompositePoint 和 GM_CompositeCurve。检验它是否支持在〈GM_Primitive〉集合与 GM_Complex 之间的 Contains 关联,在 GM_Primitives(GM_Point 和 GM_Curve)与 GM_Complex 之间的 Complex 关联,在 GM_Point 与 GM_CompositePoint 之间,GM_Curve 和 GM_CompositeCurve 之间的 Contains 关联。

b) 测试方法:检查应用模式或专用标准的文件。

c) 引用:A. 1. 1. 2、6. 6. 3、6. 6. 1、6. 6. 2. 1、6. 6. 2. 3、6. 6. 2. 4、6. 6. 3～6. 6. 5。

d) 测试类型:能力测试。

A. 2. 1. 2 2 维几何复形的数据类型

a) 测试目的:检验应用模式或专用标准是否满足 A. 1. 1. 3 和 A. 2. 1. 1 的所有要求,以及它实例化的 GM_CompositeSurface 是否具有在 GM_Surface 和 GM_Complex 之间的 Complex 关联,以及 GM_Surface 和 GM_CompositeSurface 之间的 Composition 关联。

b) 测试方法:检查应用模式或专用标准的文件。

c) 引用:A. 1. 1. 3、A. 2. 1. 1、6. 6. 6。

d) 测试类型:能力测试。

A. 2. 1. 3 3 维几何复形的数据类型

a) 测试目的:检验应用模式或专用标准满足 A. 1. 1. 4 和 A. 2. 1. 2 的所有要求,以及它实例化的 GM_CompositeSolid 是否具有在 GM_Solid 和 GM_Complex 间的 Complex 关联,以及 GM_Solid 和 GM_CompositeSolid 间的 Composition 关联。

b) 测试方法:检查应用模式或专用标准的文件。

c) 引用:A. 1. 1. 4、A. 2. 1. 2、6. 6. 7。

d) 测试类型:能力测试。

A. 2. 2 几何复形的简单操作

A. 2. 2. 1 1 维几何复形的简单操作

a) 测试目的:检验应用模式或专用标准是否满足 A. 1. 2. 2 和 A. 2. 1. 1 的所有要求,检验它实例化的 GM_CompositeSolid 和 GM_CompositeCurve 是否支持 boundary、envelope、representative point、maximal、isMaximal 等操作。

b) 测试方法:检查应用模式或专用标准的文件。

c) 引用:A.1.2.2、A.2.1.1、6.6.2.2。

d) 测试类型:能力测试。

A.2.2.2 2维几何复形的简单操作

a) 测试目的:检验应用模式或专用标准是否满足 A.1.2.3、A.2.1.2 和 A.2.2.1 的所有要求,检验它实例化的 GM_CompositeSurface 是否支持 boundary、envelope、representative point、isMaximal 等操作。

b) 测试方法:检查应用模式或专用标准的文件。

c) 引用:A.1.2.3、A.2.1.2、A.2.2.1。

d) 测试类型:能力测试。

A.2.2.3 3维几何复形的简单操作

a) 测试目的:检验应用模式或专用标准是否满足 A.1.2.4、A.2.1.3 和 A.2.2.1 的所有要求,检验它实例化的 GM_CompositeSolid 是否支持 boundary、envelope、representative point、isMaximal 等操作。

b) 测试方法:检查应用模式或专用标准的文件。

c) 引用:A.1.2.4、A.2.1.3、A.2.2.1。

d) 测试类型:能力测试。

A.2.3 几何复形的完整操作

A.2.3.1 1维几何复形的完整操作

a) 测试目的:检验应用模式或专用标准是否满足 A.1.3.2 和 A.2.2.1 的所有要求。检验 GM_CompositePoint,GM_CompositeCurve 的实例是否支持专门为这些类所定义的以及那些从 GM_Object、GM_Complex、GM_Composite 继承来的所有的属性、操作和关联。

b) 测试方法:检查应用模式或专用标准的文件。

c) 引用:A.1.3.2、A.2.2.1。

d) 测试类型:能力测试。

A.2.3.2 2维几何复形的完整操作

a) 测试目的:检验应用模式或专用标准是否满足 A.1.3.3、A.2.2.2 的所有要求。检验 GM_CompositeSurface 的实例是否支持专门为该类所定义的以及那些从 GM_Object、GM_Complex、GM_Composite 继承来的所有的属性、操作和关联。

b) 测试方法:检查应用模式或专用标准的文件。

c) 引用:A.1.3.3、A.2.2.2。

d) 测试类型:能力测试。

A.2.3.3 3维几何复形的完整操作

a) 测试目的:检验应用模式或专用标准是否满足 A.1.3.4、A.2.2.3 的所有要求。检验 GM_CompositeSolid 的实例是否支持专门为该类所定义的以及那些从 GM_Object、GM_Complex、GM_Composite 继承来的所有的属性、操作和关联。

b) 测试方法:检查应用模式或专用标准的文件。

c) 引用:A.1.3.4、A.2.2.3。

d) 测试类型:能力测试。

A.3 拓扑复形

A.3.1 拓扑复形的数据类型

A.3.1.1 1维拓扑复形的数据类型

a) 测试目的:检验应用模式或专用标准实例化的 TP_Complex、TP_Node、TP_DirectedNode、TP_Edge 和 TP_DirectedEdge。检验 TP_DirectedNode 和 TP_DirectedEdge 的实例是否支持 orientation 属性。检验应用模式或专用标准是否支持在 TP_Complex 和每一个 TP_Primitives(TP_Node 和 TP_Edge)之间的 Complex 关联。检验它是否支持在 TP_Node 与 TP_DirectedNode 间以及 TP_Edge 与 TP_DirectedEdge 间的 Center 关联。检验它是否支持在 TP_DirectedNode 与 TP_Edge 之间的派生关联 Boundary 以及 TP_Node 与 TP_DirectedEdge 之间的派生关联 Coboundary。

b) 测试方法:检查应用模式或专用标准的文件。

c) 引用:7.1、7.2.1、7.3.1、7.3.2、7.3.3、7.3.8.1、7.3.8.3、7.3.9.1、7.3.9.2、7.3.9.5、7.3.9.6、7.3.10、7.3.11、7.3.12.1、7.3.12.3、7.3.12.4、7.3.13、7.4.1、7.4.2.1、7.4.2.3、7.4.2.6、7.4.2.7。

d) 测试类型:能力测试。

A.3.1.2 2维拓扑复形的数据类型

a) 测试目的:检验应用模式或专用标准满足 A.3.1.1 的全部要求以及它实例化的 TP_Face、TP_DirectedFace。检验 TP_DirectFace 的实例是否支持 orientation 属性。检验应用模式或专用标准是否支持在不同 TP_Primitive 间的 IsolatedIn 关联,TP_Complex 和 TP_Face 间的 Complex 关联,以及 TP_Face 与 TP_DirectedFace 之间的 Center 关联。检验它是否支持 TP_DirectedEdge 与 TP_Face 间的 Boundary 关联,以及 TP_Edge 和 TP_DirectedFace 间的 Coboundary 关联。

b) 测试方法:检查应用模式或专用标准的文件。

c) 引用:A.3.1.1、7.3.4、7.3.6、7.3.8.4、7.3.14.1、7.3.14.4、7.3.14.5。

d) 测试类型:能力测试。

A.3.1.3 3维拓扑复形的数据类型

a) 测试目的:检验应用模式或专用标准是否满足 A.3.1.2 的全部要求以及它实例化的 TP_Solid、TP_DirectedSolid。检验 TP_DirectedSolid 的实例是否支持 orientation 属性。检验应用模式或专用标准是否支持在 TP_Complex 与 TP_Solid 之间的 Complex 关联以及 TP_Solid 与 TP_DirectedSolid 间的 Center 关联。检验它是否支持在 TP_DirectedFace 与 TP_Solid 间的 Boundary 关联,以及 TP_Face 与 TP_DirectedSolid 间的 Coboundary 关联。

b) 测试方法:检查应用模式或专用标准的文件。

c) 引用:A.3.1.2、7.3.5、7.3.7、7.3.16.1、7.3.16.4、7.3.16.5。

d) 测试类型:能力测试。

A.3.2 拓扑复形的简单操作

A.3.2.1 1维拓扑复形的简单操作

a) 测试目的:检验应用模式或专用标准是否满足 A.3.1.1 的全部要求以及 TP_Complex、TP_Node、TP_Edge 的实例是否都支持 boundary、coboundary、maximalComplex 等操作。检验 TP_Complex 的实例是否支持 isMaximal 操作。

b) 测试方法:检查应用模式或专用标准的文件。

c) 引用:A.3.1.1、7.2.2.3、7.2.2.4、7.2.2.8、7.3.12.2、7.4.2.4。

d) 测试类型:能力测试。

A.3.2.2 2维拓扑复形的简单操作

a) 测试目的:检验应用模式或专用是否标准满足A.3.1.2和A.3.2.1的全部要求以及TP_Face的实例是否支持boundary、coboundary、maximal等操作。

b) 测试方法:检查应用模式或专用标准的文件。

c) 引用:A.3.1.2,A.3.2.1,7.3.14.2,7.4.14.3。

d) 测试类型:能力测试。

A.3.2.3 3维拓扑复形的简单操作

a) 测试目的:检验应用模式或专用标准是否满足A.3.1.3和A.3.2.2的全部要求以及TP_Solid的实例是否支持boundary、coboundary、maximal等操作。

b) 测试方法:检查应用模式或专用标准的文件。

c) 引用:A.3.1.3、A.3.2.2、7.3.16.2、7.3.16.3。

d) 测试类型:能力测试。

A.3.3 拓扑复形的完整操作

A.3.3.1 1维拓扑复形的完整操作

a) 测试目的:检验应用模式或专用标准实例化的TP_Complex、TP_Expression、TP_ExpressionTerm、TP_Node、TP_DirectedNode、TP_Edge、TP_DirectedEdge。检验这些实例是否支持除Realization关联外的由这些类所定义以及从TP_Object、TP_Primitive、TP_DirectedTopo继承而来的所有的属性、关联和操作。

b) 测试方法:检查应用模式或专用标准的文件。

c) 引用:7.1、7.2、7.3.1、7.3.2、7.3.3、7.3.6、7.3.8.1、7.3.8.3、7.3.8.4、7.3.9~7.3.13、7.3.18、7.4.1、7.4.2.1~7.4.2.7。

d) 测试类型:能力测试。

A.3.3.2 2维拓扑复形的完整操作

a) 测试目的:检验应用模式或专用标准是否满足A.3.3.1的全部要求以及它实例化的TP_Face、TP_DirectedFace。检验TP_Face和TP_DirectedFace的实例是否支持除Realization关联外的由这些类所定义的以及从TP_Object、TP_Primitive、TP_DirectedTopo继承而来的所有的属性、关联和操作。

b) 测试方法:检查应用模式或专用标准的文件。

c) 引用:A.3.3.1、7.3.4、7.3.14、7.3.15。

d) 测试类型:能力测试。

A.3.3.3 3维拓扑复形的完整操作

a) 测试目的:检验应用模式或专用标准是否满足A.3.3.2的全部要求以及它实例化的TP_Solid、TP_DirectedSolid。检验TP_Solid和TP_DirectedSolid的实例是否支持除Realization关联外的由这些类所定义以及从TP_Object、TP_Primitive、TP_DirectedTopo继承而来的所有的属性、关联和和操作。

b) 测试方法:检查应用模式或专用标准的文件。

c) 引用:A.3.3.2、7.3.5、7.3.16、7.3.17。

d) 测试类型:能力测试。

A.4 具有几何实现的拓扑复形

A.4.1 具有几何实现的拓扑复形的数据类型

A.4.1.1 具有几何实现的1维拓扑复形的数据类型

a) 测试目的:检验应用模式或专用标准是否满足A.1.1.2、A.3.1.1的全部要求。检验它是否也支持在 TP_Primitives(TP_Node、TP_Edge) 实例与 GM_Primitives(GM_Point、GM_Curve)实例间以及 TP_Complexes 实例与 GM_Complexes 实例间的 Realization 关联。

b) 测试方法:检查应用模式或专用标准的文件。

c) 引用:A.1.1.2、A.3.1.1、7.3.8.2、7.4.2.8。

d) 测试类型:能力测试。

A.4.1.2 具有几何实现的2维拓扑复形的数据类型

a) 测试目的:检验应用模式或专用标准是否满足 A.1.1.3、A.3.1.2 的全部要求以及它是否支持 TP_Face 的实例和 GM_Surface 的实例间的 Realization 关联以及 TP_Complexes 与 GM_Complexes 实例间的 Realization 关联。

b) 测试方法:检查应用模式或专用标准的文件。

c) 引用:A.1.1.3,A.3.1.2,7.3.8.2,7.4.2.8。

d) 测试类型:能力测试。

A.4.1.3 具有几何实现的3维拓扑复形的数据类型

a) 测试目的:检验应用模式或专用标准是否满足 A.1.1.4、A.3.1.3 的全部要求以及它所支持的 TP_Solid 实例和 GM_Solid 实例间以及 TP_Complexes 实例与 GM_Complexes 实例间的 Realization 关联。

b) 测试方法:检查应用模式或专用标准的文件。

c) 引用:A.1.1.4、A.3.1.3、7.3.8.2、7.4.2.8。

d) 测试类型:能力测试。

A.4.2 具有几何实现的拓扑复形的简单操作

A.4.2.1 具有几何实现的1维拓扑复形的简单操作

a) 测试目的:检验应用模式或专用标准是否满足 A.1.2.2、A.3.2.1 的全部要求,以及它是否满足支持在 TP_Primitive(TP_Node、TP_Edge)实例和 GM_Primitive(GM_Point、GM_Curve)实例间,以及 TP_Complexes 实例和 GM_Complexes 实例间的 Realization 关联。

b) 测试方法:检查应用模式或专用标准的文件。

c) 引用:A.1.2.2、A.3.2.1、7.3.8.2、7.4.2.8。

d) 测试类型:能力测试。

A.4.2.2 具有几何实现的2维拓扑复形的简单操作

a) 测试目的:检验应用模式或专用标准是否满足 A.1.2.3、A.3.2.2 的全部要求,以及它是否支持在 TP_Face 实例和 GM_Surface 实例间的 Realization 关联以及在 TP_Complexes 实例和 GM_Complexes 实例间的 Realization 关联。

b) 测试方法:检查应用模式或专用标准的文件。

c) 引用:A.1.2.3、A.3.2.2、7.3.8.2、7.4.2.8。

d) 测试类型:能力测试。

A.4.2.3 具有几何实现的3维拓扑复形的简单操作

a) 测试目的:检验应用模式或专用标准满足 A.1.2.4、A.3.2.3 的全部要求,以及它是否支持在 TP_Solid 实例与 GM_Solid 实例间以及 TP_Complexes 实例与 GM_Complexes 实例间的 Realization 关联。

b) 测试方法:检查应用模式或专用标准的文件。

c) 引用:A.1.2.4、A.3.2.3、7.3.8.2、7.4.2.8。

d) 测试类型:能力测试。

A.4.3 具有几何实现的拓扑复形的完整操作

A.4.3.1 具有几何实现的1维拓扑复形的完整操作

a) 测试目的:检验应用模式或专用标准是否满足 A.2.3.1、A.3.3.1 的全部要求并且支持在 TP_Primitive(TP_Node、TP_Edge)实例与 GM_Primitive(GM_Point、GM_Curve)实例间以及 TP_Complexes 实例与 GM_Complexes 实例间的 Realization 关联。

b) 测试方法:检查应用模式或专用标准的文件。

c) 引用:A.2.3.1、A.3.3.1、7.3.8.2、7.4.2.8。

d) 测试类型:能力测试。

A.4.3.2 具有几何实现的2维拓扑复形的完整操作

a) 测试目的:检验应用模式或专用标准是否满足 A.2.3.2、A.3.3.2 的全部要求并且支持在 TP_Face 的实例和 GM_Surface 的实例间以及 TP_Complexes 的实例和 GM_Complexes 的实例间的 Realization 关联。

b) 测试方法:检查应用模式或专用标准的文件。

c) 引用:A.2.3.1、A.3.3.1、7.3.8.2、7.4.2.8。

d) 测试类型:能力测试。

A.4.3.3 具有几何实现的3维拓扑复形的完整操作

a) 测试目的:检验应用模式或专用标准是否满足 A.2.3.3、A.3.3.3 的全部要求并且支持在 TP_Solid 的实例和 GM_Solid 的实例间以及 TP_Complexes 的实例和 GM_Complexes 的实例间的 Realization 关联。

b) 测试方法:检查应用模式或专用标准的文件。

c) 引用:A.2.3.1、A.3.3.1、7.3.8.2、7.4.2.8。

d) 测试类型:能力测试。

A.5 派生拓扑算子

A.5.1 布尔算子

a) 测试目的:检验应用模式或专用标准是否定义了与规定在 8.2 中的子项相一致的布尔算子。

b) 测试方法:检查应用模式或专用标准的文件。

c) 引用:8.2。

d) 测试类型:能力测试。

A.5.2 Egenhofer 算子

a) 测试目的:检验应用模式或专用标准是否定义了与规定在 8.3 中的子项相一致的Egenhofer 算子。

b) 测试方法:检查应用模式或专用标准的文件。

c) 引用:8.3。

d) 测试类型:能力测试。

A.5.3 全拓扑算子

a) 测试目的:检验应用模式或专用标准是否定义了与规定在 8.4 中的子项相一致的全拓扑算子。

b) 测试方法:检查应用模式或专用标准的文件。

c) 引用:8.4。

d) 测试类型:能力测试。

A.5.4 所有的拓扑算子

a) 测试目的:检验应用模式或专用标准是否定义了与规定在第 8 章中相一致的所有的拓扑算子。

b) 测试方法:检查应用模式或专用标准的文件。

c) 引用:A.5.1、A.5.2、A.5.3。

d) 测试类型:能力测试。

附 录 B
（资料性附录）
按概念分类组织的术语与定义

B.1 导言

该附录按照它们的概念关系的排列陈述从第4章来的术语与定义。

B.2 通用术语

应用 application（4.1）

为支持用户的需求对数据的操作与处理。

[ISO 19101:2002]

应用模式 application schema（4.2）

对于一个或多个应用的数据需求的概念模式。

[ISO 19101:2002]

边界 boundary（4.4）

表达一个实体的界限的**集合**。

注：边界通常用在几何结构，这里的集合是**点**的集合或代表这些点的对象的集合。在别的场合，边界这个词常隐喻在实体与其他部分之间的一个跃迁。

要素 feature（4.39）

对现实世界现象的抽象。

注：要素可以**类型**或**实例**的形式出现。当只表达一种含义时，应使用要素**类型**或要素**实例**。

[ISO 19101:2002]

要素属性 feature attribute（4.40）

要素的特性。

示例1：一个名为“颜色”的要素属性有一个属性值为“绿色”，其数据类型为“文本”。

示例2：一个名为“长度”的要素属性有一个属性值为“82.4”，其数据类型为“实型”。

注1：要素属性包括名称、数据类型和与其相关的值**域**。要素**实例**的要素属性具有一个来自其值域的属性值。

注2：在要素目录中，要素属性可以包括一个值域，但并不指定要素实例的属性值。

[ISO 19101:2002]

地理信息 geographic information（4.42）

与地球上的位置直接或间接相关的现象的信息。

[ISO 19101:2002]

空间对象 spatial object（4.69）

用于表达**要素**空间特征的**对象**。

空间算子 spatial operator（4.70）

函数或程序，在它的**域**或范围内至少有一个空间参数。

注：UML对空间对象的任何操作都可以归为空间算子，例如本标准中第8条的查询算子。

B.3 集合与相关术语

集[合] set（4.65）

不重复的相关项（**对象**或值）的无序汇集。

序列　sequence (4.64)

可重复的相关项(**对象**或值)的有限、有序集合。

注：逻辑上，序列是＜项，偏移量＞对的**集合**。它原是LISP语言中一种用括号括起来，有次序限定，元素间用逗号隔开的结构，现用在本标准中。

包　bag (4.3)

可以重复的相关项(**对象**或值)的有限、无序集合。

注：逻辑上，包是＜项，数目＞对的**集合**。

循环序列　circular sequence (4.6)

没有逻辑起始，因而等同于任何自身循环移位的序列，因此可认为序列的最后一项位于该序列的第一项之前。

记录　record (4.62)

有限的、有名称的相关项(**对象**或值)的集合。

注：逻辑上，记录是＜名称，项＞对的**集合**。

域　domain (4.32)

定义明确的**集合**。

注：域用以定义域**集**以及属性、**算子**和**函数**的范围。

函数　function (4.41)

从一个**域**(源或定义域)中的每一个元素到另一个域(目标域、从变量域、值域)中唯一元素相关联的规则。

B.4　建模术语

类　class (4.7)

具有相同的属性(域)、操作、方法、关系与语义的对象集的描述。

注：类可以用**接口**的**集合**来定义它所提供给它的外界(环境)的**操作集**。该术语过去最先在面向对象的编程中使用，后来被UML(统一建模语言)所采纳，并具有相同的含义。

[ISO/TS 19103:2005]

对象　object (4.59)

具有明确定义的**边界**与标识，封装了状态与行为的实体。

注：该术语最先是用在面向对象编程的一般理论中，后来以相同的含义被UML所采纳。一个对象是一个**类**(class)的实例，属性与关系表达状态。操作、方法和状态机制表达行为。

实例　instance (4.53)

一个**类**的一个实现，即**对象**。

强可替换性　strong substitutability (4.73)

继承或实现另一个**类**、**类型**或**接口**的派生类的任何**实例**在任何相关环境中用于替代其祖先**实例**的能力。

注：弱可替换类型对于要进行替换的环境有各种限制。

B.5　位置术语

直接位置　direct position (4.26)

用**坐标参照系**中的一组**坐标**描述的位置。

坐标　coordinate (4.19)

表示 n 维空间中**点位置**的 n 个**序列数**之一。

注：在一个**坐标参照系**下，**坐标**数值取决于所选单位。

[ISO 19111:2007]

坐标参照系　coordinate reference system（4.21）

通过**基准**与现实世界相联系的**坐标系**。

[ISO 19111:2007]

坐标系　coordinate system（4.22）

给点赋予**坐标**的数学规则**集**。

[ISO 19111:2007]

坐标维数　coordinate dimension（4.20）

在一个**坐标系**中，描述一个位置所需要的量测或**坐标**个数。

B.6　几何术语

B.6.1　普通几何概念

矢量几何　vector geometry（4.86）

用构造的**几何单形**表达的几何。

计算几何　computational geometry（4.13）

几何表达式的处理与计算，用于**几何操作**的**实现**。

示例：计算几何操作包括**几何对象**间的几何包含或相交测试、**凸包**或**缓冲区**计算、最短路径搜索。

几何集　geometric set（4.50）

直接位置的**集合**。

注：在大多数情况下，这个**集合**是无限的。

凸集　convex set（4.18）

一种**几何集**，在该**几何集**中连接任意两个**直接位置**的直线段上的任意**直接位置**都包含在该**几何集**中。

注：**凸集**间是"简单连接"，这意味着它们没有内部孔洞，并且通常可以认为在拓扑上是与适当维数的欧几里德**球**同构的。所以，球的表面可以被认为是几何凸集。

凸壳　convex hull（4.17）

包含所给几何对象的最小**凸集**。

注："最小"是集合理论上的最小，并不是指尺度上。这个定义也可以重写为"包含所给几何元素的所有凸集的并集"。

邻域　neighborhood（4.57）

几何集，在它的**内部**包含有一个指定的**直接位置**和距该直接位置的距离都在一个给定值之内的所有**直接位置**。

几何维数　geometric dimension（4.46）

在**几何集**内每一个**直接位置**都可以与其**内部**具有该**直接位置**的**子集**相**关联**，且相似(**同构**)于 n 维欧几里德空间 R^n 的最大数目 n。

注：**曲线**的**几何维数**为 1，因为它们是实线段的连续映像。虽然**曲面**不能将它的整体映射到 2 维空间 R^2 中，但围绕每一个**点**的**位置**，(在连续函数的情况下)可以找到一个类似于 R^2 单位圆的小邻域，因此曲面是 2 维的。在本标准中，大多数**曲面片**(几何曲面片 GM_SurfacePatch 的**实例**)通过它们所定义的插值机制映射为 R^2 中的一部分。

B.6.2　几何对象

B.6.2.1　一般概念

几何对象　geometric object（4.47）

表达一个**几何集**的**空间对象**。

注：**几何对象**由**几何单形**、**几何单形**的组合或处理为一个单独实体的**几何复形**构成。几何对象可以是作为**要素**的**对象**的空间表达，或**要素**的一个有意义的部分。

几何边界　geometric boundary (4.44)

由约束**几何对象**范围的**几何维数**更低的**几何单形**的**集合**所表达的**边界**。

圈　cycle (4.25)

<几何学>没有**边界**的**空间对象**。

注：圈是用来描述边界成分(见**壳**与**环**)。环没有边界，是因为它自身**闭合**，但它是有界的(即它不具有无限的外延)。例如圆环或球，没有**边界**，但却是有界的。

内部　interior (4.54)

几何对象除**边界**外的所有**直接位置**的**集合**。

注：**拓扑对象**的内部是与其相对应的**几何实现**的**内部**的**同构**映像。因为它遵从拓扑定理，所以不再定义。

外部　exterior (4.37)

全域与**闭包**之差。

注：外部这个概念适用于**拓扑**与**几何复形**。

闭包　closure (4.8)

拓扑对象或**几何对象**的**内部**与**边界**的并**集**。

简单　simple (4.67)

几何对象的一种特性，其**内部是**等向的(所有点都具有**同构**的邻域)，因而它处处都局部同构于适当维数欧几里德坐标空间的开子集。

注：这暗示几何对象**内部**的**直接位置**不会出现任何形式的自相交。

连通的　connected(4.15)

几何对象的一种**特性**，指该**对象**内的任何两个**直接位置**能置于完全在该对象内的一条**曲线**上。

注：当且仅当一个拓扑对象的所有**几何实现**是连通的，该拓扑对象才是连通的。由于它遵从拓扑定理，所以未写在定义内。

缓冲区　buffer (4.5)

包含距一个指定**几何对象**的距离都小于或等于一个给定值的所有**直接位置**的**几何对象**。

几何聚集形　geometric aggregate (4.43)

没有内部结构的**几何对象**的**集合**。

注：不对这些元素间的空间关系作任何假设。

几何边界　geometric boundary (4.44)

由约束**几何对象**范围的**几何维数**更低的**几何单形**的**集合**所表达的**边界**。

B.6.2.2　几何单形与相关术语

几何单形　geometric primitive (4.48)

表达空间内单一、连通和同质元素的**几何对象**。

注：**几何单形**是在能表达几何结构信息的层次上不可再分的对象。几何单形包括**点**、**曲线**、**曲面**和**体**。

点　point (4.61)

0维**几何单形**，表示一个位置。

注：点的边界是空集。

曲线　curve (4.23)

1维**几何单形**，表达一条线的连续映像。

注：一条**曲线**的**边界**是**曲线**两个端**点**的**集合**。如果曲线是一个**圈**(cycle)，则这两个端点相同，并且该曲线(如果拓扑上是闭合的)被认为没有边界。这第一个**点**被称作**始点**，最后一个**点**被称为**终点**。曲线的连通性被"一条线的连续映像"子句所保证，拓扑定理认为一个连通集合的连续映像仍然是连通的。

始点　start point (4.72)

起点

曲线的第一个点。

终点　end point (4.36)

曲线的最后一个点。

曲线段　curve segment (4.24)

具有相似的插值与定义方法，用来表达一条曲线的连续组分的1维几何对象。

注：用一条单独的曲线段表达的几何集与一条曲线等价。

环　ring (4.63)

是圈的简单曲线。

注：环用来描述在2维和3维坐标系下的曲面的边界成分。

曲面　surface (4.75)

2维几何单形，局部表达某平面的一个区域的连续映像。

注：曲面的边界是定义曲面界限的有向、闭合曲线的集合。与一个球面或 n 圆环面(具有 n 个把柄的拓扑球面)同构的曲面没有边界，这样的曲面被称之为圈。

曲面片　surface patch (4.76)

2维且黑体的几何对象，用于表达使用相同插值与定义方法的一张曲面的连续部分。

壳　shell (4.66)

为圈的简单曲面。

注：壳用来描述3维坐标系中体的边界成分。

体　solid (4.68)

3维几何单形，表达欧几里德3维空间中一个区域的连续映像。

注：体可局部地实现为直接位置的三参数集合。体的边界是构成体的界限的有向闭合曲面的集合。

B.6.2.3　几何复形

几何复形　geometric complex (4.45)

分离的几何单形的集合，其每一个几何单形的边界都可以表达为该集合内维数更低的几何单形的并集。

注：集合中的几何单形是分离的，意味着没有一个直接位置能同时在两个或两个以上的几何单形的内部。集合在边界操作中闭合，意味着几何复形中的每一个元素，存在一个代表该元素边界的几何单形的组合(即一个几何复形)。点(几何中唯一的0维单形对象)的边界是空。这样，如果最高维的几何单形是体(3维)，按照该定义，边界算子的运算最多三步结束。这就是任何对象的边界是一个圈(cycle)的情形。

子复形　subcomplex (4.74)

所有元素都在一个更大复形里的复形。

注：因为几何复形与拓扑复形的定义只要求它们在边界操作中闭合，所以一个特定维数以及更低维数的任何单形的集合总是原来更大复形的子复形。这样，任何完全的平面拓扑复形包含一个作为子复形的边-结点图。

组合曲线　composite curve (4.10)

曲线的序列，其各条曲线(第一条除外)均从该序列的上一条曲线的终点开始。

注：组合曲线作为直接位置的集合，具有曲线所具有的所有特征。

组合体　composite solid (4.11)

沿着共有边界曲面相邻且相连的体的集合。

注：组合体作为直接位置的集合，具有体所具有的所有特征。

组合曲面　composite surface (4.12)

沿着共有边界曲线相邻且相连的曲面片的集合。

注：组合曲面作为直接位置的集合，具有曲面所具有的所有特征。

B.7 拓扑术语

B.7.1 拓扑概念

计算拓扑 **computational topology** (4.14)

在**计算几何**中通常用来辅助、增强或定义对**拓扑对象**进行**操作**的拓扑概念、拓扑结构和拓扑代数。

B.7.2 拓扑对象

B.7.2.1 一般概念

拓扑边界 **topological boundary** (4.77)

由约束**拓扑对象**范围的更低拓扑维的**有向拓扑单形**的**集合**所表达的**边界**。

注：**拓扑复形**的**边界**对应于该拓扑复形的**几何实现**的边界。

拓扑复形 **topological complex** (4.78)

在**边界**操作中**闭合**的**拓扑单形**的集合。

注：在边界操作中闭合，意味着如果一个**拓扑单形**在该**拓扑复形**中，则它的**边界对象**也在该**拓扑复形**中。

拓扑对象 **topological object** (4.81)

一种空间对象，用来表达在连续变换下不变的空间特征。

注：**拓扑对象**可以是**拓扑单形**、拓扑单形的一个集合或**拓扑复形**。

余边界 **coboundary** (4.9)

与该**拓扑对象**相关联(该拓扑对象在其**边界**上)，具有更高维数的**拓扑单形**的**集合**。

注：如果一个**结点**在**边**的**边界**上，这个**边**就在这个**结点**的**余边界**上。任何定向参数，只要与这些关系中的一个相关联也就与其他的关系相关联。所以，如果一个**结点**是一条边的**终结点**(定义为正**有向边**的**终点**)，那么这个结点的正定向(定义为**正有向结点**)将有边在它的余边界上，见图35。

拓扑维 **topological dimension** (4.79)

在**几何对象**内区分邻近但不同的**直接位置**所需自由变量的最小个数。

注：上面提到的自由变量通常可以认为是一个局部坐标系。在3维坐标空间中，平面可以写为 $P(u,v)=A+u\boldsymbol{X}+v\boldsymbol{Y}$，这里 u 和 v 是实数，A 是平面上的任意点，$\boldsymbol{X}$ 和 $\boldsymbol{Y}$ 是该平面的两个切矢量。因为平面上的地点可以用 u，v 这两个变量来区分(没有例外)，所以平面是2维的，并且 (u,v) 是该平面上对这些点的一个坐标系。在一般曲面上，并不总能这样。但是，如果我们取该曲面的切平面，并且将曲面上的点投影到该切平面上，我们通常可以在该切平面上得到曲面在该切点的小邻域的局部同构。对于这个潜在曲面，该“局部坐标系”足以建立该曲面为一个2维拓扑对象。

由于本标准仅涉及空间坐标，任何3维对象可以依靠坐标建立它的拓扑维。在一个四维模型(空间-时间)中，切空间(tangent spaces)在将对象在3维上建立拓扑维的过程中也起着重要的作用。

B.7.2.2 拓扑单形及相关术语

拓扑单形 **topological primitive** (4.82)

单一的、不可再分的**拓扑对象**。

注：拓扑单形对应于**几何实现**中同维**几何单形**的**内部**。

结点 **node** (4.58)

0维拓扑单形。

注：**结点**的**边界**是空集。

相连结点 **connected node** (4.16)

起始于或终止于一条或多条**边**的**结点**。

孤立结点 **isolated node** (4.55)

没有与任何**边**相连的**结点**。

始结点 **start node** (4.71)

在**边**的**边界**中对应于边的**始点**的**结点**。在使用该**边**的**拓扑复形**的任何有效**几何实现**中，**边**为**曲线**。

终结点　end node（4.35）

在边的边界中对应于边的终点的结点。在使用该边的拓扑复形的任何有效几何实现中，边为曲线。

边　edge（4.33）

1维拓扑单形。

注：边的几何实现是曲线。边的边界是拓扑复形中关联到该边的一个或两个结点的集合。

［拓扑］面　face（4.38）

2维拓扑单形。

注：拓扑面的几何实现是曲面。拓扑面的边界是在该拓扑复形内通过边界关系关联到该面的有向边的集合。这些有向边的集合可以组织成若干环。

拓扑体　topological solid（4.83）

3维拓扑单形。

注：拓扑体的边界由有向拓扑面的集合组成。

B.7.2.3　拓扑复形及相关术语

拓扑复形　topological complex（4.78）

在边界操作下闭合的拓扑单形的集合。

注：在边界操作下闭合，意味着如果一个拓扑单形在拓扑复形中，则它的边界对象也是在该拓扑复形中。

全域面　universal face（4.84）

在2维复形中无界的拓扑面。

注：全域面通常不是任何要素的组成部分，它用来表达数据集的无界部分，通常认为它的内边界（它没有外边界）是由数据集所表达的地图的外边界。本标准并不将全域面当特殊情况对待，但应用模式可发现将其特殊处理也很方便。

全域体　universal solid（4.85）

在3维复形中无界的拓扑体。

注：3维中全域体与2维中的全域面相似，通常也不是任何要素的组成部分。

拓扑表达式　topological expression（4.80）

有向拓扑单形的集合，这些有向拓扑单形可以像多变量多项式一样进行操作。

注：拓扑表达式用在很多计算拓扑的计算中。

有向拓扑对象　directed topological object（4.31）

表达拓扑单形和它的某一定向逻辑关联的拓扑对象。

有向结点　directed node（4.29）

表达结点和它的某一定向相关联的有向拓扑对象。

注：有向结点用在余边界中以保持边与结点间的空间关联，结点的定向是关于某条边的，终结点为“＋”，始结点为“－”，这与“结果＝结束－起始”的矢量概念相一致。

有向边　directed edge（4.27）

表达边和它的某一定向相关联的有向拓扑对象。

注：与边的定向一致的有向边为正定向（＋），反之，它为反定向（－）。有向边用在拓扑中以区分同一条边的右侧（－）与左侧（＋），同一条边的始结点（－）与终结点（＋）。在计算拓扑中使用这些概念。

有向面　directed face（4.28）

表达面和它的定向之一相关联的有向拓扑对象。

注：从有向拓扑面定向的矢量方向来看，组成该面的外边界的有向边的定向为正；约束一个拓扑体的有向拓扑面的定向指向离开该拓扑体。与两个相邻拓扑面与其共享边之间的关联相一致，共享一个边界拓扑面的两个相邻拓扑体将具有不同的定向。有向拓扑面用在余边界关系中，以维持拓扑面与边之间的空间关联。

有向拓扑体　**directed solid**（4.30）

表达**拓扑体**和它的定向之一相关联的**有向拓扑对象**。

注：**有向拓扑体**用在**余边界**关系中以维持**拓扑面**与**拓扑体**之间的空间关联。一个拓扑体的定向是关于某一拓扑面的，如果拓扑面的外法向指向外，则拓扑体的定向为"+"；如果拓扑面的外法向指向内，则拓扑体定向为"-"。这与约束一个体的曲面"向上=向外"的概念相一致。

B.7.2.4　拓扑复形的类型

图　**graph**（4.51）

结点集，有些**结点**与**边**相连。

注：在地理信息系统中，一个**图**可以有多于一条**边**连在两个**结点**上，也可以一条**边**的首尾**结点**相同。

边-结点图　**edge-node graph**（4.34）

镶嵌在**拓扑复形**中的**图**，该**拓扑复形**由其内的所有**边**和**相连结点**构成。

注：**边-结点图**是镶嵌在复形中的子复形。

平面拓扑复形　**planar topological complex**（4.60）

具有一个几何实现并且可以嵌到欧几里德2维空间中的拓扑复形。

B.8　几何与拓扑复形的关系

同态　**homomorphism**（4.52）

两个**域**（例如两个复形）之间存在一种**函数**关系，能从一个域保持结构地映射到另一个域。

注：**同态**区别于**同构**在于它没有反函数的要求。在**同构**中，两个**同态**互为反**函数**。连续函数是拓扑同态的，因为它们保留了"拓扑特征"。**拓扑复形**到其**几何实现**的映射保持了边界的概念，因此是同态。

同构　**isomorphism**（4.56）

在两个**域**（例如两个复形）之间的一种关系，它们具有从一个域到另一个域一一对应地保持结构的函数和相对应的反函数，并且按两种顺序组合这两个函数得到相应的恒等函数。

注：如果**几何复形**与**拓扑复形**的元素个数、维数、边界都一一对应，则该几何复形与该拓扑复形**同构**。

几何实现　**geometric realization**（4.49）

几何复形，其**几何单形**与一个**拓扑复形**中的**拓扑单形**一一对应，且这两个复形的**边界**关系一致。

注：在该实现中，拓扑单形表达相应的几何单形的**内部**。组合几何对象是闭合的。

附 录 C
（资料性附录）
空间概念模式示例

C.1 几何

C.1.1 语义

对于可实例化的类，本示例使用本文档中的正文部分的类型的名称。该处没有使用通常的 UML 语义作为类型，主要有下面几点考虑。首先，一致性章条并不要求在应用模式中包含本标准的类型（type），而是要求应用模式中的类实现这些类型。在逻辑上并不要求实例化类的名称与本标准的类型或接口名称不同。第二，假设一个设计系统使用了强名称空间规定，不同名称空间的项可以具有相同的局部名称。换句话说，局部名称不必全局统一。第三，这些例子对于任何实现相同类型的可执行类都是有效的。任何实现（应用模式）必须有一个将这些类型与实现它们的执行类关联起来的模式映射。正确地使用这个映射就可以导出有效的句法。

通常，可以将普通名称用于"隐喻性相同"而技术上不同的实体。本标准中的 UML 模型定义抽象类型，应用模式定义概念化的类，各种软件系统定义执行的类或数据结构，来自于编码标准的 XML 定义实体标记（tag）。所有这些定义引用相同的信息内容。即便是在更深的层次上，在数字化实体的具体实施上具有重大的技术差别，但在允许使用相同的名称来表达相同的信息内容这方面并没有什么困难。这就"允许"定义在 UML 模型中的类型直接使用在应用模式中。

C.1.2 2 维坐标参照系下的几何对象

这个例子基于一个简单的解码过程。由于隐去了创建一个可视的拓扑编辑器的细节讨论，因而它被用作编码的逆操作。对于（遵从应用模式规则定义的）应用模式作如下的假定：

a) 本示例的几何与拓扑模式都遵从定义在本标准中的空间模式，因而本示例中包含了定义在本标准正文部分的主要的几何与拓扑类型的可实例化的子类。为了可读性，在使用这些可实例化子类的场合，这些类型的名称使用本标准正文部分的名称。

b) 本示例包括使用完整的平面拓扑的需求。

c) 本示例包括 2 维坐标参照系。

d) 要素模式包括专题、要素和在附录中最小拓扑里描述与讨论的要素成分。

e) 在创建后插入到被称为"数据仓库"的数据存储里保存起来作为持久对象。

图 C.1 表达了一个基于平面流形（manifold）的 GM_Complex 的几何。为了构造该复形，下面的例子使用了一个用基于由图表所给定的坐标系统的构造函数来创建对象的功能串联步骤。一旦该对象被创建，它就可以在任何后来的公式中被使用。由于在标准正文部分没有给出正式的构造函数，假定一个缺省的构造函数采用一个代表对象状态的记录作为参数。这是与将要用到的 SQL99 标准相一致的。SQL 基于插入语义自动为任何 UDT（用户定义类型）创建缺省的构造函数。调用"〈〉"表示一个记录或一个作过排序的集合（列表），"{ }"表示一个未排序的集合或包。

构造可以从创建点开始。由于 GM_Point 是一个类型不能被实例化的类型，因而这里有一点小问题。为了与应用模式相一致，必须包含一个是 GM_Point 的子类型的可实例化的类，并且在创建的串联步骤中每一个用到 GM_Point 的地方，用这个类去代替。首先，创建 7 个 GM_Point，这 7 个 GM_Point 代表 7 个点，并记为{P1，…，P7}。

P1＝GM_Point 〈 position＝〈 1.00，5.00 〉 〉

P2＝GM_Point 〈 position＝〈 3.00，5.00 〉 〉

P3＝GM_Point 〈 position＝〈 3.00，2.00 〉 〉

P4＝GM_Point 〈 position＝〈 1.75,2.75 〉〉

P5＝GM_Point 〈 position＝〈 1.50,4.50 〉〉

P6＝GM_Point 〈 position＝〈 2.00,3.25 〉〉

P7＝GM_Point 〈 position＝〈 5.00,4.00 〉〉

插入 P1,P2,P3,P4,P5,P6,P7 到数据库中。

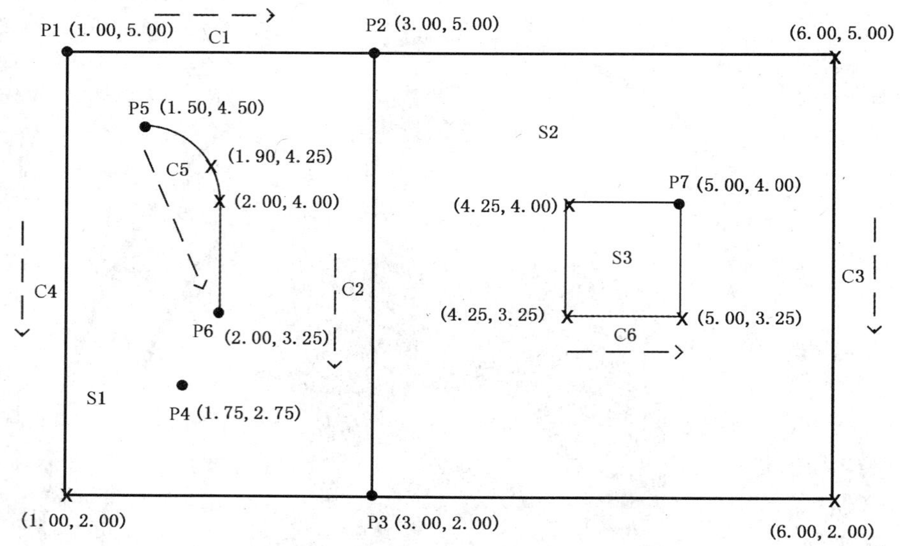

图 C.1 由 GM_Primitive 组成的数据集

用这些点,该串联步骤可以继续创建 7 个 GM_CurveSegment,记为{CS1,CS2,CS3,CS4,CS5,CS6,CS7},它们将接着用来创建曲线。GM_CurveSegment 的子类型是不能持久保持标识的数据类型。这样,下面用来定义曲线段的变量是"堆"或在构造函数范围内的局部变量,它们不是可持久保存的,除非它们作为一个对象类型的成员被包含在一个对象里(在这种情况下,接下来定义曲线)。所有的曲线段这里都定义为线串或弧。

CS1＝GM_CurveSegment 〈controlPoint＝〈P1,P2〉,interpolation＝"linear" 〉

CS2＝GM_CurveSegment 〈controlPoint＝〈P2,P3 〉,interpolation＝"linear" 〉

CS3＝GM_CurveSegment 〈controlPoint＝〈P2,(6,5),(6,2),P3〉,interpolation＝"linear" 〉

CS4＝GM_CurveSegment 〈controlPoint＝〈P1,(1,2),P3〉,interpolation＝"linear" 〉

CS5＝GM_CurveSegment 〈controlPoint＝〈P5,(1.9,4.25),(2,4)〉 interpolation＝"arc"〉

CS6＝GM_CurveSegment 〈controlPoint＝〈(2,4),P6〉,interpolation＝"linear" 〉

CS7 ＝GM_CurveSegment 〈controlPoint＝〈P7,(4.25,4),(4.25,3.25),(5,3.25),P7 〉,interpolation＝"linear"〉

这里隐藏了一个假设条件,就是变量的持久化,例如 P1,它已经事先存进数据库里,并且可以存取,因而可以支持同步地进行局部拷贝和持久拷贝。允许在使用 GM_Position 数据类型的 GM_Point 变量时,进行曲线段(作为曲线下面的数据成员)的插入。在一个只使用 SQL 语言的应用程序接口(API)的对象关系数据库里,该应用程序将跟踪变量的引用,在其后的插入语句中使用它们。以这类似的方式,在相同的数据池里使用一个对象的接口,数据库 API 将这个跟踪问题转交给程序员解决。

曲线段现在可以被用来构造持久对象:6 个 GM_Curve,记为{C1,…,C6}。对于可实例化类型应用的同样问题,在局部应用模式里要求用 GM_Curve 的子类型来代替 GM_Curve。

C1＝GM_Curve segments＝〈CS1〉

C2＝GM_Curve segments＝〈CS2〉

C3＝GM_Curve segments＝〈CS3〉

C4＝GM_Curve segments＝〈CS4〉

C5＝GM_Curve segments＝〈CS5,CS6〉

C6＝GM_Curve segments＝〈CS7〉

插入 C1,C2,C3,C4,C5,C6 到数据库中。

这些曲线可以被用来构造曲面。对于本例,可以使用平面多边形构造函数,因为我们的坐标空间是2维的。曲面的外法向是该曲面的标准外法向(通常记为k),并且不需要专门指定。因为我们的目的是定义全拓扑复形,我们需要用这些坐标面上的区域表面表达一个完整的覆盖(coverage)。因为全域面经常被用当作“Face 0”,在这里我们定义 S0 为该面的几何实现。这样,这4个 GM_Surface 被记为{S0,S1,S2,S3}。

S0＝GM_Surface patch＝〈GM_Polygon interior＝〈〈 C1,C3,－C4 〉〉〉

// 该全域面仅用于构造具有完整的平面图(full planar graph)的拓扑复形

S1＝GM_Surface patch＝〈GM_Polygon exterior＝〈 C4,－C2,－C1 〉,
interior＝〈〈 C5,－C5 〉〉〉

S2＝GM_Surface patch＝〈GM_Polygon exterior＝〈－C3,C2 〉,
interior＝〈〈－C6 〉〉〉

S3＝GM_Surface patch＝〈GM_Polygon exterior＝〈 C6 〉〉

插入 S0,S1,S2,S3 到数据库中

构造一个 GM_Complex 所必须的几何片段都具备了,该 GM_Complex 是 GM_Object 的组合类型,这只需要给出一个所需对象的完整详尽的列表。在接下来的步骤里就直接进入创建一个 TP_Complex。

GComplex＝GM_Complex 〈 surfaces＝{S0,S1,S2,S3},
curves＝{C1,C2,C3,C4,C5,C6}
points＝{P1,P2,P3,P4,P5,P6,P7} 〉

TComplex＝TP_Complex 〈 realization＝GComplex 〉

插入 GComplex,TComplex 到数据库中

这就完成了在本段开始的示意图(见图C.1)中所描述的几何与拓扑的几何创建。虽然超出本文档的范围,要素的构造(见图C.2)可以演义如下:

Lake＝AreaFeature featureType＝"Hydrography::WaterBody",extent＝S3

RoadCenterline＝LineFeature featureType＝"Transportation::Road",
centerline＝C2

RoadArea＝RoadCenterLine. centerline. buffer 〈 distance＝10m 〉

RoadExtent＝AreaFeature featureType＝"LandCover::Road"
extent＝RoadArea

RoadInstance ＝ComplexFeature featureType＝"LandUse::Road",
featureComponents＝{RoadCenterline,RoadArea}

Trail＝LineFeature featureType＝"CulturalFacilities::HikingTrail",
centerline＝C5

School＝PointFeature featureType＝"CulturalFacilities::School",
Location＝P4

插入 Lake,RoadCenterline,RoadExtent,RoadInstance,Trail,School 到数据库中

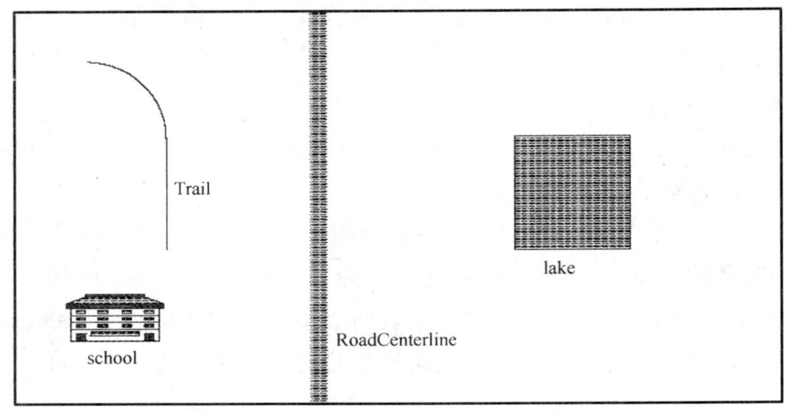

图 C.2 对示例数据的简单图形化表达

C.1.3 3维坐标参照系下的几何对象

在图C.3有一个具有平面小面的3维体。这是一个长方块，在里面切掉了一个长方槽，形成一个反相凹陷。

P1=GM_Point position=〈2.00,5.00,4.00〉
P2=GM_Point position=〈5.00,5.00,4.00〉
P3=GM_Point position=〈5.00,3.00,4.00〉
P4=GM_Point position=〈2.00,3.00,4.00〉
P5=GM_Point position=〈2.00,5.00,2.00〉
P6=GM_Point position=〈5.00,5.00,2.00〉
P7=GM_Point position=〈5.00,3.00,2.00〉
P8=GM_Point position=〈2.00,3.00,2.00〉
P9=GM_Point position=〈1.00,5.00,1.00〉
P10=GM_Point position=〈9.00,5.00,1.00〉
P11=GM_Point position=〈9.00,1.00,1.00〉
P12=GM_Point position=〈1.00,1.00,1.00〉
P13=GM_Point position=〈1.00,5.00,7.00〉
P14=GM_Point position=〈9.00,5.00,7.00〉
P15=GM_Point position=〈9.00,1.00,7.00〉
P16=GM_Point position=〈1.00,1.00,7.00〉

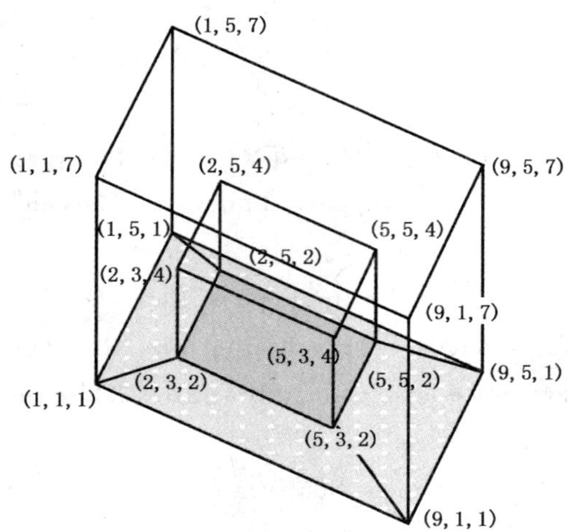

图 C.3 具有所标坐标系统的3维几何体

该曲面可以表达为一个 GM_GriddedSurface(绕着它自己包裹构成一个拓扑柱面),两个 GM_Polygon(作为拓扑柱面两端的盖子),它们都由平面插值生成。

S1 =GM_Surface patch=

〈〈GM_BilinearGrid rows=4,columns=5,

controlPoint=〈〈P1,P2,P3,P4,P1〉,

〈P5,P6,P7,P8,P5〉

〈P9,P10,P11,P12,P9〉,

〈P13,P14,P15,P16,P13〉〉,

GM_Polygon exteriorVertices=〈P1,P2,P3,P4,P1〉,

GM_Polygon exteriorVertices=〈P16,P15,P14,P13,P16〉〉

示例中图 C.4 由一个 GM_Point [P1]、一个 GM_Curve [C1]和一个 GM_Surface [S1]构成。GM_Surface 关联的段对应于 9 个 GM_SurfacePatch。第一个 GM_SurfacePatch 代表虚线左边的区域,另外 8 个 GM_SurfacePatch,都是 GM_Triangle 代表虚线右边的区域。

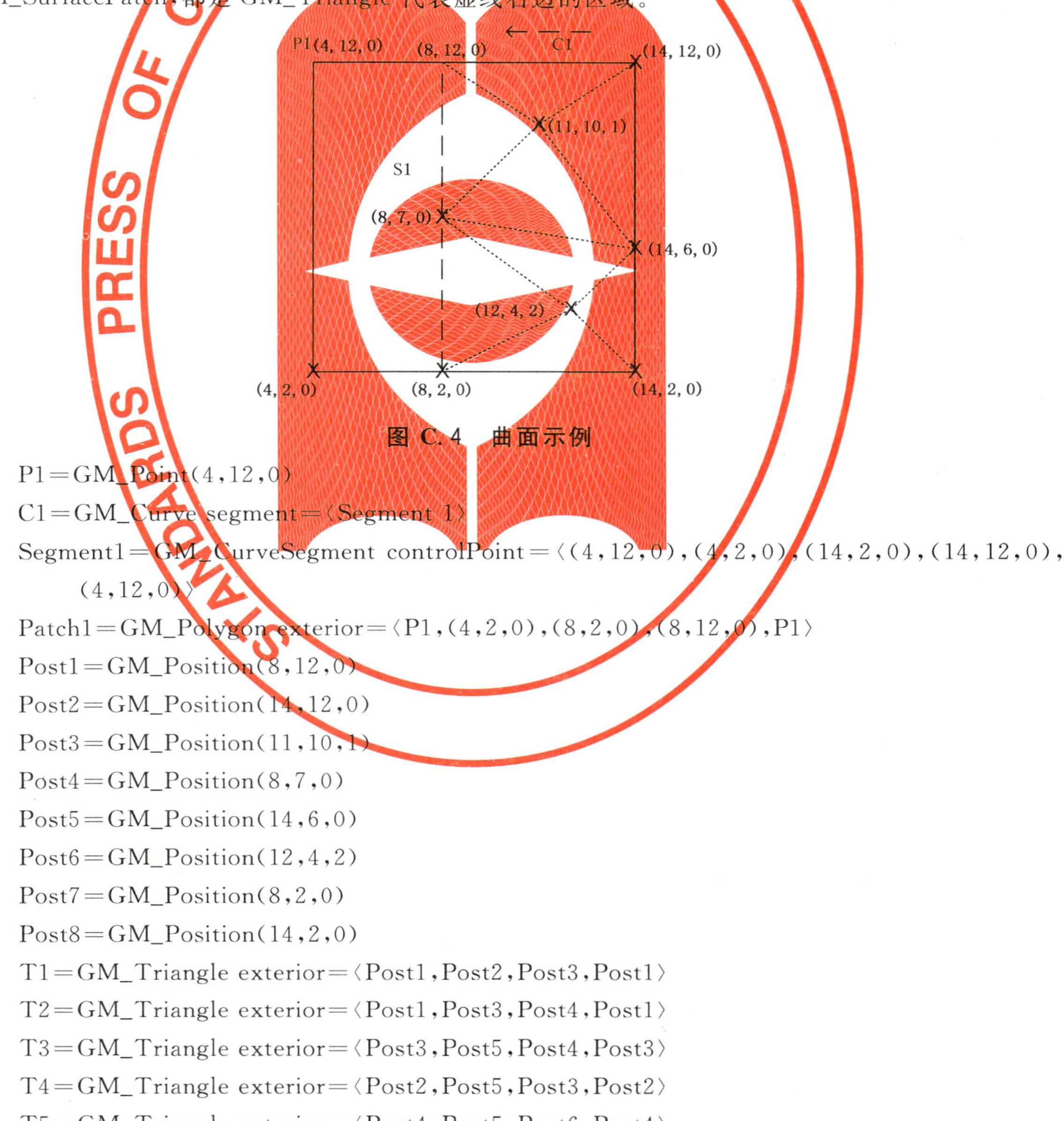

图 C.4 曲面示例

P1=GM_Point(4,12,0)

C1=GM_Curve segment=〈Segment 1〉

Segment1=GM_CurveSegment controlPoint=〈(4,12,0),(4,2,0),(14,2,0),(14,12,0),(4,12,0)〉

Patch1=GM_Polygon exterior=〈P1,(4,2,0),(8,2,0),(8,12,0),P1〉

Post1=GM_Position(8,12,0)

Post2=GM_Position(14,12,0)

Post3=GM_Position(11,10,1)

Post4=GM_Position(8,7,0)

Post5=GM_Position(14,6,0)

Post6=GM_Position(12,4,2)

Post7=GM_Position(8,2,0)

Post8=GM_Position(14,2,0)

T1=GM_Triangle exterior=〈Post1,Post2,Post3,Post1〉

T2=GM_Triangle exterior=〈Post1,Post3,Post4,Post1〉

T3=GM_Triangle exterior=〈Post3,Post5,Post4,Post3〉

T4=GM_Triangle exterior=〈Post2,Post5,Post3,Post2〉

T5=GM_Triangle exterior=〈Post4,Post5,Post6,Post4〉

T6＝GM_Triangle exterior＝〈Post4,Post6,Post7,Post4〉

T7＝GM_Triangle exterior＝〈Post5,Post8,Post6,Post5〉

T8＝GM_Triangle exterior＝〈Post7,Post6,Post8,Post7〉

S1＝GM_Surface patch＝〈Patch1,T1,T2,T3,T4,T5,T6,T7,T8〉

注意,同样的示例可以被描述为两个 GM_Surface 的集合,其一为一个单独的 GM_SurfacePatch——Patch1,其二是由 8 个 GM_Triangle 组成的一个 GM_TriangulatedSurface。这两个 GM_Surface 然后又可以组合为一个等价于一个单独的 GM_Surface 的 GM_CompositeSurface。

附 录 D
(资料性附录)
应用模式示例

D.1 概述

根据 ISO 19109 建立的应用模式,可以使用定义在本标准中的包,使用方式为用这个包的类或接口来定义子类,并扩展其定义在这里的成员协议(属性、操作或者两者)。

该机制定义可实例化的类,这些类通过构造性多态支持从本标准的包中来的所需接口。

D.2 简单拓扑

D.2.1 简单拓扑包

除了使用对于双重的拓扑与几何对象都使用的多重继承的可选项之外,具体的拓扑类的创建类似于几何类的创建。这并不产生与多重继承模式相关联的问题,这种多重继承模型与实现的多重继承相关联,但是必须考虑到当一个对象在几何边界(GM_Object::boundary)和拓扑边界(TP_Object::boundary)有区别时的情况。

D.2.2 简单拓扑类

D.2.2.1 语义

定义在这个包(图 D.1、图 D.2)的类型都双重继承了边界操作,一方来自各种类型的 TP_Primitive,另一方来自各种类型的 GM_Primitive。虽然我们使用允许为两个不同的遗传路线定义各自语义的多重继承,但在这里却不是这样。即使两个边界操作开始于不同的继承树,但在简单拓扑(TS)中却是相同的。

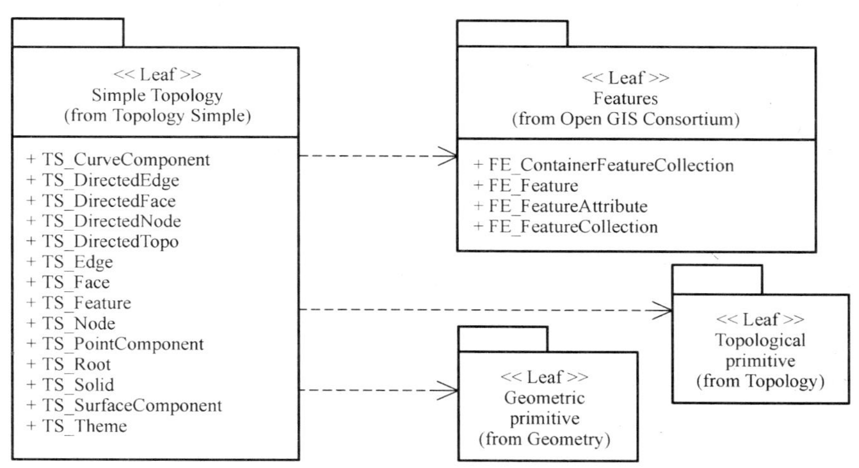

图 D.1 用于简单拓扑的包与类

D.2.2.2 TS_根 (TS_Root)

TS_Root 作为根类,允许该模式对用在该包中的所有的几何与拓扑类作出限制。TS_Root 对象的边界仅包含其他的 TS_Root 对象。

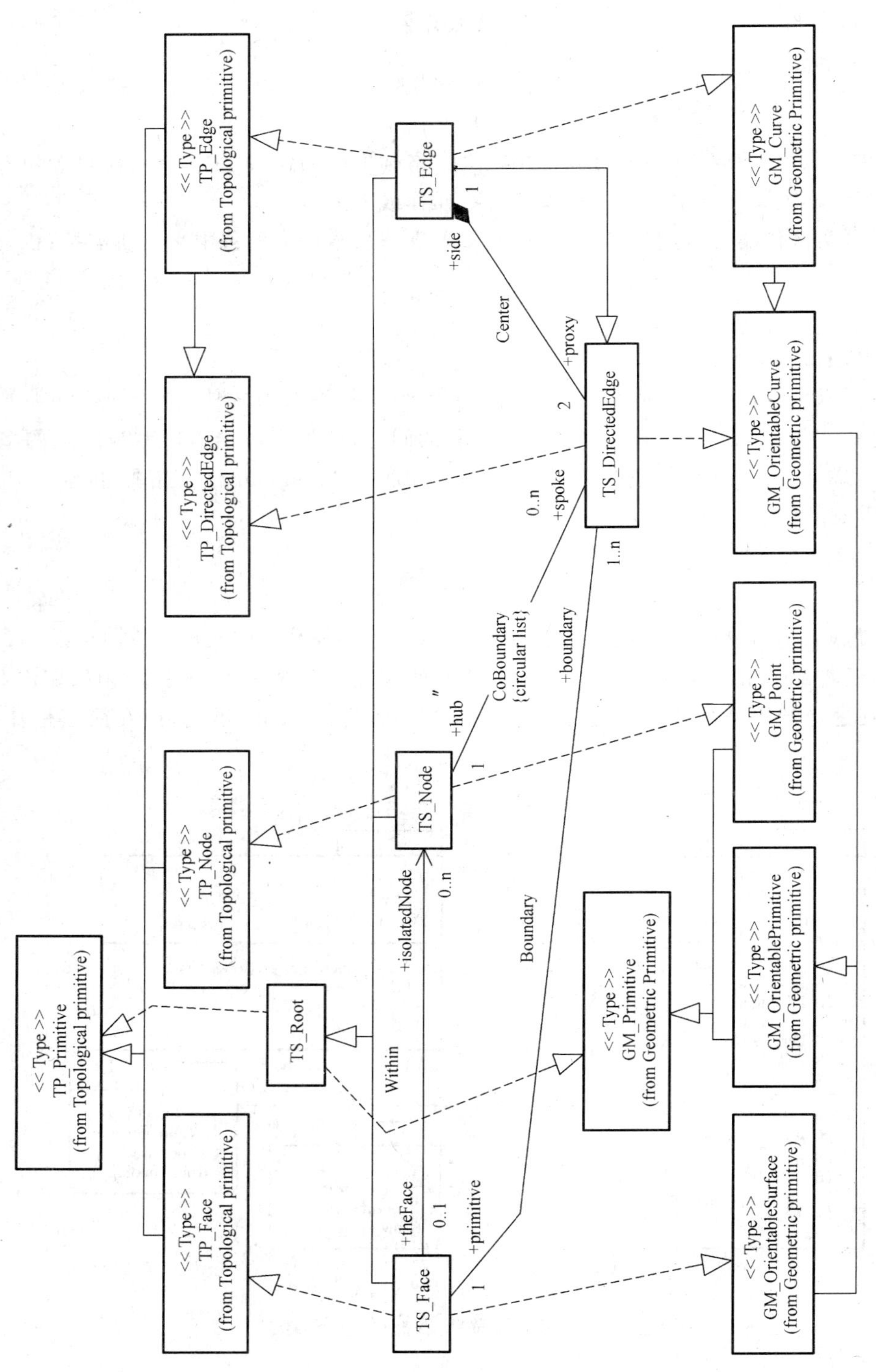

图 D.2 简单拓扑中的拓扑与几何类

TS_Root:

TP_Primitive::boundary→isTypeOf(TS_Root);

TP_Primitive::boundary＝GM_Primitive::boundary;

注：TS_Root 是从 TP_Primitive 和 GM_Primitive 派生的子类，这意味着边界操作是双重定义的。这第二个限制说即使它们是相同的，也允许已经形成的约束基于边界操作而不加区分。由于对于 GM_Primitive 和 TP_Primitive 的边界操作是同构的，因而它们在这种情况下是相同的，该约束在从其他单形继承来的边界操作上也很容易实现。

D.2.2.3 TS_结点（TS_Node）

TS_Node(TS_结点)从 TP_Node 和 GM_Point 多重继承而来。允许支持拓扑和几何两者的数据与操作。

D.2.2.4 TS_边（TS_Edge）

TS_Edge 从 TP_Edge 和 GM_Curve 多重继承而来。允许支持拓扑和几何两者的数据与操作。

D.2.2.5 TS_有向边（TS_DirectedEdge）

TS_DirectedEdge 从 TP_DirectedEdge 和 GM_OrientableCurve 多重继承而来。允许支持拓扑和几何两者的数据与操作。

D.2.2.6 TS_拓扑面（TS_Face）

TS_Face 从 TP_Face 和 GM_OrientableSurface 多重继承而来。允许支持拓扑和几何两者的数据与操作。

D.2.2.7 TS_专题（TS_Theme）

TS_Theme(见图 D.3)的作用类似于 GM_Complex，用以将相似的几何对象(在该示例中为各种要素和相关类型的要素组分，例如交通线或行政边界)聚集在一起。TS_Theme 从 GM_Complex 继承而来。它也可以是从 Feature 类派生的子类，以允许它持有 Feature 的属性。

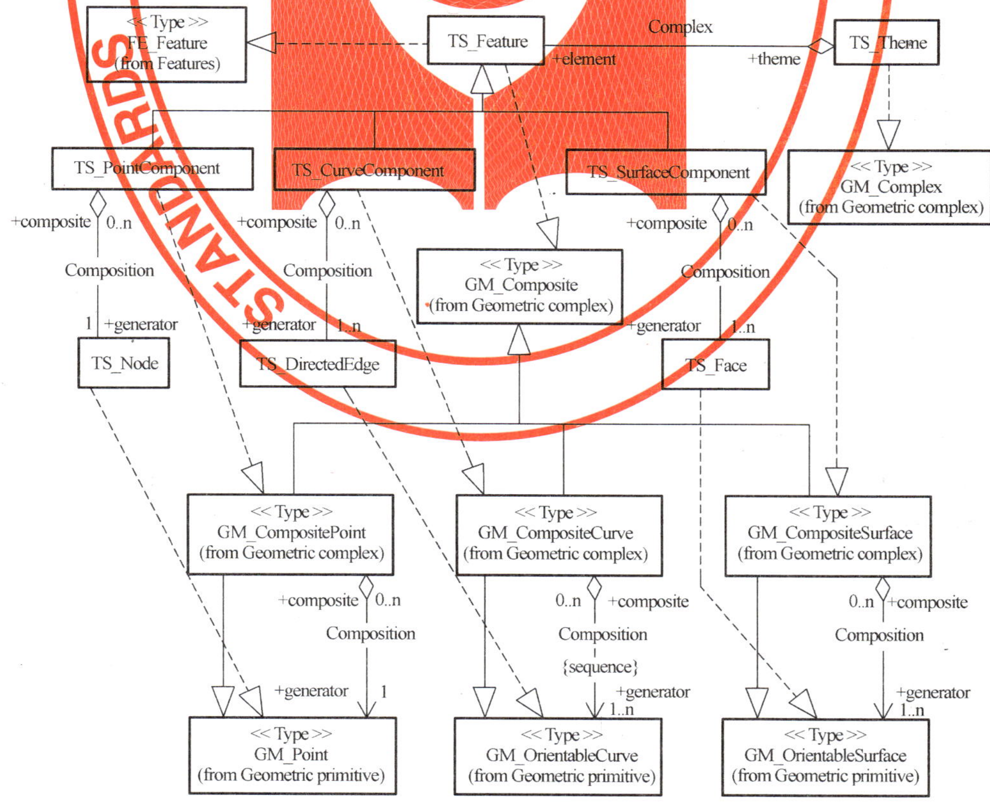

图 D.3　简单拓扑中的要素成分

D.2.2.8　TS_要素（TS_Feature）

TS_Feature 作为该包中所有要素类的根类。它由描述在 ISO 19109 中的通用要素模型中的 Feature 类派生而来，允许该包中所有的要素对象拥有任何适当类型的属性。

D.2.2.9　TS_点组分（TS_PointComponent）

TS_PointComponent 从 TS_Feature 和 GM_CompositePoint 多重继承而来，允许它的行为像一个独立的几何对象和要素一样。

D.2.2.10　TS_曲线组分（TS_CurveComponent）

TS_ CurveComponent 从 TS_Feature 和 GM_CompositeCurve 多重继承而来，允许它的行为像一个独立的几何对象和要素一样。

D.2.2.11　TS_曲面组分（TS_SurfaceComponent）

TS_ SurfaceComponent 从 TS_Feature 和 GM_CompositeSurface 多重继承而来，允许它的行为像一个独立的几何对象和要素一样。

D.3　要素拓扑(FT)

D.3.1　语义

在这个包后面的基本概念是允许组合形几何对象，在这里定义为要素组分，被组织成一个拓扑结构独立于(但仍然由它们组成)它们的空间属性的拓扑结构。这样，在一个专题内(专题是 TP_Complex 和 GM_Complex 下的子类)，要素组分可以与另一个要素组分相关联，而这另一个要素组分基于拓扑结构上相同于那些被用来作为基本的泛专题(所有专题)的几何对象。这里做了一个假定，要素组分在与它们的专题内的其他要素对象的结合点处分开。

D.3.2　专题级要素拓扑类

D.3.2.1　FT_复形（FT_Complex）

FT_Complex(见图 D.4) 从 TP_Complex 和 GM_Complex (通过 TS_Theme)多重继承而来，允许它聚合拓扑与几何两者的信息。这种方法允许在数据集内的每一个专题携带专题特有的拓扑信息。这简单地假定每一个要素组分是在一个并且只在一个专题内，可以随着一个维持拓扑和几何对象二分的略为更复杂的结构而提升。

D.3.2.2　FT_单形（FT_Primitive）

FT_Primitive 支持作为 TP_Primitive 相同的功能，并作为基本构件来构建 FT_Complex 内实例化的 TP_Complex。

D.3.2.3　FT_结点（FT_Node）

一个 FT_Node 既是一个 TP_Node 又是一个 TS_PointComponent。这样，如果必要，在一个专题内的这些点要素组分在一个要素拓扑复形内始结点的作用。

D.3.2.4　FT_边（FT_Edge）

一个 FT_Edge 既是一个 TP_Edge 又是一个 TS_CurveComponent。这样，如果必要，在一个专题内的这些曲线要素组分在一个要素拓扑复形内起边的作用。

D.3.2.5　FT_拓扑面（FT_Face）

一个 FT_Face 既是一个 TP_Face 又是一个 TS_AreaComponent。这样，如果必要，在一个专题内的这些区域要素组分在一个要素拓扑复形内起拓扑面的作用。

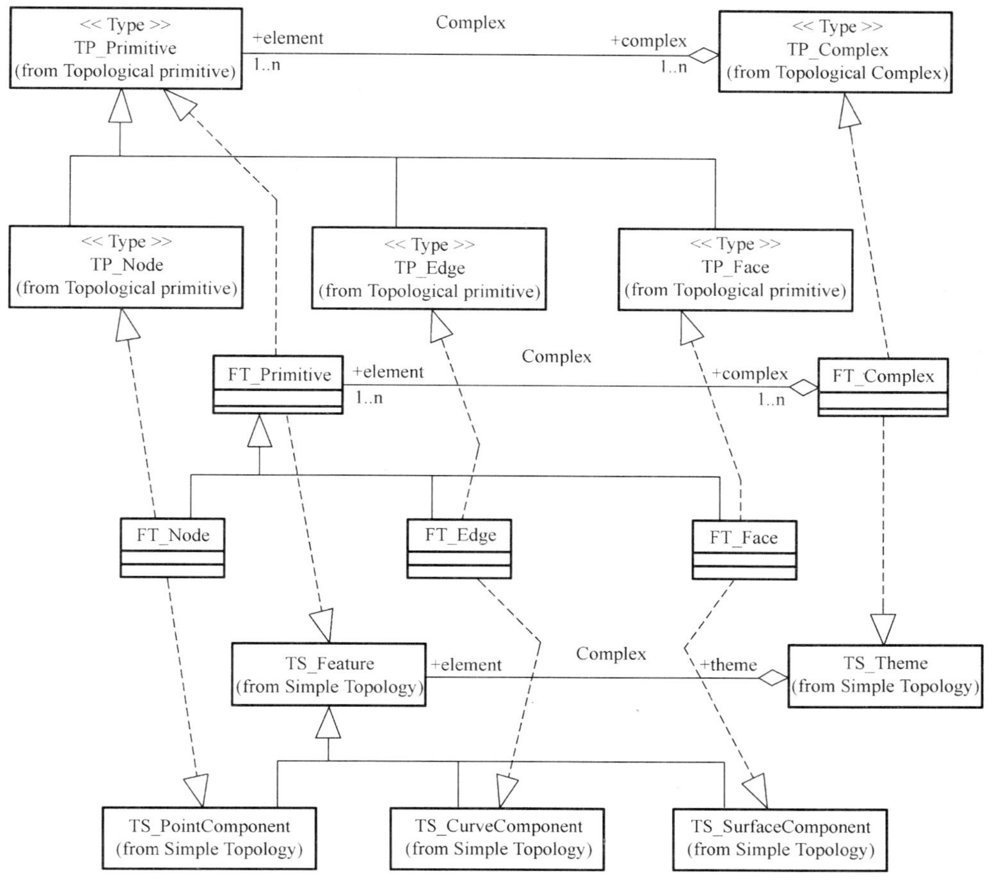

图 D.4 基于要素拓扑的专题

D.4 最小拓扑

这个最小拓扑(MiniTopo)专用标准并不定义任何新的类,而只是设置已有类的使用约束。它把与“Within”相关联的“IsolatedIn”特化,仅仅用来表达孤立于拓扑面的结点。

DIGEST 所隐含的拓扑模型,从一个更早的称为 MC&G 或最小拓扑的模型中派生出来,关于拓扑邻接的大多数信息是由一些“对(pair)”所携带的,每个“对”由若干有向边(DE)关联到一个拓扑面上,见图 D.5。在该模式(见图 D.6)的对应信息是由边界和余边界算子/关系携带的。表 D.1 将最小拓扑与在现在的模型的适当信息对应起来。

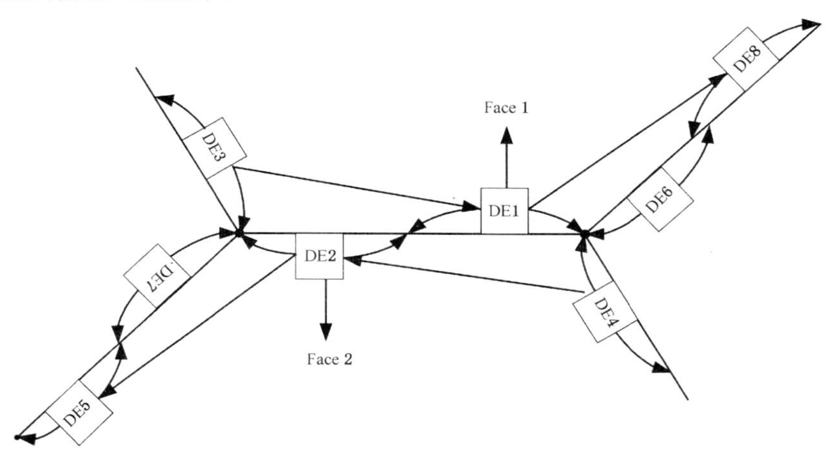

图 D.5 “最小拓扑”拓扑结构的集合示例

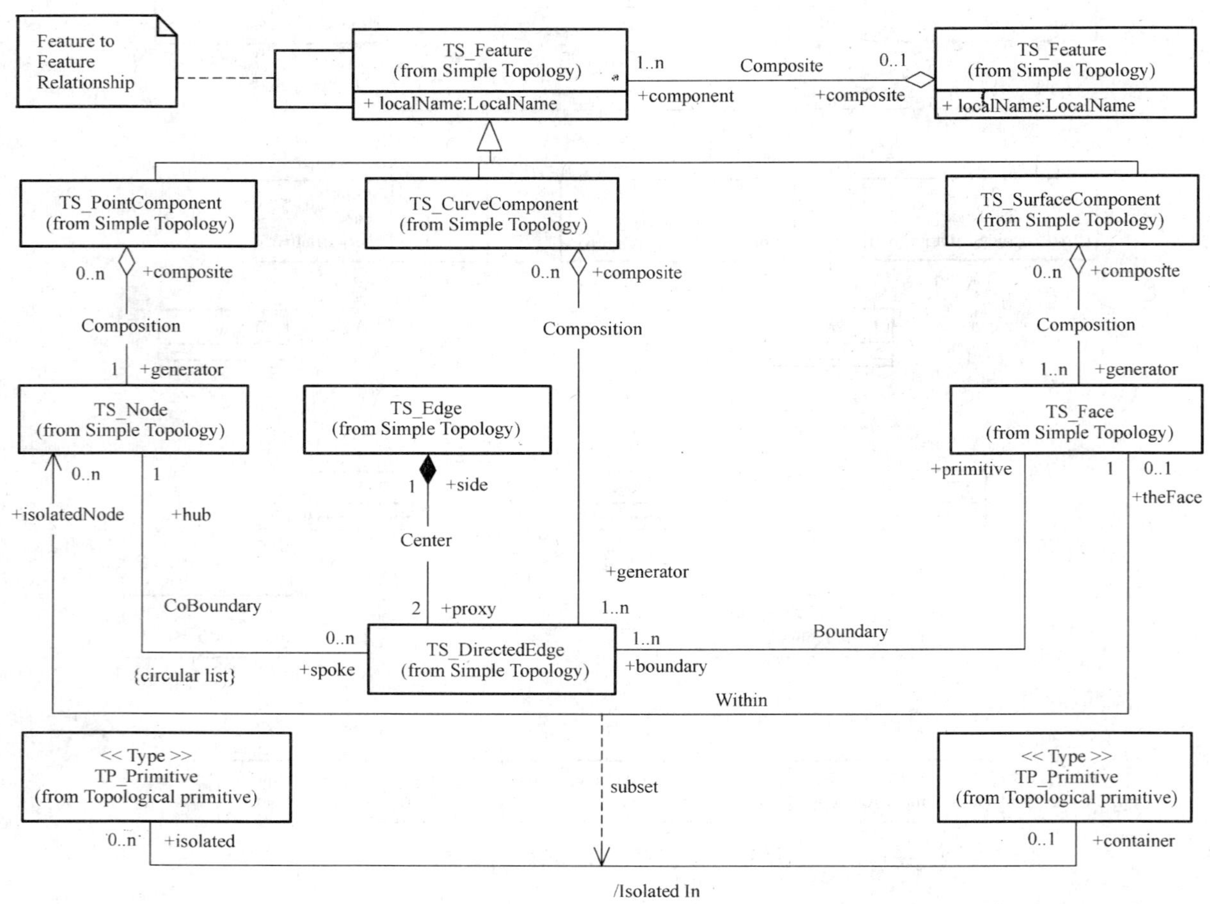

图 D.6　最小拓扑

这个最小拓扑记录结构有 9 个基本类型的记录，4 个针对要素，4 个针对几何与拓扑，还有一个补充的概念针对这些通常通过记录数目实现的类型。这个最小拓扑“拓扑－几何”记录类型是结点、边、有向边和拓扑面。

对于有它们自己的结构定义的几何与拓扑的记录类型由下面给出(在句法上像 SQL99)。

```
Create Node record as {
        nodeID:RecordIdentifier NOT NULL PrimaryKey,
        containingFace:RecordIdentifer ForeignKey to Face,
                        --NULL for node connected to edges,
        position:CoordinatePoint NOT NULL }
Create Edge record as {
        edgeID:RecordIdentifier NOT NULL Primary Key,
        positiveDE:RecordIdentifer NOT NULL Foreign Key to DirectedEdge,
        negativeDE:RecordIdentifer NOT NULL Foreign Key to DirectedEdge,
        coordinateList:Variable Array Of CoordinatePoint NOT NULL }
Create DirectedEdge record as {
        directedEdgeID:RecordIdentifier NOT NULL Primary Key,
        nodeID:RecordIdentifer NOT NULL Foreign Key to Node,
```

```
        nextDE:RecordIdentifer NOT NULL Foreign Key to DirectedEdge,
        face:RecordIdentifer NOT NULL Foreign Key to Face }
    Create Face record as {
        faceID:RecordIdentifier NOT NULL Primary Key }
```

该结构的主要优点之一就是每一个记录大小是固定的,并且具有很高的标准化水平。该结构被认为包含最小数目的冗余,因而得其名最小冗余拓扑,简称最小拓扑。

假定边的坐标是作为对图形记录的引用而保持,则每一个最小拓扑具有固定的大小。这种结构的有些变量基于是否为反向键而赋于各种关系。原始的简单交换文件结构不携带这种反向键,因为它们必须携带各种长度信息。还有一个变量也与边和有向边的记录有关,这就是给一个记录以三个语义上的主键,通常写为 edgeID、+edgeID 和 −edgeID。

除了几何/拓扑记录之外,有 4 种要素记录。

```
    Create PointFeature as      {              // 本质上是一个多点
        featureID :RecordIdentifier NOT NULL Primary Key,
        nodeID :Variable Array Of RecordIdentifier NOT NULL Foreign Key to Node,
        attribute :Variable Array of
                        〈Name :CharacterString,Value :CharacterString〉 }
    Create LineFeature as {        // 本质上是一个组合曲线
        featureID:RecordIdentifier NOT NULL Primary Key,
        directedEdgeID :Variable Array Of RecordIdentifier NOT NULL
                      Foreign Key to DirectedEdge,
        attribute :Variable Array of
                   〈Name :CharacterString,Value :CharacterString〉 }
    Create AreaFeature as {        // 本质上是一个组合曲面
        featureID :RecordIdentifier NOT NULL Primary Key,
        faceID :Variable Array Of RecordIdentifier NOT NULL Foreign Key to Face,
        attribute :Variable Array of
                   〈Name :CharacterString,Value :CharacterString〉 }
    Create ComplexFeature as {          // 本质上是一个聚集要素
        featureID :RecordIdentifier NOT NULL Primary Key,
        pointComponentID :Variable Array Of RecordIdentifier
                         Foreign Key to PointFeature,
        lineComponentID :Variable Array Of RecordIdentifier
                        Foreign Key to LineFeature,
        areaComponentID :Variable Array Of RecordIdentifier,
                        Foreign Key to AreaFeature,
        subfeatureID :Variable Array Of RecordIdentifier
                        Foreign Key to ComplexFeature,
        attribute :Variable Array of
                   〈Name :CharacterString,Value :CharacterString〉}
```

这些记录的变量包括(1)不再包括其他任何要素的复形要素类型的专题记录概念,(2)携带每一个要素与拓扑记录信息的专题掩码属性,即专题所涉及的数据成员的属性信息。

```
Create Theme as {          // 本质上是一个复形要素变量
    featureID :RecordIdentifier NOT NULL Primary Key,
    pointComponentID :Variable Array Of RecordIdentifier
                      Foreign Key to PointFeature,
    lineComponentID :Variable Array Of RecordIdentifier
                     Foreign Key to LineFeature,
    areaComponentID :Variable Array Of RecordIdentifier
                     Foreign Key to AreaFeature,
    subfeatureID :Variable Array Of RecordIdentifier
                  Foreign Key to ComplexFeature,
                        // 因为 theme 不是一个复形变量,它不能被任何其他复形要
                        // 素或 theme 所拥有(所有的指针都是强类型)
Attribute: Variable Array of
            〈Name :CharacterString,Value :CharacterString〉
ThemeMask:Integer       //作为一个字节掩码加到每一个复形要素和要素组分上,
                        //专题掩码的大小通常限制专题的数目最多到 32 个
}
```

图 D.7 所示的是平面布置图的标准记录。

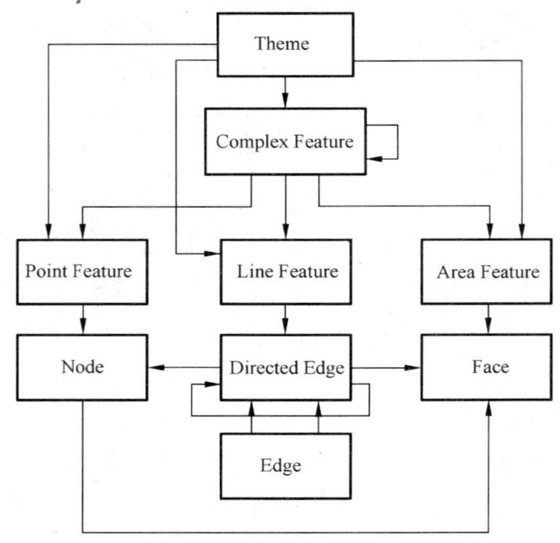

图 D.7　典型的最小拓扑记录示意图

现行的模式与最小拓扑模式间的主要差别来自它们的起源。最小拓扑最先是作为交换结构设计的,因为连续平坦的文件结构的限制,使其不具有丰富的对象模型。在最小拓扑结构后面的概念级的模型不能与现行模型在边与面之间以及边与结点之间的边界结构上精确吻合。为了节省空间和加速从交换结构到计算结构间的转换,引入了最小拓扑。最小拓扑使用一个分散连接的列表结构(如图 D.5 所示),使用有向边来代表在现行模型中表达清晰的边界和余边界的内部结构。随着从由现行模型的 UML 中继承而来的越来越丰富的对象建模能力的推广,应用将由原始概念上的最小拓扑模型越来越多地向现行的清晰对象结构模型靠近。

富对象(rich object)建模环境的一个最大优点就是缩小"语义差别"。"语义差别"是用来描述概念模型与实现模型之间的差别的一个不太正规的名词。大多数的差别是由于需要将概念创建重新映射到程序语言创建而引起的。由于富对象模型给出了十分丰富的语言建造词汇,可以缩小这种"差距"。最小拓扑模型来源于在算法复杂性和数据结构复杂性以及数据量之间的一个折中。1984 年设计最小拓

扑模型时,经成本折中,倾向于更小、更紧凑的数据结构,并以此为基础构建更鲁棒的概念模型,而其成本计算主要基于内存的对象结构。由于围绕最小拓扑结构的发展的制约,其原作者从来没有对其进行完整论述。只有做了一定折中处理后的交换结构,见诸于公开文献,并且也没有对折中处理进行解释。现在,这种折中已经得到明显改善,并且在计算和持久保存模型两者的概念结构的保存受到了重视。付出的代价包括更详尽、更广泛的持久存储模型以及计算模型的复杂度的增加。带来的好处是模型间的一致性更好,"语义差别"更小,计算环境与逻辑更一致、语义更丰富的概念模型更贴近。事实上,该模型与原来的最小拓扑概念模型并不抵触,而是将其文档化了,并且通过更现代的对象环境予以实现。

表 D.1 原始最小拓扑指针与现行模型之间的对应关系

最小拓扑指针	现行模型	描 述
边对应正有向边	TS_Edge 关联到它自己,该关联在来自 TP_Edge 的 Center::side:TP_DirectedEdge	每一条边是它自己的正有向边
边对应负有向边	TS_Edge 以负定向关联到 TS_DirectedEdge,该关联来自 TP_Edge,Center::side:TP_DirectedEdge	每一条边关联到一条负有向边
正有向边对应终结点	TS_Edge 以正定向关联到 TS_DirectedNode,该关联来自 TP_Edge,从边界算子/boundary::boundary:TP_DirectedNode 衍生而来	边的边界为两个有向结点,其定向一个是正,一个是负。正定向的有向结点对应于终结点,负定向的有向结点对应于始结点
负有向边对应始结点	TS_Edge 以负定向关联到 TS_DirectedNode,该关联来自 TP_Edge,从边界算子/boundary::boundary:TP_DirectedNode 衍生而来	
正有向边对应左拓扑面	TS_Edge 以正定向关联到 TS_DirectedFace,该关联来自 TP_Edge,从余边界算子/coBoundary::spoke:TP_DirectedFace 衍生而来	边的余边界为两个有向拓扑面,其定向一个是正,一个是负。正定向的有向面对应于左边的拓扑面,负定向的有向面对应于右边的拓扑面
负有向边对应右拓扑面	TS_Edge 以负定向关联到 TS_DirectedFace,该关联来自 TP_Edge,从余边界算子/coBoundary::spoke:TP_DirectedFace 衍生而来	
有向边对应下一个有向边(绕着拓扑面)	从 TS_Face 到 TS_DirectedEdge 的关联角色"boundary"的结构继承自 TP_Face 从/boundary::boundary:Set〈TP_Ring〉派生来的 boundary 算子	拓扑面的边界是环的一个集合。每一个环是有向边的一个循环序列。在该循环中相邻的边是从原来的最小拓扑模型来的有向边→(下一条有向边)对

附　录　NA
（资料性附录）
不同维数的几何对象与拓扑对象构成对照

表 NA.1　不同维数的几何对象与拓扑对象构成对照表

对象维数	几何对象		拓扑对象	
	中文	英文	中文	英文
0	点	Point	结点	Node
1	曲线	Curve	边	Edge
2	曲面	Surface	[拓扑]面	Face
3	体	Solid	[拓扑]体	[Topological] Solid

参 考 文 献

[1] ISO 19101:2002,Geographic information—Reference model

[2] ISO 19111:2007,Geographic information—Spatial Referencing by Coordinates

[3] ISO 19118:2005,Geographic information—Encoding

[4] ISO/TS 19103:2005,Geographic information—Conceptual schema language

[5] ABADI,M. and CARDELLI,L. A Theory of Objects,Springer-Verlag,New York,1996

[6] BARTELS,R. H. ,BEATTY J. C. and BARSKY,B. A. An Introduction to Splines for Use in Computer Graphics & Geometric Modeling,Morgan Kaufmann Publishers,Inc. ,1987

[7] CLAPHAM,C. ,Concise Dictionary of Mathematics, Second Edition, Oxford University Press,1996

[8] CLEMENTINI,E. and DI FELICE,P. A Comparison of Methods for Representing Topological Relationships. Information Sciences 80,1-34,1994

[9] CLEMENTINI,E. and DI FELICE,P. A Model for Representing Topological Relationships Between Complex Geometric Features in Spatial Databases. Information Sciences 90 (1-4): 121-136,1996

[10] DAINTITH, J. and NELSON, R. D. Dictionary of Mathematics, Penguin Books, London,1989

[11] Dictionary of Computing,Fourth Edition,Oxford University Press,1996

[12] EGENHOFER,M. F. and FRANZOSA. Point Set Topological Spatial Relations. International Journal of Geographical Information Systems,vol 5,no 2,161-174,1991

[13] EGENHOFER,M. J. ,CLEMENTINI,E. and DI FELICE,P. Topological relations between regions with holes. International Journal of Geographical Information Systems,vol 8,no 2,pp 129-142, 1994

[14] FARIN,G. Curves and Surfaces for Computer Aided Geometric Design,A Practical Guide, Second Edition,Academic Press,Inc. ,Boston,1990

[15] FARIN,G. NURB Curves and Surfaces,From Projective Geometry to Practical Use,A. K. Peters,Wellesley,Massachusetts,1995

[16] FAUX,I. D. and PRATT,M. J. Computational Geometry for Design and Manufacture,Ellis Norwood Publishers,reprinted with corrections,1981

[17] ISO/IEC 13249-3:1999,Information technology—Database languages—SQL Multimedia and Application Packages—Part 3:Spatial,ISO/IEC JTC1 SC 32,1999

[18] KOSTOV,V. and DEGTIARIOVA-KOSTOVA,E. Some properties of clothoids. INRIA, Nice—Sophia Antipolis,Research Report NO 2752,December 1995

[19] OMG/UML,Object Constraint Language Specification, version 1. 3,1997. Available at 〈http://www. rational. com/uml/resources/documentation/formats. jsp〉

[20] OMG/UML,UML Notation Guide,version 1. 3,1997. Available at 〈http://www. rational. com/uml/resources/documentation/formats. jsp〉

[21] OMG/UML,UML Semantics,version 1. 3,1997. Available at 〈http://www. rational. com/uml/resources/documentation/formats. jsp〉

[22] OpenGIS Consortium,The OpenGIS Abstract Specification,Volumes 1-14,1997

[23] PRENTER,P. M. Splines and Variational Methods,John Wiley & Sons,New York,1975,

republished in Wiley Classics Edition, 1989

[24] ROGERS, D. F. and ADAMS, J. A. Mathematical Elements for Computer Graphics, Second Edition, McGraw Hill Publishing Company, 1990

注：本标准的一些定义和附加信息来自以上文献，为使本标准表述得清晰与简洁，对其中一些内容进行了编辑。
